Mathematik für Einsteiger

Klaus Fritzsche

Mathematik für Einsteiger

Vor- und Brückenkurs zum Studienbeginn

5. Auflage

Klaus Fritzsche
Fachbereich C – Mathematik
und Naturwissenschaften
Bergische Universität Wuppertal
Wuppertal, Deutschland

ISBN 978-3-662-45387-2 ISBN 978-3-662-45388-9 (eBook)
DOI 10.1007/978-3-662-45388-9

Die Deutsche Nationalbibliothek verzeichnet diese Publikation in der Deutschen Nationalbibliografie; detaillierte bibliografische Daten sind im Internet über http://dnb.d-nb.de abrufbar.

Springer Spektrum

Planung und Lektorat: Dr. Andreas Rüdinger, Barbara Lühker

Gedruckt auf säurefreiem und chlorfrei gebleichtem Papier

Springer Berlin Heidelberg ist Teil der Fachverlagsgruppe Springer Science+Business Media
(www.springer.com)

Vorwort zur 5. Auflage

Dieses Buch wendet sich an alle, die sich ernsthaft mit Mathematik beschäftigen möchten, ganz besonders aber an alle diejenigen, die den Sprung von der Schule zu einem mathematisch-naturwissenschaftlichen Studium wagen oder schon gewagt haben. Im Mittelpunkt stehen Dinge, die im Schulalltag meistens zu kurz kommen, nämlich der logische Aufbau der Mathematik und die Technik des Beweisens. Das Buch fordert zum Mitdenken auf und öffnet im Gegenzug die Tür zu neuen Welten. Jeder, der sich darauf einlassen will, ist herzlich willkommen und wird erleben, dass Mathematik auch Spaß machen kann. Ganz ohne schulische Vorkenntnisse geht es natürlich nicht, aber etwas Grundwissen aus der Oberstufe Mathematik reicht aus, und ein paar Erinnerungslücken seien dem Leser auch gestattet. Wer sich mit dem Gedanken trägt, Mathematik zu studieren, aber noch unentschlossen ist, kann dieses Buch für einen Selbsttest benutzen. Es kommt dabei überhaupt nicht darauf an, alles zu verstehen oder gar alle Aufgaben lösen zu können, entscheidend ist vielmehr die Fähigkeit, Leidenschaft für das Thema Mathematik zu entwickeln.

Auch die fünfte Auflage unterscheidet sich inhaltlich nicht allzu sehr von den vorherigen Versionen. Allerdings wurde der gesamte Text sehr sorgfältig in didaktischer Hinsicht überarbeitet. Einige Beweise wurden neu formuliert und so vielleicht noch zugänglicher gemacht, die vorhandenen Abbildungen wurden erweitert und durch über vierzig neue Skizzen ergänzt. Außerdem sind über 30 neue Aufgaben hinzugekommen. Insbesondere das sechste Kapitel über die ebene Geometrie sollte jetzt durch Umorganisation und eine etwas ausführlichere Darstellung noch klarer geworden sein.

Mit ein oder zwei Ausnahmen bietet jedes Kapitel am Schluss einen optionalen Anhang, die „Zugabe für ambitionierte Leser". Die Lektüre dieser Zugabe wird natürlich jedem Leser ans Herz gelegt, aber das mag der einzelne nach eigener Einschätzung für sich entscheiden. Die Anhänge enthalten zum Beispiel anspruchsvollere Beweise, die im Haupttext weggelassen wurden, oder weiterführende mathematische Themen, deren Kenntnis für das Verständnis nachfolgender Texte nicht unbedingt erforderlich ist.

Ganz neu ist das Element „Klartext", das dem Leser gelegentlich eine Atempause gewähren soll. In Lehrveranstaltungen erlebt man, dass es gewisse neuralgische Punkte in der Präsentation mathematischer Themen gibt, zum Beispiel bei der Einführung abstrakter Begriffe wie der Injektivität und Surjektivität von Funktionen, dem Supremum von Mengen reeller Zahlen oder der Integrierbarkeit, aber auch bei der Anwendung neuer Techniken wie etwa verschiedener Beweismethoden, Konvergenzuntersuchungen oder Stetigkeitsbeweisen mit Epsilon und Delta. Unter dem Stichwort „Klartext" werden derartige Themen aufgegriffen und noch einmal in Ruhe besprochen oder aus einem neuen Blickwinkel betrachtet.

Die Zweifarbigkeit der vierten Auflage wurde wieder aufgegeben, um den Preis konstant halten oder sogar leicht senken zu können. Der Informationsgehalt hat nicht darunter gelitten, insbesondere wurden alle Abbildungen sorgfältig per Hand konvertiert und dabei zum Teil noch verbessert. Das Layout gestaltet sich jetzt im Detail wie folgt:

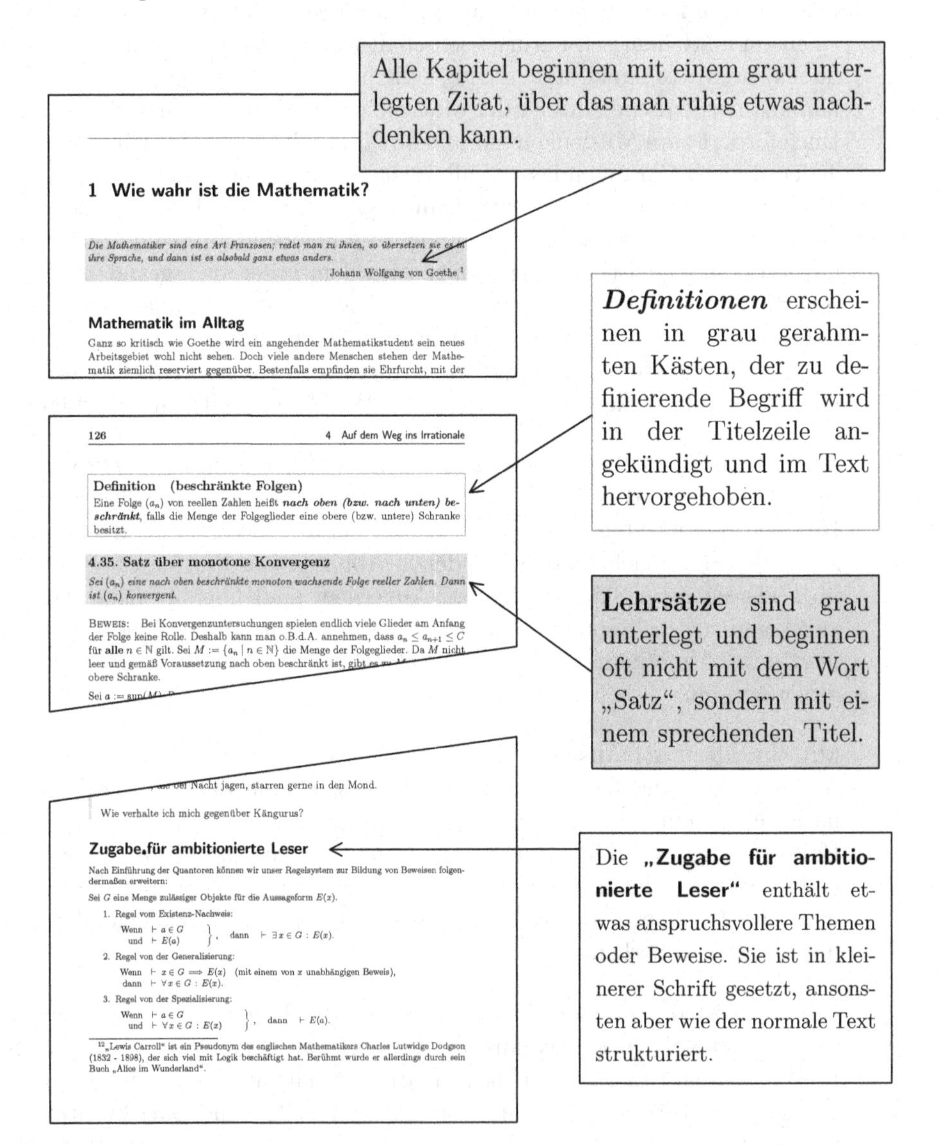

Viele werden auch die Lösungen der Aufgaben vermissen. Hier ist ein Arbeitsbuch in Vorbereitung, das neben deutlicheren Querverbindungen zur Schulmathematik, zusätzlichen Erklärungen und Beispielen vor allem die ausführlich aufgeschriebenen Lösungen zu allen Aufgaben dieses Buches präsentieren wird. Da die Fertigstellung eines neuen Buches immer gewissen Unwägbarkeiten unterliegt und niemand gegenüber den Lesern der vierten Auflage benachteiligt sein sollte, finden Sie die Lösungen in der kurzen Version, wie sie in der vorigen Auflage zu lesen waren, ab sofort auch auf meiner Homepage:

`http://www2.math.uni-wuppertal.de/~fritzsch/`

Beachten Sie, dass mein Name in der obigen Adresse etwas verstümmelt ist.[1] Wenn Sie die Startseite erreicht haben, klicken Sie einfach den Link „Books“ an!

Jedes Kapitel ist in Abschnitte mit eigenen Titeln untergliedert. Einzelne Aufgaben begleiten den Text und helfen bei der Vertiefung. Auf diese wird am Ende des Kapitels jeweils hingewiesen, gefolgt von vielen weiteren Aufgaben.

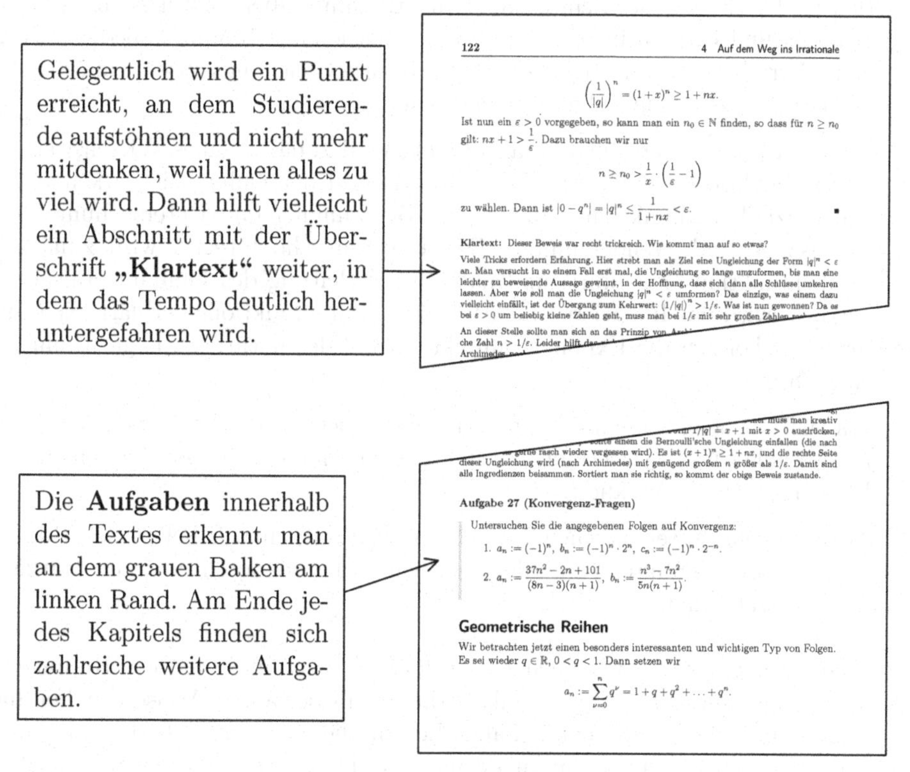

122 — 4 Auf dem Weg ins Irrationale

$$\left(\frac{1}{|q|}\right)^n = (1+x)^n \geq 1 + nx.$$

Ist nun ein $\varepsilon > 0$ vorgegeben, so kann man ein $n_0 \in \mathbb{N}$ finden, so dass für $n \geq n_0$ gilt: $nx + 1 > \frac{1}{\varepsilon}$. Dazu brauchen wir nur

$$n \geq n_0 > \frac{1}{x} \cdot \left(\frac{1}{\varepsilon} - 1\right)$$

zu wählen. Dann ist $|0 - q^n| = |q|^n \leq \frac{1}{1+nx} < \varepsilon$. ■

Klartext: Dieser Beweis war recht trickreich. Wie kommt man auf so etwas?

Viele Tricks erfordern Erfahrung. Hier strebt man als Ziel eine Ungleichung der Form $|q|^n < \varepsilon$ an. Man versucht in so einem Fall erst mal, die Ungleichung so lange umzuformen, bis man eine leichter zu beweisende Aussage gewinnt, in der Hoffnung, dass sich dann alle Schlüsse umkehren lassen. Aber wie soll man die Ungleichung $|q|^n < \varepsilon$ umformen? Das einzige, was einem dazu vielleicht einfällt, ist der Übergang zum Kehrwert: $(1/|q|)^n > 1/\varepsilon$. Was ist nun gewonnen? Da es bei $\varepsilon > 0$ um beliebig kleine Zahlen geht, muss man bei $1/\varepsilon$ mit sehr großen Zahlen ...

An dieser Stelle sollte man sich an das Prinzip von ... che Zahl $n > 1/\varepsilon$. Leider hilft ... Archimedes ...

... muss man kreativ ... $1/|q| = x + 1$ mit $x > 0$ ausdrücken, ... einem die Bernoulli'sche Ungleichung einfallen (die nach ... gerne rasch wieder vergessen wird). Es ist $(x+1)^n \geq 1 + nx$, und die rechte Seite dieser Ungleichung wird (nach Archimedes) mit genügend großem n größer als $1/\varepsilon$. Damit sind alle Ingredienzen beisammen. Sortiert man sie richtig, so kommt der obige Beweis zustande.

Aufgabe 27 (Konvergenz-Fragen)

Untersuchen Sie die angegebenen Folgen auf Konvergenz:

1. $a_n := (-1)^n$, $b_n := (-1)^n \cdot 2^n$, $c_n := (-1)^n \cdot 2^{-n}$.
2. $a_n := \frac{37n^2 - 2n + 101}{(8n-3)(n+1)}$, $b_n := \frac{n^3 - 7n^2}{5n(n+1)}$.

Geometrische Reihen

Wir betrachten jetzt einen besonders interessanten und wichtigen Typ von Folgen. Es sei wieder $q \in \mathbb{R}$, $0 < q < 1$. Dann setzen wir

$$a_n := \sum_{\nu=0}^{n} q^\nu = 1 + q + q^2 + \ldots + q^n.$$

Hier folgt nun eine kurze Beschreibung der Inhalte:

Am Anfang stehen Logik und Mengenlehre, also eine Einführung in die Sprache der modernen Mathematik. Damit soll Vertrauen in die Fundamente der mathematischen Wissenschaft erzeugt werden, es bleibt aber auch Raum für ein bisschen Skepsis. Im nächsten Schritt stellen sich die reellen Zahlen und ihre Teilbereiche

[1] Historisch durften gewisse Computernamen die Grenze von acht Zeichen nicht überschreiten.

vor, besonderes Gewicht liegt dabei auf der Behandlung der natürlichen und ganzen Zahlen, dem Induktionsprinzip, elementarer Kombinatorik und etwas Teilbarkeitslehre. Ausgehend von den rationalen Zahlen wird die Vollständigkeit unseres Zahlensystems mit Hilfe von Folgen und ihrer Konvergenz erarbeitet. Erst danach taucht der Abbildungsbegriff auf, mit den reellen Funktionen als wichtigster Beispielklasse. Polynome, rationale Funktionen, allgemeine Potenzen und Logarithmen sind dabei besonders zu nennen.

Kapitel 6 bietet eine weniger bekannte axiomatische Einführung in die ebene Geometrie, die auf den vorher bereitgestellten Begriffen aufbaut und die Schulgeometrie mit Lineal und Geodreieck abstrakt modelliert. Im nächsten Kapitel folgt die ebene Trigonometrie, und als Anwendung eine Beschreibung der euklidischen Bewegungen. So ergibt sich ein natürlicher Übergang zum Vektorbegriff, der in Kapitel 8 axiomatisch eingeführt wird, motiviert durch den Begriff der Translation in der Ebene. Der Schwerpunkt im Abschnitt über Vektorrechnung liegt auf Geraden und Ebenen im zwei- und dreidimensionalen Raum. Außerdem wird das Gauß-Verfahren als Lösungsmethode für lineare Gleichungssysteme mit drei Unbekannten vorgestellt und die Lösungsmenge untersucht.

In dem Kapitel über Differentialrechnung wird zunächst alles Wissenswerte über stetige Funktionen erzählt und dann der Begriff der Differenzierbarkeit definiert. Differenzierbare Funktionen dienen der Bestimmung und Untersuchung von Extremwerten und Wendepunkten. Das Riemann'sche Integral wird zunächst als Flächenfunktion eingeführt, und nach der Herleitung des Fundamentalsatzes der Analysis wird das Integrieren mit Hilfe von Stammfunktionen erklärt. Erst an dieser Stelle können die Exponentialfunktion und der natürliche Logarithmus exakt eingeführt werden.

Als zusätzliches „Schmankerl“ präsentiert der letzte Abschnitt das Thema „komplexe Zahlen und Quaternionen“ und gewährt damit Interessierten einen kleinen Blick über den Tellerrand.

Neben einem systematischen Einstieg in die Mathematik liefert das Buch auch viele historische Hintergrundinformationen und Anekdoten über die Mathematik und die Mathematiker.

Zum Schluss möchte ich mich bei Barbara Lühker und Andreas Rüdinger vom Verlag Springer Spektrum bedanken, die mir in bewährter Weise geholfen haben. Außerdem bedanke ich mich bei allen Lesern, die mich im Laufe der Jahre auf den einen oder anderen Fehler aufmerksam gemacht haben.

Wuppertal, im September 2014 Klaus Fritzsche

Auszug aus dem Vorwort zur 4. Auflage:

Anlass für mich, die erste Auflage dieses Buches zu schreiben, war ein Brückenkurs mit dem Titel „Mathematik für Mathematiker“, den ich 1992 und 1993 an der Universität Wuppertal gehalten habe. Schülerinnen und Schülern mit Fachoberschulreife sollten genügend Kenntnisse vermittelt werden, um ihnen die fachgebundene Hochschulreife für ein Studium der Mathematik bestätigen zu können. Inzwischen gibt es keine Brückenkurse mehr, es wurde ein Vorkurs für Studienanfänger daraus. Das Buch umfasst allerdings weit mehr als das, was in einem solchen Vorkurs behandelt werden kann. Es hat sich deshalb in den letzten Jahren auch als hilfreicher Begleiter in den Stürmen des ersten Semesters erwiesen.

Früher begann die erste Mathematikvorlesung gerne mit den Worten: „Vergessen Sie alles, was Sie bisher gelernt haben! Wir fangen noch einmal ganz von vorne an.“ Das war natürlich glatt gelogen. Auch wenn für die Anfänger das Gebäude der Mathematik von Grund auf neu errichtet wird, so bliebe doch alles ohne die Erfahrungen aus der Schule unverständlich. In diesem Sinne setze ich auch ein paar Kenntnisse voraus. Beherrschen sollte man den Umgang mit algebraischen Termen, das Lösen von linearen und quadratischen Gleichungen, das Rechnen mit Potenzen und Wurzeln. Die euklidische Geometrie, die Winkelfunktionen und die elementare analytische Geometrie von Geraden und Kreisen sollten keine Fremdwörter sein. Aus der Oberstufe wären einige Erinnerungen an reelle Zahlen und Funktionen hilfreich, noch wichtiger ist aber die in dieser Phase erworbene Fähigkeit zum abstrakten Denken. Darauf aufbauend kann ich Teile des Oberstufenstoffs und einiges mehr mit den Methoden der Hochschulmathematik vermitteln. Damit biete ich wahrscheinlich den meisten etwas Neues und darüber hinaus eine Hilfe, den Erstsemester-Schock besser zu verkraften.

Eine persönliche Bemerkung sei noch gestattet: Mein Stil mag manchem zu locker erscheinen, aber ich wende mich ja vor allem an Schüler und junge Studenten. Meine Freunde Wolfgang und Helmut, die gelegentlich zu Wort kommen, sind überspitzt dargestellte Charaktere von lieben Freunden aus meiner Studienzeit. Vielleicht erkennt sich der eine oder andere wieder.

Das Manuskript zur ersten Auflage wurde auf einem Atari erstellt, später habe ich es auf einem PC und auf einer Sun-Workstation weiter bearbeitet. Möglich war das mit dem genialen Buchsatz-Programm TeX von Donald E. Knuth und dem darauf aufbauenden LaTeX-System. Keine andere Software funktioniert so zuverlässig und kann zugleich auf allen gängigen Rechnern eingesetzt werden. Über die Jahre ist ein umfangreiches Makro-Paket entstanden, das bei der Erzeugung der Grafiken sehr nützlich war. Wer sich dafür interessiert, findet Einzelheiten dazu auf meiner Homepage.

Wuppertal, im Januar 2007 — Klaus Fritzsche

Inhaltsverzeichnis

1 Wie wahr ist die Mathematik?

Die Mathematiker sind eine Art Franzosen; redet man zu ihnen, so übersetzen sie es in ihre Sprache, und dann ist es alsobald ganz etwas anders.

Johann Wolfgang von Goethe [1]

Mathematik im Alltag

Ganz so kritisch wie Goethe wird ein angehender Mathematikstudent sein neues Arbeitsgebiet wohl nicht sehen. Doch viele andere Menschen stehen der Mathematik ziemlich reserviert gegenüber. Bestenfalls empfinden sie Ehrfurcht, mit der Betonung eher auf der „Furcht“ als auf der „Ehre“. Dabei ist doch jedem die Mathematik schon im Alltag begegnet:

- Am offensichtlichsten ist das beim Rechnen, Messen, Wiegen. Wir vergleichen Preise, ermitteln nach einer Autofahrt die Durchschnittsgeschwindigkeit und den Benzinverbrauch, testen die Kreditbedingungen verschiedener Banken. Wir versuchen nachzuweisen, dass in einer homöopathischen Verdünnung kein Wirkstoff mehr enthalten sein kann. Wir verkaufen „unserer Oma ihr klein' Häuschen“ und geraten ins Grübeln, wenn uns der Käufer statt eines festen Kaufpreises eine monatliche Rente anbietet.

- Die Geometrie kommt ins Spiel, wenn wir Landvermesser im unübersichtlichen Gelände beobachten, wenn wir Teppichboden verlegen wollen und die Materialmenge bestimmen müssen, wenn wir uns im Urlaub über die Route des Flugzeuges bei einer Fernreise wundern. Ein Schreiner, der einen Einbauschrank liefert, überprüft allein mit einem Zollstock, ob die Ecke des Zimmers auch rechtwinklig ist. Wie er das macht? Nun, auch er kennt den Satz des Pythagoras!

- Der Taschenrechner, der das Kopfrechnen mittlerweile stark zurückgedrängt hat, funktioniert nur auf Grund mathematischer Prinzipien und er nützt auch nur dann etwas, wenn wir die Aufgabe, um die es geht, verstanden haben. In noch viel stärkerem Maße gilt das natürlich für den PC, der aus unserer Welt nicht mehr fortzudenken ist. Das Internet gäbe es nicht ohne Mathematik.

- Im Jahre 1961 forderte Präsident John F. Kennedy Industrie und Wissenschaft seines Landes auf, bis zum Ende des Jahrzehnts einen Menschen auf

[1] „Maximen und Reflexionen“, aus dem Nachlass (über Natur und Naturwissenschaften), Nr. 1279 in der Zählung von Max Hecker.

den Mond zu schicken und sicher wieder zurückzubringen. 1969 verfolgten dann Millionen Menschen in aller Welt die Direktübertragung von Neil Armstrongs ersten Schritten auf dem Mond. Der amerikanische Kongress hatte 20 Milliarden Dollar für dieses Unternehmen bereitgestelllt, das zeitweise bis zu 500 000 Mitarbeiter beschäftigte. Planung, Koordinierung und Überwachung eines solch gigantischen Projektes erforderten auch neue mathematische Techniken im Bereich des Operations Research, ganz zu schweigen von der Entwicklung transportabler Computer und der Anwendung mathematischer Methoden in Physik, Chemie und Technologie.

Es gab im Altertum weder Computer noch Raketen, aber wenn man etwas genauer hinschaut, dann haben die Zeitgenossen der Pharaonen doch ähnliche Probleme behandelt und gelöst, von Preiskalkulationen und Feldvermessungen bis hin zu Großprojekten wie etwa dem Bau der Pyramiden. Ist seitdem nichts Neues hinzugekommen? Ist Mathematik nur eine höhere Art des Rechnens, mit der man dank fortentwickelter Techniken nun auch Raketen steuern kann?

Um dieser Frage nachzuspüren, sehen wir uns ein wenig in der Geschichte der Mathematik um. In der Schule erfährt man davon nicht viel. Jeder hat zwar schon einmal von Adam Riese gehört. Aber dass der eigentlich Adam Ries hieß, 1492 im fränkischen Staffelstein geboren wurde (im gleichen Jahr, als Columbus Amerika entdeckte) und später Bergbaubeamter und Leiter einer Rechenschule im erzgebirgischen Annaberg war, weiß kaum jemand. Erst recht haben die wenigsten seine Bücher gelesen. Und dass er sich auch mit höherer Algebra beschäftigt hat, ist weitgehend unbekannt. Nun sind solch mittelalterliche Schriften auch nicht leicht zu lesen. Sein „Rechenbüchlein“ beginnt etwa wie folgt:

Numerirn

Eißt zehlen / Lehret wie man iegliche zahl ſchreiben und außſprechen ſoll / Darzu gehören zehen figuren / alſo beſchrieben /

1. 2. 3. 4. 5. 6. 7. 8. 9. 0.

Die erſten neun ſeind bedeutlich / Die zehend gilt allein nichts / ſondern ſo ſie andern fürgeſetzt wirdt / macht ſie dieſelbigen mehr bedeuten.

Zur Not kann man das verstehen und die verwendeten Zahlen bauen sich aus den gut bekannten arabisch-indischen Ziffern auf. Auch die Null wird schon so verwendet, wie wir das gewöhnt sind. Das waren damals neue Errungenschaften. Zuvor mussten die Leute nämlich mit römischen Ziffern rechnen, was recht problematisch war.

Eine Null gibt es da nicht, die Einer werden durch Striche dargestellt:

$$\mathrm{I} = 1, \quad \mathrm{II} = 2, \quad \mathrm{III} = 3.$$

Weiter ist X = 10, C = 100 und M = 1000. Und es kommt noch komplizierter: Damit die Zahlen nicht zu lang wurden, verwendeten die Römer eine Fünfer-Bündelung: Es ist

$$V = 5, \quad L = 50, \quad D = 500.$$

Und statt der additiven Schreibweise waren auch Subtraktionen möglich:

$$IV = 5 - 1 = 4, \quad IX = 10 - 1 = 9 \quad \text{usw.}$$

Die Zahl 1994 lautet z.B.: MCMXCIV. Wie kann man mit solchen Zahlen rechnen? Die Römer hatten selbst ihre Probleme damit und verwendeten ein Rechenbrett, den ***Abacus***.

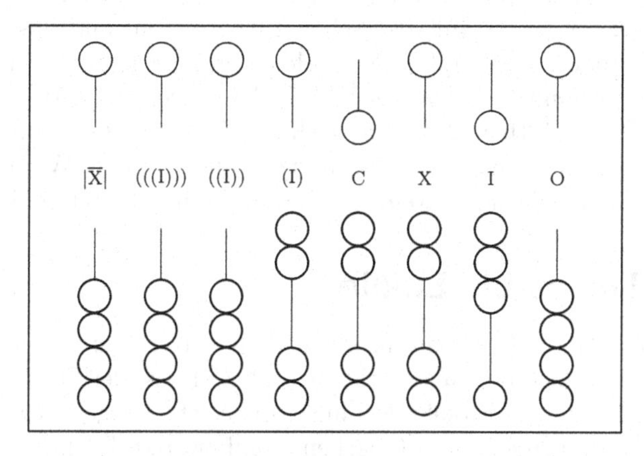

Abb. 1.1 Der römische Abacus

Es wurden Knöpfe oder Münzen in den Schlitzen einer Metalltafel hin- und hergeschoben. Im unteren Teil befanden sich die Einer, Zehner, Hunderter etc., im oberen Teil die Fünfer V, L etc. Das Symbol (I) steht für 1000, ((I)) für 10 000, (((I))) für 100 000 und $|\overline{X}|$ für 1 Million.

Der rechte Schlitz mit dem „O“ diente der Beschreibung der Brüche. Jeder Knopf entsprach einer Unze, das war $^1/_{12}$ As, und ein As diente als Einheit, entsprach also der Zahl I.

Die in der Abbildung dargestellte Zahl ist – ohne Berücksichtigung der Brüche – die Zahl MMDCCXXVIII, also 2728. Die Zahl 4 wird auf dem Brett übrigens durch IIII und nicht durch IV dargestellt!

Das Arbeiten mit dem Rechenbrett ging wohl recht flott, man musste nur aufpassen, dass man nicht die Knöpfe durcheinander warf und „vom Hundertsten ins Tausendste“ kam.

Neben aller Freude über die Exotik dieses Werkzeuges können wir davon auch etwas über die Mathematik lernen: So unterschiedlich die Schreibweisen für Zahlen in verschiedenen Zivilisationen auch sein mögen, die Rechenergebnisse gleichen sich immer! Hinter den sichtbaren Symbolen steht eine abstrakte Idee, die vom Geschriebenen unabhängig und allen Menschen gemeinsam ist. Diese Idee der Zahl zu verstehen wird eins unserer Ziele sein.

Fragt man Schüler nach weiteren bekannten Mathematikern, so fällt vielleicht der Name Gauß. Man erinnert sich an die „Glockenkurve“, an die Fehlerausgleichsrechnung, vielleicht auch daran, dass er schon als Kind sehr schnell die Zahlen von 1 bis 100 zusammenzählen konnte. War er ein berühmter Rechenkünstler? Und wann hat er gelebt, etwa im Mittelalter? Zur historischen Einordnung sei hier nur erwähnt, dass in den napoleonischen Kriegen ein französischer General den Auftrag hatte, für die Sicherheit des berühmten deutschen Mathematikers zu sorgen, damit ihn nicht das traurige Schicksal des Archimedes bei der Eroberung von Syrakus ereilen möge. Bekannt war Gauß also schon zu Lebzeiten, und dass er – zumindest von 1991 bis Ende 2001 – auf einem Geldschein zu sehen war und vielerorts Straßen nach ihm benannt wurden, zeigt auch dem Laien seine Bedeutung. Dass er aber als „Fürst der Mathematiker“ bezeichnet wurde und in einem Zug mit Archimedes und Newton zu nennen ist, wissen erstaunlich wenige. Wir werden sein Werk an späterer Stelle würdigen, wenn wir besser dafür gerüstet sind.

Von Thales bis Euklid

Erschöpft sich die Mathematik wirklich im souveränen Umgang mit Zahlen? Nein, da gibt es ja noch die Geometrie! Der Thaleskreis, der Satz des Pythagoras, Dreieckskonstruktionen, Zirkel und Lineal und solche Dinge. Wegen der Namen verbinden wir das mit den „alten Griechen“, und zwar zu Recht!

Tatsächlich wurde die *mathematische Wissenschaft* von den Griechen begründet. Thales lebte um 600 v. Chr. in Kleinasien, in Milet. Er war ein weitgereister Kaufmann und zunächst auch noch ein typischer Anwender. So soll er mit Hilfe astronomischer Kenntnisse aus Mesopotamien die Sonnenfinsternis von 585 vorausgesagt haben. Nach einer anderen Geschichte soll er auf Grund von Beobachtungen und Berechnungen eine Olivenschwemme vorhergesehen haben, und da er rechtzeitig alle Ölpressen der Umgebung aufgekauft hatte, konnte er ein Vermögen verdienen. Aber irgendwann begann er sich aus dem Geschäftsleben zurückzuziehen, um sich nur noch mit Mathematik und Philosophie zu beschäftigen. Geometrie hatte er von den Ägyptern gelernt, aber ihm ging es nun nicht mehr um deren Anwendung in der Landvermessung, sondern er betrieb sie um ihrer selbst willen. Die historischen Überlieferungen aus jener Zeit sind äußerst dürftig und wir wissen nicht viel darüber, welche Sätze Thales tatsächlich gefunden hat, aber er und seine Zeitgenossen haben mit Sicherheit etwas ganz Neues in die Mathematik eingeführt. Sie sahen als Erste die Notwendigkeit ein, Sätze nicht nur auf heuristischem Wege zu finden, sondern sie auch exakt zu beweisen, also aus einfacheren bekannten Sachverhalten logisch herzuleiten. Als es Thales gelungen war, zu zeigen, dass der Umfangswinkel im Halbkreis stets ein Rechter ist, soll er vor Freude den Göttern einen Ochsen geopfert haben.

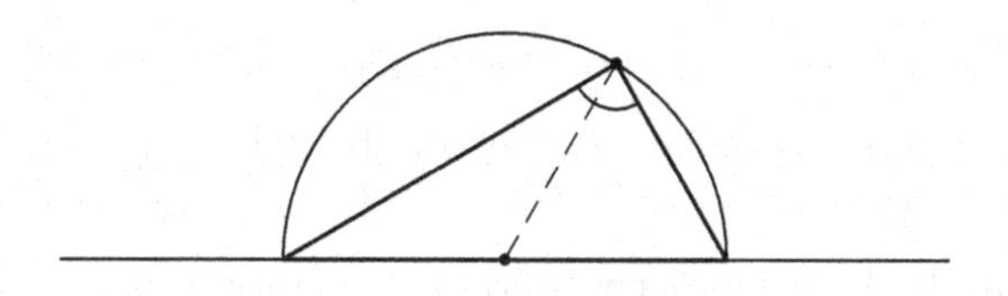

Abb. 1.2 Der Thaleskreis

Von nun an wurde Mathematik mehr und mehr ohne Anwendungsbezug betrieben. Am bekanntesten ist vielleicht Pythagoras von Samos (580–500 v. Chr.), der in Süditalien einen Geheimorden gründete. Dieser Bund der „Pythagoräer" hat die Entwicklung der mathematischen Wissenschaft stark beeinflusst. Vor allem die ganzen Zahlen und ihre Verhältnisse standen im Zentrum der Betrachtungen. Und der Versuch, diese Zahlenphilosophie und Zahlenmystik auf die Geometrie anzuwenden, führte zur ersten großen Krise in der Mathematik.

Zwei Strecken oder Längen wurden ***kommensurabel*** genannt, wenn sie mit Hilfe einer dritten Strecke gemessen werden konnten. Die Längen x und y sind also kommensurabel, wenn es eine Länge z und ganze Zahlen n und m gibt, so dass

$$x = n \cdot z \qquad \text{und} \qquad y = m \cdot z$$

ist. Nun war es für die frühen Pythagoräer intuitiv klar, dass jedes Paar von Längen kommensurabel ist. Aber das bedeutet, dass jedes Verhältnis von zwei Strecken ein Quotient ganzer Zahlen, also eine ***rationale Zahl*** (d.h. ein ***Bruch***) ist. In unserem Beispiel ist $x : y = n : m = n/m$.

So weit, so gut!

Man betrachte nun ein Quadrat mit der Seitenlänge 1 und bezeichne die Länge der Diagonale mit d. Nach dem Satz des Pythagoras ist $d^2 = 1^2 + 1^2 = 2$, und andererseits muss das Verhältnis $d : 1$ rational sein. Verwendet man für Verhältnisse von Zahlen die heute geläufigere Bruchschreibweise, so ergibt sich die Gleichung $d = d/1 = p/q$, mit ganzen Zahlen p und q. Dabei kann man annehmen, dass der Bruch p/q so weit wie möglich gekürzt ist.

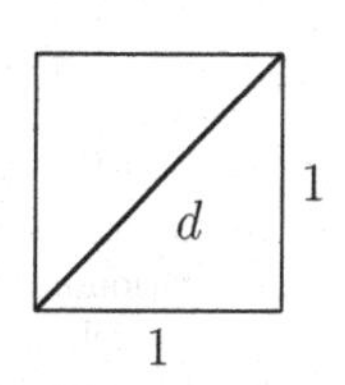

Abb. 1.3

So ergibt sich die folgende Gleichung:

$$2 = d^2 = \left(\frac{p}{q}\right)^2 = \frac{p^2}{q^2}, \text{ also} \qquad 2 \cdot q^2 = p^2.$$

Das bedeutet, dass p^2 das Zweifache einer ganzen Zahl, also eine gerade Zahl ist. Aber nur gerade Zahlen haben als Quadrat wieder eine gerade Zahl. Also muss schon p selbst eine gerade Zahl sein, und es gibt eine ganze Zahl r, so dass $p = 2 \cdot r$ ist. Diese Gleichung kann man quadrieren: $p^2 = 4 \cdot r^2$. Da aber auch $p^2 = 2 \cdot q^2$ ist, folgt:

$$2 \cdot q^2 = 4 \cdot r^2, \text{ also } \quad q^2 = 2 \cdot r^2.$$

Damit ist q^2 und daher auch q selbst ebenfalls eine gerade Zahl. Das steht im Widerspruch dazu, dass der Bruch p/q schon gekürzt sein sollte.

Sollten nun die Pythagoräer weiterhin ihrer Intuition vertrauen und einen kleinen Widerspruch in Kauf nehmen? Lange versuchten sie, den Skandal geheim zu halten, angeblich wurde sogar ein Bundesbruder ertränkt, weil er die Geschichte an die Öffentlichkeit gebracht hatte. Schließlich aber fiel die Entscheidung für die Logik und gegen die Intuition, was sicherlich das Wesen der Mathematik bis in unsere Tage beeinflusst hat. Die Entdeckung der „irrationalen Zahlen“ hat außerdem für eine Vorherrschaft der Geometrie in den folgenden 2000 Jahren gesorgt.

Klartext: Mir schien die obige Argumentation eigentlich immer vollkommen klar zu sein. Ein Kollege aus der Didaktik machte mir aber deutlich, dass der eine oder andere Leser genau an diesem Punkt erstmals auf unüberwindbare Schwierigkeiten stoßen könnte.

Also noch mal von vorne: Was war der Ausgangspunkt? Die frühen griechischen Wissenschaftler hatten die Idee, dass es im Universum eine kleinste Größe geben könnte, vielleicht so etwas wie die Dicke eines Atoms. Nennen wir diese Größe einfach mal γ. Misst man nun die Länge von zwei Strecken, so erhält man zwei Werte $N = n \cdot \gamma$ und $M = m \cdot \gamma$, mit irgendwelchen (wahrscheinlich riesig großen) natürlichen Zahlen n und m. Solche Werte bezeichnet man als „Größen“, und unter dem ***Verhältnis*** $N : M$ dieser Größen versteht man den Bruch $(n \cdot \gamma)/(m \cdot \gamma) = n/m$. Dass man hier die Elementareinheit γ herauskürzt, sieht wie eine etwas hemdsärmelige Auslegung der Bruch-Rechenregeln aus, gemeint ist aber wohl etwas anderes: Mit Größen kann man in beschränktem Maße rechnen, und zwar gelten die folgenden Regeln:

- $a \cdot \gamma = b \cdot \gamma$ gilt genau dann, wenn $a = b$ ist.
- $c \cdot (b \cdot \gamma) = (cb) \cdot \gamma$ und $1 \cdot \gamma = \gamma$.
- $(a \cdot \gamma) + (b \cdot \gamma) = (a + b) \cdot \gamma$.

Diese Regeln sind durchaus plausibel, wenn man sich daran erinnert, dass es um Längen von Strecken geht. Man hielt es für möglich, dass zwischen zwei Größen N und M eine Beziehung $N = q \cdot M$ besteht, wobei q eine rationale Zahl sein sollte. Diese Zahl q wurde als Verhältnis $N : M$ bezeichnet. Da sich die Griechen in der Frühzeit Längen in der Form $z \cdot \gamma$ mit ganzen, positiven Zahlen z vorstellten, ergab sich als Verhältnis zweier Längen automatisch immer eine rationale Zahl, und die Pythagoräer, in deren Philosophie die Welt durch rationale Zahlen beschrieben wurde, konnten zufrieden sein. Aber leider beruhte alles auf der Annahme, dass es die Elementarlänge γ gibt. Irgendjemandem ist dann wohl ein Widerspruch zum Satz des Pythagoras aufgefallen. Um diesen Widerspruch deutlich herauszuarbeiten, formulieren wir folgende **Aussage:** *Wenn die bekannten Regeln der Geometrie und insbesondere der Satz des Pythagoras gelten, dann kann es keine Elementarlänge geben.*

Der Beweis wird nach dem Schema eines Widerspruchsbeweises geführt. Man nimmt an, dass γ existiert, und versucht, daraus einen logischen Widerspruch herzuleiten. Wenn die Logik universelle Gültigkeit besitzt, darf ein solcher Widerspruch nicht auftreten, und die Annahme muss falsch sein. Normalerweise ist es schwierig, den Weg zu einem Widerspruch zu finden, aber hier wurde ja schon verraten, dass der Satz des Pythagoras eine wichtige Rolle spielt. Der kann folgendermaßen formuliert werden: Bei einem rechtwinkligen Dreieck mit Katheten $a \cdot \gamma$ und $b \cdot \gamma$ und der Hypotenuse $c \cdot \gamma$ ist $a^2 + b^2 = c^2$.

Wir wenden diesen Satz auf das Dreieck an, das entsteht, wenn man in einem Quadrat der Seitenlänge γ die Diagonale einzeichnet. Dabei soll γ eine fest gewählte Einheit sein, braucht aber nicht die oben verwendete Elementarlänge (Dicke eines Atoms) zu sein. Die Diagonale hat eine Länge $q \cdot \gamma$, mit einer rationalen Zahl q. Das entstandene Dreieck ist rechtwinklig mit den Katheten $1 \cdot \gamma$ und der Hypotenuse $q \cdot \gamma$. Nach Pythagoras ist also $1^2 + 1^2 = q^2$.

Noch ist kein Widerspruch zu sehen, man muss die Situation etwas genauer analysieren. Die Darstellung der rationalen Zahl q als Bruch m/n ist nicht eindeutig. Deshalb wird die Lage klarer, wenn man fordert, dass der Bruch „gekürzt" ist, dass also n und m keinen gemeinsamen Teiler besitzen. Das ist legitim und keine unerlaubte Zusatzannahme, denn jeden Bruch kann man so lange kürzen, bis Zähler und Nenner keine gemeinsamen Teiler mehr besitzen. Mit der Gleichung $(m/n)^2 = 2$ lässt sich nun etwas mehr anfangen, wie man im vorangegangenen Text gesehen hat: Man entdeckt, dass $m^2 = 2n^2$ ist, und man schließt daraus, dass n und m gerade Zahlen sein müssen. Das ergibt den gewünschten Widerspruch, denn n und m wurden ja so gewählt, dass sie keinen gemeinsamen Teiler (also auch nicht die 2) besitzen. Was das mit der Ausgangsfrage zu tun hat? Nichts! Das ist das Eigenartige am Widerspruchsbeweis, dass der Widerspruch weit entfernt von der ursprünglichen Annahme auftreten kann. Mehr zu diesem Beweisprinzip lesen Sie weiter hinten im laufenden Kapitel. Jetzt ist aber bewiesen, dass es keine Elementar-Länge geben kann, und dass deshalb Verhältnisse auch nicht immer rational sein müssen. Fortan nahmen Verhältnisse von Längen die Rolle ein, die in der modernen Mathematik die reellen Zahlen innehaben.

In den Jahrzehnten nach Pythagoras wechselte der Schauplatz nach Athen, wo die mathematische Wissenschaft an der Akademie Platons enorme Fortschritte machte. In jener Zeit entstanden auch die ersten mathematischen Lehrbücher.

Nach dem Tode Alexanders des Großen übernahmen die Ptolemäer die Herrschaft über Ägypten, und sie residierten in der neuen Stadt Alexandria, die sich wegen ihrer günstigen Lage rasch zu einer bedeutenden Metropole mit mehr als einer Million Einwohnern entwickelte. Das Klima war angenehm in dieser herrlichen Stadt aus Stein und Marmor, des Nachts wurden ihre Hauptstraßen von zahllosen Öllampen erhellt und der große Leuchtturm im Hafen galt als eines der sieben Weltwunder. Hier wurde nun um 300 v. Chr. eine Universität, das sogenannte „Museum", erbaut und dazu die größte Bibliothek der antiken Welt eingerichtet.

Die führenden Gelehrten der Zeit trafen sich in Alexandria, um am Museum zu forschen, mit Kollegen zu diskutieren und Vorlesungen zu halten. Unter ihnen muss Euklid gewesen sein, ein Grieche, über dessen Person so gut wie nichts bekannt ist. Er fasste einen großen Teil des mathematischen Wissens seiner Zeit zu einem streng logisch aufgebauten Lehrbuch zusammen. Die *Elemente* des Euklid blieben Jahrtausende lang die übliche Einführung in die Geometrie und beeinflussten die Lehrpläne der Schulen bis in unsere Zeit. Nur die Bibel ist weiter verbreitet worden. Dabei ist kein einziges Original erhalten, man kennt nur Abschriften von Abschriften von Abschriften ...

Um aufzuspüren, was denn nun unter Mathematik zu verstehen ist, stellen die *Elemente* des Euklid also eine gute Quelle dar. Gleichzeitig können sie dazu dienen, uns an einige Begriffe und Tatsachen aus der Geometrie zu erinnern.

Die *Elemente* enthalten kein Vorwort, keine Einleitung, keine Erklärungen. Sie beginnen mit einer Liste von 23 „Definitionen", also Begriffserklärungen. Die erste lautet:

„Was keine Teile hat, ist ein *Punkt*."

Eine Definition soll einen neu einzuführenden Begriff erklären und dabei nur Dinge benutzen, die schon zuvor erklärt worden sind. Das ist hier ja wohl gründlich misslungen! Der Begriff des „Punktes“ wird eingeführt, aber zur Erklärung wird der Begriff „Teil“ benutzt, und der ist genauso wenig bekannt. Zwar ist seine Bedeutung intuitiv klar, aber das kann man vom Punkt auch sagen. Wir haben also ein Problem! Wie soll man etwas erklären, wenn man keine Wörter benutzen darf?

Tatsächlich ist es gar nicht möglich, eine mathematische Theorie aufzubauen, in der sämtliche Begriffe erklärt werden. Man muss zunächst eine Reihe von nicht erklärten ***Grundbegriffen*** einführen. Man spricht auch von ***primitiven Termen***.

Es ist hilfreich, wenn die Grundbegriffe mit Dingen unserer Erfahrungswelt identifiziert werden können, aber das ist nicht notwendig und manchmal sogar irreführend. Das Problem der nicht kommensurablen Größen hat gezeigt, dass unsere herkömmliche Vorstellung von einem Punkt für die Mathematik unbrauchbar ist. Hätte nämlich jeder Punkt eine feste endliche Ausdehnung, so könnte er als kleinste Maßeinheit dienen, und es wären tatsächlich alle Längen kommensurabel. Dass das nicht richtig ist, haben wir oben eingesehen. Einen Punkt ohne Ausdehnung kann man sich aber eigentlich nicht mehr vorstellen. Euklids Definition kann man also auch als einen Hinweis darauf verstehen, dass hier von der alten intuitiven Vorstellung der stets kommensurablen Längen Abschied genommen wird. Wahrscheinlich deuten wir damit etwas zu viel hinein, klar ist aber, dass Euklid an dieser Stelle den *Punkt* als primitiven Term einführt.[2]

Bei den nachfolgenden Definitionen verhält es sich ähnlich, es werden die Grundbegriffe *Linie*, *Gerade*, *Fläche* und *Ebene* eingeführt. Erst danach beginnen die wirklichen Definitionen, etwa:

„Ein ebener Winkel ist die gegenseitige Neigung zweier Linien, die sich in einer Ebene treffen und nicht in einer geraden Linie liegen.“

Obwohl auch dieser Satz so klingt, als ob er viele intuitive Begriffe benutzt, kann er mühelos zu einer echten Definition umformuliert werden:

> Ein ***ebener Winkel*** besteht aus zwei Geraden in einer Ebene, die sich treffen, aber nicht übereinstimmen.

Ein kleiner Schönheitsfehler besteht immer noch: Die Begriffe „sich treffen“ und „darauf liegen“ sind nach wie vor nicht erklärt. Wir müssen sie auch noch in unsere Liste nicht erklärter Grundbegriffe aufnehmen. Außerdem ist zu beachten, dass es auf die Reihenfolge der Geraden und ihre Richtung ankommt. In Wirklichkeit liefern zwei sich schneidende Geraden vier Winkel. Wir wollen hier nicht darauf eingehen, wie man das alles exakt durchführt. Immerhin hat es über 2000 Jahre gedauert, bis die Mathematiker dafür zufrieden stellende Formulierungen gefunden haben.

[2]Es gibt auch die Interpretation, dass das erste Kapitel von Euklids *Elementen* als praktische Anleitung zum Konstruieren mit Zirkel und Lineal aufzufassen ist. Am Anfang steht deshalb die Vorstellung der Werkzeuge.

Von den vier Winkeln zwischen zwei sich schneidenden Geraden nennt man jeweils zwei, die „auf der gleichen Seite“ einer der Geraden liegen, ***Nebenwinkel***, andernfalls heißen sie ***Scheitelwinkel***. (Diese Begriffe stehen nicht bei Euklid, erleichtern aber die folgenden Erklärungen.)

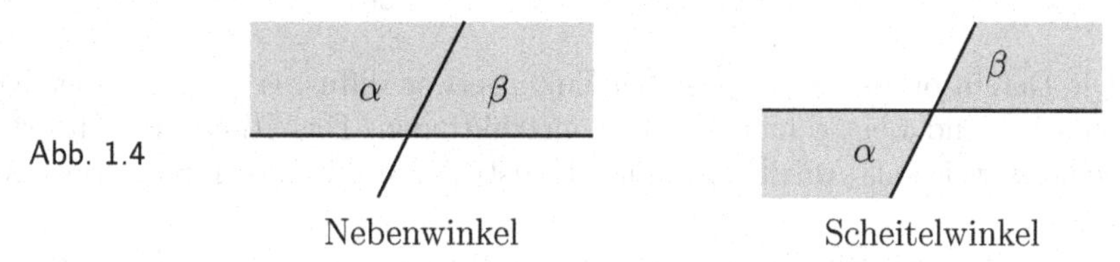

Abb. 1.4

Die weiteren Definitionen Euklids wollen wir hier nur auszugsweise behandeln. Im Original genügen sie oft nicht den heutigen Ansprüchen an Exaktheit, lassen sich aber entsprechend umformulieren.

> Ein Winkel, der gleich seinem Nebenwinkel ist, heißt ***rechter Winkel*** (oder auch ***Rechter***).

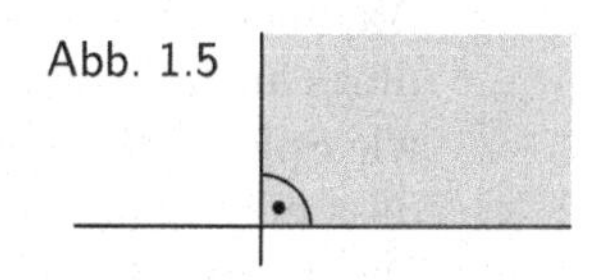
Abb. 1.5

Das klingt merkwürdig. Aber die Grad-Einteilung ist ja erst möglich, wenn einem wenigstens **ein** bestimmter Winkel als Eichmaß zur Verfügung steht. Da die Griechen keine Null kannten, ist bei Euklid jeder Winkel positiv, und da ein gestreckter Winkel (180°) nicht mehr als solcher zu erkennen ist, sind auch alle Winkel kleiner als 180°. Da bietet sich der rechte Winkel als Eichmaß an und die gerade gegebene Definition ist doch recht pfiffig.

Ein Winkel, der kleiner als ein Rechter ist, heißt ***spitzer Winkel***. Ist er größer als ein Rechter, heißt er ***stumpfer Winkel***. Das bedarf wohl keiner näheren Erläuterung.

Eine ***Gerade*** ist übrigens bei Euklid stets ein Gebilde von endlicher Ausdehnung. Heute nennen wir so etwas eine ***Strecke***, während sich eine Gerade nach beiden Richtungen hin bis ins Unendliche erstreckt. Wo es nötig ist, werden wir zwischen den beiden Begriffen unterscheiden.

Dreiecke und ***Vierecke*** werden auf offensichtliche Weise erklärt. Euklid meint damit immer das von den Seiten eingeschlossene Gebiet.

Ein Dreieck heißt ***gleichschenklig*** (bzw. ***gleichseitig***), falls zwei (bzw. drei) Seiten des Dreiecks gleich sind.

Ein Viereck heißt ***Rechteck*** (bzw. ***Quadrat***), falls alle seine Winkel Rechte sind (bzw. falls es ein gleichseitiges Rechteck ist).

Wichtig ist schließlich noch folgende Definition:

Zwei Geraden heißen ***parallel***, falls sie in der gleichen Ebene liegen und sich nicht schneiden.

Die Definition des Kreises ist bei Euklid etwas diffus, er benutzt aber Kreise sehr entscheidend bei geometrischen Konstruktionen. Das stützt die Theorie, dass er seine Beweise als Anleitungen zum Konstruieren mit Zirkel und Lineal verstanden hat.

Axiomensysteme

Als Nächstes folgt in den *Elementen* eine Liste von fünf ***Postulaten***. Heute würde man von ***Axiomen*** sprechen. Es handelt sich dabei um grundlegende mathematische Aussagen über Beziehungen zwischen den bis dahin eingeführten Begriffen. Axiome werden nicht bewiesen, sie werden vielmehr wie Spielregeln anerkannt. Früher ließ man als Axiome nur Aussagen zu, die von jedermann ohne Zögern als wahr akzeptiert wurden. Man hoffte, dass dann auch alle Folgerungen aus den Axiomen die „wahre Welt“ widerspiegeln. Nach moderner Auffassung sind allerdings auch Axiome zulässig, die keinerlei Beziehung zur Wirklichkeit haben – eben wie Spielregeln etwa bei Schach, Mühle oder Monopoly. Dafür achtet man darauf, dass ein Axiomensystem ***vollständig***, ***unabhängig*** und ***widerspruchsfrei*** ist. Die daraus abgeleiteten Sätze sind nur noch relativ wahr, also nur in Bezug auf die Spielregeln. Auch diesen Gesichtspunkt werden wir noch einmal aufgreifen.

Zurück zu Euklid! Sein Axiomensystem musste sich über Jahrtausende hinweg der Kritik der Nachwelt stellen, und letzten Endes erwies es sich doch als sehr löchrig. Das soll aber die Leistung Euklids (und seiner Vorgänger) nicht schmälern. Lassen wir sein Axiomensystem einfach einmal auf uns wirken, so wie man es in einer Übertragung der berühmten Euklid-Ausgabe von J. L. Heiberg (vom Ende des 19. Jahrhunderts) findet:

Postulat 1 *Es soll gefordert werden, dass sich von jedem Punkte nach jedem Punkte eine gerade Linie ziehen lasse.*

Postulat 2 *Ferner, dass sich eine begrenzte Gerade stetig in gerader Linie verlängern lasse.*

Postulat 3 *Ferner, dass sich mit jedem Mittelpunkt und Halbmesser ein Kreis beschreiben lasse.*

Postulat 4 *Ferner, dass alle rechten Winkel einander gleich seien.*

Postulat 5 *Endlich, wenn eine Gerade zwei Geraden trifft und mit ihnen auf derselben Seite innere Winkel bildet, die zusammen kleiner sind als zwei Rechte, so sollen die beiden Geraden, unbegrenzt verlängert, schließlich auf der Seite zusammentreffen, auf der die Winkel liegen, die zusammen kleiner sind als zwei Rechte.*

Puh!!

Zu diesen Postulaten kommen noch einige ***Grundsätze*** (z.B.: „*Dinge, die demselben Dinge gleich sind, sind einander gleich.*"). Derartiges wird heute vorweg in Logik und Mengenlehre erledigt, wir wollen hier nicht näher darauf eingehen. Wenn Sie sich vom ersten Schreck erholt haben, wollen wir die Postulate etwas näher betrachten.

Postulat 1 führt das Lineal (ohne Maßeinteilung) als wichtigstes Instrument für geometrische Konstruktionen ein. Postulat 2 hat etwas mit Euklids Vorstellung zu tun, dass Geraden immer nur eine endliche Ausdehnung besitzen. Er braucht dann natürlich die Möglichkeit, solche Geraden bei Bedarf zu verlängern. Die Beziehungen zwischen Geraden und Punkten (die sogenannten ***Inzidenzbeziehungen***) formuliert man in moderner Sprache folgendermaßen:

Inzidenzaxiome

- *Zu je zwei verschiedenen Punkten einer Ebene gibt es genau eine Gerade, auf der die Punkte liegen.*
- *Jede Gerade enthält wenigstens zwei Punkte.*
- *In einer Ebene gibt es mindestens drei verschiedene Punkte, die nicht alle auf einer Geraden liegen.*

Aufgabe 1 (Folgerung aus den Inzidenzbeziehungen)

Folgern Sie allein aus den Inzidenzaxiomen, dass sich zwei verschiedene Geraden in einer Ebene höchstens in einem Punkt treffen und dass es in einer Ebene mindestens drei Geraden gibt.

Der Kreis kommt – als zu komplizierte Figur – in modernen Axiomensystemen meistens nicht mehr vor. Euklids Postulat 3 hat jedoch seine Berechtigung, mit ihm wird der Zirkel als zweites wichtiges Instrument für geometrische Konstruktionen eingeführt. Die Universalität des rechten Winkels (Postulat 4) muss wegen der eigenartigen Definition dieses Winkels gefordert werden, auch das wird heutzutage meist anders geregelt. Was bleibt, ist Euklids letztes Postulat, das sogenannte ***Parallelenaxiom***. Es hat allen Stürmen der Zeit getrotzt und darf auch in jedem modernen System nicht fehlen. Lediglich die Formulierung ist heute etwas stromlinienförmiger:

Parallelenaxiom *Befinden sich eine Gerade g und ein Punkt P, der nicht auf g liegt, in einer Ebene, so gibt es genau eine Gerade h in dieser Ebene, die parallel zu g ist und durch den Punkt P geht.*

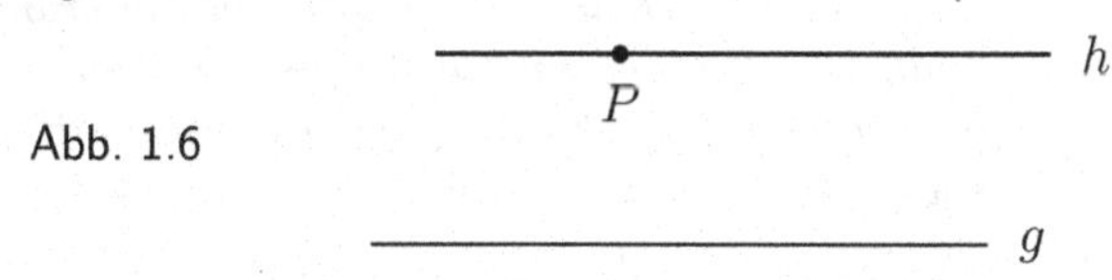

Abb. 1.6

Klartext: Natürlich ist auf Anhieb nicht im Mindesten zu sehen, was das moderne Parallelenaxiom mit dem von Euklid zu tun hat. Da hier nicht der Platz ist, eine axiomatische Geometrie lückenlos aufzubauen, muss ich mich leider auf Anmerkungen beschränken:

Ohne ein Parallelenaxiom zu benutzen, kann man schon die **Existenz** einer Parallelen h zu einer gegebenen Geraden g durch einen gegebenen Punkt P außerhalb von g beweisen. Um h zu konstruieren, fällt man das Lot ℓ von P auf g, und dann errichtet man die Senkrechte h zu ℓ in P. Das moderne Axiom sichert die Eindeutigkeit der Parallelen.

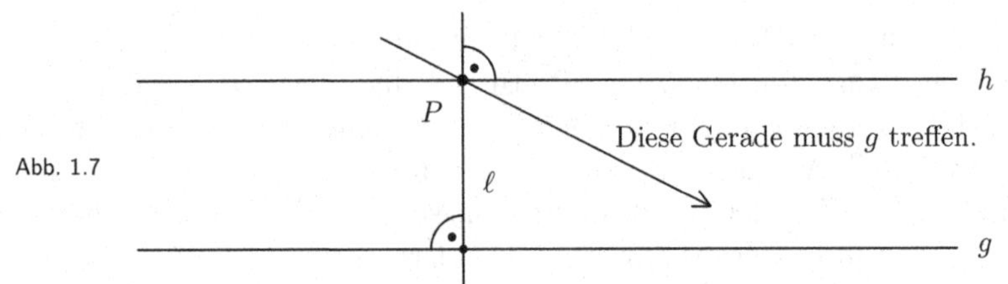

Abb. 1.7

Wie man aber in der Skizze sieht, leistet Euklids Postulat 5 das Gleiche. Jede Gerade durch P, die nicht mit h übereinstimmt, muss g treffen und kann daher keine Parallele sein.

Die wahre Bedeutung von Postulat 5 erkannte man erst, als es 2000 Jahre nach Euklid gelang, eine Geometrie zu konstruieren, in der die ersten vier Postulate (bzw. ihre modernen Ersatzkonstruktionen) gelten, nicht aber das Parallelen-Postulat. Man kann es sich kaum vorstellen, aber in dieser „nichteuklidischen Geometrie" gibt es unendlich viele Parallelen zu g durch P, von denen eine g bei zunehmender Entfernung von P sogar beliebig nahekommt.

Aufgabe 2 (Ebenen-Modell)

Zeigen Sie, dass es eine Ebene geben kann, die aus nur vier Punkten besteht, so dass die Inzidenzaxiome und das Parallelenaxiom erfüllt sind.

Euklid hatte beim Aufbau seines Axiomensystems die anschauliche Geometrie im Sinn, seine Begriffe sind Abstraktionen von konkreten Dingen aus seiner Erfahrungswelt. Für uns spielt heute die Bedeutung der Grundbegriffe keine Rolle mehr, der Inhalt der Axiome kann ganz formal gesehen werden. Ersetzt man etwa „Ebene" durch „Stadt", „Gerade" durch „Verein" und „Punkt" durch „Bürger", so lauten die Axiome ganz anders, ihre logische Struktur bleibt aber die gleiche. Man kann dann zweifelsfrei folgern: „Je zwei verschiedene Vereine haben höchstens ein gemeinsames Mitglied." Ja, man kann das Spiel noch weiter treiben und völlig sinnlose Wörter einführen. Wird aus der „Gerade" ein „Zwarf" und aus dem Punkt ein „Wusel", so folgt eben: „Je zwei verschiedene Zwarfs haben höchstens ein gemeinsames Wusel." Das ist eine logisch einwandfreie Folgerung aus den entsprechenden Axiomen. In den *Logeleien* von Zweistein wird dieses Prinzip häufig verwendet:

Alle Knaffs haben die gleiche Form und sind gleich groß. Alle grünen Hunkis haben ebenfalls die gleiche Form und Größe. Zwanzig Knaffs passen gerade in einen Plauz. Alle Hemputis enthalten grüne Hunkis. Ein grüner Hunki ist zehn Prozent größer als ein Knaff. Ein Hemputi ist kleiner als ein Plauz. Wenn der Inhalt aller Plauze und aller Hemputis vorwiegend rot ist, wie viele grüne Hunkis können maximal in einem Hemputi sein?

(aus „Die Zeit" vom 24.11.1967).

Aufgabe 3 (Logelei)

Suchen Sie die Lösung des vorstehenden Rätsels!

Man könnte an dieser Stelle noch viel zu Euklids Axiomen und seinen Folgerungen daraus sagen. Abgesehen davon, dass Ersatz für das starke Hilfsmittel des Kreises geschaffen werden muss, sind auch zahlreiche Löcher zu stopfen, wo Euklid doch allzu sehr der Anschauung verbunden war und deshalb zu großzügig argumentiert hat. Insbesondere müssen mit Hilfe von Axiomen die *Lage-Beziehungen* geklärt werden. Wann liegt ein Punkt (auf einer Geraden) zwischen zwei anderen gegebenen Punkten (auf der selben Geraden)? Wann liegen Punkte einer Ebene auf verschiedenen Seiten einer gegebenen Geraden? Und warum trifft dann die Verbindungsstrecke der beiden Punkte auf jeden Fall die gegebene Gerade?

Darüber hinaus verwendet Euklid ohne befriedigende Erklärung einen weiteren undefinierten Grundbegriff, nämlich die Deckungsgleichheit von geometrischen Figuren. Heute spricht man dabei von „Kongruenz". Zwei Dreiecke sind genau dann kongruent, wenn sie bei richtiger Anordnung in allen Seiten und Winkeln übereinstimmen (wobei unter „Übereinstimmung" die Deckungsgleichheit zu verstehen ist). Bei Euklid findet sich hierzu ein nur unvollständig bewiesener Satz, dessen Gültigkeit heute meist als Axiom gefordert wird:

Axiom von der SWS-Kongruenz

Wenn zwei Dreiecke in einem Winkel und den beiden anliegenden Seiten übereinstimmen, sind sie schon kongruent.

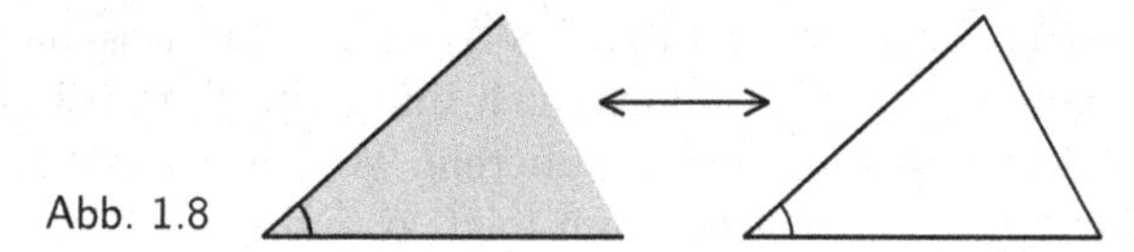

Abb. 1.8

Sätze und Beweise in der Geometrie

Nun sind wir halbwegs gerüstet, um einmal ein Theorem anzuschauen. Ein ***Theorem*** ist ein mathematischer Satz, der durch logisches Schließen (den sogenannten ***Beweis***) auf Axiome oder früher bewiesene Sätze zurückgeführt werden kann. Wenn die Axiome die Spielregeln sind, dann sind alle daraus hergeleiteten Theoreme im Rahmen der Spielregeln wahr. Statt „Theorem" benutzt man auch die Wörter „Satz" oder „Proposition".

Als typisches Beispiel für die Vorgehensweise Euklids betrachten wir den

Satz: *In einem gleichschenkligen Dreieck sind die Basiswinkel gleich.*

Der Beweis wird durch eine Skizze verständlicher, die unter dem lateinischen Namen „pons asinorum" („Eselsbrücke") bekannt ist.

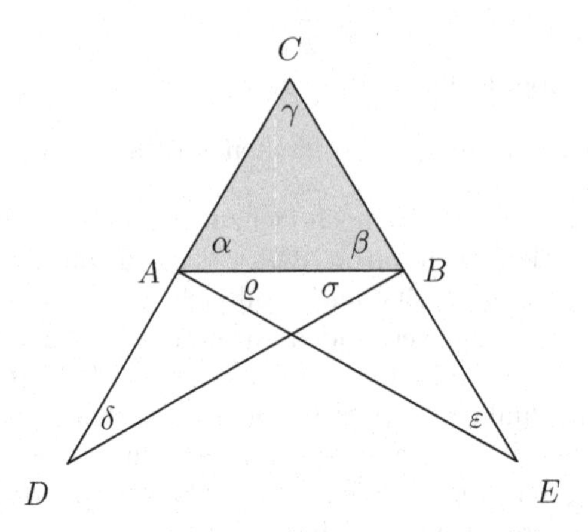

Abb. 1.9 Pons asinorum

Gegeben ist das Dreieck ABC, die Winkel seien mit α, β und γ bezeichnet. Es sei $AC = BC$. Dann nennt man α und β die ***Basiswinkel***.

Euklid argumentiert wie folgt: Verlängere CB über B hinaus bis zu einem beliebigen Punkt E und verlängere CA über A hinaus bis zu einem Punkt D, so dass $AD = BE$ ist! Das ist auf Grund seiner Postulate möglich.

Da die Dreiecke BCD und ACE in einem Winkel (nämlich γ) und den beiden anliegenden Seiten übereinstimmen, sind sie nach dem SWS-Axiom kongruent, also ist $DB = EA$ und die Winkel δ (bei D) und ε (bei E) stimmen überein.

Eine erneute Anwendung des SWS-Axioms zeigt, dass die Dreiecke DBA und EAB kongruent sind. Also stimmen auch ihre Winkel σ (bei B im ersten Dreieck) und ϱ (bei A im zweiten Dreieck) überein. Wegen der ersten Kongruenz muss jedoch schon $\alpha + \varrho = \beta + \sigma$ sein. Dann folgt: $\alpha = \beta$. **q.e.d.**[3]

Was fällt bei diesem Beweis auf? Er beginnt mit scheinbar sinnlosen Aktionen, die munter fortgeführt werden, zwar logisch einwandfrei, doch ohne erkennbare Strategie, bis plötzlich wie von Zauberhand das gewünschte Ergebnis erscheint. Dies ist die sogenannte „deduktive Methode“ und Euklid geht immer in einer solchen Weise vor. Er verrät nie, wie er zu seinem Beweisweg gekommen ist.

Tatsächlich ist es in einer streng logisch aufgebauten Theorie ohne Belang, wie die Sätze und Beweise zustande kommen, wichtig ist nur, dass jeder Schritt einwandfrei begründet wird. Ich will das an einem arithmetischen Beispiel verdeutlichen:

Behauptung: *Die Zahl* 1 *ist Lösung der quadratischen Gleichung*

$$x^2 + 2x - 3 = 0.$$

[3]Die Buchstaben „q.e.d.“ stehen für „quod erat demonstrandum“ („was zu beweisen war“). Schon Euklid pflegte das Ende seiner Beweise in ähnlicher Weise zu kennzeichnen.

1. BEWEIS: Setzen wir auf der linken Seite der Gleichung für x die Zahl 1 ein, so erhalten wir den Wert $1^2 + 2 \cdot 1 - 3 = 1 + 2 - 3 = 0$. Das stimmt mit der rechten Seite überein. **q.e.d.**

„Halt!", höre ich meinen Freund Wolfgang, einen alten Praktiker, rufen. „Das war doch eben nur die ***Probe***! Die interessiert doch eigentlich niemanden. Ich möchte nur wissen, wie Du das Ergebnis gefunden hast. War das geraten oder hast Du eine Formel benutzt?" Genau das ist der Punkt, worin sich Mathematik und Rechnen unterscheiden! Zu einem mathematischen Beweis gehört nur die logische Folgerichtigkeit, und die ist bei unserem obigen Beweis gegeben. Wie wir das Ergebnis, in diesem Fall also die Zahl 1, gefunden haben, spielt dabei keine Rolle. Von der Schule her ist man meist ein anderes Vorgehen gewöhnt:

2. BEWEIS: Die Gleichung bleibt richtig, wenn auf beiden Seiten das Gleiche addiert wird. Also ist

$$(x^2 + 2x - 3) + 4 = 4.$$

Jetzt steht aber auf der linken Seite das Quadrat $(x + 1)^2 = x^2 + 2x + 1$. Also muss $x + 1 = \pm\sqrt{4} = \pm 2$ sein. Wählen wir unter beiden Möglichkeiten die Lösung $x + 1 = 2$, so erhalten wir tatsächlich $x = 1$. **q.e.d.**

Dieser „Beweis" ist in Wirklichkeit gar keiner! Die Gleichung $x^2 + 2x - 3 = 0$ bekommt erst dann einen Sinn, wenn die Unbekannte x einen Zahlenwert erhalten hat. Danach kann die Gleichung richtig oder falsch sein. Wir haben im 2. Beweis – ohne es zu merken – eine Annahme gemacht, nämlich die, dass es eine Zahl x gibt, welche die Gleichung erfüllt. Unter dieser Annahme haben wir herausbekommen, wie x aussehen muss. Man nennt so etwas einen ***Eindeutigkeitsbeweis***. Die **Existenz** der Lösung können wir so nicht zeigen, dazu müssen wir tatsächlich die ungeliebte Probe machen.

Der von der Schule her gewohnte Weg kann manchmal sogar in die Irre führen:

(Falsche) Behauptung: 4 *ist Lösung der Gleichung* $2\sqrt{x} - 11 = (1 + \sqrt{x})^2 - x$.

„BEWEIS": Rechnen wir auf der rechten Seite die Klammer aus und addieren wir auf beiden Seiten eine 1, so erhalten wir $2\sqrt{x} - 10 = 2 + 2\sqrt{x}$. Dividieren wir nun auf beiden Seiten durch 2 und quadrieren anschließend, so ergibt sich die Beziehung

$$x - 10\sqrt{x} + 25 = 1 + 2\sqrt{x} + x,$$

also $12\sqrt{x} = 24$ und damit $\sqrt{x} = 2$. Nochmaliges Quadrieren ergibt $x = 4$. **q.e.d.**

Wahrscheinlich wird sich niemand bei einer so einfachen Gleichung so dumm anstellen, aber im Rahmen einer größeren Aufgabe kann dergleichen schon vorkommen. Die Probe zeigt sofort, dass wir Unsinn herausbekommen haben, links erhalten wir -7 und rechts 5. Was ist passiert? Der Fehler besteht darin, dass wir von der Voraussetzung ausgegangen sind, dass die Ausgangsgleichung richtig ist. In Wirklichkeit ist sie aber für jedes eingesetzte x falsch!

Die deduktive Methode ist für uns ungewohnt und erschwert oft das Verständnis. Dennoch werden wir sie uns nach und nach aneignen müssen, denn nur sie liefert makellose Beweise.

Für ein paar Augenblicke wollen wir noch bei der Geometrie bleiben. Sicher kennt jeder den folgenden Satz noch aus der Schule:

Satz (über die Winkelsumme im Dreieck): *Die Summe der drei Innenwinkel eines Dreiecks beträgt genau* 180°.

Vielleicht haben Sie auch den Beweis dieses Satzes gesehen. Er macht wesentlich vom Parallelenaxiom Gebrauch. In der *nichteuklidischen Geometrie* beträgt dagegen die Winkelsumme im Dreieck niemals 180°.

Auch der folgende Satz benutzt das Parallelenaxiom. Sein Beweis liefert schöne einfache Beispiele für verschiedene Beweismethoden, deshalb soll er hier ausgeführt werden.

Satz (über Winkel an Parallelen): *Die beiden parallelen Geraden g_1 und g_2 werden von einer dritten Geraden h geschnitten, die dabei auftretenden Winkel seien wie in der folgenden Skizze bezeichnet. Dann gelten folgende Beziehungen:*

$$\gamma = \beta, \quad \sigma = \delta \quad \textit{und} \quad \beta + \delta = 180^\circ.$$

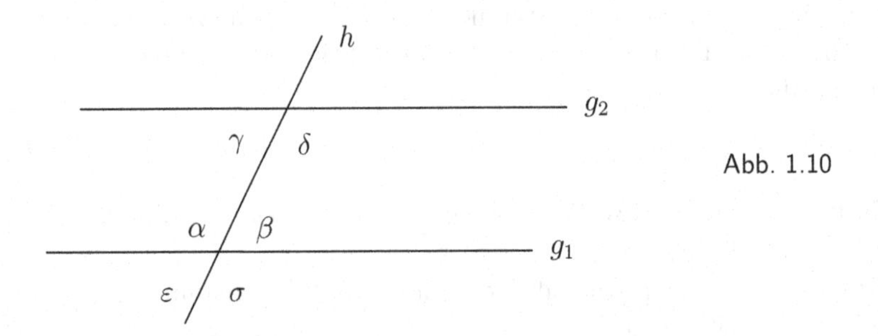

Abb. 1.10

Beweis: Wir beginnen mit dem dritten Teil und führen einen ***Widerspruchsbeweis***: Es soll gezeigt werden, dass $\beta + \delta = 180^\circ$ ist. Wir nehmen zunächst an, dass diese Behauptung falsch ist, und versuchen, aus der Annahme einen logischen Widerspruch herzuleiten.

Ist $\beta + \delta \neq 180^\circ$, so gibt es zwei Möglichkeiten, und wir führen eine ***Fallunterscheidung*** durch.

1. Fall: Es ist $\beta + \delta < 180^\circ$. Was nun? Es ist Zeit, sich an das Parallelenaxiom zu erinnern. Danach müssen sich g_1 und g_2 auf der Seite von h treffen, auf der β und δ liegen. Das kann aber nicht sein, weil g_1 und g_2 parallel sind.

Es bleibt also nur der **2. Fall:** $\beta + \delta > 180°$. Einfache Nebenwinkel-Beziehungen zeigen, dass dann $\alpha + \gamma < 180°$ ist. Nun führen wir einen ***Analogieschluss*** durch: Indem man die Bezeichnungen vertauscht, kann man die Überlegungen vom 1. Fall wörtlich übertragen. Auch der 2. Fall ist nicht möglich! Das ergibt den gesuchten Widerspruch, der nur auf Grund der Zusatzannahme auftreten konnte. Also war die Annahme falsch und der dritte Teil des Satzes ist bewiesen.

Die beiden ersten Teile ergeben sich aus dem dritten durch ***direkte Folgerung***: Ist $\beta + \delta = 180°$ und $\gamma + \delta = 180°$ (weil es sich um Nebenwinkel handelt), so muss $\beta = \gamma$ sein. Weil aber auch $\sigma + \beta = 180°$ ist, muss $\sigma = \delta$ sein. **q.e.d.**

Aufgabe 4 (Satz vom Außenwinkel)

Beweisen Sie – unter Benutzung des Parallelenaxioms – den **Satz vom Außenwinkel:** *Bei einem Dreieck ist jeder Außenwinkel gleich der Summe der beiden nicht anliegenden Innenwinkel.*

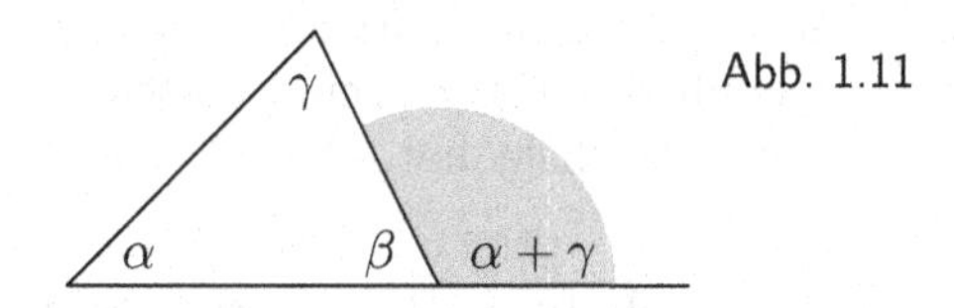

Abb. 1.11

Die Geometrie, die wir den *Elementen* des Euklid entnommen haben, bezeichnet man auch als *synthetische Geometrie*. Sie wird mehr oder weniger abstrakt aus den Axiomen entwickelt. Die Anschauung wird dabei zwar manchmal zu Hilfe genommen, aber nicht wirklich benutzt. Auch ein blinder Mensch könnte eine solche Geometrie betreiben. Andererseits ist es oft schwierig, auf diesem Wege alltägliche geometrische Sachverhalte herzuleiten. Und was wäre, wenn unser Axiomensystem Widersprüche enthielte? Zur Sicherung der Widerspruchsfreiheit (und damit der Existenz) einer ebenen Geometrie sollten wir ein „Modell" zur Verfügung haben, dessen Existenz unzweifelhaft ist und in dem alle Axiome erfüllt sind.

Ein solches Modell lieferte 1637 der französische Philosoph und Mathematiker René Descartes, als er erstmals *Koordinaten* benutzte, um Punkte der Ebene zu beschreiben. Im Laufe der folgenden Jahrhunderte entwickelte sich daraus die *analytische Geometrie*.

In einem Koordinatensystem kann man nachrechnen, dass die Axiome der euklidischen Geometrie erfüllt sind. Damit wird zwar nachträglich die gesamte Geometrie gerechtfertigt, aber wird sie dadurch wahrer? Eigentlich hat man das Problem nur verlagert, nun muss jenes Axiomensystem überprüft werden, das uns die Existenz von Zahlen, Koordinatenpaaren und das Rechnen mit ihnen sichert. Immerhin gelangt man so auf eine etwas einfachere Denkebene. Die analytische Geometrie erfordert weniger Anschauungsvermögen und Tricks als die synthetische Geometrie. Übrigens gibt es natürlich auch ein Modell für die nichteuklidische Geometrie, und es ist klar, dass das nicht die kartesische Ebene sein kann. Umso beeindruckender ist die Leistung der Mathematiker János (Johann) Bolyai und Nikolai Lobatschewski, die diese Geometrie um 1830 entwickelten, ohne das Modell vor Augen zu haben, das erst 1868 von Eugenio Beltrami vorgestellt wurde.

Für den Anfänger besonders schockierend ist vielleicht die Tatsache, dass die Mathematiker immer nur mit in sich logisch abgeschlossenen Systemen arbeiten, deren Wahrheitsgehalt allein von der sauberen logischen Schlussweise und nicht vom Inhalt abhängt. Natürlich wird man immer die Motivation für sein Vorgehen im Inhaltlichen suchen, aber im Grunde können die Spielregeln, also die Grundbegriffe und Axiome, (fast) willkürlich festgesetzt werden. Auch wenn man sich bemüht, die Axiomensysteme so einfach, einsichtig und wirklichkeitsnah wie möglich zu gestalten, eine absolute Wahrheit kann man auf diesem Wege nicht gewinnen.

Der Philosoph Immanuel Kant war im Gegensatz dazu noch der Meinung, es gäbe *a priori*[4] solche absoluten Wahrheiten und die Axiome der Geometrie wären ein gutes Beispiel dafür. Das musste natürlich auch bedeuten, dass es nur **eine** Geometrie geben kann. Selbst der große Mathematiker Gauß war so stark von der Kant'schen Philosophie beeinflusst, dass er seine Forschungsergebnisse zur nichteuklidischen Geometrie nie veröffentlicht hat, obwohl er von deren Richtigkeit durchaus überzeugt war.

Es bleibt die Frage, ob die mathematischen Systeme wenigstens relativ wahr sind, ob also die logischen Schlussweisen über jeden Zweifel erhaben sind. Es handelt sich dabei um ein Regelwerk, das in Jahrtausenden entstanden und von allen bekannten Zivilisationen akzeptiert worden ist. Das ist zwar eine gute Vertrauensbasis, aber wir wollen uns doch selbst ein Bild von dieser Logik machen.

Aussagenlogik

Mit der Aussagenlogik beginnt eine systematische Einführung in die Anfangsgründe der Mathematik. Sie lernen dabei auch die Sprache der modernen Mathematik kennen, die am Anfang durchaus verwirren kann. Damit Sie nicht ganz den Überblick verlieren, werden Definitionen und Sätze auf besondere Weise hervorgehoben.

Definition (logische Aussagen und Wahrheitswerte)

Eine ***Aussage*** ist ein als Satz formulierter Gedanke, dem man auf sinnvolle Weise einen Wahrheitswert zuordnen kann.

Als Werte sind nur ***„wahr“*** oder ***„falsch“*** zugelassen.

Wieder einmal haben wir es mit einer Definition zu tun, die eigentlich keine ist. Es ist zwar möglich, den Begriff der (mathematischen) „Aussage“ formal einwandfrei zu definieren, aber das ist nur etwas für solche Mathematiker, die sich intensiver mit den logischen Grundlagen beschäftigen wollen. Für uns soll die obige Erklärung

[4]Kant nannte eine Erkenntnis a priori, wenn sie von aller Erfahrung und allen Sinneseindrücken unabhängig ist.

nur eine Hilfe darstellen, um einfacher zwischen Aussagen und Nicht-Aussagen unterscheiden zu können. Was lesen wir also aus dieser Erklärung heraus?

Formal ist eine Aussage ein grammatikalisch richtiger Satz.

Zum Beispiel: „625 ist eine Quadratzahl."

Inhaltlich muss es möglich sein, dem Satz einen Wahrheitswert zuzuordnen. Bei dem obigen Beispiel ist das kein Problem, der Satz ist offensichtlich wahr. Auch ein Satz wie „Krokodile leben vorwiegend in der Arktis" bereitet keine Schwierigkeiten. Er ist offensichtlich falsch. Problematisch wird es aber bei Aussagen wie:

„Am 6. September 2025 wird es in Wuppertal regnen."

Diese Aussage können wir im Augenblick nicht überprüfen, aber dennoch ist sie wahr oder falsch und damit zulässig.

„Wie spät ist es?"

Das ist zwar ein grammatikalisch richtiger Satz, aber als Fragesatz kann er weder wahr noch falsch sein. Also handelt es sich nicht um eine Aussage.

„Die Winkelsumme im Dreieck beträgt 180°."

Natürlich ist das eine wahre Aussage. „Aber ...", fällt mir da mein Freund Helmut ins Wort, und der Schreck fährt mir in die Glieder, denn Helmut ist immer so pingelig. „Der Satz über die Winkelsumme stimmt ja nur, wenn das Parallelenaxiom gilt. Und es gibt mathematische Theorien, in denen das Parallelenaxiom nicht gilt." Da hat er recht! Der Wahrheitswert einer mathematischen Aussage kann erst dann festgelegt werden, wenn klar ist, welches Axiomensystem zugrunde gelegt werden soll. Die „sinnvolle Zuordnung eines Wahrheitswertes" müssen wir also folgendermaßen verstehen: Zunächst wird – mehr oder weniger willkürlich – ein Regelwerk ausgewählt (in der Mathematik meist ein Axiomensystem und eine Sammlung logischer Formeln), und dann wird unter Einhaltung dieser Regeln der Wahrheitswert einer Aussage bestimmt. Dabei kommt es nicht darauf an, dass man *hic et nunc*[5] diesen Wahrheitswert ermitteln kann, sondern nur, dass das prinzipiell möglich ist. Ein nichtmathematisches Beispiel ist etwa die Rechtsprechung. Die Frage „Schuldig oder nicht schuldig?" kann nur dann entschieden werden, wenn klar ist, welches Gesetzbuch zugrunde gelegt wird. Darüber hinaus muss aber auch die Beweislage eindeutig sein. „Dienstag ist Äquator", der Titel von J.G.A.Gallettis *Kathederblüten*, ist überhaupt keine sinnvolle Aussage, aber selbst der vernünftige Satz „Morgen regnet es" stellt keine Aussage dar, solange nicht Ort und Zeit festgelegt werden.

Wir sind hauptsächlich an mathematischen Aussagen interessiert. Neben den als „wahr" gesetzten Axiomen stehen uns logische Formeln zur Verfügung, und mit denen wollen wir uns als Nächstes beschäftigen.

---

[5]Zu Deutsch: „hier und jetzt."

Aus einfachen Aussagen kann man durch *logische Verknüpfung* kompliziertere bilden. Dabei benutzt man *Wahrheitstafeln*, um den Wahrheitswert einer zusammengesetzten Aussage durch die Werte der Teilaussagen festzulegen.

Bevor wir damit beginnen, noch ein paar Worte zur Schreibweise: Mathematische Objekte sind ja eigentlich abstrakte Ideen, aber wenn wir jemandem etwas über ein solches Objekt mitteilen wollen, brauchen wir einen Namen dafür. So ist „625" der Name für eine ganz bestimmte Zahl und wir können auch „Sechshundertfünfundzwanzig" dafür sagen. In einem lateinischen Text würden wir „DCXXV" als Namen derselben Zahl finden. Es handelt sich immer um dasselbe Objekt, aber um verschiedene Namen. Es besteht also ein Unterschied zwischen Name und Objekt, so wie das auch im wirklichen Leben ist: Klaus Fritzsche lehrt an der Universität Wuppertal, der Name „Klaus Fritzsche" findet sich dort im Vorlesungsverzeichnis. In der Mathematik verwendet man häufig Buchstaben als Namen für Objekte, z.B. kleine lateinische Buchstaben für Strecken, kleine griechische Buchstaben für Winkel und große Buchstaben für Punkte. In der *Aussagenlogik* werden wir Aussagen mit großen Buchstaben $A, B, C, \ldots$ bezeichnen.

Definition (Konjunktion)

Unter der ***Konjunktion*** zweier Aussagen A und B versteht man die Aussage $A \wedge B$ (in Worten: „A **und** B"), die genau dann wahr ist, wenn A und B gleichzeitig wahr sind.

Bezeichnen wir die beiden möglichen Wahrheitswerte mit w und f (für „wahr" und „falsch"), so gibt die folgende Wahrheitstafel an, wie die Konjunktion $A \wedge B$ mit einem Wahrheitswert versehen wird. Offensichtlich gibt es genau vier Möglichkeiten, wie die Werte von A und B verteilt sein können, und für jede dieser Möglichkeiten wird der Wert von $A \wedge B$ festgelegt. Das sieht folgendermaßen aus:

A	B	$A \wedge B$
w	w	w
w	f	f
f	w	f
f	f	f

1.1 Beispiele

A. „18 ist eine gerade Zahl und durch 3 teilbar." Das ist eine wahre Aussage (im Rahmen des Axiomensystems für die Arithmetik), die hier umgangssprachlich etwas vernebelt wurde. Eigentlich handelt es sich um die Aussage: „18 ist eine gerade Zahl, und 18 ist durch 3 teilbar."

B. „15 ist eine gerade Zahl und durch 3 teilbar." Das ist nun eine falsche Aussage, denn der erste Teil ist falsch.

Definition (Disjunktion)

Unter der ***Disjunktion*** zweier Aussagen A und B versteht man die Aussage $A \vee B$ (in Worten: „A **oder** B“), die genau dann wahr ist, wenn wenigstens eine der beiden Aussagen A oder B wahr ist.

A	B	$A \vee B$
w	w	w
w	f	w
f	w	w
f	f	f

Hier beginnen die ersten Schwierigkeiten. In der Umgangssprache wird „oder“ meist im ausschließenden Sinne von „entweder ... oder“ gebraucht. Die logische Disjunktion ist aber auch dann wahr, wenn beide Aussagen wahr sind. Deshalb sind umgangssprachliche Beispiele etwas schwer zu finden:

1.2 Beispiele

A. „Ich werde Mathematik oder Informatik studieren.“ Diese Aussage ist auch dann wahr, wenn ich mich dafür entscheide, beide Fächer zu studieren. Falsch wird sie aber z.B., wenn ich Ägyptologie und nichts anderes wähle.

B. „Ich kann nur Hü oder Hott sagen.“ Das ist natürlich falsch, denn ich kann ja beide Wörter vermeiden.

Definition (Negation)

Unter der ***Negation*** einer Aussage A versteht man die Aussage $\neg A$ („**nicht** A“), die genau dann wahr ist, wenn A selbst falsch ist.

A	$\neg A$
w	f
f	w

1.3 Beispiele

A. Die Negation der Aussage „4 ist ungerade“ ist die Aussage „4 ist gerade“, denn es gibt nur diese beiden Möglichkeiten.

B. **Aber** die Negation der Aussage „4.5 ist ungerade“ ist nicht die Aussage „4.5 ist gerade“, denn beide Aussagen sind falsch, ja sogar unsinnig. Die Negation der Aussage „Diese Kuh ist schwarz“ ist nicht etwa die Aussage „Diese Kuh ist weiß“, denn es gibt ja noch andere Farben. Vielmehr müsste man sagen: „Diese Kuh ist nicht schwarz.“ Das umgangssprachliche *Gegenteil* ist meist etwas anderes als die *logische Verneinung*. Zum Beispiel ist das Gegenteil von

„weise“ sicher „dumm“, während die logische Verneinung „nicht weise“ auch noch die Möglichkeiten „klug“ oder „schlau“ zulassen würde.

Definition (Implikation)

Unter der ***Implikation*** $A \Longrightarrow B$ (in Worten: „A **impliziert** B“) versteht man die zusammengesetzte Aussage $B \vee (\neg A)$.

A	B	$A \Longrightarrow B$
w	w	w
w	f	f
f	w	w
f	f	w

Was bedeutet diese Aussagenverknüpfung? Wenn die Aussage A die Aussage B impliziert und wenn A wahr ist, dann muss nach der oben stehenden Tafel zwangsläufig auch B wahr sein. Das liefert einen kausalen Zusammenhang, und in der Umgangssprache sagen wir:

„Aus A folgt B“, oder auch: „Wenn A, dann B.“

Statt von einer Implikation sprechen wir deshalb auch von einer *logischen Folgerung*. Die Aussage A nennt man dann *Voraussetzung* oder ***Prämisse***, die Aussage B *Behauptung* oder ***Conclusio***. Es gibt aber einen großen Unterschied zwischen der Implikation und dem, was man so im normalen Leben unter einer Folgerung versteht. Der ungeübte Mathematiker stellt sich unter einer „Voraussetzung“ immer eine wahre Aussage vor, denn der Sinn der Implikation sollte ja wohl darin bestehen, dass man von bekannten Wahrheiten auf neue schließt. Wir haben hier aber die Implikation als eine logische Verknüpfung definiert, die auch dann gebildet werden kann, wenn die Prämisse falsch ist. Dass sie in solchen Fällen stets wahr ist, kann man nur formal der Wahrheitstafel entnehmen.

1.4 Beispiele

A. „Wenn man das Licht anschaltet, wird es hell.“ Diese inhaltlich wahre Folgerung lässt sich über eine Kette wahrer physikalischer Aussagen nachweisen.

B. „In der euklidischen Geometrie beträgt die Winkelsumme im Dreieck immer 180°.“ Das ist sicher wahr, aber was ist denn hier die Prämisse? Sie ist in dem Ausdruck „In der euklidischen Geometrie“ versteckt. Gemeint ist eine Aussage, die alle Axiome dieser Geometrie (einschließlich des Parallelenaxioms) umfasst. Und die Herleitung der Behauptung aus der Voraussetzung erfordert viele Zwischenschritte.

C. Die ersten beiden Beispiele waren sehr komplex, es gibt aber auch einfachere Situationen: Wenn A und B zwei Aussagen sind, dann ist

$$A \wedge B \Longrightarrow A$$

eine wahre Implikation, unabhängig von den Wahrheitswerten von A und B. Den Nachweis führt man ganz einfach mit einer Wahrheitstafel:

A	B	$A \wedge B$	$A \wedge B \Longrightarrow A$
w	w	w	w
w	f	f	w
f	w	f	w
f	f	f	w

D. „Wenn $2 \cdot 2 = 4$ ist, ist Texas ein amerikanischer Bundesstaat.“ Das ist eine formal korrekte logische Folgerung, obwohl die beiden beteiligten Aussagen inhaltlich nichts miteinander zu tun haben.

E. „Wenn $2 \cdot 2 = 5$ ist, bin ich der Papst.“ Auch diese Folgerung ist formal korrekt, obwohl sie reichlich absurd klingt. Wir sollten uns merken:

Aus einer falschen Aussage kann man alles folgern!

„Alles Quatsch!“, meint Wolfgang, der von theoretischen Spitzfindigkeiten nicht viel hält. „Warum sollte man aus einer falschen Aussage etwas folgern wollen? Und was soll denn dabei Vernünftiges herauskommen?“ Nun, ich gebe zu, dass es zu Anfang schwer ist, sich unter einer „Folgerung“ lediglich eine formale Verteilung von Wahrheitswerten vorzustellen. Man kann sich aber daran gewöhnen. Und wozu das gut ist? Warten wir's ab!

F. „Wenn x eine gerade Zahl ist, dann ist auch x^2 gerade.“ Diese Aussage ist sicher wahr, denn sie stellt sogar eine inhaltlich wahre Folgerung dar. Oder ...?! Was ist denn x??? Wir verstehen und bejahen zwar die Folgerung, aber die Voraussetzung „x ist eine gerade Zahl“ kann keine Aussage in unserem Sinne sein. Setzen wir für x die Zahl 4 ein, so bekommen wir eine wahre Aussage, setzen wir für x die Zahl 7 ein, so wird die Aussage falsch. Die eindeutige Zuordnung eines Wahrheitswertes ist also nicht möglich. Das Gleiche gilt für die Behauptung „x^2 ist gerade“, und die Implikation ist dann natürlich auch keine Aussagenverknüpfung.

Andererseits wollen wir in der Mathematik gerade mit solchen Sätzen arbeiten. Daher erscheint es ratsam, den Begriff der Aussage zu erweitern.

Prädikatenlogik und Tautologien

Definition (Aussageform)

Unter einer ***Aussageform*** versteht man ein sprachliches Gebilde, das formal wie eine Aussage aussieht, aber eine oder mehrere Variablen enthält.

Eine *Variable* ist der Name für eine Leerstelle in einem logischen oder mathematischen Ausdruck oder in einer Aussage. An Stelle der Variablen kann ein konkretes Objekt eingesetzt werden. Dabei muss überall, wo die gleiche Variable auftritt, auch das gleiche Objekt benutzt werden. Außerdem kommen wir überein, dass wir nur solche Objekte einsetzen, für die auch etwas Sinnvolles herauskommt. Wir sagen, dass wir die Objekte in einem ***zulässigen Objektbereich*** wählen.

1.5 Beispiele

A. Jeder kennt den Begriff der quadratischen Gleichung, z.B.

$$x^2 - 4x - 21 = 0.$$

Kämen nur konkrete Zahlen vor, so wäre dies eine Aussage. Da aber eine Variable x auftaucht, handelt es sich um eine Aussageform. Einen zulässigen Objektbereich stellen die uns bekannten Zahlen dar, z.B. 1, 17, -23, $5/12$, $\sqrt{3}$ oder auch beliebige Dezimalbrüche 3.141592653...

Setzt man für x die Zahl 7 ein, so erhält man die wahre Aussage $7^2 - 4 \cdot 7 - 21 = 0$. Setzt man dagegen die Zahl 1 ein, so erhält man die falsche Aussage $1^2 - 4 \cdot 1 - 21 = 0$. Die quadratische Gleichung zu lösen bedeutet also, alle Zahlen x zu finden, für die aus der Aussageform $x^2 - 4x - 21 = 0$ eine wahre Aussage wird.

Wie man diese Zahlen konkret ermittelt, wird sich später zeigen.

B. Betrachten wir die Aussage: „Wenn Herr Seesohn Steuern hinterzogen hat, dann werden wir diesen Herrn bald im Gefängnis besuchen können.“ Diese logisch klingende Aussage ist natürlich nur dann wahr, wenn unser Justizsystem so effektiv ist, dass jeder Täter gefasst wird. Nimmt man für den Augenblick an, dass diese Voraussetzung gegeben ist, so macht man eine verblüffende Feststellung: Man kann das Subjekt des Aussagesatzes, den Herrn Seesohn, durch eine Variable X ersetzen und erhält dann eine Aussageform: „Wenn X Steuern hinterzogen hat, dann werden wir X bald im Gefängnis besuchen können.“, die **immer** wahr ist, unabhängig davon, welche Person man für X einsetzt. Solche Aussageformen sind natürlich besonders interessant. In der Mathematik trifft man sie häufig an, etwa als allgemeingültige Formeln wie $x + y = y + x$ oder $x^2 - y^2 = (x - y)(x + y)$.

Durch die Einführung von Variablen können wir die innere Struktur von Aussagen besser studieren. Eine Aussageform $A(x)$, in der x als einzige Variable vorkommt, beschreibt eine Eigenschaft, die dem für x einzusetzenden Objekt zukommt. Auf diese Weise bekommt x ein ***Prädikat*** und man nennt die Theorie der Aussageformen deshalb auch ***Prädikatenlogik***. Es handelt sich dabei um eine Erweiterung der Aussagenlogik: Ersetzt man in $A(x)$ die Variable x durch ein zulässiges Objekt, so erhält man eine sinnvolle Aussage, der man dann einen Wahrheitswert zuordnen kann. Enthält eine Aussageform mehrere Variable, so muss man diesen Schritt eben mehrfach durchführen.

Aussageformen kann man genauso wie Aussagen logisch miteinander verknüpfen: Sind etwa $A(x)$, $B(x)$ zwei Aussageformen mit gleichem zulässigem Objektbereich, so kann man die Aussageformen $A(x) \wedge B(x)$, $A(x) \vee B(x)$, $\neg A(x)$ und die Implikation $A(x) \implies B(x)$ bilden.

Wenn nun $A(x)$ eine Aussageform ist, dann kann es passieren, dass $A(a)$ für jedes einzelne zulässige Objekt a wahr ist. Wir sagen dann:

„Für alle x gilt: $A(x)$ “ ,

und das ist eine (wahre) Aussage! Durch die ***Quantifizierung*** mit Hilfe der Wörter „für alle“ haben wir die ursprünglich *freie Variable* x gebunden. Das Ergebnis enthält – von außen betrachtet – keine Variable mehr. Das Gleiche gilt bei anderen Quantifizierungen, wie etwa „für kein“, „für wenigstens ein“ oder „für einige“. Dieses neue Verfahren, Aussagen zu bilden, rettet uns im Falle des Beispiels 1.4.F. auf Seite 23. Die Wahrheit einer solchen Aussage zu ermitteln, ist allerdings nicht so einfach. Normalerweise würde man versuchen, nacheinander alle zulässigen Objekte in $A(x)$ einzusetzen und jeweils den Wahrheitswert zu bestimmen. Enthält aber der zulässige Objektbereich zu viele Elemente, so muss man sich etwas anderes einfallen lassen. Im nächsten Kapitel werden wir darauf näher eingehen.

Wir kehren noch einmal zur Aussagenlogik zurück:

Definition (Äquivalenz)

Unter der ***logischen Äquivalenz*** $A \iff B$ (in Worten: „A **gilt genau dann, wenn** B **gilt**“) versteht man die zusammengesetzte Aussage

$$(A \implies B) \wedge (B \implies A).$$

Die Wahrheitstafel sieht folgendermaßen aus:

A	B	$A \iff B$
w	w	w
w	f	f
f	w	f
f	f	w

Zwei Aussagen sind also genau dann logisch äquivalent, wenn sie den gleichen Wahrheitswert besitzen. Inhaltlich brauchen sie nichts miteinander zu tun zu haben.

Es gibt Aussagenverknüpfungen, die allein auf Grund ihrer logischen Struktur immer wahr sind, unabhängig davon, welche Wahrheitswerte die verknüpften Einzelaussagen besitzen. Solche Aussagenverbindungen behalten ihre Allgemeingültigkeit auch dann, wenn man einzelne Teilaussagen durch Aussageformen ersetzt. Man kann sich ja ein „für alle ...“ davor denken. Man spricht dann von ***Tautologien***.

1.6 Beispiel

$$(A \Longrightarrow B) \iff (B \vee (\neg A)).$$

Es ist klar, dass dies eine Tautologie ist, denn wir haben ja die linke Seite durch die rechte Seite definiert, unabhängig vom Wahrheitswert der Aussagen A und B.

Weitere Beispiele sind die „Verneinungsregeln“:

Satz (von der doppelten Verneinung):

$$\neg(\neg A) \iff A \quad \textit{ist eine Tautologie.}$$

Umgangssprachlich bedeutet das: Eine doppelte Verneinung ist eine Bejahung. Allerdings gibt es Dialekte in Deutschland, in denen eine doppelte Verneinung als besonders bestärkte Verneinung gilt: „Nein, den Huber Franz hab' ich gar nie nicht geschlagen!“ Solche Sprachregelungen können wir in unserer formalen Logik natürlich nicht verarbeiten.

Der BEWEIS kann mit Hilfe einer Wahrheitstafel geführt werden, indem man für die Aussage (oder Aussageform) A die beiden möglichen Wahrheitswerte einsetzt und dann überprüft, ob links und rechts vom Äquivalenzzeichen der gleiche Wert auftaucht:

A	$\neg A$	$\neg(\neg A)$
w	f	w
f	w	f

Es liegt also tatsächlich eine Tautologie vor! **q.e.d.**

Satz (De Morgan'sche Regeln):

$$\neg(A \wedge B) \iff (\neg A) \vee (\neg B)$$

und

$$\neg(A \vee B) \iff (\neg A) \wedge (\neg B).$$

sind Tautologien.

BEWEIS: Wir verwenden wieder eine Wahrheitstafel:

A	B	$\neg A$	$\neg B$	$A \wedge B$	$\neg(A \wedge B)$	$(\neg A) \vee (\neg B)$
w	w	f	f	w	f	f
w	f	f	w	f	w	w
f	w	w	f	f	w	w
f	f	w	w	f	w	w

Da sich in den beiden letzten Spalten stets gleiche Wahrheitswerte finden, ist die erste Tautologie bewiesen.

Die zweite Regel wird analog bewiesen, das sei dem Leser überlassen. **q.e.d.**

Analog führt man auch den Beweis der folgenden Tautologien:

Satz (Kommutativgesetze):

$$A \wedge B \iff B \wedge A \quad \textit{und} \quad A \vee B \iff B \vee A.$$

Satz (Assoziativgesetze):

$$A \wedge (B \wedge C) \iff (A \wedge B) \wedge C \quad \textit{und} \quad A \vee (B \vee C) \iff (A \vee B) \vee C.$$

Satz (Distributivgesetze):

$$A \wedge (B \vee C) \iff (A \wedge B) \vee (A \wedge C)$$

$$A \vee (B \wedge C) \iff (A \vee B) \wedge (A \vee C).$$

Wir wollen die Beweise hier nicht ausführen, sie können alle mit Wahrheitstafeln erledigt werden. Zu beachten ist, dass sich die Assoziativ- und Distributivgesetze aus drei Aussagen zusammensetzen. Es gibt acht verschiedene Möglichkeiten, die Werte w und f auf A, B und C zu verteilen.

Es ist schwierig, vernünftige Beispiele aus dem Alltag für die Distributivgesetze zu finden. Stattdessen schauen wir uns an, wie man sie zur Vereinfachung logischer Ausdrücke benutzen kann:

Sehr häufig kommt die Aussagenverbindung $A \wedge (A \implies B)$ vor. Ersetzen wir den Ausdruck in der Klammer durch den logisch äquivalenten Ausdruck $B \vee \neg A$, so erhalten wir:

$$\begin{aligned} A \wedge (A \implies B) &\iff A \wedge (B \vee \neg A) \\ &\iff (A \wedge B) \vee (A \wedge \neg A) \\ &\iff A \wedge B \quad \text{(denn der zweite Teil ist immer falsch).} \end{aligned}$$

Wenn man erst einmal einen gewissen Vorrat an Tautologien zur Verfügung hat, kann man versuchen, weitere Tautologien durch ***Äquivalenzumformungen*** zu gewinnen:

Satz (Äquivalenzprinzip):

Ist A eine Tautologie und $A \iff B$ eine Tautologie, so ist auch B eine Tautologie.

Zum BEWEIS betrachte man die Wahrheitstafel von $A \iff B$. Nur in der ersten Zeile sind A und $A \iff B$ gleichzeitig wahr. Aber dort ist auch B wahr. **q.e.d.**

Aufgabe 5 (Einige Tautologien)

Zeigen Sie, dass die folgenden Aussagenverknüpfungen Tautologien sind:

1. $(A \wedge (A \implies B)) \implies B$ (Abtrennungsregel).
2. $((A \implies B) \wedge (B \implies C)) \implies (A \implies C)$ (Syllogismusregel).
3. $A \vee (\neg A)$ (Gesetz vom ausgeschlossenen Dritten).
4. $(A \implies B) \iff (\neg B \implies \neg A)$ (Kontrapositionsgesetz).

Wir können Tautologie auf Tautologie türmen, aber wo bleibt die Wahrheit? Wie man aus alledem eine mathematische Theorie konstruiert, werden wir im Ergänzungsteil am Schluss dieses Kapitels zeigen.

Beweismethoden

Wir wollen nun die wichtigsten Beweismethoden diskutieren. Zwar kennen wir einige von ihnen schon, aber mit Hilfe der Aussagenlogik können wir sie besser analysieren:

Beim ***direkten Beweis*** geht man von einer wahren Voraussetzung A (einem Axiom oder einer schon früher bewiesenen Aussage) aus und zeigt, dass die Implikation $A \implies B$ wahr ist. Dann ist auch die Aussage B wahr.

Ein anderes, besonders beliebtes Verfahren ist der ***Widerspruchsbeweis***. Er beruht auf folgender Überlegung:

Es soll die Wahrheit einer Implikation $A \implies B$ bewiesen werden. Diese ist gegeben, wenn die Verneinung der Implikation (also die Aussage $\neg B \wedge A$) falsch ist. Zeigt man nun, dass die Implikation

$$(\neg B \wedge A) \implies C$$

wahr ist, mit einer offensichtlich falschen Aussage C, so muss die Prämisse $\neg B \wedge A$ falsch sein, wie ein Blick auf die Wahrheitstafel sofort zeigt. Aber damit ist die zu beweisende Implikation wahr!

In der Praxis bedeutet das: Zusätzlich zu der Prämisse A fügt man noch die Aussage $\neg B$ den Axiomen bei. Dann zieht man so lange direkte Schlüsse, bis man auf einen ***Widerspruch***, also eine eindeutig falsche Aussage C stößt. Der Vorteil liegt auf der Hand: Zum einen verfügt man für die Dauer des Beweises mit $\neg B$ über ein zusätzliches Axiom und zum anderen braucht der anzustrebende Widerspruch C nichts mit dem ursprünglichen Thema zu tun zu haben. Der Nachteil dieser Methode ist, dass man bei längeren Beweisen leicht die Übersicht verlieren kann.

1.7 Beispiel

A: Das Rechnen mit Längen und Zahlen kann genauso durchgeführt werden, wie man es in der Schule gelernt hat, und es gilt der Satz des Pythagoras.
B: Die Länge der Diagonale eines Quadrates mit Seitenlänge 1 kann nicht durch einen Bruch dargestellt werden.

Die Aussage $\neg B$ ist die „Annahme", dass die Länge d der fraglichen Diagonale als gekürzter Bruch p/q geschrieben werden kann. Wie wir schon zu Anfang dieses Kapitels gesehen haben, führt die Aussage $A \wedge (\neg B)$ letztendlich zu der Aussage: „p und q sind teilerfremd, aber beide durch 2 teilbar." Diese Aussage ist offensichtlich unsinnig, also ein Widerspruch. Damit folgt: $A \implies B$.

Nicht verwechseln sollte man den Widerspruchsbeweis mit der ***Kontraposition***: Sie beruht auf der Tautologie

$$(A \implies B) \iff (\neg B \implies \neg A).$$

Im Gegensatz zum Widerspruchsbeweis steuert man hier von der einzigen Prämisse $\neg B$ direkt auf die Aussage $\neg A$ zu.

1.8 Beispiel

Das Symbol n stehe immer für eine fest gewählte natürliche Zahl. Wir betrachten die beiden folgenden Aussageformen:

$A(n)$: n^2 ist gerade.
$B(n)$: n ist gerade.

Es soll $A(n) \implies B(n)$ für beliebiges n gezeigt werden. Wir benutzen das Prinzip der Kontraposition und setzen voraus, dass $\neg B(n)$ gilt. Dann ist n ungerade und kann in der Form $n = 2k + 1$ geschrieben werden, mit einer natürlichen Zahl k. Die Rechenregeln für natürliche Zahlen ergeben nun:

$$n^2 = (2k+1)^2 = (2k)^2 + 2 \cdot (2k) \cdot 1 + 1^2 = 4k^2 + 4k + 1 = 2 \cdot (2k^2 + 2k) + 1,$$

und das ist wieder eine ungerade Zahl. Es gilt also $\neg A(n)$.

Da wir im Beweis über n keine weitere Annahme gemacht haben, als dass es im zulässigen Objektbereich liegt (also eine natürliche Zahl ist), haben wir in Wirklichkeit bewiesen, dass die Implikation für alle n wahr ist.

Der Anfänger führt solche Kontrapositionsbeweise oft als „Widerspruchsbeweise". Er macht die *beiden* Annahmen A und $\neg B$ und führt den Widerspruch $A \wedge \neg A$

herbei. Das ist aber zu viel des Guten, denn die Aussage A wird überhaupt nicht benutzt. Zum Glück macht das nichts, und manchmal ist die Unterscheidung zwischen Widerspruchsbeweis und Kontraposition auch nicht so einfach.

Auf der Suche nach der Wahrheit in der Mathematik sind wir bei einem Punkt angelangt, an dem wir Bilanz ziehen sollten. Können wir die Logik, so wie sie oben beschrieben wurde, anerkennen? Es klingt ja alles recht vernünftig, wenn man sich erst einmal daran gewöhnt hat. Einen Aspekt haben wir aber noch nicht genügend gewürdigt: Wir werden in der Mathematik vielen Phänomenen begegnen (vor allem im Zusammenhang mit der „Unendlichkeit"), die nur damit zu erklären sind, dass eine mathematische Aussage stets entweder wahr oder falsch ist. Ein „ja, aber" oder „vielleicht" gibt es nicht! *Tertium non datur*! In Zeiten, wo Computer mit Fuzzy-Logik arbeiten, muss man diesen Standpunkt vielleicht überdenken. In der Welt um uns wimmelt es von „Vielleicht"-Entscheidungen.

Zwei gewichtige Gründe sprechen jedoch für das Festhalten an der zweiwertigen Logik: Jahrtausende lange Erfahrung hat gezeigt, dass die „griechische" Mathematik sehr gut in der Lage ist, die Welt zu beschreiben. Und zum anderen müsste die gesamte Mathematik neu entdeckt und geschrieben werden, wollte man die zugrunde liegende Logik verändern. Auch in der Physik und in anderen Naturwissenschaften behält man Hypothesen bei, solange sich die auf ihnen fußende Theorie in der Praxis bewährt.

Die Wahrheit in der Mathematik beruht also auf einer guten Auswahl der Axiome und auf einer strikten Einhaltung der logischen „Spielregeln". Letzteres ist verantwortlich für die Vorstellung, dass die Mathematik die exakteste aller Wissenschaften sei, und an dieser Vorstellung soll hier auch nicht gerüttelt werden. Dass aber auch die Mathematik nicht im Besitz der absoluten Wahrheit ist, dürfte hinreichend klar geworden sein.

Und damit sich niemand zu sehr auf die Macht der formalen Logik verlässt, möchte ich zum Abschluss dieses Kapitels noch die Geschichte von der unerwarteten Hinrichtung erzählen:[6]

Ein Richter verlas einmal folgendes Urteil: „Der Mann ist schuldig. Er soll zur Mittagsstunde gehängt werden, und zwar an einem der sieben Tage der nächsten Woche, frühestens am Sonntag. Und er soll den Tag seiner Hinrichtung erst am Morgen des betreffenden Tages erfahren."

Sobald der Verurteilte mit seinem Anwalt allein war, fing der Advokat an zu grinsen und sagte: „Sie sind fein heraus, das Urteil kann gar nicht vollstreckt werden! Der Richter ist bekannt dafür, dass seine Anweisungen wörtlich zu nehmen sind. Deshalb können Sie nicht am nächsten Samstag gehängt werden, denn das wüssten Sie ja schon am Freitag, im Gegensatz zu dem Richterspruch. Somit ist Freitag der

[6]vgl. Martin Gardner: *The Unexpected Hanging and Other Mathematical Diversions.*

letzte mögliche Termin. Aber der kann es nun auch nicht sein, denn das wüssten Sie ja schon am Donnerstag. Und der Donnerstag kommt dann ebenfalls nicht in Frage, denn ...“

„Ich hab's kapiert!“, unterbrach ihn der Verurteilte, der sich schon sehr viel besser fühlte. „Und genauso fallen Mittwoch, Dienstag und Montag aus. Sie müssten mich also schon morgen am Sonntag hängen, und das geht auch nicht, denn ich weiß es schon heute.“

Er begab sich frohgemut in seine Zelle und war sehr überrascht, als am Donnerstagmorgen der Henker in seiner Zelle erschien.

Das Urteil des Richters wurde also genau so ausgeführt, wie er es gesagt hatte.

Zugabe für ambitionierte Leser

Aufbau einer mathematischen Theorie. Wenn wir beweisen wollen, dass eine Aussage B wahr ist, und wenn wir schon wissen, dass die Aussage A wahr ist und dass B von A impliziert wird, wie gehen wir dann vor?

„Das ist doch klar“, meint Wolfgang. „Wir haben doch die Abtrennungsregel aus der Übungsaufgabe 5.1 auf Seite 28, und damit erhalten wir B.“

„Nein!“, mischt sich Helmut ein. „Die Abtrennungsregel liefert nur die zusammengesetzte Aussage $(A \wedge (A \implies B)) \implies B$, und wir haben keine Regel, mit der wir daraus die Aussage B isolieren können!“

„Aber warum heißt es dann *Abtrennungsregel*? Wenn doch A wahr ist und ...“

„Die Abtrennungsregel ist eine Implikation, und die kann auch dann wahr sein, wenn die linke Seite falsch ist! Nur über Wahrheitstafeln kann man sehen, dass B wahr sein muss, wenn A und $A \implies B$ beide wahr sind. Und das ist eine ziemlich unbefriedigende Argumentation.“

Na ja, lassen wir die beiden alleine weiterstreiten. Offensichtlich wird es Zeit, dass wir unsere Gedanken ordnen und überlegen, wie wir nun eine mathematische Theorie aufbauen können.

Es sei $\mathcal{A}$ das System der **Axiome** unserer Theorie. Das sind Aussagen, deren Wahrheit wir einfach festsetzen. Zu ihrer Formulierung benutzen wir primitive Terme und logische Verknüpfungen.

Mit Hilfe dieser primitiven Terme und logischen Verknüpfungen lassen sich weitere Aussagen formulieren, die entweder wahr oder falsch sind. Man würde gerne die Gesamtheit derjenigen Aussagen ermitteln, die unter Voraussetzung von $\mathcal{A}$ wahr sind. In der Praxis kommt man dabei mit Wahrheitstafeln nicht sehr weit.

Deshalb führen wir ein Regelsystem zur Bildung von Ketten wahrer Aussagen $A_1, A_2, \ldots$ (sogenannter **Beweise**) ein, und wir sehen die Wahrheit einer Aussage A als bewiesen an, wenn sie am Ende einer solchen Kette steht. Wir sagen dann „A ist aus $\mathcal{A}$ **ableitbar**“ und schreiben:

$$\mathcal{A} \vdash A.$$

Eine Beweiskette $A_1, A_2, \ldots A_n$ wollen wir zulässig nennen, wenn jede Aussage A, die in der Kette vorkommt, eine der folgenden Bedingungen erfüllt:

1. A ist eines der Axiome aus $\mathcal{A}$.

2. A ist eine Tautologie.

3. Es gibt in der Kette vor A eine Aussage B und die Aussage $B \Longrightarrow A$. Dieses Beweis-Schema trägt auch die Bezeichnung **Modus ponens** und kann so beschrieben werden:

$$\begin{array}{rlll} \text{Wenn} & \mathcal{A} & \vdash & B \\ \text{und} & \mathcal{A} & \vdash & (B \Longrightarrow A)\,, \\ \text{dann} & \mathcal{A} & \vdash & A\,. \end{array}$$

Der „Modus ponens“ ist das typische Muster eines **direkten Beweises**, seine Berechtigung erhält er aus der Wahrheitstafel für die Implikation. Damit können wir auch den oben angezettelten Streit schlichten. Wir wissen jetzt, dass eine wahre Prämisse und eine wahre Implikation eine wahre Conclusio zur Folge haben, weil wir das bei der Einführung der Implikation so festgesetzt haben. Und es wurde so festgesetzt, weil es unserem Gefühl von Logik entspricht.

Das Symbol $\vdash$ gehört nicht zu den logischen Verknüpfungen, es entstammt vielmehr einer übergeordneten „Metasprache“.

4. A entsteht aus einer vorher abgeleiteten zusammengesetzten Aussage B, indem man eine in B auftauchende Teilaussage durch eine äquivalente ersetzt. Dieses **Ersetzungsprinzip** verleiht den Tautologien eine besondere Bedeutung.

5. A ist eine **Definition**, führt also nur eine neue Bezeichnung für etwas schon Bekanntes ein. Hier gibt es zweierlei Versionen:

$a := \ldots$ besagt, dass das auf der rechten Seite des Gleichheitszeichens stehende Objekt künftig mit dem Namen a bezeichnet wird.

$C :\Longleftrightarrow \ldots$ führt die Abkürzung C für die rechts vom Äquivalenzzeichen stehende Aussage ein.

Ich möchte die Gelegenheit nutzen, um eindringlich auf den Unterschied zwischen dem Gleichheitszeichen und dem logischen Äquivalenzzeichen hinzuweisen!

Als Beispiel für das Ersetzungsprinzip untersuchen wir die Verneinung einer Implikation:

Satz:

$$\boxed{\neg(A \Longrightarrow B) \quad \Longleftrightarrow \quad (\neg B) \wedge A.}$$

BEWEIS:

$$\begin{aligned} \neg(A \Longrightarrow B) &\Longleftrightarrow \neg(B \vee (\neg A)) \\ &\Longleftrightarrow (\neg B) \wedge (\neg(\neg A)) \\ &\Longleftrightarrow (\neg B) \wedge A. \end{aligned}$$

In der ersten Zeile wurde die Implikation durch ihre Definition ersetzt, dann folgen zwei Verneinungsregeln. Wir haben schon einmal eine solche Kette von Äquivalenzen aufgestellt und dabei – ohne es zu bemerken – das Ersetzungsprinzip benutzt. Der Vorteil bei diesem Vorgehen besteht darin, dass man keine Wahrheitstafel benötigt. **q.e.d.**

Natürlich wird man in der Praxis nie so akribisch vorgehen, sehr oft fasst man viele logische Einzelschritte zu einem einzigen zusammen. Die Gewissheit in der Mathematik rührt aber daher, dass man zumindest im Prinzip in der Lage ist, jeden Beweis in winzige überschaubare Stückchen zu zerlegen.

Aufgaben

1.1 Lösen Sie Aufgabe 1 (Folgerung aus den Inzidenzbeziehungen) auf Seite 11.

1.2 Lösen Sie Aufgabe 2 (Ebenen-Modell) auf Seite 12.

1.3 Lösen Sie Aufgabe 3 (Logelei) auf Seite 13.

1.4 Lösen Sie Aufgabe 4 (Satz vom Außenwinkel) auf Seite 17.

1.5 Lösen Sie Aufgabe 5 (Einige Tautologien) auf Seite 28.

1.6 Zeigen Sie, dass $\sqrt{3}$ eine irrationale Zahl ist (dass es also keinen Bruch p/q mit $(p/q)^2 = 3$ gibt).

1.7 Ersetzen Sie „Pons asinorum" (Seite 13) durch einen deutlich einfacheren Beweis.

1.8 Im Dreieck ABC seien die Winkel bei A und B gleich. Es soll bewiesen werden, dass auch die gegenüberliegenden Seiten gleich sind. Machen Sie die Annahme, dass es einen Punkt D zwischen A und C gibt, so dass $AD = BC$ und $AD < AC$ ist, und führen Sie diese Annahme zum Widerspruch.

1.9 Ein Schüler liefert folgende „Lösung" einer Gleichung ab. Was hat er falsch gemacht?

$$\begin{array}{rrcll} & 7x & = & 10x - 3 & \mid -7 \\ \Longleftrightarrow & 7x - 7 & = & 10x - 10 & \\ \Longleftrightarrow & 7(x-1) & = & 10(x-1) & \mid : (x-1) \\ \Longleftrightarrow & 7 & = & 10. & \end{array}$$

1.10 Folgern Sie aus Euklids Axiom 5 (in der Originalversion), dass das Parallelenaxiom in der modernen Fassung gilt. Nehmen Sie an, zu einer gegebenen Geraden g und einem Punkt P, der nicht auf g liegt, gäbe es zwei Parallelen zu g durch P, und führen Sie das zum Widerspruch.

1.11 Es seien drei Geraden g_1, g_2 und h gegeben. Zeigen Sie: Ist g_1 parallel zu h und g_2 parallel zu h, so ist auch g_1 parallel zu g_2. Sie dürfen dabei ohne Beweis annehmen, dass es eine vierte Gerade f gibt, die alle drei anderen Geraden schneidet.

1.12 Welche Aussagenverknüpfung bedeutet „**entweder** A **oder** B"?

1.13 Verneinen Sie die folgenden Aussagen:

- Wenn 9 Teiler von 27 ist, dann ist auch 3 Teiler von 27.
- Es gibt mehr als zwei Studenten, die vor der Tür rauchen.
- Alle Professoren haben weiße Haare und einen Bart.
- In Wuppertal regnet es oder alle Ampeln sind rot.

1.14 Für welche Wahrheitswert-Verteilungen wird $(A \vee B) \wedge (C \vee \neg D)$ falsch?

1.15 Bestimmen Sie den Wahrheitsgehalt der folgenden Aussagen:

1. Wenn $5 = 7$ ist, dann ist $3 = 9$.
2. Wenn $5 = 7$ ist, dann ist $3 = 3$.
3. 5 ist genau dann gleich 7, wenn 3 gleich 3 ist.

1.16 Vier Personen A, B, C, D werden von der Polizei verhört. A sagt genau dann die Wahrheit, wenn B lügt. C lügt genau dann, wenn D die Wahrheit sagt. D lügt genau dann, wenn A lügt. Wenn D die Wahrheit sagt, dann auch B. Sagt C die Wahrheit?

1.17 Bilden Sie die Kontraposition zu den folgenden Aussagen:

- Wenn ein Viereck ein Quadrat ist, ist es ein Rechteck.
- Wenn $a < b$ ist, dann ist auch $a^2 < b^2$.
- Wenn Ferdinand schlechter als alle seine Mitschüler ist, hat er eine Sechs.

2 Von Mengen und Unmengen

Gott existiert, weil die Mathematik widerspruchsfrei ist, und der Teufel existiert, weil wir das nicht beweisen können.

André Weil[1]

Der Mengenbegriff

Georg Cantor (1845–1918) stellte am 29. November 1873 in einem Brief an den Braunschweiger Mathematiker Richard Dedekind sinngemäß die folgende Frage:

> „Kann man die Gesamtheit der natürlichen Zahlen 1, 2, 3, ... so der Gesamtheit der positiven reellen Zahlen zuordnen, dass jeder natürlichen Zahl n eine und nur eine reelle Zahl entspricht?“

Die „reellen Zahlen“, von denen hier die Rede ist, kann man sich als unendliche Dezimalbrüche vorstellen, und Cantor wollte wissen, ob die Gesamtheit dieser Dezimalbrüche abgezählt werden kann.

Am 7. Dezember 1873 konnte Cantor selbst den Beweis dafür geben, dass es eine solche Zuordnung zwischen den natürlichen und den reellen Zahlen **nicht** gibt! Die „Menge der reellen Zahlen“ ist nicht „abzählbar“.

Man kann dieses Datum als Geburtsstunde der ***Mengenlehre*** bezeichnen, die von Cantor vor allem entwickelt wurde, um besser mit den verschiedenartigen unendlichen Mengen umgehen zu können.

Aus dem Jahre 1895 stammt Cantors berühmte „Mengendefinition“:

Definition (Mengen und Elemente)

Unter einer ***Menge*** verstehen wir jede Zusammenfassung M von bestimmten wohlunterschiedenen Objekten unserer Anschauung oder unseres Denkens (welche die ***Elemente*** von M genannt werden) zu einem Ganzen.

Geschult durch unsere Überlegungen zur Axiomatik und Logik können wir an dieser Definition keinen großen Gefallen finden. In Wirklichkeit werden hier die Grundbegriffe „Menge“ und „Element“ eingeführt. Als Nächstes würden wir jetzt ein Axiomensystem erwarten. Das würde uns aber mit sehr komplizierten Begriffsbildungen konfrontieren, und so fortgeschritten sind wir im deduktiven Denken noch

[1]Der Franzose André Weil (1906–1998) war einer der bedeutendsten Mathematiker des 20. Jahrhunderts, Mitgestalter der modernen algebraischen Geometrie und Gründungsmitglied der „Bourbaki“-Gruppe. Sein Bonmot war eine Reaktion auf Kurt Gödels Ergebnisse zu den Grundlagen der Mengenlehre.

nicht. Deshalb begnügen wir uns erst einmal mit der anschaulichen Erklärung und machen uns darauf gefasst, dass über kurz oder lang Probleme auftreten werden.

Die Mengen bezeichnen wir fortan meist mit Großbuchstaben, die Elemente mit Kleinbuchstaben. Ist a ein Element von M, so schreiben wir:

$$\boxed{a \in M}$$

Aber **Vorsicht**! Die Welt ist nicht in Mengen und Elemente eingeteilt. Was eben noch eine Menge war, kann – als Objekt unseres Denkens – im nächsten Augenblick als Element einer anderen Menge dienen.

Will man eine neue Menge einführen, so braucht man Methoden zu ihrer Beschreibung:

Die einfachste Methode ist das **Aufzählen der Elemente**. Dazu werden die Elemente, durch Komma getrennt, hintereinander aufgeschrieben und insgesamt zwischen geschweifte Klammern gestellt.

2.1 Beispiele

A. $\{1, 2, 3\}$ ist die Menge der Zahlen 1, 2 und 3.

B. {blau, grün, gelb, orange, rot, violett} ist die Menge der Primär- und Sekundärfarben.

C. $\{\diamondsuit, \heartsuit, \spadesuit, \clubsuit\}$ ist die Menge der „Farben“ beim Skatspiel.

Bei dieser Schreibweise kommt es nicht auf die Reihenfolge an! So sind etwa die Mengen $\{1, 2, 3\}$ und $\{3, 1, 2\}$ gleich. Wichtig ist aber, dass die Elemente „wohlunterschieden“ sind. Die Menge $\{1, 2, 2\}$ stimmt mit der Menge $\{1, 2\}$ überein.

Manchmal ist es einem zu mühsam, alle Elemente hinzuschreiben. Dann deutet man die fehlenden durch Pünktchen an.

2.2 Beispiele

A. $\{1, 2, 3, \ldots, 10\}$ ist die Menge der natürlichen Zahlen von 1 bis 10.

B. $\{a, b, c, \ldots, z\}$ ist die Menge der Kleinbuchstaben von a bis z.

Handelt es sich schließlich um unendlich viele Elemente, so lässt man das Ende offen.

2.3 Beispiele

A. $\mathbb{N} := \{1, 2, 3, \ldots\}$ ist die Menge aller natürlichen Zahlen (Hier benutzen wir erstmals das Symbol „:=“ zum Definieren eines neuen Objekts!) und $\mathbb{N}_0 := \{0, 1, 2, 3, \ldots\}$ ist die Menge der natürlichen Zahlen einschließlich 0.

B. $\mathbb{Z} := \{\ldots, -2, -1, 0, 1, 2, 3, \ldots\}$ ist die Menge der ganzen Zahlen.

C. $\mathscr{P} := \{2, 3, 5, 7, 11, 13, 17, \ldots\}$ ist die Menge der Primzahlen.

Diese Schreibweise bietet natürlich Anlass zu vielerlei Missverständnissen. Zum Beispiel kann $\{3, 5, 7, \ldots\}$ die Menge der ungeraden positiven ganzen Zahlen sein, aber auch die Menge der ungeraden Primzahlen. Und was verbirgt sich hinter der Menge $\{3, 31, 314, 3\,141, 31\,415, \ldots\}$?

Besser ist daher die ***Beschreibung einer Menge durch eine Aussageform***. Ist $E(x)$ eine Aussageform mit einer freien Variablen x, so bezeichnet man die Menge M aller Objekte a, für die die Aussage $E(a)$ wahr ist, mit

$$M = \{x \mid E(x)\} \quad \text{oder mit} \quad M = \{x : E(x)\}.$$

Man sagt: „*M ist die Menge aller x mit $E(x)$.*“

2.4 Beispiele

A. $\mathscr{P} := \{x \mid x \text{ ist Primzahl}\}$.

B. Die Menge $\{x \mid (x \in \mathscr{P}) \wedge (x \text{ ist ein Teiler von } 30)\}$ besteht genau aus den Elementen 2, 3 und 5.

C. Die Menge $\{x \mid x = 2k + 1 \text{ für ein } k \in \mathbb{N}_0\}$ ist die Menge der ungeraden positiven ganzen Zahlen.

Definition (Gleichheit von Mengen)

Zwei Mengen M und N heißen ***gleich*** (in Zeichen: $M = N$), wenn sie die gleichen Elemente besitzen.

2.5 Beispiel

Aussage: *Sei $M := \{x \mid (x \in \mathbb{Z}) \wedge (4x = 16)\}$ und $N := \{4\}$. Dann ist $M = N$.*

Diese Aussage erfordert einen BEWEIS:

1. Ist $x \in N$, so ist $x = 4$. Aber 4 ist eine ganze Zahl und es ist $4 \cdot 4 = 16$. Also liegt die 4 auch in M.

2. Ist $x \in M$, so ist x eine ganze Zahl und $4 \cdot x = 16$, also $4 \cdot x = 4 \cdot 4$. Aber dann ist $x = 4$ und damit $x \in N$. Damit ist alles bewiesen. ■

Klartext: Nach einer kurzen und pragmatischen Einführung in die logischen Grundlagen sind wir im Rahmen der Mengenlehre in der Mathematik angekommen. Bei den obigen Zeilen handelt es sich nun um den ersten **mathematischen** Beweis in unserer Darstellung. Den sollten wir möglichst genau analysieren, denn unser Ziel besteht ja darin, die Kunst des Beweisens zu erlernen. Benutzt werden dürfen die Regeln der Logik, die Grundbegriffe der Mengenlehre, die Möglichkeiten der Beschreibung von Mengen und die Definition der Gleichheit von Mengen. Behauptet wird: $\{x : (x \in \mathbb{Z}) \wedge (4x = 16)\} = \{4\}$.

Wie findet man einen Beweis dieser Behauptung? Zunächst ist es nützlich, Abkürzungen einzuführen, damit alles etwas übersichtlicher wird, zum Beispiel: $M := \{x \mid (x \in \mathbb{Z}) \wedge (4x = 16)\}$ und $N := \{4\}$. Damit gewinnt die Behauptung die Gestalt „$M = N$". Erinnert man sich an die Definition der Gleichheit, so weiß man, dass man zeigen muss, dass M und N die gleichen Elemente besitzen. In anderen Worten: „$x \in M \iff x \in N$", oder ausführlicher: „Für alle x gilt: $x \in M \iff x \in N$." Und wie zeigt man das nun? Als Neuling im Geschäft kann man ruhig mal einen Rat annehmen, und der lautet hier: Zerlege eine Äquivalenz „$\mathscr{A} \iff \mathscr{B}$" in zwei Implikationen „$\mathscr{A} \implies \mathscr{B}$" und „$\mathscr{B} \implies \mathscr{A}$". Der Beweis zerfällt damit in zwei Teile.

1. Teil des Beweises: Weil eine Aussage für alle x bewiesen werden soll, beginnt man so: Sei $x \in M$ beliebig vorgegeben. Das heißt: $x \in \mathbb{Z}$ und $4x = 16$. Jetzt braucht man doch noch eine Information, die weder aus der Logik noch aus der Mengenlehre kommt, nämlich die Existenz einer einzigen (und ganzzahligen) Lösung der Gleichung $4x = 16$. Im nächsten Kapitel werden wir das Axiomensystem so erweitern, dass sich die Lösung $x = 4$ exakt herleiten lässt. Da aber jeder diese Lösung auch mit Hilfe seines Schulwissens findet, sei dieser Vorgriff gestattet. Also ergibt sich aus der Aussage „$x \in M$" die Aussage „$x = 4$", und die hat offensichtlich die Aussage „$x \in \{4\}$", also „$x \in N$" zur Folge.

Der 2. Teil des Beweises ist noch einfacher. Ist $x \in N$ beliebig vorgegeben, so muss zwangsläufig $x = 4$ sein. Das ist ein Element von $\mathbb{Z}$, und es ist $4x = 16$, also $x \in M$. Um den Schluss eines Beweises zu kennzeichnen, wird künftig statt des etwas bombastisch klingenden „q.e.d." ein kleines Karo (■) verwendet.

Das Beispiel zeigte, wie generell die Gleichheit von Mengen bewiesen wird:

$$M = N \iff ((x \in M) \implies (x \in N)) \wedge ((x \in N) \implies (x \in M)).$$

Wen stört, dass auf der rechten Seite der Äquivalenz eine Aussageform mit der Variablen x steht, der kann noch ein „für alle x" einfügen. Da außerdem auch die Mengenbezeichnungen M und N Variable sind, erhalten wir streng genommen erst dann eine Aussage, wenn wir noch die Quantifizierung „für alle M und N" vor die gesamte Äquivalenz setzen. In der Praxis lässt man das allerdings meist weg.

2.6 Eigenschaften der Gleichheit

Für die Gleichheit von Mengen gelten folgende Gesetze:

1. *Reflexivität: Jede Menge ist sich selbst gleich ($M = M$).*
2. *Symmetrie: Ist $M = N$, so ist auch $N = M$.*
3. *Transitivität: Ist $M = N$ und $N = P$, so ist auch $M = P$.*

Beweis:
1) Für alle x gilt sicher: $x \in M \iff x \in M$. Also ist $M = M$.

2) Die Gleichheit $M = N$ wird vorausgesetzt, also die Wahrheit der Äquivalenz $x \in M \iff x \in N$. Aber dann ist auch die dazu symmetrische Äquivalenz $x \in N \iff x \in M$ wahr, also $N = M$.

3) Nach Voraussetzung sind die beiden Äquivalenzen $x \in M \iff x \in N$ und $x \in N \iff x \in P$ wahr. Nach dem Ersetzungsprinzip[2] können wir die Aussageform $x \in N$ in der ersten Äquivalenz durch $x \in P$ ersetzen. Damit erhalten wir die Gleichheit von M und P. ■

Definition (Teilmenge)

Die Menge T heißt ***Teilmenge*** von M (in Zeichen: $T \subset M$), wenn jedes Element von T auch ein Element von M ist.

Damit gilt:

$$T \subset M \iff (x \in T) \Longrightarrow (x \in M).$$

Auch hier wurde die Quantifizierung „für alle x" weggelassen. In Beweisen taucht sie meist in der Formulierung „sei x beliebig" wieder auf. Will man etwa beweisen, dass $\{1,5\} \subset \{1,2,3,4,5,6\}$ ist, so geht man folgendermaßen vor:

Sei x ein *beliebiges* Element von $\{1,5\}$. Dann muss $x = 1$ oder $x = 5$ sein. In beiden Fällen ist x offensichtlich auch ein Element von $\{1,2,3,4,5,6\}$. Also ist $\{1,5\}$ Teilmenge von $\{1,2,3,4,5,6\}$.

Entsprechend zeigt man, dass $\mathbb{N} \subset \mathbb{Z}$ ist. Wenn Sie das selbst einmal versuchen, brauchen Sie sich nicht darüber zu wundern, dass Sie Formulierungsschwierigkeiten bekommen. Unsere bisherige Definition der Mengen $\mathbb{N}$ und $\mathbb{Z}$ war nämlich nur eine anschauliche Beschreibung. Wenn Sie an einer wasserdichten Definition der Menge der natürlichen Zahlen interessiert sind, müssen Sie sich bis zum nächsten Kapitel gedulden. Dort werden wir $\mathbb{Z}$ so einführen, dass die Beziehung $\mathbb{N} \subset \mathbb{Z}$ zu einer *trivialen*[3] Aussage wird.

Aufgabe 1 (Eigenschaften der Teilmengen-Beziehung)

Zeigen Sie, dass die Teilmengen-Beziehung reflexiv und transitiv ist, und belegen Sie durch ein Gegenbeispiel, dass sie nicht symmetrisch ist.

Nun zu einem anderen Problem:

Wie sieht die Menge $M := \{x \mid (x \in \mathbb{Z}) \wedge (4x = 5)\}$ aus? Da die Gleichung $4x = 5$ keine ganzzahlige Lösung besitzt, gibt es kein Objekt a, für das die Aussage $(a \in \mathbb{Z}) \wedge (4 \cdot a = 5)$ wahr wäre. Also kann die Menge M kein einziges Element enthalten.

Definition (leere Menge)

Die ***leere Menge*** $\varnothing$ ist die Menge, die kein Element enthält.

[2] Für diejenigen, die nicht die Zugabe in Kapitel 1 gelesen haben: Man kann innerhalb einer zusammengesetzten Aussage eine Teilaussage jederzeit durch eine äquivalente Aussage ersetzen.

[3] „Trivial" bedeutet „platt, seicht, abgedroschen". Zum Schrecken der Anfänger benutzen die Mathematiker dieses Wort sehr gern, wenn sie keine Lust haben, eine einfache Folgerung zu beweisen.

Die Aussageform $x \in \varnothing$ ist also *immer falsch*! Entsprechend ist die Aussageform $\neg(x \in \varnothing)$ *immer wahr*, also eine Tautologie. Übrigens: Statt $\neg(x \in M)$ schreibt man meistens $x \notin M$. Dass wir die leere Menge als eigenständiges Objekt zur Verfügung haben, ist sehr angenehm, denn oft sieht man einer Menge nicht sofort an, ob sie Elemente enthält. Ohne die leere Menge wäre man ständig zu Fallunterscheidungen gezwungen.

Probleme der Mengenbildung

Schon früh führte die vage gehaltene Mengendefinition Cantors zu Widersprüchen. Besonders bekannt sind die Russel'schen[4] Antinomien[5], vor allem die Geschichte vom Barbier:

Es war einmal ein Dorfbarbier, der hängte in sein Fenster ein Schild mit folgender Aufschrift:

„Ich rasiere jeden Mann im Ort, der sich nicht selbst rasiert!“

Das ging so lange gut, bis ein Fremder in den Ort kam und ihn fragte, ob er sich denn selbst rasiere. „Ja“, wollte der Barbier sagen, als ihm plötzlich Bedenken kamen. Rasierte er sich wirklich selbst, so dürfte er sich – des Schildes wegen – nicht rasieren. Rasierte er sich aber nicht selbst, so müsste er sich eben doch rasieren.

Seit der Zeit vernachlässigte der Barbier sein Geschäft immer mehr, und wenn er nicht gestorben ist, dann grübelt er noch immer darüber nach, ob er sich nun rasieren soll oder nicht.

Was hat denn das mit der Mengenlehre zu tun? Nun, es sei

$$U := \{x \mid x \notin x\}.$$

Ist $U \notin U$ wahr, so muss U ein Element von U sein, also auch $U \in U$. Ist dagegen $U \notin U$ falsch, so kann U nicht in U liegen, es ist $U \notin U$. In jedem Fall erhält man einen Widerspruch. U ist keine Menge, sondern eher eine ***Unmenge***.

Derartige Widersprüche wurden zunächst nur provisorisch durch das Verbot, allzu wilde Mengen zu bilden, aus der Welt geschafft. Erst 1908 stellte Ernst Zermelo, ein Schüler Cantors, ein Axiomensystem vor, das die Antinomien vermeidet – soweit man bis jetzt weiß.

Wir wollen das Zermelo'sche Axiomensystem hier nicht im Detail besprechen, vielmehr begnügen wir uns damit, gewisse Regeln für das Konstruieren von Mengen aufzustellen:

[4]Bertrand Russell (1872–1970) war ein britischer Philosoph, Logiker, Mathematiker und Sozialwissenschaftler. 1950 erhielt er den Nobelpreis für Literatur, später war er ein führender Vertreter der Weltfriedensbewegung.

[5]Eine „Antinomie“ ist ein Widerspruch zwischen zwei gültigen Sätzen.

1. Ist G eine bereits gegebene *Grundmenge*, $E(x)$ eine Aussageform mit einer Variablen x und G ein zulässiger Objektbereich für $E(x)$, so ist es erlaubt, die Menge aller Elemente $x \in G$ zu bilden, für die $E(x)$ zu einer wahren Aussage wird. Das ergibt die schon bekannte Konstruktion

$$\boxed{M = \{x \in G \mid E(x)\} \text{ oder } M = \{x \in G : E(x)\}.}$$

2. Ist M eine Menge, so kann man deren ***Potenzmenge***

$$\boxed{\mathbf{P}(M) := \{T \mid T \subset M\}}$$

bilden, also die Menge aller Teilmengen von M.

3. Sind A und B zwei Mengen, so existiert die ***Vereinigung*** (oder ***Vereinigungsmenge***) von A und B. Darunter verstehen wir die Menge

$$\boxed{A \cup B := \{x \mid (x \in A) \vee (x \in B)\}.}$$

Diese Konstruktion kann auch auf mehrere Mengen angewandt werden.

4. Aus den obigen Konstruktionen können weitere abgeleitet werden, z.B.:

Sind A und B zwei Mengen, so existiert der ***Durchschnitt*** (oder die ***Schnittmenge***) von A und B, d.h. die Menge

$$\boxed{A \cap B := \{x \in A \mid x \in B\},}$$

und auch die ***Differenz*** von A und B, die Menge

$$\boxed{A \setminus B := \{x \in A \mid x \notin B\}.}$$

Ist G eine zuvor festgelegte Grundmenge und $A \subset G$ eine Teilmenge, so bezeichnet man die Differenz $G \setminus A$ auch als ***Komplement*** von A in G und schreibt A' dafür.

2.7 Beispiele

A. Mengen, die durch Aussageformen beschrieben werden:

(a) $\{x \in \mathbb{Z} \mid x^2 = 9\} = \{-3, +3\}$.

(b) $\{x \in \mathbb{Z} \mid -2 < x < 5\} = \{-1, 0, 1, 2, 3, 4\}$.

(c) Sei E die euklidische Ebene, $P \in E$ ein Punkt und r eine positive Zahl. Dann ist $\{Q \in E \mid Q \text{ hat von } P \text{ den Abstand } r\}$ der (ebene) Kreis um P mit Radius r.

B. Potenzmengen:

(a) Sei $M := \{1, 2, 3\}$. Wir wollen sämtliche Teilmengen von M bestimmen. Zunächst gehört die leere Menge dazu! Denn die Aussageform

$$„x \in \varnothing \Longrightarrow x \in M\text{“}$$

ist immer wahr, weil die Aussageform „$x \in \varnothing$“ immer falsch ist. Wie gut, dass die logische Implikation auch falsche Prämissen zulässt. Mit dem „gesunden Menschenverstand“ allein kämen wir bei solchen Spitzfindigkeiten nicht weit.

Geht man systematisch vor, so sucht man als Nächstes am besten nach den 1-elementigen Teilmengen, das sind $\{1\}$, $\{2\}$ und $\{3\}$. Die 2-elementigen Teilmengen sind $\{1, 2\}$, $\{1, 3\}$ und $\{2, 3\}$. Und schließlich ist M auch Teilmenge von sich selbst. Damit gilt:

$$\mathbf{P}(M) = \{\varnothing, \{1\}, \{2\}, \{3\}, \{1, 2\}, \{1, 3\}, \{2, 3\}, \{1, 2, 3\}\}.$$

(b) Mein Freund Helmut möchte wissen, ob die leere Menge auch eine Potenzmenge hat. Tun wir ihm den Gefallen und betreiben etwas GAN[6].

Die Aussage „$\varnothing \subset \varnothing$“ ist wahr, weil die leere Menge aus formal-logischen Gründen in jeder Menge enthalten ist. Offensichtlich kann es nur eine leere Menge geben (überlegen Sie sich, warum!), und jede nicht leere Menge enthält mindestens ein Element, kann also nicht in der leeren Menge enthalten sein. Der langen Rede kurzer Sinn: Es ist

$$\mathbf{P}(\varnothing) = \{\varnothing\}.$$

Aus der leeren Menge haben wir durch Übergang zur Potenzmenge eine Menge mit einem Element konstruiert! Nun wollen wir es auf die Spitze treiben: Was ist denn die Potenzmenge der Potenzmenge der leeren Menge? Denken Sie mal kurz nach! Haben Sie's? Das Ergebnis lautet:

$$\mathbf{P}(\mathbf{P}(\varnothing)) = \{\varnothing, \{\varnothing\}\}.$$

Das ist nun eine Menge mit zwei Elementen! Und wenn wir das Verfahren noch einmal durchführen, so bekommen wir eine Menge mit vier Elementen. Es ist offensichtlich, dass wir auf diesem Wege beliebig lange weiterschreiten können.

Aus Nichts haben wir eine neue, andere Welt erschaffen![7]

---

[6]„General Abstract Nonsense“ sagt man zu formal richtigen, inhaltlich aber eher langweiligen mathematischen Abhandlungen.

[7]Der Ausspruch ist geklaut! Johann Bolyai hat so seine Entdeckung der nichteuklidischen Geometrie kommentiert.

C. Durchschnitt und Vereinigung:

Abb. 2.1

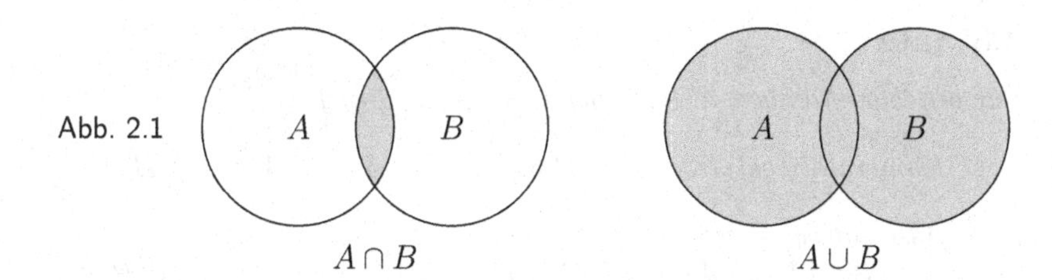

Hier handelt es sich eigentlich nur um die mengentheoretische Formulierung der logischen Operationen $\wedge$ und $\vee$. Veranschaulichen kann man sie sich mit Hilfe der Venn-Diagramme[8], die zu Zeiten der „New Math"[9] an den Schulen traurige Berühmtheit erlangten. Zwei simple Beispiele wollen wir wenigstens angeben:

(a) $\{2,4,6,8\} \cup \{3,6,9\} = \{2,3,4,6,8,9\}$.

(b) $\{2,4,6,8\} \cap \{3,6,9\} = \{6\}$.

Übrigens nennt man zwei Mengen A und B ***disjunkt***, wenn ihr Durchschnitt leer ist.

D. Differenz und Komplement:

Auch hierzu gibt es Venn-Diagramme, die eigentlich schon alles erklären:

Abb. 2.2

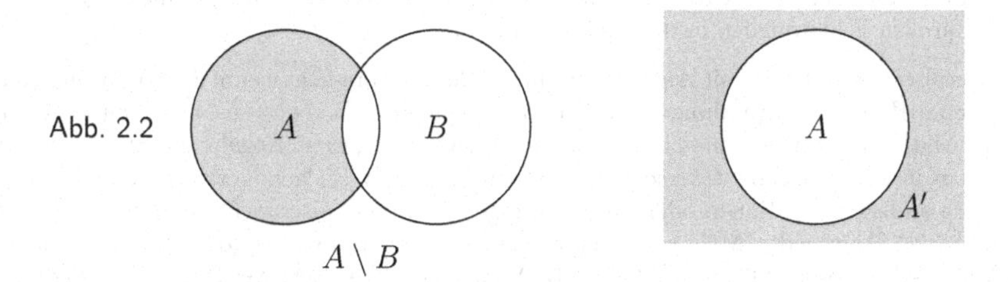

Ist etwa $A = \{2,4,6,8\}$ und $B = \{3,6,9\}$, so ist $A \setminus B = \{2,4,8\}$.

---

[8]Der Brite John Venn (1834–1923) war zunächst Priester und später Professor für Logik und Naturphilosophie in Cambridge.

[9]Nach Vorschlägen der Didaktiker J. Piaget und Z.P. Dienes wurde in den siebziger Jahren versucht, Kindern an der Grundschule mit Hilfe sogenannter „logischer Blöcke" die Mengenlehre zu vermitteln – als westliche Antwort auf den Sputnik-Schock. Was mit kleinen, ausgewählten Schülergruppen funktionierte, endet beim Massenversuch mit einem grandiosen Misserfolg. Das Pendel schlug dann zur anderen Seite aus, die Mengenlehre wurde fast vollständig aus den Lehrplänen verbannt, die Venn-Diagramme als „Kartoffelkunde" verhöhnt. Witzigerweise ist der Begriff der „Schnittmenge" in den Köpfen der Kinder von damals hängen geblieben, er gehört heute zum Vokabular vieler Politiker und Journalisten. Ein später Erfolg der „Neuen Mathematik"!

Mengen-Algebra

2.8 Satz

Für beliebige Mengen A, B, C gelten folgende Regeln:

1. *Kommutativgesetze:* $A \cup B = B \cup A$ *und* $A \cap B = B \cap A$.
2. *Assoziativgesetze:*
   $A \cup (B \cup C) = (A \cup B) \cup C$ *und* $A \cap (B \cap C) = (A \cap B) \cap C$.
3. *Distributivgesetze:*
   (a) $A \cup (B \cap C) = (A \cup B) \cap (A \cup C)$.
   (b) $A \cap (B \cup C) = (A \cap B) \cup (A \cap C)$.

BEWEIS: Die Aussagen folgen ganz leicht aus den entsprechenden Regeln der formalen Logik, deshalb will ich hier nur die erste Formel als Beispiel beweisen:

$$\begin{aligned} x \in A \cup B &\iff x \in A \ \vee \ x \in B \\ &\iff x \in B \ \vee \ x \in A \\ &\iff x \in B \cup A. \end{aligned}$$

Nach Definition der Gleichheit von Mengen bedeutet das: $A \cup B = B \cup A$. ■

Klartext: Zunächst eine Warnung: Es ist bequem, Äquivalenzzeichen wie im vorangegangenen Beweis zu benutzen, aber man sollte sich zuvor doch genau überlegt haben, dass tatsächlich Implikationen in beiden Richtungen gelten. Der leichtfertige Umgang mit Äquivalenzen ist eine der großen Fehlerquellen in der Mathematik.

Was aber hat das alles mit Algebra zu tun? In der Algebra geht es um die Auflösung von Gleichungen mit Hilfe von Umstellungen und Umformungen wie z.B. $a+b = b+a$ oder $c \cdot (a+b) = c \cdot a + c \cdot b$. In der Mathematik spricht man immer dann von „Algebra“, wenn Regeln und Strukturen auftauchen, die in ihrer Art damit vergleichbar sind. An Stelle der Rechenoperationen „+“ und „·“ können ruhig andere Operationen oder Verknüpfungen auftreten, also auch die Mengen-Operationen „$\cup$“ und „$\cap$“. Aber jedes Mal, wenn dabei die Seiten vertauscht werden dürfen, spricht man vom Vertauschungs- oder Kommutativgesetz. Wenn umgeklammert werden kann, also die Reihenfolge der Ausführung der Operationen keine Rolle spielt, spricht man vom Verknüpfungs-, Klammer- oder Assoziativgesetz. Und dass man etwas ausklammern oder umgekehrt Klammern durch „Ausmultiplizieren“ auflösen kann, ist die Aussage des Verteilungs- oder Distributivgesetzes. Hier fällt auf, dass es in der „Boole'schen Algebra“ der Mengen-Operationen zwei Distributivgesetze gibt (im Gegensatz zu der aus der Schule bekannten klassischen Algebra, bei der + und · natürlich nicht verwechselt werden dürfen).

2.9 Charakterisierung von Teilmengen

Sind N, M zwei Mengen, so gilt:

$$N \subset M \iff N \cap M = N.$$

BEWEIS: Es ist eine Äquivalenz der Form $A \iff B$ zu beweisen. Wir erledigen das in zwei Schritten:

1) Zunächst zeigen wir die Implikation $A \implies B$: Die Prämisse (A) bedeutet:

$$\text{Für alle } x \text{ gilt:} \quad x \in N \implies x \in M.$$

Hieraus wollen wir die Mengen-Gleichheit $N \cap M = N$ folgern.

a) $x \in N \cap M \implies (x \in N \wedge x \in M) \implies x \in N$ (nach den Gesetzen der Logik). Daraus folgt, dass $N \cap M \subset N$ ist.

b) $x \in N \implies (x \in N \wedge x \in M)$ (wegen der Prämisse!). Also ist $N \subset N \cap M$, und zusammen mit (a) ergibt das die gewünschte Gleichheit.

2) Zur Implikation $B \implies A$: Es sei jetzt $N \cap M = N$. Ist $x \in N$, so ist nach Voraussetzung auch $x \in N \cap M$, also $(x \in N \wedge x \in M)$. Dann ist erst recht $x \in M$ und das bedeutet, dass $N \subset M$ ist. ∎

2.10 Eigenschaften der Komplement-Bildung

Sei G eine fest vorgegebene Grundmenge, $A, B \subset G$. Dann gilt:

$$(A \cap B)' = A' \cup B' \quad \textit{und} \quad (A \cup B)' = A' \cap B'.$$

BEWEIS: Sei x ein beliebiges Element der Grundmenge G. Dann gilt:

$$\begin{aligned} x \in (A \cap B)' &\iff \neg(x \in A \cap B) \\ &\iff \neg(x \in A \quad \wedge \quad x \in B) \\ &\iff \neg(x \in A) \quad \vee \quad \neg(x \in B) \quad \text{(De Morgan!)} \\ &\iff x \in A' \quad \vee \quad x \in B' \\ &\iff x \in A' \cup B'. \end{aligned}$$

Damit ist die erste Behauptung bewiesen. Die zweite folgt analog. ∎

Aufgabe 2 (Beispiele zur Mengen-Algebra)

Beweisen Sie für beliebige Mengen A, B:

1. $A \subset B \iff A \cup B = B$.
2. $A \cup B = (A \cap B) \cup (A \setminus B) \cup (B \setminus A)$.
3. $A \cap B = \varnothing \iff A \setminus B = A$.

Die Arbeit mit Quantoren

Wir wollen jetzt den Umgang mit Aussageformen auf eine solide Basis stellen.

Definition (Existenzquantor)

Sei $E(x)$ eine Aussageform und G eine Menge zulässiger Objekte dafür.
Ist $\{x \in G \mid E(x)\} \neq \varnothing$, so schreibt man:

$$\boxed{\exists x \in G : E(x)}$$

Man sagt: ***Es gibt*** (oder: ***es existiert***) ein $x \in G$ mit der Eigenschaft $E(x)$.

Das Zeichen „$\exists$" nennt man den ***Existenzquantor***. Er gibt an, dass es wenigstens ein Objekt x mit der fraglichen Eigenschaft gibt, es kann aber natürlich auch sehr viele x mit dieser Eigenschaft geben.

Definition (Allquantor)

Die Voraussetzungen seien die gleichen wie oben.
Ist $\{x \in G : E(x)\} = G$, so schreibt man:

$$\boxed{\forall x \in G : E(x)}$$

Man sagt: ***Für alle*** (oder: ***für jedes***) $x \in G$ gilt $E(x)$.

Das Zeichen „$\forall$" nennt man den ***Allquantor***.

Stellt man vor eine Aussageform einen Existenz- oder Allquantor, so erhält man eine Aussage. Diesen Vorgang nennt man ***Quantifizierung***.

Um die Aussage „$\exists x \in G$ mit $E(x)$" zu beweisen, muss man ein Element $a \in G$ finden, so dass die Aussage $E(a)$ wahr ist. Dies ist wieder so ein Punkt, an dem man als Anfänger verzweifeln möchte. Nicht die Suche nach dem a steht normalerweise im Mittelpunkt (das kann irgendwie vom Himmel fallen), sondern der Nachweis, dass $E(a)$ erfüllt ist, dass also die „Probe" stimmt. Zum Glück gewöhnt man sich an alles und nach einiger Zeit wundern auch Sie sich nicht mehr, wenn ein Beweis mit den Worten „Sei $a < 5/17 \ldots$" beginnt und hinterher wie durch Zauberhand alles wunderbar zusammenpasst.

In Wirklichkeit fällt auch in der Mathematik nichts vom Himmel. Die mühsame Arbeit, ein passendes a zu finden, wird nur meist im stillen Kämmerlein erledigt. Umso größer ist dann das Erstaunen des Publikums, wenn das Gesuchte wie ein „deus ex machina"[10] erscheint. Leider wird die Suche nicht immer von Erfolg gekrönt und es stellt sich die Frage, ob man einen Existenzbeweis auch führen kann, ohne das gesuchte Objekt in der Hand zu halten. Tatsächlich ist das möglich, indem man zu

[10]Bereits im antiken Theater gab es raffinierte mechanische Konstruktionen, mit deren Hilfe Schauspieler (zum Beispiel solche, die einen Gott verkörperten) ganz unvermittelt auf der Bühne erscheinen konnten, eben als „Gott aus der Maschine".

zeigen versucht, dass die logische Verneinung der Existenzaussage falsch ist. Das ist ein weiterer Grund dafür, dass die Widerspruchsbeweise und Kontrapositionen so beliebt sind. Allerdings muss man sich damit abfinden, dass einem solchen „indirekten“ Beweis immer ein bisschen der Makel der Unfähigkeit anhaftet. Direkte Existenzbeweise erfreuen sich einer weitaus größeren Wertschätzung, obwohl rein logisch kein Grund dafür vorhanden ist. Es gibt sogar eine kleine Fraktion unter den Mathematikern, die indirekte Beweise strikt ablehnt.

2.11 Beispiele

A. Die Aussage „$\exists x, y, z \in \mathbb{N}$ mit $x^2 + y^2 = z^2$“ ist leicht zu beweisen. Man setze einfach $x = 3$, $y = 4$ und $z = 5$. Tatsächlich ist $3^2 + 4^2 = 9 + 16 = 25 = 5^2$. Diese „Probe“ reicht als Beweis. Viel interessanter ist die Frage, ob es noch weitere Lösungen gibt. Denn jede Lösung liefert in der Geometrie ein rechtwinkliges Dreieck, dessen Seiten allesamt eine ganzzahlige Länge haben. Tatsächlich gibt es sogar unendlich viele Lösungen: Sind u und v natürliche Zahlen, $u > v$, so kann man $x = u^2 - v^2$, $y = 2uv$ und $z = u^2 + v^2$ setzen. Es ist

$$\begin{aligned} x^2 + y^2 &= (u^2 - v^2)^2 + (2uv)^2 = u^4 - 2u^2v^2 + v^4 + 4u^2v^2 \\ &= (u^2)^2 + 2u^2v^2 + (v^2)^2 = (u^2 + v^2)^2 = z^2. \end{aligned}$$

Es liegt nun nicht so fern, das gleiche Problem mit anderen Exponenten zu untersuchen. Gibt es ganzzahlige Lösungen der Gleichung $x^n + y^n = z^n$ für ein $n > 2$? Der Jurist und Hobbymathematiker Pierre de Fermat[11] behauptete im 17. Jahrhundert, einen wunderbaren Beweis dafür gefunden zu haben, dass es solche Lösungen nicht gibt. Leider sei nur der Rand des Buches, auf dem er seine Behauptung notiert habe, zu klein, um den Beweis vollständig aufzuschreiben. Die Notiz wurde erst nach dem Tode Fermats bekannt und beschäftigte für 350 Jahre die Fachwelt genauso wie unzählige Hobbymathematiker (zumal zu Anfang des 20. Jahrhunderts ein hoher Geldpreis für die Bestätigung des großen Fermat'schen Satzes ausgesetzt wurde). Erst 1994 bewies der britische Mathematiker Andrew Wiles, dass Fermat recht hatte, allerdings mit Mitteln, die erst zum Ende des 20. Jahrhunderts zur Verfügung standen. Man vermutet heute, dass Fermat einen Beweis für den Fall $n = 4$ und vielleicht auch für den Fall $n = 3$ gefunden und dann gedacht hatte, man könne diesen Beweis leicht auf den allgemeinen Fall verallgemeinern.

B. Die Aussage „Es gibt eine reelle Zahl, die nicht als rationaler Bruch geschrieben werden kann“ scheint einfach zu beweisen zu sein, wir haben das ja eigentlich schon in Kapitel 1 erledigt. Wenn man sich allerdings in den Gefilden der Algebra bewegt, gibt es so etwas wie die Diagonale im Einheitsquadrat

[11] Der Franzose Pierre de Fermat (1607–1665) beschäftigte sich neben seinem Beruf als Richter in der Freizeit mit Mathematik. Obwohl er seine Ergebnisse fast ausschließlich in Form von Briefen oder als Randnotizen in alten Schriften der Nachwelt hinterließ, gilt er als einer der genialsten Mathematiker seiner Zeit.

nicht, und auch der Satz des Pythagoras ist plötzlich ohne Bedeutung. Man muss sich also besinnen und genau festlegen, was vorausgesetzt werden kann. Die Eigenschaften der reellen Zahlen werden im nächsten Kapitel als Axiome eingeführt. Wenn diese Axiome so gestaltet sind, dass es zu jeder positiven reellen Zahl eine Quadratwurzel gibt, dann existiert insbesondere die Zahl $\sqrt{2}$, und mit dem schon bekannten Beweis kann man zeigen, dass diese Zahl nicht rational sein kann. Es wird sich zeigen, dass dieses Programm zum Ziel führt, dass man aber unbedingt das Widerspruchsprinzip braucht.

Und wie beweist man eine All-Aussage? Wir haben schon an früherer Stelle erwähnt, dass man meist mit den Worten „Sei x ein beliebiges Element von ...“ beginnt. Darauf sollte dann ein direkter Beweis folgen. Kommt man so nicht zurecht, so kann man auf das Widerspruchsprinzip zurückgreifen. Man nimmt an, es gebe ein Gegenbeispiel, und führt diese Annahme zum Widerspruch.

Aus einer All-Aussage kann man durch Spezialisierung eine Aussage über ein bestimmtes Objekt gewinnen. Wir können dafür ein umgangssprachliches Beispiel aus der klassischen Logik angeben:

$$\left.\begin{array}{r}\text{Alle Menschen sind sterblich.}\\ \text{Sokrates ist ein Mensch.}\end{array}\right\} \Longrightarrow \text{Sokrates ist sterblich.}$$

Die Verträglichkeit von Quantoren mit $\wedge$- und $\vee$-Verknüpfungen sieht auf den ersten Blick ein wenig kompliziert aus. Es wird sehr viel einfacher, wenn man die Mengensprache benutzt. Zum Beispiel bedeutet die Aussage

$$\exists x \in G : A(x) \vee B(x) \iff (\exists x \in G : A(x)) \vee (\exists x \in G : B(x))$$

mit den Mengen $A = \{x \in G : A(x)\}$ und $B = \{x \in G : B(x)\}$ einfach nur:

$$A \cup B \neq \varnothing \iff (A \neq \varnothing) \vee (B \neq \varnothing)\,.$$

Auf einen formalen Beweis verzichten wir hier.

Aufgabe 3 (Mengen-Algebra und Logik)

Übersetzen Sie die folgenden Aussagen in die Prädikatenlogik.

1. $A \cap B \neq \varnothing \Longrightarrow (A \neq \varnothing) \wedge (B \neq \varnothing)$.
2. Für $A, B \subset G$ gilt:
   (a) $A \cap B = G \iff (A = G) \wedge (B = G)$.
   (b) $(A = G) \vee (B = G) \Longrightarrow A \cup B = G$.

Geben Sie Beispiele dafür an, dass die Implikationen nicht durch Äquivalenzzeichen ersetzt werden können.

Ist $A(x, y)$ eine Aussageform mit zwei Variablen und sind G und H Teilmengen der jeweils zulässigen Objektbereiche, so kann man durch zweifache Quantifizierung zu Aussagen kommen:

$$\exists x \in G \; \exists y \in H : A(x,y), \quad \forall x \in G \; \exists y \in H : A(x,y) \text{ usw.}$$

Gleiche Quantoren können vertauscht werden, eine Vertauschung zweier verschiedener Quantoren ist i.A. nicht möglich. Die Bedeutung der richtigen Reihenfolge der Quantoren wird sich besonders in der Analysis zeigen und stellt für den Anfänger einen sehr unangenehmen Stolperstein dar. Ich kann nur empfehlen, immer wieder nach der *Bedeutung* hinter dem formalen Apparat zu suchen. Wer in der Lage ist, einen Gedanken sprachlich einwandfrei zu formulieren, der sollte auch mit dem Gebrauch von Quantoren zurechtkommen.

Verneinungsregeln

In einem besonders wichtigen Fall können wir zum Glück ein einfaches Kochrezept angeben. Bisher haben wir ja das Problem der logischen Verneinung einer quantifizierten Aussageform noch nicht systematisch behandelt. Um aber Widerspruchsbeweise führen zu können, muss man solche Verneinungen gut beherrschen:

2.12 Verneinung quantifizierter Aussagen

1. $\neg(\forall x \in G : E(x)) \iff \exists x \in G : \neg E(x).$
2. $\neg(\exists x \in G : E(x)) \iff \forall x \in G : \neg E(x).$

Beweis: 1) Verneinung von All-Aussagen:

Ist $M := \{x \in G : E(x)\}$ und $M' := \{x \in G : \neg E(x)\}$ die Komplementärmenge, so ist $M \cup M' = G$ und $M \cap M' = \varnothing$.

Die Behauptung (1) entspricht der Aussage „$M \neq G \iff M' \neq \varnothing$“, und die ist äquivalent zu der Behauptung „$M = G \iff M' = \varnothing$“. Letzteres ist leicht zu verifizieren:

a) Ist $M = G$, so ist $M' = G' = G \setminus G = \{x \in G : x \notin G\} = \varnothing$.

b) Ist $M' = \varnothing$, so ist $M = M \cup \varnothing = M \cup M' = G$.

2) Die Verneinung von Existenz-Aussagen erhält man aus (1) durch geschickte Anwendung der doppelten Verneinung: $\neg(\exists x \in G : E(x)) \iff \neg(\exists x \in G : \neg\neg E(x)) \iff \neg\Big(\neg(\forall x \in G : \neg E(x))\Big) \iff \forall x \in G : \neg E(x)$. ∎

2.13 Beispiele

A. Aussage: Alle Mathematiker sind Nichtraucher.
Verneinung: Es gibt einen Mathematiker, der raucht. (Also nicht etwa: Alle Mathematiker rauchen.)

B. Aussage: Alle Wege führen nach Rom.
Verneinung: Es gibt einen Weg, der nicht nach Rom führt.

C. Aussage: Es gibt eine rationale Zahl q mit $q^2 = 2$.
Verneinung: Für alle rationalen Zahlen q ist $q^2 \neq 2$.

D. Bei komplizierteren Aussagen mit möglicherweise mehrfach geschachtelten Quantoren versagt meist der gesunde Menschenverstand. Hier soll nur ein harmloser Fall betrachtet werden:

Die Menge der reellen Zahlen wird mit dem Symbol $\mathbb{R}$ bezeichnet. Eine wahre Aussage ist dann z.B. das „Archimedes-Axiom“:

$$\forall x \in \mathbb{R}\ \exists n \in \mathbb{N} \text{ mit } n > x.$$

Die logische Verneinung lautet:

$$\exists x \in \mathbb{R}\ \forall n \in \mathbb{N} : n \leq x.$$

Überraschenderweise braucht man den Satz inhaltlich gar nicht zu verstehen. Eine sukzessive Anwendung der Verneinungsregeln liefert das Ergebnis ganz automatisch. Und hier ist das Kochrezept: Alle Quantoren werden ausgewechselt ($\exists \leftrightarrow \forall$) und die Aussage am Schluss wird verneint. Aber selbstverständlich soll dieses Kochrezept nur verzweifelten Anfängern eine erste Hilfe bieten. Wer Mathematik lernen will, muss auch Verneinungen beliebiger quantifizierter Aussagen inhaltlich verstehen.

Schließlich soll auch nicht verschwiegen werden, dass es in der Literatur noch andere Bezeichnungen für die Quantoren gibt:

Statt $\forall$ schreibt man oft $\bigwedge$, statt $\exists$ schreibt man $\bigvee$. Man kann das so erklären: Ist $I_n := \{1, 2, 3, \ldots, n\}$ und $E(k)$ eine Aussageform mit I_n als zulässigem Objektbereich, so gilt:

$$\begin{aligned} \forall k \in I_n : E(k) &\iff E(1) \wedge \ldots \wedge E(n) \\ \exists k \in I_n : E(k) &\iff E(1) \vee \ldots \vee E(n). \end{aligned}$$

Aufgabe 4 (Negation von Quantoren)

Verneinen Sie die folgenden Aussagen:

1. $\forall x \in G : (A(x) \Longrightarrow B(x))$.
2. $\exists x \in G : (\forall y \in H : A(x, y)) \vee (\exists y \in H : \neg B(x, y))$.

Zum Schluss möchte ich ein berühmtes Rätsel von Lewis Carroll[12] vorstellen. Sie können es mit Logik oder mit Mengenlehre lösen. Wichtig ist, dass Sie nur die angegebenen Informationen benutzen! Denken Sie daran, dass für mich „Känguru" und „Katze" zwei Bezeichnungen für die gleiche Tiergattung sein könnten.

Aufgabe 5 (Das Rätsel von Carroll)

1. Die einzigen Tiere in diesem Haus sind Katzen.
2. Jedes Tier, das gern in den Mond starrt, ist als Schoßtier geeignet.
3. Wenn ich ein Tier verabscheue, gehe ich ihm aus dem Weg.
4. Es gibt keine fleischfressenden Tiere außer denen, die bei Nacht jagen.
5. Es gibt keine Katze, die nicht Mäuse tötet.
6. Kein Tier mag mich, außer denen im Haus.
7. Kängurus sind nicht als Schoßtiere geeignet.
8. Nur fleischfressende Tiere töten Mäuse.
9. Ich verabscheue Tiere, die mich nicht mögen.
10. Tiere, die bei Nacht jagen, starren gerne in den Mond.

Wie verhalte ich mich gegenüber Kängurus?

Zugabe für ambitionierte Leser

Nach Einführung der Quantoren können wir unser Regelsystem zur Bildung von Beweisen folgendermaßen erweitern:

Sei G eine Menge zulässiger Objekte für die Aussageform $E(x)$.

1. Regel vom Existenz-Nachweis:

$$\left.\begin{array}{rl}\text{Wenn} & \vdash a \in G \\ \text{und} & \vdash E(a)\end{array}\right\}, \quad \text{dann} \quad \vdash \exists x \in G : E(x).$$

2. Regel von der Generalisierung:

$$\begin{array}{rl}\text{Wenn} & \vdash x \in G \Longrightarrow E(x) \quad \text{(mit einem von } x \text{ unabhängigen Beweis),} \\ \text{dann} & \vdash \forall x \in G : E(x).\end{array}$$

3. Regel von der Spezialisierung:

$$\left.\begin{array}{rl}\text{Wenn} & \vdash a \in G \\ \text{und} & \vdash \forall x \in G : E(x)\end{array}\right\}, \quad \text{dann} \quad \vdash E(a).$$

[12] „Lewis Carroll" ist ein Pseudonym des englischen Mathematikers Charles Lutwidge Dodgson (1832–1898), der sich viel mit Logik beschäftigt hat. Berühmt wurde er allerdings durch sein Buch *Alice im Wunderland.*

Aufgaben

2.1 Lösen Sie Aufgabe 1 (Eigenschaften der Teilmengen-Beziehung) auf Seite 39.

2.2 Lösen Sie Aufgabe 2 (Beispiele zur Mengen-Algebra) auf Seite 45.

2.3 Lösen Sie Aufgabe 3 (Mengen-Algebra und Logik) auf Seite 48.

2.4 Lösen Sie Aufgabe 4 (Negation von Quantoren) auf Seite 50.

2.5 Lösen Sie Aufgabe 5 (Das Rätsel von Carroll) auf Seite 51.

2.6 Beschreiben Sie die folgenden Objekte mit Hilfe der Mengenschreibweise – es gibt meistens mehrere Beschreibungsmöglichkeiten:

1. Die Kugelschale um den Punkt P mit innerem Radius r und Dicke d.
2. Die Gesamtheit aller Lösungen der Gleichung $3x^2 - 2x = 1$.
3. Alle ganzen Zahlen, die kleiner als 7 und größer als -1 sind.
4. Alle Punkte im Koordinatensystem, die von der x-Achse und der y-Achse den gleichen Abstand haben.

2.7 Benutzen Sie Gleichungen und Ungleichungen, um Mengen zu beschreiben, die in Wirklichkeit leer sind (denen man das aber nicht auf den ersten Blick ansieht).

2.8 Prüfen Sie, ob die folgenden Aussagen wahr sind:

a) $\{x \in \mathbb{N} : x^2 - 4x + 3 = 0\} = \{1, 3\}$, b) $\{a, b, c\} = \{b, a, c\}$.
c) $3 \in \{3\}$, d) $3 \subset \{3\}$, e) $\varnothing \subset \{1\}$, f) $\varnothing \in \{1\}$.

2.9 Bestimmen Sie jeweils $A \cap B$, $A \cup B$ und $A \setminus B$ für die folgenden Mengen:

1) $A := \{x \in \mathbb{R} : 2(x-1) < 1\}$ und $B := \{x \in \mathbb{R} : x^2 - 2x < 0\}$.

2) $A := \{x : \exists p \in \mathbb{N} \text{ mit } x = 3p\}$ und $B := \{x : \exists q \in \mathbb{Z} \text{ mit } x = 4q\}$.

3) $A := \{x \in \mathbb{N} : \exists p, q \in \mathbb{N}_0 \text{ mit } x = 2p + 3q\}$ und $B := \{x \in \mathbb{N} : x^2 \leq 50\}$.

2.10 Bestimmen Sie alle Elemente von $\mathbf{P}(\mathbf{P}(\{1\})) \cap \mathbf{P}(\{\varnothing, 1\})$.

2.11 Es sei M eine Menge mit n Elementen, $a \notin M$. Um wie viele Elemente ist $\mathbf{P}(M \cup \{a\})$ größer als $\mathbf{P}(M)$?

2.12 Zeigen Sie, dass $\mathbf{P}(X) \cap \mathbf{P}(Y) = \mathbf{P}(X \cap Y)$ und $\mathbf{P}(X) \cup \mathbf{P}(Y) \subset \mathbf{P}(X \cup Y)$ für alle Mengen X und Y gilt. Geben Sie ein einfaches Beispiel dafür an, dass im zweiten Fall i.A. nicht die Gleichheit gilt.

2.13 Beweisen Sie die folgenden Inklusionen (Teilmengen-Beziehungen):

$$\begin{aligned} A \cup (B \setminus C) &\subset (A \cup B) \setminus (C \setminus A) \\ \text{und} \quad (A \cap B) \setminus (A \cap C) &\subset A \cap (B \setminus C). \end{aligned}$$

2.14 Ein Händler hat schwarze und silberne DVD-Geräte auf Lager. Davon sind 159 schwarz oder fehlerhaft (oder beides), 21 sind gleichzeitig schwarz und fehlerhaft, 17 sind gleichzeitig silbern und fehlerhaft. Interpretieren Sie die Angaben mengentheoretisch und ermitteln Sie, wieviele schwarze Geräte im Lager stehen.

2.15 Formulieren Sie die folgenden umgangssprachlichen Aussagen mit Hilfe des Existenz- bzw. Allquantors.

1. Die Polizei meldet, dass Fußgänger auf der A46 gesichtet wurden.
2. Bei der Galavorstellung gab es keine freien Plätze mehr.
3. Jeder Student muss wenigstens eine mündliche Prüfung ablegen.
4. Wenn ich in der Stadt auch nur einen Gerechten finde, werde ich sie nicht zerstören.
5. Nicht alle Kühe stehen im Stall.
6. Keine Kuh steht im Stall.

2.16 $A_1, \dots, A_n$ seien Teilmengen einer Grundmenge G. Formulieren und beweisen Sie mit dem Allquantor und dem Existenzquantor die folgende Aussagen:

$$\begin{aligned} G \setminus (A_1 \cup \ldots \cup A_n) &= (G \setminus A_1) \cap \ldots \cap (G \setminus A_n) \\ \text{und} \quad G \setminus (A_1 \cap \ldots \cap A_n) &= (G \setminus A_1) \cup \ldots \cup (G \setminus A_n). \end{aligned}$$

2.17 Benutzen Sie Quantoren, um die folgenden Aussagen zu verneinen:

a) Das Parallelenaxiom (Axiom 5 von Euklid, siehe Kapitel 1, Abschnitt „Axiomensysteme“).

b) „In jedem Dreieck sind zwei Winkel, beliebig zusammengenommen, kleiner als zwei Rechte“.

c) „Beim Betriebsfest hat jeder Abteilungsleiter in jeder Stunde mit jeder Angestellten Walzer getanzt.“

d) „In jeder Stadt gibt es einen Mann, der nicht in jeder Gaststätte bekannt ist.“

e) „Es gibt einen Studenten, der in jedem Semester in jeder Vorlesung zu spät kommt.“

3 Unendlich viele Zahlen

Die Mathematik steht ganz falsch im Rufe, untrügliche Schlüsse zu liefern. Ihre ganze Sicherheit ist weiter nichts als Identität. Zweimal zwei ist nicht vier, sondern es ist eben zwei mal zwei, und das nennen wir abkürzend vier. Vier ist aber durchaus nichts Neues. Und so geht es immer fort bei Ihren Folgerungen, nur dass man in den höheren Formeln die Identität aus den Augen verliert.

Johann Wolfgang von Goethe[1]

Die Axiome der Addition

Jetzt geht's los! Den Apparat der Logik und Mengenlehre haben wir kennengelernt; damit beherrschen wir die Sprache, in der heutzutage Mathematik geschrieben wird, und wir können uns an mathematische Themen heranwagen. Wir beginnen mit den *Zahlen*, weil sie jedermann ganz besonders vertraut sind.

Die Zahlbereiche, die man üblicherweise in der Schule behandelt, reichen von der Menge $\mathbb{N}$ der natürlichen Zahlen über die ganzen Zahlen $\mathbb{Z}$ und rationalen Zahlen $\mathbb{Q}$ bis hin zur Menge $\mathbb{R}$ der reellen Zahlen. Es ist möglich, alle diese Zahlbereiche – aufbauend auf der Mengenlehre – zu konstruieren. Damit wäre auch zugleich ihre Existenz bewiesen. Obwohl dieser Weg durchaus dem Vorgehen in der Schule entspricht, wollen wir ihn hier nicht einschlagen, denn er erfordert sehr abstrakte Hilfsmittel und vor allem viel Zeit.

Stattdessen gehe ich davon aus, dass jeder vom Messen und Rechnen her eine sehr anschauliche Vorstellung von den reellen Zahlen besitzt. Eine Gerade idealisiert unsere Vorstellung von einem Lineal, jeder Punkt auf dieser Geraden repräsentiert eine reelle Zahl. Zwei reelle Zahlen x, y sind genau dann *gleich* (in Zeichen: $x = y$), wenn sie dem gleichen Punkt auf der Zahlengeraden entsprechen. Um mit dem Lineal messen zu können, müssen wir zumindest zwei Punkte auszeichnen, nämlich den *Nullpunkt* O, der die reelle Zahl 0 repräsentiert, und einen weiteren Punkt E, dessen Abstand vom Nullpunkt uns als *Einheit* dienen soll. Ihm entspricht die reelle Zahl 1. Können wir jede Zahl beliebig genau messen, so lässt sich eine reelle Zahl immer durch einen unendlichen Dezimalbruch beschreiben.

Von diesen Vorstellungen und von unseren Erfahrungen aus dem Rechenunterricht in der Schule lassen wir uns jetzt bei der Aufstellung eines *Axiomensystems für* $\mathbb{R}$ leiten. So bekommen wir einerseits durch das axiomatische Vorgehen ein solides Fundament und halten andererseits Verbindung zur „Realität". Das ergibt ein Axiomensystem im klassischen Sinn, es ist einfach und einsichtig. Zu fragen bleibt,

[1] An F.von Müller, 18.6.1826.

ob es auch ein Axiomensystem im modernen Sinne ist, ob es also vollständig, widerspruchsfrei und unabhängig ist. Im Jahre 1931 erschütterte Kurt Gödel[2] das Weltbild der Mathematiker, indem er zeigte, dass die Widerspruchsfreiheit einer mathematischen Theorie wie der Mengenlehre nicht mit den Mitteln dieser Theorie allein bewiesen werden kann. Wenn wir dennoch an die Widerspruchsfreiheit der Mengenlehre *glauben*, dann können wir mit ihrer Hilfe ein konkretes Modell für $\mathbb{R}$ konstruieren. Was die Vollständigkeit betrifft: Da hat Gödel gezeigt, dass es in jeder hinreichend komplexen Theorie ein Theorem gibt, das weder bewiesen noch widerlegt werden kann. Ich denke, wir sollten derartige Fragestellungen hier nicht weiterverfolgen, sondern besser den Grundlagenforschern überlassen.

Reelle Zahlen kann man *addieren.* Dabei hängt das Ergebnis nicht von der Reihenfolge der Zahlen ab, die Addition der Null ändert nichts und man kann jede Addition auch rückgängig machen.

[R-1] Axiome der Addition. *Die reellen Zahlen bilden eine Menge* $\mathbb{R}$. *Je zwei Elementen* $x, y \in \mathbb{R}$ *ist eindeutig eine reelle Zahl* $x + y$ *(ihre* Summe*) zugeordnet.*

1. **Assoziativgesetz:** $\forall x, y, z \in \mathbb{R}$ *ist* $(x + y) + z = x + (y + z)$.
2. **Kommutativgesetz:** $\forall x, y \in \mathbb{R}$ *ist* $x + y = y + x$.
3. **Existenz der Null:** *Es gibt ein Element* $0 \in \mathbb{R}$, *so dass gilt:*
   $\forall x \in \mathbb{R}$ *ist* $x + 0 = x$.
4. **Existenz des Negativen:** $\forall x \in \mathbb{R} \, \exists y \in \mathbb{R}$ *mit* $x + y = 0$.

Axiom 4 besagt nicht, dass die Lösung y der Gleichung $x+y = 0$ eindeutig bestimmt ist. Das werden wir aber gleich beweisen.

3.1 Die eindeutige Lösbarkeit additiver Gleichungen

Für alle reellen Zahlen a, b *besitzt die Gleichung*

$$a + x = b$$

eine eindeutig bestimmte Lösung.

BEWEIS: 1) Zunächst zeigen wir die Existenz einer Lösung. Ich habe Sie ja schon mehrfach vorgewarnt: Für einen Existenzbeweis reicht es, die Lösung anzugeben und die Probe zu machen.

Wir sind auf's Raten angewiesen, aber zum Glück können wir bei diesem Problem auf einen großen Erfahrungsschatz zurückgreifen. Ist $-a$ eine der (eventuell zahlreichen) Lösungen der Gleichung $a + y = 0$, so versuchen wir es mit $x := b + (-a)$. Dann folgt:

[2] K. Gödel wurde 1906 in Brünn geboren, studierte und lehrte in Wien und ging 1939 in die USA, wo er unter anderem mit Einstein zusammenarbeitete. Er gilt als einer der größten Grundlagenforscher dieses Jahrhunderts.

$$\begin{aligned} a+x &= a+(b+(-a)) && \text{(Einsetzen)} \\ &= a+((-a)+b) && \text{(Kommutativgesetz)} \\ &= (a+(-a))+b && \text{(Assoziativgesetz)} \\ &= 0+b && \text{(Axiom 4)} \\ &= b. && \text{(Kommutativgesetz und Axiom 3)} \end{aligned}$$

2) Wie beweist man die Eindeutigkeit der Lösung? Machen wir uns erst einmal klar, was eigentlich gezeigt werden soll. Es scheint um die folgende Aussage zu gehen:

Ist $y \in \mathbb{R}$ und $a + y = b$, so ist zwangsläufig $y = b + (-a)$.

Hier, bei der Frage nach der Eindeutigkeit, taucht also plötzlich doch das Problem auf, die Lösung konstruktiv zu gewinnen. War nun alles Unsinn, was wir uns früher zur deduktiven Methode überlegt haben? Gehört zum Beweis doch die Herleitung der Lösung? Nein! Ein Beweis der oben formulierten Behauptung würde uns gar nichts nützen, denn $-a$ hat vorläufig noch keine klare Bedeutung. Und es wird sich gleich zeigen, dass wir die Lösung überhaupt nicht brauchen. Wir müssen nämlich nur zeigen: Sind x und y beides Lösungen, so ist zwangsläufig $x = y$.

Sei also $a + x = b$ und $a + y = b$. Dann gilt:

$$a + x = a + y \qquad \text{(Eigenschaften der Gleichheit).}$$

Das setzen wir in der folgenden Gleichungskette ein:

$$\begin{aligned} y &= 0+y \\ &= (a+(-a))+y \\ &= (a+y)+(-a) \\ &= (a+x)+(-a) \\ &= (a+(-a))+x \\ &= 0+x \quad = \quad x. \end{aligned}$$

Das war's! ■

Es folgt insbesondere, dass die Null eindeutig bestimmt ist.

Definition (Negatives und Differenz)

1. Das nach Satz 3.1 eindeutig bestimmte Element $y \in \mathbb{R}$ mit $x + y = 0$ nennt man ***das Negative von*** x und bezeichnet es mit $-x$.
2. Die eindeutig bestimmte Lösung $x := b + (-a)$ der Gleichung $a + x = b$ bezeichnet man auch mit dem Symbol $b - a$ und nennt sie ***die Differenz*** von a und b.

Künftig brauchen wir also mit dem Minuszeichen nicht mehr so übervorsichtig umzugehen.

Als Nächstes wollen wir die altbekannten Vorzeichenregeln beweisen:

3.2 Klammern und Minuszeichen

Es ist $-(-a) = a$ *und* $-(a+b) = (-a) + (-b)$.

BEWEIS: Nach Axiom 4 ist

$$\begin{aligned} (-a) + (-(-a)) &= 0 \\ \text{und} \quad (-a) + a &= 0. \end{aligned}$$

Wegen der eindeutigen Lösbarkeit von Gleichungen muss dann $a = -(-a)$ sein.

Genauso beweist man die zweite Behauptung: $-(a+b)$ und $(-a)+(-b)$ sind beides Lösungen der Gleichung $(a + b) + x = 0$. Also müssen sie gleich sein. ∎

Die Axiome der Multiplikation

Reelle Zahlen kann man auch *multiplizieren*. Wie bei der Addition kommt es dabei nicht auf die Reihenfolge an, die Multiplikation mit 1 bewirkt keine Veränderung und meistens lässt sich eine Multiplikation auch rückgängig machen. In welchem Falle das nicht möglich ist, werden Sie gleich sehen.

[R-2] Axiome der Multiplikation. *Je zwei Elementen* $x, y \in \mathbb{R}$ *ist eindeutig eine reelle Zahl* $x \cdot y$ *(ihr* Produkt*) zugeordnet.*

1. **Assoziativgesetz:** $\forall\, x, y, z \in \mathbb{R}$ *ist* $(x \cdot y) \cdot z = x \cdot (y \cdot z)$.
2. **Kommutativgesetz:** $\forall\, x, y \in \mathbb{R}$ *ist* $x \cdot y = y \cdot x$.
3. **Existenz der Eins:** *Es gibt ein Element* $1 \in \mathbb{R} \setminus \{0\}$, *so dass gilt:* $\forall\, x \in \mathbb{R}$ *ist* $x \cdot 1 = x$.
4. **Existenz des Inversen:** $\forall\, x \in \mathbb{R}$ *mit* $x \neq 0$ $\exists\, y \in \mathbb{R}$, *so dass* $x \cdot y = 1$ *ist.*

Man beachte, dass die Aussage $1 \neq 0$ ein Axiom ist! Und auch Axiom (4) der Multiplikation sieht anders aus als das entsprechende Axiom der Addition. Es gibt eine **Ausnahme**, x darf nicht die Null sein. Warum nicht? Jeder weiß, dass stets $0 \cdot x = 0$ ist und deshalb nie die 1 als Vielfaches von 0 herauskommen kann. Das muss natürlich bewiesen werden, und es lässt sich auch beweisen, sofern wir noch folgendes Axiom hinzufügen:

[R-3] Axiom vom Distributivgesetz.

$$\forall\, x, y, z \in \mathbb{R} \text{ ist } x \cdot (y + z) = x \cdot y + x \cdot z.$$

Man beachte, dass man beim Distributivgesetz Addition und Multiplikation nicht vertauschen darf! Im Allgemeinen ist

$$a + (b \cdot c) \neq (a + b) \cdot (a + c),$$

wie man sich anhand einfacher Zahlenbeispiele leicht überlegt. Bei den Mengen-Operationen $\cup$ und $\cap$ ist das anders.

3.3 Multiplikation mit der Null

$\forall\, x \in \mathbb{R}$ ist $x \cdot 0 = 0$.

BEWEIS: Es ist $x \cdot 0 = x \cdot (0 + 0) = x \cdot 0 + x \cdot 0$ und $x \cdot 0 = 0 + x \cdot 0$. Wegen der eindeutigen Lösbarkeit der Gleichung $y + x \cdot 0 = x \cdot 0$ (als Gleichung für y) muss $x \cdot 0 = 0$ sein. ∎

Deshalb ist die Gleichung $0 \cdot y = 1$ nie lösbar!

Für Zahlen $x \neq 0$ hat aber die Gleichung $x \cdot y = 1$ stets eine Lösung, die mit x^{-1} bezeichnet wird, und man nennt diese Zahl das ***Inverse*** zu x.[3]

3.4 Die eindeutige Lösbarkeit multiplikativer Gleichungen

$\forall\, a, b \in \mathbb{R}$ mit $a \neq 0$ ist die Gleichung

$$a \cdot x = b$$

stets eindeutig lösbar.

BEWEIS: Man geht genauso wie bei der Addition vor. Zum Beweis der Existenz setzt man $x := b \cdot a^{-1}$. Das ist möglich, weil $a \neq 0$ ist. Da die Axiome der Multiplikation ganz analog zu denen der Addition formuliert sind, kann man alle Schlüsse sinngemäß übertragen. ∎

3.5 Klammern und Inverses

$\forall\, a, b \in \mathbb{R}$ mit $a \neq 0$ und $b \neq 0$ gilt:

$$(a^{-1})^{-1} = a \quad \text{und} \quad (a \cdot b)^{-1} = a^{-1} \cdot b^{-1}.$$

Auch hier kann der Beweis des additiven Falles sinngemäß auf den multiplikativen Fall übertragen werden.

[3] Die Bruchschreibweise $1/x$ führen wir erst später offiziell ein!

Neue Aspekte ergeben sich dort, wo additive und multiplikative Struktur zusammenspielen:

3.6 Minus eins mal minus eins

Es ist $(-1) \cdot (-1) = 1.$

BEWEIS:

$$\begin{aligned} \text{Es ist} \quad (-1) + (-1) \cdot (-1) &= (-1) \cdot 1 + (-1) \cdot (-1) \\ &= (-1) \cdot (1 + (-1)) \\ &= (-1) \cdot 0 \quad = \quad 0 \\ \text{und} \quad (-1) + 1 &= 1 + (-1) \quad = \quad 0. \end{aligned}$$

Wegen der eindeutigen Lösbarkeit der Gleichung $(-1) + x = 0$ folgt der Satz. ∎

In ähnlicher Weise zeigt man allgemein: $(-a) \cdot (-b) = a \cdot b$.

Wir wissen, dass die Multiplikation einer reellen Zahl mit null immer null ergibt. Kann die Null auch noch auf andere Weise als Ergebnis einer Multiplikation erscheinen?

3.7 Produkte, die null ergeben

Es seien a, b *reelle Zahlen mit* $a \cdot b = 0$.
Dann ist $a = 0$ *oder* $b = 0$.

BEWEIS: Sei $a \cdot b = 0$. Was nun?
Wenn man in einem Beweis nicht weiterkommt, gibt es ein paar Tricks: Zunächst frage man sich, ob man schon alle Voraussetzungen ausgewertet hat. Das ist hier der Fall, hilft also nicht weiter. Danach überlege man sich, was es denn überhaupt für Möglichkeiten gibt. Das führt ganz automatisch zur Methode der Fallunterscheidung, die einem zusätzliche Voraussetzungen an die Hand gibt:

Ist $b = 0$, so ist schon alles klar.

Ist $b \neq 0$, so existiert das Inverse b^{-1}. Diese Information können wir zusammen mit der Voraussetzung $a \cdot b = 0$ verwerten:

$$0 = 0 \cdot b^{-1} = (a \cdot b) \cdot b^{-1} = a \cdot 1 = a,$$

und damit ist alles gezeigt, denn andere Möglichkeiten gibt es nicht. ∎

Definition (Brüche)

Sind a und b reelle Zahlen, $b \neq 0$, so wird die reelle Zahl $a \cdot b^{-1}$ mit dem Symbol $\frac{a}{b}$ oder a/b bezeichnet. Man spricht dann von einem ***Bruch***. Die Zahl a heißt ***Zähler*** des Bruches, und die Zahl b heißt ***Nenner*** des Bruches.

Die Regeln der Bruchrechnung ergeben sich ganz einfach aus den Rechenregeln für reelle Zahlen:

3.8 Bruchrechenregeln

Für Brüche gelten folgende Regeln:

1. $\dfrac{a}{b} + \dfrac{c}{d} = \dfrac{a \cdot d + b \cdot c}{b \cdot d}$ *für* $b \neq 0$ *und* $d \neq 0$.
2. $\dfrac{a}{b} \cdot \dfrac{c}{d} = \dfrac{a \cdot c}{b \cdot d}$ *für* $b \neq 0$ *und* $d \neq 0$.
3. $\left(\dfrac{a}{b}\right)^{-1} = \dfrac{b}{a}$ *für* $a \neq 0$ *und* $b \neq 0$.

BEWEIS: **Den Multiplikationspunkt lässt man meist weg!**

1) $(ad + cb)(bd)^{-1} = (ad)(bd)^{-1} + (cb)(bd)^{-1} = ab^{-1} + cd^{-1}$.

2) $(ab^{-1})(cd^{-1}) = (ac)(bd)^{-1}$.

3) $(ab^{-1})^{-1} = (a^{-1})((b^{-1})^{-1}) = ba^{-1}$. ∎

3.9 Beispiele

A. Sei x eine beliebige reelle Zahl $\neq 0$ und $\neq 1$. Dann gilt:

$$\frac{x}{1 - 1/(1-x)} = \frac{x}{-x/(1-x)} = x \cdot \frac{1-x}{-x} = x - 1.$$

B. Sei $x \neq 1$ und $x \neq -1$. Dann gilt:

$$\frac{1}{x-1} - \frac{1}{x+1} = \frac{(x+1) - (x-1)}{(x-1)(x+1)} = \frac{2}{x^2 - 1}.$$

Hier haben wir einige Bezeichnungen vorweggenommen: Wir haben die Abkürzungen $2 := 1 + 1$ und $x^2 := x \cdot x$ benutzt.

Aufgabe 1 (Elementare Algebra)

1. Beweisen Sie die ***binomischen Formeln***:

$$\begin{aligned} (a+b)^2 &= a^2 + 2ab + b^2, \\ (a-b)^2 &= a^2 - 2ab + b^2, \\ (a+b)(a-b) &= a^2 - b^2. \end{aligned}$$

2. Lösen Sie – wenn möglich – die folgenden Gleichungen:

$$\frac{2x-3}{3x+1} = 2 \qquad \text{und} \qquad \frac{2}{x} + \frac{3}{x} = 1 + \frac{6}{x}.$$

Die Axiome der Anordnung

Es gibt eine Eigenschaft der Zahlengeraden, die wir beim Rechnen noch nicht ausgenutzt haben. Durch den Nullpunkt wird sie in zwei Abschnitte geteilt, und durch die Lage der 1 ist einer dieser Abschnitte ausgezeichnet. Wir wollen die Zahlen in dem ausgezeichneten Abschnitt ***positiv*** nennen. Beim axiomatischen Vorgehen ist der Begriff „positiv“ natürlich ein unerklärter Grundbegriff, und seine Eigenschaften werden durch weitere Axiome festgelegt:

[R-4] Axiome der Anordnung. *In $\mathbb{R}$ gibt es eine Teilmenge P (die Menge der* positiven reellen Zahlen*), so dass gilt:*

1. *Ist $a \in P$ und $b \in P$, so ist auch $a + b \in P$ und $a \cdot b \in P$.*

2. *Jede reelle Zahl gehört zu genau einer der drei Mengen*
   P, $\{0\}$ oder $-P := \{x \in \mathbb{R} \mid -x \in P\}$.

Ist $a \in P$, so schreibt man: $a > 0$.

Die Axiome der Anordnung kann man nun auch folgendermaßen formulieren:

Sind $a, b > 0$, so ist auch $a + b > 0$ und $a \cdot b > 0$. Ist x eine beliebige reelle Zahl, so ist entweder $x = 0$, $x > 0$ oder $-x > 0$, und diese drei Eigenschaften schließen sich gegenseitig aus.

Definition (Ungleichungen)

Seien $a, b \in \mathbb{R}$. Dann sagt man:

$$
\begin{aligned}
a < b &:\iff b - a > 0 && (a \text{ kleiner als } b).\\
a > b &:\iff b < a && (a \text{ größer als } b).\\
a \le b &:\iff (a < b) \vee (a = b) && (a \text{ kleiner oder gleich } b).\\
a \ge b &:\iff (a > b) \vee (a = b) && (a \text{ größer oder gleich } b).
\end{aligned}
$$

Für den Umgang mit Ungleichungen ist der folgende Satz nützlich:

3.10 Rechnen mit Ungleichungen

a, b, c seien stets reelle Zahlen. Dann gilt:

1. *Ist $a < b$ und $b < c$, so ist auch $a < c$ (Transitivität).*

2. *Ist $a < b$ und c beliebig, so ist auch $a + c < b + c$.*

3. *Ist $a < b$ und $c > 0$, so ist $a \cdot c < b \cdot c$.*

BEWEIS: 1) Ist $a < b$, so ist definitionsgemäß $b - a > 0$. Ebenso folgt aus $b < c$, dass $c - b > 0$ ist. Damit sind die Voraussetzungen verarbeitet. Was haben wir noch zur Verfügung? Die Axiome! Wenden wir das erste Axiom der Anordnung auf $b-a$ und $c-b$ an, so folgt:

$$(b-a)+(c-b)>0.$$

Es ist aber $(b-a)+(c-b)=c-a$. Also ist $a<c$.

2) Ist $a<b$, so ist $b-a>0$. Für ein beliebiges c ist dann

$$(b+c)-(a+c)=b-a>0, \qquad \text{also } a+c<b+c.$$

3) Nach Voraussetzung ist $b-a>0$ und $c>0$, nach den Axiomen also

$$b\cdot c-a\cdot c=(b-a)\cdot c>0.$$

■

3.11 Die Positivität von Quadraten

Ist $x\in\mathbb{R}$ beliebig, $x\neq 0$, so ist $x\cdot x>0$.
Insbesondere ist $1>0$.

BEWEIS: Wir führen eine Fallunterscheidung durch:

1) Ist $x>0$, so ist $x^2:=x\cdot x>0$. Das ergibt sich aus den Axiomen.

2) Ist **nicht** $x>0$, so folgt (ebenfalls aus den Axiomen): Entweder ist $x=0$ (was nach Voraussetzung auszuschließen ist), oder es ist $(-x)>0$.

In dem Fall ist aber $(-x)\cdot(-x)>0$, und da $(-x)\cdot(-x)=x\cdot x$ ist, folgt die Behauptung.

Schließlich ist noch $1=1\cdot 1>0$. ■

In den Axiomen ist nicht ausdrücklich gefordert worden, dass die 1 zu den positiven Zahlen gehört. Um so befriedigender ist es, dass das automatisch herauskommt.

Aufgabe 2 (Elementare Ungleichungen)

Es seien $a,b,c\in\mathbb{R}$ beliebig. Zeigen Sie:

$$\begin{aligned} a<b &\implies -a>-b,\\ 0<a<b &\implies a^{-1}>b^{-1}>0,\\ a^2+b^2=0 &\iff (a=0)\wedge(b=0). \end{aligned}$$

Natürliche Zahlen

Wir haben jetzt gelernt, wie man mit reellen Zahlen rechnet, aber außer der Null kennen wir bislang nur eine einzige Zahl offiziell beim Namen, nämlich die Eins.

Allerdings wissen wir schon seit unserer Kindheit, wie man aus der 1 sofort weitere Zahlen gewinnt: $2 := 1 + 1, \quad 3 := 2 + 1, \quad 4 := 3 + 1, \quad \ldots$

Diese Zahlen benutzen wir zum Zählen, und sie sind uns so vertraut, dass wir sie die „natürlichen Zahlen“ nennen. Man kann gar nicht über Logik, Mengenlehre oder Mathematik sprechen, ohne natürliche Zahlen zu verwenden. Es mag deshalb zunächst arg gekünstelt erscheinen, wenn wir nach einer mathematisch exakten Definition der natürlichen Zahlen suchen. In Wirklichkeit sind sie ja schon da, als Elemente von $\mathbb{R}$. Wir müssen also nur noch herausfinden, durch welche Eigenschaft sich die natürlichen von allen anderen Zahlen unterscheiden.

Die Menge *aller* natürlichen Zahlen besitzt eine ganz besondere Struktur: Die 1 gehört dazu, mit ihr fängt alles an. Und wenn wir irgendeine – auch noch so große – natürliche Zahl n konstruiert oder benannt haben (z.B. $n = 9\,000\,037$), so erhalten wir aus ihr durch Addition der Eins wieder eine natürliche Zahl, ihren ***Nachfolger*** $n + 1$ (im Beispiel also $9\,000\,038$). So kommen wir mit dem Konstruieren nie zu einem Ende! Da $1 > 0$ ist, ist stets $n + 1 > n$. Die natürlichen Zahlen werden demnach größer und größer, eine größte ist nicht in Sicht. Klar, es sind unendlich viele! Aber was heißt das eigentlich? Der Begriff der Unendlichkeit besitzt im Alltag keine klare Bedeutung, wir erwarten hier die Klärung gerade von der Mathematik. Wie können wir eine Menge exakt definieren, wenn wir mit ihrer Konstruktion nie fertig werden?

Die gerade herausgearbeitete Struktur der Menge der natürlichen Zahlen ist so charakteristisch für den Vorgang des Zählens, dass es naheliegt, nach allen Mengen mit dieser Eigenschaft zu suchen:

Definition (induktive Menge)

Eine Teilmenge $M \subset \mathbb{R}$ heißt ***induktiv***, falls gilt:

1. $1 \in M$.
2. $\forall x \in \mathbb{R} : ((x \in M) \Longrightarrow ((x + 1) \in M))$.

Jede induktive Menge enthält die Zahlen 1, 2, 3, 4, ..., aber offensichtlich ist auch die Menge $\{x \in \mathbb{R} \mid x > 0\}$ induktiv, und das ist zu viel des Guten. Der Durchschnitt von zwei induktiven Mengen ist wieder induktiv, dabei wird die Menge höchstens kleiner. Suchen wir also nach der „kleinsten“ induktiven Menge! Das wäre doch ein guter Kandidat für die Menge der natürlichen Zahlen.

Definition (natürliche Zahlen)

Ein Element $n \in \mathbb{R}$ heißt ***natürliche Zahl***, falls n zu **jeder** induktiven Teilmenge von $\mathbb{R}$ (also zum Durchschnitt aller induktiven Teilmengen) gehört.

Mit $\mathbb{N}$ wird die Menge der natürlichen Zahlen in $\mathbb{R}$ bezeichnet.

$\mathbb{N}$ ist dann auch die „größte Menge“, die in **jeder** induktiven Menge enthalten ist.

3.12 Hilfssatz

$\mathbb{N}$ ist selbst induktiv.

BEWEIS: Es müssen zwei Eigenschaften überprüft werden:

1) Da 1 in jeder induktiven Menge liegt, ist 1 eine natürliche Zahl.

2) Sei n eine beliebige reelle Zahl, die in $\mathbb{N}$ liegt. Dann gehört n definitionsgemäß zu jeder induktiven Menge $M \subset \mathbb{R}$, und wegen der induktiven Eigenschaft von M muss auch die reelle Zahl $n+1$ in M liegen. Das bedeutet, dass auch $n+1$ eine natürliche Zahl ist. ∎

Damit haben wir gezeigt, dass $\mathbb{N}$ die kleinste Teilmenge von $\mathbb{R}$ ist, die alle uns vom Zählen her bekannten „natürlichen" Zahlen 1, 2, 3, ... enthält. Also ist $\mathbb{N}$ genau das, was wir uns unter der Menge $\{1, 2, 3, \ldots\}$ vorstellen. Nun lässt sich eine sehr wichtige Folgerung ziehen:

Das Induktionsprinzip

3.13 Induktionsprinzip

Es sei $M \subset \mathbb{N}$ eine Teilmenge, und es gelte:

1. $1 \in M$.
2. $\forall n \in \mathbb{N} : n \in M \implies (n+1) \in M$.

Dann ist bereits $M = \mathbb{N}$.

BEWEIS: Nach Voraussetzung ist M eine induktive Teilmenge von $\mathbb{N}$. Weil aber $\mathbb{N}$ schon die kleinste induktive Menge ist, muss sogar $M = \mathbb{N}$ gelten. ∎

Warum ist das Induktionsprinzip wichtig? Es führt zu einem völlig neuen Beweisverfahren, dem ***Beweis durch vollständige Induktion***. Man kann dieses Verfahren immer dann benutzen, wenn natürliche Zahlen im Spiel sind:

Sei $A(n)$ eine Aussageform, bei der die natürlichen Zahlen einen zulässigen Objektbereich für die Variable n bilden. Dann kann man versuchen, die Aussage

$$\forall n \in \mathbb{N} : A(n)$$

durch vollständige Induktion zu beweisen. Und das geht so:

Sei $M := \{n \in \mathbb{N} \mid A(n)\}$. Dann ist die gewünschte Aussage äquivalent zu der Aussage „ $M = \mathbb{N}$ ". Der Beweis besteht – so er denn möglich ist – aus zwei Teilen.

1) **Induktionsanfang:** Man zeige, dass die Aussage $A(1)$ wahr ist. Das bedeutet, dass $1 \in M$ ist.

2) **Induktionsschluss:** Man beweise, dass für beliebiges $n \in \mathbb{N}$ die folgende Implikation wahr ist:

$$A(n) \implies A(n+1).$$

Beachte: Die **Implikation** muss wahr sein, nicht die Aussage $A(n+1)$! Das bedeutet dann: Wenn n in M liegt, so liegt auch $n+1$ in M. Mit dem Induktionsprinzip folgt daraus, dass $M = \mathbb{N}$ ist.

Wir wollen zunächst ein ganz simples Beispiel betrachten:

3.14 Behauptung

$\forall n \in \mathbb{N} : n \geq 1.$

BEWEIS:

$\underline{n = 1}$ (Induktionsanfang): Natürlich ist $1 \geq 1$.

$\underline{n \to n+1}$ (Induktionsschluss): Für die natürliche Zahl n sei schon bewiesen, dass $n \geq 1$ ist. Dann ist $n + 1 \geq 1 + 1 > 1 + 0 = 1$, also auch $n + 1 \geq 1$. ∎

Klartext: Mancher mag es irritierend finden, dass man eine derart einfache Tatsache beweisen muss. Es ist klar, dass die Zahlen 1, $1+1$, $1+1+1$, $1+1+1+1, \ldots$ alle ≥ 1 sind. Die Schwierigkeit liegt in der Unendlichkeit der Menge $\mathbb{N}$. Erst das Induktionsprinzip liefert das Werkzeug, unendlich viele Beweisschritte gleichzeitig auszuführen. Genau das wurde oben gemacht, und das sollte als Rechtfertigung für das komplizierte Vorgehen reichen.

Ein paar Erläuterungen zu den einzelnen Beweisschritten: Setzt man $n = 1$ in die Aussage $n \geq 1$ ein, so erhält man die Aussage $1 \geq 1$. Dass dies eine wahre Aussage ist, liefert einen erfolgreichen Induktionsanfang. Beim Induktionsschluss geht man davon aus, dass für irgend ein (nicht genauer spezifiziertes) n die Aussage $n \geq 1$ wahr ist. Um das deutlicher zu machen, soll dieses n hier mal mit n_0 bezeichnet werden. Es sei also $n_0 \geq 1$ wahr. Weil natürlich auch $1 \geq 1$ ist, folgt aus den Anordnungsaxiomen, dass $n_0 + 1 \geq 1 + 1$ ist. Weil $1 > 0$ ist, ist $1 + 1 > 1 + 0 = 1$ und damit auch $1 + 1 \geq 1$. Die beiden Ungleichungen $n_0 + 1 \geq 1 + 1$ und $1 + 1 \geq 1$ kann man zu der Aussage $n_0 + 1 \geq 1$ zusammensetzen. Der Induktionsschluss ist geschafft, weil für ein beliebiges n aus der Aussage $n \geq 1$ die Aussage $n + 1 \geq 1$ gefolgert wurde.

Ein Induktionsbeweis ist also genau genommen ein Beweis mit unendlich vielen Schritten. Man zeigt zunächst den Fall $n = 1$. Dann benutzt man diesen schon bewiesenen Fall, um den Fall $n = 2 = 1 + 1$ zu beweisen. Und dann benutzt man wiederum dieses Ergebnis, um den Fall $n = 3 = 2 + 1$ zu behandeln. Und so fährt man fort. Unendlich viele Schritte kann man nicht aufschreiben, aber wenn die einzelnen Schritte formal alle gleich sind, dann kann man sie mit variablem n alle auf einen Schlag durchführen.

Bekanntlich kann man auch rückwärts zählen. Deshalb führen wir den folgenden Begriff ein:

Definition (Vorgänger)

Eine Zahl $m \in \mathbb{N}$ heißt ***Vorgänger*** von $n \in \mathbb{N}$, falls $n = m + 1$ ist.

Wegen der eindeutigen Lösbarkeit von Gleichungen ist der Vorgänger sicher eindeutig bestimmt. Es ist aber nicht von vornherein klar, ob es immer einen Vorgänger gibt.

3.15 Existenz des Vorgängers

Jede natürliche Zahl $n > 1$ besitzt einen Vorgänger.

BEWEIS: Es ist zu zeigen: $\forall n \in \mathbb{N} : n > 1 \Longrightarrow \exists m \in \mathbb{N}$ mit $n = m + 1$.

Wir führen Induktion nach n. Ist $n = 1$, so ist schon die Prämisse falsch und daher nichts zu zeigen. Ist $n \in \mathbb{N}$ beliebig, so ist $n + 1 > 1$ und n offensichtlich der Vorgänger von $n + 1$. ∎

Die Induktionsvoraussetzung wird im obigen Beweis überhaupt nicht gebraucht!

Bevor wir die natürlichen Zahlen weiter untersuchen, wollen wir zeigen, dass das Induktionsprinzip auch in ganz anderen Situationen verwendet werden kann:

In einer Ebene seien n paarweise verschiedene Geraden gegeben. Diese teilen die Ebene in verschiedene Gebiete auf und erzeugen so eine „Landkarte" mit endlich vielen (zum Teil unendlich weit ausgedehnten) Ländern. Diese Landkarte soll so eingefärbt werden, dass zwei Länder, deren Grenzen wenigstens ein Geradenstück gemeinsam haben, mit verschiedenen Farben versehen sind. Mit wie vielen Farben kommt man aus? Erste Experimente mit wenigen Geraden legen den Verdacht nahe, dass es in einfachen Fällen mit zwei Farben geht.

Behauptung: Man kommt **immer** mit zwei Farben aus.

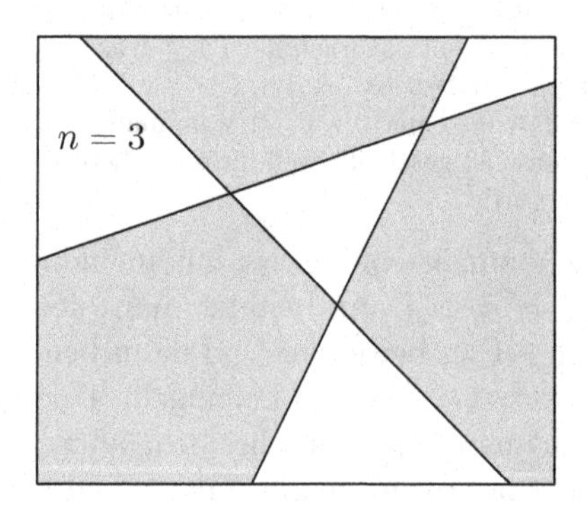

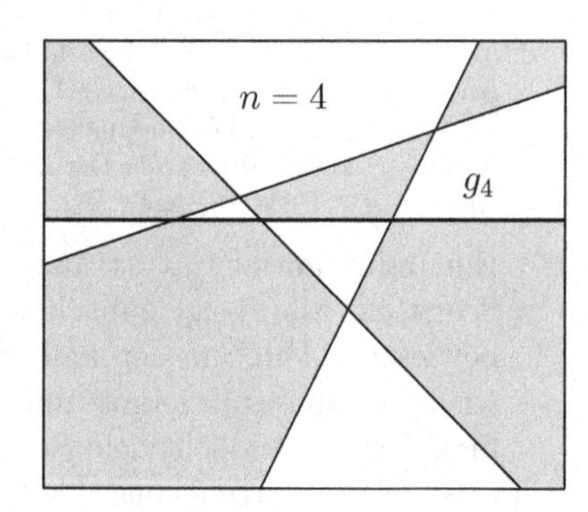

Abb. 3.1 Zum Farben-Problem

BEWEIS: Die einzige natürliche Zahl, die vorkommt, ist die Anzahl n der Geraden. $A(n)$ sei nun die folgende Aussageform:

Eine von n Geraden erzeugte Landkarte kann mit zwei Farben in der gewünschten Weise eingefärbt werden.

Der Beweis soll durch Induktion nach n geführt werden.

$\underline{n = 1}$: **Eine** Gerade teilt die Ebene in zwei Gebiete, und dann kommt man natürlich mit zwei Farben aus.

$\underline{n \to n+1}$: Die Behauptung sei schon für die Zahl n bewiesen. Betrachten wir nun eine von $n+1$ Geraden $g_1, g_2, \ldots, g_{n+1}$ erzeugte Landkarte. Da $n \geq 1$ ist, ist $n+1 \geq 2$. Lassen wir zunächst die Gerade g_{n+1} weg. Nach Induktionsvoraussetzung kann man die verbliebene Karte mit zwei Farben einfärben. Dann fügen wir g_{n+1} wieder hinzu. Jetzt sind die Regeln verletzt, aber wenn wir auf einer der beiden Seiten von g_{n+1} die vorhandenen Farben vertauschen, dann bekommen wir eine gültige Einfärbung. Damit ist die Behauptung auch für die Zahl $n+1$ bewiesen. ∎

Im Oktober 1852 entdeckte Francis Guthrie[4], dass er beim Färben einer Landkarte immer mit vier Farben auskam, auch wenn Länder mit gemeinsamer Grenzlinie verschieden gefärbt sein sollten. Die Frage nach dem Grund dieser erstaunlichen Tatsache wurde durch seinen Bruder Frederick Guthrie und dessen Lehrer Augustus De Morgan (dessen Name uns schon bei den logischen Verneinungsregeln begegnet ist) als ***Vierfarbenproblem*** bekannt gemacht.

Jahre später verfasste Arthur Cayley eine gründliche mathematische Analyse des Problems, und 1879 veröffentlichte der Jurist Sir Alfred Bray Kempe einen Beweis, der von dem Mathematiker Charles Sanders Peirce noch etwas verbessert wurde. 1890 zeigte Percy John Heawood, dass Kempes Beweis einen Trugschluss enthielt! Gleichzeitig bewies er, dass *fünf* Farben immer genügen.

Immer wieder gab es nun Beiträge zum Vierfarbenproblem, und Ende der sechziger Jahre benutzten Heinrich Heesch und Karl Dürre zum ersten Mal Computer als Hilfsmittel. Ihre Ideen wurden in Amerika bekannt, wo dann schließlich auch das Rennen gewonnen wurde: Wolfgang Haken[5] und Kenneth Appel[6] konnten 1976 bekanntgeben: Vier Farben genügen! Mit Hilfe einer IBM 360 war es ihnen möglich gewesen, Tausende von Spezialfällen in vernünftiger Zeit zu behandeln. Dieser intensive Einsatz eines Computers beim Beweis eines mathematischen Theorems hat übrigens in der Fachwelt heftige Grundsatzdiskussionen ausgelöst.

Wir kehren nun zu den natürlichen Zahlen zurück.

3.16 Rechnen in $\mathbb{N}$

1. *Sind $m, n \in \mathbb{N}$, so ist auch $m + n \in \mathbb{N}$.*

2. *Sind $m, n \in \mathbb{N}$ und ist $m - n > 0$, so ist auch $m - n \in \mathbb{N}$.*

---

[4] Francis Guthrie (1831–1899) studierte in England Mathematik und Jura, arbeitete zunächst als Anwalt und nahm 1861 einen Ruf nach Südafrika als Mathematiker an. Dort machte er sich auch einen bleibenden Namen durch seine botanischen Studien.

[5] Der Mathematiker Wolfgang Haken wurde 1928 in Berlin geboren und studierte in Kiel. Im Jahre 1962 kam er an die Universität von Illinois, 1965 wurde er dort Professor.

[6] Kenneth Appel wurde 1932 in New York geboren und kam 1961 als Assistenz-Professor nach Illinois. Er war Spezialist für die Programmierung mathematischer und anderer Probleme.

Beweis: Sei $m \in \mathbb{N}$ beliebig. Wir führen Induktion nach n.

1) Mit m ist natürlich auch $m+1 \in \mathbb{N}$. Ist nun n eine beliebige natürliche Zahl und bereits $m+n \in \mathbb{N}$, so ist $m+(n+1) = (m+n)+1$ ebenfalls $\in \mathbb{N}$. Damit ist die erste Behauptung schon bewiesen.

2) Ist $m-1 > 0$, so ist $m > 1$, besitzt also einen Vorgänger $k \in \mathbb{N}$. Damit liegt $m-1 = k$ in $\mathbb{N}$.

Sei nun n eine natürliche Zahl, für die die Behauptung wahr ist. Ist $m-(n+1) > 0$, so ist $m-n > 1$, insbesondere $m-n > 0$. Nach Induktionsvoraussetzung liegt dann $m-n$ in $\mathbb{N}$, und diese Zahl muss – da sie größer als 1 ist – einen Vorgänger k haben. Es gilt die Gleichung $m-n = k+1$. Also ist $m-(n+1) = k \in \mathbb{N}$. Das ergibt die zweite Behauptung. ∎

Ganze Zahlen

In $\mathbb{N}$ kann man also uneingeschränkt addieren, aber nur sehr eingeschränkt subtrahieren. Ist $m > n$, so liegt $m-n$ in $\mathbb{N}$. Ist jedoch $m \leq n$, so ist $m-n \leq 0$, während jede natürliche Zahl > 0 ist. Außerdem liegt die Null nicht in $\mathbb{N}$.

Definition (ganze Zahlen)

Die Menge $\mathbb{Z} := \{x \in \mathbb{R} \mid (x=0) \vee (x \in \mathbb{N}) \vee (-x \in \mathbb{N})\}$ heißt Menge der ***ganzen Zahlen***.

Sind $m, n \in \mathbb{N}$ mit $m-n \leq 0$, so ist $m-n = 0$ oder $m-n < 0$, also $-(m-n) = n-m > 0$ und damit $\in \mathbb{N}$. Das bedeutet, dass man in $\mathbb{Z}$ uneingeschränkt subtrahieren kann.

Die Zahlen der Gestalt $-x \in \mathbb{Z}$, mit $x \in \mathbb{N}$, nennt man ***negative ganze Zahlen***. Sie sind immer < 0. Aber **Achtung**! Ist $a \in \mathbb{Z}$ beliebig, so kann $-a$ negativ oder positiv sein.

3.17 Satz

Seien $m, n \in \mathbb{Z}$. Ist $m > n$, so ist $m \geq n+1$.

Beweis: Ist $m-n > 0$ und eine ganze Zahl, so ist $m-n \in \mathbb{N}$, also ≥ 1. ∎

3.18 Erweitertes Induktionsprinzip

Es sei $M \subset \mathbb{N}$ eine Teilmenge,
$k \in \mathbb{N}$ und es gelte:

1. *$k \in M$.*
2. *$\forall n \geq k : n \in M \implies (n+1) \in M$.*

Dann ist bereits $M = \{n \in \mathbb{N} : n \geq k\}$.

Die Induktion braucht also nicht unbedingt bei 1 zu beginnen.

BEWEIS: Wir können voraussetzen, dass $k > 1$ ist, denn wir haben das gewöhnliche Induktionsprinzip schon bewiesen. Nun sei

$$\begin{aligned} A(n) &:\iff n \in M \\ \text{und} \quad B(n) &:\iff A(n) \vee (n < k). \end{aligned}$$

Wir beweisen durch Induktion nach n, dass $B(n)$ für *alle* $n \in \mathbb{N}$ wahr ist. Daraus folgt offensichtlich die Behauptung des Satzes.

$B(1)$ ist wahr, denn es ist $1 < k$.

Nun setzen wir voraus, dass $B(n)$ schon wahr ist. Zwei Fälle sind zu unterscheiden:

1. Ist $n < k$ falsch, so muss $A(n)$ wahr sein. Dann ist $n \in M$ und $n \geq k$, nach Voraussetzung also auch $n + 1 \in M$. Damit ist $A(n+1)$ und erst recht $B(n+1)$ wahr.

2. Ist $n < k$ wahr, so gibt es wieder zwei Möglichkeiten:

   (a) Es ist auch $n + 1 < k$. Dann ist offensichtlich $B(n+1)$ wahr.

   (b) Es ist $n + 1 \geq k$. Da $n < k$ ist, ist aber auch $n + 1 \leq k$. Zusammen ergibt das, dass $n + 1 = k$ ist. Nach Voraussetzung ist $A(k)$ wahr, also auch $B(n+1)$.

■

Schließlich kann man das Induktionsprinzip auch für Definitionen verwenden:

Definition (Potenzen reeller Zahlen)

Sei a eine beliebige reelle Zahl. Dann kann für jede natürliche Zahl n die Zahl a^n (die n-te ***Potenz*** von a) definiert werden. Man setzt

$$a^1 := a \quad \text{und} \quad a^{n+1} := a^n \cdot a.$$

Mit einfachen Induktionsbeweisen, die wir hier nicht ausführen wollen, zeigt man die folgenden Rechenregeln für Potenzen:

3.19 Potenzrechenregeln

1. $a^{m+n} = a^m \cdot a^n$.

2. $(a^m)^n = a^{m \cdot n}$.

Definiert man noch $a^0 := 1$ und $a^{-n} := (a^n)^{-1} = (a^{-1})^n$ (letzteres nur für $a \neq 0$), so gelten die obigen Formeln auch für $m, n \in \mathbb{Z}$. Man beachte, dass $0^0 = 1$ ist!

Klartext: Wahrscheinlich werden hier viele stutzen. Warum ist $0^0 = 1$?

Es ist $0^n = 0$ für alle $n \in \mathbb{N}$ (weil das Produkt von Nullen immer noch 0 ergibt), während 0^{-n} nicht definiert ist (weil man durch 0 nicht definieren darf). Beides zusammen liefert keinen eindeutigen Hinweis darauf, was 0^0 sein könnte.

Ist $a \neq 0$ eine reelle Zahl, so steht a^n für das n-fache Produkt von a mit sich selbst. Das funktioniert auch mit negativen Exponenten, es ist $a^{-n} = (1/a)^n$. Aber was kommt heraus, wenn man 0 Faktoren verwendet? Für eine plausible Antwort holen wir etwas weiter aus. Was muss man zu einer Zahl *addieren*, damit sich diese nicht ändert? Richtig, nichts (also 0 Summanden) oder – was aufs Gleiche hinausläuft – die Null, das neutrale Element der Addition. Und womit muss man dann eine Zahl *multiplizieren*, wenn die sich nicht ändern soll? Natürlich mit der 1, dem neutralen Element der Multiplikation. Eine Multiplikation mit 0 Faktoren sollte also der Multiplikation mit 1 entsprechen. Das ergibt die Regel $a^0 = 1$. Weil diese Regel für jede reelle Zahl $a \neq 0$ gilt, ist es sinnvoll, die Lücke bei $a = 0$ mit $0^0 = 1$ zu schließen. Und das ist kein Widerspruch zur Regel $0^n = 0$, denn auch in jenem anderen Kontext bedeutet die Multiplikation mit 0^0 eine Multiplikation mit 0 Faktoren, also eine Operation, die nichts verändert. Das kann aber nur die Multiplikation mit 1 sein.

Aufgabe 3 (Induktionsbeweise)

Beweisen Sie durch vollständige Induktion:

1. $\forall n \in \mathbb{N} : (n > 4 \Longrightarrow 2^n > n^2)$.
2. Die Menge $\{1, 2, \ldots, n\}$ hat genau 2^n Teilmengen.

Aufgabe 4 (Falsche Induktion)

„Wählt man aus der Menge der Menschen zufällig eine Gruppe von n Personen aus, so haben diese alle die gleiche Blutgruppe!“ Der Beweis wird durch Induktion nach n geführt. Im Falle $n = 1$ ist nichts zu zeigen. Nun sei die Aussage für n wahr. Für $n+1$ folgt sie dann so: Wählt man $n+1$ Personen $x_1, \ldots, x_{n+1}$ aus, so haben nach Induktionsvoraussetzung $x_1, x_2, \ldots, x_n$ die gleiche Blutgruppe, aber auch $x_2, x_3, \ldots, x_n, x_{n+1}$, und damit hat x_{n+1} die gleiche Blutgruppe wie x_n und somit wie $x_1, \ldots, x_n$. **Wo steckt der Fehler?**

Die Zahl 1 ist die kleinste natürliche Zahl! Ist sie das wirklich? Ja, wir haben das sogar schon bewiesen, wir haben nur niemals genau gesagt, was ein „kleinstes Element“ ist.

Definition (kleinstes und größtes Element)

Sei $M \subset \mathbb{R}$ eine beliebige Teilmenge. Ein Element $a \in M$ heißt ***kleinstes Element*** (bzw. ***größtes Element***) von M, falls gilt:

$$\forall x \in M : a \leq x \quad (\text{bzw. } a \geq x).$$

3.20 Beispiele

A. 5 ist kleinstes Element der Menge $\{5, 7, 89/7, 100\}$.

B. 0 ist kleinstes Element der Menge $\{m \in \mathbb{Z} \mid m > -1/3\}$.

C. Die Menge $\{x \in \mathbb{R} \mid x > 0\}$ besitzt kein kleinstes Element. (Warum nicht?)

Fundamental für das Arbeiten mit natürlichen Zahlen ist die folgende Tatsache:

3.21 Wohlordnungssatz

Jede ***nicht leere*** *Menge M von natürlichen Zahlen besitzt ein kleinstes Element.*

BEWEIS: Wir würden gerne Induktion benutzen, aber es fehlt eine Variable dafür. Der Trick dieses Beweises besteht darin, dass wir künstlich eine Variable einführen. Wir beweisen nämlich die folgende Aussage $A(n)$:

Jede Teilmenge $M \subset \mathbb{N}$, die die Zahl n enthält, besitzt ein kleinstes Element.

Haben wir die Aussage $A(n)$ durch vollständige Induktion für jedes $n \in \mathbb{N}$ bewiesen, so haben wir auch den Satz bewiesen.

A(1): Ist $1 \in M$, so ist natürlich 1 das kleinste Element.

A(n) $\Longrightarrow$ A(n+1): Es sei $M \subset \mathbb{N}$ eine Teilmenge, die die Zahl $n + 1$ enthält. Die Aussage $A(n)$ sei schon bewiesen.

Wir müssen die Aussage $A(n)$ irgendwie benutzen. Da wir nicht wissen, ob n in M liegt, machen wir eine Fallunterscheidung:

a) Ist $n \in M$, so hat M nach Induktionsvoraussetzung ein kleinstes Element, und wir sind fertig.

b) Ist $n \notin M$, müssen wir uns etwas einfallen lassen. Wir basteln uns eine neue Menge, die n enthält: Sei $H := M \cup \{n\}$ unsere „Hilfsmenge". Offensichtlich ist $H \subset \mathbb{N}$ und $n \in H$. Nach Induktionsvoraussetzung besitzt H ein kleinstes Element a, und es muss dann $a \leq n$ sein.

Ist $a < n$, so muss a schon in M liegen und dort erst recht das kleinste Element sein. So bleibt nur noch der Fall zu betrachten, dass $a = n$ ist. Aber dann kommt a in M nicht vor, und es muss $a < m$ für alle $m \in M$ gelten. Also ist $n + 1 = a + 1 \leq m$ für alle $m \in M$. Das bedeutet, dass $n + 1$ das kleinste Element von M ist. ∎

Auch hier wird manch einer nicht verstanden haben, dass man den Satz überhaupt beweisen muss. Aber wer glaubt, dass ihm schon der gesunde Menschenverstand sagt, dass der Wohlordnungssatz richtig ist, der möge versuchen, die Erklärung dafür zu Papier zu bringen. Außerdem sollte einem der folgende Satz zu denken geben:

3.22 Die Unbeschränktheit der natürlichen Zahlen

Die Menge $\mathbb{N}$ besitzt kein größtes Element.

BEWEIS: Wir führen einen Widerspruchsbeweis: Wäre $a \in \mathbb{N}$ ein größtes Element von $\mathbb{N}$, so wäre $n \leq a$, für jede natürliche Zahl n. Aber mit a liegt auch $a+1$ in $\mathbb{N}$, und es ist $a+1 > a+0 = a$. Das ist ein Widerspruch! ■

Der Wohlordnungssatz liefert uns nun eine weitere Variante des Induktionsprinzips:

3.23 Zweites Induktionsprinzip

Es sei $M \subset \mathbb{N}$, und es gelte:

1. $1 \in M$.
2. *Ist $n \in \mathbb{N}$ und $k \in M$ für alle $k < n$, so ist auch $n \in M$.*

Dann ist $M = \mathbb{N}$.

BEWEIS: Es sei eine Menge $M \subset \mathbb{N}$ mit den Eigenschaften (1) und (2) gegeben.
Annahme: $M \neq \mathbb{N}$.
Dann ist die Menge $T := \mathbb{N} \setminus M$ nicht leer, sie besitzt also ein kleinstes Element n. Dieses muss größer als 1 sein (da die 1 in M liegt). Für alle Zahlen $k < n$ gilt offensichtlich: $k \in M$. Wegen Bedingung (2) ist dann auch $n \in M$. Aber das ist ein Widerspruch! ■

Eine Anwendung dieser Variante des Induktionsprinzips werden wir später sehen. Wir wollen noch einmal auf das Zählen zurückkommen:

Endliche Mengen

Wenn wir im täglichen Leben Dinge zu zählen haben, so kommen wir mit wenigen natürlichen Zahlen aus, genauer gesagt, wir brauchen nur einen ***Zahlenabschnitt*** $\{1, 2, 3, \ldots, n\}$ von $\mathbb{N}$. Das ist die Menge

$$[1, n] := \{k \in \mathbb{N} : 1 \leq k \leq n\}.$$

Man spricht auch von einem ***Zahlenintervall***.[7]

Was bedeutet nun das Zählen? Wenn wir eine Menge von Gegenständen vor uns haben und ihre *Anzahl* feststellen wollen, so versuchen wir, die Gegenstände auf umkehrbar eindeutige Weise den Elementen eines geeigneten Zahlenintervalls zuzuordnen. Jedem Gegenstand entspricht genau eine der Zahlen $1, 2, 3, \ldots, n$, und jeder dieser Zahlen entspricht genau ein Gegenstand. Wären die Zahlen real, so könnten wir sie jeweils neben die zugeordneten Gegenstände legen. In der Mathematik spricht man in einem solchen Fall von einer ***eineindeutigen Zuordnung***.

[7]Man beachte: „$0 \leq k \leq n$“ bedeutet: „$(0 \leq k) \wedge (k \leq n)$“. Das kann wichtig werden, wenn man eine solche Aussage verneinen will.

Definition (endliche und unendliche Mengen)

Eine beliebige Menge M heißt ***endlich***, falls sich ihre Elemente eineindeutig den Elementen eines Zahlenintervalls $[1, n]$ zuordnen lassen. Die (eindeutig bestimmte) Zahl n nennt man dann die ***Anzahl der Elemente*** von M.

In jedem anderen Fall heißt die Menge ***unendlich***.

Ich habe mir mit der Definition der endlichen Menge so viel Mühe gegeben, weil damit zugleich der so viel schwierigere Begriff der unendlichen Menge festgelegt wird. Durch die Macht der zweiwertigen Logik ist nun alles unendlich, was nicht endlich ist. Damit sind wir allerdings noch nicht in der Lage, eine unendliche Menge vollständig zu beschreiben oder auch nur gedanklich zu erfassen. Die Unendlichkeit ist lediglich der Inbegriff der logischen Verneinung des Endlichen, und es bleibt jedem selbst überlassen, eine Art Vorstellung davon zu entwickeln.

Wir wollen zeigen, dass die endlichen Teilmengen von $\mathbb{N}$ genau diejenigen sind, die ein größtes Element besitzen. Insbesondere haben wir dann bewiesen, dass $\mathbb{N}$ selbst eine unendliche Menge ist. Zuvor müssen wir allerdings noch ein handliches Kriterium für die Existenz eines größten Elementes herleiten:

Definition (obere und untere Schranke)

Sei $M \subset \mathbb{R}$ eine beliebige Teilmenge. Eine Zahl $a \in \mathbb{R}$ heißt ***obere Schranke*** (bzw. ***untere Schranke***) von M, falls gilt:

$$\forall x \in M : x \leq a \quad (\text{bzw. } x \geq a).$$

Die Menge M heißt ***nach oben*** (bzw. ***nach unten***) ***beschränkt***, falls sie eine obere (bzw. untere) Schranke besitzt.

Der einzige Unterschied zwischen einer oberen Schranke und einem größten Element ist also die Bedingung, dass das größte Element zu der Menge dazugehören muss. Bei einer groben Überschlagsrechnung wird man sicher viel schneller eine obere Schranke als das (sogar eindeutig bestimmte) größte Element finden.

3.24 Erster Satz vom größten Element

Sei $M \subset \mathbb{N}$ nicht leer. Wenn es eine ***natürliche Zahl*** *s gibt, die obere Schranke von M ist, dann besitzt M auch ein größtes Element.*

BEWEIS: Jede Menge natürlicher Zahlen besitzt die 1 als untere Schranke und auch tatsächlich ein kleinstes Element. Es scheint eine gewisse Symmetrie zwischen diesem Sachverhalt und der Behauptung zu geben, und das wollen wir ausnutzen. Wir spiegeln die Menge M an der Null in die negativen ganzen Zahlen hinein und verschieben sie dann so weit „nach rechts“, dass sie wieder in $\mathbb{N}$ liegt:

Sei $s \in \mathbb{N}$ eine obere Schranke von M. Ist $m \in M$, so ist $m \leq s$, also $s - m + 1 > 0$ und damit ein Element von $\mathbb{N}$. Die Menge

$$M^* := \{s - m + 1 \,:\, m \in M\} \subset \mathbb{N}$$

ist nicht leer (weil M nicht leer ist) und besitzt daher ein kleinstes Element a.

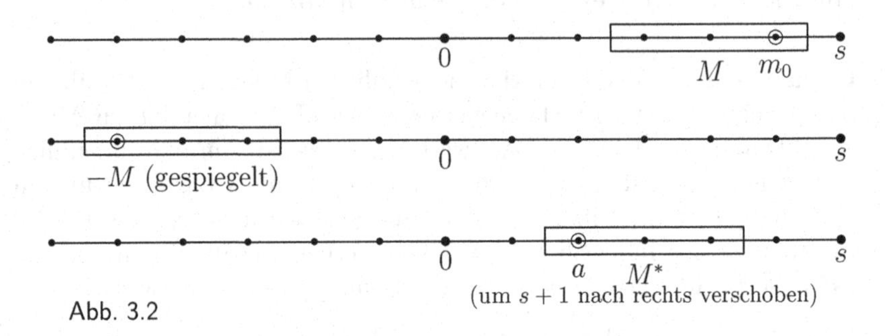

Abb. 3.2

Es gibt ein $m_0 \in M$, so dass $a = s - m_0 + 1$ ist. Damit gilt:

$$\forall m \in M \text{ ist } s - m_0 + 1 \leq s - m + 1,$$

also $m_0 \geq m$ für alle $m \in M$. Die Zahl m_0 ist größtes Element von M. ■

Jetzt können wir den gewünschten Satz beweisen:

3.25 Zweiter Satz vom größten Element

Eine Teilmenge M der natürlichen Zahlen ist genau dann endlich, wenn sie ein größtes Element besitzt.

BEWEIS: Es sind zwei Richtungen zu beweisen:

1) Es sei $M = \{x_1, \ldots, x_n\} \subset \mathbb{N}$ eine Menge mit n Elementen. M besitzt ein kleinstes Element, und man kann annehmen, dass x_1 dieses kleinste Element ist (sonst vertausche man einfach x_1 mit dem kleinsten Element). Die Teilmenge $\{x_2, \ldots, x_n\}$ besitzt ebenfalls ein kleinstes Element, und man kann annehmen, dass es x_2 ist. So fährt man fort, und spätestens nach dem n-ten Schritt hat man erreicht, dass $x_1 \leq x_2 \leq x_3 \leq \ldots \leq x_n$ ist. Dann ist x_n das größte Element von M.

2) Jetzt sei $M \subset \mathbb{N}$ eine Teilmenge, die ein größtes Element besitzt. Wir müssen zeigen, dass M endlich ist. Dazu sei N eine beliebige obere Schranke von M, und das größte Element von M sei mit x_N bezeichnet. Da x_N eine obere Schranke von $M_1 := M \setminus \{x_N\}$ ist, besitzt auch M_1 ein größtes Element, das mit x_{N-1} bezeichnet sei. So fährt man fort, x_{N-2} sei das größte Element von $M_2 := M \setminus \{x_N, x_{N-1}\}$, usw.

Weil die Kette der natürlichen Zahlen $x_N > x_{N-1} > x_{N-2} > \ldots$ bei einer Zahl $x_k \geq 1$ enden muss, die dann das kleinste Element von M ist, erhält man durch

$x_i \mapsto i - k + 1$ eine eineindeutige Zuordnung zwischen M und dem Zahlenintervall $[1, N - k + 1]$. Das zeigt, dass M eine endliche Menge ist. ∎

Etwas allgemeiner kann man jetzt sogar formulieren:

Eine Teilmenge $M \subset \mathbb{N}$ ist genau dann endlich, wenn sie eine obere Schranke in $\mathbb{N}$ besitzt.

Als Nächstes wollen wir uns mit der Frage beschäftigen, wie es in $\mathbb{Z}$ mit der Multiplikation und Division aussieht.

3.26 Multiplikation und Division in $\mathbb{Z}$

1. *Sind $a, b \in \mathbb{Z}$, so ist auch $a \cdot b \in \mathbb{Z}$.*
2. *Ist $a \in \mathbb{Z}$, $a \neq 0$ und $a \notin \{1, -1\}$, so ist $a^{-1} \notin \mathbb{Z}$.*

BEWEIS: 1) Ist $a = 0$ oder $b = 0$, so ist $a \cdot b = 0 \in \mathbb{Z}$. Wegen der Formeln $(-a) \cdot (-b) = a \cdot b$ und $(-a) \cdot b = -(a \cdot b)$ genügt es zu zeigen: Sind $m, n \in \mathbb{N}$, so ist auch $m \cdot n \in \mathbb{N}$. Das wird mit einer einfachen Induktion erledigt:

Sei m fest gewählt. Dann ist $m \cdot 1 = m \in \mathbb{N}$. Ist $n \in \mathbb{N}$ beliebig und $m \cdot n \in \mathbb{N}$, so ist $m \cdot (n + 1) = m \cdot n + m$ offensichtlich auch in $\mathbb{N}$.

2) Es reicht zu zeigen: Ist $n \in \mathbb{N}$ und $n > 1$, so ist $n^{-1} \notin \mathbb{N}$. Angenommen, n^{-1} liegt doch in $\mathbb{N}$. Da $(n^{-1})^{-1} = n$ ist, kann n^{-1} nicht $= 1$ sein. Also muss $n^{-1} > 1$ sein, aber das ist nicht möglich, denn dann wäre $1 = n \cdot n^{-1} > 1 \cdot 1 = 1$. ∎

Die Division ist also in $\mathbb{Z}$ i.A. nicht möglich. Trotzdem ist die Situation besser, als es nach dem letzten Satz aussieht. Es kann nämlich passieren, dass $a \in \mathbb{Z}$, $b \in \mathbb{Z}$ und $b > 1$ ist, aber dennoch $a \cdot b^{-1} \in \mathbb{Z}$. Zum Beispiel ist $12 \cdot 3^{-1} = 4$.

Teilbarkeit und Primzahlen

Ist $a \cdot b^{-1} = q \in \mathbb{Z}$, so ist $a = q \cdot b$, also ein ganzzahliges Vielfaches von b. Diese Situation ist so wichtig, dass man dafür eine neue Bezeichnung eingeführt hat:

Definition (Teilbarkeit)

Seien $a, b \in \mathbb{Z}$. b heißt ***Teiler*** von a, falls es eine ganze Zahl q gibt, so dass $a = q \cdot b$ ist.

Man schreibt dann: $b \mid a$ (in Worten: „b teilt a“).

3.27 Beispiele

A. $3 \mid 12$, $(-7) \mid 49$, $(-5) \mid (-20)$.

B. $b \mid 0$ gilt für jede ganze Zahl b.

C. $1 \mid a$ gilt für jede ganze Zahl a.

Ist b **kein** Teiler von a, so schreibt man: $b \nmid a$.

3.28 Teilbarkeitsregeln

Für $a, b, c, d \in \mathbb{Z}$ gelten folgende Aussagen:

1. $a \mid b \Longrightarrow a \mid bc$,
2. $(a \mid b) \wedge (b \mid c) \Longrightarrow a \mid c$,
3. $(a \mid b) \wedge (a \mid c) \Longrightarrow a \mid (b+c)$.

BEWEIS: 1) $b = q \cdot a \Longrightarrow bc = (qc) \cdot a$.

2) $(b = q \cdot a) \wedge (c = p \cdot b) \Longrightarrow c = (pq) \cdot a$.

3) $(b = q \cdot a) \wedge (c = r \cdot a) \Longrightarrow b + c = (q + r) \cdot a$. ∎

Definition (triviale und echte Teiler)

Sei $a \in \mathbb{Z}$. Dann heißen die Zahlen 1, -1, a und $-a$ die ***trivialen Teiler*** von a. Alle anderen Teiler von a nennt man ***echte Teiler*** von a.

Definition (Primzahl)

Eine natürliche Zahl $p > 1$ heißt ***Primzahl***, falls sie keine echten Teiler besitzt.

In der Schule wird oft die Frage gestellt, warum 1 keine Primzahl sei. Aus Gründen, die erst in der höheren Algebra verständlich werden, definiert man das einfach so!

3.29 Hilfssatz

Seien $a, b \in \mathbb{N}$. Ist $a \mid b$, so ist $a \leq b$.

BEWEIS: Sei $b = q \cdot a$ mit einer ganzen Zahl q. Da a und b positiv sind, muss auch q positiv sein, also $q \in \mathbb{N}$. Aber dann ist $q \geq 1$ und $b = q \cdot a \geq 1 \cdot a = a$. ∎

3.30 Satz

2 ist die kleinste Primzahl.

BEWEIS: a) Wir zeigen zunächst, dass 2 die zweit-kleinste natürliche Zahl ist. Dazu sei $n \in \mathbb{N}$ und $n \neq 1$. Dann besitzt n einen Vorgänger, d.h., es gibt ein $m \in \mathbb{N}$ mit $n = m + 1$. Also ist $n \geq 1 + 1 = 2$.

b) Sei jetzt $a \in \mathbb{N}$ ein Teiler von 2. Dann muss $a \leq 2$ sein und dafür kommen nur die trivialen Teiler 1 und 2 in Frage. ∎

Natürlich setzen wir das nicht so umständlich fort. Wir wissen ja, dass das Zahlenintervall $[1, n]$ genau die n kleinsten natürlichen Zahlen enthält, und mit Hilfe der Axiome für $\mathbb{R}$ können wir eine „Multiplikationstabelle" für diese Zahlen aufstellen. Damit lassen sich alle positiven Teiler von n bestimmen, und wir können feststellen, ob n Primzahl ist.

Wir wollen eine Tabelle der Primzahlen unter 100 erstellen:

Das ist viel leichter, als man zunächst annehmen könnte. Ist $n \leq 100$ und $n = a \cdot b$ mit echten Teilern a und b, so muss wenigstens einer der beiden Faktoren < 10 sein und – wie wir später sehen werden – dann auch einen Primfaktor < 10 besitzen. Primzahlen unter 100 können also nur solche Zahlen n sein, die **nicht** Vielfaches einer Primzahl $p < 10$ sind.

Alle *geraden Zahlen*, also alle Vielfachen der 2, kommen – mit Ausnahme der 2 selbst – sowieso nicht als Primzahlen in Frage. Streichen wir sie in der Multiplikationstabelle der Zahlen von 1 bis 10, so bleiben nur noch die 2 und alle *ungeraden Zahlen* zwischen 1 und 100 übrig. Die 3 bleibt als Primzahl stehen und alle echten Vielfachen von 3 können wir ebenfalls streichen. Die nächste Primzahl ist die 5, ihre Vielfachen lassen wir weg. Nun ist von den Zahlen unter 10 nur noch die 7 übrig geblieben. Die muss ebenfalls eine Primzahl sein (denn wir haben ja schon die Vielfachen aller kleineren Primzahlen entfernt), und wenn wir noch die Vielfachen von 7 aus unserer Tabelle streichen, so bleiben genau die Primzahlen unter 100 stehen.

1	**2**	**3**	4	**5**	6	**7**	8	9
11	12	**13**	14	15	16	**17**	18	**19**
21	22	**23**	24	25	26	27	28	**29**
31	32	33	34	35	36	**37**	38	39
41	42	**43**	44	45	46	**47**	48	49
51	52	**53**	54	55	56	57	58	**59**
61	62	63	64	65	66	**67**	68	69
71	72	**73**	74	75	76	77	78	**79**
81	82	**83**	84	85	86	87	88	**89**
91	92	93	94	95	96	**97**	98	99

Dieses Verfahren nennt man das ***Sieb des Eratosthenes***.[8] Es benutzt keinerlei Division, was für die alten Griechen angesichts ihres komplizierten Zahlensystems sehr wertvoll war.

Jede natürliche Zahl ist Summe von endlich vielen Einsen. Multiplikativ gesehen bilden jedoch die Primzahlen die elementaren Bausteine der natürlichen Zahlen. Das sichert insbesondere das folgende – schon angekündigte – Resultat:

[8]Eratosthenes von Cyrene (ca. 275–200 v.Chr.) wurde etwa um 240 v.Chr. Direktor der Bibliothek von Alexandria. Er war ein sehr vielseitiger Gelehrter und soll den Durchmesser der Erde ziemlich genau berechnet haben.

3.31 Existenz eines Primteilers

Jede natürliche Zahl $a > 1$ besitzt mindestens einen Primteiler, und zwar ist der kleinste Teiler $p > 1$ von a eine Primzahl.

BEWEIS: Sei $M := \{n \in \mathbb{N} \mid (n > 1) \wedge (n \mid a)\}$. Da a selbst in M liegt, ist M nicht leer. Also gibt es in M ein kleinstes Element p. Nach Konstruktion ist $p > 1$. Hätte p einen echten Teiler, so wäre dieser auch ein Teiler von a. Das kann aber nicht sein, also ist p eine Primzahl. ■

3.32 Satz von der eindeutigen Primfaktorzerlegung

Jede natürliche Zahl $a > 1$ besitzt eine Darstellung

$$\boxed{a = p_1 \cdots p_n}$$

als Produkt von endlich vielen Primzahlen.

Die Primzahlen $p_1, \ldots, p_n$ brauchen nicht alle verschieden zu sein. Bis auf die Reihenfolge sind sie jedoch eindeutig bestimmt.

Dieser Satz wird auch als ***Fundamentalsatz der elementaren Zahlentheorie*** bezeichnet. Obwohl er Euklid bekannt gewesen zu sein scheint, taucht er nicht explizit in dessen *Elementen* auf. Zum ersten Mal klar formuliert und bewiesen wird er in den 1801 erschienenen *Disquisitiones Arithmeticae* von C. F. Gauß.

Der etwas anspruchsvollere BEWEIS kann am Ende des Kapitels nachgelesen werden.

Der Fundamentalsatz hat weitreichende Konsequenzen. Eine Primzahl p kann nur dann eine Zahl $a \in \mathbb{N}$ teilen, wenn sie in deren Primfaktorzerlegung vorkommt. Insbesondere folgt:

3.33 Charakterisierung von Primzahlen

Seien $a, b \in \mathbb{N}$, p eine Primzahl. Dann gilt:

$$p \mid (a \cdot b) \Longrightarrow (p \mid a) \vee (p \mid b).$$

Der Beweis ist eine sehr einfache Übungsaufgabe (mit Hilfe des Fundamentalsatzes).

Wenn wir eine Primfaktorzerlegung praktisch durchführen, versuchen wir meist, etwas Ordnung zu schaffen, indem wir die Primzahlen der Größe nach ordnen und gleiche Primzahlen zu Primzahlpotenzen zusammenfassen. In diesem Sinne können wir auch die Eindeutigkeit etwas genauer formulieren:

Zu jeder natürlichen Zahl $a > 1$ gibt es eine eindeutig bestimmte Zahl $k \in \mathbb{N}$, Primzahlen $p_1 < p_2 < \ldots < p_k$ und Exponenten $n_1, n_2, \ldots, n_k$, so dass gilt:

$$\boxed{a = p_1^{n_1} \cdot p_2^{n_2} \cdots p_k^{n_k}.}$$

Zum Beispiel ist $44 = 2^2 \cdot 11$ oder $120 = 2^3 \cdot 3 \cdot 5$.

Wenn zwei Zahlen a und b die selben Primfaktoren enthalten,

$$a = p_1^{n_1} \cdot p_2^{n_2} \cdots p_k^{n_k} \quad \text{und} \quad b = p_1^{m_1} \cdot p_2^{m_2} \cdots p_k^{m_k},$$

so gilt:

$$a \mid b \iff n_1 \leq m_1, n_2 \leq m_2, \ldots, n_k \leq m_k.$$

Um dieses Kriterium immer anwenden zu können, fügt man gerne fehlende Primfaktoren mit dem Exponenten 0 ein.

Gesetzmäßigkeiten zur Verteilung der Primzahlen zu finden, gehört zu den schwersten Problemen in der Mathematik. Ob die Folge der Primzahlen eventuell sogar ganz abbricht, beantwortet der folgende Satz:

3.34 Satz von Euklid

Es gibt unendlich viele Primzahlen.

BEWEIS: Wir nehmen an, es gibt nur endlich viele Primzahlen, etwa $p_1, p_2, \ldots, p_n$, und bilden die Zahl $P := p_1 \cdot p_2 \cdot \ldots \cdot p_n$. Dann besitzt die Zahl $P + 1$ einen kleinsten Primteiler q, der natürlich unter den Zahlen $p_1, \ldots, p_n$ vorkommen muss, also auch ein Teiler von P ist. Wenn jedoch q ein Teiler von P und von $P + 1$ ist, dann muss q auch Teiler von 1 sein. Das ist unmöglich! ■

Dieser berühmte Satz und sein Beweis haben ihre Gültigkeit und sogar ihre Formulierung seit 2000 Jahren behalten, abgesehen von dem kleinen, aber feinen Unterschied, dass Euklid nie den Begriff „unendlich“ verwendete. Vielmehr sagte er: „Es gibt mehr Primzahlen als jede vorgelegte endliche Zahl“.

Leider gibt es keine praktisch verwendbare Formel, die automatisch alle Primzahlen liefert.[9]

Aufgabe 5 (Zur Teilbarkeit)

1. Zeigen Sie durch vollständige Induktion nach n:
   Ist $a \in \mathbb{N}$, $a \geq 2$, so ist $a - 1$ Teiler von $a^n - 1$.
2. Ist $2^n - 1$ eine Primzahl, so ist auch n eine Primzahl.
3. Sei $M := \{n \in \mathbb{N} : \exists k \in \mathbb{N}_0 \text{ mit } n = 4k + 1\}$. Zeigen Sie, dass mit $a \in M$ und $b \in M$ auch $a \cdot b$ in M liegt. Zeigen Sie außerdem, dass es in M Zahlen

[9] Es gibt zwar Formeln für Primzahlen, aber ihre Anwendung ist in der Regel nicht praktikabel oder zumindest deutlich weniger effizient als die Sieb-Methode von Eratosthenes.

gibt, die keine Primzahlen sind, die aber in M auch keine echten Teiler besitzen. Wir wollen solche Zahlen *pseudoprim* nennen. Gibt es in M eine eindeutige Zerlegung in Pseudoprimfaktoren?

Wir kommen jetzt zu einem anderen Aspekt der Teilbarkeitslehre:

Ist $a \in \mathbb{N}$, so ist $T_a := \{n \in \mathbb{N} : n \mid a\}$ die Menge aller positiven Teiler von a. Sind a, b zwei natürliche Zahlen, so ist $T_a \cap T_b$ die Menge der gemeinsamen Teiler. Diese Menge wird durch natürliche Zahlen nach oben beschränkt, denn jeder Teiler von a muss $\leq a$ sein. Außerdem ist sie nicht leer, denn sie enthält immer die 1. Also besitzt sie ein größtes Element.

Definition (größter gemeinsamer Teiler)

Für je zwei natürliche Zahlen a, b ist der ***größte gemeinsame Teiler*** von a und b (in Zeichen: $\text{ggT}(a, b)$) definiert als das (eindeutig bestimmte) größte Element von $T_a \cap T_b$.

Ist $\text{ggT}(a, b) = 1$, so nennt man a und b ***teilerfremd***.

Die Menge $V_a := \{n \in \mathbb{N} : a \mid n\} = \{a, 2a, 3a, \ldots\}$ ist die Menge aller (positiven) Vielfachen von a. Sind $a, b \in \mathbb{N}$, so enthält $V_a \cap V_b$ die gemeinsamen Vielfachen von a und b. Auch diese Menge ist nicht leer, denn sie enthält ja die Zahl $a \cdot b$. Allerdings ist sie unbeschränkt!

Definition (kleinstes gemeinsames Vielfaches)

Für je zwei natürliche Zahlen a, b ist das ***kleinste gemeinsame Vielfache*** von a und b (in Zeichen: $\text{kgV}(a, b)$) definiert als das (eindeutig bestimmte) kleinste Element von $V_a \cap V_b$.

Das folgende Verfahren zur Bestimmung von ggT und kgV dürfte jedem aus der Schule bekannt sein:

Sind a und b mit ihrer Primfaktorzerlegung gegeben,

$$a = p_1^{n_1} \cdot p_2^{n_2} \cdots p_k^{n_k} \quad \text{und} \quad b = p_1^{m_1} \cdot p_2^{m_2} \cdots p_k^{m_k},$$

so gilt offensichtlich:

$$\begin{aligned} \text{ggT}(a, b) &= p_1^{\min(n_1, m_1)} \cdot \ldots \cdot p_k^{\min(n_k, m_k)}, \\ \text{kgV}(a, b) &= p_1^{\max(n_1, m_1)} \cdot \ldots \cdot p_k^{\max(n_k, m_k)}. \end{aligned}$$

Sind $n, m \in \mathbb{N}$, so ist $\min(n, m)$ die kleinere und $\max(n, m)$ die größere der beiden Zahlen. Offensichtlich ist

$$\min(n, m) + \max(n, m) = n + m.$$

Daraus folgt:

3.35 Satz

Sind $a, b \in \mathbb{N}$, so ist $\mathrm{ggT}(a,b) \cdot \mathrm{kgV}(a,b) = a \cdot b$.

Wenn die Zahlen allerdings groß werden, dann kann sich ihre Zerlegung in Primfaktoren als sehr schwierig erweisen.

Euklidischer Algorithmus

3.36 Satz von der Division mit Rest

Seien $a, b \in \mathbb{N}$, $1 \leq b \leq a$. Dann gibt es eindeutig bestimmte Zahlen $q, r \in \mathbb{N}_0$, so dass gilt:

1. $a = q \cdot b + r$.
2. $0 \leq r < b$.

Die Zahl q gibt an, wie oft b in a aufgeht. Die Zahl r ist der ***Rest***, der dann bleibt.

BEWEIS: Das Verfahren ist ganz simpel. b wird so oft von a subtrahiert, bis nur noch ein Rest $r < b$ übrig bleibt:

$$\begin{aligned} \text{Sei } S &:= \{a,\, a-b,\, a-2b,\, \ldots\} \cap \mathbb{N}_0 \\ &= \{n \in \mathbb{N}_0 \,:\, \exists x \in \mathbb{N}_0 \text{ mit } n = a - x \cdot b\}. \end{aligned}$$

Da $a = a - 0 \cdot b$ in S liegt, ist $S \neq \varnothing$. Als Teilmenge von $\mathbb{N}_0$ besitzt S ein kleinstes Element r. Sei $q \in \mathbb{N}_0$ so gewählt, dass $r = a - q \cdot b$ ist. Damit haben wir schon die gewünschte Darstellung, und wir müssen nur noch nachprüfen, ob alle Eigenschaften erfüllt sind.

Nach Konstruktion ist $r \geq 0$. Wäre $r \geq b$, so wäre auch noch $r - b = a - (q+1) \cdot b \in S$, im Widerspruch zur Minimalität von r. Das bedeutet, dass $r < b$ ist.

Nun fehlt noch die Eindeutigkeit: Es gebe Zahlen $q_1, q_2 \in \mathbb{N}_0$ und $r_1, r_2 \in \mathbb{N}_0$, so dass $a = q_1 \cdot b + r_1 = q_2 \cdot b + r_2$ ist, mit $0 \leq r_1 < b$ und $0 \leq r_2 < b$. Dann ist $(q_1 - q_2) \cdot b = r_2 - r_1$. Ist $r_1 = r_2$, so ist die rechte Seite der Gleichung $= 0$, und es muss auch $q_1 = q_2$ sein. Dann ist man fertig. Ist $r_1 \neq r_2$, so muss eine der beiden Zahlen größer sein. O.B.d.A.[10] sei $r_2 > r_1$. Dann ist die rechte Seite der Gleichung positiv, und $q_1 - q_2$ muss ebenfalls > 0 sein.

Da $r_2 < b$ und $r_1 \geq 0$ ist, ist auch $r_2 - r_1 < b$ und damit $b \cdot (q_1 - q_2) < b$. Das geht nur, wenn $q_1 - q_2 < 1$ ist, aber für eine positive ganze Zahl ist das nicht möglich. ■

[10] „Ohne Beschränkung der Allgemeinheit" sagt man, wenn man eine Zusatzannahme macht, welche die Allgemeingültigkeit des Beweises nicht beeinträchtigt, wohl aber die Schreibarbeit verkürzt.

Die Division mit Rest ist aus der Schulmathematik gut bekannt. Man schreibt dort auch:

$$a : b = q \text{ Rest } r, \qquad \text{oder} \qquad a : b = q + \frac{r}{q}.$$

Hier wollen wir die Division mit Rest benutzen, um einen Algorithmus zur Bestimmung des ggT zweier Zahlen zu gewinnen.

Der euklidische Algorithmus:

Gegeben seien zwei natürliche Zahlen a, b mit $a \geq b$. Dann führt man sukzessive Divisionen mit Rest aus:

$$\begin{aligned} a &= q \cdot b + r, && \text{mit } 0 \leq r < b. \\ b &= q_1 \cdot r + r_2, && \text{mit } 0 \leq r_2 < r. \\ r &= q_2 \cdot r_2 + r_3, && \text{mit } 0 \leq r_3 < r_2. \\ &\vdots \\ r_{n-2} &= q_{n-1} \cdot r_{n-1} + r_n, && \text{mit } 0 \leq r_n < r_{n-1}. \\ r_{n-1} &= q_n \cdot r_n. \end{aligned}$$

Das Verfahren muss auf jeden Fall abbrechen, weil $b > r > r_2 > r_3 > \ldots \geq 0$ ist. Weiter ist $T_a \cap T_b = T_b \cap T_r = T_r \cap T_{r_2} = \ldots = T_{r_{n-1}} \cap T_{r_n} = T_{r_n}$. Die letzte Gleichung gilt, weil $T_{r_n} \subset T_{r_{n-1}}$ ist. Daraus folgt:

$$\text{ggT}(a, b) = \text{ggT}(b, r) = \text{ggT}(r, r_2) = \ldots = \text{ggT}(r_{n-1}, r_n) = r_n.$$

3.37 Beispiel

Es soll ggT(12 378, 3 054) berechnet werden:

$$\begin{aligned} 12\,378 &= \underbrace{4 \cdot 3\,054}_{12\,216} + 162. \\ 3\,054 &= \underbrace{18 \cdot 162}_{2\,916} + 138. \\ 162 &= 1 \cdot 138 + 24. \\ 138 &= 5 \cdot 24 + 18. \\ 24 &= 1 \cdot 18 + 6. \\ 18 &= 3 \cdot 6. \end{aligned}$$

Also ist $\text{ggT}(12\,378, 3\,054) = 6$.

Der euklidische Algorithmus ist besonders bei großen Zahlen nützlich.

Aufgabe 6 (ggT-Berechnung)

Bestimmen Sie den ggT der folgenden Zahlen mit Hilfe des euklidischen Algorithmus und mit Hilfe der Primfaktorzerlegung:

1. $a := 16\,384$, $b := 486$,
2. $a := 1\,871$, $b := 391$,
3. $a := 434\,146$, $b := 119\,102$.

Große Zahlen

Da sich hartnäckig das Gerücht hält, die Mathematiker könnten höchstens bis drei zählen, wollen wir uns zum Schluss dieses Kapitels noch einige wirklich große Zahlen ansehen:

Eine einfache Methode, große Zahlen anzugeben, ist die Verwendung von Zehnerpotenzen. Wir wollen zwar auf die Stellenschreibweise erst später eingehen, aber es ist natürlich jedem bekannt, dass $10^6 = 1\ 000\ 000$ eine ***Million*** ist, und $10^9 = 1\ 000\ 000\ 000$ eine ***Milliarde***, die übliche Einheit, um Staatsdefizite zu messen.

$10^{12} = 1\ 000\ 000\ 000\ 000$ ist eine ***Billion*** (und auch schon als Maß für Staatsschulden im Gebrauch), 10^{15} eine ***Billiarde*** und 10^{18} eine ***Trillion***.

Rund 13 Trillionen Taler beträgt das „ruhende Privatvermögen“ des Bankiers Dagobert Duck, der allgemein als reichster Mann der Welt bekannt ist.[11]

Sissa, der legendäre Erfinder des Schachspiels, erbat sich von dem indischen König Shirham nur wenig als Belohnung: Er wollte ein Weizenkorn für das erste Feld, zwei für das zweite, $2^2 = 4$ für das dritte, usw. Insgesamt ergab das $2^{64} - 1$ Körner, eine Zahl mit 20 Stellen, und auf der ganzen Welt gab es nicht genug Getreide, um die Belohnung auszuzahlen.

Die Anzahl der Teilchen im Universum liegt angeblich bei etwa 10^{80}, aber wer will das schon so genau nachzählen.

Edward Kasner und James Newman[12]. führten die Zahl 10^{100} ein und nannten sie auf den Vorschlag von Kasners neunjährigem Neffen hin ein ***Googol***.[13]

[11] So besagt es jedenfalls die sonst so hervorragende Übersetzung von Dr. Erika Fuchs. Aber vielleicht hat sie sich hier geirrt, denn das amerikanische „trillion“ bedeutet im Deutschen „Billion“.

[12] Vgl. ihr Buch *Mathematics and the Imagination*

[13] Die Ähnlichkeit mit dem Namen jener Firma, die alle unsere Daten kennt, ist angeblich nicht zufällig.

Die Zahl 10^{Googol} bekam den Namen ***Googolplex***. Das ist schon ganz hübsch groß.

Große Primzahlen zu bestimmen, ist ein schwieriges Unterfangen. Zwar liefert der Ausdruck n^2+n+41 zunächst lauter Primzahlen, aber das geht nur bis $n = 39$ gut (was die Primzahl 1601 ergibt), für $n = 40$ erhält man die zerlegbare Zahl $41 \cdot 41$.

Bessere Kandidaten sind die sogenannten ***Mersenne'schen Zahlen***[14] $M_p := 2^p - 1$, wobei für p eine Primzahl eingesetzt werden soll. Schon im Altertum waren die Primzahlen $M_2 = 3$, $M_3 = 7$, $M_5 = 31$ und $M_7 = 127$ bekannt. $M_{11} = 2047 = 23 \cdot 89$ ist allerdings zerlegbar. Trotzdem gibt es viele Primzahlen unter den Mersenne'schen Zahlen. Lange war es ungeklärt, ob M_{67} (eine Zahl mit 21 Stellen) prim ist. 1876 bewies E. Lucas[15], dass M_{67} nicht prim ist, aber er konnte keine Faktoren angeben.

Im Oktober 1903 hatte F. N. Cole[16] auf der Tagung der American Mathematical Society einen Vortrag mit dem Titel „Über die Faktorisierung großer Zahlen" angekündigt. Er ging an die Tafel und berechnete, ohne ein Wort zu sagen, die 67. Potenz von 2. Anschließend zog er davon 1 ab. Dann ging er zur nächsten Tafel und multiplizierte schriftlich

$$193\,707\,721 \times 761\,838\,257\,287\,.$$

Die beiden Ergebnisse stimmten überein. Zum ersten Mal in der Geschichte der ehrwürdigen Gesellschaft erhob sich das Publikum und applaudierte. Niemand stellte eine Frage. Später vertraute Cole einem Freund an, dass er drei Jahre lang die Sonntagnachmittage damit verbracht habe, die Faktoren zu finden.

M_{127} war die größte Mersenne'sche Primzahl, die man ohne Hilfe von Computern gefunden hat. Als ich die erste Auflage dieses Buches vorbereitete, hatte David Slowinski die bis dahin letzten bekannten Mersenne'schen Primzahlen auf einem Cray-Rechner ermittelt. Es waren dies M_{132049} (1983), M_{216091} (1985) und M_{756839} (1992), letztere eine Zahl mit 227 832 Stellen. Im Jahre 2014 ist dies Ergebnis natürlich längst überholt. Mit Hilfe der Software GIMPS (Great Internet Mersenne Prime Search) versucht man heute, die umfangreichen und zeitraubenden Berechnungen auf unzählige Privatrechner zu verteilen. Die letzte gesicherte Mersenne-Primzahl wurde 2005 mit GIMPS gefunden und besitzt 9 152 052 Stellen. Aber es erscheint mir sinnlos, diesbezüglich in einem Lehrbuch noch auf dem Laufenden bleiben zu wollen. Stattdessen verweise ich auf das Internet, wo man immer recht zuverlässig die neuesten Informationen zu den Mersenne-Zahlen erhält.

[14]Der Franziskanermönch Marin Mersenne (1588–1648) behauptete, für Primzahlen $p \le 257$ sei $2^p - 1$ genau dann eine Primzahl, wenn $p = 2, 3, 5, 7, 13, 17, 19, 31, 67, 127, 257$ ist. Einen Beweis gab er nicht an. Der Fall $p = 31$ wurde 1750 von L. Euler bestätigt. Bei $p = 67$ hat sich Mersenne zum ersten Mal geirrt.

[15]François Édouard Anatole Lucas (1842–1891) war Gymnasialprofessor in Paris. Er leistete Beiträge zur Zahlentheorie und zur Unterhaltungsmathematik.

[16]Frank Nelson Cole (1861–1926) arbeitete über Gruppen- und Zahlentheorie. Er hatte großen Anteil an der Entwicklung der Amerikanischen Mathematischen Gesellschaft.

Kurd Laßwitz[17] beschrieb in einem Zeitungsartikel eine wundersame Bibliothek: Mit 100 Zeichen (Buchstaben, Ziffern, Satzzeichen, Zwischenräume) kann alles aufgeschrieben werden, was sich Menschen ausdenken können. Druckt man alle möglichen Kombinationen dieser Zeichen in Bücher, mit 1 Million Zeichen pro Band, so erhält man eine Bibliothek von $10^{2000000}$ Bänden. Diese enthalten neben vielem Unsinn alle Werke der Weltliteratur, auch die längst verschollenen. Leider hat diese Bibliothek in unserem Universum keinen Platz.

Die größte Zahl, die man unter Verwendung von nur drei Ziffern schreiben kann, ist die Zahl 9^{9^9}, die 369 693 100 Stellen hat.

Lange Zeit war die

$$\text{Skewes-Zahl} \quad 10^{10^{10^{34}}}$$

die größte Zahl, die in einem ernsthaften mathematischen Problem vorkam. Es gibt eine Funktion, den sogenannten ***Integral-Logarithmus*** $\mathrm{Li}(n)$, die sehr genau die Anzahl $\pi(n)$ aller Primzahlen $\leq n$ beschreibt. Im Durchschnitt ist $\mathrm{Li}(n) > \pi(n)$, aber Skewes gab eine Zahl an (eben die „Skewes-Zahl"), unterhalb der wenigstens einmal $\mathrm{Li}(n) < \pi(n)$ sein muss – nachdem zuvor J.E. Littlewood die Existenz einer solchen Zahl bewiesen hatte. Um nun wirklich große Zahlen schreiben zu können, hat Hugo Steinhaus[18] folgendes Schema entwickelt:

Ist a eine (natürliche) Zahl, so bezeichnet er mit $\triangle\!(a)$ die Zahl a^a. Weiter steht

$\square(a)$ für „a in a Dreiecken" und $\bigcirc(a)$ für „a in a Quadraten".

Die Zahl $\bigcirc(2)$ nennt er ***Mega***. Es gilt:

$$\bigcirc(2) = \square\square(2) = \square\triangle\triangle(2) = \square\triangle(4) = \square(256) = \triangle\triangle\ldots(256),$$

wobei das letzte Symbol für „256 in 256 Dreiecken" steht. Diese Zahl übersteigt unser Vorstellungsvermögen. Ein Dreieck liefert die Zahl 256^{256}, zwei Dreiecke die Zahl $(256^{256})^{(256^{256})}$, und so geht es weiter ...

[17] Der deutsche Gymnasiallehrer Kurd Laßwitz (1848–1910) beschäftigte sich mit Kant'scher Philosophie und schrieb technische utopische Romane. Einer seiner Schüler war Hans Dominik.

[18] Der polnische Mathematiker Hugo Steinhaus (1887–1972) studierte unter D. Hilbert in Göttingen, lehrte ab 1917 in Polen, musste im Krieg untertauchen und hatte nach 1945 großen Anteil am Aufbau der Mathematik in Polen. Er arbeitete auf vielen Gebieten, über trigonometrische Reihen, Maß- und Wahrscheinlichkeitstheorie, Funktionalanalysis und Anwendungen der Mathematik. Ein populärwissenschaftliches Buch von ihm (*Kalejdoskop Matematyczny*) wurde in mehrere Sprachen übersetzt.

Wie groß auch immer all diese Zahlen sein mögen, sie sind endliche Zahlen und damit ein Nichts im Vergleich zur Unendlichkeit. Dorthin bewegen wir uns in Einer-Schritten mit dem einfachen induktiven Gesetz, und dabei überholen wir schon alle Mega-Monster, bevor wir die Reise richtig begonnen haben. In ewiger Monotonie folgt eine Zahl auf die andere und den wesentlichen Teil dieser Zahlen wird nie ein Mensch erblicken.

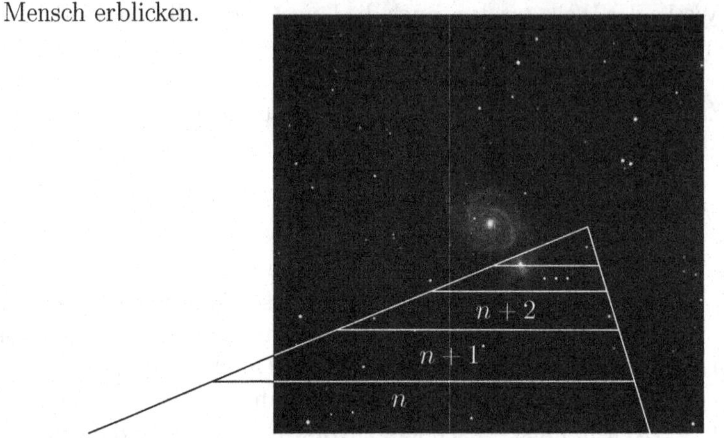

Abb. 3.3

Zugabe für ambitionierte Leser

3.38 Satz von der eindeutigen Primfaktorzerlegung

Jede natürliche Zahl $a > 1$ besitzt eine Darstellung

$$a = p_1 \cdots p_n$$

als Produkt von endlich vielen Primzahlen.

Dabei sind die Primzahlen $p_1, \ldots, p_n$ bis auf die Reihenfolge eindeutig bestimmt.

Beweis:

1) Wir zeigen zunächst die Existenz einer Primfaktorzerlegung:

Ist $a > 1$, so gibt es einen kleinsten Teiler $p_1 > 1$ von a, der zugleich eine Primzahl ist. Wenn schon $a = p_1$ ist, so sind wir fertig. Andernfalls ist $1 < p_1 < a$ und $a = p_1 \cdot n_1$ mit $1 < n_1 < a$. Wir wiederholen die Prozedur und suchen nach dem kleinsten Teiler $p_2 > 1$ von n_1. Sukzessive erhalten wir eine Folge von Zahlen n_i mit

$$a > n_1 > n_2 > \ldots > 1.$$

Offensichtlich muss dieses Verfahren nach endlich vielen Schritten abbrechen, und wir können a als Produkt von endlich vielen Primzahlen schreiben.

2) Die Eindeutigkeit ist etwas schwieriger zu beweisen. Wir verwenden das Widerspruchsprinzip und machen die Annahme, dass es Zahlen mit verschiedenen Primfaktorzerlegungen gibt.

Für kleine Zahlen (meinetwegen bis 10) kann man leicht nachprüfen, dass ihre Primfaktorzerlegung eindeutig ist. Nun sei n die kleinste natürliche Zahl, deren Zerlegung nicht mehr eindeutig ist. Diese Zahl n ist mit Sicherheit keine Primzahl, besitzt aber einen kleinsten Primteiler p_0. Wir können dann schreiben:

$$n = p_0 \cdot n_0,$$

mit einem Faktor $n_0 < n$, dessen Primfaktorzerlegung eindeutig bestimmt ist.

Nach Voraussetzung besitzt n noch mindestens eine weitere Primfaktorzerlegung, und die kann die Primzahl p_0 nicht enthalten! In ihr gibt es jedoch auch einen kleinsten Primfaktor p_1, und das liefert eine Zerlegung

$$n = p_1 \cdot n_1,$$

mit einem Faktor $n_1 < n$. Es muss $p_0 < p_1$ und daher $n_0 > n_1$ sein, also $p_0 \cdot n_1 < p_0 \cdot n_0 = n$.

Wir setzen $m := n - p_0 \cdot n_1 = (p_1 - p_0) \cdot n_1$.

Diese Zahl ist $< n$, besitzt also eine eindeutige Primfaktorzerlegung. Und das gilt erst recht für die Faktoren $p_1 - p_0$ und n_1, sofern nicht $p_1 - p_0 = 1$ ist. Da p_0 ein Teiler von n ist, muss auch $p_0 \mid m$ gelten. Als Primzahl muss p_0 dann unter den Primfaktoren von n_1 oder von $p_1 - p_0$ vorkommen. Ersteres ist ausgeschlossen, also ist p_0 ein Primteiler von $p_1 - p_0$ und damit von p_1. Aber das ist absurd! ∎

Aufgaben

3.1 Lösen Sie Aufgabe 1 (Elementare Algebra) auf Seite 60.

3.2 Lösen Sie Aufgabe 2 (Elementare Ungleichungen) auf Seite 62.

3.3 Lösen Sie Aufgabe 3 (Induktionsbeweise) auf Seite 70.

3.4 Lösen Sie Aufgabe 4 (Falsche Induktion) auf Seite 70.

3.5 Lösen Sie Aufgabe 5 (Zur Teilbarkeit) auf Seite 79.

3.6 Lösen Sie Aufgabe 6 (ggT-Berechnung) auf Seite 83.

3.7 Nehmen wir an, ein Student liefert die folgenden Zeilen ab. Was hat er alles falsch gemacht?

- $x^2 = 48 \iff 4\sqrt{3}$
- $n = m + 2 \implies (m+2)^3 \implies m^3 + 6m^2 + 12m + 8$
- $A \vee (B \wedge C) \;=\; (A \vee B) \wedge (A \vee C)$

3.8 Lösen Sie die Gleichung $2(x+1) = x + 4$, indem Sie zuerst die Eindeutigkeit der Lösung und dann deren Existenz beweisen.

3.9 Stellen Sie sich vor, in der Menge $\mathscr{R}$ könnte man addieren, und es gelten folgende Axiome:

(I) Assoziativgesetz: $\forall\, x, y, z \in \mathscr{R}$ ist $(x+y)+z = x+(y+z)$.

(II) Existenz einer Null: Es gibt ein Element $0 \in \mathscr{R}$, so dass $x + 0 = x$ für alle $x \in \mathscr{R}$ gilt.

(III) Existenz eines Negativen: $\forall\, x \in \mathscr{R}\ \exists\, y \in \mathscr{R}$ mit $x + y = 0$.

Weitere Axiome stehen nicht zur Verfügung, auch das Kommutativgesetz nicht.

Zeigen Sie:

1. Für alle $x, y \in \mathscr{R}$ gilt: Ist $x + y = 0$, so ist auch $y + x = 0$.
2. Für alle $x \in \mathscr{R}$ ist $0 + x = x$, und das Element 0 in Axiom (II) ist eindeutig bestimmt.
3. Für alle $x \in \mathscr{R}$ ist das Negative eindeutig bestimmt.

3.10 Bestimmen Sie alle Lösungen der Gleichung $35x^2 - 21x = 0$.

3.11 Bestimmen Sie die Menge

$$\{x \in \mathbb{R} : \frac{1}{2x+1} = \frac{2 - 11x}{6x^2 + 3x}\}.$$

3.12 Bestimmen Sie alle $x \in \mathbb{R}$ mit $\frac{1}{2}(x-1) > -3\Big(x + \frac{1}{3}\Big)$.

3.13 Zeigen Sie für reelle Zahlen a, b:

1. Ist $a, b \geq 0$, so ist $ab \leq \frac{1}{2}(a^2 + b^2)$.
2. Ist $a < b$ und $ab < 0$, so ist $\dfrac{1}{a} < \dfrac{1}{b}$.
3. Ist $0 < a < 1 < b$, so ist $a + b > 1 + ab$.

3.14 Die ***Fibonacci-Zahlen*** werden induktiv definiert:

$$F_1 := 1,\ F_2 := 1 \text{ und } F_{n+1} := F_{n-1} + F_n.$$

Beweisen Sie durch vollständige Induktion: $F_{n-1}F_{n+1} - F_n^2 = (-1)^n$.

3.15 Beweisen Sie durch vollständige Induktion:

n Geraden zerlegen die Ebene in höchstens $\dfrac{n(n+1)}{2} + 1$ Teile.

3.16 Zeigen Sie, dass $(n+1)^n < n^{n+1}$ für alle natürlichen Zahlen $n \geq 3$ gilt.

3.17 Zeigen Sie: Das Quadrat einer ganzen Zahl ist immer von der Form $3a$ oder $3a + 1$.

3.18 Zeigen Sie für Zahlen $a_1, \ldots, a_n \in \mathbb{N}$:

$$\text{ggT}(a_i, a_j) = 1 \text{ für } i \neq j \iff \text{kgV}(a_1, \ldots, a_n) = a_1 \cdots a_n.$$

3.19 Benutzen Sie den euklidischen Algorithmus und vollständige Induktion, um für $a, b \in \mathbb{N}$ zu zeigen: $\exists\ s, t \in \mathbb{Z}$ mit $\text{ggT}(a, b) = s \cdot a + t \cdot b$.

3.20 Schreiben Sie die Steinhaus-Zahl $\boxed{3}$ auf konventionelle Weise als Potenz 3^N.

4 Auf dem Weg ins Irrationale

Der Gebrauch einer unendlichen Größe als einer Vollendeten *ist in der Mathematik niemals erlaubt. Das Unendliche ist nur eine* Façon de parler, *indem man eigentlich von Grenzen spricht, denen gewisse Verhältnisse so nahe kommen als man will, während anderen ohne Einschränkung zu wachsen verstattet ist.*

Carl Friedrich Gauß[1]

Das Summenzeichen

In $\mathbb{Z}$ kann man uneingeschränkt addieren, subtrahieren und multiplizieren. Nur mit der Division hapert es ein wenig, was uns die Teilbarkeitslehre beschert hat. In einem größeren Zahlenbereich lässt sich auch dieser Mangel beheben:

Definition (rationale Zahlen)

Sei $p \in \mathbb{Z}$ und $q \in \mathbb{N}$. Dann nennt man den Bruch $\dfrac{p}{q}$ eine ***rationale Zahl***. Die Menge aller rationalen Zahlen wird mit $\mathbb{Q}$ bezeichnet.

Wegen der Möglichkeit des *Kürzens* und *Erweiterns* ist die Darstellung einer rationalen Zahl als Bruch allerdings nicht eindeutig bestimmt!

Eine ganze Zahl m kann man auch in der Form $m = \dfrac{m}{1}$ schreiben, also ist $\mathbb{Z} \subset \mathbb{Q}$.

Aus den Regeln der Bruchrechnung ergibt sich, dass man in $\mathbb{Q}$ alle vier Grundrechenarten uneingeschränkt ausführen kann (natürlich mit Ausnahme der in $\mathbb{R}$ immer verbotenen Division durch 0). Und auch die Axiome der Anordnung sind in $\mathbb{Q}$ erfüllt. Wir wissen aber (von dem Problem der kommensurablen Größen her), dass nicht alle reellen Zahlen rational sind. Also werden wir noch nach einem Axiom Ausschau halten, mit dessen Hilfe wir $\mathbb{R}$ von $\mathbb{Q}$ unterscheiden können. Doch dazu kommen wir später.

Carl Friedrich Gauß (1777–1855) war sicher der bedeutendste Mathematiker seiner Zeit. Er bewies als Erster den „Fundamentalsatz der Algebra“, begründete die Zahlentheorie als eigenständige Disziplin, schuf sichere Grundlagen für den Umgang mit komplexen Zahlen, entdeckte als Erster die Existenz einer nichteuklidischen Geometrie, entwickelte die Fehlerausgleichsrechnung, verbesserte entscheidend die Methoden der Himmelsmechanik und begründete die Differentialgeometrie gekrümmter Flächen. Daneben leistete er auch Hervorragendes auf den Gebieten der Landvermessung, der Astronomie und der Erforschung des Elektromagnetismus.

[1] An H.C. Schumacher, 12.7.1831.

Dabei stammte er aus sehr einfachen sozialen Verhältnissen. Als er in Braunschweig die Volksschule besuchte, trug sich nach seinen eigenen Worten Folgendes zu:

Sein Lehrer Büttner, der eine große Klasse mit Schülern verschiedener Altersstufen zu betreuen hatte, stellte diesen die Aufgabe, alle Zahlen von 1 bis 100 zu addieren, wohl um sie eine Weile zu beschäftigen. Doch nach kurzer Zeit trat der junge Gauß nach vorne an das Lehrerpult und gab seine Tafel mit einer einzigen Zahl ab. Folgende Rechnung hatte er durchgeführt:

$$\begin{aligned} 1+2+3+\ldots+100 &= \\ = \quad (1+100)+(2+99)+\ldots+(49+52)+(50+51) \\ &= 50\cdot 101 = 5050. \end{aligned}$$

Man kann das auch so schreiben:

$$1+2+3+\ldots+100 = \frac{100}{2}\cdot(100+1).$$

Das Verfahren klappt nicht nur bei $n = 100$, sondern mit einer kleinen Modifikation sogar für beliebiges $n \in \mathbb{N}$. Wir wollen hier jedoch noch einen anderen Weg einschlagen und die Formel mit *vollständiger Induktion* beweisen:

4.1 Die Formel für die Summe der ersten n Zahlen

$$1+2+3+\ldots+n = \frac{n(n+1)}{2}.$$

Beweis: Wir führen Induktion nach n.

$\underline{n=1}$: Die linke Seite der Gleichung besteht nur aus der 1, und die rechte Seite ergibt

$$\frac{1\cdot(1+1)}{2} = 1.$$

Also stimmt die Formel für $n = 1$.

$\underline{n \to n+1}$: Sei $n \in \mathbb{N}$ beliebig, die Formel stimme schon für dieses n. Wir müssen zeigen, dass sie auch für $N := n+1$ stimmt. Unter Verwendung der Induktionsvoraussetzung erhalten wir aber:

$$\begin{aligned} 1+2+3+\ldots+(N-1)+N &= \big(1+2+3+\ldots+n\big)+N \\ &= \frac{n(n+1)}{2}+(n+1) \\ &= \frac{n\cdot(n+1)+2\cdot(n+1)}{2} \\ &= \frac{(n+1)\cdot(n+2)}{2} = \frac{N\cdot(N+1)}{2}. \end{aligned}$$

■

Solche Beweise werden oft als Inbegriff des Induktionsbeweises aufgefasst. Dabei dienen sie doch bestenfalls nur dem Einüben des Induktionsschemas. Lernen kann man nicht viel dabei, zumal die zu beweisenden Formeln meist vom Himmel fallen. In Wirklichkeit liefert der Weg zur Formel oft schon den Beweis, und die Induktion erweist sich dann als überflüssig.

Es gibt in der Formel von Gauß allerdings einen beachtenswerten Gesichtspunkt: Nachdem wir uns so bemüht haben, bei der Definition der natürlichen Zahlen die unbestimmte „Pünktchen-Schreibweise" zu eliminieren, ist es recht unbefriedigend, wenn diese Pünktchen in den Formeln immer wieder auftauchen. Und sie lassen sich tatsächlich vermeiden:

Definition (Summenzeichen)

Sei $n \in \mathbb{N}$. Für jede natürliche Zahl i mit $1 \leq i \leq n$ sei eine reelle Zahl a_i gegeben. Dann bezeichnet man die Summe aller dieser Zahlen a_i mit dem Symbol

$$\boxed{\sum_{i=1}^{n} a_i\,.}$$

In Worten: ***Summe über*** $\mathbf{a_i}$ ***, für*** $\mathbf{i}$ ***von*** **1** ***bis*** $\mathbf{n}$.

Induktiv wird das ***Summenzeichen*** erklärt durch:

$$\sum_{i=1}^{1} a_i := a_1 \quad \text{und} \quad \sum_{i=1}^{n+1} a_i := \sum_{i=1}^{n} a_i + a_{n+1}.$$

Um die Definition besser zu verstehen, betrachten wir einige Spezialfälle:

$$\begin{aligned} \sum_{i=1}^{2} a_i &= a_1 + a_2. \\ \sum_{i=1}^{3} a_i &= (a_1 + a_2) + a_3. \\ &\vdots \\ \sum_{i=1}^{n} a_i &= (\ldots((a_1 + a_2) + a_3) + \ldots) + a_n. \end{aligned}$$

Wegen des Assoziativgesetzes kann man die Klammern weglassen.

Die Bestandteile des Summenzeichens haben im Einzelnen folgende Bedeutung:

$$\sum_{i=1}^{n} a_i$$

Obergrenze (n), Summationsterm (a_i), Laufindex (i), Untergrenze ($i=1$)

Der „Laufindex“ i kann durch ein beliebiges anderes Symbol ersetzt werden. Das muss dann allerdings gleichzeitig an allen Stellen geschehen, wo i auftritt, z.B.

$$\sum_{p=1}^{n} a_p \quad \text{oder} \quad \sum_{\nu=1}^{n} a_\nu .$$

Des Weiteren sind folgende Manipulationen erlaubt:

1) **Beliebige Grenzen**: Sind $k, l \in \mathbb{Z}$, so ist

$$\sum_{i=k}^{l} a_i = a_k + a_{k+1} + a_{k+2} + \ldots + a_{l-1} + a_l .$$

Ist dabei $k > l$, so spricht man von der „leeren Summe“ und vereinbart, dass diese immer $= 0$ ist.

2) **Aufteilung der Summe**: Ist $1 \leq m \leq n$, so ist

$$\sum_{i=1}^{n} a_i = \sum_{i=1}^{m} a_i + \sum_{i=m+1}^{n} a_i \quad \text{(Assoziativgesetz).}$$

3) **Multiplikation mit einer Konstanten**: Ist $c \in \mathbb{R}$, so ist

$$c \cdot \sum_{i=1}^{n} a_i = \sum_{i=1}^{n} (c \cdot a_i) \quad \text{(Distributivgesetz).}$$

4) **Summe von Summen**: Ist zu jedem i auch noch eine reelle Zahl b_i gegeben, so gilt:

$$\sum_{i=1}^{n} a_i + \sum_{i=1}^{n} b_i = \sum_{i=1}^{n} (a_i + b_i) \quad \text{(Kommutativgesetz).}$$

5) **Umnummerierung der Indizes**: Ist $m \leq n$, so gilt:

$$\sum_{i=m}^{n} a_i = \sum_{j=1}^{n-m+1} a_{m-1+j} .$$

Diese Formel ist etwas schwerer zu verstehen. Die Terme a_m, a_{m+1}, ..., a_n sollen addiert werden. Wie viele Summanden ergibt das? Ich spreche gerne vom „Gartenzaun-Problem“[2]: Die Differenz aus Ober- und Untergrenze beträgt $n - m$, also sind es $n - m + 1$ Summanden. Nun möchte man die Summe so umschreiben, dass der neue Laufindex j von 1 bis $n - m + 1$ läuft. Dazu muss der Summationsterm einen Index der Form $k + j$ erhalten, wobei k so zu wählen ist, dass $k + 1 = m$ und $k + (n - m + 1) = n$ ist. Das funktioniert mit $k := m - 1$.

Ersetzt man $m - 1$ durch ein beliebiges $k \in \mathbb{Z}$, so erhält man noch allgemeiner:

$$\sum_{i=m}^{n} a_i = \sum_{j=m-k}^{n-k} a_{j+k}.$$

Die Gauß'sche Formel sieht jetzt z.B. so aus:

$$\sum_{i=1}^{n} i = \frac{n(n+1)}{2}.$$

Zur Übung wollen wir noch eine weitere Summenformel beweisen:

4.2 Summe der ersten n ungeraden Zahlen

$$\sum_{i=1}^{n}(2i-1) = n^2.$$

BEWEIS: (durch vollständige Induktion nach n)

$n = 1$: Links ergibt sich $\sum_{i=1}^{1}(2i-1) = 2 \cdot 1 - 1 = 1$, und rechts steht $1^2 = 1$.

$n \to n + 1$: Mit Hilfe der Induktionsvoraussetzung erhält man:

$$\sum_{i=1}^{n+1}(2i-1) = \sum_{i=1}^{n}(2i-1) + 2(n+1) - 1 = n^2 + 2n + 1 = (n+1)^2.$$ ■

Klartext: Der Umgang mit dem Summenzeichen ist schon sehr gewöhnungsbedürftig. Dann soll man auch noch Induktionsbeweise damit führen, und schließlich wird einem gesagt, die Induktionsbeweise seien eventuell gar nicht nötig, es gäbe womöglich bessere Beweise, die sogar noch die Formel frei Haus liefern. Das ist schon eine Zumutung!

Hier sind ein paar Anmerkungen, die vielleicht weiterhelfen:

[2] An einer 30 m langen Grenze sollen Zaunpfähle im Abstand von je 1 m aufgestellt werden. Wie viele Pfähle braucht man?

- Keine Angst vor dem Summenzeichen! Ist z.B. c eine Konstante, so ist ganz einfach

$$\sum_{i=1}^{n} c = c + c + \cdots + c = n \cdot c,$$

weil es genau n Summanden sind. Insbesondere ist

$$\sum_{i=1}^{n} 1 = n \quad \text{bzw.} \quad \sum_{i=n}^{m} 1 = \sum_{i=1}^{m} 1 - \sum_{i=1}^{n-1} 1 = m \cdot 1 - (n-1) \cdot 1 = m - n + 1.$$

- Bei der Summe der ersten n Zahlen kann man den genialen Gedanken von Gauß haben:

$$1 + 100 = 101,\ 2 + 99 = 101 \text{ usw., bis } 50 + 51 = 101, \text{ also } 1 + 2 + \cdots + 100 = \frac{100}{2} \cdot (1 + 100).$$

Viele werden aber diesen Einfall nicht haben. Aus Gründen, die weiter unten deutlich werden, ist es nützlich, den allgemeinen Summanden i als Differenz zu schreiben. Wie das gehen soll, mag auf den ersten Blick nicht ersichtlich sein. Es hilft aber, sich an die binomische Formel zu erinnern: $(i+1)^2 = i^2 + 2i + 1$. Hieraus folgt: $(i+1)^2 - i^2 = 2i + 1$, also

$$\begin{aligned} 2 \cdot \sum_{i=1}^{n} i + n &= \sum_{i=1}^{n} (2i + 1) = \sum_{i=1}^{n} (i+1)^2 - \sum_{i=1}^{n} i^2 \\ &= \sum_{i=2}^{n+1} i^2 - \sum_{i=1}^{n} i^2 = (n+1)^2 - 1 = n^2 + 2n. \end{aligned}$$

Daraus folgt: $\sum_{i=1}^{n} i = \frac{1}{2}\left(n^2 + 2n - n\right) = \frac{n(n+1)}{2}$. Der Trick, der hier angewandt wurde, ist der „Trick mit der Teleskopsumme“: Ist $A(i)$ ein von der natürlichen Zahl i abhängiger Ausdruck, so ist

$$\begin{aligned} \sum_{i=1}^{n} \Big(A(i+1) - A(i)\Big) &= \sum_{i=1}^{n} A(i+1) - \sum_{i=1}^{n} A(i) \\ &= \Big(A(2) + A(3) + \cdots + A(n+1)\Big) - \Big(A(1) + A(2) + \cdots + A(n)\Big) \\ &= A(n+1) - A(1). \end{aligned}$$

Der Begriff „Teleskopsumme“ bezieht sich auf folgendes Bild:

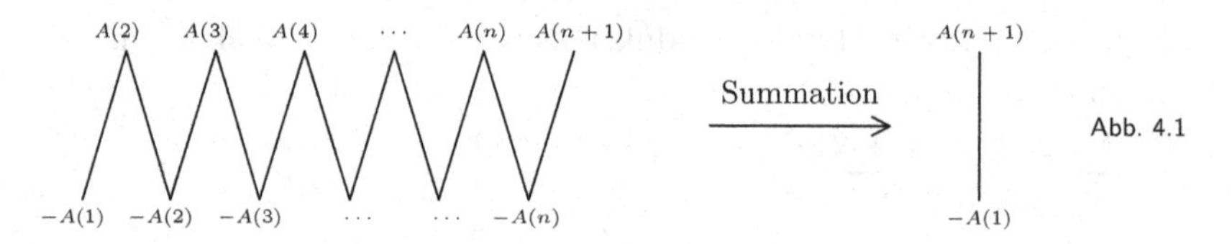

Abb. 4.1

Im vorliegenden Fall ist $A(i) = i^2$, also $A(i+1) = (i+1)^2$ und $A(n+1) - A(1) = n^2 + 2n$.

Elementare Kombinatorik

Als Nächstes wollen wir zwei kleine kombinatorische Probleme betrachten.

Das erste Problem lautet:

Auf wie viele verschiedene Weisen lassen sich die ersten n natürlichen Zahlen anordnen?

Um die Antwort zu finden, betrachten wir zunächst einige Spezialfälle.

Im Falle **n** $=$ **2** gibt es zwei Möglichkeiten, nämlich: $\begin{matrix} 1 & 2 \\ 2 & 1 \end{matrix}$

Im Falle **n** $=$ **3** gibt es schon sechs Möglichkeiten, nämlich:

$$\begin{matrix} 1\ 2\ 3 & 2\ 1\ 3 & 3\ 1\ 2 \\ 1\ 3\ 2 & 2\ 3\ 1 & 3\ 2\ 1 \end{matrix}$$

Beim zweiten Mal sind wir so vorgegangen: Jede der drei Zahlen kann vorne stehen. Ist diese erste Zahl festgelegt, so bleiben für die beiden restlichen Zahlen jedes Mal genauso viele Möglichkeiten, wie sich im Falle $n = 2$ ergeben haben. Insgesamt sind das $3 \cdot 2 = 6$ verschiedene Anordnungen.

Induktiv kann man nun weiterschließen: Bezeichnet $n!$ (in Worten: „n ***Fakultät***“) die Anzahl der Möglichkeiten, die ersten n Zahlen (oder n beliebige paarweise verschiedene Objekte) anzuordnen, so gilt:

$$1! = 1 \qquad \text{und} \qquad (n+1)! = (n+1) \cdot n!$$

Offensichtlich ist $n! = 1 \cdot 2 \cdot 3 \cdot \ldots \cdot n$ *das Produkt der ersten* n *natürlichen Zahlen.*

Die Fakultäten werden rasch größer:

$$\begin{aligned} 4! &= 24, \\ 5! &= 120, \\ 6! &= 720, \\ 7! &= 5\,040 \\ 8! &= 40\,320, \\ 9! &= 362\,880. \end{aligned}$$

Es erweist sich übrigens als gar nicht so leicht, einen nichtrekursiven Algorithmus anzugeben, der zu n jeweils die $n!$ möglichen Anordnungen ermittelt. So gibt es doch z.B. schon 6! Möglichkeiten, die 3! möglichen Anordnungen der Zahlen 1, 2 und 3 untereinanderzuschreiben. In dem Kriminalroman *Der Glocken Schlag* von Dorothy L. Sayers wird sehr anschaulich beschrieben, wie geschulte Glöckner die Glocken eines Kirchengeläutes in immer wieder anderer Reihenfolge erklingen lassen. Bei einem großen Geläute von acht Glocken sind dann unzählige Kompositionen denkbar, die beschreiben, wie diese acht Glocken in immer wieder wechselnder Reihenfolge zu läuten sind. Eine achtköpfige Glöcknermannschaft soll es einmal geschafft haben, einen Zyklus „Bob Major“ fehlerfrei zu läuten, bei dem alle 40 320 möglichen Wechsel vorkamen. Sie brauchte dafür 17 Stunden, 58 Minuten und 30 Sekunden. So berichtet es jedenfalls die *Campanological Society of Great Britain.*

Das nächste kombinatorische Problem lautet:

Wie viele verschiedene Teilmengen mit k Elementen gibt es in einer Menge mit n Elementen?

Am Beispiel der Menge $\{1, 2, 3, \ldots, n\}$ testen wir erst mal einige einfache Fälle:

Im Falle $\mathbf{k = 1}$ erhalten wir die n Teilmengen

$$\{1\},\ \{2\},\ \{3\},\ \ldots,\{n\}.$$

Im Falle $\mathbf{k = 2}$ ergeben sich die folgenden Teilmengen:

$$\begin{gathered}\{1,2\},\ \{1,3\},\ \ldots,\{1,n\},\\ \{2,3\},\ \ldots,\{2,n\},\\ \vdots\\ \{n-1,n\}.\end{gathered}$$

Das sind $(n-1)+(n-2)+\ldots+1 = \dfrac{(n-1)\cdot n}{2}$ Möglichkeiten.

Im Fallle $\mathbf{k = 3}$ erhalten wir die Teilmengen $\{n_1, n_2, m\}$, wobei für $\{n_1, n_2\}$ die Möglichkeiten des Falles $k = 2$ in Frage kommen und dann für m noch jeweils $n-2$ Möglichkeiten bleiben. Dabei tritt aber jede 3-elementige Menge $\{a, b, c\}$ insgesamt dreimal auf! Das sind die folgenden Fälle:

$$\begin{aligned}\{a,b\} &= \{n_1,n_2\}, \quad c = m,\\ \{a,c\} &= \{n_1,n_2\}, \quad b = m \quad \text{und}\\ \{b,c\} &= \{n_1,n_2\}, \quad a = m.\end{aligned}$$

So erhält man insgesamt $\dfrac{n(n-1)(n-2)}{2\cdot 3}$ Teilmengen.

Nun sieht man, wie es weitergeht:
Zunächst kann man $n(n-1)(n-2)\cdot\ldots\cdot(n-k+1)$-mal k angeordnete Elemente aus $\{1, 2, 3, \ldots, n\}$ heraussuchen. Jeweils $k!$ verschiedene Anordnungen ergeben jedoch die gleiche Menge. Die gesuchte Zahl ist also die Zahl

$$\binom{n}{k} := \frac{n(n-1)(n-2)\cdot\ldots\cdot(n-k+1)}{1\cdot 2\cdot\ldots\cdot k} = \frac{n!}{k!\,(n-k)!}.$$

Das neu eingeführte Symbol wird „n ***über*** k“ gesprochen. Man nennt diese Zahlen auch ***Binomialkoeffizienten***, aus einem Grund, der bald klar werden wird.

4.3 Eigenschaften der Binomialkoeffizienten

1. $\displaystyle\binom{n}{k} = \binom{n}{n-k}$.

2. $\binom{n}{1} = n$ *und* $\binom{n}{0} = 1$.

3. $\binom{n}{k} = \binom{n-1}{k-1} + \binom{n-1}{k}$.

BEWEIS: Die Aussage (1) ist trivial, ebenso die erste Aussage von (2). Die zweite Aussage von (2) ergibt sich aus der Tatsache, dass es nur **eine** leere Menge gibt. Die Aussage (3) muss man nachrechnen:

$$\begin{aligned}\binom{n-1}{k-1} + \binom{n-1}{k} &= \frac{(n-1)!}{(k-1)!(n-k)!} + \frac{(n-1)!}{k!(n-k-1)!} \\ &= \frac{k(n-1)! + (n-k)(n-1)!}{k!(n-k)!} \\ &= \frac{n(n-1)!}{k!(n-k)!} = \binom{n}{k}.\end{aligned}$$

■

4.4 Beispiele

A. Auf einer Party treffen sich 25 Personen, und jede möchte jeder die Hand geben. Dann werden $\binom{25}{2} = \frac{24 \cdot 25}{2} = 300$ Mal Hände geschüttelt.

B. Beim Zahlenlotto werden aus 49 nummerierten Kugeln zufällig sechs Kugeln ausgewählt. Das ergibt $\binom{49}{6} = \frac{44 \cdot 45 \cdot \ldots \cdot 49}{720} = 13\,983\,816$ Möglichkeiten! Wenn Sie gerade dabei sind, Ihren Lottozettel auszufüllen, dann sollten Sie das noch einmal überdenken.

Die Regel (3) in Satz 3 ermöglicht es einem auf elegante Weise, Binomialkoeffizienten zu berechnen. Kennt man nämlich alle Koeffizienten der Gestalt $\binom{n-1}{i}$, so ergeben sich die Koeffizienten $\binom{n}{i}$ daraus durch einfache Additionen. Damit erspart man sich die Berechnung der Fakultäten, was bei etwas größeren Zahlen sowieso die Kapazität jedes Taschenrechners sprengen würde. Besonders übersichtlich wird dieses Verfahren, wenn man die Koeffizienten in der Form des ***Pascal'schen Dreiecks*** anordnet:

$$\begin{array}{lccccccccccc} n=0 & & & & & & 1 & & & & & \\ 1 & & & & & 1 & & 1 & & & & \\ 2 & & & & 1 & & 2 & & 1 & & & \\ 3 & & & 1 & & 3 & & 3 & & 1 & & \\ 4 & & 1 & & 4 & & 6 & & 4 & & 1 & \\ 5 & 1 & & 5 & & 10 & & 10 & & 5 & & 1 \\ & & & & & & \ldots & & & & & \end{array}$$

Nun kommen wir zu der Formel, der die Binomialkoeffizienten ihren Namen verdanken. Sie zeigt, wie man ein ***Binom*** (d.h die Potenz einer Summe zweier Zahlen) als Summe von ***Monomen*** (d.h. einfachen Potenzen) schreiben kann:

4.5 Die binomische Formel

Seien $a, b \in \mathbb{R}$ und $n \in \mathbb{N}$. Dann gilt:

$$(a+b)^n = \sum_{k=0}^{n} \binom{n}{k} a^{n-k} b^k.$$

BEWEIS: Wir führen Induktion nach n.

Der Fall $n = 1$ ist trivial, auf beiden Seiten erhält man den Ausdruck $a + b$.

Die Formel sei für ein $n \geq 1$ schon bewiesen. Wir benutzen diese Voraussetzung, um die gewünschte Formel im Falle $n + 1$ herzuleiten:

$$\begin{aligned}
(a+b)^{n+1} &= (a+b)^n \cdot (a+b) \\
&= \sum_{k=0}^{n} \binom{n}{k} a^{n-k} b^k \cdot (a+b) \\
&\qquad \text{(nach Induktionsvoraussetzung)} \\
&= \sum_{k=0}^{n} \binom{n}{k} a^{n+1-k} b^k + \sum_{k=0}^{n} \binom{n}{k} a^{n-k} b^{k+1} \\
&\qquad \text{(distributiv ausmultipliziert)} \\
&= a^{n+1} + \sum_{k=1}^{n} \binom{n}{k} a^{n+1-k} b^k + \sum_{k=0}^{n-1} \binom{n}{k} a^{n-k} b^{k+1} + b^{n+1} \\
&= a^{n+1} + \sum_{k=1}^{n} \left(\binom{n}{k} + \binom{n}{k-1} \right) a^{n+1-k} b^k + b^{n+1} \\
&\qquad \text{(Umnummerierung in der 2. Summe, Zusammenfassung)} \\
&= a^{n+1} + \sum_{k=1}^{n} \binom{n+1}{k} a^{n+1-k} b^k + b^{n+1} \\
&\qquad \text{(Additionsformel für Binomialkoeffizienten)} \\
&= \sum_{k=0}^{n+1} \binom{n+1}{k} a^{n+1-k} b^k.
\end{aligned}$$

■

Auch wenn Sie diesen Beweis so lange durcharbeiten, bis Sie ihn ganz verstanden haben, wissen Sie noch immer nicht, wie man auf die Formel kommt. Als Erstes wird man sicher einfache Fälle „zu Fuß“ berechnen:

1. $(a + b)^2 = a^2 + 2ab + b^2$.

2. $(a+b)^3 = a^3 + 3a^2b + 3ab^2 + b^3$.

Dann überlegt man sich, dass das Produkt $(a+b)\cdots(a+b)$ eine Summe von Termen der Gestalt a^ib^{n-i} ergibt. Jeder dieser Terme taucht genau so oft auf, wie man aus den n Faktoren i auswählen kann. Und das ergibt schon die gewünschte Formel inklusive Beweis. Die Induktion hätte man sich also auch hier sparen können.

4.6 Folgerung

Eine Menge A von n Elementen besitzt genau 2^n verschiedene Teilmengen (inkl. A und $\varnothing$).

BEWEIS: Die Anzahl ist

$$= \binom{n}{0} + \binom{n}{1} + \ldots + \binom{n}{n}$$

$$= \sum_{k=0}^{n} \binom{n}{k} = \sum_{k=0}^{n} \binom{n}{k} 1^{n-k} \cdot 1^k = (1+1)^n = 2^n.$$

■

4.7 Folgerung (Bernoulli'sche Ungleichung)

Ist $x > 0$ und $n > 1$, so ist $(x+1)^n > 1 + nx$.

BEWEIS: Alle Terme, die in der Entwicklung von $(x+1)^n$ nach der binomischen Formel auftreten, sind positiv. Daher gilt:

$$(x+1)^n = 1 + n \cdot x + \ldots > 1 + n \cdot x.$$

■

Als Anwendung leiten wir die Schreibweise von Zahlen in Stellenwertsystemen her. Normalerweise benutzen wir das Dezimalsystem, aber aus historischen und praktischen Gründen sind auch andere Ziffernsysteme interessant. An Stelle der 10 benutzen wir daher eine beliebige natürliche Zahl $g > 1$.

4.8 Hilfssatz

Zu jeder beliebigen Zahl $a \in \mathbb{N}$ gibt es ein $n \in \mathbb{N}_0$, so dass $g^n \leq a < g^{n+1}$ ist.

BEWEIS: Da $g > 1$ ist, gibt es ein $k \in \mathbb{N}$ mit $g = k + 1$. Also ist $g^n = (k+1)^n > 1 + n \cdot k > n$.

Wir setzen $M := \{m \in \mathbb{N} \mid g^m > a\}$. Wegen $g^a > a$ ist $M \neq \varnothing$. Also besitzt M ein kleinstes Element m_0. Ist $m_0 = 1$, so ist $1 \leq a < g$. Ist $m_0 > 1$ und $n := m_0 - 1$, so ist $g^n \leq a < g^{n+1}$. ■

4.9 Satz von der g-adischen Entwicklung

Zu jedem $a \in \mathbb{N}$ gibt es ein $n \in \mathbb{N}_0$ und Zahlen $a_0, a_1, \ldots, a_n \in \mathbb{N}_0$, so dass gilt:

1. $a = a_0 + a_1 g + a_2 g^2 + \cdots + a_n g^n$.
2. $a_n \neq 0$.
3. $0 \leq a_\nu \leq g - 1$ *für* $\nu = 0, 1, 2, \ldots, n$.

Diese Darstellung von a nennt man die ***g-adische Entwicklung*** von a. Dabei heißt g die *Basis* der Darstellung und die Zahlen $a_0, \ldots, a_n$ sind die *g-adischen Ziffern* von a. Man schreibt auch:

$$a = (a_n a_{n-1} \ldots a_2 a_1 a_0)_g.$$

BEWEIS: Sei $n \in \mathbb{N}_0$ die (eindeutig bestimmte) Zahl mit $g^n \leq a < g^{n+1}$. Wir wenden auf n das zweite Induktionsprinzip an.

Ist $n = 0$, so ist $1 \leq a < g$ und $a_0 := a$ schon die gewünschte Darstellung.

Sei nun $n > 0$ und die Behauptung für alle $k < n$ schon bewiesen. Wir können a durch g^n mit Rest teilen:

$$a = a_n \cdot g^n + r, \qquad \text{mit } 0 \leq r < g^n.$$

Es ist $a_n \cdot g^n = a - r \leq a < g^{n+1}$, also $a_n < g$. Wäre $a_n = 0$, so wäre $a = r < g^n$, es sollte aber $a \geq g^n$ sein. Damit ist der höchste Koeffizient a_n gefunden.

Zu r gibt es ein $k < n$, so dass $g^k \leq r < g^{k+1}$ ist. Auf dieses k lässt sich die Induktionsvoraussetzung anwenden, es ist

$$r = \sum_{i=0}^{k} a_i g^i, \qquad \text{mit } 0 \leq a_i < g.$$

Zusammen ergibt das die Behauptung. ∎

4.10 Beispiele

A. Im Falle $g = 10$ erhalten wir die gewohnte Dezimalentwicklung, es ist also

$$317\,051 = (317\,051)_{10} \quad \text{oder} \quad 37 = (37)_{10}.$$

B. Betrachten wir einmal den Fall $g = 3$. Es ist

$$g^0 = 1,\ g^1 = 3,\ g^2 = 9,\ g^3 = 27,\ g^4 = 81,\ \ldots$$

Dann ist z.B. $38 = 1 \cdot g^3 + 1 \cdot g^2 + 0 \cdot g^1 + 2 \cdot g^0$, also $37 = (1102)_3$.

C. Computer arbeiten im Zweiersystem:
Sei $g = 2$, also $g^2 = 4$, $g^3 = 8$, $g^4 = 16$, $g^5 = 32$ usw. Es gibt nur die beiden Ziffern 0 und 1. Dann folgt z.B.:

$$37 = 1 \cdot g^5 + 1 \cdot g^2 + 1 \cdot g^0, \quad \text{also } 37 = (100101)_2.$$

D. Da Menschen mit Binärzahlen nicht gut umgehen können, benutzt man in der Datenverarbeitung gerne ***Hexadezimalzahlen***. Die Basis ist $g = 16$, und dementsprechend braucht man 16 Ziffern. Neben den bekannten Ziffern 0, 1, ..., 9 verwendet man die Buchstaben A,B,C,D,E,F. So ist etwa $65 = (41)_{16}$ und $255 = (\mathrm{FF})_{16}$.

Aufgabe 1 (Summen)

1. Vereinfachen Sie die folgende Summen:

$$\sum_{i=2}^{n-1}(a_{i+1} - a_{i-1}) \qquad \text{und} \qquad \sum_{n=1}^{20} \frac{1}{n(n+1)}.$$

2. Beweisen Sie mit vollständiger Induktion:

$$\sum_{i=1}^{n} \frac{i}{2^i} = 2 - \frac{n+2}{2^n}.$$

3. Zeigen Sie, dass $\displaystyle\sum_{i=k}^{n} \binom{i}{k} = \binom{n+1}{k+1}$ ist.

4. Sei p eine Primzahl, $a \in \mathbb{N}$. Zeigen Sie mit Hilfe der binomischen Formel: Wenn p ein Teiler von $a^p - a$ ist, dann teilt p auch $(a+1)^p - (a+1)$. Folgern Sie daraus, dass p für beliebiges $x \in \mathbb{N}$ die Zahl $x^p - x$ teilt.

Geometrische Folgen

Eine Folge reeller Zahlen a_0, a_1, a_2, ... heißt ***geometrische Folge***, falls die Quotienten a_{i+1}/a_i einen konstanten Wert q annehmen. Dann gilt offensichtlich:

$$a_n = a_0 \cdot q^n.$$

Geometrische Folgen tauchen z.B. in der Zinseszinsrechnung auf:

Wenn ein Kapital K_0 zu p Prozent im Jahr verzinst wird und die (am Jahresende fälligen) Zinsen wieder dem Kapital zugeschlagen werden, dann erhöht sich das Kapital am Ende des n-ten Jahres von einem Wert K_{n-1} auf den Wert $K_n := K_{n-1} + i \cdot K_{n-1} = q \cdot K_{n-1}$, mit $i := p/100$ und $q := 1 + i$. Also gilt:

$$K_n = K_0 \cdot q^n.$$

Diese Beziehung nennt man auch die ***Zinseszinsformel***, und die Zahl q heißt ***Aufzinsungsfaktor***.

4.11 Beispiel

Legt man 3000 Euro zu 5 Prozent auf 10 Jahre an, so beträgt das Kapital am Ende des zehnten Jahres

$$K_{10} = 3000 \cdot (1 + \frac{5}{100})^{10} \approx 3000 \cdot 1.63 = 4890\,\text{Euro}.$$

Hätte man 100 Jahre Zeit, so könnte man am Ende über ca. 394 500 Euro verfügen.

Ebenfalls aus der Finanzmathematik stammt das folgende Problem:

Eine Hypothek (K_0) soll mit p Prozent im Jahr verzinst und gleichzeitig getilgt werden. Dafür gibt es verschiedene Methoden. Eine Möglichkeit ist die sogenannte ***Annuitätentilgung***, bei der die Summe aus Zinsen und Tilgung (die „Annuität“ A) konstant bleiben und die Schuld nach n Jahren abgezahlt sein soll. Wie sieht der Tilgungsplan aus? Wir setzen wieder $i := p/100$ und $q := 1 + i$. K_ν sei die Resthypothek nach ν Jahren, Z_ν die Zinszahlung und T_ν die Tilgungsrate am Ende des ν-ten Jahres. Dann gilt:

$$Z_\nu + T_\nu = A \quad (\forall\,\nu) \qquad \text{und} \qquad T_1 + T_2 + \ldots + T_n = K_0.$$

Weiter ist

$$K_\nu = K_{\nu-1} - T_\nu = K_{\nu-1} - (A - Z_\nu) = K_{\nu-1} - (A - i \cdot K_{\nu-1}) = q \cdot K_{\nu-1} - A$$

und

$$\begin{aligned} T_\nu = A - Z_\nu = A - i \cdot K_{\nu-1} &= A - i(q \cdot K_{\nu-2} - A) = q \cdot A - i \cdot q \cdot K_{\nu-2} \\ &= q(A - Z_{\nu-1}) = q \cdot T_{\nu-1}. \end{aligned}$$

Also bilden die Tilgungsraten $T_1, T_2, \ldots$ eine geometrische Folge, und es ist $T_\nu = T_1 \cdot q^{\nu-1}$. Die erste Rate T_1 berechnet sich aus der Gleichung $A = T_1 + Z_1 = T_1 + i \cdot K_0$, aber die Annuität A kennen wir noch nicht.

Setzen wir $S_n := \sum_{\nu=0}^{n} q^\nu$, so ist

$$K_0 = \sum_{\nu=1}^{n} T_\nu = T_1 \cdot \sum_{\nu=0}^{n-1} q^\nu = T_1 \cdot S_{n-1},$$

also

$$T_1 = \frac{K_0}{S_{n-1}} \qquad \text{und} \qquad A = (i + \frac{1}{S_{n-1}})K_0.$$

Wir benötigen noch den Wert von S_n für beliebiges n:

4.12 Geometrische Summationsformel

Ist $a \in \mathbb{R}$, $a \neq 1$ und $n \in \mathbb{N}$, so gilt:

$$\sum_{i=0}^{n} a^i = \frac{a^{n+1} - 1}{a - 1}.$$

BEWEIS: Wir verwenden einen Trick, den man sich unbedingt für sein späteres Leben merken sollte. Es ist nämlich

$$\begin{aligned}\left(\sum_{i=0}^{n} a^i\right) \cdot (a-1) &= \sum_{i=0}^{n} a^{i+1} - \sum_{i=0}^{n} a^i = \sum_{i=1}^{n+1} a^i - \sum_{i=0}^{n} a^i \\ &= a^{n+1} - a^0 = a^{n+1} - 1.\end{aligned}$$

Da $a \neq 1$ vorausgesetzt wurde, darf man durch $(a-1)$ dividieren. Dem aufmerksamen Leser ist sicher nicht entgangen, dass hier der Trick mit der Teleskopsumme verwendet wurde. ∎

Wir können jetzt die Betrachtungen zur Annuitätentilgung zu Ende führen: Es ist

$$S_{n-1} = \frac{q^n - 1}{q - 1} = \frac{q^n - 1}{i},$$

also

$$T_1 = \frac{K_0}{S_{n-1}} = \frac{K_0 \cdot i}{q^n - 1}.$$

Auch die Geschichte von Sissa, dem Erfinder des Schachspieles, verstehen wir nun besser:

$1 = 2^0$ Korn auf das erste Feld, $2 = 2^1$ Körner auf das zweite Feld usw., und schließlich 2^{63} Körner auf das 64. Feld, das ergibt zusammen

$$1 + 2 + 4 + 8 + \ldots + 2^{63} = \frac{2^{64} - 1}{2 - 1} = 2^{64} - 1.$$

Das bei der geometrischen Summenformel benutzte Beweisverfahren lässt sich übrigens auch bei folgender Aussage verwenden:

4.13 Die „dritte binomische Formel“

Sind $a, b \in \mathbb{R}$, $n \in \mathbb{N}$, so ist

$$a^{n+1} - b^{n+1} = (a - b) \cdot \sum_{i=0}^{n} a^i b^{n-i}.$$

Zum Beweis muss man nur die rechte Seite ausmultiplizieren. Es ergibt sich eine Wechselsumme, von der mit Ausnahme des ersten und des letzten Gliedes alles wegfällt.

4.14 Beispiel

Es ist $a^2 - b^2 = (a - b) \cdot (a + b)$.

Aufgabe 2 (Hypotheken-Rechnung)

Eine Hypothek von 50 000 Euro soll in 20 Jahren zurückgezahlt werden, bei einem Zinssatz von 5 Prozent im Jahr. Berechnen Sie die Annuität und die einzelnen Tilgungsraten. Welchen Betrag muss der Schuldner insgesamt bezahlen?[3]

Das Vollständigkeitsaxiom

Alle Zahlen, die wir bisher kennen gelernt haben, waren ganze oder rationale Zahlen. Aber wie ist das mit der Diagonale des Quadrates? Erinnern wir uns: Aus der Geometrie stammt die anschauliche Vorstellung, dass jeder Strecke eine reelle Zahl als Länge zugeordnet werden kann. Und wenn wir an den Satz des Pythagoras glauben, dann muss es auch eine reelle Zahl q mit $q^2 = 2$ geben. Andererseits haben wir gezeigt:

Es gibt keine rationale Zahl q mit $q^2 = 2$.

Wir können also der Diagonale des Einheitsquadrates höchstens dann eine reelle Zahl als Länge zuordnen, wenn $\mathbb{R}$ neben den rationalen Zahlen noch weitere Elemente enthält. Da $\mathbb{Q}$ alle bisher vorgestellten Axiome der reellen Zahlen erfüllt, brauchen wir ein weiteres Axiom!

Wie müsste ein solches Axiom aussehen? Wenn wir uns unter $\mathbb{R}$ ein idealisiertes Lineal vorstellen, und wenn jedem Punkt auf diesem Lineal eine reelle Zahl entsprechen soll, dann darf $\mathbb{R}$ keine Lücken aufweisen. Dabei bleibt auch schon bei unserem jetzigen Erkenntnisstand in $\mathbb{R}$ wenig Platz für Lücken:

4.15 Satz

Seien $x, y \in \mathbb{R}$, $x < y$. Dann gibt es eine reelle Zahl z mit

$$x < z < y.$$

Sind x und y sogar rational, so kann man auch z rational wählen.

[3] Ein finanzmathematisch versierter Freund hat mir erklärt, dass es unsinnig sei, Beträge zu addieren, die zu verschiedenen Zeitpunkten fällig werden. Aber vielleicht wollen Sie's trotzdem mal ausrechnen.

BEWEIS: Wir setzen $z := (x+y)/2$. Das ist der *Mittelpunkt* zwischen den beiden Zahlen x und y. Man spricht auch vom ***arithmetischen Mittel***. Aus der Ungleichung $x < y$ folgt, dass $2x < x + y < 2y$ ist, und das ergibt die gewünschte Beziehung. Es ist offensichtlich, dass das auch in $\mathbb{Q}$ funktioniert. ∎

Nach diesem Satz ist es sogar schwer einzusehen, dass in $\mathbb{Q}$ noch Lücken sein könnten, geschweige denn in $\mathbb{R}$. Aber denken wir uns doch einmal, unser ideales Lineal wäre aus Papier. Dann könnten wir eine (idealerweise unendlich dünne) Schere nehmen und das Lineal in zwei Teile zerschneiden. Dem entspricht eine Zerlegung von $\mathbb{R}$ in zwei Teilmengen A und B, so dass stets $a < b$ für $a \in A$ und $b \in B$ ist. Wenn nun jeder Punkt auf dem Lineal einer reellen Zahl entspricht, dann muss die Schere genau eine reelle Zahl c treffen, und diese Zahl c muss anschließend in genau einem der beiden Teile A oder B liegen und diesen Teil begrenzen.

[R-5] Vollständigkeitsaxiom. *Es seien A, B zwei nicht leere Teilmengen von $\mathbb{R}$, so dass gilt:*

1. $A \cup B = \mathbb{R}$ *und* $A \cap B = \varnothing$.

2. *Für $a \in A$ und $b \in B$ ist stets $a < b$.*

Dann gibt es ein $c \in \mathbb{R}$, so dass $a \leq c \leq b$ für alle $a \in A$ und $b \in B$ ist.

Eine Aufteilung von $\mathbb{R}$ in zwei Mengen A und B, so dass die Bedingungen (1) und (2) erfüllt sind, nennt man einen ***Dedekind'schen***[4] ***Schnitt***. Die Zahl c, deren Existenz im Vollständigkeitsaxiom gefordert wird, heißt ***Schnittzahl***. Über diese Zahl kann noch mehr ausgesagt werden:

4.16 Die Eindeutigkeit der Schnittzahl

Durch $\mathbb{R} = A \cup B$ sei ein Dedekind'scher Schnitt gegeben, c sei eine Schnittzahl. Dann ist c eindeutig bestimmt, und es gilt:

Entweder ist c das größte Element von A oder das kleinste Element von B. Beides zugleich kann nicht gelten.

BEWEIS: Zur Eindeutigkeit: Es gebe Zahlen c_1, c_2, so dass $a \leq c_1 < c_2 \leq b$ für $a \in A$ und $b \in B$ ist. Dann kann die reelle Zahl $d := \dfrac{c_1 + c_2}{2}$ weder zu A noch zu B gehören, im Widerspruch zur Bedingung $A \cup B = \mathbb{R}$. Also ist c eindeutig bestimmt.
Ist c nicht das größte Element von A, so kann c nicht in A liegen. Wegen $A \cup B = \mathbb{R}$ muss c dann in B liegen und dort das kleinste Element sein. ∎

In der Literatur findet man viele verschiedene Versionen des Vollständigkeitsaxioms. Die meisten davon sind zu der vorliegenden Formulierung äquivalent.

[4]Richard Dedekind (1831 – 1916), der noch bei Gauß promovierte, unterstützte Cantor bei der Entwicklung der Mengenlehre und gilt als einer der wesentlichen Wegbereiter der modernen strukturellen Mathematik.

Wir wollen den Fall, dass die Schnittzahl c das kleinste Element von B ist, noch etwas näher untersuchen! In welcher Beziehung steht c zu der Menge A? Jede Zahl, die in B liegt, ist wegen der Eigenschaften des Dedekind'schen Schnittes eine obere Schranke für die Menge A. Da c nicht in A liegt, kann A kein größtes Element und deshalb auch keine obere Schranke von A besitzen. Damit ist c die *kleinste obere Schranke* von A.

Definition (Supremum und Infimum)

Sei $M \subset \mathbb{R}$ eine nach oben beschränkte Menge. Falls die Menge aller oberen Schranken von M ein kleinstes Element a besitzt, so nennt man a das ***Supremum*** von M (in Zeichen: $a = \sup(M)$).

Die größte untere Schranke einer nach unten beschränkten Menge M nennt man – wenn sie existiert – das ***Infimum*** von M (in Zeichen: $\inf(M)$).

Klartext: Immer wenn der auf den ersten Blick etwas unanschauliche Begriff des Supremums ins Spiel kommt, häufen sich bei den Anfängern Fragen der Art: „Was soll das?" Oder: „Wozu brauchen wir das?".

Ad hoc eine befriedigende Antwort zu geben, fällt schwer. Tatsächlich liefert das Supremum (und genauso das Infimum) ein besonders elegantes Werkzeug, um die Früchte des Vollständigkeitsaxioms zu ernten, um also zum Beispiel die Existenz der Quadratwurzel (und anderer Wurzeln) zu beweisen, und später auch die Existenz anderer irrationaler Konstruktionen (wie etwa Logarithmen). Wie das geht, wird sich aber erst nach und nach zeigen, deshalb muss man hier um etwas Geduld bitten.

Verstehen möchte man die neuen Begriffe allerdings doch jetzt gleich, und dafür soll hier noch ein Erklärungsversuch gestartet werden. Das Supremum einer Menge M ist die kleinste obere Schranke von M. Man stelle sich vor, da wäre jemand, der etwas ungeschickt versucht, eine obere Begrenzung für die Menge M zu finden. Das kann nicht glücken, wenn sich die Menge nach oben bis ins Unendliche erstreckt. Also muss erst mal vorausgesetzt werden, dass M nach oben beschränkt ist. Diese Voraussetzung kann verifiziert werden, indem man eine obere Schranke findet und benennt. Dabei kann man großzügig sein. Ist etwa $M = \{x \in \mathbb{R} : x > 0 \text{ und } x^2 < 4\}$, so ist $x_0 := 100$ eine obere Schranke. Die Zahlen $x \in M$ müssen ja alle kleiner als 2 sein (denn für $x \geq 2$ ist $x^2 \geq 4$), und 100 ist deutlich größer als 2. Man kann das verbessern, auch $x_1 := 50$ ist eine obere Schranke, und auch $x_2 := 5$ oder $x_3 := 2.5$.

Wie sieht es aber mit $x_4 := 2$ aus? Jedes Element von M ist kleiner als x_4, was zeigt, dass x_4 immer noch eine obere Schranke von M ist. Kann das nun noch weiter verbessert werden? Die Zahl $x_5 := 1.999$ gehört zu M, denn es ist $x_5^2 = 3.996001 < 4$. Aber x_5 ist keine obere Schranke von M, denn $x := 1.9999$ ist größer und gehört immer noch zu M. Spätestens jetzt taucht der Verdacht auf, dass $x_4 = 2$ die kleinste obere Schranke von M sein könnte.

„Klar", könnte man sagen, „was soll es da denn noch für einen anderen Kandidaten geben?" Dennoch macht der Beweis Schwierigkeiten. Wir werden hier mit einer neuen Qualität mathematischer Problemstellungen konfrontiert, denn es geht um Situationen, die sich im Unendlichkleinen abspielen. Im vorliegenden Fall muss gezeigt werden, dass eine Zahl $x < 2$ keine obere Schranke von M mehr sein kann. Ist x eine solche Zahl, so liegt x in M, und es gibt eine reelle Zahl c mit $x < c < 2$. Die Zahl c liegt dann auch noch in M, und deshalb kann x keine obere Schranke von M sein. Das ist der Beweis dafür, dass $\sup(M) = 2$ ist.

4.17 Die Existenz des Supremums

Sei $M \subset \mathbb{R}$ eine nicht leere, nach oben beschränkte Menge. Dann besitzt M ein Supremum.

BEWEIS: Wir konstruieren einen Dedekind'schen Schnitt in $\mathbb{R}$:

$$\begin{aligned} \text{Es sei} \quad A &:= \{x \in \mathbb{R} \mid \exists\, y \in M \text{ mit } x < y\} \\ \text{und} \quad B &:= \{x \in \mathbb{R} \mid x \geq y \text{ für alle } y \in M\}. \end{aligned}$$

Offensichtlich ist B die Menge der oberen Schranken von M und nach Voraussetzung nicht leer. Da $M \neq \varnothing$ ist, kann auch A nicht leer sein.

Nach Konstruktion ist $a < b$ für $a \in A$ und $b \in B$, also $A \cap B = \varnothing$. Außerdem ist $A \cup B = \mathbb{R}$. Also gibt es ein eindeutig bestimmtes Element $c \in \mathbb{R}$, so dass $a \leq c \leq b$ für $a \in A$ und $b \in B$ ist. Diese Zahl c ist genau das, was wir suchen:

Ist c das kleinste Element von B, so ist c die kleinste obere Schranke von M. Wäre c dagegen das größte Element von A, so gäbe es ein $y \in M$ mit $y > c$. Dann wäre auch jede Zahl a mit $c < a < y$ ein Element von A, und das widerspricht den Eigenschaften der Schnittzahl c. ∎

In gleicher Weise kann man zeigen, dass jede nicht leere, nach unten beschränkte Menge ein Infimum besitzt.

Aufgabe 3 (Suprema und Infima)

Bestimmen Sie – falls möglich – Supremum und Infimum der folgenden Mengen! Wann handelt es sich zugleich um das größte (bzw. kleinste) Element?

$$A := \{1 + (-1)^n \mid n \in \mathbb{N}\}, \quad B := \{x \in \mathbb{R} : \frac{2x-1}{x-5} \geq 5\}$$

$$\text{und} \quad C := \{x \in \mathbb{R} \mid \exists\, y \in \mathbb{R} \text{ mit } |y-3| < 2 \text{ und } |x-y| < 1\}.$$

Wir können nun zeigen, dass die natürlichen Zahlen über jede reelle Schranke hinaus wachsen:

4.18 Der Satz des Archimedes

$$\forall\, x \in \mathbb{R}\ \exists\, n \in \mathbb{N} \quad \textit{mit} \quad n > x.$$

BEWEIS: Angenommen, es gibt ein $x_0 \in \mathbb{R}$, so dass $x_0 \geq n$ für alle $n \in \mathbb{N}$ gilt. Dann ist $\mathbb{N}$ nach oben beschränkt.

Also existiert $a := \sup(\mathbb{N})$, die kleinste obere Schranke von $\mathbb{N}$. Dies ist eine reelle Zahl, und natürlich ist dann $a - 1$ keine obere Schranke mehr von $\mathbb{N}$. Also gibt es ein $n_0 \in \mathbb{N}$ mit $a - 1 < n_0$. Dann ist $n_0 + 1 > a$. Da $n_0 + 1$ eine natürliche Zahl ist, widerspricht das der Supremumseigenschaft von a. ■

4.19 Folgerung

Sei $\varepsilon > 0$ eine reelle Zahl. Dann gibt es ein $n \in \mathbb{N}$ mit $\frac{1}{n} < \varepsilon$.

BEWEIS:
Zu der reellen Zahl $\frac{1}{\varepsilon}$ gibt es ein $n \in \mathbb{N}$ mit $n > \frac{1}{\varepsilon}$. Da $\varepsilon > 0$ ist, ist $\frac{1}{n} < \varepsilon$. ■

Nun wollen wir endlich wissen, ob sich der Einsatz gelohnt hat, ob es also eine reelle Zahl gibt, die die Länge der Diagonale des Einheitsquadrates repräsentiert:

4.20 Satz von der Existenz der Quadratwurzel

Sei $a > 0$ eine reelle Zahl. Dann gibt es genau eine reelle Zahl $c > 0$ mit $c^2 = a$.

BEWEIS: Die Grundidee ist einfach: Wir betrachten die Menge aller positiven reellen Zahlen, deren Quadrat kleiner als a ist, und hoffen, dass das Supremum dieser Menge gerade die gesuchte Zahl x mit $x^2 = a$ ist. Zur Vereinfachung nehmen wir zunächst an, dass $a > 1$ ist. Sei $M := \{x \in \mathbb{R} \mid (x > 0) \wedge (x^2 < a)\}$.

1) Die Menge M ist nicht leer, denn 1 liegt in M.

2) Die Menge M ist nach oben beschränkt, denn a selbst ist eine obere Schranke: Ist nämlich $x > a$, so ist $x^2 > a^2 > a$, und x kann nicht in M liegen.

3) Sei $c := \sup(M)$. Offensichtlich muss $c \geq 1$ sein. Ist $c^2 = a$, so ist nichts mehr zu zeigen. Andernfalls gibt es zwei Möglichkeiten:

1. Fall: $c^2 < a$.

Was nun? Wir möchten zeigen, dass dieser Fall überhaupt nicht eintreten kann. Zwischen c^2 und a ist ja noch etwas Platz. Wenn wir also an c ein ganz kleines bisschen wackeln, dann können wir erwarten, dass sich auch c^2 nur wenig verändert und auf jeden Fall unterhalb von a bleibt. Wenn wir etwa eine sehr große natürliche Zahl n wählen, dann wird ihr Kehrwert sehr klein, und wir können hoffen, dass $(c + \frac{1}{n})^2 < a$ ist, im Widerspruch zu der Tatsache, dass $c = \sup(M)$ ist.

Aber wie groß müssen wir n wählen? Wenn wir zunächst davon ausgehen, dass ein passendes n existiert, dann erhalten wir folgende Abschätzungen:

$$\begin{aligned}(c + \frac{1}{n})^2 < a \quad &\Longrightarrow \quad c^2 + \frac{2c}{n} + \frac{1}{n^2} < a \\ &\Longrightarrow \quad \frac{1}{n}(2c + \frac{1}{n}) < a - c^2 \\ &\Longrightarrow \quad n > \frac{2c + \frac{1}{n}}{a - c^2}.\end{aligned}$$

Hier müssen wir mit Helmuts erhobenem Zeigefinger rechnen: Die Schlüsse waren zwar alle richtig, aber als Prämisse haben wir genau die Aussage benutzt, die wir beweisen wollen! Das ist natürlich nicht korrekt, wir müssen vielmehr die Schlussrichtung umkehren und von der untersten Formel als Prämisse ausgehen; und für die brauchen wir erst mal einen Beweis! Der Schönheitsfehler, dass n auf beiden Seiten der Ungleichung auftritt, ist schnell behoben, denn für $n \in \mathbb{N}$ gilt:

$$n > \frac{2c+1}{a-c^2} \quad \Longrightarrow \quad n > \frac{2c+\frac{1}{n}}{a-c^2}.$$

Es bleibt die Frage: Finden wir ein n, so dass die linke Ungleichung erfüllt ist? Aber das ist ganz einfach: Da $a - c^2 > 0$ ist, ist $\frac{2c+1}{a-c^2}$ eine positive reelle Zahl, und nach dem Satz von Archimedes gibt es ein $n \in \mathbb{N}$ mit

$$n > \frac{2c+1}{a-c^2}.$$

Mit diesem typischen Argument, das wir noch sehr oft verwenden werden, haben wir uns eine solide Ausgangsbasis geschaffen und jetzt können wir in sauberer deduktiver Manier weiterschließen: Es ist $\frac{1}{n} \cdot (2c+1) < a - c^2$ und daraus folgt:

$$\begin{aligned} \left(c + \frac{1}{n}\right)^2 &= c^2 + 2c \cdot \frac{1}{n} + \frac{1}{n^2} \\ &\leq c^2 + \frac{1}{n} \cdot (2c+1) \\ &< c^2 + (a - c^2) \quad = \quad a. \end{aligned}$$

Das bedeutet, dass $c + \frac{1}{n}$ in M liegt und c keine obere Schranke sein kann. Dieser Fall kommt also nicht in Frage.

2. Fall: $c^2 > a$.

Das führen wir in der gleichen Weise zum Widerspruch. Da $c^2 - a > 0$ ist, gibt es ein $n \in \mathbb{N}$ mit

$$n > \frac{2c}{c^2 - a}.$$

Dann ist $\frac{1}{n} \cdot 2c < c^2 - a$, und es gilt:

$$\begin{aligned} \left(c - \frac{1}{n}\right)^2 &= c^2 - \frac{1}{n} \cdot 2c + \frac{1}{n^2} \\ &> c^2 - \frac{1}{n} \cdot 2c \\ &> c^2 - (c^2 - a) \quad = \quad a. \end{aligned}$$

Da $c > 1$ ist, ist $c - \frac{1}{n} > 0$. Ist nun $x \in \mathbb{R}$ und $x > c - \frac{1}{n}$, so ist $x^2 > a$, also $x \notin M$. Damit ist auch $c - 1/n$ eine obere Schranke für M und das ist nicht möglich.

4) Ist $a < 1$, so löst man zunächst $x^2 = \frac{1}{a}$ und bildet dann den Kehrwert.

5) Schließlich zeigen wir noch die Eindeutigkeit: Ist $c_1^2 = c_2^2 = a$, für zwei positive reelle Zahlen c_1 und c_2, so ist

$$0 = c_1^2 - c_2^2 = (c_1 - c_2)(c_1 + c_2), \quad \text{also } c_1 = c_2.$$

■

Definition (Wurzel einer positiven reellen Zahl)

Sei $a > 0$ eine reelle Zahl. Die eindeutig bestimmte reelle Zahl $c > 0$ mit $c^2 = a$ nennt man die ***(Quadrat-)Wurzel*** von a und schreibt:

$$\boxed{c = \sqrt{a}}$$

Zusätzlich definiert man noch $\sqrt{0} := 0$.

Da $x^2 \geq 0$ für jede reelle Zahl x gilt, besitzen *negative* Zahlen keine Quadratwurzel. Das führt zu einem kleinen Problem:

Der Betrag einer reellen Zahl

Ist $x \geq 0$, so ist $\sqrt{x^2} = x$. Aber was ist $\sqrt{x^2}$, wenn $x < 0$ ist?

Definition (Betrag einer reellen Zahl)

Sei $x \in \mathbb{R}$. Dann heißt

$$|x| := \begin{cases} x & \text{falls } x \geq 0 \\ -x & \text{falls } x < 0 \end{cases}$$

der ***Betrag*** von x.

Zum Beispiel ist $|37| = 37$, $|0| = 0$ und $|-\sqrt{7}| = \sqrt{7}$.

Offensichtlich gilt nun: $\sqrt{x^2} = |x|$.

Der Umgang mit Beträgen bereitet am Anfang gewisse Schwierigkeiten, deshalb wollen wir einige Standardsituationen betrachten:

1. Lineare Gleichungen mit Beträgen.

Offensichtlich ist $\quad |x| = 0 \iff x = 0.$

Für allgemeinere lineare Gleichungen wollen wir nur ein Beispiel angeben:

Gesucht sind alle reellen Zahlen x mit $|4x - 8| = 2$. Zur Lösung unterscheiden wir zwei Fälle:

a) $4x - 8 \geq 0 \iff x \geq 2$. Wir müssen also die Gleichung $4x - 8 = 2$ unter der Zusatzbedingung $x \geq 2$ lösen. Das ergibt $x = 5/2$.

b) $4x - 8 < 0 \iff x < 2$. Jetzt müssen wir die Gleichung $-(4x - 8) = 2$ unter der Zusatzbedingung $x < 2$ lösen. Auch das ist möglich und ergibt $x = 3/2$.

Die Gleichung hat also zwei Lösungen!

2. Lineare Ungleichungen mit Beträgen.

Hier stellen wir zunächst einige Regeln zusammen:

4.21 Eigenschaften des Betrages

Es seien x, y und c reelle Zahlen, $c > 0$. Dann gilt:

1. $|x| < c \iff -c < x < c.$
2. $|x| > c \iff (x < -c) \vee (x > c).$
3. *Es gelten die „**Dreiecksungleichungen**"*

$$|x + y| \leq |x| + |y| \quad \textit{und} \quad |x - y| \geq |x| - |y|.$$

4. *Es ist* $|x \cdot y| = |x| \cdot |y|$ *und* $|x^n| = |x|^n$.

BEWEIS: Zu (1): Es ist

$$\begin{aligned} |x| < c &\iff [(x \geq 0) \wedge (x < c)] \vee [(x < 0) \wedge (-x < c)] \\ &\iff (0 \leq x < c) \vee (-c < x < 0) \\ &\iff -c < x < c. \end{aligned}$$

Den Beweis von Aussage (2) empfehle ich als Übungsaufgabe!

(3) Für eine reelle Zahl a gilt allgemein:

$$a \leq |a| \quad \text{und} \quad -|a| \leq a.$$

Also ist $-|x| - |y| \leq x + y \leq |x| + |y|$. Wegen (1) ist dann $|x + y| \leq |x| + |y|$.

Die zweite Ungleichung folgt mit einem Trick, der in der Mathematik noch unzählige Male benutzt werden wird. Wir fügen $0 = (-y) + y$ ein und wenden die erste Dreiecksungleichung an:

$$|x| = |(x - y) + y| \leq |x - y| + |y|.$$

(4) Die Produktgleichung ist sicher erfüllt, wenn einer der beiden Faktoren $= 0$ ist. Sind beide $\neq 0$, so macht man am besten eine Fallunterscheidung, bei der man die vier möglichen Vorzeichen-Situationen gesondert behandelt. Jeder einzelne Fall ist trivial. ∎

4.22 Folgerung

Sei $a \in \mathbb{R}$ und $\varepsilon > 0$ eine reelle Zahl. Dann gilt für $x \in \mathbb{R}$:

$$|x - a| < \varepsilon \iff a - \varepsilon < x < a + \varepsilon.$$

BEWEIS: Es gilt:

$$\begin{aligned} |x - a| < \varepsilon &\iff -\varepsilon < x - a < +\varepsilon \\ &\iff a - \varepsilon < x < a + \varepsilon. \end{aligned}$$

■

Die Bedingung „ $|x - a| < \varepsilon$ “ bedeutet anschaulich, dass die Zahl x auf der Zahlengeraden von a um weniger als ε entfernt ist. Sie kann aber „links“ oder „rechts“ von a liegen.

Als **Beispiel** sollen alle $x \in \mathbb{R}$ mit $|3x - 6| \le x + 2$ ermittelt werden.

Ist $3x - 6 \ge 0$ (also $x \ge 2$), so ist $3x - 6 \le x + 2$, also $x \le 4$.
Ist $3x - 6 < 0$ (also $x < 2$), so ist $6 - 3x \le x + 2$, also $x \ge 1$. Damit ist

$$\{x \in \mathbb{R} : |3x - 6| \le x + 2\} = \{x \in \mathbb{R} : 1 \le x \le 4\}.$$

Betrachten wir noch eine andere Ungleichung, etwa $|5 - 2x| \ge x + 1$.

Ist $5 - 2x \ge 0$ (also $x \le 5/2$), so ist $5 - 2x \ge x + 1$, also $x \le 4/3$.
Ist $5 - 2x > 0$ (also $x > 5/2$), so ist $2x - 5 \ge x + 1$, also $x \ge 6$.

In diesem Fall besteht die Lösungsmenge aus zwei disjunkten Teilen, es ist

$$\{x \in \mathbb{R} : |5 - 2x| \ge x + 1\} = \{x \in \mathbb{R} : x \le 4/3\} \cup \{x \in \mathbb{R} : x \ge 6\}.$$

Aufgabe 4 (Lineare Ungleichungen)

Bestimmen Sie die Lösungsmengen der folgenden Ungleichungen:

$$|4 - 3x| > 2x + 10 \quad \text{bzw.} \quad |2x - 10| \le x.$$

Definition (irrationale Zahl)

Eine reelle Zahl, die nicht in $\mathbb{Q}$ liegt, heißt ***irrationale Zahl***.

Offensichtlich ist $\sqrt{2}$ eine irrationale Zahl.

Im Augenblick können wir noch nicht entscheiden, ob es mehr rationale oder mehr irrationale Zahlen gibt. Da einem die rationalen Zahlen vertrauter sind, liegt die

Vermutung nahe, dass es mehr rationale Zahlen gibt. Diese Ansicht werden wir zu gegebener Zeit überprüfen müssen. Im Augenblick wird sie noch bestärkt durch die Erkenntnis, dass man in beliebiger Nähe einer reellen Zahl stets auch eine rationale Zahl finden kann.

4.23 Satz

Sei $a \in \mathbb{R}$, $\varepsilon > 0$ beliebig gewählt. Dann gibt es eine Zahl $q \in \mathbb{Q}$, so dass $|q - a| < \varepsilon$ ist.

BEWEIS: Ist a selbst rational, so kann man $q = a$ wählen, und die Aussage ist trivial. Also braucht man den Fall $a = 0$ nicht zu betrachten. Ist $a < 0$, so kann man die Situation durch Spiegelung am Nullpunkt auf den Fall $a > 0$ zurückführen.

Sei also $a > 0$. Zu ε kann man ein $n \in \mathbb{N}$ finden, so dass $1/n < \varepsilon$ ist. Weiter kann man nach Archimedes ein $m \in \mathbb{N}$ finden, so dass $m > n \cdot a$ ist. Da jede Teilmenge von $\mathbb{N}$ ein kleinstes Element besitzt, können wir m minimal wählen. Dann ist $m - 1 \leq n \cdot a < m$, und es folgt:

$$\frac{m}{n} - \varepsilon < \frac{m}{n} - \frac{1}{n} \leq a < \frac{m}{n} < \frac{m}{n} + \frac{1}{n} < \frac{m}{n} + \varepsilon,$$

$$\text{also} \quad |a - \frac{m}{n}| < \varepsilon.$$

Wir können $q := \dfrac{m}{n}$ setzen. ∎

Quadratische Gleichungen und Ungleichungen

Irrationale Zahlen, insbesondere Wurzeln, treten bei vielen Problemen auf. Als Beispiel untersuchen wir jetzt die Lösungsmenge einer quadratischen Gleichung

$$\boxed{a\,x^2 + b\,x + c = 0 \qquad (\text{mit } a \neq 0).}$$

Das Lösungsverfahren ist bekannt als ***„quadratische Ergänzung“***. Es gilt nämlich:

$$\begin{aligned} ax^2 + bx + c &= 0 \\ \iff \quad x^2 + 2 \cdot \frac{b}{2a}x + \left(\frac{b}{2a}\right)^2 &= \left(\frac{b}{2a}\right)^2 - \frac{c}{a} \\ \iff \quad \left(x + \frac{b}{2a}\right)^2 &= \frac{1}{4a^2}(b^2 - 4ac). \end{aligned}$$

Der Ausdruck $\Delta := b^2 - 4ac$ wird als ***Diskriminante*** bezeichnet. Man muss nun drei Möglichkeiten unterscheiden:

1. Ist $\Delta < 0$, so kann die Gleichung mit keinem $x \in \mathbb{R}$ erfüllt werden.

2. Ist $\Delta = 0$, so muss auch $x + \frac{b}{2a} = 0$ sein, und es gibt genau eine Lösung, nämlich $x = -\frac{b}{2a}$.

3. Ist $\Delta > 0$, so gibt es zwei Lösungen, nämlich

$$\boxed{x = \frac{-b \pm \sqrt{\Delta}}{2a}.}$$

4.24 Beispiel

In der Gleichung $2x^2 - 19x + 9 = 0$ ist $a = 2$, $b = -19$ und $c = 9$. Also ist $\Delta = (-19)^2 - 8 \cdot 9 = 361 - 72 = 289 = 17^2 > 0$. Es gibt daher zwei Lösungen:

$$x = \frac{19 \pm 17}{4} = \begin{cases} 36/4 & = & 9 \\ 2/4 & = & 1/2 \end{cases}$$

Wie sieht es nun mit quadratischen Ungleichungen aus?

Sei $c \geq 0$. Dann ist

$$\begin{aligned} \{x \in \mathbb{R} \mid x^2 < c\} &= \{x \in \mathbb{R} \mid (\sqrt{c})^2 - x^2 > 0\} \\ &= \{x \in \mathbb{R} \mid (\sqrt{c} - x)(\sqrt{c} + x) > 0\} \\ &= \{x \in \mathbb{R} \mid -\sqrt{c} < x < \sqrt{c}\} \\ &= \{x \in \mathbb{R} \mid |x| < \sqrt{c}\}. \end{aligned}$$

Hingegen ist

$$\{x \in \mathbb{R} \mid x^2 > c\} = \{x \in \mathbb{R} \mid x > \sqrt{c}\} \cup \{x \in \mathbb{R} \mid x < -\sqrt{c}\}.$$

Die allgemeine quadratische Ungleichung lässt sich mit der Methode der quadratischen Ergänzung auf solche reinquadratischen Ungleichungen zurückführen. So ist etwa

$$\begin{aligned} 2x^2 - 19x + 9 < 0 &\iff 2(x^2 - (19/2)x + 9/2) < 0 \\ &\iff x^2 - 2 \cdot (19/4)x + (19/4)^2 < (19/4)^2 - 9/2 \\ &\iff (x - 19/4)^2 < (19^2 - 72)/16 = (17/4)^2 \\ &\iff |x - 19/4| < 17/4 \\ &\iff -17/4 < x - 19/4 < 17/4 \\ &\iff 1/2 < x < 9. \end{aligned}$$

Und entsprechend ist

$$\begin{aligned} 2x^2 - 19x + 9 > 0 &\iff |x - 19/4| > 17/4 \\ &\iff (x - 19/4 < -17/4) \vee (x - 19/4 > 17/4) \\ &\iff (x < 1/2) \vee (x > 9). \end{aligned}$$

Aufgabe 5 (Quadratische Ungleichung)

Bestimmen Sie die Menge $\{x \in \mathbb{R} : 2x^2 - 5x + 6 \leq 4\}$.

Wurzeln

Als Nächstes wenden wir uns „höheren“ Wurzeln zu:

Ähnlich wie im Falle $n = 2$ kann man auch für beliebiges $n \in \mathbb{N}$ zeigen:

Ist $a > 0$ eine reelle Zahl, so existiert genau eine reelle Zahl $r > 0$ mit $r^n = a$.

Eine Besonderheit ist allerdings zu beachten: Ist $n = 2k$ *gerade*, so ist mit r stets auch $-r$ eine Lösung der Gleichung $x^n = a$. Ist $n = 2k + 1$ *ungerade*, so ist $(-r)^{2k+1} = -(r^{2k+1})$. In diesem Fall gibt es also nur *eine* Lösung für $x^n = a$, aber die Gleichung $x^n = -a$ besitzt ebenfalls eine (eindeutig bestimmte) Lösung.

Definition (n-te Wurzel)

Sei $a \geq 0$ eine reelle Zahl, $n \in \mathbb{N}$. Die eindeutig bestimmte nicht negative reelle Zahl r mit $r^n = a$ heißt die ***n-te Wurzel von a***. Man schreibt dann:

$$\boxed{r = \sqrt[n]{a}.}$$

Ist n ungerade, so setzt man $\sqrt[n]{-a} := -\sqrt[n]{a}$.

4.25 Beispiel

Es ist $\sqrt[3]{27} = 3$, $\sqrt[3]{-27} = -3$, $\sqrt{4} = 2$ und $-2 = -\sqrt{4}$.

4.26 Rechenregeln für Wurzeln

1. *Für $a, b > 0$ ist $\sqrt[n]{a \cdot b} = \sqrt[n]{a} \cdot \sqrt[n]{b}$.*
2. *Für $a, b > 0$ ist $\sqrt[n]{\dfrac{a}{b}} = \dfrac{\sqrt[n]{a}}{\sqrt[n]{b}}$.*
3. *Für $a > 0$ und $m, n \in \mathbb{N}$ ist $\sqrt[n]{a^m} = (\sqrt[n]{a})^m$.*

Beweis: 1) Ist $x^n = a$ und $y^n = b$, so ist $(x \cdot y)^n = x^n \cdot y^n = a \cdot b$.

2) Es ist

$$\sqrt[n]{b} \cdot \sqrt[n]{\frac{a}{b}} = \sqrt[n]{b \cdot \frac{a}{b}} = \sqrt[n]{a}.$$

3) Sei $x^n = a^m$ und $y^n = a$. Dann ist $(y^m)^n = y^{m \cdot n} = (y^n)^m = a^m$. ∎

Achtung! Im Allgemeinen ist $\sqrt[n]{a+b} \neq \sqrt[n]{a} + \sqrt[n]{b}$.

4.27 Beispiele

A. $\sqrt{3} \cdot \sqrt{12} = \sqrt{36} = 6$.

B. $\sqrt{6} \cdot \sqrt{22} = 2 \cdot \sqrt{33}$.

C. $\dfrac{2}{\sqrt[3]{9}} = \dfrac{2 \cdot \sqrt[3]{3}}{\sqrt[3]{9} \cdot \sqrt[3]{3}} = \dfrac{2}{3} \cdot \sqrt[3]{3}$.

Da das Wurzelziehen eine Umkehrung zur Potenzbildung ist, liegt es nahe, folgende Schreibweise einzuführen:

Definition (rationale Exponenten)
Ist $a \in \mathbb{R}$, $a > 0$, so schreibt man:

$$a^{m/n} := \sqrt[n]{a^m} \quad \left(= \left(\sqrt[n]{a}\right)^m\right).$$

Damit sind Potenzen a^q für jede rationale Zahl q erklärt und man kann leicht sehen, dass auch hierfür die Rechenregeln für Potenzen gelten. Das erleichtert den Umgang mit Wurzeln:

4.28 Beispiele

A. Es ist $\sqrt[3]{\sqrt{x}} = (x^{\frac{1}{2}})^{\frac{1}{3}} = x^{\frac{1}{6}} = \sqrt[6]{x}$.

B. Es ist $\sqrt[3]{3 \cdot \sqrt{3 \cdot \sqrt[3]{3}}} = \sqrt[3]{3 \cdot \sqrt{\sqrt[3]{3^4}}} = \sqrt[3]{3 \cdot 3^{\frac{4}{6}}} = \sqrt[3]{3^{\frac{10}{6}}} = 3^{\frac{5}{9}} = \sqrt[9]{3^5}$.

Aufgabe 6 (Das Rechnen mit Wurzeln)

1. Vereinfachen Sie die folgenden Ausdrücke:

$$\sqrt[3]{(8a^3b^6)^2}, \qquad \sqrt[5]{\sqrt[3]{x^5y^{10}z^{15}}}, \qquad \text{und} \qquad \sqrt{\frac{x}{y} \cdot \sqrt{\frac{x}{y} \cdot \sqrt[3]{\frac{y^3}{x}}}}.$$

2. Wandeln Sie die folgenden Ausdrücke derart um, dass der Nenner rational wird:

$$\frac{8-12\sqrt[3]{5}}{\sqrt[3]{4}}, \qquad \frac{1}{\sqrt{7}-\sqrt{6}} \quad \text{und} \quad \frac{2+\sqrt{6}}{2\sqrt{2}+2\sqrt{3}-\sqrt{6}-2}.$$

3. Lösen Sie die Gleichungen:

$$120x^2 - 949x + 1173 = 0, \qquad \sqrt{3x+1} - \sqrt{2x-7} = 2$$

$$\text{und} \quad \frac{x-2a}{2x-8a} = \frac{x}{x-6a}.$$

Folgen

Wir haben gesehen, dass $\sqrt{2}$ eine irrationale Zahl ist, und unter den höheren Wurzeln werden wir sicher auch viele irrationale Zahlen finden. Ohne Beweis ist das allerdings nicht selbstverständlich, denn Wurzeln können auch rational sein, wie etwa $\sqrt{9} = 3$ oder $\sqrt[3]{64} = 4$. Meistens empfinden wir aber Unbehagen beim Anblick eines Wurzelzeichens. Welche Zahl versteckt sich denn nun tatsächlich hinter dem Symbol $\sqrt{2}$?

In unserem technischen Zeitalter haben wir eine einfache Möglichkeit, uns diesem Problem zu nähern. Wir nehmen den Taschenrechner zur Hand, tippen auf die 2 und das Wurzel-Symbol.[5] Mein Rechner behauptet:

$$\sqrt{2} = 1.4142136$$

Zur Probe tippe ich diese Zahl noch einmal ein und lasse sie von meinem Rechner quadrieren. Das ergibt die Zahl 2.0000001 . Es scheint so, als ob mein Rechner auch nicht genau weiß, was $\sqrt{2}$ ist. Aber immerhin hat er mir einen ungefähren Wert verraten, aus dem ich einige Abschätzungen nach unten und oben gewinne. Die folgenden Ungleichungen lassen sich durch Quadrieren überprüfen:

$$\begin{array}{rcccl} 1 & < & \sqrt{2} & < & 2, \\ 1.4 & < & \sqrt{2} & < & 1.5, \\ 1.41 & < & \sqrt{2} & < & 1.42, \\ 1.414 & < & \sqrt{2} & < & 1.415, \\ 1.4142 & < & \sqrt{2} & < & 1.4143, \\ 1.41421 & < & \sqrt{2} & < & 1.41422. \end{array}$$

Dabei haben wir folgenden Satz benutzt:

[5] Heute wird man wohl statt des Taschenrechners eher die Rechner-App auf dem Smartphone benutzen, aber am Prinzip ändert das ja nichts.

4.29 Monotonie der Potenzen

Seien a, b positive reelle Zahlen, $n \in \mathbb{N}$. Dann gilt:

$$a < b \iff a^n < b^n.$$

BEWEIS: Wir zeigen zunächst für positive reelle Zahlen a, b, c, d:

Ist $a < b$ und $c < d$, so ist auch $a \cdot c < b \cdot d$.

Da alle Zahlen positiv sind, ist nämlich $ac < bc$ und $bc < bd$, also $ac < bd$. Nun ist klar, dass aus $a < b$ auch $a^n < b^n$ folgt.

Ist umgekehrt $a^n < b^n$, so nehmen wir an, dass $a \geq b$ ist. Dann muss nach den obigen Überlegungen auch $a^n \geq b^n$ sein, und das ist unmöglich! ∎

Zurück zur Approximation von $\sqrt{2}$: Da sich die berechneten unteren und oberen Schranken einander immer weiter nähern, bekommen wir eine recht gute Vorstellung von der Größenordnung von $\sqrt{2}$. Die Folge der Zahlen $a_1 := 1$, $a_2 := 1.4$, $a_3 := 1.41$, ... scheint dieser irrationalen Zahl beliebig nahe zu kommen, und mehr werden wir von ihr wohl auch nie zu sehen bekommen. Den exakten Wert müssen wir durch das Symbol $\sqrt{2}$ umschreiben, denn wir können höchstens endlich viele Stellen berechnen.

Was bedeutet es genau, dass eine (unendliche) Folge von Zahlen a_n einer gegebenen reellen Zahl a beliebig nahekommt? Die ersten Glieder der Folge spielen dabei sicher keine Rolle, so sind auch in dem obigen Beispiel die Zahlen $a_1 = 1$ und $a_2 = 1.4$ noch relativ weit vom Ziel entfernt. Aber nach und nach sollen die Folgeglieder natürlich immer mehr an das Ziel heranrücken. Darüber können wir folgenden Dialog führen:

*Jedes Mal, wenn **Sie** mir eine – auch noch so kleine – Genauigkeitsgrenze $\varepsilon > 0$ vorgeben, dann kann **ich** Ihnen eine Nummer n_0 nennen, ab der **alle** Folgeglieder a_n von dem „Grenzwert" a um weniger als ε entfernt sind.*

In einer exakten Definition sieht das folgendermaßen aus:

Definition (Konvergenz einer Folge)

Sei $a \in \mathbb{R}$. Eine Folge (a_n) ***konvergiert*** gegen a, falls gilt:

$$\forall \varepsilon > 0 \; \exists n_0 \in \mathbb{N}, \text{ so dass } \forall n \geq n_0 \text{ gilt: } |a - a_n| < \varepsilon.$$

Man schreibt dann: $a_n \to a$, oder besser:

$$\lim_{n \to \infty} a_n = a\,.$$

(In Worten: Der ***Limes von*** $\mathrm{a_n}$ ***für*** n ***gegen unendlich ist*** = a.)

Eine Folge, die nicht konvergiert, nennt man auch ***divergent***.

Wir wollen die Definition an einigen **Beispielen** testen:

1) Die Folge $1, \frac{1}{2}, \frac{1}{3}, \frac{1}{4}, \frac{1}{5}, \ldots$ wird durch die allgemeine Vorschrift $a_n := \frac{1}{n}$ definiert. Setzt man für n wachsende Zahlen ein, so wird a_n dem Betrag nach kleiner und kleiner. Ein riesiges n ergibt ein winziges a_n. Da sagt einem ja schon der gesunde Menschenverstand, dass die Folge gegen 0 konvergiert. Also versuchen wir, das zu beweisen!

Sei $\varepsilon > 0$ vorgegeben. Wir müssen ein n_0 finden, so dass a_n für $n \geq n_0$ weniger als ε von 0 entfernt ist. Da die Glieder a_n bei jedem Schritt kleiner werden, reicht es schon, ein einziges n_0 zu finden, so dass $a_{n_0} < \varepsilon$ ist. Wir haben aber schon früher in diesem Kapitel (als Folgerung aus dem Satz des Archimedes) gezeigt, dass es zu jedem $\varepsilon > 0$ ein $n_0 \in \mathbb{N}$ mit $1/n_0 < \varepsilon$ gibt. Für $n \geq n_0$ ist nun tatsächlich

$$|0 - a_n| = \frac{1}{n} \leq \frac{1}{n_0} < \varepsilon, \text{ also } \quad \lim_{n \to \infty} \frac{1}{n} = 0.$$

2) Wenn wir die Konvergenz einer Folge beweisen wollen, dann brauchen wir zuerst den Grenzwert. Wie verhält es sich damit bei der Folge $a_n := \dfrac{n}{n+1}$?
Die ersten Werte sind

$$a_1 = \frac{1}{2},\ a_2 = \frac{2}{3},\ a_3 = \frac{3}{4},\ a_4 = \frac{4}{5}.$$

Sie nähern sich von unten immer mehr der 1, und da stets $a_n < 1$ ist, vermuten wir, dass (a_n) gegen 1 konvergiert. Wenn wir das beweisen wollen, müssen wir die Größe von $|1 - a_n|$ abschätzen. Es ist aber

$$|1 - a_n| = |1 - \frac{n}{n+1}| = \frac{1}{n+1}.$$

Sei nun $\varepsilon > 0$ vorgegeben. Nach Archimedes gibt es ein $n_0 \in \mathbb{N}$, so dass $n_0 > \dfrac{1}{\varepsilon} - 1$ ist. Für $n \geq n_0$ gilt dann:

$$|1 - a_n| = \frac{1}{n+1} \leq \frac{1}{n_0 + 1} < \varepsilon.$$

Also ist $\displaystyle\lim_{n \to \infty} \frac{n}{n+1} = 1$.

3) Wie sieht eine Folge aus, die nicht konvergiert? Die Werte der Folge $1, 2, 3, \ldots$ (gegeben durch $a_n := n$) wachsen über alle Grenzen, können sich also wohl kaum einem Grenzwert nähern. Das muss auch mit der Definition der Konvergenz zu sehen sein. Dazu überlegen wir uns: Die Folge (a_n) konvergiert genau dann, wenn gilt:

$$\exists\, a \in \mathbb{R}\ \forall\, \varepsilon > 0\ \exists\, n_0 \in \mathbb{N}, \text{ so dass } \forall\, n \geq n_0 \text{ gilt: } |a - a_n| < \varepsilon.$$

Die logische Verneinung dieser Bedingung lautet:

$$\forall a \in \mathbb{R}\, \exists \varepsilon > 0, \text{ so dass } \forall m \in \mathbb{N}\, \exists n \geq m \text{ mit } |a - a_n| \geq \varepsilon.$$

Zum Beweis sei also ein $a \in \mathbb{R}$ irgendwie vorgegeben. Wir müssen ein $\varepsilon > 0$ finden, so dass sich immer wieder Folgeglieder um mehr als ε von a entfernen. Da in unserem Falle die Zahlen a_n über alle Grenzen wachsen, brauchen wir wohl nicht zu kleinlich zu sein. Wir wählen „auf Verdacht" einfach $\varepsilon := 1$. Ist nun weiter irgendein $m \in \mathbb{N}$ vorgegeben, so müssen wir herausfinden, ob es ein $n \geq m$ gibt, so dass $|a - a_n| \geq 1$ ist. Da a festgelegt ist, wird die Zahl $a - a_n = a - n$ für genügend großes n negativ werden. In dem Fall ist $|a - a_n| = n - a$, und diese Zahl ist ≥ 1, falls $n \geq a + 1$ ist. Doch nach Archimedes ist es kein Problem, ein $n \in \mathbb{N}$ zu finden, so dass zugleich $n \geq m$ und $n \geq a + 1$ ist. Damit ist alles geklärt, unsere Folge konvergiert tatsächlich gegen keine reelle Zahl.

Grenzwertsätze

Um die Konvergenz von Folgen auch in komplizierteren Fällen erfolgreich untersuchen zu können, brauchen wir stärkere Hilfsmittel:

4.30 Die Grenzwertsätze

(a_n), (b_n) seien zwei Zahlenfolgen, a, b, c reelle Zahlen.

Wenn $\lim_{n\to\infty} a_n = a$ und $\lim_{n\to\infty} b_n = b$ ist, so gilt:

1. *Es ist $\lim_{n\to\infty} (a_n + b_n) = a + b$.*
2. *Es ist $\lim_{n\to\infty} (c \cdot a_n) = c \cdot \lim_{n\to\infty} a_n$.*
3. *Es ist $\lim_{n\to\infty} (a_n \cdot b_n) = a \cdot b$.*
4. *Ist $b_n \neq 0$ für alle n, und $b \neq 0$, so ist $\lim_{n\to\infty} \dfrac{a_n}{b_n} = \dfrac{a}{b}$.*

Man beachte die logische Reihenfolge: Die Existenz der Grenzwerte von (a_n) und (b_n) muss zuvor gesichert sein! Dann folgt auch die Existenz der Grenzwerte der zusammengesetzten Folgen, und die Formeln können angewandt werden.

Der etwas „längliche" Beweis steht in der Zugabe am Schluss.

Mit den so bewiesenen Regeln kann man schon einiges anfangen:

4.31 Beispiele

A. Typische Anwendungsbeispiele sind Folgen wie

$$a_n := \frac{18n^3 + 2n^2 - 329}{3n^3 - 25n^2 + 12n - 37}.$$

Dividiert man Zähler und Nenner durch die höchste vorkommende Potenz von n, hier also durch n^3, so erhält man:

$$a_n = \frac{18 + 2 \cdot \frac{1}{n} - 329 \cdot \left(\frac{1}{n}\right)^3}{3 - 25 \cdot \frac{1}{n} + 12 \cdot \left(\frac{1}{n}\right)^2 - 37 \cdot \left(\frac{1}{n}\right)^3}.$$

Da $1/n$ gegen null konvergiert, folgt mit den Grenzwertsätzen, dass (a_n) gegen $18/3 = 6$ konvergiert.

Dieses Verfahren geht gut, solange die höchste Potenz von n im Nenner steht. Steht sie nur im Zähler, so konvergiert die Folge nicht. Betrachten wir zum Beispiel

$$a_n := \frac{n^2 + 1}{3 - n} = \frac{n}{\frac{3}{n} - 1} - \frac{1}{n - 3}.$$

Der zweite Summand strebt gegen null, aber der erste wächst über alle Grenzen.

B. In manchen Fällen ist allerdings Vorsicht geboten.

$$\text{Sei} \quad a_n := \frac{1 + 2 + \ldots + n}{n^2}.$$

Wir wollen sehen, was meine Freunde daraus machen: Wolfgang dividiert oben und unten durch n^2 und erhält so:

$$a_n = \frac{1}{n^2} + \frac{2}{n^2} + \ldots + \frac{1}{n}.$$

Da jeder Summand gegen null strebt, schließt er daraus freudestrahlend, dass auch der ganze Ausdruck gegen null konvergiert.

„Unsinn!“, meint Helmut. „Die Anzahl der Summanden wächst ja ständig, im Grenzfall hätte man unendlich viele Summanden. Das ergibt bestimmt nicht null!“

Wie können wir Klarheit bekommen? Erinnern wir uns an die Gauß-Formel: Wenn wir im Zähler $1 + 2 + \ldots + n = \dfrac{n(n+1)}{2}$ einsetzen, so erhalten wir: $a_n = \dfrac{n+1}{2n} = \dfrac{1}{2} \cdot (1 + \dfrac{1}{n})$, und das konvergiert gegen $\dfrac{1}{2}$.

Wir haben schon an früherer Stelle *geometrische Folgen* betrachtet. Jetzt können wir ihr Konvergenzverhalten überprüfen.

4.32 Satz

Ist $q \in \mathbb{R}$, $|q| < 1$, so ist $\lim\limits_{n\to\infty} q^n = 0$.

BEWEIS: Der Fall $q = 0$ ist trivial. Ist $0 < |q| < 1$, so ist $\dfrac{1}{|q|} > 1$. Es gibt also ein $x > 0$, so dass $\dfrac{1}{|q|} = 1 + x$ ist, und

$$\left(\frac{1}{|q|}\right)^n = (1+x)^n \geq 1 + nx.$$

Ist nun ein $\varepsilon > 0$ vorgegeben, so kann man ein $n_0 \in \mathbb{N}$ finden, so dass für $n \geq n_0$ gilt: $nx + 1 > \frac{1}{\varepsilon}$. Dazu brauchen wir nur

$$n \geq n_0 > \frac{1}{x} \cdot \left(\frac{1}{\varepsilon} - 1\right)$$

zu wählen. Dann ist $|0 - q^n| = |q|^n \leq \dfrac{1}{1+nx} < \varepsilon$. ■

Klartext: Dieser Beweis war recht trickreich. Wie kommt man auf so etwas?

Viele Tricks erfordern Erfahrung. Hier strebt man als Ziel eine Ungleichung der Form $|q|^n < \varepsilon$ an. Man versucht in so einem Fall erst einmal die Ungleichung so lange umzuformen, bis man eine leichter zu beweisende Aussage gewinnt, in der Hoffnung, dass sich dann alle Schlüsse umkehren lassen. Aber wie soll man die Ungleichung $|q|^n < \varepsilon$ umformen? Das Einzige, was einem dazu vielleicht einfällt, ist der Übergang zum Kehrwert: $\big(1/|q|\big)^n > 1/\varepsilon$. Was ist nun gewonnen? Da es bei $\varepsilon > 0$ um beliebig kleine Zahlen geht, muss man bei $1/\varepsilon$ mit sehr großen Zahlen rechnen.

An dieser Stelle sollte man sich an das Prinzip von Archimedes erinnern: Es gibt eine natürliche Zahl $n > 1/\varepsilon$. Leider hilft das nicht wirklich weiter. Tatsächlich lässt sich das Prinzip von Archimedes noch etwas verallgemeinern: Zu $x, y > 0$ gibt es ein $n \in \mathbb{N}$, so dass $nx > y$ ist. Da diese Information vielen immer noch nicht weiterhelfen wird, sollte man die Ungleichung $\big(1/|q|\big)^n > 1/\varepsilon$ einmal von der anderen Seite her angehen. Es gibt nämlich noch eine Voraussetzung, die bisher nicht ausnutzt wurde: Es ist $|q| < 1$, also $1/|q| > 1$. Spätestens hier muss man kreativ werden: Die Ungleichung $1/|q| > 1$ lässt sich in der Form $1/|q| = x + 1$ mit $x > 0$ ausdrücken, und bei dem Ausdruck $(x+1)^n$ sollte einem die Bernoulli'sche Ungleichung einfallen (die nach ihrem Beweis gerne rasch wieder vergessen wird). Es ist $(x+1)^n \geq 1 + nx$, und die rechte Seite dieser Ungleichung wird (nach Archimedes) mit genügend großem n größer als $1/\varepsilon$. Damit sind alle Ingredienzen beisammen. Sortiert man sie richtig, so kommt der obige Beweis zustande.

Aufgabe 7 (Konvergenz-Fragen)

Untersuchen Sie die angegebenen Folgen auf Konvergenz:

1. $a_n := (-1)^n$, $b_n := (-1)^n \cdot 2^n$, $c_n := (-1)^n \cdot 2^{-n}$.
2. $a_n := \dfrac{37n^2 - 2n + 101}{(8n-3)(n+1)}$, $b_n := \dfrac{n^3 - 7n^2}{5n(n+1)}$.

Geometrische Reihen

Wir betrachten jetzt einen besonders interessanten und wichtigen Typ von Folgen. Es sei wieder $q \in \mathbb{R}$, $0 < q < 1$. Dann setzen wir

$$a_n := \sum_{\nu=0}^{n} q^\nu = 1 + q + q^2 + \ldots + q^n.$$

Diese Folge wird auch als ***geometrische Reihe*** bezeichnet.

Wir kennen den Wert von a_n schon, es ist

$$a_n = \frac{1-q^{n+1}}{1-q} = \frac{1}{1-q} - \frac{q^{n+1}}{1-q}.$$

Dabei strebt $\frac{q^{n+1}}{1-q}$ gegen null und es folgt: $\lim_{n\to\infty} \sum_{\nu=0}^{n} q^\nu = \frac{1}{1-q}$.

Da bei jedem neuen Folgeglied ein weiterer Summand hinzukommt, ist es, als ob nach dem Grenzübergang unendlich viele Terme aufsummiert werden. Man schreibt dann symbolisch auch

$$\boxed{\sum_{\nu=0}^{\infty} q^\nu = \frac{1}{1-q}.}$$

Natürlich ist das nur eine besonders suggestive Schreibweise für den Grenzwert, man kann nicht wirklich unendlich viele Summanden addieren. Allerdings kann eine Strecke von endlicher Länge aus unendlich vielen Teilstrecken zusammengesetzt sein.

Für die griechischen Philosophen war das ein unlösbarer Widerspruch. Zenon von Elea (ca. 495–430 v.Chr.) versuchte mit der Geschichte von Achilles und der Schildkröte zu beweisen, dass es in Wirklichkeit keine Bewegung gäbe:

Eines Tages wollte der sportliche Achilles mit der langsamen Schildkröte um die Wette laufen. Da er zehn mal so schnell wie die Schildkröte laufen konnte, ließ er ihr einen Vorsprung von 1000 Schritten. Diesen Vorsprung hatte er zwar schnell eingeholt, aber indessen war die Schildkröte 100 Schritte weitergekrochen. Nachdem Achilles diese 100 Schritte zurückgelegt hatte, war seine Gegnerin 10 Schritte vor ihm. Und so ging es weiter. Jedes Mal, wenn der Held den letzten Vorsprung eingeholt hatte, war ihm die Schildkröte wieder um ein Zehntel dieses Betrages „davongeeilt“.

Die Logik, so meinte Zenon, zeige, dass Achilles seine Gegnerin nie hätte einholen können. Da der Augenschein das Gegenteil beweise, müsse dieser Augenschein trügen, jede Bewegung sei nur Illusion.

Die Strecke, die der sagenhafte Achilles zurücklegen musste, um die Schildkröte einzuholen, beträgt

$$1000 + 100 + 10 + 1 + \frac{1}{10} + \frac{1}{100} + \ldots = 1000 \cdot \sum_{\nu=0}^{\infty} \left(\frac{1}{10}\right)^\nu = 1000 \cdot \frac{1}{1-\frac{1}{10}}$$

$$= \frac{10\,000}{9} = 1\,111 + \frac{1}{9} \quad \text{Schritte.}$$

Hier sind noch weitere **Beispiele geometrischer Reihen**:

1. Sei $q = \frac{1}{2}$. Dann ist $\lim_{n\to\infty} \sum_{\nu=0}^{n} \left(\frac{1}{2}\right)^\nu = \frac{1}{1-\frac{1}{2}} = 2$, also $\frac{1}{2} + \frac{1}{4} + \frac{1}{8} + \cdots = 1$.

2. Gewisse reelle Zahlen werden in Form von periodischen Dezimalbrüchen geschrieben: Zum Beispiel ist

$$\begin{aligned} 0.33333\ldots &:= \lim_{n\to\infty}\left(\frac{3}{10}+\frac{3}{10^2}+\ldots+\frac{3}{10^n}\right)\\ &= \lim_{n\to\infty} 3\cdot\sum_{\nu=1}^{n}\left(\frac{1}{10}\right)^{\nu}\\ &= 3\cdot\lim_{n\to\infty}\left(\sum_{\nu=0}^{n}\left(\frac{1}{10}\right)^{\nu}-1\right)\\ &= 3\cdot\left(\frac{1}{1-\frac{1}{10}}-1\right)\\ &= 3\cdot\left(\frac{10}{9}-\frac{9}{9}\right) = 3\cdot\frac{1}{9} = \frac{1}{3}. \end{aligned}$$

Allgemein kann man zeigen, dass jeder periodische Dezimalbruch eine rationale Zahl darstellt und dass umgekehrt jede rationale Zahl als periodischer Dezimalbruch geschrieben werden kann.

Verblüffend ist dabei der folgende Fall:

$$\begin{aligned} 0.99999\ldots &= \lim_{n\to\infty}\left(\frac{9}{10}+\frac{9}{10^2}+\ldots+\frac{9}{10^n}\right)\\ &\ldots\\ &= 9\cdot\left(\frac{10}{9}-\frac{9}{9}\right) = 9\cdot\frac{1}{9} = 1. \end{aligned}$$

3. Betrachten wir schließlich noch den periodischen Dezimalbruch

$$\begin{aligned} x &= 0.142857\underline{142\,857}\ldots = \lim_{n\to\infty}\sum_{\nu=1}^{n}\frac{142\,857}{10^{6\nu}}\\ &= 142\,857\cdot\left[\lim_{n\to\infty}\sum_{\nu=0}^{n}\left(\frac{1}{10^6}\right)^{\nu}-1\right]\\ &= 142\,857\cdot\left[\frac{1}{1-10^{-6}}-1\right]\\ &= 142\,857\cdot\frac{1}{10^6-1} = \frac{142\,857}{999\,999}\\ &= \frac{15\,873}{111\,111} = \frac{1\,443}{10\,101} \quad \text{(Division durch 9 und durch 11)}\\ &= \frac{481}{3367} = \frac{37}{259} \quad \text{(Division durch 3 und durch 13)}\\ &= 1/7. \end{aligned}$$

Dass bei der geometrischen Reihe unendlich viele Summanden im Grenzwert etwas Endliches ergeben, ist schon etwas Besonderes. Zum Vergleich betrachten wir die sogenannte „harmonische Reihe“

$$a_n := 1 + \frac{1}{2} + \frac{1}{3} + \ldots + \frac{1}{n} = \sum_{\nu=1}^{n} \frac{1}{\nu}.$$

Es ist

$$a_{2^k} = 1 + \frac{1}{2} + \left(\frac{1}{3} + \frac{1}{4}\right) + \left(\frac{1}{4+1} + \cdots + \frac{1}{8}\right) + \cdots + \left(\frac{1}{2^{k-1}+1} + \cdots + \frac{1}{2^k}\right)$$

$$> \frac{1}{2} + \frac{2}{4} + \frac{4}{8} + \cdots + \frac{2^{k-1}}{2^k} = k \cdot \frac{1}{2},$$

und dieser Ausdruck wächst über alle Grenzen. Die harmonische Reihe konvergiert also nicht!

Für spätere Anwendungen notieren wir noch die folgenden Vergleichssätze, deren Beweis ich Ihnen als Übungsaufgabe empfehle:

4.33 Monotonie des Grenzwertes

Es seien (a_n), (b_n) konvergente reelle Folgen, und es gelte:

1. $\lim_{n\to\infty} a_n = a$ *und* $\lim_{n\to\infty} b_n = b$.
2. $a_n \leq b_n$ *für fast alle n (also alle bis auf endlich viele).*

Dann ist auch $a \leq b$.

4.34 Einschließungssatz

Die Folgen (x_n) und (y_n) mögen beide gegen die Zahl a konvergieren, und es sei $x_n \leq a_n \leq y_n$ für fast alle n. Dann konvergiert auch (a_n) gegen a.

Monotone Konvergenz

Wie kann man die Konvergenz einer Folge beweisen, wenn man ihren Grenzwert nicht kennt? Im Allgemeinen ist das ein sehr schweres Problem, wir werden aber gleich ein handliches Kriterium für eine spezielle Klasse von Folgen kennenlernen:

Definition (monotone Folgen)

Eine Folge (a_n) von reellen Zahlen heißt ***monoton wachsend*** (bzw. ***monoton fallend***), falls gilt:

$$\exists\, n_0 \in \mathbb{N}, \text{ so dass } \forall\, n \geq n_0 \text{ gilt: } a_n \leq a_{n+1} \qquad (\text{bzw. } a_n \geq a_{n+1}).$$

Definition (beschränkte Folgen)

Eine Folge (a_n) von reellen Zahlen heißt ***nach oben (bzw. nach unten) beschränkt***, falls die Menge der Folgeglieder eine obere (bzw. untere) Schranke besitzt.

4.35 Satz über monotone Konvergenz

Sei (a_n) eine nach oben beschränkte monoton wachsende Folge reeller Zahlen. Dann ist (a_n) konvergent.

BEWEIS: Bei Konvergenzuntersuchungen spielen endlich viele Glieder am Anfang der Folge keine Rolle. Deshalb kann man o.B.d.A. annehmen, dass $a_n \le a_{n+1} \le C$ für **alle** $n \in \mathbb{N}$ gilt. Sei $M := \{a_n \mid n \in \mathbb{N}\}$ die Menge der Folgeglieder. Da M nicht leer und gemäß Voraussetzung nach oben beschränkt ist, gibt es zu M eine kleinste obere Schranke.

Sei $a := \sup(M)$. Da die Folgeglieder (a_n) diesem Supremum beliebig nahe kommen müssen, ist a ein guter Kandidat für den Grenzwert.[6] Und wir können beweisen, dass a tatsächlich der Grenzwert ist.

Sei $\varepsilon > 0$ vorgegeben. Dann ist $a - \varepsilon$ keine obere Schranke mehr. Also gibt es ein $n_0 \in \mathbb{N}$ mit $a - \varepsilon < a_{n_0}$. Wegen der Monotonie gilt dann für $n \ge n_0$:

$$a - \varepsilon < a_n, \quad \text{also } 0 \le a - a_n < \varepsilon.$$

Das bedeutet insbesondere, dass $|a - a_n| < \varepsilon$ ist. ∎

Wie man im Beweis sieht, hängt dieses Konvergenzkriterium sehr eng mit dem Vollständigkeitsaxiom zusammen. Tatsächlich tritt das Kriterium über monotone Konvergenz bei manchen Autoren an die Stelle des Vollständigkeitsaxioms.

Analog gilt natürlich auch:

Eine nach unten beschränkte, monoton fallende Folge konvergiert.

4.36 Beispiel

Wir betrachten die Folge

$$a_n := \sum_{\nu=0}^{n} \frac{1}{\nu!} = 1 + 1 + \frac{1}{2} + \frac{1}{6} + \frac{1}{24} + \ldots + \frac{1}{n!}.$$

Man kann hoffen, dass die Folge konvergiert, weil die Summanden sehr rasch kleiner werden und wir schon einmal eine konvergente unendliche Reihe gesehen haben. Ein denkbarer Grenzwert ist aber weit und breit nicht zu sehen.

[6] Die Aussage, dass die a_n dem Supremum beliebig nahekommen, wird hier nur zur Motivation benötigt und deshalb nicht bewiesen.

Nun ist offensichtlich, dass die Folge monoton wächst. Wir müssen nur feststellen, ob sie auch nach oben beschränkt ist. Zu dem Zweck versuchen wir, sie mit der einzigen konvergenten Reihe zu vergleichen, die wir kennen: Für $\nu \geq 2$ ist nämlich

$$\frac{1}{\nu!} = \frac{1}{2} \cdot \frac{1}{3} \cdot \ldots \cdot \frac{1}{\nu} \leq \underbrace{\frac{1}{2} \cdot \frac{1}{2} \cdot \ldots \cdot \frac{1}{2}}_{(\nu-1)\text{-mal}} = \frac{1}{2^{\nu-1}}.$$

Daraus folgt:

$$\begin{aligned} a_n &= \sum_{\nu=0}^{n} \frac{1}{\nu!} \leq 1 + 1 + \sum_{\nu=2}^{n} \frac{1}{2^{\nu-1}} \\ &= 1 + \sum_{\nu=0}^{n-1} \left(\frac{1}{2}\right)^{\nu} \\ &= 1 + \frac{1 - (\frac{1}{2})^n}{1 - \frac{1}{2}} \\ &= 1 + 2 \cdot (1 - \left(\frac{1}{2}\right)^n) < 3. \end{aligned}$$

Also muss (a_n) konvergieren. Der Grenzwert

$$\boxed{e = \sum_{\nu=0}^{\infty} \frac{1}{\nu!} := \lim_{n \to \infty} \sum_{\nu=0}^{n} \frac{1}{\nu!}}$$

heißt ***Euler'sche Zahl***.

Genauere Abschätzungen liefern: $\boxed{e = 2.718\,281\,828\,459\,045\,235\,360\,287\ldots}$

4.37 Satz

Die Zahl e ist irrational.

BEWEIS: Wir nehmen an, es sei $e = \frac{p}{q} \in \mathbb{Q}$ ein gekürzter Bruch, mit $p, q \in \mathbb{N}$. Da sich aus der Abschätzung von a_n schon die Ungleichung $2.5 < e < 3$ ergibt, muss $q > 2$ sein. Außerdem ist $e \cdot q!$ dann eine ganze Zahl. Andererseits gilt aber:

$$\begin{aligned} e \cdot q! &= \lim_{n \to \infty} \sum_{\nu=0}^{n} \frac{1}{\nu!} \cdot q! \\ &= \text{eine ganze Zahl } + \left(\frac{1}{q+1} + \frac{1}{(q+1)(q+2)} + \ldots \right), \end{aligned}$$

wobei der Ausdruck in der Klammer $< \frac{1}{3} + \left(\frac{1}{3}\right)^2 + \ldots = \frac{1}{1 - \frac{1}{3}} - 1 = \frac{1}{2}$ ist. Das ist aber ein Widerspruch. ∎

Insbesondere ist die Dezimalbruchentwicklung von e nicht periodisch.

Mit dem Satz von der monotonen Konvergenz können wir auch endlich eine Folge konstruieren, die gegen $\sqrt{2}$ konvergiert:

Aufgabe 8 (Die Approximation von $\sqrt{2}$)

Die Folge (x_n) sei rekursiv definiert durch

$$x_0 := 1 \quad \text{und} \quad x_{n+1} := \frac{1}{2}\left(x_n + \frac{2}{x_n}\right).$$

Zeigen Sie:

1. Alle x_n sind positiv.
2. Für $n \geq 0$ ist $x_{n+1}^2 - 2 \geq 0$.
3. Für $n \geq 1$ ist $x_n - x_{n+1} \geq 0$.
4. (x_n) konvergiert gegen eine reelle Zahl $x \geq 0$.

Benutzen Sie $\lim\limits_{n\to\infty} x_{n+1} = \lim\limits_{n\to\infty} x_n$ und die Definitionsgleichung, um zu zeigen, dass $x^2 = 2$ ist.

Intervallschachtelungen

Definition (abgeschlossene und offene Intervalle)

Es seien a, b zwei reelle Zahlen mit $a < b$. Dann heißt

$$\begin{aligned} & [a,b] &:=& \; \{x \in \mathbb{R} : a \leq x \leq b\} \text{ ein } \textbf{\textit{abgeschlossenes Intervall}} \\ \text{und} \quad & (a,b) &:=& \; \{x \in \mathbb{R} : a < x < b\} \text{ ein } \textbf{\textit{offenes Intervall}}. \end{aligned}$$

Ist x eine reelle Zahl, so kann man zu beliebigem $n \in \mathbb{N}$ rationale Zahlen p_n und q_n finden, so dass die folgende Ungleichungskette besteht:

$$x - \frac{1}{n} < p_n < x - \frac{1}{n+1} < x < x + \frac{1}{n+1} < q_n < x + \frac{1}{n}.$$

Offensichtlich ist $p_n < x < q_n$, (p_n) monoton wachsend und (q_n) monoton fallend. Außerdem ist $q_n - p_n < \frac{2}{n}$. Daraus folgt:

$$\lim_{n\to\infty} p_n = \lim_{n\to\infty} q_n = x.$$

Man sagt in diesem Fall: Die Intervalle $[p_n, q_n]$ bilden eine *Intervallschachtelung für die Zahl x*. Man kann das auch etwas abstrakter formulieren:

Definition (Intervallschachtelung)

Eine Folge $I_n := [p_n, q_n]$ von abgeschlossenen Intervallen heißt eine ***Intervallschachtelung***, wenn gilt:

1. $I_1 \supset I_2 \supset I_3 \supset \ldots \supset I_n \supset I_{n+1} \supset \ldots$
2. Die Längen $l_n := q_n - p_n$ der Intervalle konvergieren gegen 0.

4.38 Jede Intervallschachtelung konvergiert

Zu einer Intervallschachtelung (I_n) gibt es genau eine reelle Zahl x, die in jedem der Intervalle I_n liegt.

BEWEIS: Offensichtlich ist $p_n \le p_{n+1} \le \ldots \le q_{n+1} \le q_n$ für alle $n \in \mathbb{N}$. Daraus folgt, dass (p_n) gegen eine Zahl p und (q_n) gegen eine Zahl q konvergiert. Aber nun können wir die Grenzwertsätze anwenden und erhalten:

$$0 = \lim_{n\to\infty} (q_n - p_n) = \lim_{n\to\infty} q_n - \lim_{n\to\infty} p_n = q - p.$$

Sei $x := p = q$. Dann ist $p_n \le x \le q_n$ für alle n, also stets $x \in I_n$. Wenn es noch eine zweite Zahl y gäbe, die in allen Intervallen I_n enthalten ist, dann wäre $-q_n \le -y \le -p_n$, also

$$-(q_n - p_n) \le x - y \le q_n - p_n.$$

Da $(q_n - p_n)$ gegen 0 konvergiert, muss $x = y$ sein. ∎

Jede Intervallschachtelung bestimmt also eine reelle Zahl. Andererseits haben wir oben gezeigt, dass man zu jeder reellen Zahl x eine *rationale* Intervallschachtelung (mit p_n, $q_n \in \mathbb{Q}$) konstruieren kann, die x bestimmt. Das liefert eine gute Methode, die reellen Zahlen aus den rationalen Zahlen zu konstruieren, wenn man den schrittweisen Aufbau der Zahlsysteme vollziehen möchte. Wir brauchen das hier nicht zu tun, da wir $\mathbb{R}$ axiomatisch eingeführt haben, aber die Intervallschachtelung stellt auch ein nützliches Werkzeug für den Umgang mit irrationalen Zahlen dar. Wir wollen sie benutzen, um Potenzen a^x, die wir bislang nur für rationale Exponenten erklären konnten, auch für beliebige reelle Zahlen x zu definieren.

Wir brauchen die folgende Aussage, die in der Zugabe am Schluss bewiesen wird.

4.39 Satz

Sei $a > 0$ eine reelle Zahl, (q_n) eine Folge rationaler Zahlen, die gegen eine rationale Zahl q konvergiert.

Dann konvergiert auch a^{q_n} gegen a^q.

Eine beliebige reelle Zahl x wird durch eine rationale Intervallschachtelung (I_n) bestimmt. Ist $I_n = [p_n, q_n]$, so ist (p_n) monoton wachsend gegen x, q_n monoton fallend gegen x und $\lim_{n\to\infty}(q_n - p_n) = 0$. Aber dann ist auch (a^{p_n}) monoton wachsend, (a^{q_n}) monoton fallend, $a^{p_n} < a^{q_m}$ für beliebige Indizes n und m und schließlich $\lim_{n\to\infty} a^{q_n - p_n} = 1$.

Nach dem Satz von der monotonen Konvergenz existieren die Grenzwerte

$$p^* := \lim_{n\to\infty} a^{p_n} \text{ und } q^* := \lim_{n\to\infty} a^{q_n}.$$

Aber dann ist

$$p^* = (\lim_{n\to\infty} a^{p_n}) \cdot (\lim_{n\to\infty} a^{q_n - p_n}) = \lim_{n\to\infty}(a^{p_n} \cdot a^{q_n - p_n}) = \lim_{n\to\infty} a^{q_n} = q^*.$$

Also ist (I_n^*) mit $I_n^* := [a^{p_n}, a^{q_n}]$ wieder eine Intervallschachtelung und zu der gehört eine reelle Zahl, die wir mit a^x bezeichnen.

Ist x rational, so ist a^x das, was wir schon kennen. In unserer Betrachtung klafft allerdings noch eine kleine Lücke, die außer Helmut kaum jemandem aufgefallen ist: Es wäre ja denkbar, dass wir eine reelle Zahl x durch zwei verschiedene Intervallschachtelungen beschreiben können und dann für a^x verschiedene Werte erhalten. Es ist eine technisch etwas aufwändige, aber ansonsten recht langweilige Fleißaufgabe, zu zeigen, dass a^x nicht von der ausgewählten Intervallschachtelung abhängt, sondern tatsächlich nur von der Zahl x.

Die Rechenregeln für Potenzen übertragen sich wörtlich auf den allgemeinen Fall. Wenn x keine ganze Zahl ist, sollte in dem Ausdruck a^x stets $a > 0$ sein. Ist $x > 0$, so setzt man noch $0^x := 0$, und nach wie vor gilt die Gleichung $0^0 := 1$.

Zugabe für ambitionierte Leser

4.40 Grenzwertsätze

(a_n), (b_n) seien zwei Zahlenfolgen, a, b, c reelle Zahlen.

Wenn $\lim_{n\to\infty} a_n = a$ und $\lim_{n\to\infty} b_n = b$ ist, so gilt:

1. *Es ist $\lim_{n\to\infty}(a_n + b_n) = a + b$.*
2. *Es ist $\lim_{n\to\infty}(c \cdot a_n) = c \cdot \lim_{n\to\infty} a_n$.*
3. *Es ist $\lim_{n\to\infty}(a_n \cdot b_n) = a \cdot b$.*
4. *Ist $b_n \neq 0$ für alle n, und $b \neq 0$, so ist $\lim_{n\to\infty} \frac{a_n}{b_n} = \frac{a}{b}$.*

BEWEIS:

(1) Wir verwenden die sogenannte $\varepsilon/2$-Methode:

Sei $\varepsilon > 0$ vorgegeben. Dann ist auch $\varepsilon/2 > 0$, und wegen der Konvergenz der Folgen (a_n) und (b_n) gibt es Zahlen $n_1, n_2 \in \mathbb{N}$, so dass gilt:

$$\begin{aligned} |a - a_n| &< \frac{\varepsilon}{2} \quad \text{für } n \geq n_1 \\ \text{und} \quad |b - b_n| &< \frac{\varepsilon}{2} \quad \text{für } n \geq n_2. \end{aligned}$$

Ist nun n_0 die größere der beiden Zahlen n_1 und n_2, so folgt für $n \geq n_0$:

$$\begin{aligned} |(a+b) - (a_n + b_n)| &= |(a - a_n) + (b - b_n)| \\ &\leq |a - a_n| + |b - b_n| \\ &< \frac{\varepsilon}{2} + \frac{\varepsilon}{2} = \varepsilon. \end{aligned}$$

(2) Auch hier sei $\varepsilon > 0$ vorgegeben. Ist $c = 0$, so bleibt nicht viel zu zeigen. Es sei daher $c \neq 0$, also $|c| > 0$. Wir müssen zeigen, dass der Ausdruck

$$|c \cdot a - c \cdot a_n| = |c| \cdot |a - a_n|$$

für großes n kleiner als ε wird. Dazu reicht es zu zeigen, dass $|a - a_n|$ kleiner als $\varepsilon/|c|$ wird. Da (a_n) konvergiert, können wir tatsächlich ein $n_0 \in \mathbb{N}$ finden, so dass $|a - a_n| < \varepsilon/|c|$ für $n \geq n_0$ ist. Aber dann ist

$$|c \cdot a - c \cdot a_n| = |c| \cdot |a - a_n| < \varepsilon \quad \text{für } n \geq n_0.$$

(3) Der multiplikative Fall ist etwas schwieriger. Wir beginnen mit der folgenden Abschätzung:

$$\begin{aligned} |a \cdot b - a_n \cdot b_n| &= |(ab - a_n b) + (a_n b - a_n b_n)| \\ &\leq |ab - a_n b| + |a_n b - a_n b_n| \\ &= |b| \cdot |a - a_n| + |a_n| \cdot |b - b_n|. \end{aligned}$$

Dabei ist $|a_n| = |-a_n| = |(a - a_n) + (-a)| \leq |a - a_n| + |a|$, und man kann eine Zahl $C > 0$ finden, so dass $|a_n| \leq C$ für alle $n \in \mathbb{N}$ ist.[7]

Sei nun ein $\varepsilon > 0$ vorgegeben. Wir definieren

$$\varepsilon_1 := \frac{\varepsilon}{2|b|} \quad \text{und} \quad \varepsilon_2 := \frac{\varepsilon}{2C}.$$

Man kann ein $n_0 \in \mathbb{N}$ finden, so dass für $n \geq n_0$ gilt:

$$|a - a_n| < \varepsilon_1 \quad \text{und} \quad |b - b_n| < \varepsilon_2.$$

Dann folgt:

$$\begin{aligned} |b| \cdot |a - a_n| + |a_n| \cdot |b - b_n| &< |b|\varepsilon_1 + C\varepsilon_2 \\ &= \frac{\varepsilon}{2} + \frac{\varepsilon}{2} = \varepsilon. \end{aligned}$$

(4) Wegen (3) braucht man nur zu zeigen, dass $\lim_{n \to \infty} \frac{1}{b_n} = \frac{1}{b}$ ist. Dazu schätzen wir ab:

$$\left|\frac{1}{b} - \frac{1}{b_n}\right| = \frac{|b - b_n|}{|bb_n|} = \frac{|b - b_n|}{|b|} \cdot \frac{1}{|b_n|}.$$

Der erste Faktor ist mit den üblichen Methoden leicht zu behandeln, aber was machen wir mit dem zweiten Faktor? Wir müssten wenigstens eine Konstante $c > 0$ finden, so dass $1/|b_n| < c$ für genügend großes n ist. Dazu müssen wir $|b_n|$ *nach unten* durch $1/c$ abschätzen.

[7]Genauso wird folgender Satz bewiesen: *Die Glieder einer konvergenten Folge bilden stets eine (nach oben und unten) beschränkte Menge.*

Dass das möglich ist, erscheint durchaus plausibel, denn (b_n) konvergiert gegen $b \neq 0$. Ab genügend hohem n wird also $|b_n|$ näher bei $|b|$ als bei 0 sein.

Zusammenfassend gehen wir nun so vor: Ist $\varepsilon > 0$ gegeben, so kann man ein $n_0 \in \mathbb{N}$ finden, so dass

$$|b - b_n| < \frac{\varepsilon}{2} \cdot |b|^2 \quad \text{und} \quad |b_n| > \frac{|b|}{2}$$

für $n \geq n_0$ ist. Dann folgt:

$$|\frac{1}{b} - \frac{1}{b_n}| = \frac{|b - b_n|}{|b|} \cdot \frac{1}{|b_n|} < \varepsilon \quad \text{für } n \geq n_0.$$

■

Die Grenzwertsätze lassen sich nicht umkehren: sei zum Beispiel $a_n := 1/n$ und $b_n := n$. Dann ist $\lim_{n\to\infty} a_n \cdot b_n = 1$. Aber (a_n) konvergiert gegen 0, während b_n divergent ist. Die Gleichung $(\lim a_n) \cdot (\lim b_n) = \lim(a_n \cdot b_n)$ stimmt hier also nicht!

Außerdem gelten die Grenzwertsätze in der Regel nicht für „höhere" Rechenarten: $(1 + 1/n)^n$ konvergiert zum Beispiel nicht – wie man erwarten würde – gegen 1, sondern gegen die Euler'sche Zahl e. In manchen Fällen lassen sich die Grenzwertsätze aber doch verallgemeinern:

4.41 Stetigkeit der Exponentialfunktion

Sei $a > 0$ eine reelle Zahl, (q_n) eine Folge rationaler Zahlen, die gegen eine rationale Zahl q konvergiert. Dann konvergiert auch a^{q_n} gegen a^q.

BEWEIS: Der Begriff der „Stetigkeit" wird eigentlich erst in Kapitel 9 eingeführt, und auch über Funktionen haben wir noch nicht gesprochen. Hier tauchen diese Begriffe nur auf, damit der Satz einen Namen bekommt. Inhaltlich verstehen kann man den Satz auch so, aber der Begriff „Stetigkeit der Exponentialfunktion" bedeutet genau das, was er aussagt.

Die Aussage ist trivial, wenn $a = 1$ ist. O.B.d.A. sei also $a \neq 1$. Es reicht, den Fall $a > 1$ zu betrachten.

1. Schritt: Ist $m \in \mathbb{N}$, so ist offensichtlich $a^m > 1$. Wäre $\sqrt[m]{a} \leq 1$, so wäre auch $a = (\sqrt[m]{a})^m \leq 1$, im Widerspruch zur Voraussetzung. Jetzt folgt ganz leicht, dass $a^p > 1$ für jede positive rationale Zahl p ist. Ist auch q rational und $0 < p < q$, so ist $q - p > 0$, also $a^{q-p} > 1$ und damit $a^q > a^p$.

2. Schritt: Wir zeigen, dass $a^{\frac{1}{n}}$ gegen 1 konvergiert.

Weil nämlich $\sqrt[n]{a} > 1$ ist, können wir schreiben:

$$\sqrt[n]{a} = 1 + a_n\,, \quad \text{mit einer reellen Zahl } a_n > 0.$$

Also ist $a = (1 + a_n)^n > 1 + n \cdot a_n$ und $0 < a_n < \dfrac{a-1}{n}$. Das bedeutet, dass a_n gegen 0 und $\sqrt[n]{a}$ gegen 1 konvergiert.

3. Schritt: Die rationale Folge (q_n) konvergiere gegen $q = 0$ und es sei ein $\varepsilon > 0$ vorgegeben. Wegen der gerade bewiesenen Aussage können wir ein $m \in \mathbb{N}$ finden, so dass gilt:

$$1 - \varepsilon < a^{-\frac{1}{m}} < a^{\frac{1}{m}} < 1 + \varepsilon.$$

Außerdem gibt es ein $n_0 \in \mathbb{N}$, so dass $-\frac{1}{m} < q_n < \frac{1}{m}$ für $n \geq n_0$ ist, woraus wiederum mit Hilfe des ersten Schrittes folgt:

$$1 - \varepsilon < a^{q_n} < 1 + \varepsilon, \text{ für } n \geq n_0.$$

Also konvergiert a^{q_n} gegen $1 = a^0$.

4. Schritt: Ist q beliebig, so strebt $q_n - q$ gegen 0 und daher $a^{q_n - q}$ gegen 1.

Die Multiplikation mit a^q liefert das Gewünschte. ■

Aufgaben

4.1 Lösen Sie Aufgabe 1 (Summen) auf Seite 101.

4.2 Lösen Sie Aufgabe 2 (Hypotheken-Rechnung) auf Seite 104.

4.3 Lösen Sie Aufgabe 3 (Suprema und Infima) auf Seite 107.

4.4 Lösen Sie Aufgabe 4 (Lineare Ungleichungen) auf Seite 112.

4.5 Lösen Sie Aufgabe 5 (Quadratische Ungleichung) auf Seite 115.

4.6 Lösen Sie Aufgabe 6 (Das Rechnen mit Wurzeln) auf Seite 116.

4.7 Lösen Sie Aufgabe 7 (Konvergenz-Fragen) auf Seite 122.

4.8 Lösen Sie Aufgabe 8 (Die Approximation von $\sqrt{2}$) auf Seite 128.

4.9 Ergänzen Sie in der folgenden Formel die Leerstellen auf der rechten Seite:

$$\sum_{i=1}^{n} a^{n+1-i} b^{i+1} (-1)^{i(i+2)} = \sum_{k=\square}^{\square} (-1)^{\square} a^k b^{\square}.$$

4.10 Zeigen Sie: $\sum_{i=1}^{n}(4i-3) = n(2n-1)$.

4.11 Beweisen Sie: $\sum_{i=1}^{n} i^2 = \frac{1}{6}n(n+1)(2n+1)$.

4.12 Gegeben seien n gleich große Kugeln, darunter k weiße und $n-k$ rote. Wie viele verschiedene Muster kann man erzeugen, wenn man alle n Kugeln hintereinander legt? Wie lautet die Antwort, wenn es k weiße, l rote und m schwarze Kugeln gibt?

4.13 Wie viele verschiedene – auch sinnlose – Wörter kann man aus den Buchstaben des Wortes MISSISSIPPI (also aus $1 \times$,M', $2 \times$,P', $4 \times$,S' und $4 \times$,I') bilden?

4.14 Beim Skat sind 32 Karten im Spiel. Die drei Spieler erhalten je zehn Karten, zwei Karten kommen in den „Skat". Wie viele verschiedene Kartenkombinationen kann ein Spieler dabei erhalten? Wie viele verschiedene Spielsituationen muss ein Spieler noch bedenken, nachdem er sein Blatt gesehen hat?

4.15 a) Lösen Sie die Gleichung $\frac{(n+1)!}{(n-1)!} = 30$ in $\mathbb{N}$.

b) Bestimmen Sie alle $n \in \mathbb{N}$ mit $\frac{(n-3)!}{(n-4)(n-3)} < 5000$.

4.16 a) Beweisen Sie die Gleichung $\sum_{k=0}^{m}\binom{n+k}{k}=\binom{n+m+1}{m}$.

b) Berechnen Sie den Quotienten $\binom{n}{k}\Big/\binom{n-1}{k-1}$.

4.17 Sei $x=\sum_{i=0}^{n-1}x_i 2^i$, mit $x_0=1$ und $x_i\in\{0,1\}$ für $i=1,\ldots,n-1$. Bestimmen Sie die Darstellung von $\overline{x}:=2^n-x$ im Dualsystem.

4.18 Schreiben Sie die Zahl 2003 im Hexadezimalsystem. Wie viele Ziffern hätte die Zahl im Zweiersystem?

4.19 Wird Anlagevermögen degressiv abgeschrieben, so geht man von einem Anschaffungswert A und einem Abschreibungsprozentsatz p aus. Ist B_n der Buchwert nach n Jahren, so ist $B_{n+1}=(1-i)B_n$, mit $i=p/100$. Bestimmen Sie den Neuwert einer Maschinenanlage, die nach sechs Jahren mit 30 % degressiv auf einen Restwert von 3000 Euro abgeschrieben ist!

4.20 Bestimmen Sie Infimum und Supremum der folgenden Mengen und untersuchen Sie jeweils, ob sie zur Menge gehören oder nicht.

1. $M_1:=(0,1)\setminus\{x\in\mathbb{R}:\ \exists n\in\mathbb{N}\text{ mit }x=1/n\}$,
2. $M_2:=\{x\in\mathbb{R}:\ \exists n\in\mathbb{N}\text{ mit }1/n<x<1-1/n\}$,
3. $M_3:=\{x\in\mathbb{R}:\ |x^2-1|<2\}$.

4.21 Für welche x ist $x^2(x-1)\geq 0$, für welche x ist $|x-5|<|x+1|$?

4.22 Es seien reelle Zahlen $r>0$ und $x<y$ gegeben sowie eine beliebige Zahl a. Zeigen Sie (und deuten Sie geometrisch):

Ist $|x-a|<r$ und $|y-a|<r$, so gilt $|z-a|<r$ für alle z mit $x\leq z\leq y$.

4.23 Sei $a_n:=(-1)^n$. Zeigen Sie:

$$\forall\, x\in\mathbb{R}\ \exists\text{ unendlich viele } n\in\mathbb{N}\text{ mit } |a_n-x|\geq\frac{1}{2}.$$

4.24 Sei $\alpha:=\frac{1}{2}(1+\sqrt{5})$ und $\beta:=\frac{1}{2}(1-\sqrt{5})$. Zeigen Sie, dass die Fibonacci-Zahlen (siehe Aufgabe 3.14) folgende Gleichung erfüllen:

$$F_n=\frac{1}{\sqrt{5}}(\alpha^n-\beta^n).$$

Hinweis: Sei w_n die rechte Seite der Gleichung. Zeigen Sie, dass α und β Lösungen der quadratischen Gleichung $x^2=x+1$ sind und beweisen Sie die Formel $w_{n+2}=w_{n+1}+w_n$.

4.25 Untersuchen Sie, ob die Folgen konvergieren, und bestimmen Sie nach Möglichkeit ihren Grenzwert:

$$a_n = \frac{3^n + 2^n}{5^n}, \quad b_n = \frac{(n+1)^3 - (n-1)^3}{n^2},$$
$$c_n = \sqrt{n+1} - \sqrt{n} \quad \text{und} \quad d_n = \frac{1+3+5+\cdots+(2n-1)}{(n+1)^2}.$$

4.26 Verwandeln Sie den periodischen Dezimalbruch $0.12373737\ldots$ (Periode $\underline{37}$) in einen gewöhnlichen Bruch.

4.27 Sei $A \subset \mathbb{R}$ nach oben beschränkt und $x_0 := \sup(A)$. Zeigen Sie, dass es eine Folge (a_n) mit $a_n \in A$ und $\lim\limits_{n\to\infty} a_n = x_0$ gibt.

4.28 Sei (a_n) eine konvergente Folge positiver Zahlen mit Grenzwert a. Zeigen Sie, dass man aus den a_n eine „Teilfolge“ auswählen kann, die monoton gegen a konvergiert.

4.29 Sei $a_n := \dfrac{1-n+n^2}{n(n+1)}$. Zeigen Sie, dass die Folge (a_n) nach oben beschränkt und monoton wachsend ist. Bestimmen Sie den Grenzwert der Folge.

4.30 Sei $0 \le q < 1$ und (a_n) eine Folge.

Zeigen Sie: Ist $|a_{n+1}/a_n| \le q$ für alle $n \in \mathbb{N}$, so konvergiert (a_n) gegen null. Wenden Sie das auf die Folge $a_n := 2^n/n!$ an.

5 Eins hängt vom andern ab

Das Buch der Natur ist mit mathematischen Symbolen geschrieben.

Galileo Galilei[1]

Produktmengen und Relationen

Die Mengen $\{x, y\}$ und $\{y, x\}$ sind gleich, weil sie die gleichen Elemente enthalten. Manchmal legt man aber zusätzlich Wert auf die Reihenfolge der Elemente. Die Objekte x und y werden dann zu einem ***(geordneten) Paar*** zusammengefasst, das man mit dem Symbol (x, y) bezeichnet. Bei einem solchen Paar kommt es genau darauf an, welches Element an der ersten und welches an der zweiten Stelle steht. Zwei Paare (x, y) und (x', y') heißen ***gleich***, falls $x = x'$ und $y = y'$ ist.

Definition (Produktmenge)

Es seien A und B zwei beliebige Mengen. Dann heißt die Menge

$$\boxed{A \times B := \{(x, y) \mid (x \in A) \wedge (y \in B)\}}$$

das ***kartesische Produkt*** oder die ***Produktmenge*** von A und B.

In der axiomatischen Mengenlehre kann gezeigt werden, dass die Bildung des kartesischen Produktes zu den erlaubten Methoden der Mengenbildung gehört. Aus der Definition geht hervor, dass $\varnothing \times B = \varnothing$ und $A \times \varnothing = \varnothing$ ist.

5.1 Beispiele

A. Sei $A := \{1, 2, 3\}$ und $B := \{a, b\}$. Dann ist

$$A \times B = \{(1, a), (1, b), (2, a), (2, b), (3, a), (3, b)\}.$$

Allgemein gilt: Ist A eine endliche Menge mit n Elementen und B eine endliche Menge mit m Elementen, so ist $A \times B$ eine endliche Menge mit $n \cdot m$ Elementen.

B. Für beliebiges A bezeichnet man die Menge $A \times A$ manchmal auch mit A^2 (in Worten: „A hoch 2“). $\mathbb{R}^2 = \mathbb{R} \times \mathbb{R} = \{(x, y) \mid x, y \in \mathbb{R}\}$ kann man sich z.B. als

[1] Aus dem Buch *Il Saggiatore* (zu Deutsch: „die Goldwaage“), geschrieben 1624.

Ebene vorstellen. Die Einträge x und y nennt man dann die ***Koordinaten*** des Punktes (x, y).

Sind $a < b$ und $c < d$ zwei reelle Zahlen, so nennt man $[a, b] \times [c, d]$ ein ***abgeschlossenes Rechteck***.

C. Sind A, B und C drei Mengen, so kann man aus ihren Elementen sogenannte ***(geordnete) Tripel*** (a, b, c) (mit $a \in A$, $b \in B$ und $c \in C$) bilden. Die Menge aller dieser Tripel wird mit $A \times B \times C$ bezeichnet. Und der Schritt zum allgemeinen Fall ist nun auch nicht mehr schwer:

Sind $A_1, A_2, \ldots, A_n$ endlich viele Mengen, so kann man ihre Elemente zu sogenannten ***(geordneten) n-Tupeln***[2] $(x_1, \ldots, x_n)$ mit $x_i \in A_i$ für $i = 1, \ldots, n$ zusammenfassen. Das kartesische Produkt $A_1 \times A_2 \times \ldots \times A_n$ ist dann die Menge

$$A_1 \times \ldots \times A_n = \{(x_1, \ldots, x_n) \mid x_i \in A_i \text{ für } i = 1, \ldots, n\}.$$

Ein wichtiges Beispiel ist der $\mathbb{R}^n$ (gesprochen „R-n“ oder „R hoch n“):

$$\mathbb{R}^n := \underbrace{\mathbb{R} \times \ldots \times \mathbb{R}}_{\text{n-mal}}.$$

$\mathbb{R}^1$ ist die Zahlengerade, $\mathbb{R}^2$ ein Modell für die Ebene, $\mathbb{R}^3$ eines für den euklidischen Raum. Und $\mathbb{R}^n$? Die Mathematiker brauchen zum Glück keine anschauliche Interpretation!

Eine Aussageform $R(x, y)$ mit zwei Variablen nennt man auch eine *(2-stellige)* ***Relation***. Statt „$R(x, y)$“ kann man dann sagen: „x steht in Relation zu y.“ Abkürzend schreibt man dafür $x\,R\,y$ oder $x \sim y$, oder man führt ein spezielles Symbol für die Relation ein. Beispiele sind etwa die Element-Beziehung ($x \in M$), die Teilmengen-Beziehung ($A \subset B$) oder die Gleichheit. Relationen können reflexiv, symmetrisch oder transitiv sein, sie können mehrere oder gar keine dieser Eigenschaften besitzen.

Die zulässigen Objektbereiche für die Variablen x, y einer Relation brauchen keine Mengen zu sein. Bei der Gleichheit von Mengen wäre das z.B. nicht möglich, denn dann bräuchte man ja die (Un-)Menge aller Mengen. Wenn die Objektbereiche aber zwei Mengen A und B sind, dann wird eine Relation zwischen den Elementen von A und B vollständig durch die Menge

$$R := \{(x, y) \in A \times B \ : \ x\,R\,y\}$$

beschrieben. Deshalb findet man oft die Definition: „Eine Relation zwischen den Elementen von A und B ist eine Teilmenge R der Produktmenge $A \times B$.“

[2] zum Beispiel ***Quadrupel*** im Falle $n = 4$ oder ***Quintupel*** im Falle $n = 5$.

5.2 Beispiele

A. In $\mathbb{R}$ haben wir die Relationen $\leq$ und $<$. Die Erstere ist reflexiv und transitiv, die Letztere nur transitiv.

B. In einer beliebigen Menge M ist die Relation $\neq$ zwar symmetrisch, aber weder reflexiv noch transitiv.

C. Ist X die Menge der Einwohner einer Stadt, so kann man Relationen wie „ist Bruder von“ oder „ist Mutter von“ betrachten.

Aufgabe 1 (Relationen)

Untersuchen Sie die folgenden Relationen auf Reflexivität, Symmetrie und Transitivität:

1. die Relationen im letzten Beispiel.
2. die „ist Teiler von“-Beziehung in $\mathbb{N}$.
3. die Relationen „x liebt y“ und „x ist Nachbar von y“.

Definition (Äquivalenzrelation)

Eine Relation $R(x, y)$ auf einem gemeinsamen Objektbereich für x und y heißt eine ***Äquivalenzrelation***, falls sie reflexiv, symmetrisch und transitiv ist.

Die Gleichheit von Mengen ist eine Äquivalenzrelation, aber auch die Gleichheit von Elementen einer vorgegebenen Menge.

Für den Mathematiker ist die Äquivalenzrelation ein wichtiges Instrument bei der Definition neuer Begriffe. Wir kennen das aber auch aus dem täglichen Leben. Betrachten wir etwa die Gesamtheit aller sichtbaren Dinge. Wir (aber auch schon sehr kleine Kinder) sind in der Lage, diese Dinge in Klassen von Dingen mit gleicher Farbe einzuteilen. Eine dieser Klassen führt zum Begriff „blau“, eine andere zum Begriff „rot“. Farben sind nichts anderes als Namen für Klassen. Benutzen wir die Äquivalenzrelation „x hat die gleiche Farbe wie y“, so ist „rot“ eine Bezeichnung für alle Dinge, die die gleiche Farbe wie eine Mohnblüte haben. Zumindest verhält es sich so für ein Kind, das versucht, die Dinge dieser Welt mit sechs oder acht Buntstiften zu Papier zu bringen.

Ein Beispiel aus der Mathematik ist die Konstruktion der rationalen Zahlen aus den ganzen Zahlen (z.B. um ein Modell für $\mathbb{Q}$ zu gewinnen). Jeder Bruch besteht aus Zähler und Nenner und könnte daher auch als Zahlenpaar (p, q) aufgefasst werden, wobei wir noch $q \in \mathbb{N}$ voraussetzen, damit nicht durch null dividiert wird. Damit wird das Vorzeichen des Bruches eindeutig dem Zähler zugeschlagen. Aber die Paare $(2, 3)$ und $(10, 15)$ stehen für den gleichen Bruch, das erste Paar für den bestmöglich gekürzten Bruch. Also führen wir eine Äquivalenzrelation auf $\mathbb{Z} \times \mathbb{N}$ ein:

$$(p,q) \sim (r,s) \quad :\Longleftrightarrow \frac{p}{q} = \frac{r}{s}.$$

Diese Definition hat einen kleinen Schönheitsfehler: Die rechte Seite ist noch gar nicht erklärt, wenn die Brüche tatsächlich erst konstruiert werden sollen. Aber wir können stattdessen ja schreiben: $p \cdot s = q \cdot r$. Dafür braucht man nur die Grundrechenarten in $\mathbb{Z}$. Nun ist eine rationale Zahl eine Klasse von untereinander äquivalenten Paaren aus $\mathbb{Z} \times \mathbb{N}$. Und für jedes Paar (p,q) können wir definieren:

$$\frac{p}{q} := \{(r,s) \in \mathbb{Z} \times \mathbb{N} : p \cdot s = q \cdot r\}.$$

Wir nennen die Menge auf der rechten Seite die ***Äquivalenzklasse*** von (p,q).

Warum genügt es nicht, sich auf Paare (p,q) mit $\mathrm{ggT}(p,q) = 1$ zu beschränken? Wir müssen ja auch das Rechnen mit rationalen Zahlen definieren. Zum Beispiel würde man das Produkt von (p,q) und (p',q') als (pp',qq') einführen, und es könnte $\mathrm{ggT}(pp',qq') > 1$ sein, auch wenn vorher $\mathrm{ggT}(p,q) = 1$ und $\mathrm{ggT}(p',q') = 1$ war. Im weiteren Verlauf werden wir noch mehr Beispiele von Äquivalenzrelationen und daraus abgeleiteten Äquivalenzklassen kennenlernen.

Der Funktionsbegriff

Wir kommen nun zum wichtigsten Begriff in der Mathematik:

Definition (Funktion)

Gegeben seien zwei nicht leere Mengen A und B. Es sei **jedem** Element $x \in A$ auf eine bestimmte Weise **genau ein** Element $y \in B$ zugeordnet. Dann heißt diese Zuordnung eine

Funktion oder ***Abbildung*** von A nach B.

Die Menge A nennt man den ***Definitionsbereich***, die Menge B den ***Wertebereich*** oder die ***Zielmenge*** der Abbildung.

Die Zuordnung selbst wird mit einem Buchstaben bezeichnet. Ist etwa f dieser Buchstabe, so schreibt man die Zuordnung in der Form

$$A \xrightarrow{f} B \quad \text{oder} \quad f : A \longrightarrow B.$$

Wird dem Element $x \in A$ durch die Abbildung f das Element $y \in B$ zugeordnet, so schreibt man:

$$y = f(x) \quad \text{oder} \quad f : x \mapsto y.$$

In der älteren Literatur werden die Abbildungen selbst oft in der Form $y = f(x)$ eingeführt. Dann ist aber mit x kein bestimmtes Element von A gemeint, sondern eine Variable, die Werte in A annehmen kann.

Die hier angegebene „Definition" der Funktion oder Abbildung enthält zu viele Wörter aus der Umgangssprache, als dass sie vor unserem gestrengen Auge bestehen könnte. Dennoch begnügen wir uns mit der vorliegenden Formulierung und der Feststellung, dass durch den funktionalen Zusammenhang $y = f(x)$ eine zweistellige Relation gegeben ist. Die Funktion ist also eindeutig bestimmt durch ihren *Graphen*:

Definition (Graph)

Jeder Funktion oder Abbildung $f : A \to B$ ist eine Menge $G_f \subset A \times B$ zugeordnet, nämlich ihr ***Graph***:

$$G_f := \{(x, y) \in A \times B \mid y = f(x)\}.$$

Charakteristisch für den Graphen einer Funktion $f : A \to B$ sind die folgenden Eigenschaften:

1. Da jedem $x \in A$ **wenigstens ein** $y \in B$ zugeordnet ist, gilt:

$$\forall x \in A \; \exists y \in B \text{ mit } (x, y) \in G_f.$$

2. Da jedem $x \in A$ **höchstens ein** $y \in B$ zugeordnet ist, gilt:

$$\forall x \in A \text{ folgt: Ist } (x, y_1) \in G_f \text{ und } (x, y_2) \in G_f, \text{ so ist } y_1 = y_2.$$

Eine Menge $G \subset A \times B$ mit den Eigenschaften (1) und (2) bestimmt eindeutig eine Funktion $f : A \to B$ mit $G = G_f$.

Am bekanntesten sind die Graphen „reellwertiger Funktionen" $f : \mathbb{R} \to \mathbb{R}$. Sie bilden Teilmengen von $\mathbb{R}^2$, die von jeder vertikalen Geraden genau einmal getroffen werden. Horizontale Geraden dürfen dagegen mehrfach oder gar nicht treffen.

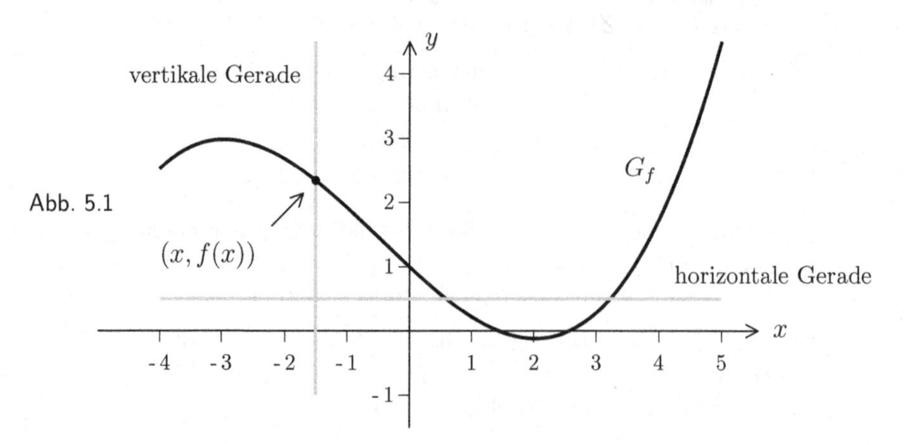

Abb. 5.1

Es gibt aber auch Funktionen, bei denen der Graph wenig aussagekräftig ist. Dann sucht man nach anderen Methoden der Darstellung, wie etwa im folgenden Beispiel:

Es sei $A = \{a, b, c, d, e\}$ und $B = \{s, t, u, v\}$. Eine Abbildung $f : A \to B$ sei gegeben durch $f(a) := s$, $f(b) := u$, $f(c) := u$, $f(d) := v$ und $f(e) := t$. Wenn wir die Mengen mit Hilfe von Venn-Diagrammen aufzeichnen, können wir die Zuordnung f durch Pfeile beschreiben:

Abb. 5.2

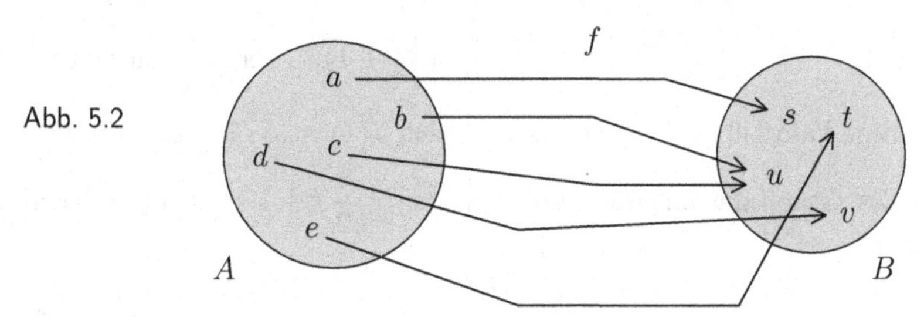

Damit f eine Abbildung ist, muss bei jedem $x \in A$ ein Pfeil starten. Es ist aber nicht notwendig, dass bei jedem $y \in B$ ein Pfeil ankommt.

Weiter darf bei jedem $x \in A$ auch nur **ein** Pfeil starten. Hingegen ist es erlaubt, dass bei einem $y \in B$ mehrere Pfeile ankommen.

Die Begriffe *Funktion* und *Abbildung* bedeuten das Gleiche. Allerdings hat es sich eingebürgert, speziell dann von einer „Funktion" zu sprechen, wenn der Wertebereich eine Menge von Zahlen ist. In allen anderen Fällen benutzt man lieber das Wort „Abbildung".

Wir beschäftigen uns jetzt näher mit der wichtigen Klasse der *reellen Funktionen*, die auf $\mathbb{R}$ oder einem Teilintervall von $\mathbb{R}$ definiert sind und auch reelle Werte besitzen.

Dazu betrachten wir einige **Beispiele:**

A. Seien $a, b \in \mathbb{R}$, $a \neq 0$. Dann heißt die Funktion $f : \mathbb{R} \to \mathbb{R}$, die durch

$$\boxed{f(x) := ax + b}$$

definiert wird, eine ***lineare Funktion***.[3]

Lineare Funktionen kommen im täglichen Leben sehr häufig vor, nämlich überall dort, wo eine Größe ***proportional*** zu einer anderen ist. Wenn etwa ein Auto 8 Liter Benzin auf 100 km verbraucht, dann erwarten wir, dass dieses Auto auf einer Strecke von 330 km ungefähr 26.4 Liter benötigt. Die lineare Funktion $f(x) := 0.08 \cdot x$

[3]Genau genommen nennt man eine solche Funktion ***affin-linear***. Nur wenn $b = 0$ ist, spricht man von einer ***linearen*** Funktion. Im Augenblick spielt dieser kleine Unterschied aber noch keine Rolle für uns.

gibt den Benzinverbrauch in Abhängigkeit von den gefahrenen Kilometern an. Die meisten Menschen kennen gar keine anderen Typen von funktionaler Abhängigkeit.

Auch für eine affin-lineare Funktion ist schnell ein simples Beispiel gefunden: Wenn ein Taxifahrer bei jeder Fahrt eine Grundgebühr von 2.50 Euro und pro Kilometer jeweils 1.25 Euro verlangt, so kann man den Fahrpreis (in Euro) als lineare Funktion der gefahrenen Kilometer berechnen:

$$f(x) := \frac{5}{4}x + \frac{5}{2} = \frac{5}{2} \cdot (\frac{1}{2}x + 1) \qquad \text{ergibt den Fahrpreis.}$$

Eine Fahrt über 7 km kostet demnach $f(7) = (5 \cdot 7 + 10)/4 = 11.25$ Euro.

Der Graph der linearen Funktion $f(x) = \dfrac{1}{2}x + 1$ sieht folgendermaßen aus:

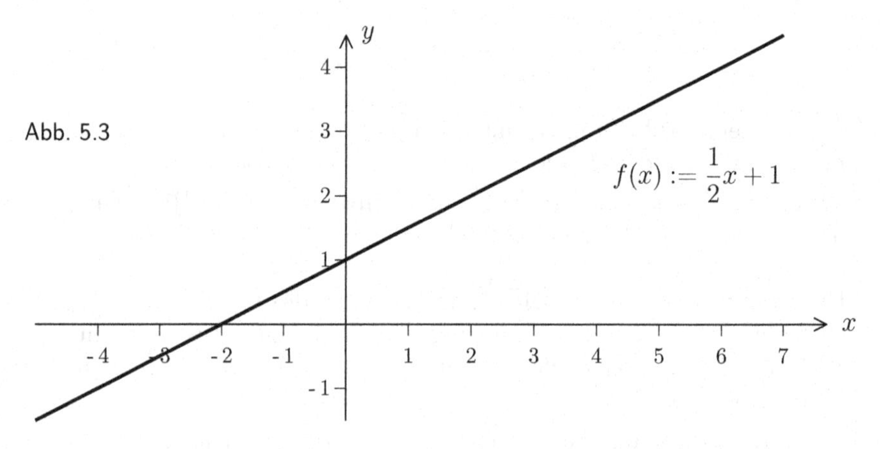

Abb. 5.3

Ein anderes Beispiel stellt die Umrechnung von Skalen dar, z.B. von Grad Fahrenheit in Grad Celsius. In einem Lexikon könnte etwa folgende Tabelle auftauchen:

Grad Celsius	0	10	20	30	40
Grad Fahrenheit	32	50	68	86	104

Wir suchen eine lineare Funktion $f(x) = ax + b$, mit deren Hilfe man die Umrechnung erhält. Dann muss $f(32) = 0$ und $f(68) = 20$ sein. Das ergibt die Gleichungen $32a + b = 0$ und $68a + b = 20$, also $a = 20/36 = 5/9$ und $b = -32 \cdot 5/9 = -160/9$. Die gesuchte Funktion hat die Form

$$f(x) = \frac{1}{9}(5x - 160) \approx 0.55 \cdot (x - 32)\,.$$

Das bedeutet, dass 100° Fahrenheit zwischen 37.4° und 37.8° Celsius liegen, das ist ungefähr menschliche Körpertemperatur.

Die umgekehrte Zuordnung ist gegeben durch $x = g(y) = 1.8y + 32$. Dass dies wieder eine lineare Funktion ist, ist kein Zufall. Wie es dazu kommt, werden wir später untersuchen.

B. Eine Funktion der Gestalt

$$\boxed{f(x) := ax^2 + bx + c \text{ (mit } a \neq 0)}$$

nennt man eine ***quadratische Funktion***. Der einfachste Fall ist gegeben, wenn $a = 1$ und $b = c = 0$ ist, also $f(x) = x^2$. Dann beschreibt f die Fläche eines Quadrates in Abhängigkeit von der Seitenlänge. Der zugehörige Graph ist hier keine Gerade, sondern eine gekrümmte Kurve, eine sogenannte ***Parabel***:

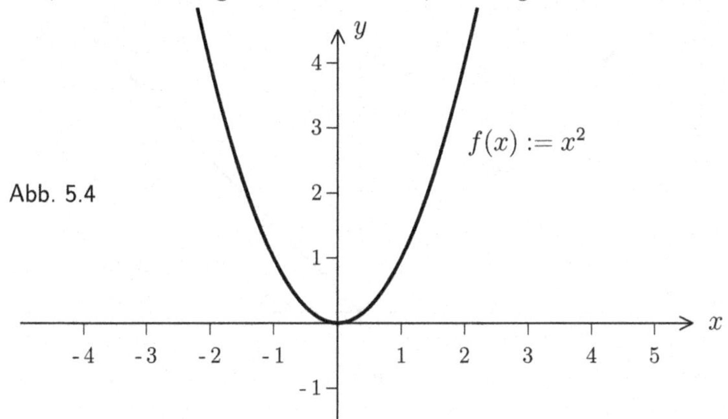

Abb. 5.4

Die *allgemeine Parabel*, also der Graph der allgemeinen quadratischen Funktion, sieht ähnlich aus, sie kann aber nach links, rechts, oben oder unten verschoben, enger oder weiter geöffnet und eventuell an der Horizontalen gespiegelt sein. Einen markanten Punkt gibt es allerdings immer, den sogenannten ***Scheitelpunkt***, wo die Funktion ihren kleinsten oder größten Wert annimmt und auch die größte Krümmung besitzt.

Das Lösen einer quadratischen Gleichung entspricht der Suche nach den Schnittpunkten einer Parabel mit der x-Achse. Je nach Lage der Parabel gibt es zwei, einen oder gar keinen Schnittpunkt:

Geht man von einer nach oben geöffneten Parabel aus, deren Scheitel unterhalb der x-Achse liegt, so findet man zwei Schnittpunkte mit der x-Achse. Bewegt man nun die Parabel nach oben, so nähern sich die beiden Schnittpunkte immer mehr und schließlich fallen die beiden Punkte in einem zusammen. Dann berührt die Parabel gerade die Achse.

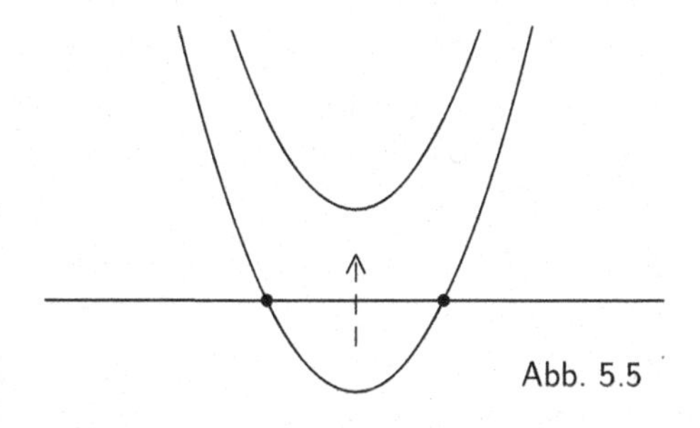
Abb. 5.5

Bewegt man sie noch weiter nach oben, so gibt es keine Schnittpunkte mehr. Wir werden uns am Ende des Buches noch damit beschäftigen, wohin die Schnittpunkte verschwinden.

C. Durch die Vorschrift

$$f(x) := |x| := \begin{cases} x & \text{für } x \geq 0 \\ -x & \text{für } x < 0 \end{cases}$$

wird die ***Betragsfunktion*** auf ganz $\mathbb{R}$ definiert.

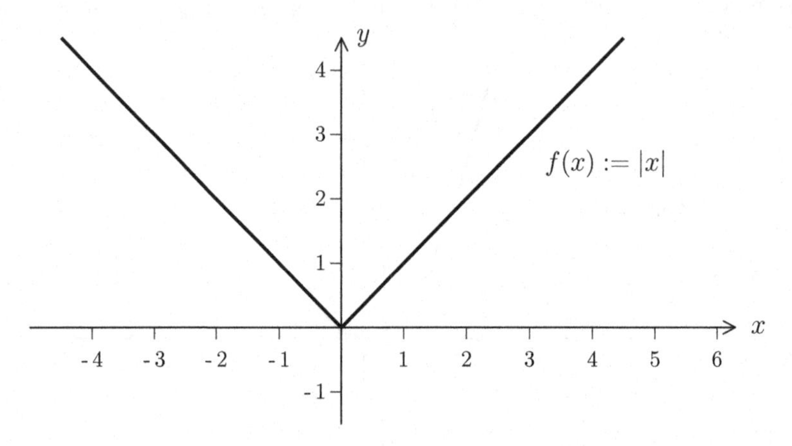

Abb. 5.6 Die Betragsfunktion.

Die Funktion $f(x) := \sqrt{x}$ kann nur für $x \geq 0$ definiert werden, aber $f(x) := \sqrt{|x|}$ ist wieder auf ganz $\mathbb{R}$ definiert.

D. Recht interessant ist die sogenannte ***Gauß-Klammer***:

$$f(x) := [x] := \text{ größtes Element der Menge } \{n \in \mathbb{Z} \mid n \leq x\}.$$

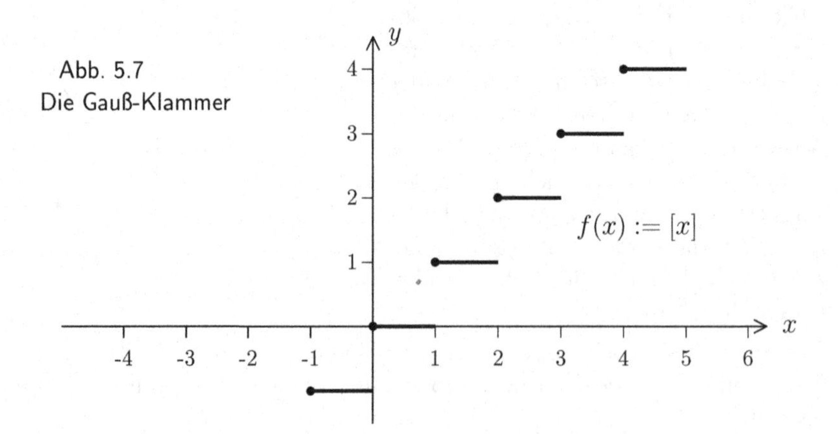

Abb. 5.7
Die Gauß-Klammer

Gibt es denn immer eine „größte ganze Zahl kleiner oder gleich x“? Wir wissen, dass jede Menge in $\mathbb{Z}$, die von einer **natürlichen** Zahl nach oben beschränkt ist, ein größtes Element besitzt. Wird eine Menge $M \subset \mathbb{Z}$ von einer **reellen** Zahl x nach oben beschränkt, so gibt es nach dem Satz von Archimedes sogar eine **natürliche** Zahl $n > x$, die eine obere Schranke für M darstellt. Also besitzt M ein größtes Element.

Ein Funktionsgraph einer reellwertigen Funktion kann also auch Lücken haben. Die fetten Punkte in der Skizze sollen signalisieren, dass stets $f(n) = n$ ist.

Mengen von Funktionen

Auch so komplizierte Objekte wie Funktionen können ihrerseits wieder Elemente von Mengen sein:

Ist A eine Menge, so bezeichnen wir die Menge aller Funktionen $f : A \to \mathbb{R}$ mit dem Symbol $\mathscr{F}(A, \mathbb{R})$. Und bevor Helmut wieder mit seinen Spitzfindigkeiten kommt, sei bemerkt, dass wir hier keine „Unmenge“ gebildet haben! Da jede Funktion durch ihren Graphen festgelegt ist, handelt es sich bei $\mathscr{F}(A, \mathbb{R})$ im Prinzip nur um eine Teilmenge der Potenzmenge von $A \times \mathbb{R}$.

Der Umgang mit Mengen vom Typ $\mathscr{F}(A, \mathbb{R})$ bereitet Anfängern erfahrungsgemäß Probleme. Ich möchte noch einmal ausdrücklich darauf hinweisen, dass die Elemente dieser neuen Menge **Funktionen** (incl. Definitionsbereich, Wertebereich und Zuordnungsvorschrift) sind, und nicht etwa die Funktionswerte! Zwei Funktionen $f, g : A \to \mathbb{R}$ heißen ***gleich*** (in Zeichen: $f = g$), falls gilt:

$$\forall x \in A : f(x) = g(x).$$

Manchmal schreibt man dafür auch $f(x) \equiv g(x)$ und sagt: $f(x)$ ist ***identisch*** $g(x)$.

Eine Funktion $f : A \to \mathbb{R}$ heißt ***konstant***, falls es ein $c \in \mathbb{R}$ gibt, so dass $f(x) \equiv c$ ist, also $f(x) = c$ für **alle** $x \in A$. Man beachte den Unterschied: Ist $f(x_0) = c$ für **ein** $x_0 \in A$, so spricht man von einer c-Stelle von f. Das Lösen einer Funktionsgleichung $f(x) = 0$ entspricht der Suche nach ***Nullstellen*** von f. Die wäre recht langweilig, wenn schon $f(x) \equiv 0$ wäre.

Funktionen kann man auch addieren und multiplizieren: Für $f, g \in \mathscr{F}(A, \mathbb{R})$ werden die Elemente $f + g$ und $f \cdot g$ in $\mathscr{F}(A, \mathbb{R})$ durch die folgende Vorschrift definiert:

$$\forall x \in A : (f + g)(x) := f(x) + g(x) \quad \text{und} \quad (f \cdot g)(x) := f(x) \cdot g(x).$$

Die Addition von Funktionen ist auch als ***Superposition*** bekannt, etwa bei der Überlagerung von Schwingungen in der Akustik oder in der Elektrodynamik. Die Multiplikation von Funktionen lässt sich nicht so leicht anschaulich deuten, aber wenn c eine konstante Funktion ist, so bedeutet der Übergang von f zu $c \cdot f$ eine Streckung des Graphen in y-Richtung um den Faktor c.

Die meisten Eigenschaften der reellen Zahlen (Kommutativität, Assoziativität, Distributivität) vererben sich auf die Funktionen. So ist z.B. stets $f + g = g + f$. Es gilt nämlich für alle $x \in A$:

$$(f + g)(x) = f(x) + g(x) = g(x) + f(x) = (g + f)(x).$$

Dabei werden nur die Definition von $f + g$ und das Kommutativgesetz in $\mathbb{R}$ benutzt. Aus der Gleichheit der Funktionswerte für **alle** Argumente $x \in A$ folgt die Gleichheit der Funktionen.

Der Unterschied zwischen Funktionen und ihren einzelnen Werten wird besonders deutlich, wenn man versucht, das Inverse einer Funktion zu bilden:

Ist $f : A \to \mathbb{R}$ eine Funktion und $f \neq 0$, so bedeutet das, dass f nicht identisch verschwindet, d.h., es gibt Argumente $x \in A$, für die $f(x) \neq 0$ ist. Trotzdem kann es sein, dass $1/f$ keine Funktion mehr ist. Dazu dürfte f nämlich keine einzige Nullstelle haben. Zum Beispiel hat die Funktion

$$f : \mathbb{R} \to \mathbb{R} \quad \text{mit} \quad f(x) := x$$

bei $x = 0$ ihre einzige Nullstelle. Die reicht aber schon aus, die Existenz von $1/f$ zu verhindern. Allerdings besitzt die Funktion

$$g : \{x \in \mathbb{R} \mid x > 0\} \to \mathbb{R} \quad \text{mit} \quad g(x) := x$$

ein Inverses, nämlich die Funktion $x \mapsto 1/x$. Das haben wir allein durch Verkleinern des Definitionsbereiches erreicht!

Polynome

Definition (Polynom)

Eine Funktion $f : \mathbb{R} \to \mathbb{R}$ heißt ***Polynom*** oder ***Polynomfunktion***, falls es reelle Zahlen $a_0, a_1, a_2, \dots, a_n$ (die ***Koeffizienten*** des Polynoms) gibt, so dass gilt:

$$\forall\, x \in \mathbb{R} \quad \text{ist} \quad f(x) = a_n x^n + a_{n-1} x^{n-1} + \ldots + a_2 x^2 + a_1 x + a_0.$$

Ist f nicht die Nullfunktion, so gibt es ein größtes $n \in \mathbb{N}_0$ mit $a_n \neq 0$. Diese Zahl n heißt der ***Grad*** des Polynoms und wird mit $\deg(f)$ bezeichnet.[4]

Die Menge aller Polynome wird mit dem Symbol $\mathbb{R}[x]$ bezeichnet. Sie umfasst die konstanten Funktionen, so dass gilt:

$$\mathbb{R} \subset \mathbb{R}[x] \subset \mathscr{F}(\mathbb{R}, \mathbb{R}).$$

[4] deg ist die Abkürzung für *degree*. Dem Nullpolynom wird hier kein Grad zugeordnet.

Die linearen und quadratischen Funktionen sind Beispiele für Polynome.

Addition von Polynomen.

Polynome addiert man, indem man Terme gleichen Grades zusammenfasst. Das geht nur, wenn sie in beiden beteiligten Polynomen vorkommen. Um das zu erreichen, fügt man nötigenfalls die fehlenden Terme als Nullen hinzu. Das sieht dann folgendermaßen aus:

$$\begin{array}{rrcl} \text{Ist} & f(x) & = & a_n x^n + \ldots + a_m x^m + \ldots + a_1 x + a_0 \\ \text{und} & g(x) & = & b_m x^m + \ldots + b_1 x + b_0 \quad (\text{mit } n \geq m), \end{array}$$

so ist

$$(f+g)(x) = (a_n + b_n)x^n + \ldots + (a_m + b_m)x^m + \ldots + (a_1 + b_1)x + (a_0 + b_0),$$

mit $b_{m+1} := b_{m+2} := \ldots := b_n := 0$.

Insbesondere ist $\deg(f+g) \leq \max(\deg(f), \deg(g))$. Halt! Warum steht hier „ $\leq$ “ und nicht „ $=$ “ ? Na, das ist doch ganz klar: Es könnte ja $n = m$ und $a_n = -b_n$ sein. Dann heben sich die Terme höchsten Grades gegenseitig weg, und als Summe bleibt ein Polynom niedrigeren Grades übrig.

Multiplikation von Polynomen.

Hier braucht man nur nach dem Distributivgesetz auszumultiplizieren: Es ist

$$\begin{array}{rl} & (a_n x^n + \ldots + a_0) \cdot (b_m x^m + \ldots + b_0) \\ = & (a_n \cdot b_m)x^{n+m} + (a_{n-1}b_m + a_n b_{m-1})x^{n+m-1} + \ldots + (a_1 b_0 + a_0 b_1)x + (a_0 b_0). \end{array}$$

Also ist $\deg(f \cdot g) = \deg(f) + \deg(g)$. Ein Spezialfall ist die Multiplikation eines Polynoms mit einer Konstanten:

$$c \cdot (a_n x^n + \ldots + a_1 x + a_0) = (ca_n)x^n + \ldots + (ca_1)x + (ca_0).$$

Ist $c \neq 0$, so wird dabei der Grad nicht verändert.

Die Subtraktion von Polynomen bereitet nun keine Schwierigkeiten, aber beim Dividieren gibt es Probleme, wie wir schon am Beispiel $f(x) = x$ gesehen haben. Man behilft sich folgendermaßen:

Definition (rationale Funktion)

Ein Quotient f/g von zwei Polynomfunktionen heißt eine ***rationale Funktion***. Der Quotient wird nur formal gebildet, das Ergebnis ist i.A. keine wirkliche Funktion. Ist $N(g) := \{x \in \mathbb{R} \mid g(x) = 0\}$ die Nullstellenmenge von g, so wird durch

$$\left(\frac{f}{g}\right)(x) := \frac{f(x)}{g(x)}$$

eine Funktion mit dem Definitionsbereich $\mathbb{R} \setminus N(g)$ bestimmt.

„Das verstehe ich nicht!“, meint Wolfgang an dieser Stelle. Ich kann es ihm nicht verdenken und will versuchen, den Sachverhalt etwas genauer zu beschreiben. Eine *rationale Funktion* ist keine Funktion, sondern nur ein formal gebildeter Bruch zweier Polynome, wobei im Nenner nicht das Null-Polynom stehen darf. Die (historisch bedingte) Bezeichnung „rationale Funktion“ ist natürlich denkbar ungünstig gewählt. Andererseits kann man aber mit solchen Brüchen von Polynomen wie mit rationalen Zahlen rechnen, und auch Division ist möglich.

Durch Übergang zu einem kleineren Definitionsbereich kann man aus einem formalen Bruch zweier Polynome eine echte Funktion machen, die jedem Element des Definitionsbereiches eine reelle Zahl zuordnet. Diese Funktion ist natürlich i.A. kein Polynom mehr! Und es kommmt noch schlimmer. Zwei Funktionen, deren Definitionsbereiche voneinander verschieden sind, kann man nicht addieren oder multiplizieren. Will man dennoch solche Rechenoperationen durchführen, so muss man noch einmal zu einem kleineren Bereich übergehen, auf dem beide beteiligten Funktionen definiert sind.

Eine rationale Funktion der Gestalt $f/1$ ist eine Polynomfunktion. Ist nun h ein Polynom vom Grad > 0 und x_0 eine Nullstelle von h, so stimmen die rationalen Funktionen $f/1$ und $(f \cdot h)/h$ überein, aber die zweite kann nur zu einer echten Funktion gemacht werden, indem man die Nullstellen von h im Definitionsbereich weglässt. Das ist eine ziemlich absurde Situation, und man behilft sich mit einer zusätzlichen Sprachregelung:

Definition (Polstellen und Unbestimmtheitsstellen)

Sei $R := f/g$ eine rationale Funktion. Eine Nullstelle x_0 des Nenners g heißt eine ***Unbestimmtheitsstelle*** von R.

1. Ist x_0 auch Nullstelle des Zählers f und kann R so „gekürzt“ werden, dass der neue Nenner in x_0 keine Nullstelle mehr besitzt, so nennt man x_0 eine ***hebbare Unbestimmtheitsstelle*** von R.

2. Ist $g(x_0) = 0$ und $f(x_0) \neq 0$, so nennt man x_0 eine ***Polstelle*** von R.

5.3 Beispiel

Sei $f(x) = x^2 - 4$ und $g(x) = x + 2$. Dann ist $R(x) := \dfrac{x^2 - 4}{x + 2}$ eine rationale Funktion, die bei $x = -2$ eine Unbestimmtheitsstelle besitzt. Als Funktion hat sie den Definitionsbereich $\mathbb{R} \setminus \{-2\}$.

Da $f(x) = g(x) \cdot (x - 2)$ ist, kann man kürzen und erhält: $R(x) \equiv x - 2$. Diese Funktion ist sogar auf ganz $\mathbb{R}$ definiert. Also hat R in -2 eine hebbare Unbestimmtheitsstelle.
Die rationale Funktion $1/x$ hat dagegen in $x = 0$ eine Polstelle.

Im Allgemeinen wird man nicht kürzen können, aber wie in $\mathbb{Q}$ versucht man auch hier, Brüche zu vereinfachen. Dazu benötigt man ein Analogon zur ganzzahligen Division mit Rest.

5.4 Division mit Rest für Polynome

Es seien f und g Polynome mit
$0 \leq \deg(g) \leq \deg(f)$. *Dann gibt es eindeutig bestimmte Polynome q und r, so dass gilt:*

1. $f = q \cdot g + r$.
2. $r = 0$ *oder* $0 \leq \deg(r) < \deg(g)$.

BEWEIS: Wir beginnen mit der Existenz der Zerlegung. Ist f ein Vielfaches von g, so kann man $r = 0$ setzen. Wenn nicht, gehen wir so ähnlich wie in $\mathbb{Z}$ vor:

Sei $S := \{n \in \mathbb{N}_0 \mid \exists\, q \in \mathbb{R}[x] \text{ mit } n = \deg(f - q \cdot g\}$.

Da zum Beispiel $\deg(f)$ in S liegt, ist die Menge nicht leer und es gibt darin ein kleinstes Element k. Dazu gehört ein Polynom q mit $\deg(f - q \cdot g) = k$ und wir setzen $r := f - q \cdot g$.

Dann ist $f = q \cdot g + r$, und natürlich ist $k = \deg(r) \geq 0$. Wäre $k \geq \deg(g)$, so könnte man schreiben:

$$r(x) = r_k x^k + \ldots + r_0, \qquad \text{mit } r_k \neq 0,$$

$$\text{und } g(x) = g_m x^m + \ldots + g_0, \qquad \text{mit } g_m \neq 0 \text{ und } k \geq m.$$

Dann wäre $f - \left(q + \dfrac{r_k}{g_m} x^{k-m}\right) g$ ein Polynom vom Grad $< k$. Das widerspricht der Wahl von k. Also muss $k < \deg(g)$ sein.

Nun zur Eindeutigkeit: Es gebe zwei Zerlegungen der gewünschten Art:

$$f = q_1 \cdot g + r_1 = q_2 \cdot g + r_2.$$

Dann ist $(q_1 - q_2) \cdot g = r_2 - r_1$. Ist $r_1 \neq r_2$, so ist $q_1 - q_2 \neq 0$ und $\deg(g) \leq \deg(q_1 - q_2) + \deg(g) = \deg(r_2 - r_1) < \deg(g)$. Weil das nicht sein kann, muss $r_1 = r_2$ und dann auch $q_1 = q_2$ sein. ∎

5.5 Beispiel

Sei $f(x) := x^5 + 3x^2 - 2x + 7$ und $g(x) := x^3 + 4x^2$. Die Division mit Rest wird bei den Polynomen mit dem gleichen Rechenschema durchgeführt, wie man es vom schriftlichen Dividieren her gewohnt ist.

$$
\begin{array}{rrrrl}
(x^5 & +\ \ 3x^2 & -\ 2x & +\ 7) & : (x^3+4x^2) = x^2-4x+16 \\
x^5 & +\ \ 4x^4 & & & \\
\hline
-4x^4 & +\ \ 3x^2 & -\ 2x & +\ 7 & \\
-4x^4 & -\ 16x^3 & & & \\
\hline
16x^3 & +\ \ 3x^2 & -\ 2x & +\ 7 & \\
16x^3 & +\ 64x^2 & & & \\
\hline
 & -\ 61x^2 & -\ 2x & +\ 7 &
\end{array}
$$

Weil jetzt nur noch ein Polynom vom Grad $2 < 3 = \deg(g)$ übrig ist, folgt:

$$q(x) = x^2 - 4x + 16 \quad \text{und} \quad r(x) = -61x^2 - 2x + 7.$$

Aufgabe 2 (Polynomdivision)

Führen Sie die folgende Polynomdivision durch:

$$(3x^4 + 7x^3 + x^2 + 5x + 1) : (x^2 + 1) = ?$$

Injektive und surjektive Abbildungen

Wir wenden uns nun wieder allgemeinen Abbildungen zu.

Definition (surjektive Abbildung)

Eine Abbildung $f : A \to B$ heißt ***surjektiv***, falls gilt:

$$\forall y \in B\ \exists x \in A \text{ mit } f(x) = y.$$

f ist surjektiv, wenn jedes Element $y \in B$ als Bild eines Elementes $x \in A$ vorkommt, also genau dann, wenn die Gleichung $f(x) = y$ für **jedes** $y \in B$ lösbar ist.

5.6 Beispiele

A. Ist $a \neq 0$, so ist die Abbildung $f(x) = ax + b$ immer surjektiv. Denn die Gleichung $y = ax + b$ wird durch $x = \dfrac{1}{a}(y - b)$ gelöst.

B. Die Abbildung $f : \mathbb{R} \to \mathbb{R}$ mit $f(x) := x^2$ ist nicht surjektiv, denn negative Zahlen können nicht als Bild vorkommen. Dagegen ist die gleiche Abbildung mit dem Wertebereich $\{x \in \mathbb{R} \mid x \geq 0\}$ surjektiv. Die Gleichung $y = x^2$ wird dann durch $x = \sqrt{y}$ und $x = -\sqrt{y}$ gelöst.

C. Sei $\mathscr{P}$ die Menge der Primzahlen und $f : \mathbb{N} \setminus \{1\} \to \mathscr{P}$ definiert durch $f(n) :=$ kleinster Primteiler von n. Wegen der Beziehung $f(p) = p$ für $p \in \mathscr{P}$ ist f surjektiv.

D. Die Abbildung $f : \mathbb{Z} \to \mathbb{Z}$ mit $f(n) := 2n$ ist nicht surjektiv, da als Bilder nur gerade Zahlen vorkommen.

Definition (injektive Abbildung)

Eine Abbildung $f : A \to B$ heißt ***injektiv***, falls gilt:

$$\forall\, x_1, x_2 \in A \text{ gilt: Ist } x_1 \neq x_2, \text{ so ist auch } f(x_1) \neq f(x_2).$$

f ist injektiv, wenn die Gleichung $f(x) = y$ für jedes $y \in B$ **höchstens eine** Lösung besitzt. Dass es überhaupt keine Lösung gibt, ist durchaus erlaubt.

Den Nachweis der Injektivität einer Abbildung führt man meist durch Kontraposition, d.h. man zeigt: Ist $f(x_1) = f(x_2)$, so ist $x_1 = x_2$.

5.7 Beispiele

A. $f : \mathbb{R} \to \mathbb{R}$ mit $f(x) := ax + b$ (und $a \neq 0$) ist injektiv:

Sei etwa $f(x_1) = f(x_2)$. Dann ist $ax_1 + b = ax_2 + b$, also $a(x_1 - x_2) = 0$. Da $a \neq 0$ vorausgesetzt wurde, muss $x_1 = x_2$ sein.

B. $f : \mathbb{R} \to \mathbb{R}$ mit $f(x) := x^2$ ist nicht injektiv! Für $x \neq 0$ ist nämlich $-x \neq x$, aber $f(-x) = f(x)$.

Ist allgemein $f : A \to B$ eine Abbildung und $M \subset A$, so definiert man die ***Einschränkung*** von f auf M (in Zeichen: $f|_M$) als diejenige Abbildung von M nach B, die durch $(f|_M)(x) := f(x)$ gegeben wird.

Ist $f(x) = x^2$ und $M := \{x \in \mathbb{R} \mid x \geq 0\}$, so ist $f|_M$ injektiv, denn die Gleichung $y = x^2$ besitzt nur eine Lösung (nämlich $x = \sqrt{y}$) in M.

C. Die Abbildung $f : \mathbb{N} \setminus \{1\} \to \mathscr{P}$, die jeder natürlichen Zahl ihren kleinsten Primteiler zuordnet, ist nicht injektiv, denn es ist z.B. $f(6) = f(8) = 2$ oder $f(15) = f(39) = 3$.

D. Die Abbildung $f : \mathbb{Z} \to \mathbb{Z}$ mit $f(n) := 2n$ ist injektiv. Ist nämlich $2n = 2m$, so ist auch $n = m$. Im Übrigen ist f Einschränkung einer linearen Funktion auf $\mathbb{Z}$.

Allgemein gilt: Ist $f : A \to B$ injektiv und $M \subset A$, so ist auch $f|_M$ injektiv. Ist umgekehrt $f|_M$ surjektiv, so ist auch f surjektiv.

Aufgabe 3 (Eigenschaften von Funktionen)

1. Bestimmen Sie den größtmöglichen Definitionsbereich für folgende Funktionen:

$$f(x) := \sqrt[3]{x^2} - \sqrt{4 - x^2}, \quad g(x) := \sqrt{1 - |x|} \text{ und } h(x) := \frac{1}{[x]}.$$

2. Geben Sie eine möglichst große Teilmenge von $\mathbb{R}$ an, auf der $f(x) := x + [x]$ injektiv ist.

3. Zeigen Sie, dass $f(x) := 3x^2 + 6x + 13$ auf $\{x \in \mathbb{R} \mid x > -1\}$ injektiv ist!

4. Sei $f(x) := \dfrac{ax + b}{cx + d}$, mit $a \neq 0$, $c \neq 0$ und $ad - bc \neq 0$. Bestimmen Sie den Definitionsbereich von f. Ist f dort injektiv oder surjektiv?

Abbildungen, die sowohl injektiv als auch surjektiv sind, bei denen also die Gleichung $f(x) = y$ für jedes $y \in B$ eindeutig lösbar ist, spielen in der Mathematik eine ganz besondere Rolle:

Definition (bijektive Abbildung)

Eine Abbildung $f : A \to B$ heißt ***bijektiv*** oder ***umkehrbar***, falls sie injektiv **und** surjektiv ist.

Von den oben betrachteten Abbildungen sind nur $f : \mathbb{R} \to \mathbb{R}$ mit $f(x) := ax + b$ (und $a \neq 0$) und $f : \mathbb{R}_+ := \{x \in \mathbb{R} \mid x > 0\} \to \mathbb{R}_+$ mit $f(x) := x^2$ bijektiv.

Wenn es zwischen A und B eine bijektive Abbildung gibt, so ist nicht nur jedem $x \in A$ genau ein $y \in B$ zugeordnet, sondern umgekehrt auch jedem $y \in B$ genau ein $x \in A$, nämlich die eindeutig bestimmte Lösung x der Gleichung $f(x) = y$. In Gedanken können wir die Elemente von A und B so durch Pfeile miteinander verbinden, dass bei jedem $x \in A$ genau ein Pfeil startet und bei jedem $y \in B$ genau ein Pfeil ankommt. Das ergibt automatisch auch eine bijektive Abbildung von B nach A, die sogenannte ***Umkehrabbildung***. Eine solche Situation haben wir bei der Einführung der endlichen Mengen schon betrachtet.

Eine bijektive Abbildung von A nach B ist eine eineindeutige Zuordnung zwischen den Elementen von A und denen von B.

Insbesondere ist eine Menge M genau dann endlich, wenn es ein $n \in \mathbb{N}$ und eine bijektive Abbildung $f : [1, n] \to M$ gibt.

Zwischen zwei beliebigen Mengen braucht es keine bijektiven Abbildungen zu geben:

5.8 Satz

Sind n, m zwei verschiedene natürliche Zahlen, so gibt es keine bijektive Abbildung von $[1, n]$ nach $[1, m]$.

BEWEIS: Wir können o.B.d.A. annehmen, dass $n > m$ ist. Aber dann ist $[1, m] \subset [1, n]$, und es genügt zu zeigen:

Ist $n \in \mathbb{N}$, so gibt es keine bijektive Abbildung von $[1, n]$ auf eine echte Teilmenge.

Diese Aussage schreit nach einem Induktionsbeweis!

$\underline{n = 1}$: Trivial! $[1, 1] = \{1\}$ besitzt keine nicht leere echte Teilmenge.

$\underline{n \to n + 1}$: Die Aussage sei für n bewiesen, wir nehmen aber an, dass es eine bijektive Abbildung $f : [1, n + 1] \to M$ auf eine echte Teilmenge von $[1, n + 1]$ gibt. Auf der Suche nach einem Widerspruch unterscheiden wir zwei Fälle:

1. Fall: $n + 1 \notin M$, also $M \subset [1, n]$.
Setzt man $M' := M \setminus \{f(n + 1)\}$, so ist M' eine echte Teilmenge von $[1, n]$, und die Einschränkung von f auf $[1, n]$ bildet $[1, n]$ bijektiv auf M' ab. Das ist nach Induktionsvoraussetzung nicht möglich.

2. Fall: $n + 1 \in M$, d.h., es gibt ein $k \in [1, n + 1]$ mit $f(k) = n + 1$.
Nach Voraussetzung muss es ein $l \in [1, n]$ geben, das nicht in M liegt. Wir definieren nun eine neue Abbildung $g : [1, n] \to M' := M \setminus \{n + 1\}$ durch

$$g(i) := \begin{cases} f(i) & \text{falls } i \neq k \\ f(n+1) & \text{falls } i = k \text{ und } k \in M' \end{cases}.$$

Man überzeugt sich leicht davon, dass g bijektiv ist. Da M' eine echte Teilmenge von $[1, n]$ ist, ergibt sich auch hier ein Widerspruch zur Voraussetzung. ∎

Mächtigkeit

Definition (Mächtigkeit von Mengen)

Zwei Mengen A und B heißen ***gleichmächtig***, falls es eine bijektive Abbildung $f : A \to B$ gibt. Man sagt, sie haben die gleiche ***Mächtigkeit*** (oder ***Kardinalzahl***).

Zwei endliche Mengen sind offensichtlich genau dann gleichmächtig, wenn sie die gleiche Anzahl von Elementen besitzen. Wir haben nun aber auch ein Instrument, um verschiedenartige unendliche Mengen zu vergleichen. Die Menge $\mathbb{N}$ der natürlichen Zahlen ist z.B. unendlich und bietet damit ein Maß für eine ganze Klasse von unendlichen Mengen:

Definition (abzählbare Menge)

Eine Menge M heißt ***abzählbar***, falls $\mathbb{N}$ gleichmächtig zu M ist. Ist M weder endlich noch abzählbar, so heißt M ***überabzählbar***.

Die Menge $\mathbb{Z}$ ist abzählbar. Das sieht man, wenn man sie in folgender Form anordnet: $0, 1, -1, 2, -2, 3, -3, \ldots$

5.9 Die Abzählbarkeit von $\mathbb{Q}$

Die Menge $\mathbb{Q}$ der rationalen Zahlen ist abzählbar.

BEWEIS: Dieses verblüffende Ergebnis erhält man mit Hilfe des sogenannten ***Cantor'schen Diagonalverfahrens***:

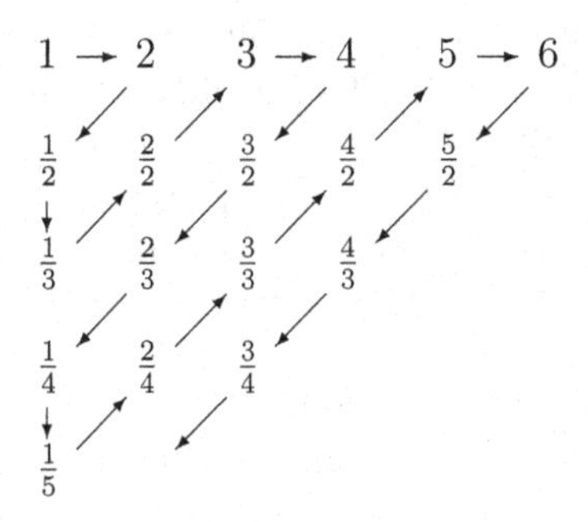

Durchläuft man das obige Diagramm entlang der Pfeile und lässt dabei die überflüssigen Zahlen weg, so erhält man eine Abzählung der positiven rationalen Zahlen. Fügt man nun (wie bei $\mathbb{Z}$) am Anfang die 0 und hinter jedem q sofort die Zahl $-q$ ein, so erhält man eine Abzählung aller rationalen Zahlen. ∎

Wie steht es aber jetzt mit den reellen Zahlen? Hier folgt erstaunlich einfach:

5.10 Die Überabzählbarkeit von $\mathbb{R}$

Die Menge $\{x \in \mathbb{R} \mid 0 \leq x \leq 1\}$ (und damit erst recht ganz $\mathbb{R}$) ist ***nicht abzählbar***.

BEWEIS: Mit den uns inzwischen zur Verfügung stehenden Mitteln und etwas Mühe kann man zeigen, dass sich jede reelle Zahl zwischen 0 und 1 als unendlicher Dezimalbruch der Form $0.a_1a_2a_3\ldots$ schreiben lässt.

Der Beweis der Überabzählbarkeit von $\mathbb{R}$ wird nun durch Widerspruch geführt. Könnte man die reellen Zahlen nämlich abzählen, so hätte man eine Folge

$$\begin{aligned} x_1 &= 0.\boldsymbol{a_{11}}a_{12}a_{13}\ldots, \\ x_2 &= 0.a_{21}\boldsymbol{a_{22}}a_{23}\ldots, \\ x_3 &= 0.a_{31}a_{32}\boldsymbol{a_{33}}\ldots, \\ &\vdots \end{aligned}$$

In dieser Folge müssten **alle** reellen Zahlen zwischen 0 und 1 vorkommen (die Ziffern a_{ij} nehmen dabei wie üblich Werte zwischen 0 und 9 an).

Nun wird eine reelle Zahl $y = 0.c_1c_2c_3\ldots$ wie folgt konstruiert:

$$\text{Es sei} \quad c_i := \begin{cases} 5 & \text{falls } a_{ii} \neq 5, \\ 4 & \text{falls } a_{ii} = 5. \end{cases}$$

Auch y liegt zwischen 0 und 1 und muss unter den Folgegliedern $x_1, x_2, x_3, \ldots$ vorkommen. Es gibt also ein $n \in \mathbb{N}$, so dass $y = x_n$ ist. Dann ist $c_n = a_{nn}$, was einen Widerspruch zur Definition der c_i ergibt. ∎

Obwohl also $\mathbb{N}$, $\mathbb{Q}$ und $\mathbb{R}$ allesamt unendliche Mengen sind, gibt es doch noch einen qualitativen Unterschied zwischen $\mathbb{N}$ und $\mathbb{Q}$ auf der einen und $\mathbb{R}$ auf der anderen Seite. Insbesondere erkennen wir jetzt, dass es – in einem allerdings schwer fassbaren Sinne – „viel mehr" irrationale Zahlen als rationale gibt. Und obwohl die Menge $\mathbb{Q}$ bei dieser Betrachtungsweise zu einer einfachen Folge verkümmert, liegt sie doch „dicht" in der riesigen Menge $\mathbb{R}$. In beliebiger Nähe einer jeden beliebigen reellen Zahl kann man unendlich viele rationale Zahlen finden.

Bei diesen für den „gesunden Menschenverstand" kaum fassbaren Verhältnissen leuchtet es vielleicht ein, wie wichtig eine streng logische Grundlage für mathematische Untersuchungen ist. Georg Cantor hat viel dazu beigetragen, dass das Fundament stabil wurde.

Verknüpfung von Abbildungen

Wir treiben nun die Untersuchung allgemeiner Abbildungen etwas weiter voran:

Definition (Bild und Urbild)

Sei $f : A \to B$ eine Abbildung.

1. Ist $M \subset A$, so heißt die Menge

$$\boxed{f(M) := \{f(x) \mid x \in M\} = \{y \in B \mid \exists x \in M \text{ mit } y = f(x)\}}$$

das ***(volle) Bild von** M **unter** f*.

2. Ist $N \subset B$, so heißt die Menge

$$\boxed{f^{-1}(N) := \{x \in A \mid f(x) \in N\}}$$

das ***(volle) Urbild von** N **unter** f*.

Die Menge $f(A)$ nennt man auch die ***Bildmenge*** von f. Sie muss gut vom Wertebereich B unterschieden werden! Die Abbildung f ist genau dann surjektiv, wenn $f(A) = B$ ist. Und f ist genau dann injektiv, wenn für jedes $y \in f(A)$ die Menge $f^{-1}(\{y\})$ aus genau einem Element besteht.

Definition (Verknüpfung von Abbildungen)

Es seien $f : A \to B$ und $g : B \to C$ zwei Abbildungen. Hintereinander ausgeführt ergeben sie eine neue Abbildung $g \circ f : A \to C$, die durch

$$(g \circ f)(x) := g(f(x)) \qquad (\text{für } x \in A)$$

definiert wird.

Man nennt $g \circ f$ die ***Verknüpfung*** (oder ***Verkettung***) von g mit f.

Einem Element $x \in A$ wird also zunächst ein Element $y = f(x) \in B$ zugeordnet, und diesem y wird seinerseits das Element $z = g(y)$ zugeordnet. Insgesamt ist dann $z = g(f(x))$. Obwohl man **zuerst** die Zuordnung f ausführt und **dann** die Zuordnung g, schreibt man in der Verknüpfung $g \circ f$ die Abbildung g links von der Abbildung f. Aus der Definition wird klar, dass das so sein muss, aber es ist auch immer ein wenig verwirrend. Dass die Reihenfolge eine wichtige Rolle spielt, kann man sofort sehen:

5.11 Beispiel

Sei $f : \mathbb{R} \to \mathbb{R}$ definiert durch $f(x) := x^2$, und $g : \mathbb{R} \to \mathbb{R}$ durch $g(x) := ax+b$. Dann ist

$$\begin{aligned} (g \circ f)(x) &= ax^2 + b \quad \text{und} \\ (f \circ g)(x) &= (ax+b)^2 = a^2x^2 + 2abx + b^2. \end{aligned}$$

Um die Verknüpfung $g \circ f$ bilden zu können, reicht es übrigens schon, dass $f(A)$ im Definitionsbereich von g liegt.

Aufgabe 4 (Verknüpfung von Funktionen)

Geben Sie möglichst große Definitionsbereiche für f und g an, so dass $f \circ g$ (bzw. $g \circ f$) gebildet werden kann:

$$f(x) := 5x - 1 \quad \text{und} \quad g(x) := \sqrt{1 - x^2}.$$

Definition (identische Abbildung)

Sei A eine beliebige Menge. Dann wird die Abbildung $\mathrm{id}_A : A \to A$ definiert durch $\mathrm{id}_A(x) := x$. Man spricht von der ***identischen Abbildung*** oder der ***Identität*** auf A.

Die identische Abbildung auf A ist stets eine bijektive Abbildung von A auf sich selbst. Daraus folgt:

Jede Menge ist zu sich selbst gleichmächtig.

Umkehrabbildungen und Monotonie

Wir haben uns schon anschaulich überlegt, dass es zu einer bijektiven Abbildung $f : A \to B$ stets auch eine „Umkehrabbildung" gibt. Das wollen wir jetzt etwas präzisieren:

5.12 Kriterium für Bijektivität

Eine Abbildung $f : A \to B$ ist genau dann bijektiv, wenn es eine (Umkehr-) Abbildung $g : B \to A$ gibt, so dass gilt:

$$g \circ f = \mathrm{id}_A \qquad \textit{und} \qquad f \circ g = \mathrm{id}_B.$$

Beweis: 1) Zunächst sei f als bijektiv vorausgesetzt.

Wir müssen zu f eine Umkehrabbildung $g : B \to A$ finden und definieren dazu g wie folgt: Ist $y \in B$, so gibt es wegen der Bijektivität von f genau ein $x \in A$ mit $f(x) = y$. Die Zuordnung $g : y \mapsto x$ erfüllt die Bedingungen für eine Abbildung, und offensichtlich ist $g \circ f = \mathrm{id}_A$ und $f \circ g = \mathrm{id}_B$.

2) Es gebe jetzt eine Abbildung g, die das Kriterium erfüllt.

a) Sei $y \in B$ vorgegeben. Dann ist $x := g(y) \in A$ und $f(x) = f(g(y)) = y$. Also ist f surjektiv.

b) Seien $x_1, x_2 \in A$, mit $f(x_1) = f(x_2)$. Dann ist

$$x_1 = (g \circ f)(x_1) = g(f(x_1)) = g(f(x_2)) = (g \circ f)(x_2) = x_2.$$

Also ist f injektiv.

■

Definition (Umkehrabbildung)

Ist $f : A \to B$ bijektiv, so bezeichnet man die in Satz 5.12 eingeführte ***Umkehrabbildung*** mit f^{-1}.

Jetzt heißt es aufpassen!

Ist $f : A \to B$ eine beliebige Abbildung und $y \in B$, so kann man die Urbildmenge $f^{-1}(\{y\})$ bilden. Ist f sogar *bijektiv*, so existiert die Umkehrabbildung f^{-1} und kann auf y angewandt werden. Das Ergebnis $f^{-1}(y)$ ist dann ein *Element* von A und darf nicht mit der *Menge* $f^{-1}(\{y\})$ verwechselt werden. Groß ist der Unterschied allerdings nicht, es ist $f^{-1}(\{y\}) = \{f^{-1}(y)\}$. Ist f jedoch nicht bijektiv, so kann $f^{-1}(\{y\})$ leer sein oder aus mehreren Elementen bestehen.

Mit f ist natürlich auch die Umkehrabbildung bijektiv. Also gilt:

Ist A gleichmächtig zu B, so ist auch B gleichmächtig zu A.

5.13 Satz

Sind die Abbildungen $f : A \to B$ und $g : B \to C$ beide bijektiv, so ist auch $g \circ f : A \to C$ bijektiv, und

$$(g \circ f)^{-1} = f^{-1} \circ g^{-1}.$$

BEWEIS: Zu f und g existieren Umkehrabbildungen f^{-1} und g^{-1}. Diese können wir zur Abbildung $F := f^{-1} \circ g^{-1} : C \to A$ verknüpfen. Man rechnet leicht nach, dass $F \circ (g \circ f) = \text{id}_A$ und $(g \circ f) \circ F = \text{id}_C$ ist. Also ist $g \circ f$ bijektiv und F die Umkehrabbildung dazu. ∎

Daraus folgt:

Ist A gleichmächtig zu B und B gleichmächtig zu C, so ist auch A gleichmächtig zu C.

Die Gleichmächtigkeit von Mengen ist also – ebenso wie die Gleichheit – eine Äquivalenzrelation.

Im Falle reellwertiger Funktionen gibt es ein handliches Kriterium für die Umkehrbarkeit:

Definition (strenge Monotonie)

Sei $I \subset \mathbb{R}$ ein Intervall und $f : I \to \mathbb{R}$ eine Funktion. f heißt ***streng monoton wachsend (bzw. fallend)***, falls gilt:

Sind $x_1, x_2 \in I$ mit $x_1 < x_2$, so ist auch $f(x_1) < f(x_2)$ (bzw. $f(x_1) > f(x_2)$).

5.14 Monotonie und Umkehrbarkeit

Sei $I \subset \mathbb{R}$ ein Intervall und $f : I \to \mathbb{R}$ eine streng monoton wachsende Funktion. Dann ist f injektiv. Ist $J := f(I)$ die Bildmenge, so ist $f : I \to J$ bijektiv, und $f^{-1} : J \to I$ ist ebenfalls streng monoton wachsend.

Weiter ist $G_{f^{-1}} = \{(y, x) \in J \times I \mid (x, y) \in G_f\}$. Das ist der an der Winkelhalbierenden gespiegelte Graph von f.

Beweis: Seien $x_1, x_2 \in I$, $x_1 \neq x_2$. Dann ist eine der beiden Zahlen die kleinere, etwa $x_1 < x_2$. Aber dann ist $f(x_1) < f(x_2)$, wegen der strengen Monotonie, insbesondere also $f(x_1) \neq f(x_2)$. Das bedeutet, dass f injektiv ist.

Die Abbildung $f : I \to J := f(I)$ bleibt injektiv, aber sie ist zusätzlich surjektiv, und damit bijektiv. Sind etwa $y_1, y_2 \in J$, $y_1 < y_2$, so gibt es Elemente $x_1, x_2 \in I$ mit $f(x_i) = y_i$ für $i = 1, 2$. Wegen der Monotonie von f muss auch $x_1 < x_2$ gelten (wäre $x_1 = x_2$, so natürlich auch $f(x_1) = f(x_2)$; wäre $x_1 > x_2$, so $x_2 < x_1$ und damit $f(x_2) < f(x_1)$). Also ist f^{-1} streng monoton wachsend.

Schließlich ist $(y, x) \in G_{f^{-1}}$ genau dann, wenn $x = f^{-1}(y)$ ist, und das ist genau dann der Fall, wenn $f(x) = y$ ist, also $(x, y) \in G_f$. ∎

Ein analoger Satz gilt für streng monoton fallende Funktionen!

5.15 Beispiel

Sei $I := \{x \in \mathbb{R} \mid x \geq 0\}$, und $f(x) := x^2$. Ist $0 \leq x_1 < x_2$, so folgt aus den Vorzeichenregeln, dass $0 \leq (x_1)^2 \leq x_1 x_2 < (x_2)^2$ ist, also $f(x_1) < f(x_2)$. Damit ist f streng monoton wachsend und $f : I \to I$ bijektiv. Die Umkehrfunktion ist bekannt, es ist $f^{-1}(y) = \sqrt{y}$.

Klartext: Nach solch statischen Objekten wie Mengen und Zahlen ist in der Gestalt von Abbildungen etwas Dynamisches in unserer mathematischen Welt aufgetaucht. Manches war in diesem Kapitel recht abstrakt, aber vielleicht wird es konkreter, wenn man eine Abbildung f als eine Art Bewegung ansieht.

Die Bewegung geht von einer Menge A aus, dem Definitionsbereich von f; von **jedem** Element $x \in A$ wird mit Hilfe von f eine Botschaft in Richtung der Menge B transportiert, die man den Wertebereich von f nennt; die von x auf den Weg gebrachte Botschaft kommt bei einem „Bild-Element" $y = f(x) \in B$ an. Dabei ist durchaus zugelassen, dass sich die Botschaften zweier verschiedener Elemente $x_1, x_2 \in A$ an das gleiche Bild-Element $y \in B$ wenden, und es ist auch nicht unbedingt zu erwarten, dass jedes Element von B eine Botschaft erhält.

Konkretes Beispiel: Man stelle sich eine Schulklasse vor, die für eine Woche ins Schullandheim fährt. A sei die Menge der Schüler. Am Mittwoch soll jeder Schüler eine Postkarte nach Hause schicken. Die Post stellt die Karten noch in der gleichen Woche zu, und B sei die Menge aller Bewohner des Heimatdorfes der Schüler. Die funktionale Zuordnung bewerkstelligt der Postbote. Bild-Elemente sind alle diejenigen Dorfbewohner, die (von einem oder mehreren der Schüler) eine Karte bekommen.

Eine Abbildung f heißt ***injektiv***, wenn niemals zwei verschiedene Elemente $x_1, x_2 \in A$ eine Botschaft an das gleiche Bild-Element $y \in B$ schicken. ***Surjektiv*** heißt f dagegen, wenn bei jedem $y \in B$ (mindestens) eine Botschaft ankommt. Im konkreten Beispiel der Schulklasse bedeutet Injektivität, dass verschiedene Schüler auch an verschiedene Daheimgebliebene schreiben. Das wird zum Beispiel nicht klappen, wenn zwei Schüler die gleiche Freundin haben. Die Surjektivität ist gegeben, wenn jeder Dorfbewohner eine Karte bekommt. In der Realität ist es unwahrscheinlich, dass das eintritt. Tatsächlich sind Injektivität und Surjektivität hauptsächlich Begriffe für die Mathematik. Immerhin, wenn Kinobesucher per Eintrittskarte auf Sitzplätze abgebildet werden, dann liegt es im Interesse der Kinobesucher, dass diese Abbildung injektiv ist; und der Kinobetreiber wird sich wünschen, dass sie surjektiv ist. Im besten Falle wäre natürlich beides gleichzeitig gegeben, dann wäre die Abbildung ***bijektiv***. Das würde bedeuten, dass alle Plätze besetzt wären, sich aber niemand um einen Platz streiten müsste.

Also ein **Beispiel aus der Mathematik:** Sei $f(x) := (1-2x)/(2-x)$. Diese Vorschrift liefert eine Zuordnung zwischen einem noch zu bestimmenden Definitionsbereich A und einem Wertebereich, für den wir $\mathbb{R}$ nehmen können. Offensichtlich ist f für alle reellen Zahlen außer für $x = 2$ definiert. Also setzen wir $A := \mathbb{R} \setminus \{2\}$.

Nun soll f auf Injektivität und Surjektivität untersucht werden. Weil das bei der Surjektivität meist etwas leichter fällt, beginnen wir damit. Zu zeigen ist, dass es zu jedem $y \in \mathbb{R}$ ein x mit $f(x) = y$ gibt. Das ist hier leicht, man muss nur versuchen, die Gleichung $y = (1 - 2x)/(2 - x)$ nach x aufzulösen. Durch „Hochmultiplizieren" erhält man die Gleichung $2y - xy = 1 - 2x$, also $x = (2y - 1)/(y - 2)$. Da dieser Ausdruck für $y = 2$ nicht definiert ist, ist f **nicht surjektiv**! Die Abbildung wird allerdings surjektiv, wenn man den Wertebereich zur Menge $B := \mathbb{R} \setminus \{2\}$ verkleinert.

Weiter zur Injektivität: Hier ist gemäß Definition zu zeigen, dass aus der Gleichung $f(x_1) = f(x_2)$ die Gleichung $x_1 = x_2$ folgt. Mit beliebig vorgegebenen Elementen $x_1, x_2 \in A$ sei also $(1-2x_1)/(2-x_1) = (1-2x_2)/(2-x_2)$. „Über-Kreuz-Multiplizieren", Ordnen und Zusammenfassen liefert die Gleichung $3x_1 = 3x_2$, also $x_1 = x_2$. Damit ist gezeigt, dass f injektiv ist. Fasst man zusammen, so sieht man, dass $f : \mathbb{R} \setminus \{2\} \to \mathbb{R} \setminus \{2\}$ sogar bijektiv ist.

Logarithmen

Wir betrachten nun ein etwas komplizierteres Beispiel:

5.16 Die Monotonie von Exponentialfunktionen

Es sei $a > 1$ eine reelle Zahl. Dann ist die auf ganz $\mathbb{R}$ definierte Funktion $x \mapsto a^x$ streng monoton wachsend.

BEWEIS:
1) Wir zeigen zunächst: *Ist x eine positive reelle Zahl, so ist $a^x > 1$.*

Wir können nämlich eine rationale Intervallschachtelung $I_n = [p_n, q_n]$ finden, die x bestimmt, und wir können sie so wählen, dass stets $0 < p_n < x < q_n$ ist. Dann wird durch $I_n^* := [a^{p_n}, a^{q_n}]$ eine Intervallschachtelung gegeben, die a^x definiert, d.h., es ist

$$1 < a^{p_n} < a^x < a^{q_n},$$

und die Folge (a^{p_n}) konvergiert monoton wachsend gegen a^x. Also ist auch $a^x > 1$.

2) Seien nun $x_1, x_2 \in \mathbb{R}$ beliebig, mit $x_1 < x_2$. Dann ist $\delta := x_2 - x_1 > 0$ und daher $a^\delta > 1$, also $a^{x_2} = a^{x_1} \cdot a^\delta > a^{x_1}$. ∎

Insbesondere ist $x \mapsto a^x$ injektiv. Es gilt aber noch mehr:

5.17 Satz

Für $a > 1$ ist die Funktion $x \mapsto a^x$ von $\mathbb{R}$ nach $\mathbb{R}_+$ surjektiv.

BEWEIS: Da $a > 1$ ist, wächst die Folge (a^n) über alle Grenzen, und entsprechend konvergiert (a^{-n}) gegen 0.

Sei nun $f(x) := a^x$. Ist $b \in \mathbb{R}_+$ beliebig vorgegeben, so gibt es offensichtlich reelle Zahlen x_1, x_2 mit $x_1 < x_2$ und $f(x_1) < b < f(x_2)$. Wir setzen

$$M := \{x \in [x_1, x_2] \, : \, f(x) \le b\}.$$

Da M nach oben beschränkt ist, existiert $x_0 := \sup(M)$. Das ist natürlich unser Kandidat für die Lösung der Gleichung $a^x = b$. Wir wählen eine rationale Intervallschachtelung $I_n := [p_n, q_n]$ für x_0. Dann konvergiert (a^{p_n}) monoton wachsend und (a^{q_n}) monoton fallend gegen a^{x_0}. Dass tatsächlich $a^{x_0} = b$ ist, zeigen wir durch Widerspruch. Ist $a^{x_0} \ne b$, so sind zwei Fälle zu unterscheiden:

1.Fall: $a^{x_0} < b$.
Dann muss bereits $a^{q_n} < b$ für ein genügend großes n sein. Aber das ist ein Widerspruch, denn es ist $q_n > x_0$ und x_0 eine obere Schranke für alle x mit $a^x \le b$.

2. Fall: $a^{x_0} > b$.
Dann ist $a^{p_n} > b$ für ein genügend großes n. Ist x irgendeine reelle Zahl mit $a^x \le b < a^{p_n}$, so muss wegen der Monotonie der Funktion $x \mapsto a^x$ auch $x < p_n$ sein. Das bedeutet, dass $x_0 \le p_n$ sein muss, im Widerspruch zu den Eigenschaften der Intervallschachtelung.

Es bleibt nur die Möglichkeit, dass $a^{x_0} = b$ ist. ∎

Wir haben damit gezeigt:

Die Gleichung $a^x = b$ besitzt für $a > 1$ und $b \in \mathbb{R}_+$ immer genau eine Lösung.

In der Schule wird diese Tatsache meist unbewiesen hingenommen.

Definition (Logarithmus)

Sei $a > 1$ eine reelle Zahl, $b \in \mathbb{R}_+$. Die Lösung x der Gleichung $\boxed{a^x = b}$ nennt man den ***Logarithmus von b zur Basis a***. Man schreibt:

$$\boxed{x = \log_a(b).}$$

Offensichtlich ist die Funktion $y \mapsto \log_a(y)$ die Umkehrfunktion zu $x \mapsto a^x$. Daher gilt:

$$\log_a(a^x) = x \quad \text{und} \quad a^{\log_a(b)} = b.$$

Die besondere Bedeutung der Logarithmen liegt darin, dass sie zur Vereinfachung von numerischen Rechnungen benutzt werden können:

5.18 Rechenregeln für Logarithmen

1. *Es ist* $\log_a(1) = 0$ *und* $\log_a(a) = 1$.
2. *Für* $x, y \in \mathbb{R}_+$ *ist* $\log_a(x \cdot y) = \log_a(x) + \log_a(y)$.
3. *Für* $x, y \in \mathbb{R}_+$ *ist* $\log_a(xy^{-1}) = \log_a(x) - \log_a(y)$.
4. *Für* $x \in \mathbb{R}_+$ *und* $t \in \mathbb{R}$ *ist* $\log_a(x^t) = t \cdot \log_a(x)$.

BEWEIS: Wir verwenden stets die Beziehung

$$x = \log_a(b) \qquad \Longleftrightarrow \qquad a^x = b.$$

$\log_a(b)$ ist die *Hochzahl*, mit der man a potenzieren muss, um b zu erhalten.
1) Es ist $a^0 = 1$ und $a^1 = a$.

2) Sei $u := \log_a(x \cdot y)$, $v := \log_a(x)$ und $w := \log_a(y)$. Dann ist $a^u = x \cdot y = a^v \cdot a^w = a^{v+w}$, also $u = v + w$.

3) Es ist $\log_a(x) = \log_a(y \cdot (xy^{-1})) = \log_a(y) + \log_a(xy^{-1})$.

4) Es gilt:

$$a^{t \cdot \log_a(x)} = (a^{\log_a(x)})^t = x^t.$$

■

Als Beispiel betrachten wir eine kleine Logarithmentafel zur Basis 2:

$2^x = y$	0.25	0.5	1	2	4	8	16	32	64	128	256	512	1024
$x = \log_2(y)$	−2	−1	0	1	2	3	4	5	6	7	8	9	10

Will man etwa 0.25×256 berechnen, so muss man nur die Logarithmen -2 und 8 addieren. Über dem Ergebnis, also der 6, findet sich die Zahl 64 als Multiplikationsergebnis. Diese Beobachtung machte schon 1544 der schwäbische Pfarrer und Mathematiker Michael Stifel.[5]

Unsere Logarithmentafel hat einen entscheidenden Schönheitsfehler: Die erste Zeile, die die sogenannten ***Numeri*** enthält, ist viel zu lückenhaft. Bei geschickter Wahl der Basis kann man jedoch erreichen, dass die Folge der Numerus-Werte sehr viel dichter wird. Unabhängig voneinander haben der Schotte John Napier[6] und der Schweizer Jobst Bürgi[7] diesen Weg beschritten und die ersten brauchbaren Logarithmentafeln berechnet. Bürgi benutzte dazu die Basis $b := 1 + d$, mit $d := 10^{-4}$.

[5] Michael Stifel (1487–1567) schlug sich in der Reformationszeit auf die Seite Luthers und wurde evangelischer Pfarrer. In seiner Freizeit beschäftigte er sich intensiv mit Arithmetik und gab eines der ersten Algebra-Bücher in Europa heraus, in dem er negative Zahlen und das Rechnen mit beliebigen ganzzahligen Exponenten einführte.

[6] John Napier, Lord von Merchiston (1550–1617), auch Neper genannt, veröffentlichte 1614 in Edinburgh die erste Logarithmentafel.

[7] Jobst (oder Jost) Bürgi (1552–1632) war eigentlich Uhrmacher und Instrumentenbauer. Logarithmen erfand er, um Rechnungen zu vereinfachen, die er für den Bau astronomischer Instrumente benötigte.

Ist $x = b^y$ und $x + \Delta x = b^{y+1}$, so ist $\Delta x = b^{y+1} - b^y = b^y \cdot d = x \cdot 10^{-4}$. Lässt man die Logarithmen die ganzzahligen Werte 0, 1, 2, 3, ... durchlaufen, so folgen die Numeri dicht aufeinander.

1617 gab Henry Briggs, der in engem Kontakt mit John Napier stand, die erste Tafel zur Basis 10 heraus. Da wir im Dezimalsystem rechnen, hat sich diese Methode besonders bewährt. Zur Abkürzung schreiben wir:

$$\boxed{\lg(x) := \log_{10}(x).}$$

Eine Zahl $y \in \mathbb{R}_+$ schreiben wir im Dezimalsystem in der Form

$$\begin{aligned} y &= y_N y_{N-1} \cdots y_1 y_0 \cdot y_{-1} y_{-2} y_{-3} \cdots \\ &= 10^N \cdot (y_N + y_{N-1} 10^{-1} + \ldots + y_0 10^{-N} + y_{-1} 10^{-N-1} + \ldots) \\ &= 10^N \cdot \widetilde{y}, \quad \text{mit } 0 \le \widetilde{y} < 10. \end{aligned}$$

Dann ist $\lg(y) = N + \lg(\widetilde{y})$.

Es reicht also, die Logarithmen der Zahlen zwischen 0 und 10 zu berechnen. Doch wie bekommt man die?

Eine grobe Abschätzung für lg(2) erhalten wir zum Beispiel folgendermaßen: Es ist $2^{10} = 1024 \approx 10^3$, also

$$2 \approx 10^{\frac{3}{10}} \qquad \text{und} \qquad \lg(2) \approx \frac{3}{10} = 0.3 \quad .$$

Weil $4 = 2^2$ ist, erhält man auch: $\lg(4) \approx 0.6$.

Genau genommen ist lg(2) ein wenig größer als 0.3, da $10^3 < 1024$ ist. Mit dem Taschenrechner kann man feststellen, dass $10^{3.01} \approx 1023.3$ ist, also 0.301 eine bessere Näherung für lg(2). Durch Probieren kann man sich so zu immer genaueren Werten weiterhangeln, aber irgendwo wird dabei natürlich gemogelt, denn wir können die nötigen Potenzierungen nur mit Hilfe des Taschenrechners durchführen und müssen vermuten, dass dabei intern schon von Logarithmen Gebrauch gemacht wird. Es gibt andere Berechnungsmethoden, auf die wir hier aber nicht näher eingehen können. Ich stelle nur eine kleine „Logarithmentafel“ zur Basis 10 vor:

Num.:	1	2	3	4	5	6	7	8	9
lg :	0.000	0.301	0.477	0.602	0.699	0.778	0.845	0.903	0.954

5.19 Beispiel

Die Multiplikation $5 \cdot 6$ soll logarithmisch durchgeführt werden. Es ist

$$\begin{aligned} \lg(5 \cdot 6) &= \lg(5) + \lg(6) \approx 0.699 + 0.778 = 1.477 = \lg(10) + 0.477 \\ &\approx \lg(10) + \lg(3) = \lg(30), \qquad \text{also } 5 \cdot 6 \approx 30. \end{aligned}$$

Im Computer-Zeitalter mag einem das lächerlich erscheinen, aber in den Sechzigern stellte die Logarithmentafel noch ein unverzichtbares Hilfsmittel für numerische Berechnungen dar.

Nun zeigen wir noch, wie man Logarithmen zu verschiedenen Basen ineinander umrechnet.

5.20 Umrechnung von Logarithmen

Seien $a, c > 1$. Für alle $x \in \mathbb{R}_+$ gilt dann:

$$\log_a(x) = \log_a(c) \cdot \log_c(x)$$

Insbesondere ist $\log_a(c) \cdot \log_c(a) = 1$.

BEWEIS: Sei $x \in \mathbb{R}_+$ beliebig. Dann ist $\log_c(x) \cdot \log_a(c) = \log_a(c^{\log_c(x)}) = \log_a(x)$. Die zweite Behauptung ergibt sich, wenn man $x = a$ setzt. ■

5.21 Beispiel

Es ist $\lg(x) = \lg(2) \cdot \log_2(x) \approx 0.301 \cdot \log_2(x)$, also etwa $\lg(16) = 0.301 \cdot 4 = 1.204$.

Aufgabe 5 (Rechnen mit Logarithmen)

1. Spalten Sie die folgenden Ausdrücke auf:

$$\lg \sqrt{\frac{4a^3 \cdot \sqrt{10}}{p^5 q^7}}, \qquad \log_y \frac{1}{\sqrt[4]{x^5 y^3}}.$$

2. Lösen Sie die Gleichung $\lg x - \lg \sqrt{x} = 2 \cdot \lg 2$.

Zugabe für ambitionierte Leser

Wir kehren noch einmal zur allgemeinen Theorie der Abbildungen zurück und betrachten bijektive Abbildungen einer festen Menge auf sich.

Definition (Automorphismus einer Menge)

Sei A eine beliebige Menge. Unter einem ***Automorphismus*** von A verstehen wir eine bijektive Abbildung von A auf sich.

Die Menge aller Automorphismen von A wird mit dem Symbol $\text{Aut}(A)$ bezeichnet.

Ist A eine endliche Menge, so nennt man die Automorphismen von A auch ***Permutationen***. Speziell wird die Menge aller Permutationen der Menge $\{1, 2, 3, \ldots, n\}$ mit $\mathbf{S}_n$ bezeichnet. Jedes Element von $\mathbf{S}_n$ ist also eine bijektive Abbildung

$$f : \{1,2,3,\dots,n\} \to \{1,2,3,\dots,n\}$$

und durch die Zahlen $f(1), f(2), \dots, f(n)$ vollständig bestimmt. Diese Zahlen sind nichts anderes als eine gewisse Anordnung der Zahlen $1,2,3,\dots,n$. Weil wir solche Anordnungen schon gezählt haben, ergibt sich, dass die Menge $\mathbf{S}_n$ genau $n!$ Elemente besitzt.

5.22 Satz

Sei A eine beliebige Menge. Dann gilt:

1. *Sind* $f, g \in \mathrm{Aut}(A)$, *so ist auch* $f \circ g \in \mathrm{Aut}(A)$.
2. *Die Identität* id_A *liegt in* $\mathrm{Aut}(A)$ *und für alle* $f \in \mathrm{Aut}(A)$ *ist* $f \circ \mathrm{id}_A = \mathrm{id}_A \circ f = f$.
3. *Ist* $f \in \mathrm{Aut}(A)$, *so ist auch* $f^{-1} \in \mathrm{Aut}(A)$, *und es ist* $f \circ f^{-1} = f^{-1} \circ f = \mathrm{id}_A$.
4. *Für* $f, g, h \in \mathrm{Aut}(A)$ *ist* $f \circ (g \circ h) = (f \circ g) \circ h$.

BEWEIS: Sind $f, g \in \mathrm{Aut}(A)$, so bildet auch $f \circ g$ die Menge A auf sich ab und ist – als Verknüpfung bijektiver Abbildungen – selbst wieder bijektiv. Die Aussagen (2) bis (4) sind dann einfach nachzurechnen. ∎

Es liegt hier eine Situation vor, die in der Mathematik sehr häufig vorkommt. Die Elemente einer Menge können in der Art eines Produktes miteinander verknüpft oder multipliziert werden. Diese Multiplikation ist assoziativ, es gibt ein neutrales Element, mit dem man multiplizieren kann, ohne etwas zu ändern, und jedes Element besitzt ein Inverses.

Definition (Gruppe)

Es sei eine Menge G gegeben, ein Element $e \in G$ und eine „Verknüpfung" auf G, d.h., je zwei Elementen $g_1, g_2 \in G$ sei eindeutig ein Element $g_1 \circ g_2$ zugeordnet.

Diese Verknüpfung erfülle folgende Eigenschaften:

1. $\forall\, g_1, g_2, g_3 \in G$ ist $g_1 \circ (g_2 \circ g_3) = (g_1 \circ g_2) \circ g_3$.
2. $\forall\, g \in G$ ist $e \circ g = g$.
3. $\forall\, g \in G\, \exists\, g^{-1} \in G$ mit $g^{-1} \circ g = e$.

Dann heißt G eine ***Gruppe***. Das Element e heißt das ***neutrale Element*** der Gruppe. Das (von $g \in G$ abhängige) Element g^{-1} heißt das ***Inverse*** zu g.

Falls zusätzlich das Kommutativgesetz gilt, falls also $g \circ h = h \circ g$ für alle $g, h \in G$ ist, heißt G eine *kommutative* oder ***abelsche*** Gruppe.

5.23 Beispiele

A. Sei $G := \mathbb{R} \setminus \{0\}$, $e := 1$ und $g \circ h := gh$ für $g, h \in G$. Das ist offensichtlich eine abelsche Gruppe.

B. Nun sei A eine Menge und $G := \mathrm{Aut}(A)$, sowie $e := \mathrm{id}_A$. Wie wir oben gesehen haben, ist das eine Gruppe. Ist sie auch kommutativ?

Betrachten wir beispielsweise $G := \mathbf{S}_3 := \mathrm{Aut}(\{1,2,3\})$. Ein beliebiges Element $f \in G$ ist durch das Tripel $(f(1), f(2), f(3))$ festgelegt. Sei etwa $f = (2,3,1)$ und $g = (3,2,1)$. Dann gilt:

$$f(1) = 2,\ g(1) = 3,\ f(2) = 3 \text{ und } g(2) = 2,\ f(3) = 1,\ g(3) = 1.$$

Also ist $f \circ g(1) = 1$ und $g \circ f(1) = 2$. Das bedeutet, dass $f \circ g \neq g \circ f$ ist.

Es gibt demnach Gruppen, die **nicht kommutativ** sind! Das schließt nicht aus, dass dennoch für einzelne Elemente $f, h \in G$ einmal $f \circ h = h \circ f$ sein kann (z.B. wenn $h = f^{-1}$ ist).

C. Sei $G := \mathbb{R}$, $e := 0$, und für $f, g \in G$ sei $f \circ g := f + g$. Dann sind die Gruppeneigenschaften erfüllt, das Inverse zu $f \in G$ ist hier das Negative $-f$. Es ist also durchaus statthaft, dass die Gruppenverknüpfung mit einem anderen Symbol geschrieben wird (an Stelle von „ $\circ$ “). Ein „ $+$ “ sollte allerdings nur verwendet werden, wenn die Verknüpfung kommutativ ist (wie im vorliegenden Beispiel).

D. Wir betrachten die Menge $\mathscr{A}$ aller (affin-)linearen Funktionen $f(x) = ax + b$ (mit $a \neq 0$). Ist $g(x) = cx + d$, so ist

$$f \circ g(x) = f(cx + d) = a(cx + d) + b = (ac)x + (ad + b)$$

wieder eine lineare Funktion. Da $\mathscr{A}$ eine Teilmenge von $\mathrm{Aut}(\mathbb{R})$ ist, gilt das Assoziativgesetz. Setzt man $a = 1$ und $b = 0$, so ist $ax + b = x$. Damit ist auch die identische Abbildung linear. Schließlich ist die Umkehrung von $y = ax + b$ gegeben durch $x = (1/a)y - (b/a)$. Das bedeutet, dass jedes Element von $\mathscr{A}$ ein Inverses besitzt. $\mathscr{A}$ ist eine Gruppe.

Auch wenn in einer Gruppe das kommutative Gesetz nicht zu gelten braucht, so kann man doch zeigen:

5.24 Satz

1. *$\forall g \in G$ ist $g \circ e = g$.*
2. *$\forall g \in G$ ist $g \circ g^{-1} = e$*
3. *Das neutrale Element e ist eindeutig bestimmt.*
4. *Zu jedem $g \in G$ ist das Inverse g^{-1} eindeutig bestimmt.*

BEWEIS: Der Beweis ist elementar und doch trickreich. Schon mancher große Mathematiker geriet damit in seiner Vorlesung unerwartet in Not. Aufgabe 3.9 beschäftigt sich übrigens mit der gleichen Fragestellung.

Wir beginnen mit (2.): Sei $g \in G$ beliebig vorgegeben. Es gibt dann ein „Linksinverses“ g^{-1} mit $g^{-1} \circ g = e$, und dazu ein x mit $x \circ g^{-1} = e$. Dann ist

$$\begin{aligned} x \circ ((g^{-1} \circ g) \circ g^{-1}) &= x \circ (e \circ g^{-1}) = x \circ g^{-1} = e \\ \text{und } (x \circ g^{-1}) \circ (g \circ g^{-1}) &= e \circ (g \circ g^{-1}) = g \circ g^{-1}. \end{aligned}$$

Wegen des Assoziativgesetzes sind die linken Seiten gleich, also auch die rechten.

Zu 1.: Es ist $g \circ e = g \circ (g^{-1} \circ g) = (g \circ g^{-1}) \circ g = e \circ g = g$.

Zu 3.: Sind e und e' zwei neutrale Elemente, so folgt aus (1.):

$$e' = e' \circ e = e.$$

Zu 4.: Ist $x \circ g = y \circ g = e$ für ein $g \in G$, so ist

$$x = x \circ (g \circ g^{-1}) = (x \circ g) \circ g^{-1} = (y \circ g) \circ g^{-1} = y \circ (g \circ g^{-1}) = y \circ e = y.$$

■

Es soll nun noch ein nicht so naheliegendes Beispiel einer Gruppe vorgestellt werden.

Sei p eine Primzahl. Auf $\mathbb{Z}$ wird nun eine Äquivalenzrelation eingeführt:

$$a \underset{p}{\sim} b \;:\Longleftrightarrow\; p \text{ ist Teiler von } a - b.$$

Reflexivität: $a \underset{p}{\sim} a$ gilt für alle $a \in \mathbb{Z}$, weil p Teiler von $0 = a - a$ ist.

Symmetrie: $a \underset{p}{\sim} b$ bedeutet: $p \mid (a - b)$. Aber dann ist p auch Teiler von $b - a$, also $b \underset{p}{\sim} a$.

Transitivität: Sei $a \underset{p}{\sim} b$ und $b \underset{p}{\sim} c$, also p Teiler von $a - b$ und von $b - c$. Dann ist p auch Teiler der Summe $(a - b) + (b - c) = a - c$, also $a \underset{p}{\sim} c$.

Die Äquivalenzrelation führt zu einer Zerlegung von $\mathbb{Z}$ in Äquivalenzklassen. Ist $x \in \mathbb{Z}$, so ist die zugehörige Äquivalenzklasse $\overline{x}$ gegeben durch

$$\overline{x} := \{y \in \mathbb{Z} : p \mid (y - x)\} = \{y \in \mathbb{Z} : \exists q \in \mathbb{Z} \text{ mit } y = x + q \cdot p\}.$$

Was ist das für eine Menge? Sei $x = n \cdot p + r$ die bekannte Division mit Rest, also $0 \le r < p$. Dann gilt für $y \in \overline{x}$: $y = (n \cdot p + r) + q \cdot p = (n + q) \cdot p + r$. Das bedeutet, dass x und y bei Division durch p den gleichen Rest r lassen, und man bezeichnet $\overline{x}$ auch als ***Restklasse*** von x.

Es gibt offensichtlich genau p Restklassen $\overline{0}, \overline{1}, \ldots, \overline{p-1}$. Die Menge dieser Restklassen bezeichnet man mit $\mathbb{Z}_p$, und wir werden sehen, dass $\mathbb{Z}_p$ eine Gruppe ist.

Man setzt

$$\overline{x} + \overline{y} := \overline{x + y}.$$

Diese Definition hat einen Schönheitsfehler. Wir wissen nicht, ob sich die rechte Seite verändert, wenn man die „Repräsentanten“ x und y der Restklassen $\overline{x}$ bzw. $\overline{y}$ durch andere Repräsentanten ersetzt. Man muss also die Unabhängigkeit der Definition von den Repräsentanten zeigen.

Zu diesem Zweck nehmen wir an, dass $x \underset{p}{\sim} x'$ und $y \underset{p}{\sim} y'$ gilt, also $p \mid (x - x')$ und $p \mid (y - y')$. Dann gibt es ganze Zahlen n und m, so dass gilt: $x' = x + np$ und $y' = y + mp$. Daraus folgt, dass $x' + y' = (x + np) + (y + mp) = (x + y) + (n + m)p$ ist, also $(x + y) \underset{p}{\sim} (x' + y')$. Und das zeigt die Unabhängigkeit der oben definierten Addition von den Repräsentanten. Die Gruppen-Eigenschaften folgen automatisch:

Assoziativgesetz:

$$(\overline{x} + \overline{y}) + \overline{z} = \overline{x + y} + \overline{z} = \overline{(x + y) + z} = \overline{x + (y + z)} = \overline{x} + \overline{y + z} = \overline{x} + (\overline{y} + \overline{z}).$$

Das neutrale Element ist die Restklasse $\overline{0}$, denn es ist $\overline{x} + \overline{0} = \overline{x + 0} = \overline{x}$.

Inverses: Es ist $\overline{x} + \overline{(-x)} = \overline{x + (-x)} = \overline{0}$.

Weil $\overline{x} + \overline{y} = \overline{x + y} = \overline{y + x} = \overline{y} + \overline{x}$ ist, ist die Gruppe sogar kommutativ.

5.25 Beispiele

A. Die Gruppe $\mathbb{Z}_2$ besteht nur aus zwei Elementen, nämlich $\overline{0}$ und $\overline{1}$. Weil $1 + 1 = 2$ bei Division durch 2 den Rest 0 lässt, ist $\overline{1} + \overline{1} = \overline{0}$ in $\mathbb{Z}_2$.

B. Die Gruppe $\mathbb{Z}_{12}$ kennt jeder von seiner Armbanduhr. Startet ein Unternehmen etwa um 9 Uhr und dauert dann fünf Stunden, endet es um 2 Uhr (wir verzichten hier auf die Unterscheidung zwischen 2 Uhr und 14 Uhr). Tatsächlich lässt $9 + 5 = 14$ bei Division durch 12 den Rest 2.

Bei minutengenauer Rechnung arbeitet man in $\mathbb{Z}_{60}$. Beschickt man um 17:49 Uhr eine Parkuhr so, dass man 45 Minuten stehen bleiben darf, so möchte man natürlich wissen, wann man spätestens sein Auto abholen muss. Das Ergebnis $49 + 45 = 94$ lässt bei Division durch 60 den Rest 34. Also läuft die Parkuhr um 18:34 Uhr ab.

Aufgaben

5.1 Lösen Sie Aufgabe 1 (Relationen) auf Seite 138.

5.2 Lösen Sie Aufgabe 2 (Polynomdivision) auf Seite 150.

5.3 Lösen Sie Aufgabe 3 (Eigenschaften von Funktionen) auf Seite 152.

5.4 Lösen Sie Aufgabe 4 (Verknüpfung von Funktionen) auf Seite 156.

5.5 Lösen Sie Aufgabe 5 (Rechnen mit Logarithmen) auf Seite 164.

5.6 Untersuchen Sie die folgenden Relationen auf $\mathbb{Z}$. Sind sie reflexiv, symmetrisch oder transitiv?

1. $m \sim n \;:\Longleftrightarrow\; m \geq n.$
2. $m \sim n \;:\Longleftrightarrow\; m = 2n.$
3. $m \sim n \;:\Longleftrightarrow\; m \cdot n \geq -1.$

5.7 Bestimmen Sie eine lineare Funktion $f(x) = ax+b$ mit $f(1) = 2$ und $f(3) = 5$ (bzw. mit $f(3) = -1$ und $f(4) = -7$).

5.8 Eine Funktion $f : \mathbb{R} \to \mathbb{R}$ heißt symmetrisch zur Achse $x = c$, falls $f(c - x) = f(c + x)$ für alle x gilt. Bestimmen Sie die Symmetrieachse der Funktion $f(x) = x^2 - 10x + 1$.

5.9 Beschreiben Sie in Worten, wie die Parameter a, b, c die Gestalt des Graphen der Funktion $f(x) = ax^2 + bx + c$ beeinflussen.

Wählen Sie a, b, c so, dass der Scheitelpunkt der Parabel bei $x = 2$ liegt, die Parabel nach unten geöffnet ist und zwei Schnittpunkte mit der x-Achse aufweist.

5.10 Skizzieren Sie die Graphen der Funktionen $f(x) := [2x-1]$ (Gauß-Klammer) und $g(x) := |\frac{1}{10}x^2 - x + 1|$.

Benutzen Sie die Betragsfunktion, um die folgende Funktion in geschlossener Form zu schreiben:

$$h(x) := \begin{cases} -2x - 3 & \text{für } x < -3/2, \\ 2x + 3 & \text{für } -3/2 \leq x < 0, \\ -2x + 3 & \text{für } 0 \leq x < 3/2, \\ 2x - 3 & \text{für } x \geq 3/2. \end{cases}$$

5.11 Für eine Funktion $f : \mathbb{R} \to \mathbb{R}$ sei $f^+(x) := \max(f(x), 0)$ und $f^-(x) := \max(-f(x), 0)$. Beschreiben Sie f und $|f|$ mit Hilfe von f^+ und f^-.

5.12 Es sei $f_1(x) := \dfrac{1}{2}x$ und $f_2(x) := \dfrac{1}{2}|x|$.

Skizzieren Sie den Graphen der Funktion $f_1 + f_2$.

Lösen Sie die gleiche Aufgabe mit $f_1(x) := x^4$ und $f_2(x) := -2x^2$.

5.13 1) Gegeben sei ein Polynom $f(x) = a_n x^n + a_{n-1}x^{n-1} + \cdots + a_1 x + a_0$. Zeigen Sie:

$$f(x_0) = 0 \iff \exists \text{ Polynom } g(x) \text{ vom Grad } n-1 \text{ mit } f(x) = (x - x_0)g(x).$$

Hinweis: Ist $f(x_0) = 0$, so ist $f(x) = f(x) - f(x_0)$. Dann wende man die „dritte binomische Formel" auf $x^k - x_0^k$ an.

2) Zeigen Sie: $g(x) = b_{n-1}x^{n-1} + \cdots + b_1 x + b_0$, mit

$$\begin{aligned} b_{n-1} &= a_n, \\ b_{i-1} &= a_i + b_i x_0 \text{ für } i = 1, \ldots, n-1, \\ b_0 x_0 &= -a_0. \end{aligned}$$

3) Bestimmen Sie alle Nullstellen von $f(x) = x^3 - \frac{5}{2}x^2 - x + \frac{5}{2}$ bzw. von $f(x) = x^3 - 67x - 126$. Hinweis: Finden Sie zunächst eine Nullstelle durch Probieren.

5.14 Sei $f : X \to Y$ eine Abbildung.

a) Zeigen Sie für Teilmengen $A, B \subset X$ und $C, D \subset Y$:

$$\begin{aligned} f(A \cup B) &= f(A) \cup f(B), \\ f(A \cap B) &\subset f(A) \cap f(B), \\ f^{-1}(C \cup D) &= f^{-1}(C) \cup f^{-1}(D) \\ \text{und } f^{-1}(C \cap D) &= f^{-1}(C) \cap f^{-1}(D). \end{aligned}$$

b) Beweisen Sie:

$$f \text{ bijektiv} \iff f(X \setminus A) = Y \setminus f(A) \text{ für alle } A \subset X.$$

5.15 Suchen Sie Abbildungen $f, g : \mathbb{N} \to \mathbb{N}$ mit:

- f ist **nicht** surjektiv.
- g ist **nicht** injektiv.
- Es ist $g \circ f = \text{id}$.

5.16 Gegeben seien zwei Abbildungen $f : A \to B$ und $g : B \to C$. Zeigen Sie: Ist $g \circ f$ bijektiv, so ist f injektiv und g surjektiv.

5.17 Untersuchen Sie, ob die folgenden Funktionen injektiv bzw. surjektiv sind:

a) $f : \mathbb{R} \to \mathbb{R}$ mit $f(x) := x^3 - 27$.

b) $g : \mathbb{R} \to \mathbb{R}$ mit $g(x) := \begin{cases} (2x+3)/(1-x) & \text{für } x \neq 1 \\ -2 & \text{für } x = 1 \end{cases}$.

c) $h : \mathbb{R}^2 \to \mathbb{R}^2$ mit $h(x, y) := (x^2 - y, x - 1)$.

5.18 Die Funktionen $f, g : \mathbb{R} \to \mathbb{R}$ seien definiert durch

$$f(x) := \begin{cases} 2x - 3 & \text{für } x \leq 0, \\ 7x & \text{für } x > 0 \end{cases} \quad \text{und} \quad g(x) := \begin{cases} x^2 & \text{für } x \leq -2, \\ 2x - 1 & \text{für } x > -2. \end{cases}$$

Bestimmen Sie $g \circ f$ und $f \circ g$.

5.19 Sei $f : \mathbb{R} \to \mathbb{R}$ definiert durch $f(x) := \begin{cases} 2x - 1 & \text{für } x \leq 2, \\ x + 1 & \text{für } x > 2. \end{cases}$

Zeigen Sie, dass f bijektiv ist, und bestimmen Sie f^{-1}.

5.20 Sei $f : \mathbb{R} \to \mathbb{R}$ definiert durch $f(x) := \begin{cases} x + 1 & \text{für } x \leq 2, \\ mx - 3 & \text{für } x > 2. \end{cases}$

Bestimmen Sie m so, dass der Graph durch $(3, 3)$ verläuft. Ist f dann injektiv?

5.21 Sei $f : [1, 3] \to \mathbb{R}$ definiert durch $f(x) := \frac{1}{2}x + 1$. Zeigen Sie, dass die Bildmenge $f([1, 3])$ in $[1, 3]$ enthalten ist. Man kann also die Verknüpfung

$$f^n = f \circ f \circ \ldots \circ f \quad (n\text{-mal})$$

bilden. Zeigen Sie, dass die Folge $f^n(x)$ für jede Zahl $x \in [1, 3]$ gegen den gleichen Grenzwert c konvergiert. Bestimmen Sie c.

5.22 Sei $F : \mathbb{R} \to \mathbb{R}^2$ definiert durch $F(t) := \left(\frac{2t}{t^2 + 1}, \frac{t^2 - 1}{t^2 + 1}\right)$, sowie

$$B := \{(x, y) \in \mathbb{R}^2 : x^2 + y^2 = 1 \text{ und } (x, y) \neq (0, 1)\}.$$

Zeigen Sie: Es ist $F(\mathbb{R}) = B$, und $H : B \to \mathbb{R}$ mit $H(x, y) := x/(1 - y)$ ist die Umkehrabbildung zu F.

5.23 1) Zeigen Sie, dass $3/2 < \log_2(3) < 27/16$ ist.

2) Vereinfachen Sie den Ausdruck $\log_5\left(100^{\log_{10}(5)}\right)$.

3) Benutzen Sie Logarithmen, um im Falle einer degressiven Abschreibung den Prozentsatz zu berechnen, bei gegebenem Anfangswert A und einem Restwert B_n (nach n Jahren). Überprüfen Sie Ihre Formel (mit dem Taschenrechner) anhand des Zahlenbeispiels von Aufgabe 4.19.

6 Die Parallelität der Ereignisse

Man muss jederzeit an Stelle von „Punkte, Geraden, Ebenen“ „Tische, Bänke, Bierseidel“ sagen können.

David Hilbert[1]

Der Begriff des Lineals

Wir wollen eine kurze Einführung in die elementare Geometrie der Ebene geben. Dazu werden wir auch die reellen Zahlen und den Funktionsbegriff benutzen. Im Hintergrund steht dabei ein relativ modernes Axiomensystem des amerikanischen Mathematikers George David Birkhoff (1884–1944), das dem aus der Schule gewohnten Umgang mit Lineal und Geodreieck entspricht. Allerdings werden wir eine abgewandelte Version dieses Axiomensystems benutzen.

Unter der ***Ebene*** stellen wir uns eine Menge E vor, deren Elemente wir als ***Punkte*** bezeichnen, etwa so wie ein unendlich großes weißes Blatt Papier. Mit Hilfe eines Lineals können wir gewisse Teilmengen von E auszeichnen, die wir ***Geraden*** nennen. Über das Verhältnis von Punkten und Geraden zueinander gibt das **Inzidenzaxiom** Auskunft:

[**Axiom G-1**] *Je zwei verschiedene Punkte von E liegen auf genau einer Geraden.*

In der Praxis entsteht eine Gerade, indem wir ein Lineal an die beiden Punkte anlegen und einen Strich ziehen. Aus dem Inzidenzaxiom folgt sofort: Zwei verschiedene Geraden können sich höchstens in einem Punkt treffen.

Ein System von Punkten $P_1, \dots, P_n \in E$ heißt ***kollinear***, wenn alle diese Punkte auf einer gemeinsamen Geraden liegen.

Zwei Geraden L, L' heißen ***parallel***, wenn sie übereinstimmen oder keinen gemeinsamen Punkt enthalten (in Zeichen: $L \parallel L'$).

Abb. 6.1

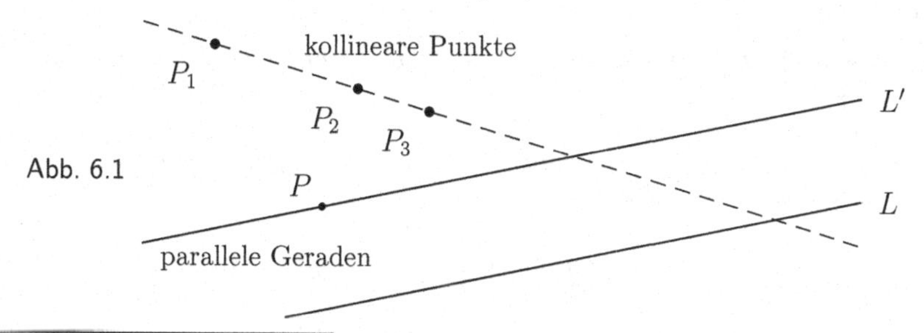

[1]Der Satz fiel auf dem Weg von Halle nach Königsberg in einem Berliner Wartesaal im Gespräch mit zwei Kollegen. So berichtet es jedenfalls Otto Blumenthal (1876–1944) in seiner Hilbert-Biographie. Blumenthal war der erste Doktorand und später ein Mitarbeiter Hilberts; er starb im Lager Theresienstadt.

Damit wir die richtige Geometrie erhalten, fordern wir das **Parallelenaxiom**:

[**Axiom G-2**] *Ist $L \subset E$ eine Gerade und P ein Punkt von E, so gibt es genau eine Gerade $L' \subset E$, die den Punkt P enthält und parallel zu L ist.*

Der Aufbau der Geometrie nach Euklid beruht auf strengen Regeln für den Einsatz eines Lineals ohne Markierungen und eines Zirkels, der nach Gebrauch immer wieder sofort zusammengeklappt werden muss und daher nicht zum Übertragen von Strecken benutzt werden kann. Unsere Erfahrungen mit der Geometrie in Schule und Alltag sehen aber anders aus. Insbesondere steht ein Lineal mit einer Längenskala zur Verfügung. Wie könnte ein mathematisches Modell dafür aussehen? Wollen wir den Abstand zweier Punkte A und B auf einer Geraden L ermitteln, so legen wir ein Lineal an der Geraden an, und zwar so, dass der Nullpunkt der Skala bei einem der beiden Punkte anliegt, etwa bei A. Dann lesen wir ab, welche Zahl auf der Skala bei B anliegt. Allerdings ist diese Zahl nicht eindeutig bestimmt. Ein Amerikaner, der ein Lineal mit einer Inch-Einteilung benutzt, wird ein anderes Ergebnis erhalten als etwa ein Franzose, der ein Lineal mit einer Zentimeter-Skala verwendet.

Definition (Lineal)

Ein ***Lineal*** für eine Gerade L ist eine bijektive Abbildung $\lambda : L \to \mathbb{R}$.

Wenn $\lambda : L \to \mathbb{R}$ bijektiv ist, dann gibt es natürlich eine Umkehrabbildung

$$\varphi := \lambda^{-1} : \mathbb{R} \to L.$$

Eine solche Abbildung bezeichnet man auch als ***Parametrisierung*** von L.

Wir müssen die Tatsache berücksichtigen, dass es Lineale mit unterschiedlichen Skaleneinteilungen gibt. Außerdem können wir den Punkt, an dem wir das Lineal anlegen, frei wählen, und auch die Orientierung steht nicht fest. Wir können von A nach B oder von B nach A messen. Hingegen wollen wir auf nicht lineare (z.B. logarithmische) Einteilungen verzichten. Das führt zum **Axiom von den Linealen:**

[**Axiom G-3**] *Jeder Geraden L ist eine nicht leere Menge $\mathscr{S}_L$ von Linealen für L zugeordnet, so dass gilt:*

1. *Sind A, B zwei verschiedene Punkte auf L, so gibt es genau ein Lineal $\lambda \in \mathscr{S}_L$ mit $\lambda(A) = 0$ und $\lambda(B) = 1$.*

2. *Sind λ, μ zwei beliebige Lineale aus $\mathscr{S}_L$, so gibt es reelle Zahlen a, b mit $a \neq 0$, so dass gilt:*
$$\lambda \circ \mu^{-1}(t) = at + b.$$

Zunächst wird also die Existenz von Linealen gefordert. Na ja, wenn wir unseres zu Hause vergessen haben, dann leihen wir uns eins vom Nachbarn. Die Bedingung

$\mathscr{S}_L \neq \varnothing$ stellt sicher, dass es auf jeder Geraden genauso viele Punkte wie reelle Zahlen gibt. Und witzigerweise gibt es nach Bedingung (1) zu je zwei Punkten immer ein passendes Lineal, auf dem diese Punkte genau den Abstand 1 haben. Wenn wir aber ein Lineal mit Zentimeter oder Inch als Einheit benutzen, dann liefert dieses Lineal in gewohnter Weise den Abstand in der gewählten Einheit.

Die letzte Bedingung besagt, dass die Umrechnung zwischen zwei Skalen immer mit einer (affin-)linearen Funktion erfolgt. Das entspricht unserer Erfahrung. Mit Hilfe affin-linearer Funktionen kann man aber auch umgekehrt aus gegebenen Linealen neue konstruieren:

6.1 Transformation von Linealen

Sei $\lambda : L \to \mathbb{R}$ ein Lineal aus $\mathscr{S}_L$ und $f(x) = ax + b$ mit $a \neq 0$. Dann ist auch $\mu := f \circ \lambda : L \to \mathbb{R}$ ein Lineal aus $\mathscr{S}_L$, und es ist $\mu \circ \lambda^{-1} = f$.

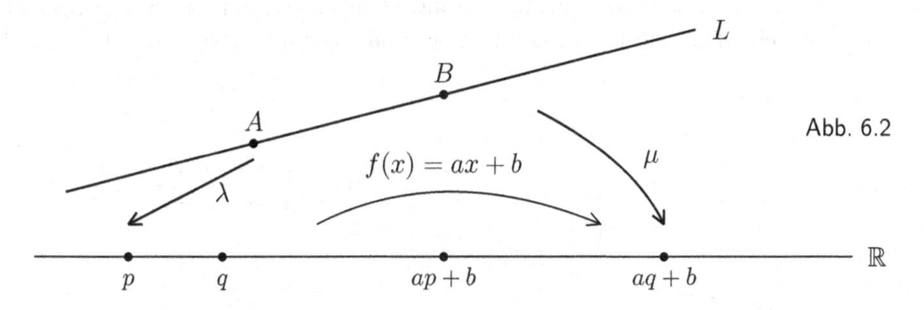

Abb. 6.2

BEWEIS: Sei $A := \lambda^{-1}\left(\frac{-b}{a}\right)$, $B := \lambda^{-1}\left(\frac{1-b}{a}\right)$ und $\widetilde{\mu} : L \to \mathbb{R}$ das Lineal mit

$$\widetilde{\mu}(A) = 0 \text{ und } \widetilde{\mu}(B) = 1.$$

Dann gibt es Zahlen m und n mit $m \neq 0$, so dass $\widetilde{\mu} \circ \lambda^{-1}(x) = mx + n$ ist. Die Gleichungen $\widetilde{\mu}(A) = 0$ und $\widetilde{\mu}(B) = 1$ liefern die Bedingungen

$$-\frac{mb}{a} + n = 0 \quad \text{und} \quad \frac{(1-b)m}{a} + n = 1\,.$$

Also ist $na - mb = 0$ und $na - mb + m = a$, und damit $m = a$ und $n = b$. Das heißt, dass $\widetilde{\mu} \circ \lambda^{-1} = f$ ist, also $\widetilde{\mu} = f \circ \lambda = \mu$. ■

Es sei zum Beispiel λ_0 unser gewohntes Lineal mit Zentimeter-Einteilung. Legen wir dieses Lineal an L an, so erhalten wir als Messergebnis den Abstand zwischen zwei Punkten A und B in Zentimetern. Er betrage d Zentimeter, es sei also etwa $\lambda_0(A) = 0$ und $\lambda_0(B) = d$.

Wollen wir nun ein Lineal λ konstruieren, bei dem dieser Abstand d die Einheit ist, so brauchen wir nur eine geeignete lineare Funktion anzuwenden: Wir setzen $\lambda(X) := \lambda_0(X)/d$, und schon ist $\lambda(A) = 0$ und $\lambda(B) = 1$.

6.2 Beispiele

A. Sei etwa $\lambda : L \to \mathbb{R}$ ein Lineal mit $\lambda(A) = 0$ und $\lambda(B) = 1$. Darunter können wir uns auch ein konkretes materielles Lineal vorstellen, etwa aus Holz. Drehen wir dieses hölzerne Lineal herum, so können wir es so anlegen, dass B mit der 0 und A mit der 1 zusammenfällt. Das ergibt in unserem abstrakten Sinne ein neues Lineal μ mit $\mu(B) = 0$ und $\mu(A) = 1$. Die Verknüpfung $\lambda \circ \mu^{-1}$ muss eine affin-lineare Funktion $f(x) = ax + b$ sein, und es ist

$$\lambda \circ \mu^{-1}(0) = 1 \quad \text{und } \lambda \circ \mu^{-1}(1) = 0\,,$$

also $1 = a \cdot 0 + b = b$ und $0 = a \cdot 1 + b = a + b$. Daher ist $a = -1$ und $\lambda \circ \mu^{-1}(t) = 1 - t$, also $\mu(X) = 1 - \lambda(X)$ für $X \in L$.

B. Ein Zoll entspricht 2.54 cm. Nehmen wir an, $\lambda : L \to \mathbb{R}$ sei ein Lineal mit einer Zoll-Einteilung, das A auf 0 und B auf 1 abbildet. Dann wird ein zweites Lineal μ mit einer Zentimeter-Einteilung, das in gleicher Weise angelegt wird, A ebenfalls auf 0 und B auf 2.54 abbilden, und es ist $\lambda \circ \mu^{-1}(t) = 2.54 \cdot t$.

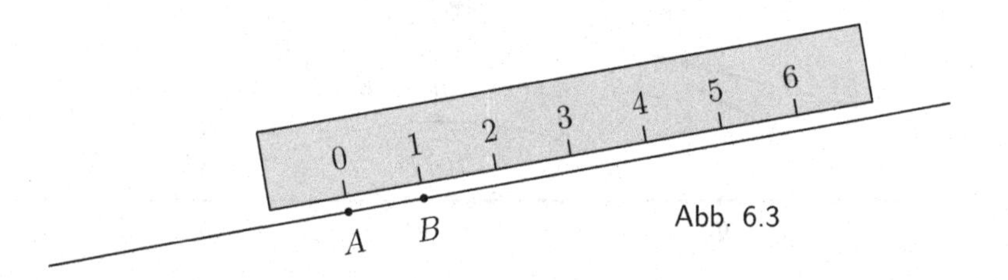

Abb. 6.3

Ist X ein Punkt auf L und λ ein Lineal für L, so heißt $x = \lambda(X)$ die ***Koordinate*** von X (bezüglich λ). Es seien jetzt P, Q, R drei verschiedene Punkte auf L und $p, q, r \in \mathbb{R}$ ihre Koordinaten. Wir sagen, Q liegt ***zwischen*** P und R, wenn q zwischen p und r liegt. Diese Definition ist unabhängig vom gewählten Lineal, das ergibt sich aus dem folgenden Satz.

6.3 Die Lage dreier Punkte auf einer Geraden

1. *Von den reellen Zahlen p, q, r liegt q genau dann* ***zwischen*** *p und r, wenn der Quotient $\dfrac{p-q}{q-r}$ positiv ist.*

2. *Ist $f(x) = ax + b$ mit $a \neq 0$, so ist* $\dfrac{f(p) - f(q)}{f(q) - f(r)} = \dfrac{p-q}{q-r}$.

Beweis: 1) Dass q zwischen p und r liegt, bedeutet, dass $p < q < r$ oder $r < q < p$ ist. In beiden Fällen (und auch nur dann) ist der Quotient $(p-q)/(q-r)$ positiv.

2) Es ist

$$\frac{f(p)-f(q)}{f(q)-f(r)} = \frac{(ap+b)-(aq+b)}{(aq+b)-(ar+b)} = \frac{a(p-q)}{a(q-r)} = \frac{p-q}{q-r}.$$

Also ist der Quotient invariant gegenüber affinen Transformationen. ∎

Bis jetzt verhindern unsere Axiome noch nicht, dass die Ebene E nur eine einzige Gerade enthält. Deshalb fordern wir das **Dimensionsaxiom für die Ebene**:

[**Axiom G-4**] *Die Ebene enthält mindestens drei nicht kollineare Punkte.*

Es folgt, dass die Ebene mindestens drei verschiedene Geraden enthält.

Mit Hilfe eines Lineals λ für die Gerade L kann man den ***Abstand*** zweier Punkte P, Q auf L messen. Das ist die (von λ abhängige) Zahl

$$d_\lambda(P,Q) := |\lambda(P) - \lambda(Q)|.$$

Es ist

1. $d_\lambda(P,Q) \geq 0$ für alle Punkte $P, Q \in L$,
2. $d_\lambda(P,Q) = 0$ genau dann, wenn $P = Q$ ist,
3. $d_\lambda(P,Q) = d_\lambda(Q,P)$.
4. Q liegt genau dann zwischen P und R, wenn gilt:

$$d_\lambda(P,Q) + d_\lambda(Q,R) = d_\lambda(P,R).$$

Zum Beweis: (1) ist klar, (3) ebenfalls. (2) gilt, weil λ bijektiv ist. Zu (4): Liegt Q zwischen P und R, so liegt definitionsgemäß auch $q := \lambda(Q)$ zwischen $p := \lambda(P)$ und $r := \lambda(R)$. Man kann dann annehmen, dass $p < q < r$ ist, und es folgt:

$$d_\lambda(P,Q)+d_\lambda(Q,R) = |p-q|+|q-r| = (q-p)+(r-q) = r-p = |p-r| = d_\lambda(P,R).$$

Ist umgekehrt $d_\lambda(P,Q) + d_\lambda(Q,R) = d_\lambda(P,R)$, so ist $|p-r| = |p-q| + |q-r| \geq \max(|p-q|, |q-r|)$. Läge p zwischen q und r, so wäre $|p-r| = |q-r| - |p-q| < |q-r|$. Läge r zwischen p und q, so wäre $|p-r| = |p-q| - |q-r| < |p-q|$. Da beides nicht zutrifft, liegt q zwischen p und r, also auch Q zwischen P und R. ∎

Leider sind die Zahlenwerte $d_\lambda(P,Q)$ nicht sehr aussagekräftig, weil sie vom gewählten Lineal abhängen. Wir können aber ein spezielles Lineal als Eichmaß wählen (so eine Art „Urmeter“) und dann nur noch solche Lineale zulassen, die die gleichen Abstände liefern wie unser Eichmaß. Das bedeutet, dass für je zwei solche Lineale λ, μ gilt:

$$\lambda \circ \mu^{-1}(t) = at + b, \text{ mit } |a| = 1.$$

Unter einem ***Eichsystem*** für L verstehen wir eine Teilmenge $\mathscr{D} \subset \mathscr{S}_L$ mit folgenden Eigenschaften:

1. $\mathscr{D}$ enthält mindestens ein Lineal λ_0 für L.
2. Jedes Lineal $\lambda \in \mathscr{D}$ liefert auf L den gleichen Abstandsbegriff wie λ_0.
3. Jedes Lineal für L, das den gleichen Abstandsbegriff wie λ_0 liefert, gehört zu dem Eichsystem $\mathscr{D}$.

Es ist klar, dass jedes Lineal für L zu einem Eichsystem gehört und dass je zwei verschiedene Eichsysteme disjunkt sind. Die Menge $\mathscr{S}_L$ aller Lineale für L zerfällt daher in disjunkte Eichsysteme. Jedes Eichsystem $\mathscr{D}$ legt einen Abstandsbegriff $d_{\mathscr{D}}$ fest. Zwei Eichsysteme $\mathscr{D}_1$ und $\mathscr{D}_2$ sind genau dann gleich, wenn es zwei Punkte $P \neq Q$ in L gibt, so dass $d_{\mathscr{D}_1}(P,Q) = d_{\mathscr{D}_2}(P,Q)$ ist.

Definition (Strecken und Strahlen)

Es seien P und Q zwei (verschiedene) Punkte in E und L die durch P, Q bestimmte Gerade. Unter der ***Verbindungsstrecke*** von P und Q versteht man die Menge

$$PQ := \{X \in L \,:\, (X = P) \vee (X = Q) \vee (X \text{ liegt zwischen } P \text{ und } Q)\}.$$

Unter dem ***Strahl*** von P in Richtung Q versteht man die Menge

$$\overrightarrow{PQ} := \{X \in L \,:\, P \text{ liegt } \textbf{nicht} \text{ zwischen } X \text{ und } Q\}.$$

Die Definition der Strecke sollte eigentlich niemandem Schwierigkeiten bereiten.

Beim Strahl ist es vielleicht etwas komplizierter.

Abb. 6.4

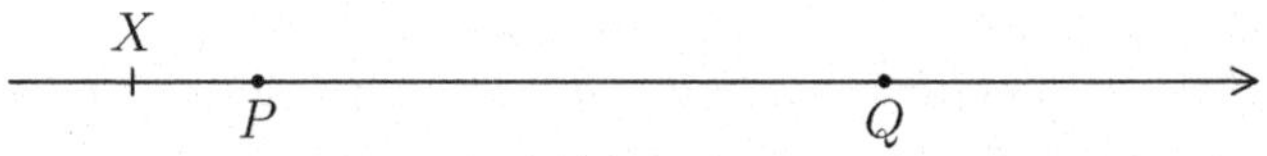

Damit P zwischen X und Q liegt, muss X im obigen Bild links von P liegen. Zum Strahl gehören alle Punkte, auf die das nicht zutrifft. Der Anfangspunkt P gehört also insbesondere dazu, sowie alle Punkte auf der durch P und Q bestimmten Geraden, die – bezogen auf P – auf der selben Seite wie Q liegen.

Selbst wenn wir keine geeichten Lineale benutzen, so können wir doch zumindest das ***Verhältnis*** zweier Strecken bestimmen. Sind P, Q, R, S vier Punkte auf einer Geraden L (mit $P \neq Q$ und $R \neq S$) und p, q, r, s die Koordinaten dieser Punkte bezüglich eines beliebigen Lineals λ für L, so ist die Größe

$$\boxed{PQ : RS := \frac{p-q}{r-s}}$$

unabhängig von λ. Ist nämlich $f(x) = ax + b$ mit $a \neq 0$, so ist

$$\frac{f(p) - f(q)}{f(r) - f(s)} = \frac{a(p-q)}{a(r-s)} = \frac{p-q}{r-s}.$$

Man beachte, dass sich das Vorzeichen von $PQ : RS$ ändern kann, wenn man die „Orientierung" einer Strecke (also die Reihenfolge von Anfangs- und Endpunkt) ändert.

Liegt Q zwischen P und R, so liefert das Verhältnis $PQ : QR$ eine Unterteilung der Strecke PR. Ist $PQ : QR = 1$, so nennt man Q den ***Mittelpunkt*** von PR.

6.4 Die Teilung einer Strecke in einem gegebenen Verhältnis

Es seien P und Q zwei verschiedene Punkte auf der Geraden L und a, b zwei positive reelle Zahlen. Dann gibt es genau einen Punkt T zwischen P und Q mit $PT : TQ = a/b$.

BEWEIS: Sei $\lambda : L \to \mathbb{R}$ ein Lineal mit $\lambda(P) = 0$ und $\lambda(Q) = 1$. Das Intervall $[0, 1]$ wird durch $t := a/(a + b)$ im Verhältnis $a : b$ geteilt. Daher setzen wir $T := \lambda^{-1}(t)$. Dann ist

$$PT : TQ = \frac{\lambda(P) - t}{t - \lambda(Q)} = \frac{-a/(a+b)}{a/(a+b) - 1} = \frac{a}{b}.$$

Es ist klar, dass T zwischen P und Q liegt. Gäbe es noch einen anderen Punkt S zwischen P und Q mit $PS : SQ = a/b$, so müsste für $s := \lambda(S)$ gelten: $s/(1 - s) = a/b$. Diese Gleichung hat im Intervall $(0, 1)$ nur die Lösung $s = a/(a+b)$. Das liefert die Eindeutigkeit. ∎

Projektionen

Bisher hängen alle unsere Lineale jeweils an einer Geraden. Wir wollen aber auch eine Skala von einer Geraden zu einer anderen übertragen. Dazu benutzen wir das Mittel der Parallelverschiebung. Praktisch kann man das mit Hilfe eines Lineals und eines Geodreiecks durchführen.

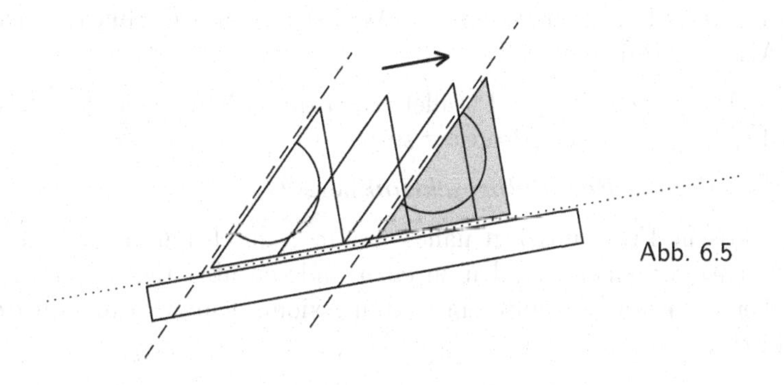

Abb. 6.5

Zunächst brauchen wir eine einfache Aussage über parallele Geraden.

6.5 Satz

L, M, N seien Geraden. Ist $L \parallel M$ und $M \parallel N$, so ist auch $L \parallel N$.

BEWEIS: Wäre L nicht parallel zu N, so hätten sie genau einen Punkt P gemeinsam. Dann wären L und N zwei verschiedene Geraden durch P, die beide parallel zu M sind. Das wäre ein Widerspruch zum Parallelenaxiom. ■

Es seien L und M zwei verschiedene Geraden, P ein Punkt auf L und Q ein Punkt auf M, der nicht auf L liegt. Dann ist $P \neq Q$, und wir bezeichnen mit G die Gerade, die P und Q verbindet. Ist $X \neq P$ ein weiterer Punkt auf L und G' die Parallele zu G durch X, so muss G' die Gerade M in einem Punkt $\pi(X)$ schneiden. Denn wenn G' parallel zu M wäre, so wäre auch G parallel zu M, was ja nicht zutrifft. Offensichtlich ist $\pi(X) \neq Q$ auf diese Weise wohldefiniert.

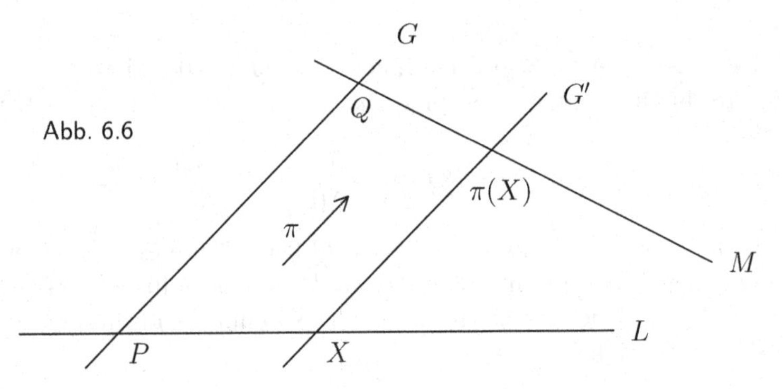

Abb. 6.6

Behauptung: *Die Abbildung $\pi : X \mapsto \pi(X)$ bildet L bijektiv auf M ab, mit $\pi(P) = Q$.*

BEWEIS: Ist $\pi(X_1) = \pi(X_2)$ für zwei Punkte $X_1, X_2 \in L$, so treffen sich die Parallelen zu G durch X_1 und X_2 in diesem Punkt. Nach dem Parallelenaxiom müssen sie dann übereinstimmen. Das heißt, dass X_1 und X_2 gemeinsam auf einer Parallelen zu G liegen. Wäre $X_1 \neq X_2$, so wäre diese durch X_1 und X_2 festgelegte Gerade identisch mit der Geraden L. Weil sich G und L schneiden, kann das nicht sein. Also ist π injektiv.

Ist $Y \in M$, so schneidet die Parallele zu G durch Y die Gerade L in einem Punkt X und es ist $\pi(X) = Y$. Also ist π surjektiv. ■

Wir nennen π die ***Parallelprojektion*** längs G.

Die praktische Erfahrung legt nahe, dass man durch Parallelprojektion eine Skala (ein Lineal) von einer Geraden zu einer anderen übertragen kann. Mathematisch formulieren wir das mit unserem letzten Axiom, dem **Axiom von der Parallelprojektion:**

[**Axiom G-5**] *Ist λ ein Lineal aus $\mathscr{S}_L$ und $\pi : L \to M$ eine Parallelprojektion, so ist $\lambda \circ \pi^{-1}$ ein Lineal aus $\mathscr{S}_M$.*

Das bedeutet insbesondere: Ist μ ein beliebiges Lineal aus $\mathscr{S}_M$, so gibt es reelle Zahlen $a, b \in \mathbb{R}$ mit $a \neq 0$, so dass **für alle** $t \in \mathbb{R}$ gilt:

$$\mu \circ \pi \circ \lambda^{-1}(t) = \mu \circ (\lambda \circ \pi^{-1})^{-1}(t) = at + b.$$

Die Zahl a nennen wir den ***Skalenfaktor*** der Projektion. Er hängt natürlich von den gewählten Linealen λ und μ ab, und er beschreibt, in welchem Maße Abstände bei der Parallelprojektion gedehnt werden.

6.6 Satz

Es seien Lineale λ und μ für die Geraden L bzw. M fest gewählt. Sind P, P' zwei beliebige Punkte auf L mit Koordinaten p, p', und Q, Q' ihre Bilder unter einer Parallelprojektion π von L auf M mit Koordinaten q, q', so gilt für den Skalenfaktor von π:

$$a = \frac{q - q'}{p - p'}.$$

BEWEIS: Es ist

$$\begin{aligned}\frac{q-q'}{p-p'} &= \frac{\mu \circ \pi(P) - \mu \circ \pi(P')}{\lambda(P) - \lambda(P')} = \frac{\mu \circ \pi \circ \lambda^{-1}(p) - \mu \circ \pi \circ \lambda^{-1}(p')}{p - p'} \\ &= \frac{(ap + b) - (ap' + b)}{p - p'} = a.\end{aligned}$$

■

Bezeichnen wir den durch ein Lineal λ auf einer Geraden festgelegten Abstandsbegriff mit d_λ, so gilt insbesondere:

$$\frac{d_\mu(Q, Q')}{d_\lambda(P, P')} = \frac{|a(p - p')|}{|p - p'|} = |a|.$$

Außerdem folgt der

6.7 Strahlensatz

Es seien L und M zwei verschiedene Geraden. Wenn Parallelen G, G' und G'' die Geraden L und M in Punkten P, P' und P'' bzw. Q, Q' und Q'' treffen, so ist $PP' : PP'' = QQ' : QQ''$.

BEWEIS: Wir wählen λ und μ wie oben und bestimmen die Koordinaten p, p', p'' und q, q', q'' der betrachteten Punkte. Dann ist

$$\frac{q - q'}{p - p'} = a = \frac{q - q''}{p - p''} \quad \text{und daher} \quad \frac{p - p'}{p - p''} = \frac{q - q'}{q - q''}.$$

■

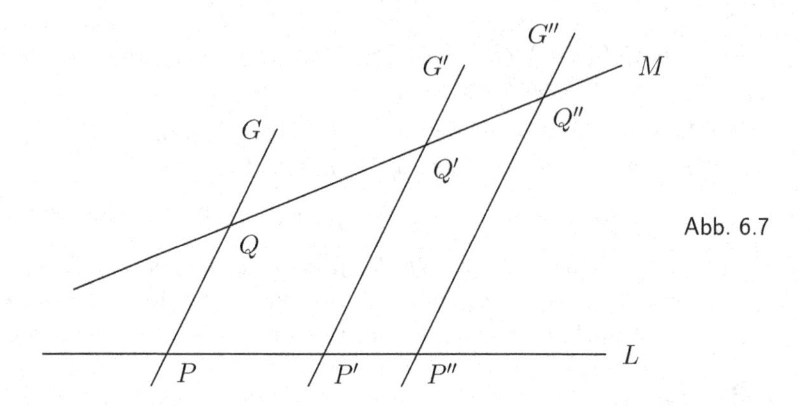

Abb. 6.7

Klartext: Manche Leser werden vielleicht mit diesem Kapitel etwas „fremdeln“, weil es nicht ganz ihren Erwartungen entspricht. Zweitausend Jahre lang galt die Geometrie Euklids nicht nur als unumstößliche Wahrheit, sondern auch ihr Aufbau als unantastbar. Alles war dem Bestreben untergeordnet, Konstruktionen mit Zirkel und Lineal durchzuführen, was die Disziplin „Geometrie“ manchmal arg kompliziert machte.

In den Lehrplänen der Schule ist die Geometrie allerdings in den letzten Jahrzehnten stark in den Hintergrund gerückt und das konstruktive Vorgehen im Sinne Euklids einem pragmatischen Hantieren mit Lineal, Zirkel und Geodreieck gewichen. Hier versuche ich nun, dieses rein handwerkliche Herangehen an die Geometrie mit den Mitteln und der Sprache der modernen Mathematik zu beschreiben. Gelegentlich erleichtern wir uns das Leben durch Ausflüge in die analytische Geometrie, in der sich die Geometrie auf das Lösen von algebraischen Gleichungen reduziert. Spannender ist allerdings das synthetische Vorgehen: Aus zunächst recht abstrakt erscheinenden Axiomen wird eine anschauliche Vorstellung entwickelt, und die wird dann anhand eines Modells überprüft.

Da hier unser Ziel die einfache Schul-Geometrie mit Lineal und Geodreieck ist, ist die Mathematik dahinter auch nicht so schwer, wie man befürchten könnte, nur etwas ungewohnt. Die Abbildungen, die als „Lineale“ bezeichnet werden, repräsentieren natürlich in Wirklichkeit nicht konkrete Lineale aus Holz oder Plastik, sondern den Vorgang des Anlegens und Ablesens eines Lineals. Auch die Abbildung „Parallelverschiebung“ beschreibt einen technischen Vorgang: Ein Geodreieck wird an eine Gerade angelegt und dann entlang eines Lineals verschoben. Die Parallelverschiebung erlaubt „Ähnlichkeitstransformationen“ von einer Geraden zu einer anderen. Dabei verändern sich die Längen von Strecken, aber die Verhältnisse von Strecken bleiben invariant. Insbesondere lässt sich damit der ungemein wichtige Strahlensatz sehr einfach beweisen.

Koordinaten für die Ebene

Jetzt sind wir in der Lage, Koordinaten in der Ebene einzuführen: Wir wählen drei nicht kollineare Punkte O, A, B und versehen die Gerade L_x durch O und A mit dem Koordinatensystem λ_x, das O auf 0 und A auf 1 abbildet. Desgleichen versehen wir die Gerade L_y durch O und B mit dem Koordinatensystem λ_y, das O auf 0 und B auf 1 abbildet. Ist P ein Punkt der Ebene, so trifft die Parallele zu L_y durch P die Gerade L_x in einem Punkt X, und die Parallele zu L_x durch P trifft L_y in einem Punkt Y. Wir ordnen dann dem Punkt P die Koordinaten $x := \lambda_x(X)$ und $y := \lambda_y(Y)$ zu und schreiben: $P = (x, y)$.

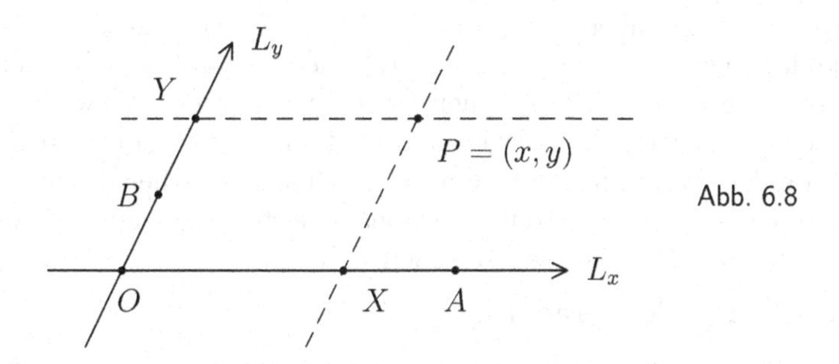

Abb. 6.8

Diese Idee verdanken wir René Descartes, einem französischen Aristokraten, der 1596 in der Touraine geboren und von 1606 bis 1614 an der Jesuitenschule in La Flèche erzogen wurde. Bis 1616 studierte er Rechtswissenschaften in Poitiers, danach ging er in den Kriegsdienst. Shakespeare war gerade gestorben, Monteverdi komponierte seine ersten Opern, Kopernikus, Galilei und Kepler revolutionierten unser Bild vom Universum. Unter diesen Eindrücken begab sich Descartes auf die Suche nach einer neuen, alles umfassenden Philosophie. Er stellte sich ein gewaltiges deduktives System darunter vor, das die ganze Welt erklären sollte, und deshalb beschäftigte er sich intensiv mit Mathematik. Im Laufe der Jahre wuchsen seine Zweifel, nur der Satz „Cogito, ergo sum“[2] galt ihm als unbezweifelbar. Aus Angst vor der Inquisition veröffentlichte er sein philosophisches Hauptwerk[3] erst spät und außerdem anonym (im Jahre 1637, während er in Holland an wechselnden Orten im Verborgenen lebte). Im Anhang zu seinem *Discours* fand sich als Anwendung ein Aufsatz mit dem Titel *La Géométrie*, in dem er in groben Zügen sein Konzept einer „analytischen Geometrie“ entwickelte. Obwohl in der Zwischenzeit auch Pierre de Fermat[4] einen wichtigen Beitrag zur Entwicklung der analytischen Geometrie geleistet hatte (was zu recht bissigen Wortwechseln zwischen den beiden Gelehrten geführt haben soll) und obwohl das „kartesische Koordinatensystem“ erst von Sir Isaac Newton in seiner endgültigen Form eingeführt wurde, hatte Descartes' Werk einen bahnbrechenden Einfluss auf die künftige Entwicklung der Mathematik. Er selbst folgte im Herbst 1649 einer Einladung der Königin Christine von Schweden nach Stockholm, erlag aber auf Grund seiner zarten Gesundheit bereits im Februar 1650 einer schweren Grippe.

Der Punkt O wird ***Ursprung*** genannt (lat. „origo“), die Gerade L_x die x-Achse und L_y die y-Achse. Die Parallelprojektion von P auf L_x ergibt die „**Abszisse**“ x, die Projektion auf L_y die „**Ordinate**“ y.

[2] „Ich denke, also bin ich!“

[3] *Discours de la méthode pour bien conduire sa raison et chercher la vérité dans les sciences*, Leiden 1637.

[4] Der Jurist Pierre de Fermat (1601–1665) beschäftigte sich in seiner Freizeit sehr intensiv mit mathematischen Problemen aller Art und schrieb 1636 auch ein Werk über geometrische Örter. Bekannter wurde er allerdings durch das „Große Fermat'sche Problem“.

Die Koordinaten aller Punkte in der Ebene E finden sich also als Elemente der Produktmenge $\mathbb{R}^2 = \{(x, y) \mid x, y \in \mathbb{R}\}$ wieder. Das legt nahe, den $\mathbb{R}^2$ als ***Modell*** für das oben vorgestellte Axiomensystem zu benutzen. Das wollen wir nun tun und müssen dazu natürlich festlegen, welche Teilmengen von $\mathbb{R}^2$ die Geraden repräsentieren sollen. Wir wollen die Geraden durch algebraische Gleichungen zwischen den Koordinatenwerten beschreiben. Dabei erweist es sich zunächst als praktisch, zwei Typen von Geraden zu unterscheiden:

Typ I (vertikale Geraden):

Eine Gerade L, die parallel zur y-Achse verläuft, wird durch eine Gleichung

$$\boxed{x = c}$$

beschrieben, mit einer Konstanten $c \in \mathbb{R}$.

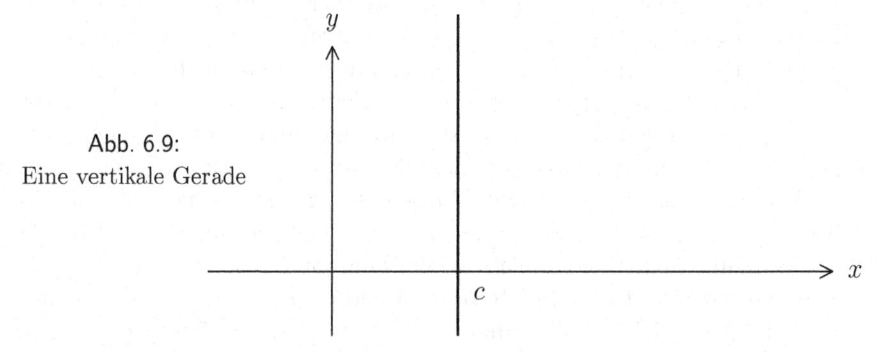

Abb. 6.9: Eine vertikale Gerade

Typ II (schräge und horizontale Geraden):

Ist L parallel zur x-Achse, so ergibt das eine Gleichung der Gestalt $y = c$. Ist L weder zur x-Achse noch zur y-Achse parallel, so erhalten wir eine Gleichung der Gestalt

$$\boxed{y = mx + b, \quad (\text{mit } m \neq 0).}$$

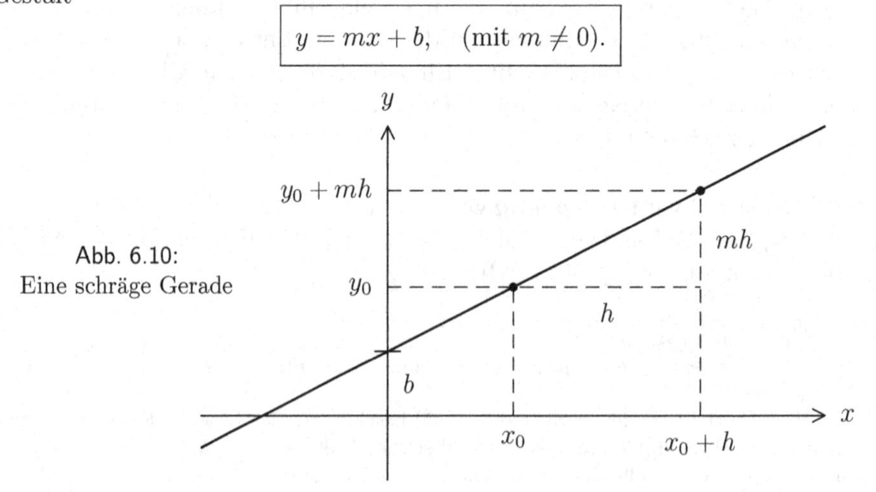

Abb. 6.10: Eine schräge Gerade

Lassen wir auch $m = 0$ zu, so umfasst diese Darstellung auch den horizontalen Fall. Den Faktor m bezeichnet man als ***Steigung*** der Geraden.

Man kann auch beide Typen von Geraden zusammenfassen, indem man jede Gerade durch eine Gleichung der Form

$$\boxed{ax + by = r}$$

beschreibt, mit reellen Zahlen a, b, r und $(a, b) \neq (0, 0)$. Das sollen die Modelle für unsere Geraden sein. Nun gilt es, die Gültigkeit der Axiome nachzuprüfen.

Das Axiom G-1 fordert, dass je zwei verschiedene Punkte der Ebene auf genau einer Geraden liegen. Um das zu verifizieren, betrachten wir zwei (voneinander verschiedene) Punkte $P = (x_1, y_1)$ und $Q = (x_2, y_2)$ und konstruieren die durch P und Q bestimmte Gerade.

(I) Ist $x_1 = x_2 =: c$, so ist die gesuchte Gerade natürlich die **vertikale** Gerade

$$L = \{(x, y) \mid x = c\}.$$

Offensichtlich ist das auch die einzige Gerade, auf der P und Q gleichzeitig liegen können.

(II) Ist $x_1 \neq x_2$, so kommt für die gesuchte Gerade höchstens eine **schräge** Gerade in Frage. Also setzen wir die Gleichung in der Form $y = mx + b$ an. Da P und Q beide auf der Geraden liegen sollen, muss gelten:

$$y_1 = m\,x_1 + b \quad \text{und} \quad y_2 = m\,x_2 + b, \qquad \text{also} \quad y_2 - y_1 = m \cdot (x_2 - x_1).$$

Da $x_1 \neq x_2$ ist, liefert das die Bedingungen

$$m = \frac{y_2 - y_1}{x_2 - x_1} \quad \text{und} \quad b = y_1 - mx_1.$$

Damit haben wir schon bewiesen, dass die gesuchte Verbindungsgerade L eindeutig bestimmt ist und folgende Gestalt haben muss:

$$\begin{aligned} L &= \{(x, y) \mid y = \frac{y_2 - y_1}{x_2 - x_1} \cdot x + (y_1 - \frac{y_2 - y_1}{x_2 - x_1} \cdot x_1)\} \\ &= \{(x, y) \mid y = y_1 + \frac{y_2 - y_1}{x_2 - x_1} \cdot (x - x_1)\}. \end{aligned}$$

Dass P und Q tatsächlich auf L liegen, überprüft man durch Einsetzen. Ist sogar $y_1 \neq y_2$, so liegt eine echte „schräge“ Gerade vor, und man kann die Geradengleichung symmetrischer schreiben:

$$\frac{y - y_1}{y_2 - y_1} = \frac{x - x_1}{x_2 - x_1}.$$

Man spricht dann auch von der „Zweipunkteform“.

Axiom G-2 besagt, dass es zu einer Geraden L und einem Punkt $P \notin L$ genau eine Parallele zu L durch P gibt. Ob das stimmt, sollten Sie selbst herausfinden:

Aufgabe 1 (Geradengleichung)

> Bestimmen Sie zu einer durch $ax+by=r$ gegebenen Gerade L und einem Punkt $P_0 = (x_0, y_0)$, der nicht auf L liegt, die Gleichung der zu L parallelen Gerade durch P_0.

Das Dimensionsaxiom G-4 ist sehr einfach nachzuprüfen: Die Punkte $A = (0,0)$, $B = (1,0)$ und $C = (0,1)$ sind nicht kollinear, denn A und C liegen auf der vertikalen Geraden $L_0 := \{x = 0\}$, und keine andere Gerade trifft beide Punkte. Der Punkt B liegt jedoch nicht auf L_0.

Lineare Gleichungssysteme

Wir wollen jetzt das ***Schnittverhalten zweier Geraden*** studieren:

$$\begin{aligned} \text{Es sei} \quad L_1 &= \{(x,y) \in \mathbb{R}^2 \mid ax + by = r\} \\ \text{und} \quad L_2 &= \{(x,y) \in \mathbb{R}^2 \mid cx + dy = s\}, \end{aligned}$$

mit $a, b, c, d, r, s \in \mathbb{R}$, $(a,b) \neq (0,0)$ und $(c,d) \neq (0,0)$.

6.8 Satz

1. *Die folgenden Aussagen sind äquivalent:*
   (a) $L_1 \parallel L_2$.
   (b) $ad - bc = 0$.
   (c) $\exists t \in \mathbb{R}$ *mit* $c = t \cdot a$ *und* $d = t \cdot b$.
2. *Sind* L_1 *und* L_2 *nicht parallel, so hat ihr Schnittpunkt die Koordinaten*

$$x = \frac{dr - bs}{ad - bc} \quad \textit{und} \quad y = \frac{as - cr}{ad - bc}.$$

3. *Ist* $(c,d) = (a,b)$, *so ist* $L_1 \cap L_2 = \varnothing$ *genau dann, wenn* $r \neq s$ *ist.*

BEWEIS: Wir unterscheiden mehrere Fälle:

1. Fall: Es sei $b = d = 0$, also beide Geraden vertikal. Dann sind sie offensichtlich parallel und die Eigenschaften (1b) und (1c) sind trivialerweise erfüllt.

2. Fall: Sei $b = 0$ und $d \neq 0$. Eine vertikale und eine schräge Gerade sollten sich natürlich treffen. Tatsächlich ist $a \neq 0$ und

$$L_1 \cap L_2 = \{(x,y) \in \mathbb{R}^2 \mid (ax = r) \wedge (dy = s - cx)\} = \{(\frac{r}{a}, \frac{as - cr}{ad})\},$$

und das ist eine 1-elementige Menge. Also sind die Geraden nicht parallel und es ist $ad - bc = ad \neq 0$. Außerdem kann es kein $t \in \mathbb{R}$ mit $d = t \cdot b$ geben.

3. Fall: Ist $b \neq 0$ und $d = 0$, so geht man genauso wie beim 2. Fall vor.

4. Fall: Nun sei $b \neq 0$ und $d \neq 0$, also beide Geraden schräg.

Ein Punkt (x, y) liegt genau dann in $L_1 \cap L_2$, wenn x und y die Lösungen des folgenden Gleichungssystems sind:

$$\begin{array}{llll} \text{(I)} & ax + by & = & r \\ \text{(II)} & cx + dy & = & s\,, \end{array}$$

(mit $b \neq 0$ und $d \neq 0$). Auf der linken Seite stehen jeweils lineare Funktionen von zwei Veränderlichen. Man spricht deshalb von einem linearen Gleichungssystem.

Es gibt verschiedene Lösungsmethoden, wir verwenden hier die „Einsetzungsmethode“. Wie meistens beim Lösen von Gleichungen führen wir eigentlich nur den Eindeutigkeitsbeweis, d.h., wir nehmen an, wir hätten schon eine Lösung. Dann kann man folgendermaßen vorgehen:

1. Man löse Gleichung (I) nach einer Variablen (hier y) auf:

$$y = -\frac{a}{b}x + \frac{r}{b}\,.$$

2. Man setze die gewonnene Variable in Gleichung (II) ein:

$$cx + d \cdot (-\frac{a}{b}x + \frac{r}{b}) = s\,.$$

3. Man beseitige die Nenner: $(ad - bc)x = dr - bs\,.$

4. Der Ausdruck $\delta := ad - bc$ heißt die ***Determinante*** des Gleichungssystems. Man muss nun zwei Fälle unterscheiden.

   (a) Ist $\delta \neq 0$, so kann man durch δ dividieren und die gesuchte Lösung ausrechnen:

$$\begin{array}{rcll} x & = & \dfrac{dr - bs}{\delta} & \\ \text{und} \quad y & = & \dfrac{as - cr}{\delta} & (x \text{ in (I) eingesetzt!}) \end{array}$$

   L_1 und L_2 haben also höchstens einen Punkt gemeinsam. Die Probe zeigt, dass (x, y) tatsächlich ein gemeinsamer Punkt ist. Wäre $(c, d) = (t \cdot a, t \cdot b)$ für ein $t \in \mathbb{R}$, so wäre $ad - bc = a \cdot (t \cdot b) - b \cdot (t \cdot a) = 0$, und das haben wir gerade ausgeschlossen.

(b) Ist $\delta = 0$, also $ad = bc$, so ist $(c, d) = (\frac{d}{b} \cdot a, \frac{d}{b} \cdot b)$. Setzt man noch $w := \frac{b}{d} \cdot s$, so folgt:

$$L_2 = \{(x, y) \in \mathbb{R}^2 \mid ax + by = w\}.$$

Offensichtlich ist

$$\begin{aligned} L_1 \cap L_2 \neq \varnothing \quad &\iff \quad \exists\,(x_0, y_0) \text{ mit } r = ax_0 + by_0 = w \\ &\iff \quad L_1 = L_2. \end{aligned}$$

Auf jeden Fall ist $L_1 \parallel L_2$.

■

Die im Beweis benutzte Einsetzungsmethode funktioniert unter den gegebenen Voraussetzungen immer. Manchmal ist es aber rationeller, mit der „Additionsmethode“ zu arbeiten. Dabei multipliziert man eine der Gleichungen mit einer geeigneten Konstanten und addiert das Ergebnis zu der anderen Gleichung. Wenn man geschickt genug vorgegangen ist, fällt eine Variable weg. Anschließend arbeitet man weiter wie gewohnt.

Aufgabe 2 (Schnittpunktbestimmung)

Es seien drei Geraden gegeben, durch $(-1, 0)$ und $(1, 1)$, durch $(0, -1)$ und $(2, 0)$ und durch $(0, 5)$ und $(5, 0)$. Bestimmen Sie die drei Geradengleichungen und sämtliche Schnittpunkte.

Lineale und Projektionen im Modell

Das Modell für die ebene Geometrie wird erst vollständig, wenn wir angeben können, wie Lineale und Parallelprojektionen in diesem Modell aussehen. Dazu betrachten wir eine Gerade $L = \{(x, y) : ax + by = r\}$, mit $(a, b) \neq (0, 0)$. Dann sei $\lambda_L : L \to \mathbb{R}$ definiert durch

$$\lambda_L(x, y) := \begin{cases} x & \text{falls } b \neq 0 \text{ (schräge Gerade)}, \\ y & \text{falls } b = 0 \text{ (vertikale Gerade)}. \end{cases}$$

λ_L ist bijektiv, die Umkehrabbildung $\lambda_L^{-1} : \mathbb{R} \to L$ ist gegeben durch

$$\lambda_L^{-1}(t) = \begin{cases} \big(t, (-at + r)/b\big) & \text{falls } b \neq 0, \\ (r/a, t) & \text{falls } b = 0. \end{cases}$$

Um Axiom G-3 nachzuprüfen, definiere man λ_L wie oben und setze

$$\mathscr{S}_L := \{f \circ \lambda_L \;\big|\; f : \mathbb{R} \to \mathbb{R} \text{ affin-linear und bijektiv}\}.$$

Offensichtlich sind alle Elemente von $\mathscr{S}_L$ Lineale für L, und je zwei solche Lineale unterscheiden sich durch eine affin-lineare Funktion. Seien nun $A = (x_1, y_1)$ und $B = (x_2, y_2)$ zwei verschiedene Punkte auf L.

a) Ist $x_1 = x_2 =: c$, so ist L die vertikale Gerade $\{x = c\}$. Dann ist $\lambda(x, y) := \dfrac{y - y_1}{y_2 - y_1}$ ein Lineal aus $\mathscr{S}_L$, und es ist $\lambda(A) = \lambda(c, y_1) = 0$ und $\lambda(B) = \lambda(c, y_2) = 1$.

b) Ist $x_1 \neq x_2$, so wird L beschrieben durch die Gleichung $y = y_1 + \dfrac{y_2 - y_1}{x_2 - x_1}(x - x_1)$. In diesem Falle ist $\lambda(x, y) := \dfrac{x - x_1}{x_2 - x_1}$ ein Element aus $\mathscr{S}_L$. Und wieder ist $\lambda(A) = 0$ und $\lambda(B) = 1$. Damit ist G-3 erfüllt.

Nun bleibt noch Axiom G-5 zu überprüfen. Dazu muss zunächst ausgerechnet werden, wie man Parallelprojektionen durch Koordinaten beschreiben kann.

Abb. 6.11

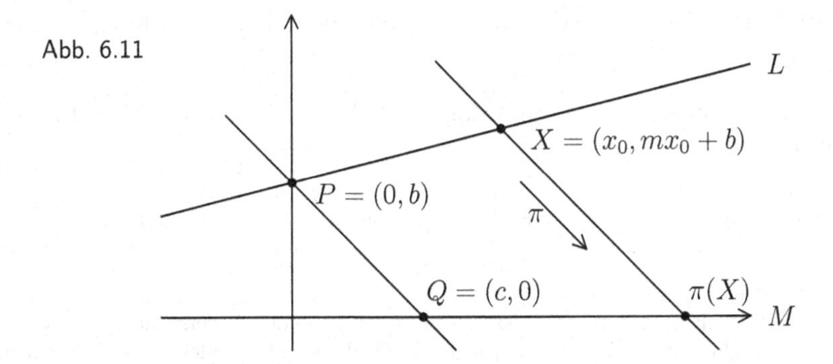

Es gibt dabei viele Fälle, die man eigentlich unterscheiden müsste, und dementsprechend viel zu rechnen. Wir beschränken uns hier auf **einen** Fall. Es sei $L = \{(x, y) : y = mx + b\}$ und $M := \{(x, y) : y = 0\}$. Dann liegt $P := (0, b)$ auf L und $Q := (c, 0)$ auf M. Die Gerade G durch P und Q ist gegeben durch die Gleichung

$$y = -\frac{b}{c}x + b.$$

Jede Gerade G', die parallel zu G ist, weist die gleiche Richtung wie G auf, wird also durch eine Gleichung der Form $y = -(b/c)x + d$ mit beliebigem d beschrieben.

Sei nun $X = (x_0, mx_0 + b) \in L$ beliebig vorgegeben. Dass X auf G' liegt, führt zu der Gleichung $-(b/c)x_0 + d = mx_0 + b$. Also ist $d = (b/c + m)x_0 + b$, und G' wird durch folgende Gleichung beschrieben:

$$y = -\frac{b}{c}x + (\frac{b}{c} + m)x_0 + b.$$

Die Projektion $\pi(X)$ ist als Schnittpunkt von G' mit M definiert. Setzt man also $y = 0$ in die Gleichung von G' ein, so erhält man den zugehörigen x-Wert. Damit ist die Parallelprojektion π gegeben durch

$$\boxed{\pi(x, mx+b) = \Big((1+\frac{cm}{b})x + c, 0\Big),}$$

und – wie man leicht ausrechnet – ihre Umkehrabbildung durch

$$\pi^{-1}(t,0) = \Big(\frac{b}{b+cm}(t-c), \frac{mb}{b+cm}(t-c)+b\Big).$$

Tatsächlich ist dann $\pi^{-1}(c,0) = (0,b)$.

Bis auf etwaige affin-lineare Transformationen ist ein Lineal für L definiert durch $\lambda_L(x,y) = x$. Daraus folgt:

$$\lambda_L \circ \pi^{-1}(t,s) = \frac{b}{b+cm}(t-c) = \alpha t + \beta \text{ (mit } \alpha := \frac{b}{b+cm} \text{ und } \beta := -\frac{bc}{b+cm}).$$

Das ist ein Lineal für M, und damit ist Axiom G-5 (zumindest für diesen Fall) überprüft.

Klartext: Was haben wir hier jetzt eigentlich gemacht? Wer nicht genau aufgepasst hat, wird fragen: „Wieso konnten wir Axiome beweisen? Axiome sind doch unbewiesene und unbeweisbare Sätze!“

Die wichtigste Eigenschaft eines Axiomensystems ist seine Widerspruchsfreiheit. Diese zu beweisen, ist sehr schwer. Da bietet sich die Methode an, ein Modell für das Axiomensystem zu konstruieren. Mit Hilfe mathematischer Mittel, deren zugrundeliegende Axiome wir für gesichert halten, basteln wir uns mathematische Objekte (hier den $\mathbb{R}^2$ als Modell für die Ebene, Teilmengen der Gestalt $L = \{(x,y) : ax+by = r\}$ als Modelle für Geraden und gewisse bijektive Abbildungen $\lambda : L \to \mathbb{R}$ als Modelle für Lineale) und überprüfen, ob die Aussagen der Axiome im Falle der gewählten Modelle zutreffen. Das war hier der Fall, sofern wir die Mengenlehre und die Theorie der reellen Zahlen als gesichert ansehen. Ob wir das wirklich können, wissen wir nicht. Die Frage würde uns zu weit in die mathematischen Grundlagen führen. Von dieser Unsicherheit abgesehen, haben wir die Widerspruchsfreiheit unseres geometrischen Axiomensystems nachgewiesen. Ein Axiomensystem für die klassische Geometrie im Stile Euklids wäre deutlich komplizierter, seine Widerspruchsfreiheit würde man aber ebenfalls mit Hilfe des $\mathbb{R}^2$ als Modell beweisen. So weit sind die beiden Vorgehensweisen also gar nicht voneinander verschieden.

Das Rechnen in einem Modell bezeichnet man als analytische Methode: Das Modell $\mathbb{R}^2$ mit seinen Geraden und sonstigen Strukturen wird so lange analysiert, bis man alle gewünschten Erkenntnisse gewonnen hat. Wer lieber mit konkreten Daten rechnet, wird diese Methode bevorzugen. Wer allerdings nicht so gerne rechnet, wird eher das axiomatische Vorgehen schätzen.

Halbebenen und Dreiecke

Eine Teilmenge $M \subset E$ heißt ***konvex***, wenn mit je zwei beliebigen Punkten $P, Q \in M$ stets auch die Verbindungsstrecke PQ in M enthalten ist. Jede Gerade, jede Strecke und jeder Strahl ist konvex, aber natürlich auch die ganze Ebene.

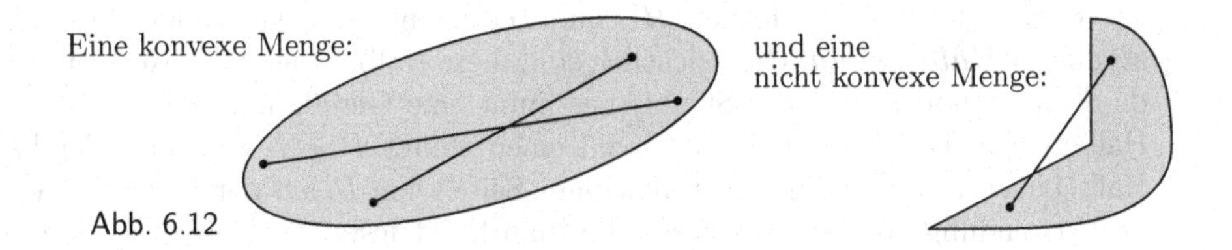

Abb. 6.12

Sei $L = \{x = c\}$ eine vertikale Gerade. Dann zerfällt $\mathbb{R}^2 \setminus L$ in zwei disjunkte Teile

$$H_- := \{(x, y) \,:\, x < c\} \quad \text{und} \quad H_+ := \{(x, y) \,:\, x > c\}.$$

Sei $P_1 = (x_1, y_1) \in H_-$ und $P_2 = (x_2, y_2) \in H_+$. Die Verbindungsgerade G von P_1 und P_2 ist gegeben durch

$$y = y_1 + \frac{y_2 - y_1}{x_2 - x_1} \cdot (x - x_1)\,.$$

Weil $x_1 < c < x_2$ ist, liegt eine „schräge“ Gerade vor, die L auf jeden Fall in einem Punkt $P = (c, y_c)$ trifft. Offensichtlich liegt P zwischen P_1 und P_2.

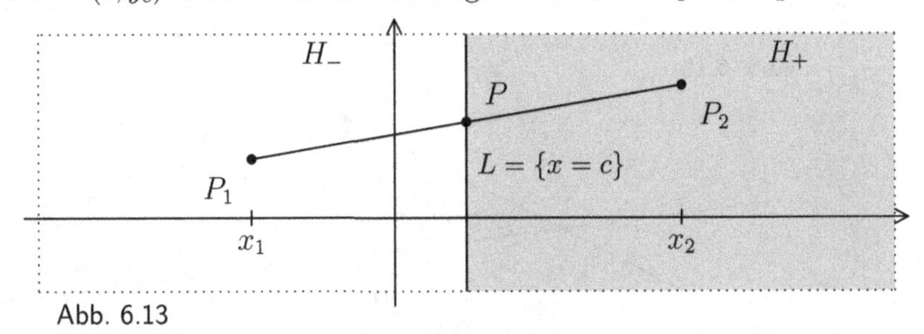

Abb. 6.13

Ähnlich sieht die Situation aus, wenn L selbst eine schräge Gerade ist, also $L = \{(x, y) \,:\, y = mx + b\}$, mit $m \neq 0$. Dann setzen wir

$$H_- := \{(x, y) \,:\, y < mx + b\} \quad \text{und} \quad H_+ := \{(x, y) \,:\, y > mx + b\}\,.$$

Jede Gerade durch einen Punkt $P_1 \in H_-$ und einen Punkt $P_2 \in H_+$ trifft L in einem Punkt P zwischen P_1 und P_2. Um den Schnittpunkt zu ermitteln, muss man nur die Gleichung

$$y_1 + \frac{y_2 - y_1}{x_2 - x_1} \cdot (x - x_1) = mx + b$$

auflösen. Die Details dazu seien dem Leser als Übungsaufgabe überlassen.

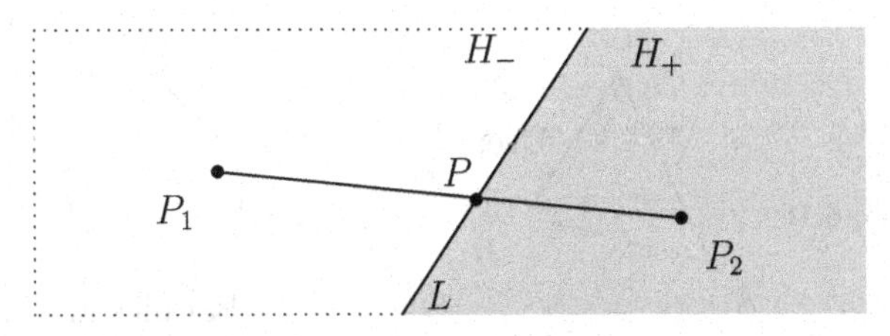

Abb. 6.14 Die durch L bestimmten Halbebenen

Die oben betrachteten Mengen H_- und H_+ nennt man die beiden durch L bestimmten ***Halbebenen***. Offensichtlich sind diese Halbebenen konvexe Mengen. Jede Strecke (und auch jeder Strahl) bestimmt eine Gerade und damit zwei solche Halbebenen. Durch die Gerade L und einen Punkt $P \notin L$ wird eine der beiden Halbebenen festgelegt, nämlich diejenige „Seite" von L, auf der P liegt. Auch ohne Verwendung von Koordinaten kann man leicht feststellen, ob zwei Punkte auf der gleichen Seite von L liegen. Das ist nämlich genau dann der Fall, wenn ihre Verbindungsstrecke die Gerade L **nicht** trifft.

Definition (Winkel)

Zwei von einem Punkt P ausgehende Strahlen $\overrightarrow{PQ}$ und $\overrightarrow{PR}$ bilden zusammen einen ***Winkel*** $\angle QPR$. Wir setzen vorläufig immer voraus, dass P, Q und R nicht kollinear sind. Die Strahlen bezeichnet man als ***Schenkel*** des Winkels. Ist H die durch PR bestimmte Halbebene, die Q enthält, und H' die durch PQ bestimmte Halbebene, die R enthält, so nennt man $H \cap H'$ das ***Innere*** des Winkels.

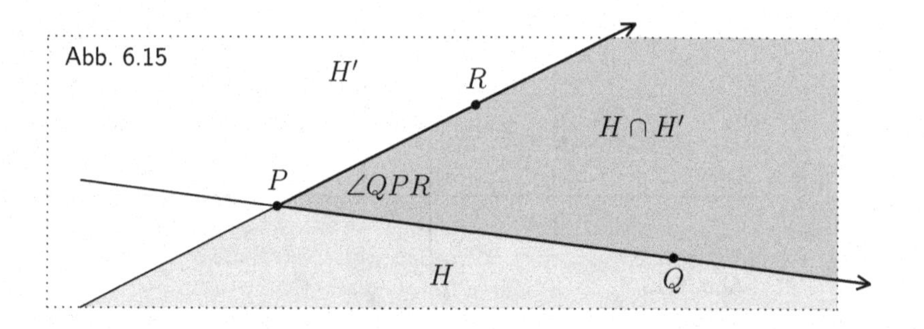

Es ist nun nicht schwer, die Begriffe ***Nebenwinkel*** und ***Scheitelwinkel*** zu definieren. Wir brauchen das hier nicht auszuführen, das geschah schon im Abschnitt „Von Thales bis Euklid" in Kapitel 1.

Sind A, B, C nicht kollinear, so versteht man unter dem ***Dreieck*** ABC die Vereinigung der drei Strecken AB, AC und BC. Diese Strecken nennt man die ***Seiten*** und die Punkte A, B, C die ***Ecken*** des Dreiecks. Das ***Innere*** des Dreiecks ist die Punktmenge, die im Innern aller drei Winkel $\angle BAC$, $\angle ACB$ und $\angle ABC$ liegt. Man kann nun auch allgemeine und spezielle ***Vierecke*** (wie z.B. ***Parallelogramme*** oder ***Quadrate***) exakt definieren.

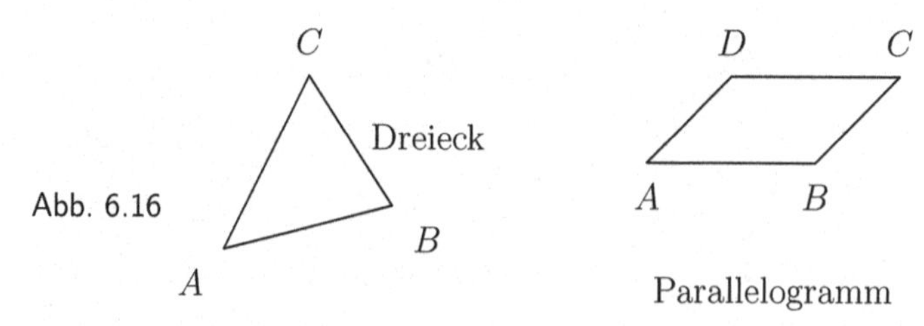

Bemerkung:

Geht es nicht um wahre Längen, sondern nur um Längenverhältnisse, so kann man bei Untersuchungen zu einem Dreieck ABC das durch A, B, C bestimmte Koordinatensystem benutzen. Dann wird das Innere des Dreiecks durch die Menge der Punkte (x, y) beschrieben, für die $x > 0$, $y > 0$ und $x + y < 1$ ist.

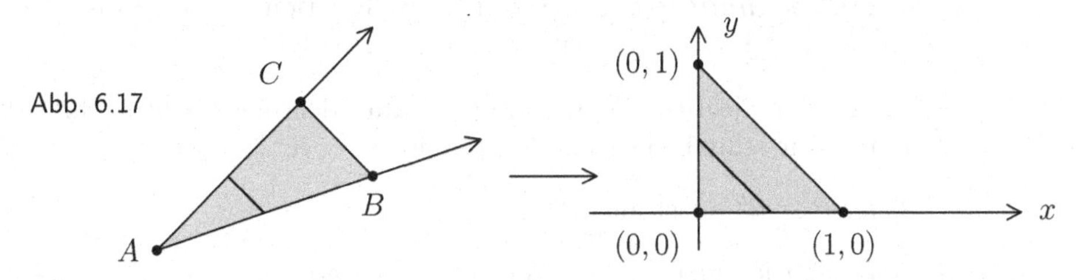

Abb. 6.17

Verbindet man etwa die Mittelpunkte der Strecken AB und AC, so entspricht dem auf der anderen Seite die Verbindungsstrecke von $(1/2, 0)$ und $(0, 1/2)$.

Aufgabe 3 (Seitenhalbierende)

a) Die Strecke von der Ecke eines Dreiecks zur Mitte der gegenüberliegenden Seite heißt ***Seitenhalbierende***. Zeigen Sie, dass sich die drei Seitenhalbierenden eines Dreiecks in einem Punkt treffen und dass sie dort im Verhältnis 2 : 1 geteilt werden.

b) Seien $P_0 = (x_0, y_0)$, $P_1 = (x_1, y_1)$ und $P_2 = (x_2, y_2)$ drei nicht kollineare Punkte. Ist $P := (x_2 + x_1 - x_0, y_2 + y_1 - y_0)$, so ist $P_0P_1PP_2$ ein Parallelogramm.

c) Seien $(0, 0)$, (x_1, y_1), (u, v) und (x_2, y_2) die Ecken eines Parallelogramms. Zeigen Sie mit Hilfe von (b), dass $u = x_1 + x_2$ und $v = y_1 + y_2$ ist.

Orthogonalität

Unser schiefwinkliges Koordinatensystem passt nicht so recht zur Realität des Alltags. Wir wollen uns überlegen, wie der rechte Winkel (der uns dank des Geodreiecks ganz konkret zur Verfügung steht) auch mathematisch ins Spiel kommen kann. Was versteht man eigentlich unter der *Richtung* einer Geraden? Intuitiv ist das ja klar, aber wie soll man es in Worte fassen? Versuchen wir es indirekt! Wenn eine Gerade gegeben ist und wir eine zweite Gerade mit der gleichen Richtung konstruieren wollen, dann führen wir das mit Hilfe der Parallelverschiebung durch.

Definition (Richtung)

Unter der ***Richtung*** einer Geraden L_0 verstehen wir die Gesamtheit $R = R(L_0)$ aller Geraden L, die zu L_0 parallel sind.

Mit $\mathscr{R}$ bezeichnen wir die Menge aller Richtungen in der Ebene.

Wir haben eine klare Vorstellung davon, wann zwei Richtungen aufeinander senkrecht stehen, aber auch das lässt sich schwer in Worte fassen. Einen solchen Begriff führen die Mathematiker gerne indirekt mit Hilfe seiner Eigenschaften ein.

Definition (Orthogonalitätsbeziehung)

Eine ***Orthogonalitätsbeziehung*** ist eine Relation $\perp$ („orthogonal") auf der Menge $\mathscr{R}$ aller Richtungen mit folgenden Eigenschaften:

1. Zu jeder Richtung R gibt es **genau eine** Richtung R', die zu ihr orthogonal ist. Wir schreiben dann: $R \perp R'$ oder $R' = R^{\perp}$.
2. Ist $R \perp R'$, so ist auch $R' \perp R$.
3. Keine Richtung R ist zu sich selbst orthogonal.

Diese Eigenschaften sind so offensichtlich – soll das alles sein? Warten wir's ab!

Durch $R \mapsto R^{\perp}$ wird eine Abbildung $\mathscr{R} \to \mathscr{R}$ definiert. Es ist $(R^{\perp})^{\perp} = R$. Daraus folgt, dass die Abbildung bijektiv ist. Sie hat aber keinen „Fixpunkt", es ist stets $R^{\perp} \neq R$.

Wir wissen noch nicht, ob es eine solche Orthogonalitätsbeziehung überhaupt gibt. Aber wir vertrauen auf unsere Intuition und **gehen deshalb zunächst davon aus, dass wir über eine Orthogonalitätsbeziehung verfügen**. Dann heißen zwei Geraden zueinander ***orthogonal*** oder ***senkrecht***, wenn ihre Richtungen zueinander orthogonal sind. Die von ihnen eingeschlossenen Winkel nennen wir ***rechte Winkel***.

Bemerkung: Ist $L \perp L'$ und $L' \perp L''$, so sind die durch L und L'' bestimmten Richtungen R bzw. R'' gleich (wegen der Eindeutigkeit der Richtung, die zu der durch L' bestimmten Richtung R' orthogonal ist). Aber dann muss L'' **parallel** zu L sein.

6.9 Existenz und Eindeutigkeit der Senkrechten

Sei L eine Gerade und $P \in L$. Dann gibt es genau eine Gerade L' durch P, die senkrecht auf L steht.

BEWEIS: Sei L'' irgend eine zu L senkrechte Gerade. Jede andere zu L senkrechte Gerade muss zu L'' parallel sein. Es gibt aber genau eine Parallele L' zu L'', die durch P geht. ∎

Die eindeutig bestimmte Gerade L' heißt die ***Senkrechte*** zu L in P.

6.10 Existenz und Eindeutigkeit des Lotes

Sei L eine Gerade und P ein Punkt, der nicht auf L liegt. Dann gibt es genau eine Gerade L' durch P, die senkrecht auf L steht.

Der Beweis funktioniert ähnlich wie beim vorigen Satz. Die eindeutig bestimmte Gerade L' heißt das ***Lot*** von P auf L, und der Schnittpunkt von L und L' heißt der ***Fußpunkt*** des Lotes.

Abb. 6.18

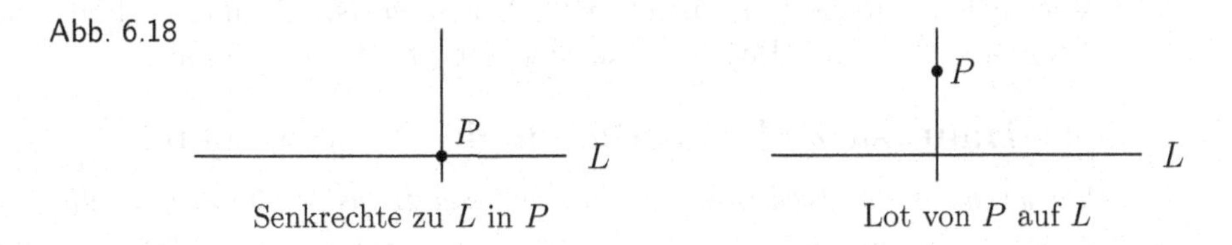

Sind L_1, L_2 zwei Geraden, die **nicht** aufeinander senkrecht stehen, so nennen wir die Abbildung $\pi : L_1 \to L_2$, die einem Punkt $P \in L_1$ den Fußpunkt des Lotes von P auf L_2 zuordnet, die ***orthogonale Projektion*** von L_1 auf L_2.

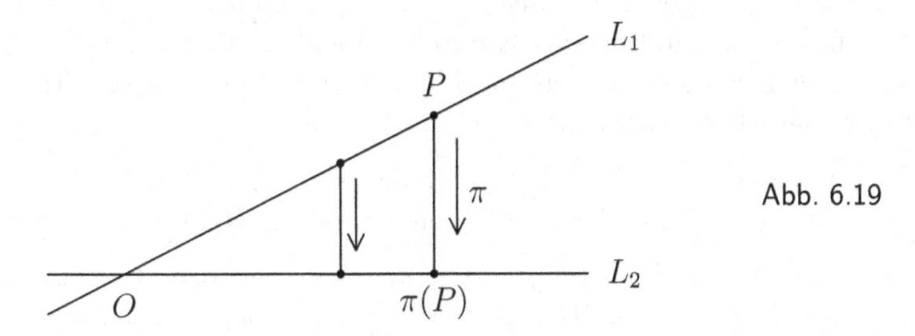

Abb. 6.19

Offensichtlich ist die orthogonale Projektion eine Parallelprojektion. Sie bildet also Lineale auf Lineale ab und besitzt dann – abhängig von den Linealen – einen Skalenfaktor. Dieser ist wegen der freien Wahl der Lineale eine recht willkürliche Größe. Insbesondere besteht keine Beziehung zwischen den Skalenfaktoren der orthogonalen Projektion von L_1 auf L_2 und der von L_2 auf L_1. Das widerspricht ein bisschen unserer Erfahrung. Um das deutlich zu machen, nehmen wir zusätzlich an, dass sich L_1 und L_2 in einem Punkt O treffen. Wenn wir dann mit einem einheitlichen Lineal für alle Geraden arbeiten, so machen wir beim Messen folgende Beobachtung: Wir können zwei Punkte $P \in L_1$ und $P' \in L_2$ markieren, die vom Schnittpunkt O den gleichen Abstand besitzen. Das Lot von P auf L_2 liefert einen Fußpunkt Q, und das von P' auf L_1 einen Fußpunkt Q', und es stellt sich folgende Symmetrie heraus:

$$OQ : OP = OQ' : OP'.$$

Abb. 6.20

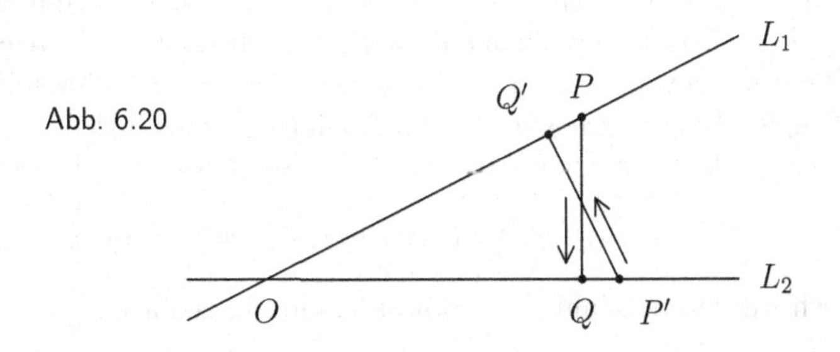

Weil beide Projektionen jeweils O auf O abbilden, ist $OQ : OP$ der Skalenfaktor der Projektion von L_1 auf L_2 und $OQ' : OP'$ der Skalenfaktor der Projektion von L_2 auf L_1. Diese beiden Skalenfaktoren sind also gleich!

Bisher haben wir die Existenz einer Orthogonalitätsbeziehung noch gar nicht bewiesen, aber die obige Beobachtung motiviert den folgenden Satz:

6.11 Hauptsatz über orthogonale Projektionen

Man kann eine Orthogonalitätsbeziehung und zu jeder Geraden L ein Lineal λ_L finden, so dass gilt:

Für beliebige Geraden L und M stimmen die Skalenfaktoren der orthogonalen Projektionen von L auf M und von M auf L (gemessen mit λ_L und λ_M) überein.

Der Beweis dieses Satzes ist ein wenig kompliziert und wird deshalb erst im Ergänzungsteil am Ende des Kapitels vollendet. Wir wollen uns hier aber zumindest mit einigen Vorbereitungen und Ideen für den Beweis beschäftigen. Dabei arbeiten wir in der Modellebene $\mathbb{R}^2$.

Eine Gerade $L \subset \mathbb{R}^2$ wird durch eine Gleichung $ax + by = r$ mit $(a, b) \neq (0, 0)$ beschrieben. Welche Geraden haben die gleiche Richtung wie L?

a) Ist $b = 0$, also $L = \{(x, y) : x = r/a\}$ eine vertikale Gerade, so hat jede andere vertikale Gerade $L' = \{(x, y) : x = c\}$ die gleiche Richtung. Schreibt man die Gleichung $x = c$ in der Form $a'x + b'y = r'$ mit $b' = 0$, so ist $a' = 1$ und $r' = c$. Hier kann man auf den ersten Blick keinen Zusammenhang zwischen den Zahlenpaaren (a', b') und (a, b) erkennen.

b) Anders sieht es im Falle schräger Geraden aus. Ist $L = \{(x, y) : y = mx + q\}$ eine solche schräge Gerade, so kann man sie natürlich auch durch eine Gleichung der Gestalt $ax + by = r$ beschreiben, und man erhält die Beziehungen $a = -m$, $b = 1$ und $r = q$. Eine Gerade der Form $L' = \{(x, y) : y = m'x + q'\}$ weist in die gleiche Richtung wie L, wenn $m' = m$ ist. Beschreibt man auch L' durch eine Gleichung der Form $a'x + b'y = r'$, so erhält man $a' = -m$, $b' = 1$ und $r' = q'$. Also ist $a' = a$ und $b' = b$.

Schaut man genau hin, so entdeckt man, dass zwei Geraden $ax + by = r$ und $a'x + b'y = r'$ genau dann die gleiche Richtung aufweisen, wenn es einen Faktor $\varrho \in \mathbb{R}$ gibt, so dass $a' = \varrho a$ und $b' = \varrho b$ ist. Im Fall (a) war $\varrho = a'/a$, im Fall (b) war $\varrho = 1$. Ist außerdem noch $r' = \varrho r$, so handelt es sich sogar um die gleiche Gerade. Diese Feststellung bringt einen auf die Idee, nach einer **eindeutigen** „Normalform" der Gleichungen von Geraden zu suchen. Das ist nicht so schwer, denn man kann die Geradengleichung durch $\sqrt{a^2 + b^2}$ und – falls nötig – durch -1 dividieren. Damit lässt sich die Gleichung $ax + by = r$ immer so normieren, dass gilt:

$$a^2 + b^2 = 1, \text{ und } a = b > 0 \text{ oder } a > b.$$

Dadurch werden die Zahlen a, b und r eindeutig gemacht.

Nun bestimmen wir auf jeder Geraden L zwei Punkte O_L und E_L durch

$$O_L := (ar, br) \quad \text{und} \quad E_L := (ar - b, br + a).$$

Dann ist jeweils $O_L \neq E_L$, und es gibt genau ein Lineal $\lambda_L : L \to \mathbb{R}$ mit $\lambda_L(O_L) = 0$ und $\lambda_L(E_L) = 1$. Wir nennen λ_L das ***Standard-Lineal*** für L, es ist gegeben durch

$$\lambda_L(x, y) := \begin{cases} y & \text{falls } a = 1 \text{ und } b = 0 \text{ (vertikaler Fall)}, \\ (-x + ar)/b & \text{sonst.} \end{cases}$$

Als Umkehrung erhält man die Parametrisierung $\varphi = \lambda_L^{-1} : \mathbb{R} \to L$ mit

$$\varphi(t) := \begin{cases} (r, t) & \text{im vertikalen Fall,} \\ (ar - bt, br + at) & \text{sonst.} \end{cases}$$

Um eine Vorstellung davon zu gewinnen, wie eine Orthogonalitätsbeziehung aussehen könnte, zeichnen wir auf kariertem Papier eine Gerade L durch die Punkte $(0, 0)$ und $(2, 1)$ ein: Sie hat die Gleichung $y = x/2$.

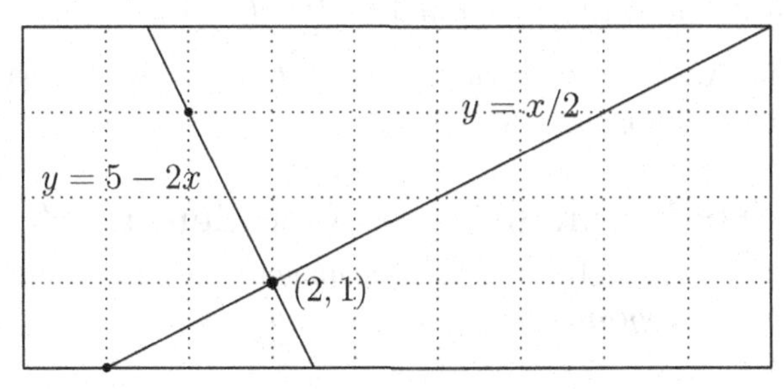

Abb. 6.21

Die Standardform der Geraden $\{(x, y) : y = x/2\}$ lautet

$$\frac{1}{\sqrt{5}}x - \frac{2}{\sqrt{5}}y = 0, \qquad \text{also } ax + by = r \text{ mit } a = \frac{1}{\sqrt{5}},\ b = -\frac{2}{\sqrt{5}} \text{ und } r = 0.$$

Mit Hilfe des Geodreiecks zeichnen wir in der Skizze die zu L senkrechte Gerade L' durch $(2, 1)$ ein. Wir sehen, dass diese zusätzlich durch den Punkt $(1, 3)$ geht, und das liefert die Gleichung $y = 5 - 2x$, in Normalform also

$$\frac{2}{\sqrt{5}}x + \frac{1}{\sqrt{5}}y = \sqrt{5}, \qquad \text{d.h. } a'x + b'y = r' \text{ mit } a' = -b \text{ und } b' = a.$$

6.12 Behauptung:

Es seien reelle Zahlenpaare (a, b) und (c, d) mit $a^2 + b^2 = 1$ und $c^2 + d^2 = 1$ gegeben, und es sei $a = b > 0$ oder $a > b$, sowie $c = d > 0$ oder $c > d$. Dann gilt:

$$ac + bd = 0 \iff (c, d) = \begin{cases} (-b, a) & \text{falls } -b > a, \\ (b, -a) & \text{sonst.} \end{cases}$$

Beweis: Die Richtung „$\Longleftarrow$" ist trivial. Für den Beweis der umgekehrten Richtung setzen wir voraus, dass $ac + bd = 0$ ist.

Ist $a = 0$, so folgt aus der Beziehung $a^2 + b^2 = 1$, dass $b = \pm 1$ ist. Weil dann $a \neq b$ ist, muss $a > b$ sein, also $b = -1$. Aus der Bedingung $bd = ac + bd = 0$ ergibt sich nun, dass $d = 0$ und daher $c = \pm 1$ ist. Weil $c > d$ sein soll, bleibt nur die Möglichkeit $(c, d) = (1, 0) = (-b, a)$.

Ist $a \neq 0$, so ergibt sich aus der Gleichung $ac + bd = 0$ die Beziehung $c = -bd/a$. Setzt man die wiederum in die Gleichung $c^2 + d^2 = 1$ ein, so folgt $1 = (bd/a)^2 + (ad/a)^2 = (d/a)^2$, also $a^2 = d^2$. Das bedeutet, dass $d = \pm a$ ist, so dass nur die Möglichkeiten $(c, d) = (-b, a)$ oder $(c, d) = (b, -a)$ übrig bleiben. Wenn $a = b > 0$ ist, kommt nur $(c, d) = (b, -a)$ in Frage. Ist dagegen $a > b$, so gibt es drei Möglichkeiten:

1) Ist $b > -a$, so ist $(c, d) = (b, -a)$.
2) Ist $b = -a$, so ist $a > 0$, $b < 0$ und $(c, d) = (-b, a)$.
3) Ist schließlich $b < -a$, so ist $-b > a$ und $(c, d) = (-b, a)$. ∎

Betrachtet man die Aussage der Behauptung 6.12, so motiviert das zuvor untersuchte konkrete Beispiel folgende Festlegung:

Definition (Orthogonalität von Geraden im Modell $\mathbb{R}^2$)

Zwei Geraden L und M, gegeben durch Gleichungen $ax+by = r$ und $cx+dy = s$, heißen zueinander ***orthogonal***, falls gilt: $ac + bd = 0$.

6.13 Satz

Die Orthogonalität von Geraden im $\mathbb{R}^2$ definiert eine Orthogonalitätsbeziehung zwischen den Richtungen im $\mathbb{R}^2$.

Beweis: Ist eine Gerade $L \subset \mathbb{R}^2$ durch die Gleichung $ax + by = r$ gegeben, so legt das Zahlenpaar (a, b) die **Richtung** aller zu L parallelen Geraden fest. Ist eine weitere Gerade mit der Gleichung $cx + dy = s$ gegeben, so dass die Bedingung $ac + bd = 0$ erfüllt ist, so nennen wir die durch (c, d) repräsentierte Richtung die zu R **orthogonale Richtung** $R^\perp$. Die Zuordnung $R \mapsto R^\perp$ ist eindeutig, wie man der Aussage von Behauptung 6.12 entnehmen kann.

Wegen der Symmetrie der Beziehung $ac + bd = 0$ zwischen Paaren (a, b) und (c, d) ist auch die dadurch definierte Orthogonalitätsbeziehung symmetrisch. Und weil jede Gerade durch ein Paar $(a, b) \neq (0, 0)$ gegeben wird, ist dann $a^2 + b^2 \neq 0$, und die Richtung der Geraden kann demnach nicht zu sich selbst orthogonal sein. ∎

Klartext: Orthogonalität von Geraden, Orthogonalitätsbeziehungen zwischen Richtungen, orthogonale Projektionen, Skalenfaktoren, da schwirrt einem schon der Kopf. Vielleicht sollte man noch einmal die Gedanken ordnen.

Der Begriff der Orthogonalität wurde oben nicht per Axiom festgelegt, die Vorstellung der Axiome war ja schon abgeschlossen. Also war er bereits in der Theorie versteckt und musste nur entdeckt werden. Ein noch nicht vorhandener Begriff sollte erklärt werden, und das geschieht üblicherweise in Form einer Definition. Wie definiert man nun Orthogonalität? Das wurde hier über einige Eigenschaften erledigt, denen man auf den ersten Blick nicht zutrauen würde, dass sie tatsächlich die Orthogonalität von Geraden oder Richtungen charakterisieren. Plausibel erscheinen sie aber schon. In Kapitel 1 wurde zum Beispiel berichtet, dass für Euklid ein Winkel genau dann ein Rechter ist, wenn er gleich seinem Nebenwinkel ist. Daher überrascht es nicht, dass die Orthogonalität symmetrisch sein soll. Und dass eine Gerade oder Richtung nicht zu sich selbst orthogonal sein kann, erscheint sowieso selbstverständlich.

Bei derart schwachen Bedingungen könnte es allerdings sein, dass es keine Beziehung der gewünschten Art gibt, oder dass sich im Gegenteil ganz viele verschiedene Orthogonalitätsbeziehungen finden lassen. Der Hauptsatz über orthogonale Projektionen schafft da Klarheit. Er sichert die Existenz einer Orthogonalitätsbeziehung und zudem eine Zusatzeigenschaft, die Gleichheit der Skalenfaktoren, von der man hoffen kann, dass sie die Orthogonalität genauer festlegt oder gar einmalig macht. Letzteres soll unsere Sorge nicht sein, wichtiger ist die Tatsache, dass die per Definition eingeführte Orthogonalität genau die Eigenschaften aufweist, die man anschaulich von ihr erwartet. Das war bisher der Fall, und wir werden in der Folge noch weitere Indizien finden, zum Beispiel die Gültigkeit des Satzes von Pythagoras.

Die Gleichheit der Skalenfaktoren der wechselseitigen orthogonalen Projektionen wird im Ergänzungsteil hergeleitet, und damit auch der Hauptsatz über orthogonale Projektionen. Außerdem wird sich zeigen, dass der Skalenfaktor bei der Projektion zwischen Geraden $ax + by = r$ und $cx + dy = s$ die symmetrische Größe $ac + bd$ ist, die genau dann verschwindet, wenn die Geraden aufeinander senkrecht stehen.

Der Abstand zwischen zwei Punkten braucht nun auch keine willkürliche Größe mehr zu sein, wir können ihn unabhängig von der Wahl eines Lineals definieren.

Definition (euklidischer Abstand)

Ist L die Gerade durch die Punkte P und Q, mit Standard-Lineal λ_L, so nennen wir

$$d(P, Q) := |\lambda_L(P) - \lambda_L(Q)|$$

den ***(euklidischen) Abstand*** von P und Q.

6.14 Satz

Im $\mathbb{R}^2$ seien zwei Punkte $P = (x_1, y_1)$ und $Q = (x_2, y_2)$ gegeben. Dann ist

$$d(P, Q) = \sqrt{(x_2 - x_1)^2 + (y_2 - y_1)^2}.$$

BEWEIS: Ist $x_1 = x_2 =: c$, so ist die Verbindungsgerade von P und Q die vertikale Gerade $x = c$, und ihr Standard-Lineal ist gegeben durch $\lambda(x, y) = y$. Also ist $d(P, Q) = |y_2 - y_1| = \sqrt{(x_2 - x_1)^2 + (y_2 - y_1)^2}$.

Ist die Verbindungsgerade von P und Q durch die Gleichung $ax + by = r$ gegeben, mit $b \neq 0$, $a^2 + b^2 = 1$ und $a = b > 0$ oder $a > b$, so ist ihr Standard-Lineal gegeben durch $\lambda(x,y) = (-x+ar)/b$. Weil die Punkte (x_1,y_1) und (x_2,y_2) die Geradengleichung $y = -(a/b)x + (r/b)$ erfüllen, ist

$$\begin{aligned} d(P,Q) &= |\lambda(P) - \lambda(Q)| = |(-x_1)/b - (-x_2)/b| \\ &= \frac{1}{|b|} \cdot |x_2 - x_1| = \frac{1}{|b|} \cdot \sqrt{(a^2+b^2)(x_2-x_1)^2} \\ &= \sqrt{(1+\frac{a^2}{b^2}) \cdot (x_2-x_1)^2} \\ &= \sqrt{(x_2-x_1)^2 + (y_2-y_1)^2}. \end{aligned}$$

■

Der Satz des Pythagoras

Stehen zwei Geraden L und L' auf einer dritten Geraden G senkrecht, so sind sie untereinander parallel. Deshalb kann ein Dreieck höchstens **einen** rechten Winkel besitzen. In dem Fall nennt man es ein ***rechtwinkliges Dreieck***.

Abb. 6.22

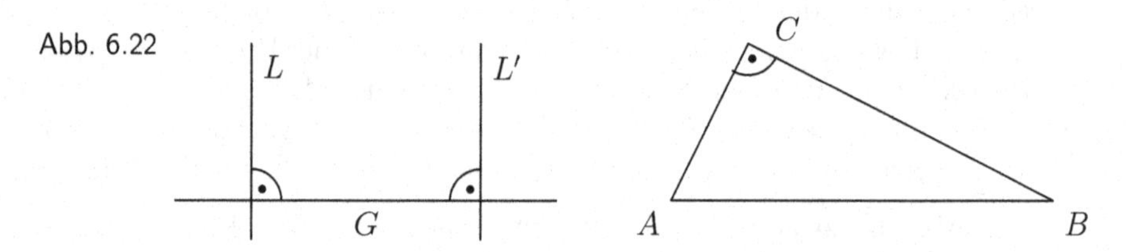

Einer der wichtigsten Sätze der Elementargeometrie ist der

6.15 Satz des Pythagoras

Es sei ABC ein rechtwinkliges Dreieck mit dem rechten Winkel bei C. Dann ist

$$d(A,B)^2 = d(A,C)^2 + d(B,C)^2.$$

BEWEIS: Wir fällen das Lot von C auf AB und bezeichnen den Fußpunkt mit D. Man kann zeigen, dass D zwischen A und B liegt:

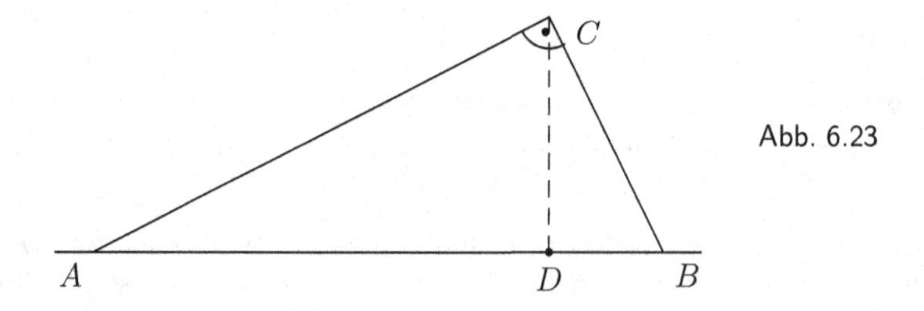

Abb. 6.23

Die Winkel des Dreiecks bei A und B sind jeweils kleiner als ein Rechter. Deshalb sind die beiden Außenwinkel bei A und B jeweils größer als ein Rechter. Würde das Lot von C auf AB diese Gerade außerhalb der Verbindungsstrecke von A und B treffen, etwa „links" von A, so würde ein Dreieck DAC mit einem rechten Winkel bei D entstehen, das außerdem noch einen Winkel enthält, der größer als ein Rechter ist. Das ist aber unmöglich. Somit ist insbesondere $d(A,D) + d(D,B) = d(A,B)$.

Die orthogonale Projektion von AB auf AC (die B auf C abbildet) und die orthogonale Projektion von AC auf AB (die C auf D abbildet) haben den gleichen Skalenfaktor. Also ist

$$\frac{d(A,C)}{d(A,B)} = \frac{d(A,D)}{d(A,C)}.$$

Aber auch die orthogonale Projektion von AB auf BC (die A auf C abbildet) und die orthogonale Projektion von BC auf AB (die C auf D abbildet) haben den gleichen Skalenfaktor, d.h., es gilt:

$$\frac{d(B,C)}{d(A,B)} = \frac{d(D,B)}{d(B,C)}.$$

Zusammen ergibt das die Beziehungen

$$d(A,C)^2 = d(A,B) \cdot d(A,D) \quad \text{und} \quad d(B,C)^2 = d(A,B) \cdot d(D,B),$$

also $d(A,C)^2 + d(B,C)^2 = d(A,B) \cdot (d(A,D) + d(D,B)) = d(A,B)^2$. ∎

Die Seite im rechtwinkligen Dreieck, die dem rechten Winkel gegenüber liegt, heißt bekanntlich ***Hypotenuse***, die beiden anderen Seiten nennt man ***Katheten***. Aus dem Satz des Pythagoras folgt, dass die Hypotenuse größer als jede der beiden Katheten ist.

Ist ABC ein beliebiges, nicht rechtwinkliges Dreieck und AB seine größte Seite, so folgt ebenfalls aus dem Satz des Pythagoras, dass der Fußpunkt D des Lotes von C auf AB zwischen A und B liegt:

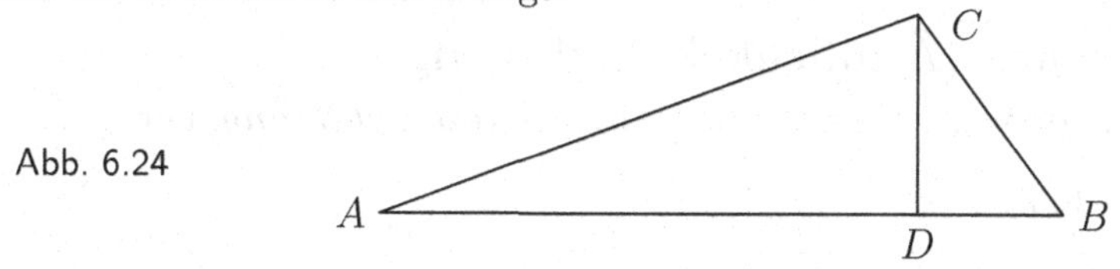

Abb. 6.24

Es ist nämlich $AD < AC < AB$ und $DB < BC < AB$. Läge nun etwa A zwischen D und B, so wäre $DB > AB$, und genauso sieht man, dass B nicht zwischen A und D liegen kann. Also muss D zwischen A und B liegen.

Daraus ergibt sich jetzt sehr leicht die

6.16 Dreiecksungleichung

In einem beliebigen Dreieck ABC ist

$$d(A,B) < d(A,C) + d(C,B).$$

Beweis: Ist AB nicht die größte Seite, so ist die Aussage trivial. Ist AB die größte Seite, so führen wir den Fußpunkt D des Lotes von C auf AB ein. Dann ist $d(A,F) < d(A,C)$ und $d(F,B) < d(B,C)$, also

$$d(A,B) = d(A,F) + d(F,B) < d(A,C) + d(B,C).$$

■

Die bereits bewiesene Formel

$$d(P_1,P_2) = \sqrt{(x_1-x_2)^2 + (y_1-y_2)^2}$$

über den euklidischen Abstand zweier Punkte $P_1 = (x_1, y_1)$ und $P_2 = (x_2, y_2)$ im $\mathbb{R}^2$ ergibt sich natürlich auch aus dem Satz des Pythagoras, wenn man das rechtwinklige Dreieck mit den Ecken $P_0 = (x_1, y_2)$, P_1 und P_2 betrachtet.

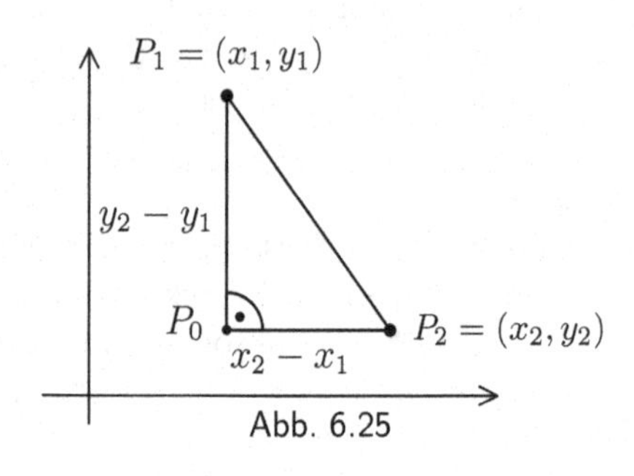

Abb. 6.25

Definition (Kreis)

Ist P ein Punkt der Ebene und $r > 0$ eine reelle Zahl, so versteht man unter dem ***Kreis*** um P mit ***Radius*** r die Menge

$$K := \{Q \in E \,:\, d(P,Q) = r\}.$$

Im $\mathbb{R}^2$ gilt: Ist $P = (x_0, y_0)$, so ist $K = \{(x,y) \,:\, (x-x_0)^2 + (y-y_0)^2 = r^2\}$.

Der Kreis wird im nächsten Kapitel eine größere Rolle spielen.

Definition (Ähnlichkeit und Kongruenz)

Eine Abbildung $f : E \to E$ heißt ***Ähnlichkeitsabbildung***, falls gilt:

1. f ist bijektiv.
2. Es gibt eine Konstante $c > 0$, so dass für alle P, Q gilt:

$$d(f(P), f(Q)) = c \cdot d(P,Q).$$

Die Zahl c nennt man ***Ähnlichkeitskonstante***. Ist $c = 1$, so heißt f eine ***Bewegung*** oder ***Kongruenzabbildung***. Unter einer Bewegung bleiben also alle Abstände erhalten. Das ist, als wenn man das Stück Papier bewegen würde, auf das die geometrischen Figuren gezeichnet wurden. Zwei Teilmengen F und F' heißen ***ähnlich*** (bzw. ***kongruent***), falls es eine Ähnlichkeitsabbildung (bzw. Kongruenzabbildung) f mit $f(F) = F'$ gibt.

6.17 Beispiele

A. Die ***zentrische Streckung***

$$H_c : \mathbb{R}^2 \to \mathbb{R}^2 \quad \text{mit} \quad H_c(x,y) := (cx, cy)$$

ist eine Ähnlichkeitsabbildung, denn für $P_1 = (x_1, y_1)$ und $P_2 = (x_2, y_2)$ gilt:

$$\begin{aligned} d(H_c(P_1), H_c(P_2)) &= \sqrt{(cx_1 - cx_2)^2 + (cy_1 - cy_2)^2} \\ &= c\sqrt{(x_1 - x_2)^2 + (y_1 - y_2)^2} \\ &= c \cdot d(P_1, P_2). \end{aligned}$$

B. Sind a, b beliebige reelle Zahlen, so ist die ***Translation*** (oder ***Verschiebung***)

$$T : \mathbb{R}^2 \to \mathbb{R}^2 \quad \text{mit} \quad T(x,y) := (x + a, y + b)$$

eine Kongruenzabbildung, und das gilt auch für die ***Spiegelung***

$$S : \mathbb{R}^2 \to \mathbb{R}^2 \quad \text{mit} \quad S(x,y) := (x, -y).$$

Der Nachweis ist sehr einfach.

Wenn man eine zentrische Streckung mit Translationen verknüpft, so erhält man zentrische Streckungen mit beliebigem Zentrum. Auch das sind dann Ähnlichkeitsabbildungen.

C. Sind a, b zwei reelle Zahlen mit $a^2 + b^2 = 1$, so nennt man die Abbildung

$$R : \mathbb{R}^2 \to \mathbb{R}^2 \quad \text{mit} \quad R(x,y) := (ax - by, ay + bx)$$

eine ***Drehung***. Dass dies eine Kongruenzabbildung ist, muss man nachrechnen. Das ist ein wenig mühsamer als bei der Translation, aber auch nicht allzu schwer.

Es ist offensichtlich $R(0,0) = (0,0)$, $R(1,0) = (a,b)$ und $R(0,1) = (-b,a)$.

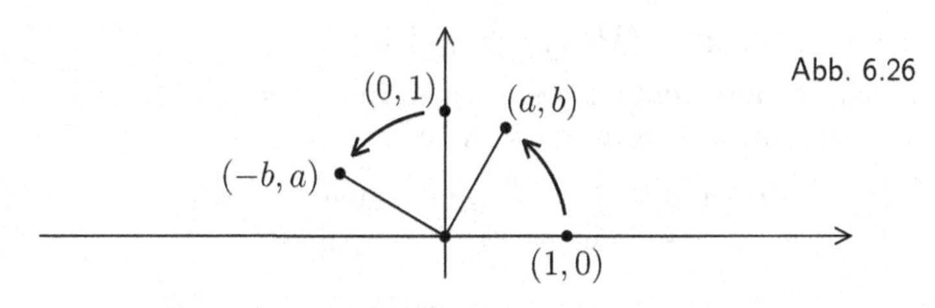

Abb. 6.26

Geraden durch den Ursprung, die aufeinander senkrecht stehen, werden wieder auf Geraden abgebildet, die aufeinander senkrecht stehen. Das entspricht unserer anschaulichen Vorstellung von einer Drehung um den Nullpunkt (um einen festen Winkel). Eine genauere Deutung der Drehungen wird sich im nächsten Kapitel ergeben.

6.18 Satz

Wenn zwei Winkel ähnlich sind, dann sind sie auch kongruent.

BEWEIS: Ein Winkel mit Scheitelpunkt O wird durch jede zentrische Streckung mit Mittelpunkt O bijektiv auf sich abgebildet. Ist f eine Ähnlichkeitsabbildung mit Faktor c, die $\angle AOB$ auf $\angle A'O'B'$ abbildet, und g die zentrische Streckung mit Zentrum O' und Faktor c^{-1}, so ist $g \circ f$ eine Kongruenz zwischen den beiden Winkeln. ∎

Je zwei Geraden sind zueinander kongruent. Für je zwei Strecken gilt dies genau dann, wenn sie gleich lang sind. Außerdem kann man zeigen, dass je zwei rechte Winkel zueinander kongruent sind, und dass für drei beliebige, nicht kollineare Punkte gilt: $\angle AOB$ ist kongruent zu $\angle BOA$.

Wir verzichten hier darauf, die bekannten Kongruenzsätze herzuleiten. Sie sollen aber zumindest erwähnt werden:

1. (SSS) Stimmen zwei Dreiecke in allen entsprechenden Seiten überein, so sind sie kongruent.
2. (SWS) Stimmen zwei Dreiecke in einem Winkel und in den beiden anliegenden Seiten überein, so sind sie kongruent.
3. (WSW) Stimmen zwei Dreiecke in einer Seite und in den beiden anliegenden Winkeln überein, so sind sie kongruent.

Flächenfunktionen

Zum Schluss diese Kapitels wollen wir uns mit dem Begriff des Flächeninhaltes beschäftigen.

Definition (Polygongebiete)

Ein ***Dreiecksgebiet*** besteht aus einem Dreieck (dem „Rand" des Gebietes) und allen inneren Punkten des Dreiecks.

Ein ***Polygongebiet*** ist die Vereinigung von endlich vielen Dreiecksgebieten, wobei folgende Bedingungen erfüllt sein müssen:

1. Je zwei beteiligte Dreiecksgebiete haben höchstens eine Ecke oder eine Seite gemeinsam.
2. Besteht das Polygongebiet nicht nur aus einem einzigen Dreieck, so gibt es zu jedem beteiligten Dreiecksgebiet mindestens ein zweites, mit dem es eine Seite gemeinsam hat.

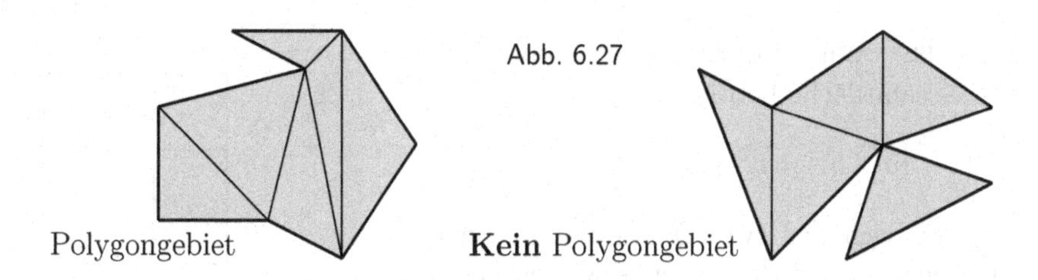

Abb. 6.27

Es ist etwas schwierig zu sagen, wann ein Punkt P ein innerer Punkt eines Polygongebietes G ist. Es gibt da drei Möglichkeiten:

a) P ist innerer Punkt eines beteiligten Dreiecks von G.

b) P liegt auf einer Seite, die zu zwei an G beteiligten Dreiecken gehört, ist aber keine Ecke dieser Dreiecke.

c) Jeder von P ausgehende Strahl trifft ein an G beteiligtes Dreieck, das P als Ecke hat, in weiteren Punkten.

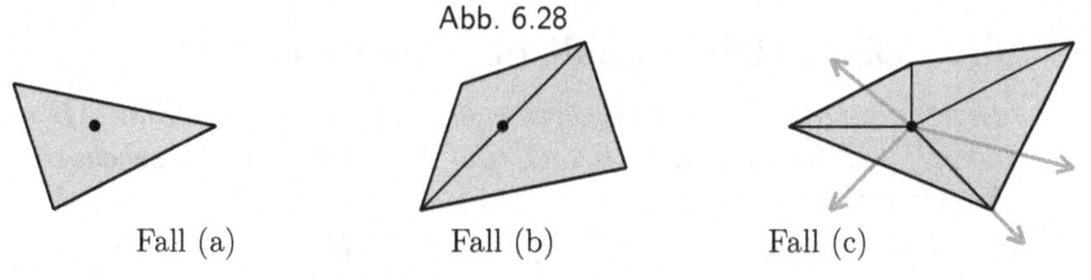

Abb. 6.28

[**Axiom G-6 (von der Flächenfunktion)**] *Jedem Polygongebiet G ist eine positive reelle Zahl $\mu(G)$, sein **Flächeninhalt** oder **Maß**, zugeordnet, so dass gilt:*

1. *Sind zwei Dreiecke kongruent, so haben die zugehörigen Dreiecksgebiete den gleichen Flächeninhalt.*

2. *Wenn ein Polygongebiet G in zwei Teilgebiete G_1 und G_2 ohne gemeinsame innere Punkte zerlegt werden kann, dann ist $\mu(G) = \mu(G_1) + \mu(G_2)$.*

3. *Ist G ein Quadrat der Seitenlänge a, so ist $\mu(G) = a^2$.*

Dieses Axiom ist eigentlich überflüssig, denn man kann schon mit Hilfe der bisher vorgestellten Axiome der euklidischen Geometrie eine Flächenfunktion μ konstruieren. Allerdings sind diese Konstruktion und der Nachweis der Eigenschaften (1) bis (3) recht schwierig. Wir wollen uns das Leben etwas leichter machen, nehmen die Existenz der Flächenfunktion als gegeben hin und beschränken uns darauf, Formeln für die Flächenberechnung aus dem Axiom herzuleiten.

6.19 Der Flächeninhalt eines Rechtecks

Sei G ein Rechteck mit den Seitenlängen a und b.
Dann ist $\mu(G) = a \cdot b$.

BEWEIS: Wir betrachten nebenstehendes Bild:
Die Gesamtfläche beträgt

$$(a+b)^2 = a^2 + 2 \cdot a \cdot b + b^2,$$

sie setzt sich aus zwei Quadraten mit den Flächen a^2 und b^2 zusammen, sowie zwei kon-

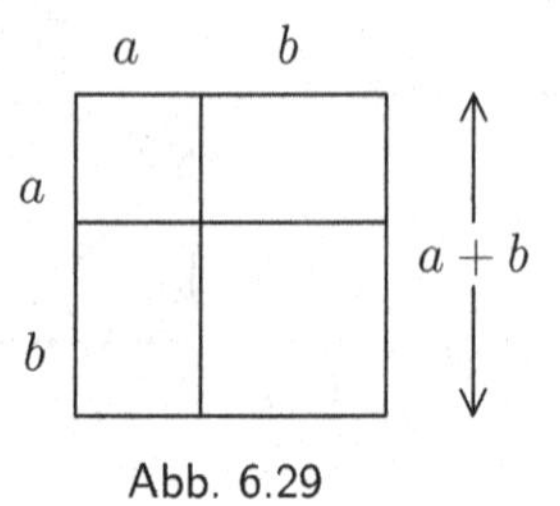

Abb. 6.29

gruenten Exemplaren des Rechtecks mit den Seiten a und b. Also muss dessen Fläche $a \cdot b$ sein. ∎

Es ist lange still geblieben um Helmut, aber hier runzelt er energisch die Stirn: „Man kann doch einen Beweis nicht mit Hilfe eines Bildes führen!“ Recht hat er, aber die Situation ist hier so einfach, dass man das, was im Bild zu sehen ist, auch sehr leicht abstrakt formulieren könnte. In solchen Fällen erlauben wir uns schon einmal einen Beweis „per Bild“.

6.20 Der Flächeninhalt eines Dreiecks

Es sei ein Dreieck ABC gegeben, c die Länge der Grundlinie AB und h die Länge der „Höhe“ (also des Lotes) von C auf AB. Mit G sei das zugehörige Dreiecksgebiet bezeichnet. Dann ist

$$\mu(G) = \frac{1}{2} \cdot h \cdot c.$$

BEWEIS: Wir setzen hier voraus, dass alle Winkel im Dreieck kleiner als ein Rechter sind. Die noch denkbaren anderen Fälle seien dem Leser als Übungsaufgabe überlassen.

Wir benutzen folgende Skizze:

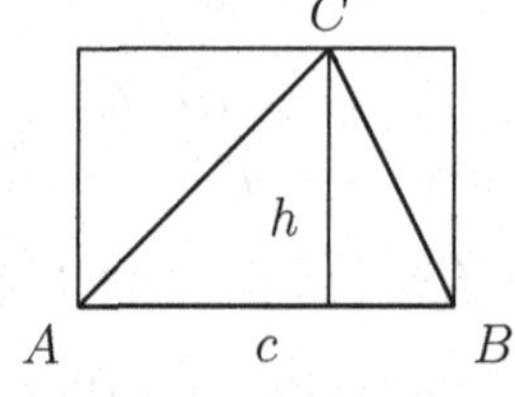

Abb. 6.30

Das umgebende Rechteck mit den Seitenlängen c und h hat die Fläche $c \cdot h$. Es setzt sich aus vier Dreiecksgebieten zusammen, von denen jeweils zwei kongruent sind. Sind m_1, m_2 die Flächeninhalte dieser Dreiecksgebiete, so ist $c \cdot h = 2m_1 + 2m_2$. Aber $m_1 + m_2$ ist die Fläche des zu ABC gehörenden Dreiecksgebietes. ∎

Der ***Satz des Pythagoras*** kann nun auch als ein Satz über Flächen interpretiert werden:

Die Summe der Flächeninhalte der Quadrate über den beiden Katheten eines rechtwinkligen Dreiecks ergibt den Flächeninhalt des Quadrates über der Hypotenuse.

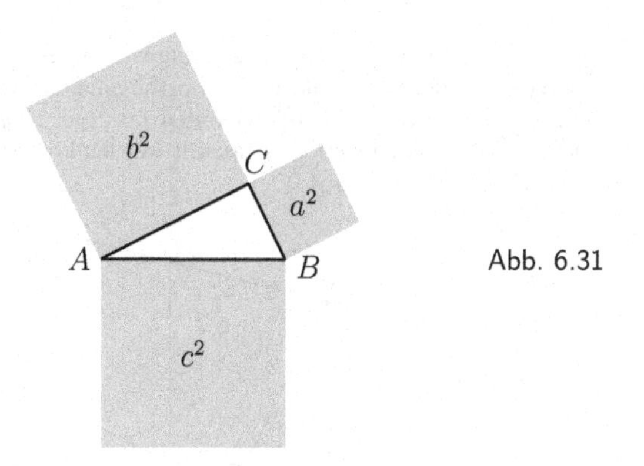

Abb. 6.31

Es gibt zahllose Beweise dieses Satzes, der wohl in Wirklichkeit schon lange vor den Pythagoräern bekannt war. Will man mit Flächen argumentieren, so geht es besonders einfach mit nebenstehender Figur:

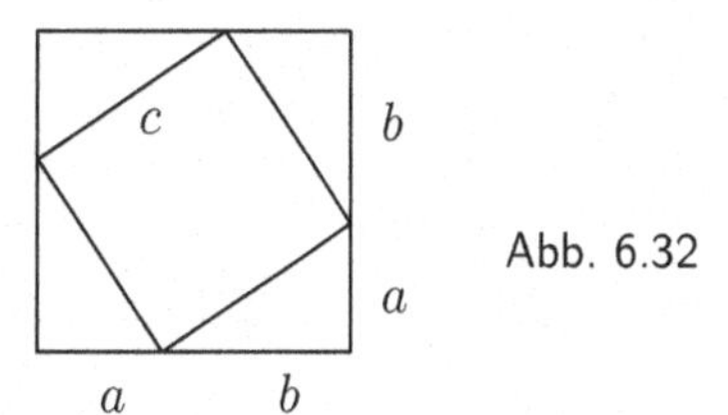

Abb. 6.32

Die vier Dreiecke am Rand sind alle zueinander kongruent (SWS). Daher sind alle Seiten des Vierecks in der Mitte gleich lang und alle Winkel sind rechte Winkel, d.h., das Viereck ist ein Quadrat.

Dann ist $(a+b)^2 = c^2 + 4ab/2$, also $a^2 + 2ab + b^2 = c^2 + 2ab$.

Zugabe für ambitionierte Leser

Wir müssen noch den Beweis des folgenden Satzes nachtragen.

6.21 Hauptsatz über orthogonale Projektionen

Vorausgesetzt sei die Gültigkeit der Axiome G-1 bis G-5 der ebenen Geometrie. Dann kann man auf der Menge aller Richtungen eine Orthogonalitätsbeziehung und zu jeder Geraden L ein Lineal λ_L finden, so dass gilt:

Für beliebige Geraden L und M stimmen die Skalenfaktoren der orthogonalen Projektionen von L auf M und von M auf L (gemessen mit λ_L und λ_M) überein.

Beweis: Wir benutzen ein beliebiges Koordinatensystem für die Ebene und können dann die Ebene mit dem $\mathbb{R}^2$ identifizieren und alle Geraden durch Gleichungen der Form $ax + by = r$ beschreiben. Wir normieren die Gleichungen so, dass $a^2 + b^2 = 1$ und $a > b$ (oder $a = b > 0$) ist, um a, b und r eindeutig zu machen. Außerdem zeichnen wir auf jeder solchen Geraden L die Punkte O_L und E_L mit $O_L := (ar, br)$ und $E_L := (ar - b, br + a)$ aus. Weil $(a, b) \neq (0, 0)$ ist, sind diese voneinander verschieden, und es gibt genau ein Lineal $\lambda_L : L \to \mathbb{R}$ mit $\lambda_L(O_L) = 0$ und $\lambda_L(E_L) = 1$. Im Abschnitt „Orthogonalität" wurde schon gezeigt, dass dieses „Standard-Lineal" durch

$$\lambda_L(x, y) = \begin{cases} y & \text{falls } a = 1 \text{ und } b = 0 \\ (-x + ar)/b & \text{sonst.} \end{cases}$$

gegeben ist. Zwei Geraden $L = \{(x, y) : ax + by = r\}$ und $M = \{(x, y) : cx + dy = s\}$ heißen nun *orthogonal* zueinander, falls gilt: $ac + bd = 0$.

Dass dies tatsächlich eine Orthogonalitätsbeziehung ist, wurde auch schon gezeigt. Etwas komplizierter ist die Berechnung der Skalenfaktoren der orthogonalen Projektionen. Dazu betrachten wir zwei nicht aufeinander senkrecht stehende Geraden $L = \{ax + by = r\}$ und $M = \{px + qy = s\}$. Weil in der gesamten Situation x und y vertauscht werden können, dürfen wir voraussetzen, dass M keine vertikale Gerade ist, also $q \neq 0$.

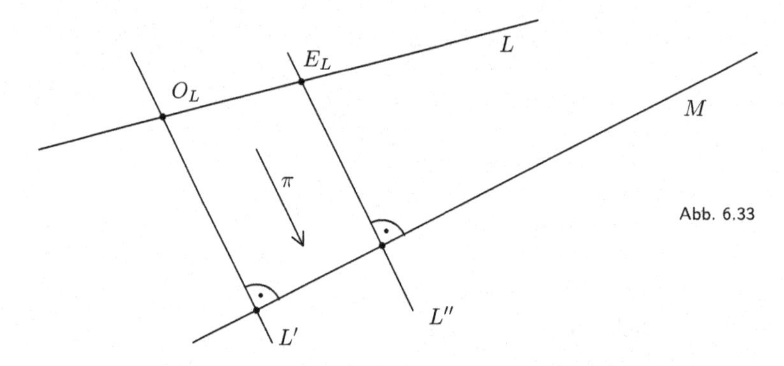

Abb. 6.33

Sei π die orthogonale Projektion von L auf M. Der gesuchte Skalenfaktor ist die Zahl

$$\boldsymbol{\alpha} := \frac{\lambda_M(\pi(E_L)) - \lambda_M(\pi(O_L))}{\lambda_L(E_L) - \lambda_L(O_L)} = \lambda_M(\pi(E_L)) - \lambda_M(\pi(O_L)),$$

denn es ist ja $\lambda_L(E_L) - \lambda_L(O_L) = 1 - 0 = 1$.

Eine allgemeine Gerade L', die senkrecht auf M steht, hat die Gleichung $-qx + py = k$, mit einer geeigneten Konstanten k. Soll sie außerdem durch O_L gehen, so muss (ar, br) die Gleichung erfüllen. Das bedeutet, dass $k = r(pb - qa)$ ist. Der Fußpunkt (x, y) des Lotes von O_L auf M muss also folgenden Gleichungen genügen:

$$\begin{aligned} -qx + py &= k \\ \text{und} \quad px + qy &= s. \end{aligned}$$

Multiplizieren wir die erste Gleichung mit $-q$ und die zweite mit p, so erhalten wir die Gleichungen $q^2x - qpy = -qk$ und $p^2x + qpy = ps$ und damit $x(p^2 + q^2) = ps - qk$, also $x = -qk + ps$. Weil $\lambda_M(x, y) = (-x + ps)/q$ ist, folgt:

$$\lambda_M(\pi(O_L)) = (qk - ps + ps)/q = k.$$

Die Gerade L'', die senkrecht zu M ist und durch E_L geht, wird durch eine Gleichung $-qx+py = k'$ (mit einer geeigneten Konstanten k') beschrieben, zudem muss die Bedingung $-q(ar-b)+p(br+a) = k'$ erfüllt sein. Daraus folgt:

$$k' = k + (ap + bq).$$

Für den Fußpunkt (x', y') des Lotes von E_L auf M ergeben sich dann die Gleichungen $px'+qy' = s$ und $-qx' + py' = k + (ap + bq)$. Multipliziert man die erste Gleichung mit p und die zweite mit $-q$, so ergibt die Addition der Gleichungen die Beziehung $x'(p^2 + q^2) = ps - qk - apq - bq^2$, also $x' = ps - q(k + ap + bq) = ps - qk'$. Damit ist

$$\lambda_M(\pi(E_L)) = (qk' - ps + ps)/q = k' = k + (ap + bq).$$

Als Skalenfaktor ergibt sich demnach die Zahl

$$\boldsymbol{\alpha} = \lambda_M \circ \pi(E_L) - \lambda_M \circ \pi(O_L) = k + (ap + bq) - k = ap + bq.$$

Die Größe $\alpha = ap + bq$ kennen wir schon, sie wird genau dann $= 0$, wenn L und M aufeinander senkrecht stehen, und das hatten wir ja gerade für den Fall ausgeschlossen, dass man von L auf M orthogonal projizieren will. Weil der Ausdruck für α symmetrisch in (a, b) und (p, q) ist, erhält man für den Skalenfaktor der orthogonalen Projektion von M auf L das gleiche Ergebnis. Damit ist alles bewiesen. ∎

Aufgaben

6.1 Lösen Sie Aufgabe 1 (Geradengleichung) auf Seite 184.

6.2 Lösen Sie Aufgabe 2 (Schnittpunktbestimmung) auf Seite 186.

6.3 Lösen Sie Aufgabe 3 (Seitenhalbierende) auf Seite 191.

6.4 Gegeben sei eine Abbildung $f : \mathbb{R} \to \mathbb{R}$ mit folgender Eigenschaft: Für alle $p, q, r, s \in \mathbb{R}$ mit $r \neq s$ ist

$$f(r) \neq f(s) \quad \text{und} \quad \frac{p-q}{r-s} = \frac{f(p) - f(q)}{f(r) - f(s)}\,.$$

Zeigen Sie, dass es dann reelle Zahlen a, b mit $a \neq 0$ gibt, so dass $f(t) = at + b$ ist.

6.5 L und M seien Geraden, $\lambda_1 : L \to \mathbb{R}$ und $\mu_1 : M \to \mathbb{R}$ Lineale. Weiter sei $f : L \to M$ eine bijektive Abbildung mit $\mu_1 \circ f = \lambda_1$. Zeigen Sie, dass es zu jedem Paar von Linealen $\lambda_2 : L \to \mathbb{R}$ und $\mu_2 : M \to \mathbb{R}$ reelle Zahlen a, b mit $a \neq 0$ gibt, so dass gilt:

$$\mu_2 \circ f \circ (\lambda_2)^{-1}(t) = at + b.$$

6.6 Es seien Punkte $P \neq Q$ gegeben, sowie $R \in \overrightarrow{PQ}$ mit $R \neq P$. Durch $\lambda(P) = 0$ und $\lambda(Q) = 1$ (bzw. $\mu(P) = 0$ und $\mu(R) = 1$) werden Lineale λ und μ für die durch P und Q bestimmte Gerade L festgelegt. Zeigen Sie:

1. $\overrightarrow{PQ} = \{X \in L : \lambda(X) \geq 0\}$.
2. $\lambda \circ \mu^{-1}(t) = at$, mit $a > 0$.

6.7 Durch $4x + 5y + 6 = 0$ ist eine Gerade L gegeben. Berechnen Sie die Steigung und die Schnittpunkte mit der x-Achse und der y-Achse.

6.8 Lösen Sie die beiden folgenden Gleichungssysteme:

$$\text{(I)} \quad \begin{aligned} \frac{3x}{2} + \frac{2y}{3} &= 27 \\ \frac{3x}{2} - \frac{2y}{3} &= 15 \end{aligned} \qquad\qquad \text{(II)} \quad \begin{aligned} \frac{7}{x-1} + \frac{4}{y+6} &= 8 \\ \frac{4}{x-1} + \frac{7}{y+6} &= \frac{23}{4} \end{aligned}$$

6.9 Zeigen Sie, dass der Durchschnitt zweier konvexer Mengen wieder konvex ist. Beweisen Sie: Das Innere eines Dreiecks ist immer konvex, das Innere eines Vierecks braucht aber nicht konvex zu sein.

6.10 Zeigen Sie (mit Hilfe geeigneter Koordinaten): In einem Parallelogramm teilen sich die Diagonalen gegenseitig im Verhältnis 1 : 1.

6.11 Zeigen Sie: Liegt X im Innern eines Winkels und geht die Gerade L durch den Punkt X, so trifft L mindestens einen der Schenkel des Winkels.

6.12 Beweisen Sie: Trifft eine Gerade L die Ecke A des Dreiecks ABC und einen inneren Punkt des Dreiecks, so trifft L auch die Seite BC.

6.13 Beweisen Sie mit Hilfe des Satzes von Pythagoras:

1) Sei L eine Gerade, P ein Punkt, der nicht auf L liegt und F der Fußpunkt des Lotes (also die orthogonale Projektion) von P auf L. Dann gilt für beliebige Punkte $X, Y \in L$:

$$d(P, X) > d(P, Y) \iff d(F, X) > d(F, Y).$$

2) Die Geraden L und M mögen sich in einem Punkt treffen und nicht zueinander orthogonal sein. Dann gilt für den Skalenfaktor m der orthogonalen Projektion von L auf M (und von M auf L): $\quad -1 \leq m \leq +1$.

6.14 Gegeben sei ein rechtwinkliges Dreieck ABC mit Hypotenuse AB. Es sei F das Bild von C unter der orthogonalen Projektion auf AB, h die Länge der „Höhe" CF, p und q die Längen der Hypotenusenabschnitte AF und FB. Zeigen Sie: $p \cdot q = h^2$.

6.15 Sei $O = (0, 0)$, $x_0 > 0$, y_0 beliebig, $r > 0$, $M = (x_0, y_0)$ und $P = (x_0, 0)$. Zeigen Sie: Ist $d(M, O) < r$, so gibt es einen Punkt $Q \in K_r(M) \cap \overrightarrow{OP}$. Dabei bezeichnet $K_r(M)$ den Kreis um M mit Radius r.

6.16 Sei $P \neq Q$. Unter der ***Mittelsenkrechten*** der Strecke PQ versteht man die Gerade, die durch den Mittelpunkt der Strecke geht und auf der Geraden durch P und Q senkrecht steht.

Beweisen Sie für einen beliebigen Punkt X:

$$d(X, P) = d(X, Q) \iff X \text{ liegt auf der Mittelsenkrechten von } PQ.$$

6.17 Sei f eine Ähnlichkeitsabbildung mit Ähnlichkeitskonstante k. Zeigen Sie, dass für jedes Polygongebiet G gilt: $\mu(f(G)) = k^2 \cdot \mu(G)$.

6.18 Bestimmen Sie den Flächeninhalt eines Parallelogramms bzw. eines Trapezes (d.h., eines Vierecks, bei dem zwei gegenüberliegende Seiten parallel sind).

6.19 Verwandeln Sie ein Dreieck in ein flächengleiches Rechteck. Verwandeln Sie anschließend ein Rechteck mit den Seiten a und b in ein flächengleiches Quadrat der Seitenlänge x (durch Konstruktion eines rechtwinkligen Dreiecks mit der Hypotenuse $a + b$ und Höhe x).

7 Allerlei Winkelzüge

Die Mathematik handelt ausschließlich von den Beziehungen der Begriffe zueinander ohne Rücksicht auf deren Bezug zur Erfahrung.

Albert Einstein[1]

Kreis und Bogenmaß

Bisher können wir nur Längen von Strecken und Flächeninhalte von Polygongebieten messen und berechnen. Nun wollen wir uns den Winkeln zuwenden. Dazu betrachten wir den Einheitskreis, d.h. den Kreis vom Radius 1 um $O = (0, 0)$. Jeder von O ausgehende Strahl trifft den Einheitskreis in genau einem Punkt. Ist ein Winkel mit Scheitel in O gegeben, so schneiden seine Schenkel den Kreis in zwei Punkten und es bietet sich an, die Länge des Kreisbogens zwischen diesen beiden Schnittpunkten als Maß für den Winkel zu benutzen. Deshalb versuchen wir, die Länge eines Kreisbogens durch die Länge eines einbeschriebenen Streckenzuges zu approximieren. Wir betrachten zunächst nur Teile eines Viertelkreisbogens. Dann ist ein einbeschriebener Streckenzug stets länger als die Diagonale und kürzer als die Seite des dem Einheitskreis umbeschriebenen Quadrates, also kürzer als 2.

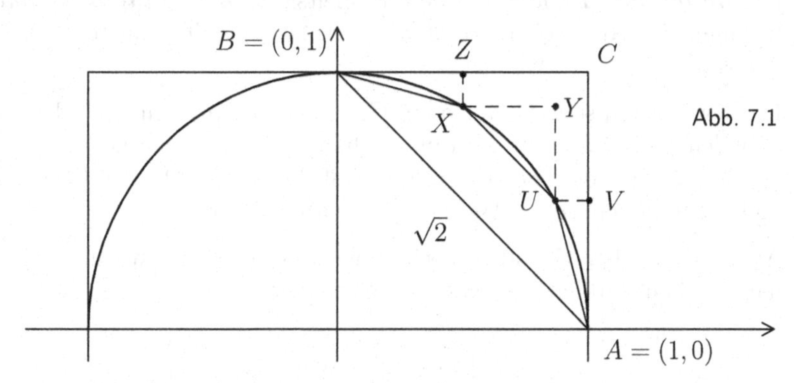

Abb. 7.1

Tatsächlich hat der Streckenzug von A über V, U, Y, X, Z nach B die gleiche Länge wie der Weg außen herum von A über C nach B, also die Länge 2. Weil aber in einem rechtwinkligen Dreieck (zum Beispiel UAV) die Summe der Katheten länger als die Hypotenuse ist, ist der Streckenzug von A über U und X nach B kürzer als 2.

[1]Eine Quelle für dieses berühmte Einstein-Zitat ist schwer zu finden. Es passt allerdings sehr gut zu Einsteins Äußerungen zur Mathematik in seinem Vortrag *Geometrie und Erfahrung* vor der Preußischen Akademie der Wissenschaften (1921).

Verbessert man die Approximation, so vergrößert sich die Länge des approximierenden Streckenzuges. Mit Hilfe des Satzes von der monotonen Konvergenz folgt, dass sich die Längen der approximierenden Streckenzüge schließlich einem endlichen Grenzwert ℓ beliebig nähern, und diesen Grenzwert bezeichnet man als die ***Länge des Viertelkreisbogens***. Insbesondere gewinnt man für ℓ die folgende Abschätzung: $\sqrt{2} \le l < 2$.

Definition (Die Zahl π)

Unter der Zahl π („Pi") versteht man die Länge eines Halbkreisbogens mit dem Radius 1.

Dann ergibt sich zunächst die grobe Abschätzung

$$\sqrt{2} < \frac{\pi}{2} < 2, \qquad \text{also} \qquad 2.828 < \pi < 4\,.$$

Durch Übergang zu besseren Approximationen erhält man

$$\boxed{\pi = 3.141\,592\,653\,589\,793\,238\,462\,643\ldots}$$

Man kann sogar zeigen, dass die Zahl π irrational ist. Näheres dazu wird auf Seite 213 berichtet.

Die ***Länge des Bogens*** auf dem Einheitskreis ***über einem Winkel*** α bezeichnet man mit $\text{Arcus}(\alpha)$ (***Arcus von*** α). Ist speziell ϱ ein rechter Winkel, so ist $\text{Arcus}(\varrho) = \pi/2$.

Da Bewegungen stets Geraden auf Geraden und Kreislinien wieder auf Kreislinien abbilden und außerdem Abstände erhalten, haben kongruente Winkel auch den gleichen Arcus-Wert. Setzt sich der Winkel α aus den beiden kleineren Winkeln β und γ zusammen, so ist $\text{Arcus}(\alpha) = \text{Arcus}(\beta) + \text{Arcus}(\gamma)$.

Aus traditionellen Gründen möchten wir erreichen, dass der gestreckte Winkel genau das Maß 180 hat. Deshalb definieren wir:

$$\boxed{m(\alpha) := \text{Arcus}(\alpha) \cdot \frac{180}{\pi}.}$$

Die Zahl $d = m(\alpha)$ ist dann der Wert von α im **Gradmaß**, die Zahl $b = \text{Arcus}(\alpha) = d \cdot \pi/180$ der Wert von α im **Bogenmaß**. Ein Winkel von ***einem Grad*** (man schreibt dann $m(\alpha) = 1$ oder $\alpha = 1°$) hat das Bogenmaß $\pi/180$.

Mit Hilfe einer zentrischen Streckung kann man aus dem Einheitskreis einen Kreis mit einem beliebigen Radius $r > 0$ gewinnen. Aus dieser Tatsache und der Art des Approximationsverfahrens folgt:

7.1 Der Umfang eines Kreises vom Radius r

Die Länge eines (ganzen) Kreisbogens mit Radius r beträgt $2\pi r$.

Als Nächstes beschäftigen wir uns mit dem Problem, die Fläche eines Kreisgebietes auszurechnen. Bisher haben wir den Begriff des Flächeninhaltes nur für Polygongebiete definiert. Man kann ihn jedoch auf weitaus kompliziertere Gebiete ausdehnen:

Sei $G \subset E$ eine Teilmenge. Es gebe Folgen (P_n) und (Q_n) von Polygongebieten, sowie eine reelle Zahl c, so dass gilt:

1. Für alle n ist $\quad P_n \subset G \subset Q_n$.
2. $\lim\limits_{n\to\infty} \mu(P_n) = \lim\limits_{n\to\infty} \mu(Q_n) = c$.

Dann sagen wir, G hat die *Fläche* c.

Man kann zeigen, dass dieser Flächenbegriff nicht von den gewählten Polygongebieten P_n und Q_n abhängt. Und wenn G selbst schon ein Polygongebiet ist, dann erhält man nichts Neues.

Schreiten wir zur Tat! Wir betrachten einen Kreis mit Mittelpunkt M und Radius r. Ist $n \in \mathbb{N}$, so kann man das zugehörige Kreisgebiet G in n kongruente ***Sektoren*** unterteilen, deren Winkel bei M jeweils $(360/n)°$ beträgt. Verbindet man die beiden auf dem Kreisrand gelegenen Punkte eines Sektors miteinander, so erhält man die Basis eines gleichschenkligen Dreiecks, und alle n Dreiecksgebiete zusammen ergeben ein Polygongebiet, ein sogenanntes ***regelmäßiges*** n***–Eck***, das dem Kreis einbeschrieben ist.

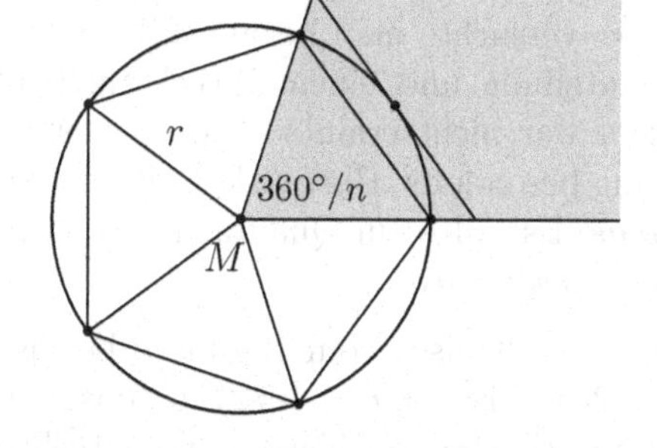

Abb. 7.2

Verlängert man die Schenkel der Dreiecke so weit, dass die Basis der vergrößerten Dreiecke jeweils den Kreis von außen berührt, so erhält man ein größeres n-Eck, das dem Kreis umbeschrieben ist. Wählt man speziell $n = 2^k$, $k = 1, 2, 3, \ldots$, so liefern die ein- und umbeschriebenen n–Ecke zwei Folgen (P_k) und (Q_k) von Polygongebieten, wobei $\mu(P_k)$ monoton wächst und $\mu(Q_k)$ monoton fällt. Da außerdem stets $\mu(P_k) < \mu(Q_k)$ ist, sind beide Zahlenfolgen beschränkt. Nach dem Satz über monotone Konvergenz existieren also $a := \lim\limits_{k\to\infty} \mu(P_k)$ und $u := \lim\limits_{k\to\infty} \mu(Q_k)$. Außerdem ist stets $P_k \subset G \subset Q_k$. Wir müssen nur noch die Grenzwerte a und u berechnen und zeigen, dass sie gleich sind.

Es sei s_k die halbe Seitenlänge von P_k und t_k die halbe Seitenlänge von Q_k. Weiter sei r_k die Höhe des Dreiecks, das vom Mittelpunkt M des Kreises und zwei benachbarten Ecken von P_k gebildet wird. Dann ist $\mu(P_k) = 2^k \cdot s_k \cdot r_k$ und $\mu(Q_k) = 2^k \cdot t_k \cdot r$.

Offensichtlich strebt der Streckenzug, der von den Seiten von P_k gebildet wird, gegen die Kreislinie.

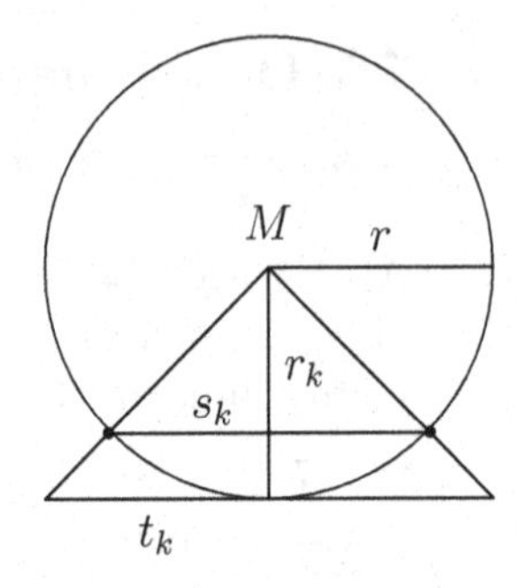

Abb. 7.3

Also gilt: $\lim\limits_{k\to\infty} 2^k \cdot 2 \cdot s_k = 2\pi r$.

Nach dem Strahlensatz ist $\dfrac{s_k}{t_k} = \dfrac{r_k}{r}$. Daraus folgt:

$$\begin{aligned}\mu(Q_k) - \mu(P_k) &= 2^k \cdot t_k \cdot r - 2^k \cdot s_k \cdot r_k = 2^k \cdot \frac{s_k r}{r_k} \cdot r - 2^k \cdot s_k \cdot r_k \\ &= (2^k \cdot s_k) \cdot \left(\frac{r}{r_k} \cdot r - r_k \right).\end{aligned}$$

Dabei konvergiert die erste Klammer gegen πr und die zweite gegen 0. Also konvergiert $\mu(Q_k) = (\mu(Q_k) - \mu(P_k)) + \mu(P_k)$ gegen den gleichen Grenzwert wie $\mu(P_k)$. Es ist aber $\lim\limits_{k\to\infty} \mu(P_k) = \lim\limits_{k\to\infty} (2^k \cdot s_k) \cdot \lim\limits_{k\to\infty} r_k = \pi r \cdot r$. Daher gilt:

Die Fläche eines Kreises vom Radius r beträgt $r^2\pi$.

In der Antike versuchte man bekanntlich, Konstruktionen allein mit einem Lineal ohne Maßeinteilung und einem Zirkel durchzuführen, das Messen von Strecken und Winkeln war nicht erlaubt. Ein schwieriges Problem, an dessen Lösung die Griechen mit besonderer Hartnäckigkeit arbeiteten, war deshalb die ***Quadratur des Kreises***. Es sollte ein Quadrat konstruiert werden, das einem vorgegebenen Kreis flächengleich war.

Die Fläche eines Kreises vom Radius r beträgt $F := r^2\pi$, sein Umfang hat die Länge $U := 2r\pi$. Also ist $F = (r/2) \cdot U$, das ist die Fläche eines Rechtecks mit den Seiten $r/2$ und U. Stellen wir uns nun ein rechtwinkliges Dreieck ABC vor, dessen Hypotenuse $c = \overline{AB}$ durch die von C ausgehende Höhe h in die Abschnitte x und y unterteilt wird, so folgt aus dem Satz des Pythagoras:

$$x^2 + h^2 = b^2 \text{ und } y^2 + h^2 = a^2,$$

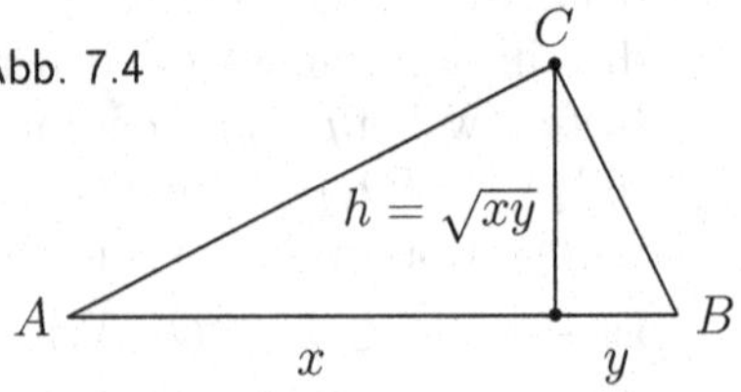

also

$$x^2 + y^2 + 2h^2 = c^2 = (x+y)^2$$

und damit $\boxed{h^2 = x \cdot y.}$

Abb. 7.4

C, A, B, x, y, $h = \sqrt{xy}$

Mit dieser Methode kann man übrigens irrationale Größen wie die Wurzel aus einer rationalen Zahl mit Zirkel und Lineal konstruieren.

Aber zurück zur Quadratur des Kreises: Wenn die Größen r und U gegeben sind, dann kann das oben genannte rechtwinklige Dreieck so konstruiert werden, dass $x = r/2$ und $y = U$ ist, und das ergibt die Beziehung $h^2 = F$. Das bedeutet, dass die Quadratur des Kreises gelöst ist, wenn man aus gegebenem r allein mit Zirkel und Lineal eine Strecke der Länge $U = 2r\pi$ konstruieren kann. Mit Hilfe der analytischen Geometrie lässt sich zeigen, dass das genau dann möglich ist, wenn man die Zahl π aus der Zahl 1 gewinnen kann, indem man endlich oft addiert, subtrahiert, multipliziert, dividiert oder die Quadratwurzel zieht. In diesem Falle wäre π eine sogenannte ***algebraische Zahl***, d.h. die Nullstelle eines Polynoms mit rationalen Koeffizienten.

Die algebraischen Zahlen (zu denen z.B. $\sqrt{2}$ gehört) bilden – wie man mit einem Beweis von Cantor zeigen kann – eine abzählbare Menge, es muss also überabzählbar viele nicht algebraische Zahlen in $\mathbb{R}$ geben. Solche Zahlen nennt man ***transzendent***. Ihre Existenz wurde 1844 (also schon vor Cantor) erstmals von J. Liouville[2] nachgewiesen. 1873 bewies Charles Hermite die Transzendenz der Euler'schen Zahl e, und im Jahre 1882 zeigte schließlich der deutsche Mathematiker Ferdinand von Lindemann[3], dass π transzendent ist. Die Quadratur des Kreises ist demnach definitiv unmöglich, was aber die zahlreichen Hobby-Mathematiker nicht davon abhält, alljährlich neue Konstruktionsversuche bei mathematischen Instituten und Zeitschriften einzureichen. Sie verstehen nicht, dass die gleiche, streng logische Mathematik, auf die sie sich bei ihren Konstruktionsbeschreibungen berufen, auch einen unwiderlegbaren Unmöglichkeitsbeweis zulässt.

Winkel in Dreiecken

Der Vollständigkeit halber soll hier an einige klassische Sätze über Winkel in der euklidischen Geometrie erinnert werden.

Zwei Nebenwinkel ergänzen sich zu 180°. Ein rechter Winkel ist gleich seinem Nebenwinkel, ist also ein Winkel von 90°. Scheitelwinkel sind gleich, weil sie den gleichen Nebenwinkel besitzen.

Eine wichtige Grundlage für die bekannten Sätze der ebenen Geometrie ist der

7.2 Außenwinkelsatz

An jedem Dreieck ist der bei Verlängerung einer Seite entstehende Außenwinkel größer als jeder der beiden gegenüberliegenden Innenwinkel.

---

[2]Der Franzose Joseph Liouville (1809–1882) zählt zu den bedeutendsten Mathematikern des 19. Jahrhunderts. Er veröffentlichte über 400 Arbeiten zur Algebra, Zahlentheorie, Geometrie und Analysis, sowie zu verschiedenen Gebieten der Physik.

[3]Carl Louis Ferdinand von Lindemann (1852–1939) war Schüler von Karl Weierstraß und Felix Klein und Lehrer von David Hilbert. Berühmt wurde er durch seine Arbeit *Die Zahl* π.

BEWEIS: Gegeben sei das Dreieck ABC mit den Innenwinkeln α, β und γ.

Abb. 7.5

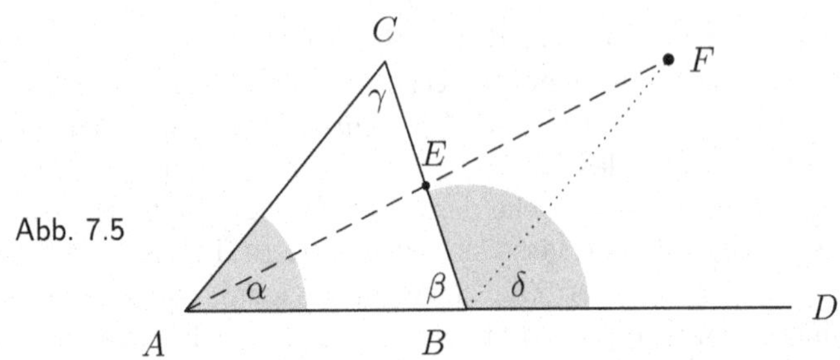

Wir verlängern AB über B hinaus und erhalten so den Außenwinkel $\delta = \angle DBC$. Wir halbieren die Seite BC und bezeichnen den Mittelpunkt mit E. Dann verlängern wir AE über E hinaus bis zu einem Punkt F, so dass $EF = AE$ ist.

Da $\angle AEC = \angle BEF$ ist (Scheitelwinkel), sind die Dreiecke AEC und BFE kongruent (SWS). Also ist $\gamma < \delta$. Analog zeigt man, dass auch $\alpha < \delta$ ist. ∎

Dieser fast genial zu nennende Beweis stammt von Euklid und benutzt **nicht** das Parallelenaxiom.[4] Deshalb wird auch nicht die Gleichheit von δ und $\alpha + \gamma$ gezeigt.

Definition (Winkel an sich schneidenden Geraden)

Die Gerade h werde von zwei verschiedenen Geraden g_1 und g_2 in zwei verschiedenen Punkten geschnitten. Dabei entstehen acht Winkel.

1. Liegen zwei Winkel auf der gleichen Seite von h und auf der gleichen Seite einer der Geraden g_1, g_2 und nicht auf der gleichen Seite der anderen Geraden, so heißen sie ***Stufenwinkel (F-Winkel)***.

2. Liegen zwei Winkel auf der gleichen Seite von h und auch jeweils auf der gleichen Seite von g_1 und g_2, so nennt man sie ***Ergänzungswinkel (E-Winkel)***.

3. Liegen zwei Winkel auf verschiedenen Seiten von h und jeweils auf der gleichen Seite von g_1 und g_2, so heißen sie ***Wechselwinkel (Z-Winkel)***.

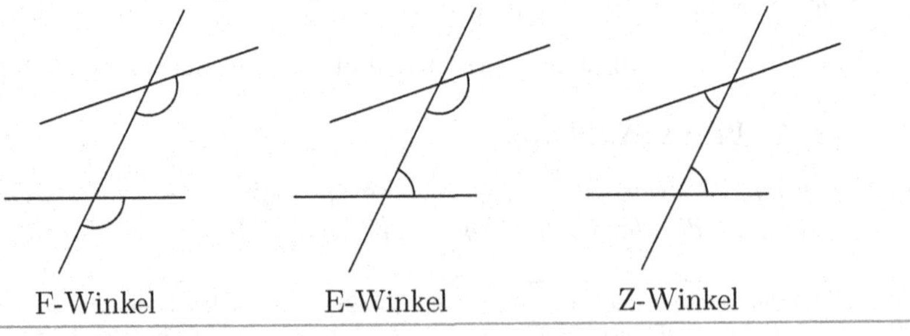

[4] Das trifft natürlich nur zu, wenn man Euklids Axiomensystem (mit den notwendigen Reparaturen) benutzt. In unserem eigenen System ist das Parallelenaxiom unverzichtbar, weil wir ja unbedingt Parallelprojektionen brauchen.

Wir sagen, in der gegebenen Situation ist	
die Bedingung (F) erfüllt,	falls zwei Stufenwinkel gleich sind,
die Bedingung (E) erfüllt,	falls zwei Ergänzungswinkel 180° ergeben,
die Bedingung (Z) erfüllt,	falls zwei Wechselwinkel gleich sind.

Man überlegt sich sehr leicht:

Gilt eine der Bedingungen (F), (E) oder (Z), so gelten auch alle anderen.

7.3 Aus den Winkelbeziehungen folgt Parallelität

Wird die Gerade h von zwei Geraden g_1, g_2 in zwei verschiedenen Punkten getroffen und gilt eine Bedingung (F), (E) oder (Z), so sind g_1 und g_2 parallel.

Beweis: Es seien E und F die Schnittpunkte von h mit g_1 bzw. g_2. Wir nehmen an, g_1 und g_2 seien nicht parallel. Dann müssen sie sich auf einer Seite von h treffen, G sei der Schnittpunkt.

Abb. 7.6

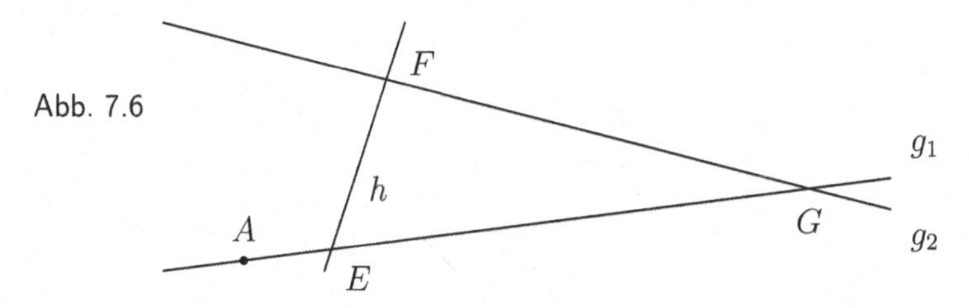

Wir wählen noch einen Punkt A auf g_1, so dass E zwischen A und G liegt. Wir können voraussetzen, dass die Wechselwinkel $\angle AEF$ und $\angle EFG$ gleich sind. Aber $\angle AEF$ ist Außenwinkel zum Dreieck EGF, und $\angle EFG$ ein nicht anliegender Innenwinkel. Das ist ein Widerspruch! ∎

Man beachte, dass dieses Ergebnis mit Hilfe von Euklids Außenwinkelsatz bewiesen wurde. Tatsächlich hat Euklid in seinen „Elementen" dreißig Sätze und darunter als einen der letzten auch den obigen ohne sein fünftes Postulat (also ohne Parallelenaxiom) bewiesen. Das war einer der Gründe, warum in den folgenden Jahrhunderten immer wieder versucht wurde, das Parallelenaxiom zu beweisen.

7.4 Aus der Parallelität folgen die Winkelbeziehungen

Trifft eine Gerade zwei verschiedene Parallelen, so gelten die Bedingungen (F), (E) und (Z).

Dies ist Euklids berühmter Satz 29, zu dessen Beweis er zum ersten Mal sein fünftes Postulat gebraucht. Wie das geht, haben wir schon in Kapitel 1 gesehen, das brauchen wir jetzt nicht zu wiederholen.

7.5 Außenwinkel- und Winkelsummensatz

Bei jedem Dreieck gilt:

1. *Jeder Außenwinkel ist gleich der Summe der beiden gegenüberliegenden Innenwinkel.*
2. *Die Summe der drei Innenwinkel ergibt* $180°$.

BEWEIS: Die Winkel im Dreieck ABC seien wie üblich mit α, β, γ bezeichnet. Zieht man durch B die Parallele zu AC und wählt darauf einen Punkt E (auf der gleichen Seite von AB wie C), so erhält man den Winkel $\varepsilon := \angle CBE$. Verlängert man AB über B hinaus bis zu einem Punkt D, so erhält man den Winkel $\delta := EBD$.

Nun ist $\gamma = \varepsilon$ (Z-Winkel an Parallelen) und $\alpha = \delta$ (Stufenwinkel an Parallelen). Also ist $\alpha + \gamma = \varepsilon + \delta =: \varphi$ der Außenwinkel, der α und γ gegenüberliegt.

Weiter ist $\alpha + \beta + \gamma = \beta + \varphi = 180°$ (Nebenwinkel). Das war zu zeigen. ∎

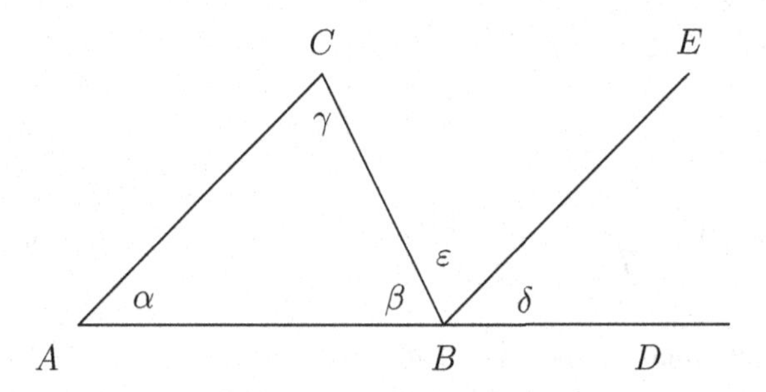

Abb. 7.7 Die Winkelsumme im Dreieck

Winkelfunktionen

Weiter oben haben wir über die Konstruierbarkeit mit Zirkel und Lineal gesprochen. In der Praxis möchte man allerdings geometrische Größen eher näherungsweise berechnen, z.B. unzugängliche Teile eines Dreiecks aus schon bekannten Teilen. Wichtigstes Hilfsmittel ist dabei die Trigonometrie, die Lehre von den Winkelfunktionen. Dazu betrachten wir ein rechtwinkliges Dreieck ABC mit Hypotenuse AB:

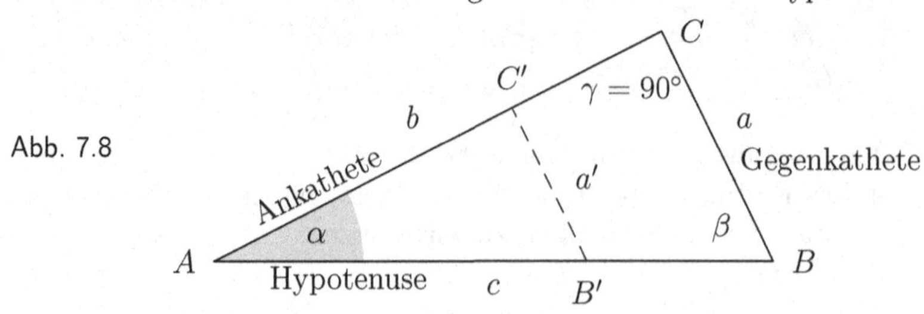

Abb. 7.8

Wir interessieren uns für den Winkel α, den anderen Basiswinkel β gewinnt man mit der Gleichung $\alpha + \beta = 90°$. In dieser Situation nennt man die Seite AC die ***Ankathete*** von α und BC die ***Gegenkathete*** von α. Wir arbeiten in einem Koordinatensystem und identifizieren – wie üblich – Strecken mit ihren im Koordinatensystem ermittelten Längen. So sei etwa $c = AB$, $a = BC$ und $b = AC$.

Definition (Sinus und Cosinus)

$$\sin\alpha := \frac{\text{Gegenkathete}}{\text{Hypotenuse}} = \frac{a}{c} \quad \text{heißt } \textbf{\textit{Sinus}} \text{ von } \alpha.$$

$$\cos\alpha := \frac{\text{Ankathete}}{\text{Hypotenuse}} = \frac{b}{c} \quad \text{heißt } \textbf{\textit{Cosinus}} \text{ von } \alpha.$$

Dabei ist z.B. $b/c = \cos\alpha$ nichts anderes als der Skalenfaktor der orthogonalen Projektion von AB auf AC. Verschiebt man also den Punkt B auf der Seite c in Richtung A bis zu einem Punkt B' und zieht dann die Parallele zu BC durch B', so schneidet diese Parallele die Seite b in einem Punkt C' (was zu einem neuen rechtwinkligen Dreieck $AB'C'$ mit den Seiten c', a' und b' führt), und der Skalenfaktor kann auch durch den Bruch b'/c' berechnet werden. Da der Winkel α bei A gleich geblieben ist, sehen wir, dass die Definition des Cosinus (und auf Grund eines analogen Arguments auch die Definition des Sinus) nicht von der Größe des rechtwinkligen Dreiecks, sondern nur von dem Winkel α abhängt. Eine solche Abhängigkeit liefert eine Funktion. Lässt man α gegen 0 gehen, so strebt die Gegenkathete a bei festem c gegen 0, während die Ankathete b gegen c strebt. Daher setzt man

$$\sin(0) := 0 \qquad \text{und} \qquad \cos(0) := 1.$$

Da $\beta = 90° - \alpha$ oder – im Bogenmaß – $\beta = \pi/2 - \alpha$ ist, gilt:

$$\sin\alpha = \cos\Big(\frac{\pi}{2} - \alpha\Big) \qquad \text{und} \qquad \cos\alpha = \sin\Big(\frac{\pi}{2} - \alpha\Big).$$

Konsequenterweise definieren wir:

$$\sin(\pi/2) = \sin(90°) = 1 \qquad \text{und} \qquad \cos(\pi/2) = \cos(90°) = 0.$$

Wenn wir die Winkel im Bogenmaß messen, dann können wir Sinus und Cosinus als reellwertige Funktionen auf dem abgeschlossenen Intervall $[0, \pi/2]$ auffassen.

7.6 Die Sinus-Cosinus-Gleichung

Für beliebiges α mit $0 \le \alpha \le \pi/2$ ist

$$\sin^2\alpha + \cos^2\alpha = 1.$$

BEWEIS: Im Dreieck ABC gilt nach dem Satz des Pythagoras:

$$a^2 + b^2 = c^2, \quad \text{also} \quad \left(\frac{a}{c}\right)^2 + \left(\frac{b}{c}\right)^2 = 1.$$

■

Wir führen nun noch zwei weitere Winkelfunktionen ein:

Definition (Tangens und Cotangens)

$$\tan\alpha := \frac{\text{Gegenkathete}}{\text{Ankathete}} = \frac{a}{b} \quad \text{heißt } \textit{\textbf{Tangens}} \text{ von } \alpha.$$

$$\cot\alpha := \frac{\text{Ankathete}}{\text{Gegenkathete}} = \frac{b}{a} \quad \text{heißt } \textit{\textbf{Cotangens}} \text{ von } \alpha.$$

Bemerkung: Offensichtlich ist

$$\tan\alpha = \frac{\sin\alpha}{\cos\alpha} \quad \text{und} \quad \cot\alpha = \frac{\cos\alpha}{\sin\alpha} = \frac{1}{\tan\alpha} \quad \text{für } 0 < \alpha < \frac{\pi}{2}.$$

Der Tangens kann für $\alpha = \pi/2$ und der Cotangens für $\alpha = 0$ nicht definiert werden!

Für einige spezielle Winkel kann man die Werte der Winkelfunktionen besonders einfach berechnen:

α	$\sin\alpha$	$\cos\alpha$	$\tan\alpha$	$\cot\alpha$
$0°$	0	1	0	$-$
$30°$	$\frac{1}{2}$	$\frac{1}{2}\sqrt{3}$	$\frac{1}{3}\sqrt{3}$	$\sqrt{3}$
$45°$	$\frac{1}{2}\sqrt{2}$	$\frac{1}{2}\sqrt{2}$	1	1
$60°$	$\frac{1}{2}\sqrt{3}$	$\frac{1}{2}$	$\sqrt{3}$	$\frac{1}{3}\sqrt{3}$
$90°$	1	0	$-$	0

Zum BEWEIS: Die Werte für 0° und 90° haben wir schon behandelt.

Nun betrachten wir den Fall eines gleichschenklig-rechtwinkligen Dreiecks, wo $a = b$ und $\alpha = \beta = 45°$ ist. Dann ist $c = \sqrt{2a^2} = a\sqrt{2}$, also

$$\sin(45°) = \frac{a}{c} = \frac{a}{a\sqrt{2}} = \frac{1}{2}\sqrt{2}$$

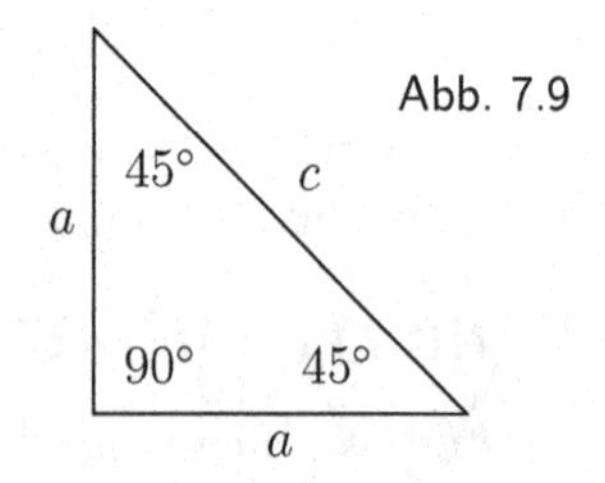

Abb. 7.9

und

$$\cos(45°) = \frac{b}{c} = \frac{a}{c} = \frac{1}{2}\sqrt{2},$$

sowie $\tan(45°) = \cot(45°) = 1$.

Als Nächstes betrachten wir ein gleichseitiges Dreieck mit Seitenlänge a:

Abb. 7.10

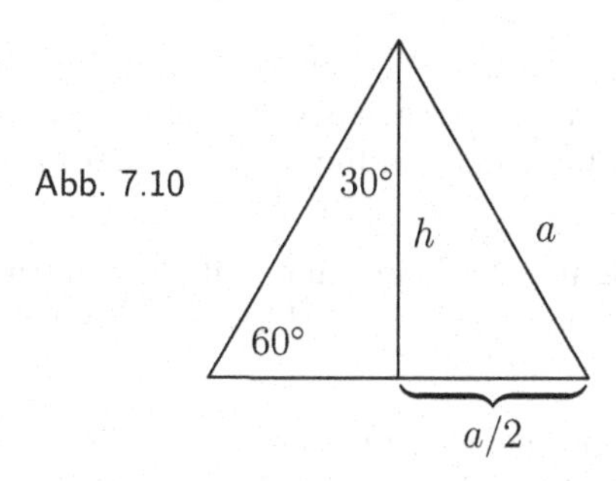

Durch Einzeichnen der Höhe h entstehen zwei rechtwinklige Dreiecke, jeweils mit den Winkeln 60° und 30°. Nach Pythagoras hat die Höhe den Wert

$$h = \sqrt{a^2 - (a/2)^2} = \frac{1}{2} \cdot \sqrt{3a^2} = \frac{1}{2}\sqrt{3} \cdot a.$$

Dann folgt: $\sin(60°) = \frac{h}{a} = \frac{1}{2}\sqrt{3}$ und $\cos(60°) = \frac{a/2}{a} = \frac{1}{2}$,

sowie $\sin(30°) = \frac{a/2}{a} = \frac{1}{2}$ und $\cos(30°) = \frac{h}{a} = \frac{1}{2}\sqrt{3}$.

Die Werte für tan und cot erhält man wieder durch Division. ∎

Bis jetzt sind die Winkelfunktionen nur für Winkel zwischen 0 und π definiert. Um sie auf Werte zwischen 0 und 2π (oder sogar beliebige Werte aus $\mathbb{R}$) zu erweitern, betrachten wir den **Einheitskreis**:

$O = (0,0)$ sei der Mittelpunkt, $A = (1,0)$ der Schnittpunkt des Kreises mit der positiven x-Achse, $X = (x,y)$ ein beliebiger Punkt auf dem Kreis im ersten Quadranten (also mit $x > 0$ und $y > 0$). Es sei $\alpha := \angle AOX$. Die orthogonale Projektion von X auf die x-Achse ergibt den Punkt $P := (x,0)$. Dann ist XOP ein rechtwinkliges Dreieck, mit der Hypotenuse OX, und es gilt: $\boxed{x = \cos\alpha \text{ und } y = \sin\alpha.}$

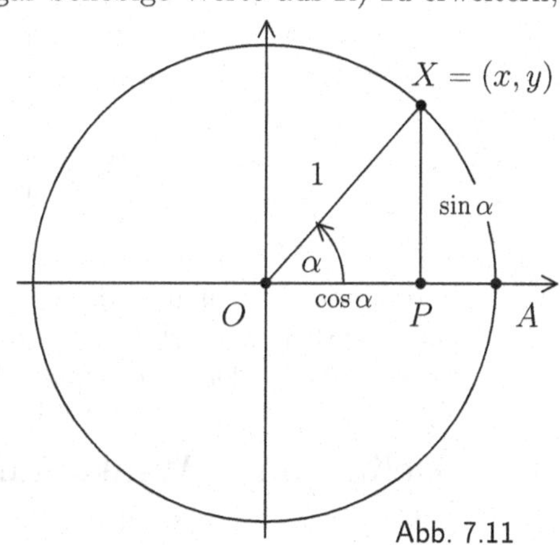

Abb. 7.11

Der Vorteil dieser Betrachtungsweise besteht darin, dass man den Punkt X beliebig rotieren lassen kann. Wenn er nicht mehr im ersten Quadranten liegt, dann macht das nichts.

Definition (Winkelfunktionen am Kreis)

Sei $0 \le \alpha \le 2\pi$ ein Winkel zwischen der positiven x-Achse und einem vom Nullpunkt ausgehenden Strahl, der den Einheitskreis in einem Punkt $X = (x,y)$ trifft. Dann setzt man $\sin\alpha := y$ und $\cos\alpha := x$.

Bemerkung: Wenn wir den Winkel α von 0 bis 2π wachsen lassen, dann durchläuft der Punkt $X = (\cos\alpha, \sin\alpha)$ den Kreis entgegen dem Uhrzeigersinn. Man sagt dann, X umläuft den Nullpunkt ***im mathematisch positiven Sinn***.

Eine volle Umdrehung entspricht dem Winkel 2π oder 360°. Der Ursprung der Zahl 360 im Zusammenhang mit der Winkelmessung liegt übrigens ziemlich im Dunkeln. Wahrscheinlich wurde sie von den Babyloniern ausgewählt, weil sie so viele Teiler hat.

Auch Tangens und Cotangens kann man am Einheitskreis wiederfinden. In der folgenden Skizze nutzt man, dass der Radius gleich 1 ist, sowie die Definition des Tangens als Quotient Gegenkathete/Ankathete und des Cotangens als Quotient Ankathete/Gegenkathete:

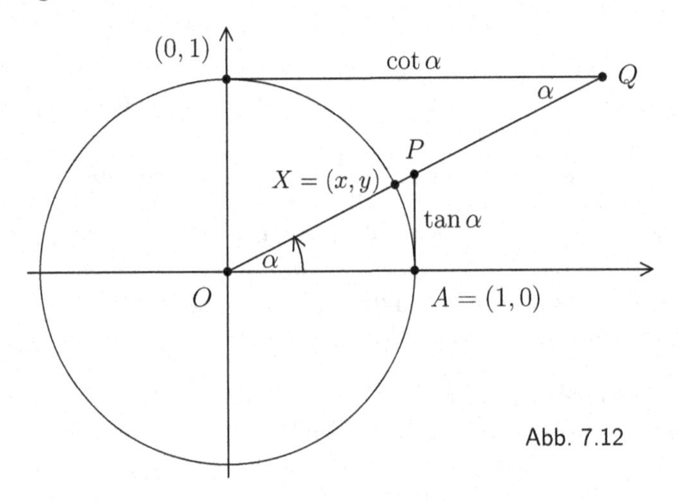

Abb. 7.12

Was hindert einen nun daran, den Einheitskreis mehrere Male zu durchlaufen? Offensichtlich wiederholen sich dann nach jeder 360°-Umdrehung die Sinus- und Cosinus-Werte. Daher erscheint die folgende Erweiterung sinnvoll:

Definition (Winkelfunktionen auf $\mathbb{R}$)

Ist $0 \le \alpha \le 2\pi$, so setzt man

$$\boxed{\sin(\alpha + n \cdot 2\pi) := \sin\alpha} \text{ und } \boxed{\cos(\alpha + n \cdot 2\pi) := \cos\alpha}, \text{ für } n \in \mathbb{Z}.$$

Beim Tangens und Cotangens verfährt man genauso, aber diese Funktionen sind natürlich nicht überall definiert, weil der Nenner null werden kann.

Wenn wir den Winkeln eine Richtung geben (durch Festsetzung eines ersten und eines zweiten Schenkels), dann können wir durch Umkehrung dieser Richtung auch zu *negativen Winkeln* übergehen. Die Definition von Sinus und Cosinus bzw. Tangens und Cotangens bereitet auch in diesem Fall keine Probleme.

Ist $f : \mathbb{R} \to \mathbb{R}$ eine Funktion und $f(x + p) = f(x)$ für beliebiges $x \in \mathbb{R}$ und eine feste Zahl p, so sagt man, f ist eine ***periodische Funktion*** mit ***Periode*** p. Wir haben hier die Winkelfunktionen per definitionem dazu gezwungen, periodisch mit der Periode 2π zu sein.

Nach unserer Konstruktion liegt der Punkt $X(\alpha) := (\cos\alpha, \sin\alpha)$ stets auf dem Einheitskreis, und daher gilt die Gleichung $\sin^2\alpha + \cos^2\alpha = 1$ sogar für beliebige Winkel. Man beachten aber, dass Sinus und Cosinus für $\alpha > \pi/2$ auch negativ werden können!

Wir werden jetzt einige wichtige Formeln herleiten:

7.7 Der Zusammenhang zwischen Sinus und Cosinus

Für beliebiges α *ist*

$$\begin{aligned} \sin(\alpha + \pi/2) &= \cos\alpha, \\ \cos(\alpha + \pi/2) &= -\sin\alpha. \end{aligned}$$

BEWEIS: Wegen der Periodizität der Winkelfunktionen können wir uns auf den Bereich $[0, 2\pi]$ beschränken. Nimmt nun α einen der Werte 0, $\pi/2$, π, $3\pi/2$ oder 2π an, so kann man die Formeln direkt ablesen.

In den anderen Fällen betrachten wir $P(\alpha) := (\cos\alpha, 0)$, die Projektion von $X(\alpha)$ auf die x-Achse. Die Punkte O, $X(\alpha)$ und $P(\alpha)$ bilden ein bei $P(\alpha)$ rechtwinkliges Dreieck, dessen Hypotenuse die Länge 1 hat. Wir bezeichnen dieses Dreieck mit $\triangle(\alpha)$. Leider muss man für die vier Quadranten eine Fallunterscheidung machen, aber man erhält – unabhängig davon, in welchem Quadranten $X(\alpha)$ liegt – jedes Mal die gleiche Aussage:

Das Dreieck $\triangle(\alpha)$ ist kongruent zu dem Dreieck $\triangle(\alpha + \pi/2)$, denn der Winkel bei O im Dreieck $\triangle(\alpha)$ stimmt mit dem Winkel bei $X(\alpha + \pi/2)$ im Dreieck $\triangle(\alpha + \pi/2)$ überein.

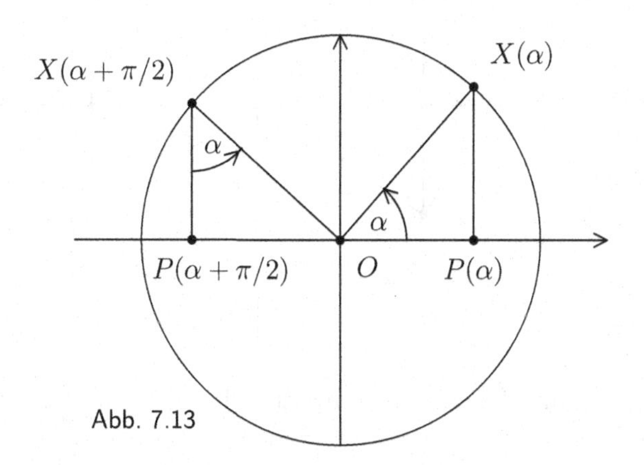

Abb. 7.13

Ein Vergleich der Katheten (unter sorgfältiger Beachtung der Vorzeichen) liefert die gewünschten Formeln. ∎

Auf ähnliche Weise erhalten wir für beliebiges α:

7.8 Weitere Formeln für Winkelfunktionen

1.	$\sin(\pi/2-\alpha)$	$=$	$\sin(\pi/2+\alpha)$	*und*	$\cos(\pi/2-\alpha)$	$=$	$-\cos(\pi/2+\alpha)$.
2.	$\sin(\pi-\alpha)$	$=$	$\sin\alpha$	*und*	$\cos(\pi-\alpha)$	$=$	$-\cos\alpha$.
3.	$\sin(\alpha+\pi)$	$=$	$-\sin\alpha$	*und*	$\cos(\alpha+\pi)$	$=$	$-\cos\alpha$.
4.	$\sin(-\alpha)$	$=$	$-\sin\alpha$	*und*	$\cos(-\alpha)$	$=$	$\cos\alpha$.

BEWEIS: Wir verwenden die gleichen Bezeichnungen wie im vorigen Beweis.

Ist $0 < \alpha < \pi/2$, so sind die Dreiecke $\triangle(\alpha)$, $\triangle(\pi-\alpha)$, $\triangle(\pi+\alpha)$ und $\triangle(2\pi-\alpha)$ alle untereinander kongruent, denn sie sind rechtwinklig, ihre Hypotenuse hat die Länge 1 und sie enthalten alle bei O den Winkel α. Die einander entsprechenden Katheten sind demnach auch gleich lang.

Der Rest sind reine Symmetriebetrachtungen:

1) Es ist $\pi - (\pi/2 - \alpha) = \pi/2 + \alpha$, deshalb kann dieser Fall auf den zweiten zurückgeführt werden.

2) $X(\pi-\alpha)$ und $X(\alpha)$ liegen symmetrisch zur y-Achse.

3) $X(\alpha+\pi)$ und $X(\alpha)$ liegen symmetrisch zum Nullpunkt.

4) $X(\alpha)$ und $X(-\alpha) = X(2\pi-\alpha)$ liegen symmetrisch zur x-Achse.

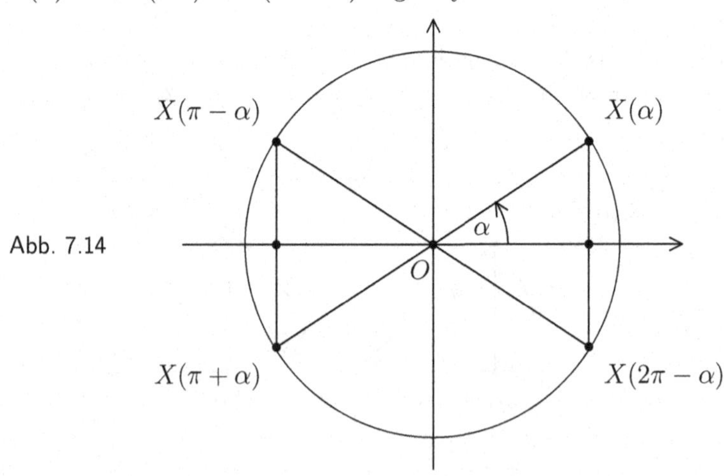

Abb. 7.14

Für größere Winkel benutzt man die schon bewiesenen Formeln und den vorhergehenden Satz. ∎

Die Deutung des Sinus und Cosinus am Einheitskreis erlaubt es nun, die Graphen dieser Funktionen zu skizzieren:

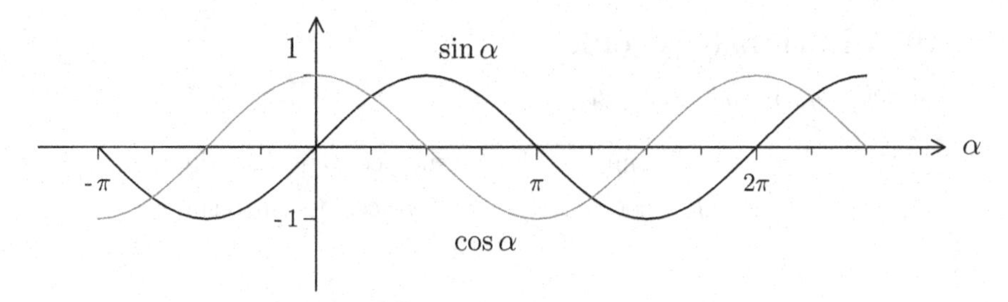

Abb. 7.15 Der Verlauf von Sinus und Cosinus

Auf Grund der Formel $\cos\alpha = \sin(\alpha + \pi/2)$ ergibt sich der Graph der Cosinus-Funktion aus dem der Sinus-Funktion durch eine Verschiebung um $-\pi/2$.

Die Werte von Tangens und Cotangens kann man entweder auch am Einheitskreis ablesen oder aus denen von Sinus und Cosinus durch Division ermitteln. Da die Letzteren Nullstellen besitzen, sind Tangens und Cotangens nicht überall definiert, ihre Graphen bestehen aus unendlich vielen „Zweigen". Beim Tangens schmiegen sich diese Zweige den vertikalen Geraden bei $\pi/2 + n\pi$ an. Man spricht auch von „Asymptoten". Der Cotangens verhält sich spiegelbildlich, deshalb zeichnen wir von ihm nur einen Zweig ein:

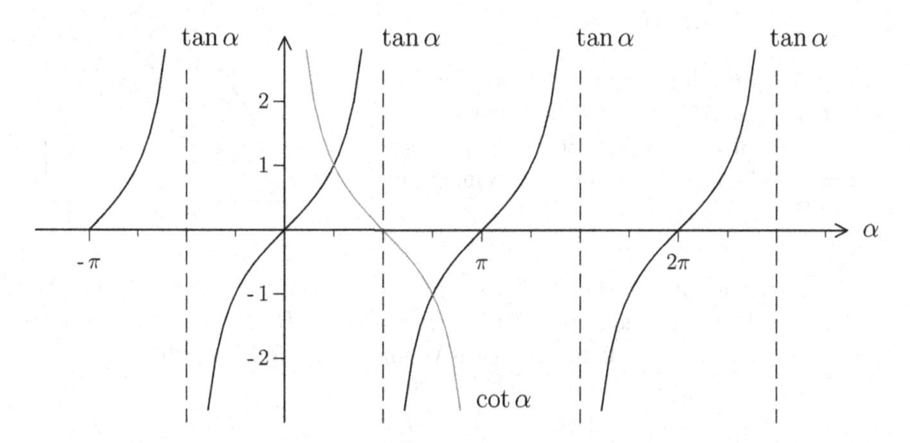

Abb. 7.16 Der Verlauf von Tangens und Cotangens

Die Additionstheoreme

Ein besonders wichtiges Hilfsmittel in der Trigonometrie ist der folgende Satz:

7.9 Additionstheoreme

Für beliebige Winkel α, β gilt:

$$\begin{aligned} \sin(\alpha+\beta) &= \sin\alpha\cos\beta + \cos\alpha\sin\beta \\ \textit{und} \quad \cos(\alpha+\beta) &= \cos\alpha\cos\beta - \sin\alpha\sin(\beta). \end{aligned}$$

BEWEIS: Zunächst zeigen wir, dass die zweite Gleichung aus der ersten folgt:

$$\begin{aligned} \cos(\alpha+\beta) &= \sin(\alpha+\beta+\pi/2) \\ &= \sin(\alpha+\pi/2)\cos\beta + \cos(\alpha+\pi/2)\sin\beta \\ &= \cos\alpha\cos\beta - \sin\alpha\sin\beta. \end{aligned}$$

Den Fall $\alpha+\beta \geq \pi/2$ führt man mit den schon bekannten Formeln auf den Fall kleinerer Winkel zurück. Wir können daher annehmen, dass $\alpha+\beta < 90°$ ist.

Wir benutzen die nebenstehende Skizze. Wir starten mit dem bei B rechtwinkligen Dreieck ABF, wobei

$$\angle BAF = \alpha + \beta$$

sein soll. Innerhalb des Dreiecks tragen wir α bei A an AC an, außerhalb tragen wir α bei F an FB an. Der Schnittpunkt der freien Schenkel dieser beiden Winkel sei der Punkt E.

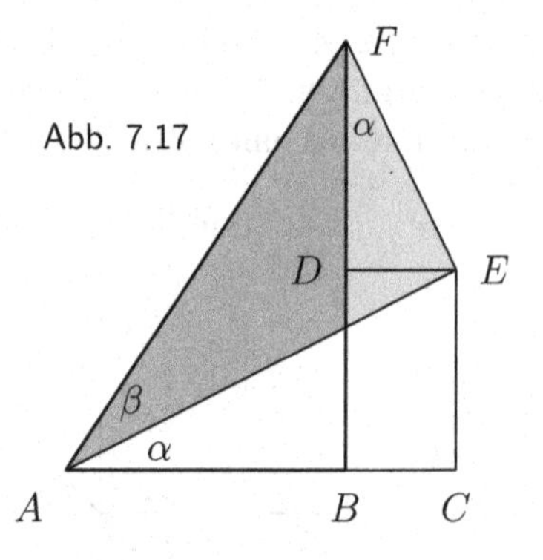

Abb. 7.17

Die Parallele zu AC durch E schneidet BF in einem Punkt D, die Parallele zu FB durch E schneidet die Verlängerung von AB in C. Dann sind die Winkel $\angle ACE$ und $\angle EDF$ ebenfalls rechte Winkel und offensichtlich ist $\angle AED = \alpha$ und $\angle DEF = 90° - \alpha$. Also ist $\angle AEF = 90°$.

Dann ist $\sin(\alpha+\beta) = \dfrac{BF}{AF}$, $\cos\alpha = \dfrac{DF}{FE}$, $\sin\alpha = \dfrac{CE}{AE}$, $\sin\beta = \dfrac{FE}{AF}$ und $\cos\beta = \dfrac{AE}{AF}$. Also gilt:

$$\begin{aligned} \sin\alpha\cos\beta + \cos\alpha\sin\beta &= \frac{CE}{AE}\cdot\frac{AE}{AF} + \frac{DF}{FE}\cdot\frac{FE}{AF} = \frac{CE+DF}{AF} = \frac{BF}{AF} \\ &= \sin(\alpha+\beta). \end{aligned}$$

■

7.10 Folgerung

Es ist $\sin(2\alpha) = 2 \cdot \sin\alpha\cos\alpha$ *und* $\cos(2\alpha) = \cos^2\alpha - \sin^2\alpha$.

Beispiele:

A. *Es soll die Seitenlänge eines regelmäßigen n-Ecks berechnet werden!*

Wir denken uns das n-Eck einem Kreis vom Radius r einbeschrieben. Es sei O der Mittelpunkt des Kreises, P und Q seien zwei benachbarte Ecken des n-Ecks.

α sei der Winkel im Zentrum über der Seite PQ, s die gesuchte Seitenlänge.

Abb. 7.18

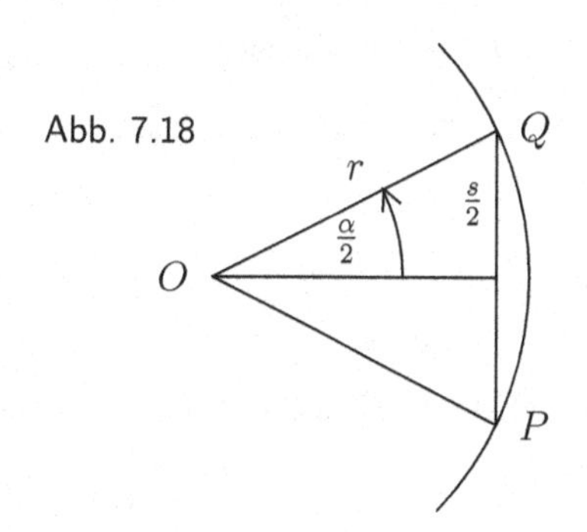

Dann gilt: $\alpha = \dfrac{2\pi}{n}$, also $\dfrac{\alpha}{2} = \dfrac{\pi}{n}$. Damit ist

$$\sin(\frac{\alpha}{2}) = \frac{s/2}{r} = \frac{s}{2r}, \quad \text{also } s = 2r \cdot \sin\left(\frac{\pi}{n}\right).$$

B. *Es soll die Gleichung* $2\cos^2 x - \sin 2x = 2$ *gelöst werden.*

Wir nehmen Äquivalenzumformungen vor. Für $x \in [0, 2\pi]$ gilt:

$$\begin{aligned} x \text{ ist eine Lösung der Gleichung} \quad &\Longleftrightarrow \quad 2 \cdot (1 - \sin^2 x) - 2\sin x \cos x = 2 \\ &\Longleftrightarrow \quad 1 - \sin^2 x - \sin x \cos x = 1 \\ &\Longleftrightarrow \quad \sin x(\sin x + \cos x) = 0. \end{aligned}$$

Die Lösungen der letzten Gleichung kann man nun ablesen:

Entweder ist $\sin x = 0$ oder es ist $\sin x \neq 0$ und $\sin x = -\cos x$.

Der erste Fall tritt genau dann ein, wenn $x \in \{0, \pi, 2\pi\}$ ist, der letztere höchstens dann, wenn x im 2. oder 4. Quadranten liegt. Da in dieser Situation außerdem $\sin^2 x = \cos^2 x = 1 - \sin^2 x$ ist, muss $\sin^2 x = 1/2$ sein, also $|\sin x| = \frac{1}{2}\sqrt{2}$. Dann kommen nur $x = 3\pi/4$ und $x = 7\pi/4$ in Frage.

C. *Es soll der Cosinus von 36° (also von $\dfrac{\pi}{5}$) bestimmt werden!*

Wir suchen Formeln für $\sin(5\alpha)$ und $\cos(5\alpha)$. Es sei zunächst α beliebig und $a := \sin\alpha$, $b := \cos\alpha$. Dann folgt aus den Additionstheoremen:

$$\sin(2\alpha) = 2ab \quad \text{und} \quad \cos(2\alpha) = b^2 - a^2,$$

$$\begin{aligned}
\text{also}\quad \sin(4\alpha) &= 2\cdot\sin(2\alpha)\cos(2\alpha)\\
&= 2\cdot 2ab(b^2-a^2) \quad = \quad 4ab^3-4a^3b\\
\text{und}\quad \cos(4\alpha) &= \cos^2(2\alpha)-\sin^2(2\alpha)\\
&= (b^2-a^2)^2-(2ab)^2\\
&= b^4-2a^2b^2+a^4-4a^2b^2 \quad = \quad b^4-6a^2b^2+a^4.
\end{aligned}$$

Daraus ergibt sich:

$$\begin{aligned}
\sin(5\alpha) &= \sin(4\alpha)\cos\alpha+\cos(4\alpha)\sin\alpha\\
&= (4ab^3-4a^3b)\cdot b+(b^4-6a^2b^2+a^4)\cdot a\\
&= 4ab^4-4a^3b^2+ab^4-6a^3b^2+a^5\\
&= 5ab^4-10a^3b^2+a^5.
\end{aligned}$$

Setzen wir speziell $\alpha = \dfrac{\pi}{5}$ ein, so ist

$$0 = \sin(5\alpha) = a\cdot(5b^4-10a^2b^2+a^4).$$

Im neunten Kapitel (in den Abschnitten „Ableitungsregeln“ und „Der Mittelwertsatz“) werden wir Methoden kennenlernen, mit denen man ganz leicht zeigen kann, dass die Sinus-Funktion auf dem Intervall $(0,\pi/2)$ streng monoton wachsend und die Cosinus-Funktion dort streng monoton fallend ist.

Wegen $\dfrac{\pi}{6} < \alpha < \dfrac{\pi}{4}$ ist dann $\dfrac{1}{2} < \sin(\alpha) = a < \dfrac{1}{2}\sqrt{2}$, insbesondere also $a \neq 0$.

Das liefert die Gleichung $5b^4-10a^2b^2+a^4=0$. Wegen der Beziehung $a^2=1-b^2$ ist $5b^4-10b^2+10b^4+1+b^4-2b^2=0$, also $16b^4-12b^2+1=0$.

Damit muss $b^2 \in \left\{\dfrac{3+\sqrt{5}}{8}, \dfrac{3-\sqrt{5}}{8}\right\}$ sein.

Es ist $b=\cos(\pi/5)$, also $\dfrac{1}{2}\sqrt{3} > b > \dfrac{1}{2}\sqrt{2}$. Aber dann ist $\dfrac{6}{8} > b^2 > \dfrac{4}{8}$. Das sondert uns die richtige Lösung aus:

$$\text{Es ist}\quad b^2 = \frac{3+\sqrt{5}}{8} = \frac{6+2\sqrt{5}}{16}.$$

Die Wurzel aus dieser Zahl zu ziehen, ist auf direktem Wege nicht so einfach. Wir versuchen es mit einem **Ansatz**: Ist $u := x+y\sqrt{5}$, so ist $u^2 = x^2+5y^2+2xy\sqrt{5}$.

Soll $u^2 = 6+2\sqrt{5}$ sein, so sind die Gleichungen $x\,y=1$ und $x^2+5y^2=6$ zu lösen. Das leistet $x=y=1$, und tatsächlich ist $(1+\sqrt{5})^2 = 6+2\sqrt{5}$. Damit kommen für b die Werte $b = \pm\dfrac{1}{4}(1+\sqrt{5})$ in Frage. Da $b>0$ sein muss, folgt:

$$\cos\left(\frac{\pi}{5}\right) = \frac{1+\sqrt{5}}{4}.$$

D. *Die Steigung von Geraden:*

Wir betrachten eine „schräge“ Gerade $L := \{(x, y) \in E : y = mx + b\}$. Ist die Steigung $m = 0$, so liegt eine horizontale Gerade vor. Wir interessieren uns hier nur für den Fall $m \neq 0$.

Wenn $m > 0$ ist, dann ist $x \mapsto mx + b$ eine streng monoton wachsende Funktion. Sei $(x_0, y_0) \in L$ ein fester Punkt, (x, y) ein beliebiger weiterer Punkt von L, $x_0 < x$ und dementsprechend $y_0 < y$. Dann erhält man etwa folgendes Bild:

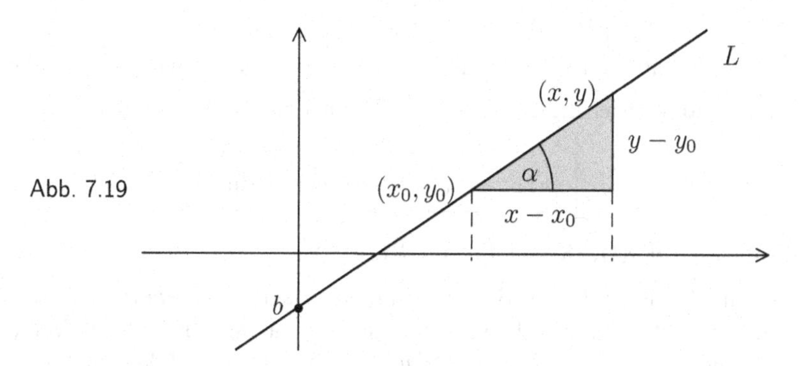

Abb. 7.19

Es ist $y = mx + b$ und $y_0 = mx_0 + b$, also $y - y_0 = m(x - x_0)$. Unter den hier gemachten Annahmen bilden die horizontale Gerade durch (x_0, y_0), die vertikale Gerade durch (x, y) und die Gerade L ein rechtwinkliges Dreieck, das sogenannte „Steigungsdreieck“. Der Winkel zwischen der Horizontalen und L bei (x_0, y_0) sei mit α bezeichnet. Dann gilt:

$$m = \frac{y - y_0}{x - x_0} = \tan \alpha.$$

Der Winkel α wird als ***Steigungswinkel*** der Geraden L bezeichnet. Die ***Steigung*** von L ist also der *Tangens des Steigungswinkels.*

Unser Bild stimmt, solange $0 < \alpha < \pi/2$ ist. Im Falle $\alpha = 0$ ist auch $m = 0$ und die Gerade horizontal. Das Gleiche gilt für den Fall $\alpha = \pi$. Ist $\alpha = \pi/2$, so ist die Gerade vertikal und man kann die Steigungsform nicht bilden. Aber was passiert im Falle $\pi/2 < \alpha < \pi$?

Wenn die Steigung m negativ ist, dann ist $x \mapsto mx + b$ eine streng monoton fallende Funktion. Ist $x > x_0$, so ist $y < y_0$ und das Steigungsdreieck enthält bei (x, y) den Winkel $\pi - \alpha$. Daraus folgt:

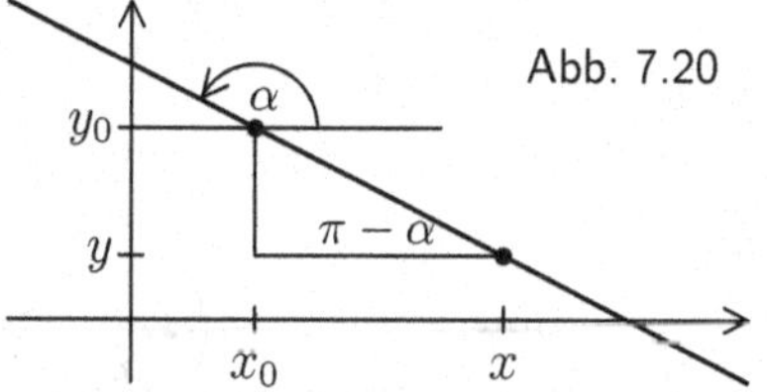

Abb. 7.20

$$\frac{y - y_0}{x - x_0} = -\frac{y_0 - y}{x - x_0} = -\tan(\pi - \alpha) = \tan \alpha, \qquad \text{also auch hier } \boldsymbol{m = \tan \alpha}.$$

E. *Kreise und Ellipsen:*

Der Kreis um $P_0 = (x_0, y_0)$ mit Radius r wird durch die Gleichung

$$(x - x_0)^2 + (y - y_0)^2 = r^2$$

beschrieben. Ist ein Punkt $P = (x, y)$ auf diesem Kreis gegeben, so ist

$$\left(\frac{x - x_0}{r}\right)^2 + \left(\frac{y - y_0}{r}\right)^2 = 1.$$

Also gibt es genau ein $t \in [0, 2\pi)$ mit $\cos t = \dfrac{x - x_0}{r}$ und $\sin t = \dfrac{y - y_0}{r}$. Das liefert uns eine Parametrisierung $\varphi : [0, 2\pi) \to \mathbb{R}^2$ für den Kreis, nämlich

$$\boxed{\varphi(t) := (x_0 + r\cos t, y_0 + r\sin t).}$$

Tatsächlich ist $d(\varphi(t), P_0) = r$ für alle $t \in [0, 2\pi)$.

Gerade und Kreis sind zwei Beispiele für den Begriff der ***ebenen Kurve***. Dabei kann man eigentlich gar nicht so genau sagen, was eine Kurve ist. Versteht man darunter die Menge aller Punkte (x, y), die eine gewisse Gleichung $F(x, y) = 0$ erfüllen (so etwas würde man als ***Nullstellenmenge*** von F bezeichnen), oder das Bild eines Intervalls I unter einer Abbildung $\varphi : I \to \mathbb{R}^2$ (eine ***parametrisierte Kurve***)? Sicher ist nur, dass sowohl die Gleichung als auch die Parametrisierung nicht allzu verrückt sein dürfen. So ist $\{(x, y) : x^2 + y^2 = 0\}$ einfach der Nullpunkt, und den gewinnt man auch durch die Parametrisierung $\varphi(t) := (0, 0)$. Wir würden aber einen Punkt nicht als Kurve bezeichnen. Hingegen ist der Graph einer Funktion stets eine Kurve. Die Menge $\{(x, y) \in I \times \mathbb{R} : y = f(x)\}$ kann sowohl als Nullstellenmenge von $F(x, y) := y - f(x)$ aufgefasst, als auch durch $\varphi(t) := (t, f(t))$ parametrisiert werden.

Hier ist nun ein weiteres Beispiel: Sind F_1, F_2 zwei Punkte und ist $2a > d(F_1, F_2)$, so nennt man die Menge

$$E := \{P : d(P, F_1) + d(P, F_2) = 2a\}$$

die ***Ellipse*** mit den ***Brennpunkten*** F_1, F_2 und der großen Halbachse a. Im Falle $F_1 = (-e, 0)$ und $F_2 = (e, 0)$ erhalten wir folgendes Bild:

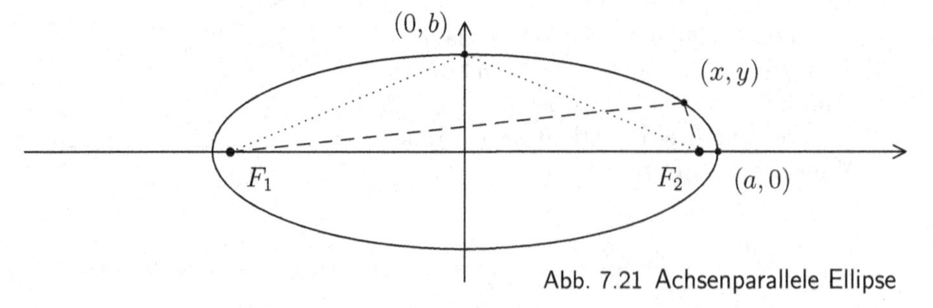

Abb. 7.21 Achsenparallele Ellipse

Die Zahl e heißt ***lineare Exzentrizität*** der Ellipse. Zwischen der großen Halbachse a und der kleinen Halbachse b besteht die Beziehung

$$a^2 = e^2 + b^2.$$

Um eine Gleichung für einen allgemeinen Punkt (x, y) auf der Ellipse zu gewinnen, nehmen wir erst mal an, dass $x > 0$ und $y > 0$ ist. Dann gilt:

$$\sqrt{(x+e)^2 + y^2} + \sqrt{(e-x)^2 + y^2} = 2a.$$

Daraus gewinnt man durch geschicktes Quadrieren die Gleichung

$$\frac{x^2}{a^2} + \frac{y^2}{b^2} = 1.$$

Diese Beziehung gilt aber aus Symmetriegründen für alle Punkte der Ellipse. Und jetzt sieht man auch eine Parameterdarstellung, nämlich

$$\boxed{\varphi(t) := (a \cos t, b \sin t).}$$

Das zeigt, dass unsere Ellipse aus einem Kreis gewonnen werden kann, indem man die Abbildung $F : (x, y) \mapsto (ax, by)$ anwendet.

Aufgabe 1 (Einige Berechnungen)

1. Berechnen Sie $\sin(3x)$ in Abhängigkeit von $\sin(x)$.
2. Von einem Dreieck ABC seien die Seite $c = AB$ und die Winkel $\alpha = \angle BAC$ und $\beta = \angle ABC$ gegeben. Berechnen Sie die Längen der anderen Dreiecksseiten in Abhängigkeit von c, α und β.
3. Berechnen Sie den Flächeninhalt eines (dem Einheitskreis einbeschriebenen) Fünfecks.
4. Bestimmen Sie die Gerade im $\mathbb{R}^2$ durch die Punkte $(0, 2)$ und $(2\sqrt{3}, 4)$. Berechnen Sie ihren Steigungswinkel!
5. Bestimmen Sie die Mittelpunktsgleichung einer Ellipse aus den Größen $a = 25$ und $e = 24$. Berechnen Sie für eine beliebige achsenparallele Ellipse den Punkt, der über F_2 liegt.

Bewegungen

Im vorigen Kapitel haben wir ***Bewegungen*** (Kongruenzabbildungen) eingeführt. Das sind bijektive Abbildungen der Ebene auf sich, die alle Abstände invariant lassen. Sie bilden dann Geraden stets wieder auf Geraden ab und lassen alle Winkelmaße gleich.

Als Beispiele für Bewegungen kennen wir schon ***Translationen***,

$$T : (x, y) \mapsto (x + a, y + b),$$

die ***Spiegelung*** an der x-Achse,

$$S : (x, y) \mapsto (x, -y),$$

und die ***Drehungen*** um den Nullpunkt,

$$R(x, y) := (ax - by, ay + bx),$$

wobei a, b zwei reelle Zahlen mit $a^2 + b^2 = 1$ sind. Diesen Drehungen wollen wir uns nun etwas genauer widmen.

7.11 Charakterisierung der Drehungen

Ist $R(x, y) = (ax - by, ay + bx)$ eine Drehung um den Nullpunkt, so gibt es genau ein $\alpha \in [0, 2\pi)$, so dass $a = \cos\alpha$ und $b = \sin\alpha$ ist. Im Falle $\alpha = 0$ ist die Drehung einfach die identische Abbildung des $\mathbb{R}^2$ auf sich.

BEWEIS: Die Zahlen a und b sind durch die Gleichung $R(1, 0) = (a, b)$ bestimmt. Weil $a^2 + b^2 = 1$ ist, liegt (a, b) auf dem Einheitskreis, und es gibt genau einen vom Nullpunkt ausgehenden Strahl, der den Einheitskreis in diesem Punkt trifft. Der Winkel α zwischen dem Strahl und der positiven x-Achse ist eine eindeutig bestimmte reelle Zahl aus dem Intervall $[0, 2\pi)$, und es ist $a = \cos\alpha$ und $b = \sin\alpha$. Ist $\alpha = 0$, so ist $a = 1$ und $b = 0$, also $R(x, y) = (x, y)$. ∎

Dreht man einen Punkt auf dem Einheitskreis zunächst um den Winkel α und dann noch einmal um den Winkel β, so hat man den Punkt insgesamt um den Winkel $\alpha + \beta$ gedreht. Diese anschauliche Vorstellung beschreibt, was der folgende Satz aussagt. Dabei werde die Drehung um den Winkel α mit R_α bezeichnet.

7.12 Satz

Für beliebige Winkel $\alpha, \beta \in \mathbb{R}$ ist $R_\alpha \circ R_\beta = R_{\alpha+\beta}$. Außerdem ist $(R_\alpha)^{-1} = R_{-\alpha}$ die Drehung um den Winkel α in entgegengesetzter Richtung.

BEWEIS: Die erste Behauptung folgt aus den Additionstheoremen:

$$\begin{aligned} R_\alpha \circ R_\beta(x, y) &= R_\alpha(x\cos\beta - y\sin\beta, y\cos\beta + x\sin\beta) \\ &= \big(x \cdot (\cos\alpha\cos\beta - \sin\alpha\sin\beta) \\ &\qquad - y \cdot (\cos\alpha\sin\beta + \sin\alpha\cos\beta), \\ &\quad y \cdot (\cos\alpha\cos\beta - \sin\alpha\sin\beta) \\ &\qquad + x \cdot (\cos\alpha\sin\beta + \sin\alpha\cos\beta)\big) \\ &= R_{\alpha+\beta}(x, y). \end{aligned}$$

Weil $R_{-\alpha} \circ R_\alpha = R_{-\alpha+\alpha} = R_0 = \text{id}$ und genauso $R_\alpha \circ R_{-\alpha} = \text{id}$ ist, folgt die Gleichung $(R_\alpha)^{-1} = R_{-\alpha}$. ■

Aufgabe 2 (Fixpunkte von Drehungen)

Ein Punkt P heißt ***Fixpunkt*** der Bewegung $f : \mathbb{R}^2 \to \mathbb{R}^2$, falls $f(P) = P$ ist. Sei $(a, b) \neq (1, 0)$ ein Punkt auf dem Einheitskreis. Zeigen Sie, dass die durch $R(x, y) := (ax - by, ay + bx)$ definierte Drehung nur den Nullpunkt als Fixpunkt hat.

7.13 Bewegungen mit zwei Fixpunkten

Es sei $f : \mathbb{R}^2 \to \mathbb{R}^2$ eine Bewegung, und es gebe zwei verschiedene Punkte P und Q mit $f(P) = P$ und $f(Q) = Q$. Dann lässt f die Gerade L durch P und Q punktweise fest.

BEWEIS: Da f Geraden wieder auf Geraden abbildet und eine Gerade durch zwei Punkte festgelegt ist, muss $f(L) = L$ sein. Da P und Q und sämtliche Abstände auf der Geraden von f festgehalten werden, muss f die Gerade sogar punktweise festlassen. ■

7.14 Hauptsatz über Bewegungen

Gegeben seien drei nicht kollineare Punkte A, B und C im $\mathbb{R}^2$. Weiter sei $O := (0, 0)$ und $B' := (r, 0)$ mit $r := d(A, B)$.

Dann gibt es genau eine Bewegung f mit $f(A) = O$ und $f(B) = B'$, so dass $f(C)$ in der oberen Halbebene H^+ liegt. Dabei setzt sich f aus einer Translation, einer Drehung und eventuell der Spiegelung S zusammen.

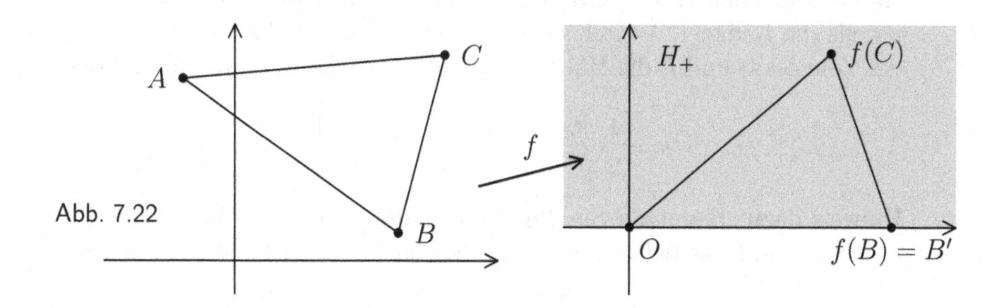

Abb. 7.22

BEWEIS: Durch eine Translation T kann man A auf O abbilden. Anschließend kann man durch eine Drehung R erreichen, dass B auf B' abgebildet wird. Liegt danach das Bild von C in der falschen Halbebene, so wendet man noch die Spiegelung S an. f sei die Zusammensetzung aller dieser Bewegungen, $C' = f(C)$.

Seien f_1 und f_2 zwei Bewegungen, die das Gewünschte leisten, $C' := f_1(C)$ und $C'' := f_2(C)$. Dann lässt $f_2 \circ f_1^{-1}$ die x-Achse punktweise fest und bildet C' auf C''

ab. Also ist das Dreieck $OB'C'$ kongruent zum Dreieck $OB'C''$. Das ist nur möglich, wenn $C' = C''$ ist und das Dreieck $OB'C'$ punktweise festgehalten wird. Da jeder Punkt des $\mathbb{R}^2$ auf einer Geraden liegt, die das Dreieck mindestens zweimal trifft, folgt mit Hilfe der Aussage von Aufgabe 2, dass $f_2 \circ f_1^{-1} = \mathrm{id}$ ist, also $f_2 = f_1$. ∎

Aufgabe 3 (Die Struktur von Bewegungen)

Folgern Sie, dass sich jede Bewegung aus Translationen, Drehungen und Spiegelungen zusammensetzen lässt.

Aufgaben

7.1 Lösen Sie Aufgabe 1 (Einige Berechnungen) auf Seite 229.

7.2 Lösen Sie Aufgabe 2 (Fixpunkte von Drehungen) auf Seite 231.

7.3 Lösen Sie Aufgabe 3 (Die Struktur von Bewegungen) auf Seite 232.

7.4 Es sei s_n die Seitenlänge des dem Einheitskreis einbeschriebenen regelmäßigen n-Ecks. Beweisen Sie die Formel $(s_{2n})^2 = 2 - \sqrt{4 - (s_n)^2}$.

7.5 Folgern Sie aus dem Außenwinkelsatz von Euklid auf Seite 213:

a) In einem Dreieck ergeben zwei beliebige Winkel zusammen immer weniger als zwei rechte Winkel.

b) In einem Dreieck ABC mit den Winkeln α, β und γ (jeweils bei A, B und C) sei $AB > BC$. Dann gilt für die gegenüberliegenden Winkel: $\gamma > \alpha$.

7.6 Es sei O der Ursprung, W, V zwei benachbarte Ecken des dem Einheitskreis einbeschriebenen regelmäßigen Zehnecks. Dann haben die Strecken OW und OV jeweils die Länge 1. Weiter sei s die Länge der Strecke WV (also die Seitenlänge des Zehnecks) und h die Höhe im Dreieck OVW von O auf WV. Zeigen Sie:

$$s = \frac{1}{2}(\sqrt{5} - 1) \quad \text{und} \quad h = \frac{1}{4}\sqrt{10 + 2\sqrt{5}}.$$

Hinweis dazu: Benutzen Sie die Winkelhalbierende des Winkels $\angle OWV$, die OV in einem Punkt U trifft, und suchen Sie nach ähnlichen Dreiecken.

Benutzen Sie das Ergebnis, um $\sin(18°)$ und $\cos(18°)$ zu berechnen.

7.7 Leiten Sie Formeln für $\tan(2\alpha)$ und $\cot(2\alpha)$ her.

7.8 Gegeben sei ein beliebiges spitzwinkliges Dreieck mit den Ecken A, B, C, den anliegenden Winkeln α, β, γ und den gegenüberliegenden Seiten a, b, c. Beweisen Sie

- den Cosinussatz $a^2 = b^2 + c^2 - 2bc\cos(\alpha)$

- und den Sinussatz $\dfrac{a}{\sin\alpha} = \dfrac{b}{\sin\beta} = \dfrac{c}{\sin\gamma}$.

7.9 Gegeben seien zwei Geraden L_1, L_2 durch die Gleichungen

$$y = m_1 x + b_1 \quad \text{und} \quad y = m_2 x + b_2.$$

Zeigen Sie, dass der Winkel φ, unter dem sich L_1 und L_2 schneiden, durch

$$\tan\varphi = \frac{m_2 - m_1}{1 + m_1 m_2}$$

gegeben ist. Berechnen Sie den Schnittwinkel der Geraden $3x - 2y + 5 = 0$ und $2x + 7y + 8 = 0$ (um den Winkel aus dem Tangens zu berechnen, brauchen Sie den Taschenrechner).

7.10 Lösen Sie die folgenden Gleichungen:

1. $\sin(3x) - 2\sin(x) = 0$.
2. $3\cos^2(x) = \sin^2(2x)$.

7.11 a) Beweisen Sie die Formel $\sin\alpha + \sin\beta = 2\sin\left(\dfrac{\alpha+\beta}{2}\right)\cos\left(\dfrac{\alpha-\beta}{2}\right)$.

b) Bestimmen Sie alle Lösungen der Gleichung $\sin(2x+1) + \sin(3x-2) = 0$.

7.12 Bestimmen Sie alle Lösungen der Gleichung $2\sin(x) - \tan(x) = 0$ im Intervall $[0, 2\pi]$.

7.13 Bestimmen Sie den Steigungswinkel der Geraden durch $(2, -\sqrt{3})$ und $(5, 0)$.

7.14 Zeigen Sie: Ist in einem Dreieck $\cos(\alpha + \beta - \gamma) = 1$, so ist dieses Dreieck rechtwinklig.

7.15 Gegeben sei ein Viereck wie in der folgenden Skizze:

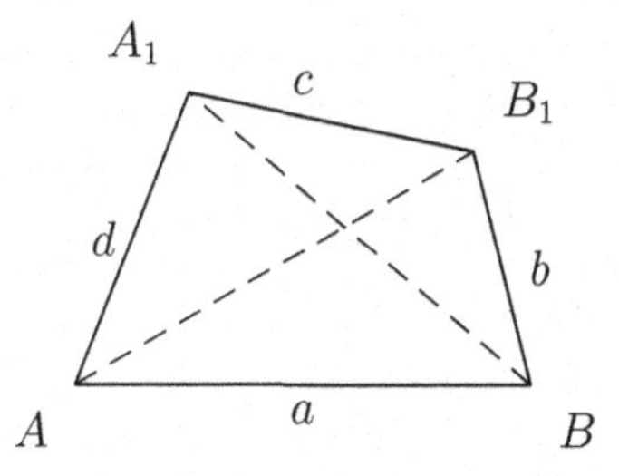

Die Strecke a, die Winkel $\alpha = \angle BAA_1$, $\alpha_1 = \angle BAB_1$, $\beta = \angle ABB_1$ und $\beta_1 = \angle ABA_1$ können gemessen werden. Berechnen Sie daraus die Länge c der unzugänglichen Strecke A_1B_1. Das ist eine der Hauptaufgaben der Vermessungstechnik.

7.16 Gegeben sei ein Kreis $K = \{(x,y) : x^2+y^2 = r^2\}$. Gesucht ist zu vorgegebenem $(x_0, y_0) \in K$ mit $x_0 > 0$ und $y_0 > 0$ eine Gerade L, so dass $K \cap L = \{(x_0, y_0)\}$ ist.

7.17 Bestimmen Sie alle Schnittpunkte der Ellipse $9x^2 + 25y^2 = 225$ mit der Geraden $3x + 5y - 3 = 0$.

7.18 Sei L eine Gerade in der Ebene. Zeigen Sie, dass es genau eine Bewegung gibt, die L punktweise festlässt und die beiden durch L bestimmten Halbebenen vertauscht.

7.19 Sei φ eine Bewegung. Zeigen Sie: Wenn die Fixpunktmenge

$$\mathrm{Fix}(\varphi) := \{X : \varphi(X) = X\}$$

mindestens zwei verschiedene Punkte X_1, X_2 enthält, dann ist φ entweder die Identität oder die Spiegelung an der durch X_1 und X_2 bestimmten Geraden.

7.20 Der Mathematiker und Naturwissenschaftler Eratosthenes (gestorben um 194 v.Chr.) berechnete in Alexandria relativ genau den Erdumfang. Er hatte folgende Daten zur Verfügung:

1. Eine Kamelkarawane legt am Tag etwa 100 Stadien zurück, und sie braucht etwa 50 Tage, um die Entfernung zwischen Alexandria und der ägyptischen Stadt Syene (dem heutigen Assuan) zurückzulegen.
2. Zur Sommersonnenwende scheint die Sonne in Syene senkrecht in einen Brunnen, wie man an der Spiegelung der Sonne im Brunnenwasser erkennen kann. Zur gleichen Zeit wirft in Alexandria ein Obelisk einen Schatten.
3. Der Fußpunkt des Obelisken sei mit C bezeichnet, seine Spitze mit A, das Ende des Schattens mit B. Der Winkel $\angle ABC$ beträgt dann $82.8°$.

Die Größe der Längeneinheit „Stadion“ ist nicht mehr genau bekannt. Man nimmt aber an, dass 1 km ungefähr 6.25 Stadien entspricht. Welchen Wert hat Eratosthenes unter diesen Voraussetzungen für den Erdumfang ermittelt?

8 Das Parallelogramm der Kräfte

Die Mechanik ist mit der Geometrie nahe verwandt; beide Wissenschaften sind Anwendungen der reinen Mathematik.

Gustav Kirchhoff[1]

Vektoren

In der Physik gibt es Größen, die durch die Angabe einer reellen Zahl vollständig bestimmt sind, wie etwa Masse, Energie, Volumen oder Zeit. Solche Größen nennt man ***Skalare***.

Im Gegensatz dazu gibt es jedoch auch Größen, zu deren Bestimmung neben einer (positiven) Maßzahl noch eine Richtung gehört. Beispiele dafür sind Kräfte, Geschwindigkeiten oder elektromagnetische Felder. Solche Größen nennt man ***Vektoren***.

Wir wollen nun nach mathematischen Objekten suchen, die sich wie die physikalischen Vektoren verhalten. Ein Skalar ist etwas Statisches, ein Vektor dagegen etwas Dynamisches. Das einzige Dynamische, das uns bisher in der Mathematik begegnet ist, ist der Begriff der Abbildung. Suchen wir also nach einer Abbildung, die durch eine Richtung und eine Maßzahl bestimmt ist! Tatsächlich haben wir eine solche Abbildung schon kennengelernt: Sind P und Q zwei Punkte in der euklidischen Ebene E, so gibt es genau eine Translation $T : E \to E$ mit $T(P) = Q$. Diese Translation ist durch die Richtung und die Länge der Strecke PQ festgelegt.

Nun wollen wir diesen Vorgang verallgemeinern. Wir gehen aus von einer Punktmenge, dem sogenannten *affinen Raum* A. Zunächst sollten Sie sich darunter die euklidische Ebene E oder den Anschauungsraum vorstellen, später werden wir auch andere Punktmengen zulassen. Die Motivation für die nachfolgenden Axiome entnehmen wir aber dem Verhalten von Punkten und Translationen in der Ebene.

Axiom V-1.

> *Ein Vektor* $\mathbf{v}$ *ordnet jedem Punkt* $P \in A$ *genau einen (um* $\mathbf{v}$ *„verschobenen") Punkt aus* A *zu, den wir mit* $P + \mathbf{v}$ *bezeichnen. Zu je zwei Punkten* $P, Q \in A$ *gibt es genau einen Vektor* $\mathbf{v}$ *mit* $P + \mathbf{v} = Q$*. Man schreibt dann auch* $\mathbf{v} = \overrightarrow{PQ}$*.*

Ein Vektor ist also eine Abbildung $\mathbf{v} : A \to A$, die dem Punkt P den Punkt $P + \mathbf{v}$ zuordnet. Ist $\mathscr{V}$ die Menge aller Vektoren, so gibt es außerdem eine Abbildung

[1] *Über das Ziel der Naturwissenschaften.* Akademische Festrede, Heidelberg, 22.6.1865.

$A \times A \to \mathscr{V}$ (geschrieben in der Form $(P, Q) \mapsto \overrightarrow{PQ}$), so dass $P + \overrightarrow{PQ} = Q$ ist. Es folgt offensichtlich: Ist $P + \mathbf{v} = P + \mathbf{w}$, so ist $\mathbf{v} = \mathbf{w}$.

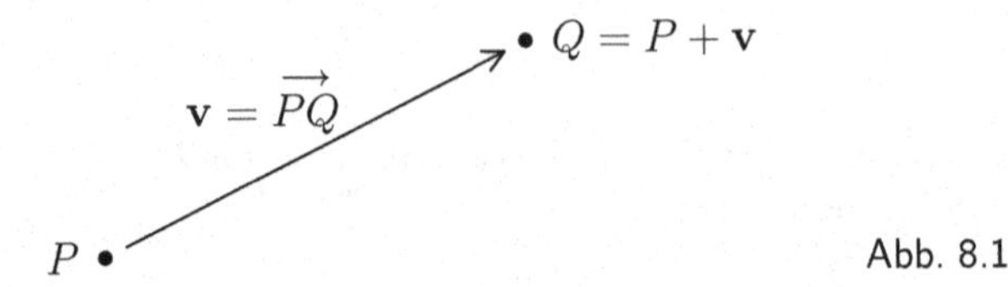

Abb. 8.1

Die Verknüpfung von Translationen ist wieder eine Translation. Deshalb fordern wir:

Axiom V-2.

Sind $\mathbf{v}$ *und* $\mathbf{w}$ *Vektoren, so gibt es einen Vektor* $\mathbf{v} + \mathbf{w}$, *so dass für jeden Punkt* P *gilt:*

$$(P + \mathbf{v}) + \mathbf{w} = P + (\mathbf{v} + \mathbf{w}).$$

Ist $\mathbf{v} = \overrightarrow{PQ}$ und $\mathbf{w} = \overrightarrow{QR}$, so bedeutet dieses Axiom, dass $\overrightarrow{PQ} + \overrightarrow{QR} = \overrightarrow{PR}$ ist.

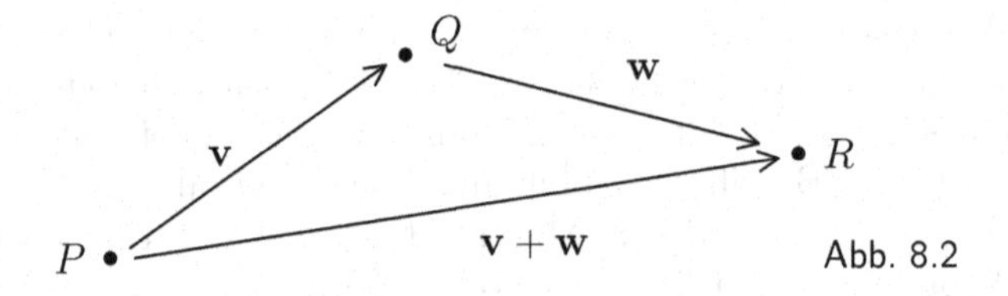

Abb. 8.2

8.1 Das Assoziativgesetz

Die Vektoraddition erfüllt die Regel $(\mathbf{v} + \mathbf{w}) + \mathbf{u} = \mathbf{v} + (\mathbf{w} + \mathbf{u})$.

BEWEIS: Es ist

$$(\overrightarrow{PQ} + \overrightarrow{QR}) + \overrightarrow{RS} = \overrightarrow{PR} + \overrightarrow{RS} = \overrightarrow{PS} = \overrightarrow{PQ} + \overrightarrow{QS} = \overrightarrow{PQ} + (\overrightarrow{QR} + \overrightarrow{RS}).$$

∎

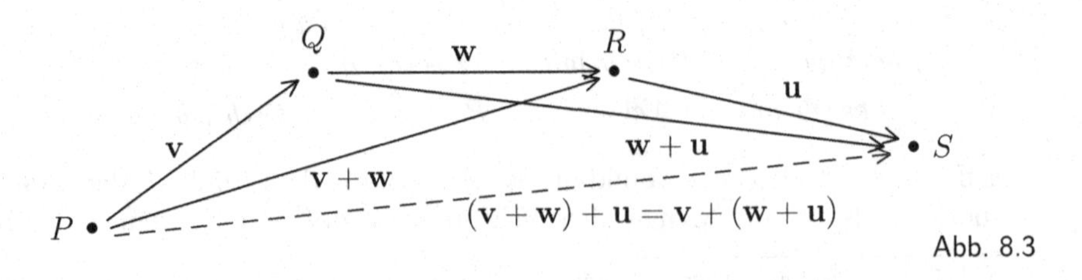

Abb. 8.3

Man kann jetzt auch Klammern weglassen und z.B. schreiben:

$$\sum_{i=1}^{n} \mathbf{v}_i = \mathbf{v}_1 + \cdots + \mathbf{v}_n \,.$$

Axiom V-3.

Für je zwei Vektoren $\mathbf{v}$ *und* $\mathbf{w}$ *gilt* $\mathbf{v} + \mathbf{w} = \mathbf{w} + \mathbf{v}$.

Das ist das aus der Physik bekannte „Parallelogramm der Kräfte".

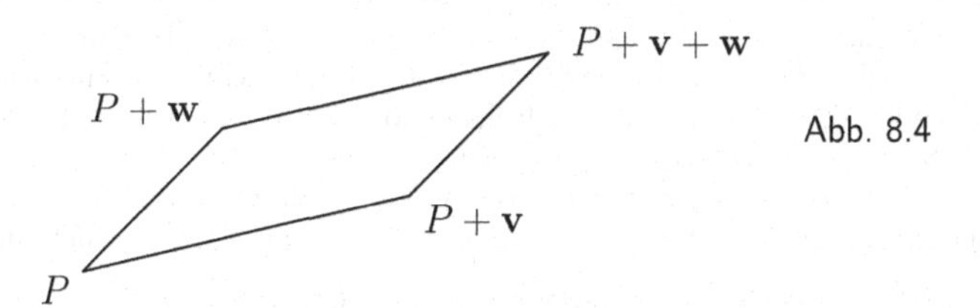

Abb. 8.4

8.2 Existenz des Nullvektors

Es gibt genau einen Vektor $\mathbf{o}$, *so dass* $\mathbf{v} + \mathbf{o} = \mathbf{v}$ *für jeden Vektor* $\mathbf{v}$ *gilt.*

BEWEIS: Zu jedem Punkt P gibt es genau einen Vektor $\mathbf{o}_P = \overrightarrow{PP}$ mit $P + \mathbf{o}_P = P$. Wir müssen noch zeigen, dass auch für verschiedene Punkte P, Q stets $\mathbf{o}_P = \mathbf{o}_Q$ ist.

Sei $Q + \mathbf{o}_P = R$. Dann ist $\overrightarrow{QR} = \mathbf{o}_P = \overrightarrow{PP}$ und

$$\overrightarrow{PR} = \overrightarrow{PQ} + \overrightarrow{QR} = \overrightarrow{QR} + \overrightarrow{PQ} = \overrightarrow{PP} + \overrightarrow{PQ} = \overrightarrow{PQ}.$$

Also muss $R = Q$ sein, und damit $\mathbf{o}_P = \mathbf{o}_Q$. ∎

Wir nennen $\mathbf{o}$ den *Nullvektor.*

8.3 Existenz des negativen Vektors

Zu jedem Vektor $\mathbf{v}$ *gibt es genau einen Vektor* $-\mathbf{v}$ *mit* $\mathbf{v} + (-\mathbf{v}) = \mathbf{o}$.

BEWEIS: Zur Existenz: Ist $\mathbf{v} = \overrightarrow{PQ}$, so gibt es genau einen Vektor $\mathbf{w}$ mit $Q + \mathbf{w} = P$. Also ist $\mathbf{w} = \overrightarrow{QP}$ und $\mathbf{v} + \mathbf{w} = \overrightarrow{PQ} + \overrightarrow{QP} = \overrightarrow{PP} = \mathbf{o}$.

Ist $\mathbf{u}$ ein anderer Vektor mit $\mathbf{v} + \mathbf{u} = \mathbf{o}$, so können wir $\mathbf{u} = \overrightarrow{QR}$ schreiben. Dann ist

$$\overrightarrow{PP} = \overrightarrow{PQ} + \overrightarrow{QR} = \overrightarrow{PR},$$

also $P = R$. Das zeigt, dass $\mathbf{u} = \mathbf{w}$ ist. ∎

Aus den bisherigen Resultaten folgt, dass die Vektoren mit der Vektor-Addition eine kommutative Gruppe bilden. Wie bei den reellen Zahlen schließt man dann z.B., dass jede Gleichung $\mathbf{v} + \mathbf{x} = \mathbf{w}$ eine eindeutige Lösung $\mathbf{x}$ besitzt.

Klartext: Da vielleicht nicht jeder die Zugabe in Kapitel 5 gelesen und verinnerlicht hat, muss hier erklärt werden, was eine ***Gruppe*** ist.

Die Mathematik ist die Wissenschaft der Mustererkennung. Wo auch immer in der Natur oder Gedankenwelt ein sich wiederholendes Muster auftaucht, versuchen Mathematiker, dieses Muster zu analysieren, seine wesentlichen Merkmale herauszuarbeiten und ihm schließlich einen eindeutigen Namen zu geben. Eine besonders wichtige Rolle spielen dabei die algebraischen Strukturen. Zunächst rechnete man nur mit konkreten Zahlen, später dann auch mit Buchstaben, die als Stellvertreter für Zahlen verwendet wurden, und es stellte sich heraus, dass man nur so zu allgemeingültigen Lehrsätzen und Formeln kommen konnte. Die Jahrhunderte vergingen, und man entdeckte, dass man auch mit abstrakteren Objekten rechnen konnte, wie zum Beispiel mit Funktionen oder Vektoren. Eine der einfachsten algebraischen Strukturen besteht aus einer Menge G von Objekten, bei denen man jeweils zwei Objekte $x \in G$ und $y \in G$ zu einem dritten Objekt $x \circ y \in G$ verknüpfen kann, so wie aus zwei Zahlen durch Addition eine dritte Zahl entsteht. Man nennt eine solche Struktur eine ***Gruppe***, falls folgende Regeln erfüllt sind:

1. Es gilt das Assoziativgesetz $x \circ (y \circ z) = (x \circ y) \circ z$ für alle $x, y, z \in G$.
2. Es gibt ein „neutrales Element“ $e \in G$, so dass $e \circ g = g \circ e = g$ für alle $g \in G$ gilt.
3. Zu jedem Element $g \in G$ gibt es ein „Inverses“ $g^{-1} \in G$, so dass $g \circ g^{-1} = g^{-1} \circ g = e$ ist.

Der Mathematiker Niels Henrik Abel war einer der Ersten, die diese Struktur entdeckten. Ihm zu Ehren nennt man eine Gruppe ***abelsch***, wenn sie kommutativ ist, wenn also $x \circ y = y \circ x$ für alle $x, y \in G$ gilt. Überraschenderweise ist diese Eigenschaft nicht selbstverständlich, eine Gruppe braucht normalerweise nicht kommutativ zu sein.

Beispiele von Gruppen sind die reellen Zahlen mit der Addition, aber auch $\mathbb{R} \setminus \{0\}$ mit der Multiplikation. Exotischer ist schon das Beispiel der Bewegungen (also Kongruenzabbildungen) in der Ebene. Diese Gruppe ist nicht abelsch, sie enthält aber kleinere Gruppen, die abelsch sind, zum Beispiel die Gruppe der Translationen oder die Gruppe der Drehungen der Ebene um den Nullpunkt.

Die Menge der Vektoren ist eigentlich nichts anderes als die Menge der Translationen und demnach auch eine abelsche Gruppe.

Eine kompliziertere und reichhaltigere Struktur ist gegeben, wenn es auf einer Menge zwei verschiedene Verknüpfungen gibt, wie etwa eine Addition und gleichzeitig eine Multiplikation auf einer Menge von Zahlen. Beispiele sind $\mathbb{Z}$, $\mathbb{Q}$ und $\mathbb{R}$, die bezüglich der Addition abelsche Gruppen sind, aber durch die Multiplikation eine zweite Struktur besitzen. Diese zweite Struktur weist in diesen Fällen nicht alle Eigenschaften einer Gruppe auf! Dafür gibt es in Form von Distributivgesetzen Wechselwirkungen zwischen den zwei Strukturen. Wir werden nun sehen, dass es bei den Vektoren auch eine zweite Struktur gibt, die allerdings ein bisschen anders aussieht. Man kann zwei Vektoren nicht miteinander multiplizieren, wohl aber eine Zahl und einen Vektor, indem man den Vektor um die durch die Zahl gegebene Größe verlängert.

Ist $n \in \mathbb{N}$, so setzen wir

$$n \cdot \mathbf{v} := \underbrace{\mathbf{v} + \cdots + \mathbf{v}}_{n\text{-mal}}.$$

Dann gilt sicherlich $(m + n) \cdot \mathbf{v} = m \cdot \mathbf{v} + n \cdot \mathbf{v}$, $n \cdot (\mathbf{v} + \mathbf{w}) = n \cdot \mathbf{v} + n \cdot \mathbf{w}$ und $(mn) \cdot \mathbf{v} = m \cdot (n \cdot \mathbf{v})$.

Mit $(-n) \cdot \mathbf{v} := -(n \cdot \mathbf{v})$ kann man diese Regeln auf beliebige ganzzahlige Koeffizienten erweitern. Die Anschauung sagt, dass es auch zu jedem Vektor $\mathbf{v}$ und jeder natürlichen Zahl n einen Vektor $\mathbf{v}/n$ gibt, so dass $n \cdot (\mathbf{v}/n) = \mathbf{v}$ ist. Wir könnten dies in der Ebene mit Hilfe von Parallelprojektionen beweisen, aber stattdessen führen wir ein weiteres Axiom ein, das gleich die Multiplikation mit einer reellen Zahl behandelt.

Axiom V-4.

Jedem Vektor $\mathbf{v}$ *und jeder reellen Zahl* r *ist ein Vektor* $r \cdot \mathbf{v}$ *zugeordnet, so dass gilt:*

1. $(r + s) \cdot \mathbf{v} = r \cdot \mathbf{v} + s \cdot \mathbf{v}$.
2. $(rs) \cdot \mathbf{v} = r \cdot (s \cdot \mathbf{v})$.
3. $r \cdot (\mathbf{v} + \mathbf{w}) = r \cdot \mathbf{v} + r \cdot \mathbf{w}$.
4. $1 \cdot \mathbf{v} = \mathbf{v}$.

8.4 Satz

Für jeden Vektor $\mathbf{v}$ *gilt:* $0 \cdot \mathbf{v} = \mathbf{o}$.

BEWEIS: Es ist $0 \cdot \mathbf{v} = (0 + 0) \cdot \mathbf{v} = 0 \cdot \mathbf{v} + 0 \cdot \mathbf{v}$. Daraus folgt die Behauptung. ∎

Definition (Linearkombination)

Sind $\mathbf{v}_1, \ldots, \mathbf{v}_n$ Vektoren und $r_1, \ldots, r_n \in \mathbb{R}$, so nennt man einen Ausdruck der Gestalt

$$\sum_{i=1}^{n} r_i \cdot \mathbf{v}_i = r_1 \cdot \mathbf{v}_1 + \cdots + r_n \cdot \mathbf{v}_n$$

eine ***Linearkombination*** der Vektoren $\mathbf{v}_1, \ldots, \mathbf{v}_n$.

Eine Linearkombination von endlich vielen Vektoren aus $\mathscr{V}$ liegt wieder in $\mathscr{V}$. In älteren Büchern wird ganz anschaulich von „Vektorketten“ oder „Vektorzügen“ gesprochen. Die jeweils um die Faktoren r_i gestreckten Vektoren $\mathbf{v}_i$ werden sukzessive aneinandergehängt und der Pfeil vom Anfang dieser Vektorkette bis zu ihrer Spitze repräsentiert das Ergebnis.

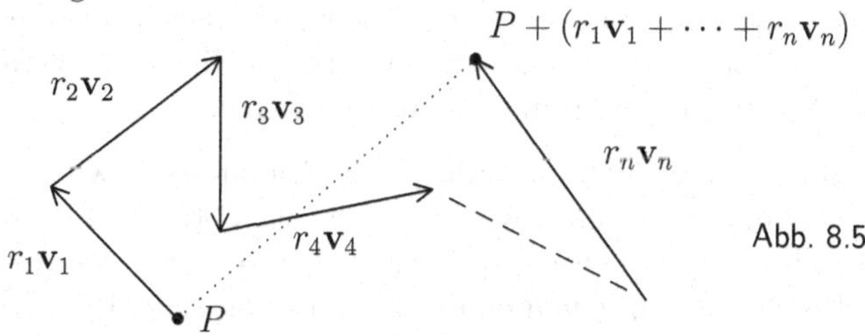

Abb. 8.5

Vektorräume

Bisher haben wir hauptsächlich an Punkte und Translationen der Ebene gedacht, aber es geht genauso auch im Raum. Translationen des Raumes werden durch Abbildungen $T : \mathbb{R}^3 \to \mathbb{R}^3$ mit $T(x, y, z) = (x + a, y + b, z + d)$ beschrieben. Das führt zu Vektoren, die den Physikern angenehmer sein dürften, denn sie sind durch drei Zahlen a, b und c festgelegt, wie man es von den klassischen Feldern in der Mechanik oder der Elektrodynamik kennt.

Es gibt aber noch ganz andere Beispiele. Bekanntlich ist $\mathbb{R}[X]$ die Menge der Polynomfunktionen. Wir wissen, dass man Polynome addieren und subtrahieren kann, zusammen mit dem Nullpolynom bilden sie eine kommutative Gruppe. Außerdem kann man jedes Polynom koeffizientenweise mit einem reellen Skalar multiplizieren, und es gelten die Gesetze der Vektorrechnung. Vektoren im klassischen physikalischen Sinne erhält man so natürlich nicht.

Die Tatsache jedoch, dass die Axiome der Vektorrechnung an verschiedenen Stellen in der Mathematik auftreten, hat dazu geführt, dass man ganz abstrakt den Begriff des „Vektorraums" eingeführt hat, und ein „Vektor" ist seitdem für einen Mathematiker schlicht ein Element eines beliebigen Vektorraumes.

Definition (Vektorraum)

Ein ***reeller Vektorraum*** ist eine (additiv geschriebene) abelsche Gruppe V mit der zusätzlichen Eigenschaft, dass jedem $\alpha \in \mathbb{R}$ und jedem $\mathbf{v} \in V$ ein Element $\alpha \cdot \mathbf{v} \in V$ zugeordnet ist und dabei für beliebige Elemente $\alpha, \beta \in \mathbb{R}$ und $\mathbf{v}, \mathbf{w} \in V$ folgende Regeln erfüllt sind:

1. $\alpha \cdot (\beta \cdot \mathbf{v}) = (\alpha\beta) \cdot \mathbf{v}$.
2. $(\alpha + \beta) \cdot \mathbf{v} = \alpha \cdot \mathbf{v} + \beta \cdot \mathbf{v}$.
3. $\alpha \cdot (\mathbf{v} + \mathbf{w}) = \alpha \cdot \mathbf{v} + \alpha \cdot \mathbf{w}$.
4. $1 \cdot \mathbf{v} = \mathbf{v}$.

Ohne die Bedingung (4) wäre jede abelsche Gruppe sofort ein Vektorraum, denn man könnte ja $\alpha \cdot \mathbf{v} := \mathbf{o}$ (= Nullvektor) für alle $\alpha \in \mathbb{R}$ und alle $\mathbf{v} \in V$ setzen.

Streng genommen könnten wir jetzt eigentlich die geometrische Motivation für den Vektorbegriff vergessen. Damit wir aber nicht völlig die Anschauung verlieren, werden wir auch weiterhin die Geometrie als Hilfsmittel heranziehen, z.B. wenn wir neue Begriffe einführen und motivieren wollen.

„Wohin ist denn jetzt der affine Punktraum verschwunden?" Helmut möchte es wieder einmal ganz genau wissen. Tatsächlich brauchen wir den affinen Raum nicht, wenn wir nur mit Vektoren rechnen wollen. Andererseits gibt es aber durchaus auch den Begriff des *affinen Raumes*. Darunter versteht man eine Menge A (zunächst ohne weitere Struktur), der ein Vektorraum $\mathscr{V}$ (der sogenannte Vektorraum der Translationen) zugeordnet ist, so dass die Axiome V-1 bis V-4 erfüllt sind. Ist ein abstrakter Vektorraum V gegeben, so erhält man den zugehörigen affinen Raum, indem man einfach die Vektorraumstruktur vergisst. Ein Element von V ist dann zugleich ein Punkt im affinen Raum und ein Vektor im zugehörigen Vektorraum.

8.5 Beispiele

A. Setzen wir $V := \mathbb{R}$ (mit der gewöhnlichen Addition), so ist das eine abelsche Gruppe und die gewöhnliche Multiplikation reeller Zahlen liefert eine skalare Multiplikation für V. Also ist $\mathbb{R}$ ein Vektorraum.

B. Der $\mathbb{R}^n$ kann folgendermaßen mit der Struktur eines Vektorraumes versehen werden:

Die Elemente von $\mathbb{R}^n$ sind n-Tupel $(x_1, \ldots, x_n)$. Sie können komponentenweise addiert und mit Skalaren multipliziert werden, durch

$$\begin{aligned} (x_1, \ldots, x_n) + (y_1, \ldots, y_n) &:= (x_1 + y_1, \ldots, x_n + y_n), \\ \text{und} \qquad \alpha \cdot (x_1, \ldots, x_n) &:= (\alpha \cdot x_1, \ldots, \alpha \cdot x_n). \end{aligned}$$

Die Überprüfung der Vektorraum-Axiome ist eine reine Fleißaufgabe.

C. Wie wir uns oben schon überlegt haben, bildet die Menge $\mathbb{R}[X]$ der Polynomfunktionen einen Vektorraum.

Es folgen jetzt ein paar einfache Rechenregeln für die Arbeit mit Vektoren. Dabei ist zu beachten, dass die Null in $\mathbb{R}$ und der Nullvektor in V normalerweise zwei ganz verschiedene Dinge sind.

8.6 Eigenschaften von Vektoren

Sei V ein reeller Vektorraum.

1. *Für alle $\mathbf{x} \in V$ ist $0 \cdot \mathbf{x} = \mathbf{o}$.*
2. *Für alle $\alpha \in \mathbb{R}$ ist $\alpha \cdot \mathbf{o} = \mathbf{o}$.*
3. *Ist $\alpha \in \mathbb{R}$, $\mathbf{x} \in V$ und $\alpha \cdot \mathbf{x} = \mathbf{o}$, so ist $\alpha = 0$ oder $\mathbf{x} = \mathbf{o}$.*
4. *Für $\alpha \in \mathbb{R}$ und $\mathbf{x} \in V$ ist $(-\alpha) \cdot \mathbf{x} = -(\alpha \cdot \mathbf{x})$.*

BEWEIS: 1) Es ist

$$\begin{aligned} 0 \cdot \mathbf{x} = 0 \cdot \mathbf{x} + \mathbf{o} &= 0 \cdot \mathbf{x} + (0 \cdot \mathbf{x} - 0 \cdot \mathbf{x}) \\ &= (0 \cdot \mathbf{x} + 0 \cdot \mathbf{x}) - 0 \cdot \mathbf{x} \\ &= (0 + 0) \cdot \mathbf{x} - 0 \cdot \mathbf{x} \\ &= 0 \cdot \mathbf{x} - 0 \cdot \mathbf{x} = \mathbf{o}. \end{aligned}$$

2) Es ist $\alpha \cdot \mathbf{o} = \alpha \cdot (\mathbf{o} + \mathbf{o}) = \alpha \cdot \mathbf{o} + \alpha \cdot \mathbf{o}$.

Daher gilt:
$$\begin{aligned} \mathbf{o} &= \alpha \cdot \mathbf{o} - \alpha \cdot \mathbf{o} \\ &= (\alpha \cdot \mathbf{o} + \alpha \cdot \mathbf{o}) - \alpha \cdot \mathbf{o} \\ &= \alpha \cdot \mathbf{o} + (\alpha \cdot \mathbf{o} - \alpha \cdot \mathbf{o}) \\ &= \alpha \cdot \mathbf{o} + \mathbf{o} \quad = \quad \alpha \cdot \mathbf{o}. \end{aligned}$$

3) Ist schon $\alpha = 0$, so ist nichts mehr zu zeigen. Ist aber $\alpha \neq 0$, so gilt:

$$\mathbf{x} = 1 \cdot \mathbf{x} = (\alpha^{-1}\alpha) \cdot \mathbf{x} = \alpha^{-1} \cdot (\alpha \cdot \mathbf{x}) = \alpha^{-1} \cdot \mathbf{o} = \mathbf{o}.$$

4) Zunächst gilt:

$$\alpha \cdot \mathbf{x} + (-\alpha) \cdot \mathbf{x} = (\alpha + (-\alpha)) \cdot \mathbf{x} = 0 \cdot \mathbf{x} = \mathbf{o}.$$

Daraus ergibt sich:

$$\begin{aligned} -(\alpha \cdot \mathbf{x}) &= -(\alpha \cdot \mathbf{x}) + \mathbf{o} \\ &= -(\alpha \cdot \mathbf{x}) + (\alpha \cdot \mathbf{x} + (-\alpha) \cdot \mathbf{x}) \\ &= (-(\alpha \cdot \mathbf{x}) + \alpha \cdot \mathbf{x}) + (-\alpha) \cdot \mathbf{x} \\ &= \mathbf{o} + (-\alpha) \cdot \mathbf{x} \quad = \quad (-\alpha) \cdot \mathbf{x}. \end{aligned}$$

■

Lineare Unabhängigkeit

Es kann passieren, dass die Spitze einer Vektorkette wieder genau auf ihren Anfang trifft. Man spricht dann von einer „geschlossenen Vektorkette“.

8.7 Beispiel

Seien $\mathbf{x}_1 := (7,3)$, $\mathbf{x}_2 := (-1,-1)$ und $\mathbf{x}_3 := (-5,-1)$ Vektoren aus $\mathbb{R}^2$. Dann ist

$$4 \cdot \mathbf{x}_1 + 8 \cdot \mathbf{x}_2 + 4 \cdot \mathbf{x}_3 = (28,12) + (-8,-8) + (-20,-4) = (0,0).$$

Diese Situation wollen wir genauer untersuchen.

Es seien $\mathbf{x}_1, \ldots, \mathbf{x}_n$ Vektoren $\neq \mathbf{o}$ in V, und es gebe reelle Zahlen $\alpha_1, \ldots, \alpha_n$, so dass gilt:

$$\sum_{i=1}^{n} \alpha_i \mathbf{x}_i = \mathbf{o}.$$

Zwei Fälle sind denkbar:

1. Fall: Es ist $\alpha_1 = \ldots = \alpha_n = 0$. Das ist natürlich höchst langweilig. Wir sprechen dann vom „trivialen Fall“.

2. Fall: Nicht alle Koeffizienten α_i sind $= 0$.

Wann kann dieser Fall überhaupt eintreten? Wir untersuchen das im $\mathbb{R}^n$ für verschiedene $n \in \mathbb{N}$.

a) ($n = 1$) Ist $\alpha \cdot \mathbf{x} = \mathbf{o}$ und $\mathbf{x} \neq \mathbf{o}$, so muss $\alpha = 0$ sein. Der nicht triviale Fall kann hier also nicht eintreten.

b) ($n = 2$) Sei $\alpha \cdot \mathbf{x} + \beta \cdot \mathbf{y} = \mathbf{o}$. Ist etwa $\beta \neq 0$, so ist $\mathbf{y} = -(\alpha/\beta) \cdot \mathbf{x}$ ein Vielfaches von $\mathbf{x}$. Ist dagegen $\alpha \neq 0$, so kann man $\mathbf{x}$ als Vielfaches von $\mathbf{y}$ schreiben. In beiden Fällen ist einer der Vektoren eine (zugegebenermaßen simple) Linearkombination des anderen. Man sagt dann, die Vektoren sind *linear abhängig*.

c) ($n = 3$) Es sei $\alpha_1 \cdot \mathbf{x}_1 + \alpha_2 \cdot \mathbf{x}_2 + \alpha_3 \cdot \mathbf{x}_3 = \mathbf{o}$.

Ist $\alpha_3 = 0$, so liegt in Wirklichkeit der Fall $n = 2$ vor. Deshalb können wir voraussetzen, dass $\alpha_3 \neq 0$ ist. Aber dann kann die Gleichung nach $\mathbf{x}_3$ aufgelöst werden:

$$\mathbf{x}_3 = \left(-\frac{\alpha_1}{\alpha_3}\right) \cdot \mathbf{x}_1 + \left(-\frac{\alpha_2}{\alpha_3}\right) \cdot \mathbf{x}_2.$$

Man kann $\mathbf{x}_3$ linear aus $\mathbf{x}_1$ und $\mathbf{x}_2$ kombinieren. Wenn eine solche Abhängigkeit zwischen den drei Vektoren besteht, nennt man sie auch hier wieder *linear abhängig*. Unabhängig voneinander sind drei Vektoren also nur dann, wenn sich der Nullvektor $\mathbf{o}$ aus ihnen nur auf triviale Weise linear kombinieren lässt.

Diese Fallstudie motiviert die folgende Definition:

Definition (Lineare Abhängigkeit und Unabhängigkeit)
Ein System von Vektoren $\mathbf{x}_1, \ldots, \mathbf{x}_n$ in V heißt ***linear abhängig***, falls es reelle Zahlen $\alpha_1, \ldots, \alpha_n$ gibt, die **nicht** alle $= 0$ sind, so dass gilt:

$$\sum_{i=1}^{n} \alpha_i \cdot \mathbf{x}_i = \mathbf{o}.$$

Andernfalls nennt man die Vektoren ***linear unabhängig***.

8.8 Beispiele

A. Ein einzelner Vektor $\neq \mathbf{o}$ ist immer linear unabhängig, so seltsam das klingen mag. Kommen nun mehrere Vektoren zusammen, so können Sie – als System betrachtet – dennoch linear abhängig sein.

B. Die sogenannten ***Einheitsvektoren***

$$\begin{aligned}
\mathbf{e}_1 &:= (1, 0, 0, \ldots, 0, 0),\\
\mathbf{e}_2 &:= (0, 1, 0, \ldots, 0, 0),\\
&\vdots\\
\mathbf{e}_n &:= (0, 0, 0, \ldots, 0, 1)
\end{aligned}$$

bilden ein linear unabhängiges System im $\mathbb{R}^n$.

Dazu müssen wir zeigen:

Sind $\alpha_1, \ldots, \alpha_n \in \mathbb{R}$ *mit* $(\alpha_1, \ldots, \alpha_n) \neq (0, \ldots, 0)$*, so ist* $\sum_{i=1}^{n} \alpha_i \cdot \mathbf{e}_i \neq \mathbf{o}$.

Wir beweisen diese Aussage durch Kontraposition:

Seien $\alpha_1, \ldots, \alpha_n \in \mathbb{R}$, mit $\sum_{i=1}^{n} \alpha_i \cdot \mathbf{e}_i = \mathbf{o}$. Rechnet man die Summe aus, so erhält man, dass $(\alpha_1, \ldots, \alpha_n) = (0, \ldots, 0)$ ist. Und damit sind wir schon fertig!

C. Wir behaupten:

$\mathbf{x}_1 := (1, 1)$ *und* $\mathbf{x}_2 := (1, -1)$ *sind linear unabhängig im* $\mathbb{R}^2$.

Zum Beweis nehmen wir wieder an, es gäbe reelle Zahlen α_1 und α_2, so dass $\alpha_1 \cdot \mathbf{x}_1 + \alpha_2 \cdot \mathbf{x}_2 = \mathbf{o}$ ist. Dann ist $(\alpha_1 + \alpha_2, \alpha_1 - \alpha_2) = (0, 0)$, also $\alpha_1 + \alpha_2 = 0$ und $\alpha_1 - \alpha_2 = 0$. Daraus folgt sofort, dass $\alpha_1 = \alpha_2 = 0$ sein muss.

D. Die Vektoren $\mathbf{x}_1 := (6, 3)$ und $\mathbf{x}_2 := (-10, -5)$ sind linear abhängig, denn es ist $\mathbf{x}_2 = -\frac{5}{3} \cdot \mathbf{x}_1$. Wie kommt man darauf? Wenn es ein λ gibt, so dass $\mathbf{x}_2 = \lambda \cdot \mathbf{x}_1$ ist, dann muss insbesondere $-10 = \lambda \cdot 6$ sein, also $\lambda = -5/3$. Und tatsächlich ist dann auch $\lambda \cdot 3 = -5$.

Die Einheitsvektoren $\mathbf{e}_1, \ldots, \mathbf{e}_n \in \mathbb{R}^n$ sind nicht nur linear unabhängig, man kann auch jeden beliebigen Vektor $\mathbf{x} = (x_1, \ldots, x_n) \in \mathbb{R}^n$ wie folgt aus ihnen linear kombinieren:

$$\mathbf{x} = x_1 \cdot \mathbf{e}_1 + \cdots + x_n \cdot \mathbf{e}_n.$$

Das bedeutet insbesondere, dass $\mathbf{e}_1, \ldots, \mathbf{e}_n, \mathbf{x}$ linear abhängig sind.

Allgemeiner gilt:

8.9 Ergänzung eines linear unabhängigen Systems I

Sind $\mathbf{v}_1, \ldots, \mathbf{v}_k$ *linear unabhängig und ist* $\mathbf{x}$ *eine Linearkombination der* $\mathbf{v}_i$*, so sind* $\mathbf{v}_1, \ldots, \mathbf{v}_k, \mathbf{x}$ *linear abhängig.*

Der Beweis ist trivial.

Klartext: Warum trivial? Wenn eine Behauptung und ihr Beweis erst auf Seite 244 des Buches stehen, muss man schon erwarten, dass es nicht ganz ohne Nachdenken geht. Der Gebrauch des Wortes „trivial" hängt etwas vom Kontext ab. Hier sollte man die lineare Algebra, so wie sie bislang in diesem Kapitel vorgestellt wurde, schon etwas verinnerlicht haben. Außerdem sollte man die Fragestellung verstanden haben.

Vorausgesetzt wird, dass eine Gleichung der Form $\mathbf{x} = \alpha_1 \cdot \mathbf{v}_1 + \cdots + \alpha_k \cdot \mathbf{v}_k$ erfüllt ist. Und behauptet wird, dass eine Gleichung der Form $\beta_1 \cdot \mathbf{v}_1 + \cdots + \beta_k \cdot \mathbf{v}_k + \beta_0 \cdot \mathbf{x} = 0$ mit $(\beta_1, \ldots, \beta_k, \beta_0) \neq$

$(0, \ldots, 0)$ erfüllt ist. Es liegt auf der Hand, dass man diese Situation herstellen kann, indem man $\beta_i := \alpha_i$ für $i = 1, \ldots, k$ und $\beta_0 := -1$ setzt. Wer einen solchen Gedankengang problemlos im Kopf erledigen kann, wird das Wort „trivial" hier für angemessen halten. Für wen das alles aber böhmische Dörfer sind, der wird das Wort „trivial" hier für übertrieben halten.

Die folgende Umkehrung ist auch richtig:

8.10 Ergänzung eines linear unabhängigen Systems II

Sind $\mathbf{v}_1, \ldots, \mathbf{v}_k$ linear unabhängig und $\mathbf{v}_1, \ldots, \mathbf{v}_k, \mathbf{x}$ linear abhängig, so ist $\mathbf{x}$ eine Linearkombination der $\mathbf{v}_i$.

BEWEIS: Es gibt eine nicht triviale Linearkombination

$$r_1 \cdot \mathbf{v}_1 + \cdots + r_k \cdot \mathbf{v}_k + s \cdot \mathbf{x} = \mathbf{o}.$$

Wäre $s = 0$, so müsste auch $r_1 = \ldots = r_k = 0$ sein. Das ist ausgeschlossen, also ist $s \neq 0$ und $\mathbf{x} = (-r_1/s) \cdot \mathbf{v}_1 + \cdots + (-r_k/s) \cdot \mathbf{v}_k$. ■

Der folgende Satz ist grundlegend für die gesamte Vektorrechnung:

8.11 Je n linear unabhängige Vektoren „erzeugen" den $\mathbb{R}^n$

Die Vektoren $\mathbf{a}_1, \ldots, \mathbf{a}_n \in \mathbb{R}^n$ seien linear unabhängig. Dann lässt sich jeder andere Vektor $\mathbf{x} \in \mathbb{R}^n$ aus ihnen linear kombinieren.

Klartext: Wenn drei Vektoren $\mathbf{u}$, $\mathbf{v}$ und $\mathbf{w}$ gegeben sind, dann kann man jede Linearkombination dieser Vektoren in der Form $\alpha \cdot \mathbf{u} + \beta \cdot \mathbf{v} + \gamma \cdot \mathbf{w}$ schreiben. Die Zahlen α, β, γ nennt man die ***Koeffizienten*** dieser Linearkombination. Was mit drei Vektoren geht, geht auch mit fünf Vektoren. Wenn aber eine unbestimmte Anzahl von Vektoren vorliegt, etwa n Vektoren, dann reichen die Buchstaben nicht mehr aus. Man muss dann die Vektoren und ihre Koeffizienten mit Hilfe von Indizes durchnummerieren und erhält Linearkombinationen der Form $\alpha_1 \cdot \mathbf{v}_1 + \alpha_2 \cdot \mathbf{v}_2 + \cdots + \alpha_n \cdot \mathbf{v}_n$. Auch das ist noch nicht so schwierig. Kompliziert wird es erst, wenn man k verschiedene Linearkombinationen zur gleichen Zeit untersuchen will. Dann bleibt einem nichts anderes übrig, als die Koeffizienten mit zwei Indizes zu versehen, einem Index i für die n Vektoren, um deren Linearkombinationen es geht, und einem zweiten Index j für die k Linearkombinationen. Der Index i läuft also von 1 bis n, der Index j von 1 bis k. Das sieht zum Beispiel folgendermaßen aus:

$$\mathbf{x}_j = \alpha_{j1} \cdot \mathbf{v}_1 + \cdots + \alpha_{jn} \cdot \mathbf{v}_n, \; j = 1, \ldots, k.$$

Mit solchen Ausdrücken umgehen zu können, hilft sicherlich, den Beweis des obigen Satzes zu verstehen.

Die Idee des Beweises beruht auf der Tatsache, dass jeder Vektor des $\mathbb{R}^n$ eine Linearkombination der Einheitsvektoren $\mathbf{e}_1, \ldots, \mathbf{e}_n$ ist (wie weiter oben gezeigt wurde), und auf der Hoffnung, dass man die $\mathbf{e}_i$ eventuell sukzessive gegen die $\mathbf{a}_i$ austauschen kann.

Man sagt, dass ein Vektorraum V von einer Teilmenge $E \subset V$ ***erzeugt*** wird, wenn jeder Vektor $\mathbf{v} \in V$ als Linearkombination von Elementen aus E dargestellt werden kann. Man nennt E dann auch ein ***Erzeugendensystem*** von V. In dem jetzt zu beweisenden Satz ist V der $\mathbb{R}^n$ und $E = \{\mathbf{a}_1, \ldots, \mathbf{a}_n\}$.

BEWEIS: Da $\mathbf{a}_1 = (a_{11}, \ldots, a_{1n}) \neq \mathbf{o}$ ist, muss eine der Komponenten $a_{1i} \neq 0$ sein. Wir können o.B.d.A. annehmen, dass $a_{11} \neq 0$ ist.

Aus der Gleichung

$$\mathbf{a}_1 = a_{11} \cdot \mathbf{e}_1 + \cdots + a_{1n} \cdot \mathbf{e}_n$$

folgt sofort:

$$\mathbf{e}_1 = \frac{1}{a_{11}} \cdot (\mathbf{a}_1 - a_{12} \cdot \mathbf{e}_2 - \ldots - a_{1n} \cdot \mathbf{e}_n).$$

Weil sich jeder Vektor $\mathbf{x} \in \mathbb{R}^n$ als Linearkombination der Einheitsvektoren schreiben lässt, sind solche Vektoren nun auch Linearkombinationen von $\mathbf{a}_1, \mathbf{e}_2, \ldots, \mathbf{e}_n$. Es gibt eine größte Zahl k, so dass sich jeder Vektor $\mathbf{x}$ aus $\mathbf{a}_1, \ldots, \mathbf{a}_k$ und $k-1$ Einheitsvektoren linear kombinieren lässt, also o.B.d.A. aus $\mathbf{a}_1, \ldots, \mathbf{a}_k, \mathbf{e}_{k+1}, \ldots, \mathbf{e}_n$.[2] Offensichtlich ist dann $1 \leq k \leq n$. Wir nehmen an, dass $k < n$ ist, und konstruieren einen Widerspruch. Konstruktionsgemäß gibt es nämlich eine Darstellung

$$\mathbf{a}_{k+1} = \lambda_1 \cdot \mathbf{a}_1 + \cdots + \lambda_k \cdot \mathbf{a}_k + \mu_{k+1} \cdot \mathbf{e}_{k+1} + \cdots + \mu_n \cdot \mathbf{e}_n.$$

Da $\mathbf{a}_1, \ldots, \mathbf{a}_{k+1}$ linear unabhängig sind, ist es nicht möglich, dass $\mu_{k+1} = \ldots = \mu_n = 0$ ist. Wenigstens eins der μ_i muss $\neq 0$ sein. O.B.d.A. können wir annehmen, dass $\mu_{k+1} \neq 0$ ist. Es folgt:

$$\mathbf{e}_{k+1} = \frac{1}{\mu_{k+1}}(\mathbf{a}_{k+1} - \lambda_1 \cdot \mathbf{a}_1 - \ldots - \lambda_k \cdot \mathbf{a}_k - \mu_{k+2} \cdot \mathbf{e}_{k+2} - \ldots - \mu_n \cdot \mathbf{e}_n).$$

Also lässt sich $\mathbf{e}_{k+1}$ und damit auch jeder Vektor $\mathbf{x} \in V$ aus $\mathbf{a}_1, \ldots, \mathbf{a}_{k+1}, \mathbf{e}_{k+2}, \ldots, \mathbf{e}_n$ linear kombinieren. Das ist der gewünschte Widerspruch, es muss $k = n$ sein. ∎

Aufgabe 1 (Lineare Unabhängigkeit)

1. $\mathbf{a}_1$, $\mathbf{a}_2$ seien linear unabhängig im $\mathbb{R}^2$, α, β, γ, δ reelle Zahlen. Suchen Sie ein Kriterium dafür, dass auch die Vektoren

$$\mathbf{x} := \alpha \cdot \mathbf{a}_1 + \beta \cdot \mathbf{a}_2 \text{ und } \mathbf{y} := \gamma \cdot \mathbf{a}_1 + \delta \cdot \mathbf{a}_2$$

linear unabhängig sind.

2. Untersuchen Sie, ob die Vektoren $(1,1,1)$, $(-2,1,-1)$ und $(1,-2,-1)$ im $\mathbb{R}^3$ linear unabhängig sind.

Ortsvektoren, Geraden und Ebenen

Der $\mathbb{R}^n$ ist uns in zweierlei Gestalt begegnet: einmal als Punktraum und einmal als Vektorraum! Wie konnte es zu dieser Zweideutigkeit kommen? Ursprünglich haben wir unsere Betrachtungen mit der euklidischen Ebene E begonnen, in der kein Punkt und kein Koordinatensystem ausgezeichnet ist. Dazu gehört der Vektorraum

[2] Der Beweis funktioniert auch ohne die in „o.B.d.A." versteckten Zusatzannahmen, er lässt sich dann aber schwieriger aufschreiben.

$\mathscr{V}$ der Translationen. Hält man nun einen Punkt $O \in E$ fest, so gibt es zu jedem $P \in E$ genau eine Translation $T \in \mathscr{V}$ mit $T(O) = P$. Das liefert eine bijektive Abbildung $v_O : E \to \mathscr{V}$. Dabei wird O auf den Nullvektor abgebildet, und die Umkehrabbildung ist durch $T \mapsto T(O)$ gegeben. Man nennt den Vektor $v_O(P)$ auch den ***Ortsvektor*** des Punktes P. Die Bijektion v_O hängt allerdings vom Punkt O ab.

So weit sind Punkte und Vektoren noch hübsch voneinander getrennt. Sobald wir jedoch in E ein rechtwinkliges Koordinatensystem eingeführt haben, liefert uns das eine Bijektion zwischen E und dem $\mathbb{R}^2$ und auch eine Bijektion zwischen $\mathscr{V}$ und dem $\mathbb{R}^2$. So kommt die Zweideutigkeit zustande.

Will man weiterhin sehr genau zwischen Punkten und Vektoren unterscheiden, so kann man die ***Spaltenschreibweise*** für Vektoren einführen. Die Vektoren in der Ebene beschreibt man dann durch Spalten mit zwei Einträgen,

$$\begin{pmatrix} x_1 \\ x_2 \end{pmatrix}, \quad \begin{pmatrix} y_1 \\ y_2 \end{pmatrix} \quad \text{usw.},$$

und die Vektoren im Raum beschreibt man durch Spalten mit drei Einträgen:

$$\begin{pmatrix} x_1 \\ x_2 \\ x_3 \end{pmatrix}, \quad \begin{pmatrix} y_1 \\ y_2 \\ y_3 \end{pmatrix} \quad \text{usw.}$$

Natürlich besteht kein wesentlicher Unterschied zwischen den „Zeilenvektoren“ (also den Punkten des affinen Raumes) und den „Spaltenvektoren“ (den „wirklichen Vektoren“). Der Übergang erfolgt durch „Transponieren“, z.B.:

$$\mathbf{a} := (a_1, a_2, a_2) \quad \mapsto \quad \mathbf{a}^\top := \begin{pmatrix} a_1 \\ a_2 \\ a_3 \end{pmatrix}.$$

Man nennt $\mathbf{a}^\top$ (in Worten: „$\mathbf{a}$ transponiert“) den „transponierten Vektor“ und setzt $\mathbf{a}^{\top\top} = \mathbf{a}$.

Die Vektorraumstruktur wird beim Übergang von $\mathbf{a}$ zu $\mathbf{a}^\top$ nicht zerstört. Eine solche Struktur erhaltende bijektive Abbildung nennt man einen ***Isomorphismus***. Wenn es zwischen zwei Vektorräumen V und W einen Isomorphismus gibt, so sagt man auch: V und W sind isomorph (in Zeichen: $V \cong W$).

Ich werde hier meist mit Zeilenvektoren arbeiten. Wenn es – wie bei den linearen Gleichungssystemen – doch einmal praktischer ist, Spaltenvektoren zu verwenden, dann werde ich sie immer in der Form $\mathbf{a}^\top$ schreiben.

Wir können also die Vektor-Geometrie der Ebene (bzw. des Raumes) bedenkenlos im $\mathbb{R}^2$ (bzw. im $\mathbb{R}^3$) betreiben. Beginnen wir mit der vektoriellen Parameterdarstellung von Geraden:

Sei $L := \{(x, y) \in \mathbb{R}^2 \mid ax + by = r\}$ eine Gerade in der Ebene, mit $(a, b) \neq (0, 0)$. Sei außerdem $(x_0, y_0) \in L$ ein Punkt auf dieser Geraden. Ein beliebiger weiterer Punkt (x, y) liegt genau dann auf L, wenn $ax + by = ax_0 + by_0$ ist, also $a \cdot (x - x_0) = (-b) \cdot (y - y_0)$.

Behauptung: *$a \cdot (x - x_0) + b \cdot (y - y_0) = 0$ gilt genau dann, wenn es ein $t \in \mathbb{R}$ gibt, so dass $x - x_0 = t(-b)$ und $y - y_0 = ta$ ist.*

Den BEWEIS dafür haben wir eigentlich schon in Kapitel 6 geführt:

Es sei die Gleichung $a \cdot (x - x_0) = (-b) \cdot (y - y_0)$ erfüllt. Ist die Gerade vertikal (also $b = 0$), so ist schon $x = x_0$, und wir brauchen nur $t := (y - y_0)/a$ zu setzen. Ist $b \neq 0$, so setzen wir $t := (x - x_0)/(-b)$. Dann ist $t(-b) = x - x_0$ und

$$t \cdot a = \frac{a \cdot (x - x_0)}{-b} = \frac{(-b) \cdot (y - y_0)}{-b} = y - y_0.$$

Die andere Beweisrichtung ist trivial. ■

Damit haben wir die folgende Parameterdarstellung für L:

$$L = \{(x, y) \in \mathbb{R}^2 \mid \exists t \in \mathbb{R} \text{ mit } x = x_0 + t(-b) \text{ und } y = y_0 + ta\}.$$

Den Vektor $\mathbf{v} := (-b, a)$ bezeichnen wir als ***Richtungsvektor*** von L. Nach Voraussetzung ist er nicht der Nullvektor. Den Ortsvektor $\mathbf{x}_0 := (x_0, y_0)$ nennen wir einen ***Stützvektor*** für die Gerade L. Nun können wir schreiben:

$$L = \{\mathbf{x} \in \mathbb{R}^2 \mid \exists t \in \mathbb{R} \text{ mit } \mathbf{x} = \mathbf{x}_0 + t \cdot \mathbf{v}\}.$$

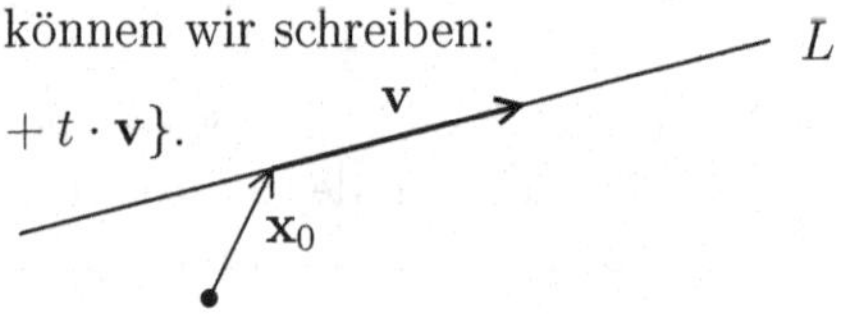

Abb. 8.6

In dieser Darstellung kann der $\mathbb{R}^2$ ohne weiteres durch einen beliebigen Vektorraum ersetzt werden:

Definition (Gerade)

Sei V ein reeller Vektorraum, $\mathbf{x}_0 \in V$ und $\mathbf{v} \neq \mathbf{o}$ ein weiterer Vektor in V. Dann nennt man die Menge

$$L := \{\mathbf{x} \in V \mid \exists t \in \mathbb{R} \text{ mit } \mathbf{x} = \mathbf{x}_0 + t \cdot \mathbf{v}\}$$

eine ***Gerade*** in V.

Zwei Geraden in V heißen ***parallel***, falls ihre Richtungsvektoren linear abhängig sind. Sind sie nicht parallel und dennoch disjunkt, so nennt man sie ***windschief***. In der Ebene stimmt der neue Parallelitätsbegriff mit dem alten überein! Windschiefe Geraden gibt es erst ab der Dimension 3.

Definition (Ebene)

Sei V ein reeller Vektorraum, $\mathbf{x}_0 \in V$. Weiter seien $\mathbf{v}$ und $\mathbf{w}$ zwei linear unabhängige Vektoren in V. Dann heißt

$$E := \{\mathbf{x} \in V \mid \exists\, s,t \in \mathbb{R} \text{ mit } \mathbf{x} = \mathbf{x}_0 + s \cdot \mathbf{v} + t \cdot \mathbf{w}\}$$

eine *Ebene* in V. Man nennt $\mathbf{x}_0$ einen ***Stützvektor*** und $\mathbf{v}$ und $\mathbf{w}$ ***Spannvektoren*** für die Ebene.

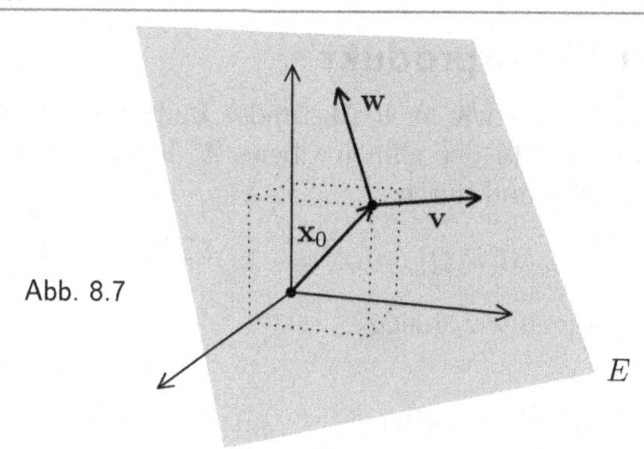

Abb. 8.7

Jede solche Ebene kann als Modell für die ebene euklidische Geometrie dienen, denn durch $F(s,t) := \mathbf{x}_0 + s \cdot \mathbf{v} + t \cdot \mathbf{w}$ wird eine bijektive Abbildung $F : \mathbb{R}^2 \to E$ definiert.

Sei V ein reeller Vektorraum und $U \subset V$ eine **nicht leere** Teilmenge. Man nennt U einen ***Untervektorraum*** von V, falls gilt:

1. $\mathbf{x}, \mathbf{y} \in U \implies \mathbf{x} + \mathbf{y} \in U$,
2. $\mathbf{x} \in U$ und $\lambda \in \mathbb{R} \implies \lambda \cdot \mathbf{x} \in U$.

Man überlegt sich ganz leicht, dass U wieder ein Vektorraum ist (die Vektorraumaxiome sind alle schon in V erfüllt, und die Ergebnisse von Rechenoperationen in U bleiben stets in U).

8.12 Beispiele

A. Die Null $\{\mathbf{o}\}$ ist ein Untervektorraum in jedem Vektorraum.

B. Ist V ein Vektorraum und $\mathbf{v} \in V$ ein Vektor $\neq \mathbf{o}$, so ist

$$\mathbb{R}\mathbf{v} := \{t \cdot \mathbf{v} \,:\, t \in \mathbb{R}\}$$

ein Untervektorraum von V. Anschaulich handelt es sich dabei um eine Gerade durch den Nullpunkt.

C. Sind $\mathbf{v}, \mathbf{w}$ zwei linear unabhängige Vektoren in V, so ist

$$\mathbb{R}(\mathbf{v}, \mathbf{w}) := \{s \cdot \mathbf{v} + t \cdot \mathbf{w} \,:\, s, t \in \mathbb{R}\}$$

ein Untervektorraum von V, nämlich die von $\mathbf{v}$ und $\mathbf{w}$ aufgespannte Ebene (durch den Nullpunkt).

Die weiter oben definierten Geraden und Ebenen nennt man auch ***affine*** Geraden und Ebenen. Um Untervektorräume handelt es sich nur dann, wenn man den Nullvektor als Stützvektor wählen kann.

Norm und Skalarprodukt

Es wird nun Zeit, dass wir auch Abstands- und Winkelmessung in die Vektorrechnung übertragen. In der affinen Ebene $\mathbb{R}^2$ hatten wir für $P = (x_1, y_1)$ und $Q = (x_2, y_2)$ den Abstand durch

$$d(P, Q) := \sqrt{(x_2 - x_1)^2 + (y_2 - y_1)^2}$$

definiert. Im $\mathbb{R}^n$ setzen wir analog

$$d((x_1, \ldots, x_n), (y_1, \ldots, y_n)) := \sqrt{\sum_{i=1}^{n}(y_i - x_i)^2}.$$

Als ***Länge*** des Ortsvektors $\mathbf{x} = \overrightarrow{OX}$ definiert man die Zahl $\|\mathbf{x}\| := d(O, X)$. Man nennt sie auch die ***Norm*** des Vektors $\mathbf{x}$. Ist $\mathbf{x} = (x_1, \ldots, x_n)$, so ist

$$\|\mathbf{x}\| = (x_1^2 + \cdots + x_n^2)^{1/2}.$$

8.13 Eigenschaften der Norm

Für $\mathbf{a}, \mathbf{b} \in \mathbb{R}^n$ *und* $\alpha \in \mathbb{R}$ *gilt:*

1. $\|\mathbf{a}\| \geq 0$.
2. $\|\mathbf{a}\| = 0 \iff \mathbf{a} = \mathbf{o}$.
3. $\|\alpha \cdot \mathbf{a}\| = |\alpha| \cdot \|\mathbf{a}\|$.
4. $\|\mathbf{a} + \mathbf{b}\| \leq \|\mathbf{a}\| + \|\mathbf{b}\|$.

BEWEIS: (1) und (2) sind nach Definition klar.

3) Sei $\mathbf{a} = (a_1, \ldots, a_n)$. Dann ist $\alpha \cdot \mathbf{a} = (\alpha \cdot a_1, \ldots, \alpha \cdot a_n)$, und es folgt:

$$\begin{aligned} \|\alpha \cdot \mathbf{a}\| &= ((\alpha \cdot a_1)^2 + \cdots + (\alpha \cdot a_n))^{1/2} \\ &= |\alpha| \cdot (a_1^2 + \cdots + a_n^2)^{1/2} = |\alpha| \cdot \|\mathbf{a}\|. \end{aligned}$$

4) Sind die Vektoren $\mathbf{a}$ und $\mathbf{b}$ linear abhängig, so ist einer von ihnen ein Vielfaches des anderen, etwa $\mathbf{b} = \alpha \cdot \mathbf{a}$. Dann folgt:

$$\|\mathbf{a} + \mathbf{b}\| = |1 + \alpha| \cdot \|\mathbf{a}\| \leq (1 + |\alpha|) \cdot \|\mathbf{a}\| = \|\mathbf{a}\| + \|\mathbf{b}\|.$$

Sind $\mathbf{a}$ und $\mathbf{b}$ linear unabhängig, so spannen sie eine Ebene E auf, die durch den Nullpunkt geht. Da $\mathbf{a} + \mathbf{b}$ ebenfalls in E liegt, bilden $\mathbf{o}$, $\mathbf{a}$ und $\mathbf{a} + \mathbf{b}$ ein Dreieck in E mit den Seitenlängen $\|\mathbf{a}\|$, $\|\mathbf{b}\|$ und $\|\mathbf{a} + \mathbf{b}\|$. Da in einem Dreieck die Summe zweier Seiten stets größer als die dritte ist, folgt: $\|\mathbf{a} + \mathbf{b}\| < \|\mathbf{a}\| + \|\mathbf{b}\|$. ■

Bemerkung: Für beliebige Vektoren $\mathbf{a}, \mathbf{b} \in \mathbb{R}^n$ ist jetzt $d(\mathbf{a}, \mathbf{b}) = \|\mathbf{b} - \mathbf{a}\|$.

Definition (Skalarprodukt)

Sind $\mathbf{x} = (x_1, \ldots, x_n)$ und $\mathbf{y} = (y_1, \ldots, y_n)$ Vektoren im $\mathbb{R}^n$, so heißt

$$\boxed{\mathbf{x} \bullet \mathbf{y} := \sum_{i=1}^{n} x_i \cdot y_i}$$

das ***Skalarprodukt*** von $\mathbf{x}$ und $\mathbf{y}$.

Es gilt:

1. $\mathbf{x} \bullet \mathbf{y} = \mathbf{y} \bullet \mathbf{x}$ (klar!).
2. $(\mathbf{x} + \mathbf{y}) \bullet \mathbf{z} = \mathbf{x} \bullet \mathbf{z} + \mathbf{y} \bullet \mathbf{z}$.

   BEWEIS: $(\mathbf{x} + \mathbf{y}) \bullet \mathbf{z} = \sum_{i=1}^{n} (x_i + y_i) z_i = \sum_{i=1}^{n} x_i z_i + \sum_{i=1}^{n} y_i z_i = \mathbf{x} \bullet \mathbf{z} + \mathbf{y} \bullet \mathbf{z}$.
3. $(r \cdot \mathbf{x}) \bullet \mathbf{y} = r(\mathbf{x} \bullet \mathbf{y})$.
4. Es ist $\mathbf{x} \bullet \mathbf{x} = \sum_{i=1}^{n} x_i^2 \geq 0$ für alle $\mathbf{x} \in \mathbb{R}^n$, und es gilt $\mathbf{x} \bullet \mathbf{x} = 0$ genau dann, wenn $\mathbf{x} = 0$ ist.

Im Falle $n = 1$ ist $x \bullet y = x \cdot y$. Im Falle $n = 2$ kennen wir das Skalarprodukt schon. Ist $a^2 + b^2 = 1$ und $c^2 + d^2 = 1$, so ist $ac + bd$ der Skalenfaktor der orthogonalen Projektion von der Geraden $\{ax + by = 0\}$ auf die Gerade $\{cx + dy = 0\}$, also $ac + bd = \cos(\alpha)$, wobei α der von (a, b) und (c, d) eingeschlossene Winkel ist. Im Allgemeinen ist dann

$$(a, b) \bullet (c, d) = \|(a, b)\| \cdot \|(c, d)\| \cdot \cos(\alpha).$$

Also ist das Skalarprodukt zweier Vektoren genau dann gleich null, wenn die Vektoren aufeinander senkrecht stehen.

8.14 Die Schwarz'sche Ungleichung

$$(\mathbf{x} \bullet \mathbf{y})^2 \leq \|\mathbf{x}\|^2 \cdot \|\mathbf{y}\|^2.$$

Gleichheit tritt genau dann auf, wenn $\mathbf{x}$ *und* $\mathbf{y}$ *linear abhängig sind, d.h. wenn* $\mathbf{x}$ *ein Vielfaches von* $\mathbf{y}$ *oder* $\mathbf{y}$ *ein Vielfaches von* $\mathbf{x}$ *ist.*

BEWEIS: Ist $\mathbf{y} = \mathbf{o}$, so ergibt sich auf beiden Seiten die Null. Daher können wir voraussetzen, dass $\mathbf{y} \neq \mathbf{o}$ ist. Der Beweis funktioniert dann mit einem Trick: Wir benutzen eine beliebige reelle Zahl t und erhalten:

$$\begin{aligned} 0 &\leq \|\mathbf{x} + t \cdot \mathbf{y}\|^2 = (\mathbf{x} + t \cdot \mathbf{y}) \bullet (\mathbf{x} + t \cdot \mathbf{y}) \\ &= \mathbf{x} \bullet \mathbf{x} + t^2 \cdot \mathbf{y} \bullet \mathbf{y} + 2t \cdot \mathbf{x} \bullet \mathbf{y}. \end{aligned}$$

Setzen wir $t := -(\mathbf{x} \bullet \mathbf{y})/\|\mathbf{y}\|^2$ ein, so ergibt sich:

$$0 \leq \mathbf{x} \bullet \mathbf{x} + \frac{(\mathbf{x} \bullet \mathbf{y})^2}{\|\mathbf{y}\|^2} - 2 \cdot \frac{(\mathbf{x} \bullet \mathbf{y})^2}{\|\mathbf{y}\|^2} = \|\mathbf{x}\|^2 - \frac{(\mathbf{x} \bullet \mathbf{y})^2}{\|\mathbf{y}\|^2}.$$

Multiplikation mit $\|\mathbf{y}\|^2$ liefert die Schwarz'sche Ungleichung. Offensichtlich gilt die Gleichheit genau dann, wenn $\mathbf{x} + t \cdot \mathbf{y} = \mathbf{o}$ ist, also $\mathbf{x} = -t \cdot \mathbf{y}$. ■

Die Dreiecksungleichung könnte jetzt übrigens auch ohne Rückgriff auf die Geometrie mit Hilfe der Schwarz'schen Ungleichung bewiesen werden.

Im $\mathbb{R}^n$ werden wir Winkel mit Hilfe des Skalarproduktes einführen. Wegen der Schwarz'schen Ungleichung ist $c := \dfrac{\mathbf{x} \bullet \mathbf{y}}{\|\mathbf{x}\| \cdot \|\mathbf{y}\|}$ eine Zahl mit $|c| \leq 1$. Es gibt dann genau ein $\alpha \in [0, \pi]$ mit $\cos(\alpha) = c$.

Definition (Winkel und Orthogonalität)

Sind $\mathbf{x}$ und $\mathbf{y}$ Vektoren $\neq 0$ im $\mathbb{R}^n$, so definiert man den ***Winkel*** $\alpha = \angle(\mathbf{x}, \mathbf{y})$ als denjenigen (eindeutig bestimmten) Winkel zwischen 0° und 180°, für den gilt:

$$\boxed{\cos(\alpha) = \frac{\mathbf{x} \bullet \mathbf{y}}{\|\mathbf{x}\| \cdot \|\mathbf{y}\|}.}$$

Die Vektoren $\mathbf{x}$ und $\mathbf{y}$ heißen ***orthogonal*** zueinander (in Zeichen: $\mathbf{x} \perp \mathbf{y}$), falls $\mathbf{x} \bullet \mathbf{y} = 0$ ist.

Bemerkungen:

1. Für Vektoren $\mathbf{x}, \mathbf{y} \in \mathbb{R}^2$ kommt das heraus, was wir schon kennen. Der Cosinus des eingeschlossenen Winkels ist der Skalenfaktor der orthogonalen Projektion des einen Vektors auf den anderen.

2. Im $\mathbb{R}^2$ können wir ganz einfach die Menge derjenigen Vektoren $\mathbf{x} = (x_1, x_2)$ bestimmen, die zu einem gegebenen Vektor $\mathbf{v} = (v_1, v_2)$ orthogonal sind:

   Damit $\mathbf{x}$ auf $\mathbf{v}$ senkrecht steht, muss die Gleichung $\mathbf{x} \bullet \mathbf{v} = 0$ erfüllt werden, also $x_1 v_1 + x_2 v_2 = 0$. Das bedeutet, dass $\mathbf{x}$ auf der Geraden

   $$L := \{(x, y) \in \mathbb{R}^2 \mid v_1 x + v_2 y = 0\}$$

   mit dem Richtungsvektor $\mathbf{w} := (-v_2, v_1)$ und dem Stützvektor $(0, 0)$ liegt. Also folgt:

   $$\mathbf{x} \perp \mathbf{v} \iff \exists\, \lambda \in \mathbb{R} \text{ mit } \mathbf{x} = \lambda \cdot (-v_2, v_1).$$

8.15 Orthogonale Systeme sind linear unabhängig

Sind die Vektoren $\mathbf{a}_1, \ldots, \mathbf{a}_k \in \mathbb{R}^n$ paarweise orthogonal zueinander und $\neq \mathbf{o}$, so sind sie linear unabhängig.

BEWEIS: Sei $\lambda_1 \cdot \mathbf{a}_1 + \cdots + \lambda_k \cdot \mathbf{a}_k = \mathbf{o}$. Bilden wir auf beiden Seiten das Skalarprodukt mit einem $\mathbf{a}_j$, so erhalten wir auf der linken Seite die Zahl $\lambda_j \cdot \|\mathbf{a}_j\|^2$ und auf der rechten Seite die Null. Also muss $\lambda_j = 0$ sein. Da dies für jedes j gilt, sind die $\mathbf{a}_i$ linear unabhängig. ∎

Die Hesse'sche Normalform

Wir wollen nun das Skalarprodukt benutzen, um die Hesse'sche Form der Geradengleichung im $\mathbb{R}^2$ herzuleiten.

Definition (Normalenvektor)

Ein Vektor $\mathbf{n}$ heißt ***Normalenvektor*** zu der Geraden $L \subset \mathbb{R}^2$, falls er auf dem Richtungsvektor von L senkrecht steht. Ist außerdem $\|\mathbf{n}\| = 1$, so spricht man von einem ***Normaleneinheitsvektor***.

Sei $L = \{\mathbf{x} \mid \exists\, t \in \mathbb{R} \text{ mit } \mathbf{x} = \mathbf{x}_0 + t \cdot \mathbf{v}\}$, mit $\mathbf{v} \neq \mathbf{o}$. Weiter sei $\mathbf{n}$ ein Normaleneinheitsvektor zu L. Da $\mathbf{v}$ und $\mathbf{n}$ linear unabhängig sind, gibt es eindeutig bestimmte reelle Zahlen p und t_0, so dass gilt:

$$p \cdot \mathbf{n} = \mathbf{x}_0 + t_o \cdot \mathbf{v}.$$

Abb. 8.8

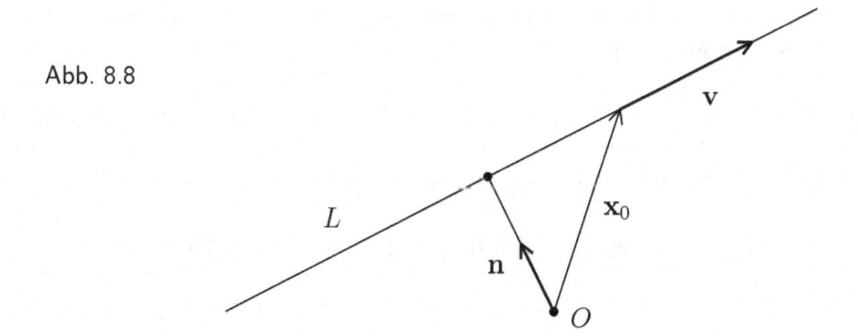

Der Vektor $p \cdot \mathbf{n}$ ist zugleich der Schnittpunkt von L und $L' := \{t \cdot \mathbf{n} \mid t \in \mathbb{R}\}$. Wir bilden jetzt auf beiden Seiten der Gleichung das Skalarprodukt mit $\mathbf{n}$ und erhalten

$$p = p \cdot (\mathbf{n} \bullet \mathbf{n}) = (p \cdot \mathbf{n}) \bullet \mathbf{n} = \mathbf{x}_0 \bullet \mathbf{n} + t_0 \cdot \mathbf{v} \bullet \mathbf{n} = \mathbf{x}_0 \bullet \mathbf{n}.$$

Mit $\mathbf{n}$ ist auch $-\mathbf{n}$ Normaleneinheitsvektor zu L. Je nachdem, welchen der beiden Vektoren man ausgewählt hat, kann p positiv oder negativ sein. Der Fall $p = 0$ kann auch eintreten, und zwar genau dann, wenn L durch den Nullpunkt geht. Auf jeden Fall lässt sich $\mathbf{n}$ stets so wählen, dass $p \geq 0$ ist.

8.16 Satz

Sei $L \subset \mathbb{R}^2$ eine Gerade, $\mathbf{n}$ ein Normaleneinheitsvektor zu L und $p \geq 0$ eine reelle Zahl, so dass $p \cdot \mathbf{n} \in L$ ist. Dann gilt:

1. *p ist eindeutig bestimmt.*
2. *Ist $p > 0$, so ist auch $\mathbf{n}$ eindeutig bestimmt.*
3. *Für $\mathbf{x} \in L$ ist stets $\|\mathbf{x}\| \geq p$.*

BEWEIS: Wir müssen nur noch die letzte Aussage beweisen. Dazu schreiben wir ein allgemeines Element $\mathbf{x} \in L$ in der Form $\mathbf{x} = \mathbf{x}_0 + t \cdot \mathbf{v}$. Wie oben sei $t_0 \in \mathbb{R}$ so gewählt, dass $p \cdot \mathbf{n} = \mathbf{x}_0 + t_0 \cdot \mathbf{v}$ ist. Dann gilt:

$$\begin{aligned} \|\mathbf{x}\|^2 &= \|\mathbf{x}_0 + t \cdot \mathbf{v}\|^2 \\ &= \|\mathbf{x}_0 + t_0 \cdot \mathbf{v} + (t - t_0) \cdot \mathbf{v}\|^2 \\ &= \|p \cdot \mathbf{n} + (t - t_0) \cdot \mathbf{v}\|^2 \\ &= (p \cdot \mathbf{n} + (t - t_0) \cdot \mathbf{v}) \bullet (p \cdot \mathbf{n} + (t - t_0) \cdot \mathbf{v}) \\ &= p^2 + (t - t_0)^2 \cdot \|\mathbf{v}\|^2 \quad \geq \quad p^2. \end{aligned}$$

Da $p \geq 0$ ist, muss $\|\mathbf{x}\| \geq p$ sein. ∎

Bemerkungen:

1. $\mathbf{x}^* := \mathbf{x}_0 + t_0 \cdot \mathbf{v} = p \cdot \mathbf{n}$ ist der einzige Vektor auf L mit $\|\mathbf{x}^*\| = p$. Die dritte Bedingung des Satzes bedeutet, dass p der Abstand der Geraden L vom Nullpunkt ist.

2. Wir haben – ohne es zu merken – im Beweis ein allgemeines Prinzip benutzt:

   Ist $\mathbf{x} \bullet \mathbf{y} = 0$, so ist $\|\mathbf{x} + \mathbf{y}\|^2 = \|\mathbf{x}\|^2 + \|\mathbf{y}\|^2$.

   Das ist die vektorielle Formulierung des Satzes von Pythagoras!

8.17 Existenz der Hesse'schen Normalform

Sei $L = \{\mathbf{x} \in \mathbb{R}^2 \mid \mathbf{x} = \mathbf{x}_0 + t \cdot \mathbf{v},\, t \in \mathbb{R}\}$. Sei $p \geq 0$ der Abstand von L zum Nullpunkt, $\mathbf{n}$ ein Normaleneinheitsvektor von L, so dass $p \cdot \mathbf{n} \in L$ ist. Dann ist

$$L = \{\mathbf{x} \in \mathbb{R}^2 \mid \mathbf{x} \bullet \mathbf{n} = p\}.$$

BEWEIS: Es ist $p = \mathbf{x}_0 \bullet \mathbf{n}$. Daher gilt:

$$\begin{aligned} \mathbf{x} \in L \quad &\iff \quad \exists t \in \mathbb{R} \text{ mit } \mathbf{x} = \mathbf{x}_0 + t \cdot \mathbf{v} \\ &\iff \quad \exists t \in \mathbb{R} \text{ mit } \mathbf{x} - \mathbf{x}_0 = t \cdot \mathbf{v} \\ &\iff \quad (\mathbf{x} - \mathbf{x}_0) \bullet \mathbf{n} = 0 \quad \iff \quad \mathbf{x} \bullet \mathbf{n} = p. \end{aligned}$$ ∎

Die so gewonnene Darstellung von L nennt man die ***Hesse'sche Normalform*** von L. Sie ist eindeutig bestimmt, wenn $p > 0$ ist, wenn also die Gerade nicht durch den Nullpunkt geht. Ist $p = 0$, so kann man $\mathbf{n}$ durch $-\mathbf{n}$ ersetzen.

Die verschiedenen Geradenformen lassen sich leicht ineinander umrechnen:

1. Es sei $L = \{(x, y) \in \mathbb{R}^2 \mid ax + by = r\}$, mit $(a, b) \neq (0, 0)$.

   Da man die Geradengleichung notfalls mit -1 multiplizieren kann, kann man o.B.d.A. annehmen, dass $r \geq 0$ ist. $\mathbf{v} := (-b, a)$ ist Richtungsvektor und $\mathbf{a} := (a, b)$ steht auf $\mathbf{v}$ senkrecht. Deshalb ist $\mathbf{n} := \mathbf{a}/\|\mathbf{a}\|$ ein Normaleneinheitsvektor zu L. Die Gleichung $ax + by = r$ kann man auch als $\mathbf{a} \bullet \mathbf{x} = r$ lesen. Division durch $\|\mathbf{a}\|$ ergibt die Gleichung $\mathbf{n} \bullet \mathbf{x} = p$, mit $p := r/\|\mathbf{a}\|$.

2. Sei umgekehrt $L = \{\mathbf{x} \mid \mathbf{x} \bullet \mathbf{n} = p\}$ in der Hesse'schen Normalform gegeben, $\mathbf{n} = (n_1, n_2)$. Dann kann man die Geradengleichung $n_1 x + n_2 y = p$ sofort ablesen.

3. Will man aus der Geradengleichung $ax + by = r$ die vektorielle Form bestimmen, so braucht man neben dem Richtungsvektor noch einen Ortsvektor $\mathbf{x}_0$. Dazu muss man eine Lösung der Gleichung $ax + by = r$ finden. Das ist aber ganz einfach: Ist etwa $b \neq 0$, so kann man $\mathbf{x}_0 := (0, r/b)$ setzen.

Als Anwendung berechnen wir den Abstand einer Geraden L von einem Punkt $\mathbf{z}_0 \notin L$: Wir schreiben L in der Hesse'schen Normalform, $L = \{\mathbf{x} \mid \mathbf{x} \bullet \mathbf{n} = p\}$. Dann ist die zu L senkrechte Gerade durch $\mathbf{z}_0$ gegeben durch

$$L' := \{\mathbf{x} \in \mathbb{R}^2 \mid \exists t \in \mathbb{R} \text{ mit } \mathbf{x} = \mathbf{z}_0 + t \cdot \mathbf{n}\}.$$

$\mathbf{x}_0 = \mathbf{z}_0 + t_0 \cdot \mathbf{n}$ sei der Schnittpunkt von L und L'. Ist nun $\mathbf{x} \in L$ beliebig, so ist

$$(\mathbf{x} - \mathbf{x}_0) \bullet (\mathbf{x}_0 - \mathbf{z}_0) = t_0 \cdot (\mathbf{x} - \mathbf{x}_0) \bullet \mathbf{n} = t_0 \cdot (p - p) = 0.$$

Also ist

$$\begin{aligned} \|\mathbf{x}-\mathbf{z}_0\|^2 &= \|(\mathbf{x}-\mathbf{x}_0)+(\mathbf{x}_0-\mathbf{z}_0)\|^2 \\ &= \|\mathbf{x}-\mathbf{x}_0\|^2+\|\mathbf{x}_0-\mathbf{z}_0\|^2 \geq \|\mathbf{x}_0-\mathbf{z}_0\|^2. \end{aligned}$$

Deshalb ist der gesuchte Abstand durch die Zahl $d := \|\mathbf{x}_0-\mathbf{z}_0\| = \|t_0\cdot\mathbf{n}\| = |t_0|$ gegeben. Da $\mathbf{x}_0$ auf L liegt, ist

$$p = \mathbf{x}_0 \bullet \mathbf{n} = \mathbf{z}_0 \bullet \mathbf{n} + (t_0\cdot\mathbf{n})\bullet\mathbf{n} = \mathbf{z}_0\bullet\mathbf{n}+t_0.$$

Damit haben wir gezeigt:

8.18 Der Abstand eines Punktes von einer Geraden

Der Abstand d eines Punktes $\mathbf{z}_0$ von einer in der Hesse'schen Normalform gegebenen Geraden $L = \{\mathbf{x} \mid \mathbf{x}\bullet\mathbf{n} = p\}$ beträgt

$$\boxed{d = |p - \mathbf{z}_0\bullet\mathbf{n}|.}$$

8.19 Beispiel

Sei $L = \{(x,y) \mid 3x+2y=5\}$ und $\mathbf{z}_0 = (4,3)$. Dann ist

$$\mathbf{n} = \frac{(3,2)}{\|(3,2)\|} = \frac{1}{\sqrt{13}}\cdot(3,2) \text{ und } p = \frac{5}{\sqrt{13}}.$$

Also ergibt sich für den gesuchten Abstand:

$$d := |p-\mathbf{z}_0\bullet\mathbf{n}| = |\frac{5}{\sqrt{13}} - \frac{1}{\sqrt{13}}\cdot(4\cdot 3+3\cdot 2)| = \frac{13}{\sqrt{13}} = \sqrt{13}.$$

Aufgabe 2 (Geradendarstellung)

Sei L_1 die Gerade, die senkrecht auf dem Vektor $(3,1)$ steht und durch den Punkt $(11/2, -3/2)$ geht. L_2 sei die Gerade durch die Punkte $(7,5)$ und $(-7,3)$, L_3 sei diejenige Gerade durch den Nullpunkt, die mit der positiven x-Achse einen Winkel von 135° einschließt.

Bestimmen Sie jeweils den Schnittpunkt C von L_1 und L_2, den Schnittpunkt B von L_1 und L_3, sowie den Schnittpunkt A von L_3 und L_2.

Im Dreieck ABC werde das Lot von der Ecke C auf die Seite AB gefällt, der Fußpunkt sei mit P bezeichnet. Stellen Sie die Gerade L_2 in der Hesse'schen Normalform dar und berechnen Sie den Abstand des Punktes P von L_2.

Im $\mathbb{R}^3$ übernehmen die Ebenen zum Teil die Rolle, die die Geraden in $\mathbb{R}^2$ innehaben. So gibt es für die Geraden im Raum nach wie vor die Parameterform, während die Hesse'sche Normalform dort den Ebenen vorbehalten bleibt. Darauf wollen wir hier aber nicht näher eingehen.

Matrizen und Determinanten

Definition (Matrix und Determinante)
a, b, c, d seien reelle Zahlen. Das quadratische Schema

$$\mathbf{A} = \begin{pmatrix} a & b \\ c & d \end{pmatrix}$$

bezeichnet man als ***(zweireihige) Matrix***. Die Zahl $\det(\mathbf{A}) := ad - bc$ nennt man die ***Determinante*** von $\mathbf{A}$. Manchmal schreibt man auch

$$\begin{vmatrix} a & b \\ c & d \end{vmatrix} := \det\begin{pmatrix} a & b \\ c & d \end{pmatrix}.$$

8.20 Beispiele

A. Die Koeffizienten eines linearen Gleichungssystems

$$\begin{aligned} ax + by &= r \\ cx + dy &= s \end{aligned}$$

kann man zu der Matrix $\mathbf{A} := \begin{pmatrix} a & b \\ c & d \end{pmatrix}$ zusammenfassen.

Das Gleichungssystem ist genau dann eindeutig lösbar, wenn $\det(\mathbf{A}) \neq 0$ ist. Die Lösung kann man mit Hilfe der sogenannten ***Cramer'schen Regel*** bestimmen:

$$x = \frac{\det\begin{pmatrix} r & b \\ s & d \end{pmatrix}}{\det\begin{pmatrix} a & b \\ c & d \end{pmatrix}} \quad \text{und} \quad y = \frac{\det\begin{pmatrix} a & r \\ c & s \end{pmatrix}}{\det\begin{pmatrix} a & b \\ c & d \end{pmatrix}}.$$

Wir haben das schon in Kapitel 6 bei der Behandlung von linearen Gleichungssystemen mit zwei Unbekannten herausbekommen.

B. Sind $\mathbf{x} = (a, b)$ und $\mathbf{y} = (c, d)$ zwei Zeilenvektoren des $\mathbb{R}^2$, so kann man sie zu einer zweireihigen Matrix

$$\mathbf{A} := \begin{pmatrix} \mathbf{x} \\ \mathbf{y} \end{pmatrix} = \begin{pmatrix} a & b \\ c & d \end{pmatrix}$$

zusammenfassen. Arbeitet man lieber mit den Spaltenvektoren $\mathbf{x}^\top = \begin{pmatrix} a \\ b \end{pmatrix}$ und $\mathbf{y}^\top = \begin{pmatrix} c \\ d \end{pmatrix}$, so erhält man die ***transponierte Matrix***

$$\mathbf{A}^\top := (\mathbf{x}^\top, \mathbf{y}^\top) = \begin{pmatrix} a & c \\ b & d \end{pmatrix}.$$

Da eine zweireihige Matrix $\mathbf{A}$ aus zwei Vektoren zusammengesetzt ist, kann man die Determinante auch als Abbildung $\det : \mathbb{R}^2 \times \mathbb{R}^2 \to \mathbb{R}$ auffassen. Dann hat sie die folgenden Eigenschaften:

8.21 Eigenschaften der Determinante

1. $\det(\mathbf{y}, \mathbf{x}) = -\det(\mathbf{x}, \mathbf{y})$, *für* $\mathbf{x}, \mathbf{y} \in \mathbb{R}^2$.
2. $\det(\mathbf{x}_1 + \mathbf{x}_2, \mathbf{y}) = \det(\mathbf{x}_1, \mathbf{y}) + \det(\mathbf{x}_2, \mathbf{y})$, *für* $\mathbf{x}_1, \mathbf{x}_2, \mathbf{y} \in \mathbb{R}^2$.
3. $\det(\alpha \cdot \mathbf{x}, \beta \cdot \mathbf{y}) = \alpha\beta \cdot \det(\mathbf{x}, \mathbf{y})$, *für* $\mathbf{x}, \mathbf{y} \in \mathbb{R}^2$ *und* $\alpha, \beta \in \mathbb{R}$.
4. $\det(\mathbf{e}_1, \mathbf{e}_2) = 1$.

BEWEIS: Sei $\mathbf{x} = (a, b)$, $\mathbf{y} = (c, d)$ und $\mathbf{x}_i = (a_i, b_i)$. Dann gilt:

1) $\det(\mathbf{y}, \mathbf{x}) = \det \begin{pmatrix} c & d \\ a & b \end{pmatrix} = bc - ad = -\det(\mathbf{x}, \mathbf{y})$.

2) $\det(\mathbf{x}_1 + \mathbf{x}_2, \mathbf{y}) = \det \begin{pmatrix} a_1 + a_2 & b_1 + b_2 \\ c & d \end{pmatrix} = (a_1 + a_2)d - (b_1 + b_2)c =$
$= (a_1 d - b_1 c) + (a_2 d - b_2 c) = \det(\mathbf{x}_1, \mathbf{y}) + \det(\mathbf{x}_2, \mathbf{y})$.

3) $\det(\alpha \cdot \mathbf{x}, \beta \cdot \mathbf{y}) = \det \begin{pmatrix} \alpha a & \alpha b \\ \beta c & \beta d \end{pmatrix} = \alpha\beta \cdot (ad - bc) = \alpha\beta \cdot \det(\mathbf{x}, \mathbf{y})$.

4) $\det(\mathbf{e}_1, \mathbf{e}_2) = \det \begin{pmatrix} 1 & 0 \\ 0 & 1 \end{pmatrix} = 1$. ∎

Offensichtlich ist auch $\det(\mathbf{A}^\top) = \det(\mathbf{A})$.

Das Gauß-Verfahren

Wir wollen nun lineare Gleichungssysteme mit drei Unbekannten behandeln. Eine lineare Gleichung im $\mathbb{R}^3$ hat die Gestalt

$$ax + by + cz = r,$$

mit reellen Koeffizienten a, b, c und r.

8.22 Satz

Wenn $(a, b, c) \neq (0, 0, 0)$ ist, dann ist die Lösungsmenge der Gleichung

$$ax + by + cz = r$$

eine affine Ebene im $\mathbb{R}^3$.

BEWEIS: Ist $(a, b, c) \neq (0, 0, 0)$, so muss einer der drei Koeffizienten $a, b, c \neq 0$ sein. O.B.d.A. können wir annehmen, dass $a \neq 0$ ist. Wir betrachten zunächst die „zugehörige homogene Gleichung“ $ax + by + cz = 0$ und zeigen, dass deren Lösungsmenge ein von zwei linear unabhängigen Vektoren aufgespannter Untervektorraum ist.

Sei $\mathbf{v} := (-b/a, 1, 0)$ und $\mathbf{w} := (-c/a, 0, 1)$. Einsetzen zeigt sofort, dass $\mathbf{v}$ und $\mathbf{w}$ Lösungen der homogenen Gleichung sind. Außerdem sind sie linear unabhängig. Ist nämlich

$$\mathbf{o} = \alpha \cdot \mathbf{v} + \beta \cdot \mathbf{w} = (-(\alpha b)/a - (\beta c)/a,\, \alpha,\, \beta),$$

so ist $\alpha = \beta = 0$.

Sei $\mathbf{a} := (a, b, c)$. Dann sind die Lösungen der homogenen Gleichung genau diejenigen Vektoren $\mathbf{x}$, die auf $\mathbf{a}$ senkrecht stehen. Weil $\mathbf{a} \bullet \mathbf{v} = \mathbf{a} \bullet \mathbf{w} = 0$ ist, ist auch $\mathbf{a} \bullet (\alpha \cdot \mathbf{v} + \beta \cdot \mathbf{w}) = \alpha \cdot (\mathbf{a} \bullet \mathbf{v}) + \beta \cdot (\mathbf{a} \bullet \mathbf{w}) = 0$. Das bedeutet, dass der von $\mathbf{v}$ und $\mathbf{w}$ aufgespannte Unterraum U in der Lösungsmenge H der homogenen Gleichung enthalten ist. Würde diese Lösungsmenge sogar drei linear unabhängige Vektoren enthalten, so wäre jeder Vektor $\mathbf{x} \in \mathbb{R}^3$ eine Lösung. Das trifft aber nicht zu, denn es ist ja zum Beispiel $\mathbf{u} := (a, 0, 0)$ keine Lösung (weil $\mathbf{a} \bullet \mathbf{u} = a^2 \neq 0$ ist).

Die Vektoren $\mathbf{u}, \mathbf{v}, \mathbf{w}$ sind linear unabhängig und erzeugen deshalb den $\mathbb{R}^3$. Ist $\mathbf{x} = \alpha \cdot \mathbf{u} + \beta \cdot \mathbf{v} + \gamma \cdot \mathbf{w} \in H$, so ist

$$0 = \mathbf{a} \bullet \mathbf{x} = \alpha \cdot (\mathbf{a} \bullet \mathbf{u}) = \alpha \cdot a^2,$$

also $\alpha = 0$ und damit $\mathbf{x} \in U$. Das zeigt, dass $U = H$ ist.

Wir kommen jetzt zur „inhomogenen“ Gleichung $\mathbf{a} \bullet \mathbf{x} = r$. Eine einzelne Lösung findet man ganz schnell, etwa $\mathbf{x}_0 := (-(b/a) + (r/a), 1, 0)$. Nun gilt für einen beliebigen Vektor $\mathbf{x} \in \mathbb{R}^3$:

$$\begin{aligned} \mathbf{a} \bullet \mathbf{x} = r &\iff \mathbf{a} \bullet (\mathbf{x} - \mathbf{x}_0) = 0 \\ &\iff \mathbf{x} - \mathbf{x}_0 \in H. \end{aligned}$$

Daraus folgt, dass die Lösungsmenge der Gleichung $ax + by + cz = r$ genau aus den Vektoren $\mathbf{x} = \mathbf{x}_0 + \alpha \cdot \mathbf{v} + \beta \cdot \mathbf{w}$ besteht. ∎

Die Lösungsmenge **zweier** linearer Gleichungen ist nun der Durchschnitt $E_1 \cap E_2$ zweier affiner Ebenen. Der kann wieder eine Ebene (wenn $E_1 = E_2$ ist), die leere Menge (wenn E_1 und E_2 parallel sind) oder eine Gerade sein (was meistens der

Fall sein wird). Die Lösungsmenge von **drei** Gleichungen wird im Allgemeinen aus einem einzigen Punkt (dem Schnittpunkt dreier Ebenen) bestehen, sie kann aber auch eine Ebene, eine Gerade oder leer sein. Diese vielen Möglichkeiten erfordern ein systematischeres Vorgehen.

Wir bezeichnen die Koordinaten im $\mathbb{R}^3$ jetzt mit x_1, x_2, x_3. Sind drei Vektoren $\mathbf{a}_i = (a_{1i}, a_{2i}, a_{3i}) \in \mathbb{R}^3$, $i = 1, 2, 3$, und drei reelle Zahlen b_1, b_2, b_3 gegeben, so erhalten wir drei lineare Gleichungen der Gestalt

$$\begin{aligned} \mathbf{a}_1 \bullet \mathbf{x} &= b_1, \\ \mathbf{a}_2 \bullet \mathbf{x} &= b_2, \\ \mathbf{a}_3 \bullet \mathbf{x} &= b_3. \end{aligned}$$

Ausgeschrieben sieht das folgendermaßen aus:

$$\begin{array}{ccccccc} a_{11}x_1 & + & a_{12}x_2 & + & a_{13}x_3 & = & b_1\,, \\ a_{21}x_1 & + & a_{22}x_2 & + & a_{23}x_3 & = & b_2\,, \\ a_{31}x_1 & + & a_{32}x_2 & + & a_{33}x_3 & = & b_3\,. \end{array}$$

Die Koeffizienten kann man zu einer dreireihigen Matrix zusammenfassen:

$$\mathbf{A} = \begin{pmatrix} a_{11} & a_{12} & a_{13} \\ a_{21} & a_{22} & a_{23} \\ a_{31} & a_{32} & a_{33} \end{pmatrix}.$$

Für eine solche Matrix $\mathbf{A} = \begin{pmatrix} \mathbf{a}_1 \\ \mathbf{a}_2 \\ \mathbf{a}_3 \end{pmatrix}$ und einen Vektor $\mathbf{x} \in \mathbb{R}^3$ setzen wir

$$\mathbf{A} \cdot \mathbf{x}^\top := \begin{pmatrix} \mathbf{a}_1 \bullet \mathbf{x} \\ \mathbf{a}_2 \bullet \mathbf{x} \\ \mathbf{a}_3 \bullet \mathbf{x} \end{pmatrix}.$$

Fassen wir noch die Zahlen b_i zu einem Vektor $\mathbf{b}$ zusammen, so erhält das Gleichungssystem die Gestalt

$$A \cdot \mathbf{x}^\top = \mathbf{b}^\top.$$

Der Lösungsraum H des zugehörigen „homogenen“ Systems $A \cdot \mathbf{x}^\top = \mathbf{O}^\top$ ist entweder der Nullraum $\{0\}$, eine Gerade oder eine Ebene (jeweils durch den Nullpunkt). Ist $\mathbf{x}_0$ eine spezielle Lösung des „inhomogenen“ Systems $A \cdot \mathbf{x}^\top = \mathbf{b}^\top$, so haben alle anderen Lösungen dieses Systems die Form $\mathbf{x}_0 + \mathbf{x}$ mit $\mathbf{x} \in H$. Das beweist man wie oben im Falle einer einzelnen Gleichung.

Jetzt fehlt noch ein praktisches Verfahren, um die spezielle Lösung $\mathbf{x}_0$ des inhomogenen Systems und ein maximales System von linear unabhängigen Lösungen des homogenen Systems zu bestimmen. Dazu verwenden wir das ***Eliminationsverfahren von Gauß***.

Ausgangspunkt ist die folgende Beobachtung: Das Gleichungssystem lässt sich besonders einfach durch sogenanntes „Rückwärts-Einsetzen“ lösen, wenn die Matrix „obere Dreiecksgestalt“ hat:

$$\mathbf{A} = \begin{pmatrix} a_{11} & a_{12} & a_{13} \\ 0 & a_{22} & a_{23} \\ 0 & 0 & a_{33} \end{pmatrix}, \begin{pmatrix} a_{11} & a_{12} & a_{13} \\ 0 & a_{22} & a_{23} \\ 0 & 0 & 0 \end{pmatrix} \text{ oder } \begin{pmatrix} a_{11} & a_{12} & a_{13} \\ 0 & 0 & 0 \\ 0 & 0 & 0 \end{pmatrix},$$

Ist etwa $a_{ii} \neq 0$ für $i = 1, 2, 3$, so ist

$$\begin{aligned} x_3 &= b_3/a_{33}, \\ x_2 &= (b_2 - a_{23}x_3)/a_{22} \\ \text{und} \quad x_1 &= (b_1 - a_{13}x_3 - a_{12}x_2)/a_{11}. \end{aligned}$$

Auf die anderen Fälle kommen wir später zurück.

Der Plan ist nun, die Matrix A durch sogenannte „elementare Transformationen“ auf Dreiecksgestalt zu bringen. Das muss so durchgeführt werden, dass sich die Lösungsmenge dabei nicht ändert.

Unter „elementaren Transformationen“ versteht man folgende Aktionen:

1. Multiplikation einer Zeile der Matrix mit einer Zahl $\lambda \neq 0$.

2. Addition einer Zeile der Matrix zu einer anderen Zeile.

3. Vertauschung zweier Spalten der Matrix.

Erlaubt sind beliebige Folgen solcher Transformationen. Damit sich die Lösungsmenge dabei nicht ändert, müssen noch zwei zusätzliche Regeln eingehalten werden:

a) Die Zeilenoperationen (1) und (2) müssen auf die ***erweiterte Matrix***

$$(\mathbf{A}, \mathbf{b}^\top) = \left(\begin{array}{ccc|c} a_{11} & a_{12} & a_{13} & b_1 \\ a_{21} & a_{22} & a_{23} & b_2 \\ a_{31} & a_{32} & a_{33} & b_3 \end{array}\right)$$

angewandt werden.

b) Simultan mit den Spaltenvertauschungen müssen auch die zugehörigen Variablen vertauscht werden.

Als erstes **Beispiel** betrachten wir das folgende Gleichungssystem:

$$\begin{array}{rcrcrcr} 3x_1 & + & 6x_2 & - & 2x_3 & = & -4 \\ 3x_1 & + & 2x_2 & + & x_3 & = & 0 \\ \frac{3}{2}x_1 & + & 5x_2 & - & 5x_3 & = & -9 \end{array}$$

Die zugehörige erweiterte Matrix hat die Gestalt

$$\left(\begin{array}{ccc|c} 3 & 6 & -2 & -4 \\ 3 & 2 & 1 & 0 \\ \frac{3}{2} & 5 & -5 & -9 \end{array}\right).$$

Subtraktion der 1. Zeile von der 2. Zeile ergibt

$$\left(\begin{array}{ccc|c} 3 & 6 & -2 & -4 \\ 0 & -4 & 3 & 4 \\ \frac{3}{2} & 5 & -5 & -9 \end{array}\right).$$

Subtraktion des $\frac{1}{2}$-Fachen der 1. Zeile von der 3. Zeile ergibt

$$\left(\begin{array}{ccc|c} 3 & 6 & -2 & -4 \\ 0 & -4 & 3 & 4 \\ 0 & 2 & -4 & -7 \end{array}\right).$$

Multiplikation der 3. Zeile mit 2 und Addition der 2. zur 3. Zeile ergibt

$$\left(\begin{array}{ccc|c} 3 & 6 & -2 & -4 \\ 0 & -4 & 3 & 4 \\ 0 & 0 & -5 & -10 \end{array}\right).$$

Damit haben wir folgendes Gleichungssystem erhalten:

$$\begin{array}{rcrcrcr} 3x_1 & + & 6x_2 & - & 2x_3 & = & -4 \\ & - & 4x_2 & + & 3x_3 & = & 4 \\ & & & - & 5x_3 & = & -10 \end{array}$$

Rückwärts-Einsetzen liefert jetzt

$$\begin{array}{rcrcrcrcl} & & & & x_3 & = & 2 & & \\ & - & 4x_2 & + & 6 & = & 4 & \Longrightarrow & x_2 = \frac{1}{2} \\ 3x_1 & + & 3 & - & 4 & = & -4 & \Longrightarrow & x_1 = -1. \end{array}$$

Das System ist eindeutig lösbar, mit Lösungsmenge $\{(-1, \frac{1}{2}, 2)\}$. Die drei durch das Gleichungssystem gegebenen Ebenen schneiden sich in genau einem Punkt.

Als zweites **Beispiel** betrachten wir das folgende Gleichungssystem:

$$\begin{array}{rcrcrcr} x_1 & + & 3x_2 & - & 4x_3 & = & 1 \\ 3x_1 & - & 2x_2 & + & x_3 & = & 0 \\ -\frac{3}{2}x_1 & + & x_2 & - & \frac{1}{2}x_3 & = & 1 \end{array}$$

Die zugehörige erweiterte Matrix ist

$$\left(\begin{array}{ccc|c} 1 & 3 & -4 & 1 \\ 3 & -2 & 1 & 0 \\ -\frac{3}{2} & 1 & -\frac{1}{2} & 1 \end{array}\right).$$

Wir multiplizieren die 3. Zeile mit -2 und erhalten

$$\left(\begin{array}{rrr|r} 1 & 3 & -4 & 1 \\ 3 & -2 & 1 & 0 \\ 3 & -2 & 1 & -2 \end{array}\right).$$

Die letzten beiden Gleichungen widersprechen sich nun. Das bedeutet, dass die zugehörigen Ebenen parallel und disjunkt sind. Die Lösungsmenge ist also leer.

Als drittes **Beispiel** betrachten wir:

$$\begin{array}{rcrcrcr} 2x_1 & - & x_2 & + & 6x_3 & = & 8 \\ 3x_1 & + & 2x_2 & + & 2x_3 & = & -2 \\ x_1 & + & 3x_2 & - & 4x_3 & = & -10 \end{array}$$

Die zugehörige erweiterte Matrix ist

$$\left(\begin{array}{rrr|r} 2 & -1 & 6 & 8 \\ 3 & 2 & 2 & -2 \\ 1 & 3 & -4 & -10 \end{array}\right).$$

Wir multiplizieren die 2. und die 3. Zeile jeweils mit 2 und erhalten

$$\left(\begin{array}{rrr|r} 2 & -1 & 6 & 8 \\ 6 & 4 & 4 & -4 \\ 2 & 6 & -8 & -20 \end{array}\right).$$

Nun subtrahieren wir die 1. Zeile von der dritten und das 3-Fache der 1. Zeile von der zweiten:

$$\left(\begin{array}{rrr|r} 2 & -1 & 6 & 8 \\ 0 & 7 & -14 & -28 \\ 0 & 7 & -14 & -28 \end{array}\right).$$

Offensichtlich ist eine Zeile überflüssig und wir erhalten folgendes Gleichungssystem in „Stufenform“:

$$\begin{array}{rcrcrcr} x_1 & + & 3x_2 & - & 4x_3 & = & -10 \\ & & 7x_2 & - & 14x_3 & = & -28 \end{array}$$

Das sind nur zwei Gleichungen für drei Unbekannte, deshalb kann ein Parameter frei gewählt werden. Setzen wir $x_3 = 0$, so erhalten wir durch Rückwärts-Einsetzen $x_2 = -4$ und $x_1 = 2$. Das bedeutet, dass $\mathbf{x}_0 := (2, -4, 0)$ eine spezielle Lösung des inhomogenen Systems ist. Nun suchen wir noch ein Erzeugendensystem des Lösungsraumes des zugehörigen homogenen Systems

$$\begin{array}{rcrcrcr} x_1 & + & 3x_2 & - & 4x_3 & = & 0 \\ & & 7x_2 & - & 14x_3 & = & 0 \end{array}.$$

Es ist

$$\begin{pmatrix} 1 & 3 & -4 \\ 0 & 7 & -14 \\ 0 & 0 & 0 \end{pmatrix} \cdot \begin{pmatrix} x_1 \\ x_2 \\ x_3 \end{pmatrix} = \begin{pmatrix} 0 \\ 0 \\ 0 \end{pmatrix} \iff \begin{pmatrix} 1 & 3 \\ 0 & 7 \end{pmatrix} \cdot \begin{pmatrix} x_1 \\ x_2 \end{pmatrix} = x_3 \cdot \begin{pmatrix} 4 \\ 14 \end{pmatrix}.$$

Wir erhalten alle Lösungen, indem wir für x_3 beliebige reelle Zahlen einsetzen und dann jeweils x_1 und x_2 ausrechnen. Das ergibt einen Lösungsraum, dessen Elemente die Form

$$(x_1, x_2, x_3) = (-2t, 2t, t) \quad \text{mit } t \in \mathbb{R}$$

haben. Das ist eine Gerade durch den Nullpunkt.

Wenn wir $t = 1$ setzen, erhalten wir den Vektor $\mathbf{a} = (-2, 2, 1)$, der diese Gerade erzeugt. Die Lösungsmenge des inhomogenen Systems ist also die affine Gerade

$$\begin{aligned} L &= \{\mathbf{x} = \mathbf{x}_0 + t \cdot \mathbf{a} \, : \, t \in \mathbb{R}\} \\ &= \{\mathbf{x} = (2 - 2t, -4 + 2t, t) \, : \, t \in \mathbb{R}\}. \end{aligned}$$

Jetzt sollte klar sein, wie man im Allgemeinen vorgeht.

Aufgabe 3 (Gleichungssystem)

Lösen Sie das lineare Gleichungssystem

$$\begin{array}{ccccccc} x_1 & + & x_2 & + & x_3 & = & 3 \\ x_1 & - & x_2 & - & x_3 & = & 4 \\ x_1 & + & 3x_2 & + & 3x_3 & = & 2 \end{array}.$$

Vektorprodukt

Sind $\mathbf{a} = (a_1, a_2, a_3)$ und $\mathbf{b} = (b_1, b_2, b_3)$ zwei Vektoren im $\mathbb{R}^3$, so kann man aus ihnen eine Matrix $\mathbf{A} = \begin{pmatrix} \mathbf{a} \\ \mathbf{b} \end{pmatrix}$ mit zwei Zeilen und drei Spalten bilden.

Streicht man in $\mathbf{A}$ die i-te Spalte, so erhält man eine zweireihige quadratische Matrix $S_i(\mathbf{a}, \mathbf{b})$.

Definition (Vektorprodukt)

Sind $\mathbf{a}$, $\mathbf{b} \in \mathbb{R}^3$, so definiert man das ***Vektorprodukt*** $\mathbf{a} \times \mathbf{b} \in \mathbb{R}^3$ durch

$$\mathbf{a} \times \mathbf{b} := \sum_{i=1}^{3} (-1)^{i+1} \det(S_i(\mathbf{a}, \mathbf{b})) \cdot \mathbf{e}_i.$$

Klartext: Dies ist sicherlich eine der kompliziertesten Formeln, die uns bisher begegnet sind. Also dröseln wir sie mal auseinander. Eine Summe der Gestalt $\sum_{i=1}^{3} x_i \mathbf{e}_i$ ist nur ein komplizierter Ausdruck für den Vektor (x_1, x_2, x_3). So weit verstanden? Die Koeffizienten x_i haben hier in der Formel die Gestalt $(-1)^{i+1} z_i$ mit gewissen reellen Zahlen z_i. Das $(-1)^{i+1}$ sorgt jeweils nur für wechselnde Vorzeichen: „+" im Falle $i = 1$, „−" im Falle $i = 2$, und wieder „+" im Falle $i = 3$.

Schließlich muss man noch die Zahlen $z_i = \det(S_i(\mathbf{a}, \mathbf{b}))$ verstehen. Aber das ist auch nichts Schlimmes. Man nehme die Matrix

$$\begin{pmatrix} \mathbf{a} \\ \mathbf{b} \end{pmatrix} = \begin{pmatrix} a_1 & a_2 & a_3 \\ b_1 & b_2 & b_3 \end{pmatrix}.$$

Hier streicht man nun – je nach Index i – die erste, zweite oder dritte Spalte. So erhält man drei verschiedene quadratische Matrizen, und die Zahlen z_i sind dann einfach die Determinanten dieser Matrizen.

Rechnet man die Determinanten aus, so erhält man:

$$\begin{aligned} \mathbf{a} \times \mathbf{b} &= \det \begin{pmatrix} a_2 & a_3 \\ b_2 & b_3 \end{pmatrix} \cdot \mathbf{e}_1 - \det \begin{pmatrix} a_1 & a_3 \\ b_1 & b_3 \end{pmatrix} \cdot \mathbf{e}_2 + \det \begin{pmatrix} a_1 & a_2 \\ b_1 & b_2 \end{pmatrix} \cdot \mathbf{e}_3 \\ &= (a_2 b_3 - a_3 b_2, a_3 b_1 - a_1 b_3, a_1 b_2 - a_2 b_1). \end{aligned}$$

Damit haben wir nun glücklich das dritte Produkt im Bereich der Vektorrechnung kennengelernt:

- die skalare Multiplikation $\alpha \cdot \mathbf{x}$ (Skalar × Vektor ↦ Vektor),
- das Skalarprodukt $\mathbf{x} \bullet \mathbf{y}$ (Vektor × Vektor ↦ Skalar),
- das Vektorprodukt $\mathbf{x} \times \mathbf{y}$ (Vektor × Vektor ↦ Vektor).

Das Vektorprodukt sieht so aus, wie man es von einem anständigen Produkt erwartet: Zwei Vektoren werden wieder zu einem Vektor verknüpft. Leider ist diese Konstruktion nur im $\mathbb{R}^3$ möglich!

Wir wollen nun untersuchen, was wir uns anschaulich unter dem Vektorprodukt vorzustellen haben:

8.23 Eigenschaften des Vektorproduktes

Für $\mathbf{a}, \mathbf{a}_1, \mathbf{a}_2, \mathbf{b} \in \mathbb{R}^3$ *und* $\alpha \in \mathbb{R}$ *gilt:*

1. $\mathbf{b} \times \mathbf{a} = -\mathbf{a} \times \mathbf{b}$, *insbesondere* $\mathbf{a} \times \mathbf{a} = \mathbf{o}$.
2. $(\mathbf{a}_1 + \mathbf{a}_2) \times \mathbf{b} = \mathbf{a}_1 \times \mathbf{b} + \mathbf{a}_2 \times \mathbf{b}$.
3. $(\alpha \cdot \mathbf{a}) \times \mathbf{b} = \alpha \cdot (\mathbf{a} \times \mathbf{b})$.
4. $\mathbf{a} \bullet (\mathbf{a} \times \mathbf{b}) = \mathbf{b} \bullet (\mathbf{a} \times \mathbf{b}) = 0$.

BEWEIS: Die Eigenschaften (1), (2) und (3) ergeben sich ganz einfach aus dem Satz über Determinanten.

(4): Es ist

$$\begin{aligned}\mathbf{a} \bullet (\mathbf{a} \times \mathbf{b}) &= a_1(a_2b_3 - a_3b_2) + a_2(a_3b_1 - a_1b_3) + a_3(a_1b_2 - a_2b_1) \\ &= a_1a_2b_3 - a_1a_3b_2 + a_2a_3b_1 - a_1a_2b_3 + a_1a_3b_2 - a_2a_3b_1 = 0.\end{aligned}$$

Aber dann ist auch $\mathbf{b} \bullet (\mathbf{a} \times \mathbf{b}) = -\mathbf{b} \bullet (\mathbf{b} \times \mathbf{a}) = 0$. ∎

Sind die Vektoren **a** und **b** linear abhängig, so ist der eine von ihnen ein Vielfaches des anderen, und aus (1) folgt, dass $\mathbf{a} \times \mathbf{b} = \mathbf{o}$ ist. Sind die Vektoren dagegen linear unabhängig, so spannen sie eine Ebene durch den Nullpunkt auf und das Vektorprodukt $\mathbf{a} \times \mathbf{b}$ steht auf dieser Ebene senkrecht. Es kann nicht der Nullvektor sein, denn daraus würde folgen, dass **a** und **b** linear abhängig sind. Also weist $\mathbf{a} \times \mathbf{b}$ in eine der beiden möglichen Normalenrichtungen. Aber in welche? Und wie lang ist dieser Vektor?

Betrachten wir zunächst einen Spezialfall: Sind $\mathbf{e}_1$, $\mathbf{e}_2$ und $\mathbf{e}_3$ die Standard-Einheitsvektoren, so gilt: $\mathbf{e}_1 \times \mathbf{e}_2 = \mathbf{e}_3$, $\mathbf{e}_1 \times \mathbf{e}_3 = -\mathbf{e}_2$ und $\mathbf{e}_2 \times \mathbf{e}_3 = \mathbf{e}_1$.

Insbesondere bilden die Vektoren $\mathbf{e}_1$, $\mathbf{e}_2$ und $\mathbf{e}_1 \times \mathbf{e}_2$ ein sogenanntes „Rechtssystem". Spreizt man Daumen, Zeigefinger und Mittelfinger der rechten Hand, so bilden die Richtungen, in die die Finger weisen, in der genannten Reihenfolge ein Rechtssystem. Das ist natürlich keine mathematische Definition, aber wir können das Vektorprodukt für eine Präzisierung benutzen. Dabei nennen wir ein System von drei linear unabhängigen Vektoren im $\mathbb{R}^3$ ein ***3-Bein***.[3]

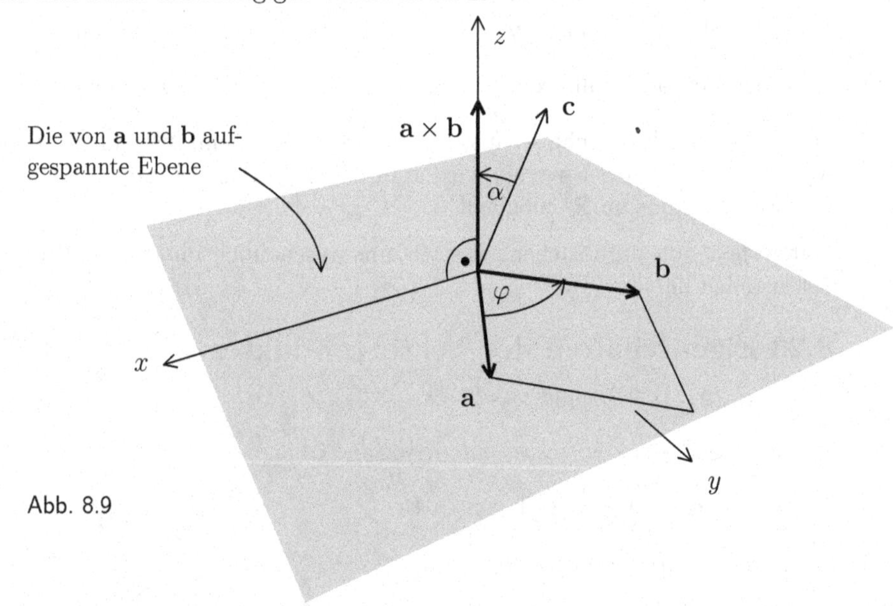

Abb. 8.9

[3] In der optionalen Zugabe am Ende des Kapitels werden wir den Begriff der „Basis" einführen und sehen, dass ein 3-Bein nichts anderes als eine Basis ist.

Definition (Orientierung)
Es sei ein 3-Bein $\{\mathbf{a}, \mathbf{b}, \mathbf{c}\}$ des $\mathbb{R}^3$ gegeben. Legt man die Reihenfolge der Vektoren fest, so spricht man von einem ***orientierten 3-Bein***. Es heißt ***positiv orientiert***, falls $\angle(\mathbf{c}, \mathbf{a} \times \mathbf{b}) < 90°$ ist. Andernfalls heißt es ***negativ orientiert***.

Sind also $\mathbf{a}$ und $\mathbf{b}$ zwei linear unabhängige Vektoren, so bilden $\mathbf{a}$, $\mathbf{b}$, $\mathbf{a} \times \mathbf{b}$ definitionsgemäß ein positiv orientiertes 3-Bein. Die oben genannte Rechte-Hand-Regel zeigt, wie die positive Orientierung des Raumes anschaulich zu verstehen ist.

8.24 Vektorprodukt und Skalarprodukt

Es ist $\quad \|\mathbf{a} \times \mathbf{b}\|^2 = \|\mathbf{a}\|^2 \cdot \|\mathbf{b}\|^2 - (\mathbf{a} \bullet \mathbf{b})^2.$

Zum BEWEIS: Auf beiden Seiten erhält man

$$(a_2b_3)^2+(a_3b_2)^2+(a_3b_1)^2+(a_1b_3)^2+(a_1b_2)^2+(a_2b_1)^2-2(a_2b_3a_3b_2+a_3b_1a_1b_3+a_1b_2a_2b_1)$$

als Ergebnis. ∎

8.25 Folgerung

Es ist $\quad \|\mathbf{a} \times \mathbf{b}\| = \|\mathbf{a}\| \cdot \|\mathbf{b}\| \cdot \sin(\angle(\mathbf{a}, \mathbf{b})).$

BEWEIS: Sei $\varphi := \angle(\mathbf{a}, \mathbf{b})$. Dann gilt:

$$\begin{aligned} \|\mathbf{a} \times \mathbf{b}\|^2 &= \|\mathbf{a}\|^2 \cdot \|\mathbf{b}\|^2 - (\mathbf{a} \bullet \mathbf{b})^2 \\ &= \|\mathbf{a}\|^2 \cdot \|\mathbf{b}\|^2 \cdot (1 - \cos^2(\varphi)) \\ &= \|\mathbf{a}\|^2 \cdot \|\mathbf{b}\|^2 \cdot \sin^2(\varphi). \end{aligned}$$

Da $0° \leq \varphi \leq 180°$ ist, ist $\sin(\varphi) \geq 0$. ∎

Das gewonnene Ergebnis hat anschauliche Bedeutung. Die Länge von $\mathbf{a} \times \mathbf{b}$ ist offensichtlich genau der Flächeninhalt des von $\mathbf{a}$ und $\mathbf{b}$ aufgespannten Parallelogramms:

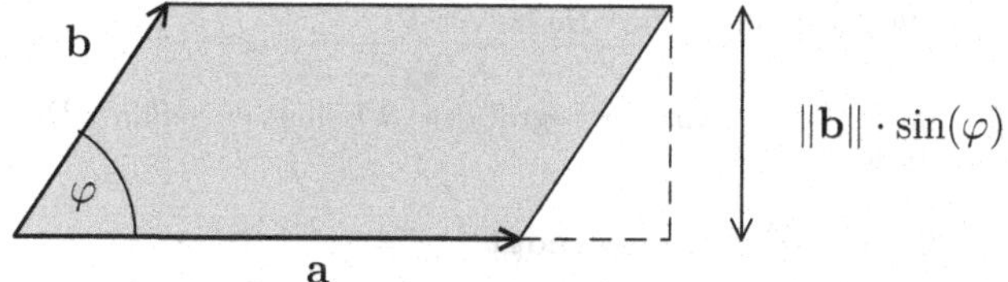

Abb. 8.10

8.26 Beispiel

Sei $\mathbf{a} := (0.5, 1, 0)$ und $\mathbf{b} := (-0.75, 0.75, 0)$. Dann ist $\mathbf{a} \times \mathbf{b} = (0, 0, 1.125)$. Der Vektor zeigt „nach oben".

Setzt man noch $\mathbf{c} := (-0.5, 0, 1)$, so ist

$$(\mathbf{a} \times \mathbf{b}) \bullet \mathbf{c} = 1.125 > 0.$$

Der Winkel $\alpha := \angle(\mathbf{c}, \mathbf{a} \times \mathbf{b})$ ist daher kleiner als 90°. Das bedeutet, dass die Vektoren $\mathbf{a}$, $\mathbf{b}$ und $\mathbf{c}$ ein Rechtssystem (also ein positiv orientiertes 3-Bein) bilden.

Zugabe für ambitionierte Leser

Der Umgang mit abstrakten Vektoren ist noch ungewohnt. Praktiker wie mein Freund Wolfgang ziehen die Arbeit mit den konkreten Zeilen- oder Spaltenvektoren des $\mathbb{R}^n$ vor. Im Folgenden werden wir jedoch sehen, dass der Weg vom $\mathbb{R}^n$ zu beliebigen abstrakten Vektorräumen nicht sehr weit ist. Die Komponentenschreibweise kann in einer sehr großen Klasse von Vektorräumen verwendet werden.

Weiter oben haben wir schon bewiesen: Sind die Vektoren $\mathbf{a}_1, \ldots, \mathbf{a}_n \in \mathbb{R}^n$ linear unabhängig, so lässt sich aus ihnen jeder andere Vektor $\mathbf{x} \in \mathbb{R}^n$ linear kombinieren. Daraus folgt unmittelbar:

8.27 Satz

Je $n+1$ Vektoren im $\mathbb{R}^n$ sind linear abhängig.

Definition (Dimension eines Vektorraumes)

Sei V ein reeller Vektorraum. Mit $\dim(V)$ bezeichnet man die größte Anzahl linear unabhängiger Vektoren, die man in V finden kann. Man nennt diese Zahl die ***Dimension*** von V.

Wenn eine solche Zahl nicht existiert, nennt man V ***unendlich-dimensional***.

8.28 Beispiele

A. Der $\mathbb{R}^n$ ist endlich-dimensional, es ist $\dim(\mathbb{R}^n) = n$.

B. Der Vektorraum der Polynome ist ***unendlich-dimensional***, weil die Monome 1, x, x^2, x^3, ..., x^n linear unabhängig sind. Dabei ist n beliebig und kann gegen unendlich gehen.

Definition (Basis)

Ist V ein n-dimensionaler Vektorraum, so nennt man jedes System von n linear unabhängigen Vektoren aus V eine ***Basis*** von V.

Im $\mathbb{R}^3$ hatten wir den Begriff des „3-Beins" eingeführt. Das ist natürlich nichts anderes als eine Basis des $\mathbb{R}^3$.

8.29 Jede Basis erzeugt

Ist $\{\mathbf{v}_1, \ldots, \mathbf{v}_n\}$ eine Basis des Vektorraumes V, so kann jeder Vektor $\mathbf{x} \in V$ auf eindeutige Weise als Linearkombination der Basisvektoren dargestellt werden.

BEWEIS: Wir beginnen mit der Existenz der Darstellung:

Die Vektoren $\mathbf{x}, \mathbf{v}_1, \ldots, \mathbf{v}_n$ müssen linear abhängig sein, sonst wäre $\dim(V) > n$. Also gibt es reelle Zahlen $\alpha, \alpha_1, \ldots, \alpha_n$, die nicht alle $= 0$ sind, so dass

$$\alpha \cdot \mathbf{x} + \alpha_1 \cdot \mathbf{v}_1 + \cdots + \alpha_n \cdot \mathbf{v}_n = \mathbf{o}$$

ist. Das geht nur, wenn $\alpha \neq 0$ ist. Aber dann folgt:

$$\mathbf{x} = (-\frac{\alpha_1}{\alpha}) \cdot \mathbf{v}_1 + \cdots + (-\frac{\alpha_n}{\alpha}) \cdot \mathbf{v}_n.$$

Die Eindeutigkeit ist noch einfacher zu sehen:
Ist $\alpha_1 \cdot \mathbf{v}_1 + \cdots + \alpha_n \cdot \mathbf{v}_n = \beta_1 \cdot \mathbf{v}_1 + \cdots + \beta_n \cdot \mathbf{v}_n$, so ist

$$(\alpha_1 - \beta_1) \cdot \mathbf{v}_1 + \cdots + (\alpha_n - \beta_n) \cdot \mathbf{v}_n = \mathbf{o},$$

und daher $\alpha_1 = \beta_1, \ldots, \alpha_n = \beta_n$. ∎

Durch die Zuordnung

$$\alpha_1 \cdot \mathbf{v}_1 + \cdots + \alpha_n \cdot \mathbf{v}_n \mapsto (\alpha_1, \ldots, \alpha_n)$$

wird nun eine bijektive Abbildung $V \to \mathbb{R}^n$ definiert, von der man sich leicht überzeugt, dass sie die algebraische Struktur respektiert. Das bedeutet:

Satz: *Ein n-dimensionaler Vektorraum ist immer zum $\mathbb{R}^n$ isomorph.*

Es gibt dennoch gute Gründe, sich mit abstrakten endlich-dimensionalen Vektorräumen zu beschäftigen. Hier und jetzt werden wir uns allerdings auf den $\mathbb{R}^n$ beschränken, und meist auch auf den Fall $n \leq 3$.

8.30 Jeder Unterraum des $\mathbb{R}^n$ ist endlich-dimensional

Sei $U \neq \{\mathbf{o}\}$ ein Untervektorraum des $\mathbb{R}^n$. Dann ist U endlich-dimensional und $1 \leq \dim(U) \leq n$. Ist $U \neq \mathbb{R}^n$, so ist $\dim(U) < n$.

Speziell ist jede Gerade (durch den Nullpunkt) 1-dimensional und jede Ebene (durch den Nullpunkt) 2-dimensional.

BEWEIS: Vektoren, die in U linear unabhängig sind, sind es auch in $\mathbb{R}^n$. Also ist U endlich-dimensional. Sei $k := \dim(U)$. Weil $U \neq \{\mathbf{o}\}$ sein soll, ist $k \geq 1$. Ist $k = n$, so lässt sich jeder Vektor des $\mathbb{R}^n$ aus Vektoren von U linear kombinieren. Dann ist schon $U = \mathbb{R}^n$. Der Fall $k > n$ ist nicht möglich. Also ist $\dim(U) \leq n$ und genau dann $< n$, wenn $U \neq \mathbb{R}^n$ ist.

In einer Geraden $L = \{\mathbf{x} = t \cdot \mathbf{v} \,:\, t \in \mathbb{R}\}$ mit $\mathbf{v} \neq \mathbf{o}$ gibt es offensichtlich höchstens einen (und mit $\mathbf{v}$ auch mindestens einen) linear unabhängigen Vektor.

Seien nun $\mathbf{v}_1, \mathbf{v}_2 \in \mathbb{R}^n$ linear unabhängig, und $E := \{\mathbf{x} = r \cdot \mathbf{v}_1 + s \cdot \mathbf{v}_2 \,:\, r, s \in \mathbb{R}\}$. Die Ebene E enthält zwei linear unabhängige Vektoren. Wir müssen zeigen, dass es nicht mehr gibt. Also nehmen wir an, E enthalte drei linear unabhängige Vektoren $\mathbf{a}_i = r_i \cdot \mathbf{v}_1 + s_i \cdot \mathbf{v}_2$, $i = 1, 2, 3$.

Wäre etwa $r_1 = r_2 = 0$, so wären $\mathbf{a}_1 = s_1\mathbf{v}_2$ und $\mathbf{a}_2 = s_2\mathbf{v}_2$ linear abhängig. Deshalb können wir o.B.d.A. annehmen, dass $r_1 \neq 0$ ist. Damit lässt sich die Gleichung $\mathbf{a}_1 = r_1\mathbf{v}_1 + s_1\mathbf{v}_2$ nach $\mathbf{v}_1$ auflösen, und man erhält, dass jeder Vektor $\mathbf{x} \in E$ Linearkombination von $\mathbf{a}_1$ und $\mathbf{v}_2$ ist. Insbesondere muss es eine Gleichung $\mathbf{a}_2 = \lambda\mathbf{a}_1 + \mu\mathbf{v}_2$ mit $\mu \neq 0$ geben. Löst man die nach $\mathbf{v}_2$ auf, so ergibt sich, dass jeder Vektor $\mathbf{x} \in E$ Linearkombination von $\mathbf{a}_1$ und $\mathbf{a}_2$ ist. Das muss dann auch für $\mathbf{x} = \mathbf{a}_3$ gelten, was jedoch der linearen Unabhängigkeit von $\mathbf{a}_1, \mathbf{a}_2, \mathbf{a}_3$ widerspricht.

Die Annahme war demnach falsch, es ist $\dim(E) = 2$. ∎

Sind $\mathbf{a}_1, \ldots, \mathbf{a}_k \subset \mathbb{R}^n$ linear unabhängig, so bilden ihre sämtlichen Linearkombinationen einen Untervektorraum des $\mathbb{R}^n$, den wir mit $\mathbb{R}(\mathbf{a}_1, \ldots, \mathbf{a}_k)$ bezeichnen und den von $\mathbf{a}_1, \ldots, \mathbf{a}_k$ ***aufgespannten Untervektorraum*** nennen. Wie im Falle der Ebenen kann man zeigen, dass dieser Raum die Dimension k hat.

8.31 Existenz spezieller Orthonormalbasen im $\mathbb{R}^3$

Die Vektoren $\mathbf{a}_1, \mathbf{a}_2 \in \mathbb{R}^3$ seien linear unabhängig. Dann gibt es eine Basis $\{\mathbf{v}_1, \mathbf{v}_2, \mathbf{v}_3\}$ des $\mathbb{R}^3$ mit folgenden Eigenschaften:

1. *Es ist $\mathbf{v}_1 = \mathbf{a}_1/\|\mathbf{a}_1\|$ und $\mathbb{R}(\mathbf{v}_1, \mathbf{v}_2) = \mathbb{R}(\mathbf{a}_1, \mathbf{a}_2)$.*
2. *$\|\mathbf{v}_i\| = 1$ für alle i, und $\mathbf{v}_i \bullet \mathbf{v}_j = 0$ für $i \neq j$.*

BEWEIS: Weil $\dim(\mathbb{R}^3) = 3$ ist, ist es unmöglich, dass die drei Vektoren $\mathbf{a}_1, \mathbf{a}_2, \mathbf{x}$ für jedes $\mathbf{x} \in \mathbb{R}^3$ linear abhängig sind (denn dann ließe sich jedes $\mathbf{x} \in \mathbb{R}^3$ aus $\mathbf{a}_1$ und $\mathbf{a}_2$ linear kombinieren. Also lässt sich noch ein Vektor $\mathbf{a}_3$ finden, so dass $\{\mathbf{a}_1, \mathbf{a}_2, \mathbf{a}_3\}$ eine Basis des $\mathbb{R}^3$ ist.

Als Erstes setze man $\mathbf{v}_1 := \mathbf{a}_1/\|\mathbf{a}_1\|$. Dann ist offensichtlich $\|\mathbf{v}_1\| = 1$.

Im zweiten Schritt setze man $\mathbf{z}_2 := \mathbf{a}_2 - (\mathbf{a}_2 \bullet \mathbf{v}_1) \cdot \mathbf{v}_1$ und $\mathbf{v}_2 := \mathbf{z}_2/\|\mathbf{z}_2\|$. Dann ist auch $\|\mathbf{v}_2\| = 1$, und weil $\mathbf{v}_1 \bullet \mathbf{z}_2 = \mathbf{v}_1 \bullet \mathbf{a}_2 - (\mathbf{a}_2 \bullet \mathbf{v}_1) \cdot \|\mathbf{v}_1\|^2 = \mathbf{v}_1 \bullet \mathbf{a}_2 - \mathbf{a}_2 \bullet \mathbf{v}_1 = 0$ ist, folgt $\mathbf{v}_1 \bullet \mathbf{v}_2 = 0$.

Schließlich sei $\mathbf{z}_3 := \mathbf{a}_3 - (\mathbf{a}_3 \bullet \mathbf{v}_1) \cdot \mathbf{v}_1 - (\mathbf{a}_3 \bullet \mathbf{v}_2) \cdot \mathbf{v}_2$ und $\mathbf{v}_3 := \mathbf{z}_3/\|\mathbf{z}_3\|$. Natürlich ist $\|\mathbf{v}_3\| = 1$, und außerdem gilt:

$$\mathbf{v}_1 \bullet \mathbf{z}_3 = \mathbf{v}_1 \bullet \mathbf{a}_3 - \mathbf{a}_3 \bullet \mathbf{v}_1 = 0 \text{ und } \mathbf{v}_2 \bullet \mathbf{z}_3 = \mathbf{v}_2 \bullet \mathbf{a}_3 - \mathbf{a}_3 \bullet \mathbf{v}_2 = 0,$$

also $\mathbf{v}_1 \bullet \mathbf{v}_3 = \mathbf{v}_2 \bullet \mathbf{v}_3 = 0$.

Weil nun die Vektoren $\mathbf{v}_1, \mathbf{v}_2, \mathbf{v}_3$ paarweise orthogonal zueinander sind, sind sie auch linear unabhängig und bilden demnach eine Basis des $\mathbb{R}^3$.

Da $\mathbf{v}_1$ ein Vielfaches von $\mathbf{a}_1$ und $\mathbf{v}_2$ eine Linearkombination von $\mathbf{a}_2$ und $\mathbf{v}_1$ ist, gilt auch $\mathbb{R}(\mathbf{v}_1, \mathbf{v}_2) = \mathbb{R}(\mathbf{a}_1, \mathbf{a}_2)$. ■

Man nennt übrigens eine Basis $\{\mathbf{v}_1, \mathbf{v}_2, \mathbf{v}_3\}$ mit den im Satz beschriebenen Eigenschaften eine ***Orthonormalbasis*** des $\mathbb{R}^3$ („ortho“ für die Orthogonalität und „normal“ wegen der Normierung). Die Einheitsvektoren liefern ein Beispiel für eine solche Basis, aber wie wir gerade gesehen haben, kann man durch „Orthogonalisierung“ aus jeder Basis eine Orthonormalbasis gewinnen.

Definition (lineare Abbildung)

Eine Abbildung $F : \mathbb{R}^3 \to \mathbb{R}^3$ heißt ***lineare Abbildung***, falls es eine Matrix A mit Zeilen $\mathbf{a}_1, \mathbf{a}_2, \mathbf{a}_3$ gibt, so dass gilt:

$$F(\mathbf{x}) = (\mathbf{A} \cdot \mathbf{x}^\top)^\top = (\mathbf{a}_1 \bullet \mathbf{x},\ \mathbf{a}_2 \bullet \mathbf{x},\ \mathbf{a}_3 \bullet \mathbf{x})$$

8.32 Eigenschaften linearer Abbildungen

Sei $F : \mathbb{R}^3 \to \mathbb{R}^3$ linear. Dann gilt:

1. *Für $\mathbf{x}, \mathbf{x}_1, \mathbf{x}_2 \in \mathbb{R}^3$ und $\lambda \in \mathbb{R}$ ist*

$$\begin{aligned} F(\mathbf{x}_1 + \mathbf{x}_2) &= F(\mathbf{x}_1) + F(\mathbf{x}_2) \\ \textit{und} \quad F(\lambda \cdot \mathbf{x}) &= \lambda \cdot F(\mathbf{x}). \end{aligned}$$

2. *Die Mengen*

$$\begin{aligned} N(F) &:= F^{-1}(\mathbf{o}) = \{\mathbf{x} \in \mathbb{R}^3 : F(\mathbf{x}) = \mathbf{0}\} \\ \textit{und} \quad B(F) &:= F(\mathbb{R}^3) = \{\mathbf{y} \in \mathbb{R}^3 : \exists \mathbf{x} \in \mathbb{R}^3 \textit{ mit } F(\mathbf{x}) = \mathbf{y}\} \end{aligned}$$

sind Untervektorräume des $\mathbb{R}^3$.

BEWEIS: Die erste Eigenschaft folgt ganz einfach aus der Definition von F und den Eigenschaften des Skalarproduktes. Es sei dem Leser überlassen, dies im Einzelnen nachzurechnen.

Offensichtlich liegt $\mathbf{o}$ in $N(F)$ und in $B(F)$. Sind $\mathbf{x}_1, \mathbf{x}_2 \in N(F)$, so ist

$$F(\mathbf{x}_1 + \mathbf{x}_2) = F(\mathbf{x}_1) + F(\mathbf{x}_2) = \mathbf{o} + \mathbf{o} = \mathbf{o}.$$

Also liegt auch $\mathbf{x}_1 + \mathbf{x}_2$ in $N(F)$.

Ist $\mathbf{x} \in N(F)$ und $\lambda \in \mathbb{R}$, so ist

$$F(\lambda \cdot \mathbf{x}) = \lambda \cdot F(\mathbf{x}) = \lambda \cdot \mathbf{o} = \mathbf{o}.$$

Also liegt auch $\lambda \cdot \mathbf{x}$ in $N(F)$. Damit ist $N(F)$ ein Untervektorraum.

Auch bei $B(F)$ folgt mit (1) sehr leicht, dass die Bedingungen für einen Untervektorraum erfüllt sind. ∎

Man nennt $N(F)$ den ***Nullraum*** (oder auch den ***Kern***) und $B(F)$ den ***Bildraum*** von F.

8.33 Die Dimensionsformel

Ist $F : \mathbb{R}^3 \to \mathbb{R}^3$ *linear, so ist* $\dim N(F) + \dim B(F) = 3$.

BEWEIS: Ist $\dim N(F) = 3$, also $N(F) = \mathbb{R}^3$, so ist $F(\mathbf{x}) = \mathbf{o}$ für alle $\mathbf{x} \in \mathbb{R}^3$, also $B(F) = \{\mathbf{o}\}$ und $\dim B(F) = 0$.

Wir können also voraussetzen, dass $k := \dim N(F) \leq 2$ ist. Nun wählen wir eine Basis von $N(F)$ (die im Falle $k = 0$ natürlich leer ist), also ein maximales System von linear unabhängigen Vektoren in $N(F)$. Diese Basis können wir zu einer Basis des $\mathbb{R}^3$ ergänzen. Im Falle $k = 2$ haben wir das weiter oben schon gesehen, im Falle $k = 0$ braucht man nur eine beliebige Basis des $\mathbb{R}^3$ zu wählen. Im Falle $k = 1$ kann man folgendermaßen vorgehen:

Ist $\mathbf{v} \neq \mathbf{o}$ eine Basis von $N(F)$ und $\{\mathbf{a}_1, \mathbf{a}_2, \mathbf{a}_3\}$ eine beliebige Basis des $\mathbb{R}^3$, so gibt es eine Gleichung $\mathbf{v} = \alpha \cdot \mathbf{a}_1 + \beta \cdot \mathbf{a}_2 + \gamma \cdot \mathbf{a}_3$. Einer der Koeffizienten α, β, γ muss $\neq 0$ sein, deshalb sei o.B.d.A. $\alpha \neq 0$. Dann kann man die Gleichung nach $\mathbf{a}_1$ auflösen und sieht, dass jeder Vektor des $\mathbb{R}^3$ eine Linearkombination von $\mathbf{v}$, $\mathbf{a}_2$ und $\mathbf{a}_3$ ist. Tatsächlich sind diese Vektoren auch linear unabhängig (bitte nachrechnen!) und bilden demnach die gesuchte Basis des $\mathbb{R}^3$.

Der Einfachheit halber betrachten wir nur den Fall $k = 2$, die Fälle $k = 1$ und $k = 0$ funktionieren aber ähnlich. Sei $\{\mathbf{a}_1, \mathbf{a}_2\}$ eine Basis von $N(F)$, ergänzt durch einen Vektor $\mathbf{a}_3$ zu einer Basis des $\mathbb{R}^3$. Ist jetzt $\mathbf{y} \in B(F)$, so gibt es definitionsgemäß ein $\mathbf{x} \in \mathbb{R}^3$ mit $F(\mathbf{x}) = \mathbf{y}$. Wir haben aber eine Darstellung

$$\mathbf{x} = \lambda \mathbf{a}_1 + \mu \mathbf{a}_2 + \varrho \mathbf{a}_3.$$

Weil F linear ist und $\mathbf{a}_1$ und $\mathbf{a}_2$ in $N(F)$ liegen, ist $F(\mathbf{x}) = \varrho \cdot F(\mathbf{a}_3)$. Das zeigt, dass jedes Element von $B(F)$ ein Vielfaches von $F(\mathbf{a}_3)$ ist. Damit ist $\dim B(F) = 1$. ∎

Wir kommen jetzt noch einmal zu den linearen Gleichungssystemen zurück. Ein solches System können wir jetzt auch in der Form

$$F(\mathbf{x}) = \mathbf{b}$$

schreiben, mit einer linearen Abbildung F. Offensichtlich ist das System genau dann lösbar, wenn $\mathbf{b}$ in $B(F)$ liegt. Ist $\dim N(F) = 0$, also $B(F) = \mathbb{R}^3$, so ist die Bedingung auf jeden Fall erfüllt. Ist $\dim N(F) > 0$, so kann es passieren, dass $\mathbf{b}$ nicht in $B(F)$ liegt. Dann ist die Lösungsmenge leer.

Die Lösungsmenge des zugehörigen homogenen Gleichungssystems

$$F(\mathbf{x}) = \mathbf{o} \quad (\text{bzw. } \mathbf{A} \cdot \mathbf{x}^\top = \mathbf{o}^\top)$$

ist der Nullraum $N(F)$, also ein Untervektorraum. Dieser Untervektorraum enthält zumindest immer den Nullvektor, das homogene System hat also immer wenigstens eine Lösung. Wenn die drei Vektoren $\mathbf{a}_i$, aus denen die Matrix $\mathbf{A}$ gebildet wird, linear unabhängig sind, dann muss jede Lösung des homogenen Systems auf dem ganzen $\mathbb{R}^3$ senkrecht stehen. Das tut nur der Nullvektor. Also ist in dieser Situation das System eindeutig lösbar.

Ist $\mathbf{x}_0$ eine spezielle Lösung des inhomogenen Systems $F(\mathbf{x}) = \mathbf{b}$, so gilt für jede andere Lösung $\mathbf{x}$ des inhomogenen Systems:

$$F(\mathbf{x} - \mathbf{x}_0) = F(\mathbf{x}) - F(\mathbf{x}_0) = \mathbf{b} - \mathbf{b} = \mathbf{o}.$$

Das bedeutet, dass $\mathbf{x} - \mathbf{x}_0$ eine Lösung des zugehörigen homogenen Systems ist (wie wir schon an früherer Stelle gesehen haben). Daraus folgt:

8.34 Lösungsgesamtheit des inhomogenen Systems

Sei $\mathbf{x}_0$ eine spezielle Lösung des linearen Gleichungssystems $\mathbf{A} \cdot \mathbf{x}^\top = \mathbf{b}^\top$ und $\{\mathbf{x}_1, \ldots, \mathbf{x}_k\}$ eine Basis des Lösungsraumes des zugehörigen homogenen Systems $\mathbf{A} \cdot \mathbf{x}^\top = \mathbf{o}^\top$. Dann hat jede Lösung $\mathbf{x}$ des inhomogenen Systems die Gestalt

$$\mathbf{x} = \mathbf{x}_0 + \lambda_1 \cdot \mathbf{x}_1 + \cdots + \lambda_k \cdot \mathbf{x}_k,$$

mit reellen Koeffizienten $\lambda_1, \ldots, \lambda_k$.

Aufgaben

8.1 Lösen Sie Aufgabe 1 (Lineare Unabhängigkeit) auf Seite 246.

8.2 Lösen Sie Aufgabe 1 (Geradendarstellung) auf Seite 256.

8.3 Lösen Sie Aufgabe 3 (Gleichungssystem) auf Seite 264.

8.4 Es seien zwei Vektoren $\mathbf{a}, \mathbf{b} \neq \mathbf{o}$ und eine reelle Zahl λ mit $0 < \lambda < 1$ gegeben. Es sei $\mathbf{x} = \mathbf{a} + \lambda(\mathbf{b} - \mathbf{a})$ und $\lambda : (1 - \lambda) = \beta : \alpha$. Zeigen Sie:

1. $\alpha(\mathbf{x} - \mathbf{a}) = \beta(\mathbf{b} - \mathbf{x})$.
2. $\mathbf{x} = \dfrac{\alpha\mathbf{a} + \beta\mathbf{b}}{\alpha + \beta}$.

8.5 Gegeben seien drei Vektoren $\mathbf{a}, \mathbf{b}, \mathbf{c}$ in der Ebene, von denen je zwei linear unabhängig sind. Weiter sei $\mathbf{u} := \frac{1}{2}\mathbf{a}$, $\mathbf{v} := \mathbf{a} + \frac{1}{2}(\mathbf{b} - \mathbf{a})$, $\mathbf{w} := \mathbf{c} + \frac{1}{2}(\mathbf{b} - \mathbf{c})$ und $\mathbf{z} := \frac{1}{2}\mathbf{c}$. Zeigen Sie:

$$\mathbf{z} - \mathbf{u} = \mathbf{w} - \mathbf{v} \quad \text{und} \quad \mathbf{v} - \mathbf{u} = \mathbf{w} - \mathbf{z}.$$

Interpretieren Sie das Ergebnis geometrisch.

8.6 Sind die folgenden Vektoren im $\mathbb{R}^3$ linear unabhängig?

1. $\mathbf{x} = (4, 2, 1)$, $\mathbf{y} = (3, 8, 2)$ und $\mathbf{z} = (5, 2, 7)$.
2. $\mathbf{x} = (1, -1, 2)$, $\mathbf{y} = (4, 3, 1)$ und $\mathbf{z} = (5, 2, 3)$.

8.7 Sei $L = \{\mathbf{x} = (2,1,7) + t(0,6,4) \,:\, t \in \mathbb{R}\}$. Bestimmen Sie alle Schnittpunkte von L mit der xy-, der xz- und der yz-Ebene.

8.8 Ein Dreieck in der Ebene kann durch drei Vektoren $\mathbf{a}, \mathbf{b}, \mathbf{c} \neq \mathbf{o}$ mit $\mathbf{a}+\mathbf{b}+\mathbf{c} = \mathbf{o}$ beschrieben werden. Die Winkel sind gegeben durch

$$\alpha = \pi - \angle(\mathbf{b}, \mathbf{c}),\ \beta = \pi - \angle(\mathbf{c}, \mathbf{a}) \text{ und } \gamma = \pi - \angle(\mathbf{a}, \mathbf{b}).$$

1) Beweisen Sie damit den Cosinussatz (siehe Aufgabe 7.8).

2) Die Ecken des Dreiecks seien mit A, B, C bezeichnet, die gegenüberliegenden Seiten mit a, b, c. Die Höhen von A auf a und von B auf b treffen sich in einem Punkt. Es gibt also zwei Vektoren $\mathbf{v}$ und $\mathbf{w}$ mit

$$\mathbf{v} \bullet \mathbf{a} = \mathbf{w} \bullet \mathbf{b} = 0 \text{ und } \mathbf{c} = \mathbf{v} - \mathbf{w}.$$

Sei $\mathbf{x} := \mathbf{b} + \mathbf{v} = -\mathbf{a} + \mathbf{w}$. Zeigen Sie: $\mathbf{x} \bullet \mathbf{c} = 0$. Was bedeutet das Ergebnis für die Höhen im Dreieck?

8.9 Sei $L = \{\mathbf{x} = \mathbf{x}_0 + t\mathbf{v} \,:\, t \in \mathbb{R}\}$ eine Gerade im Raum und $\mathbf{p}$ ein Punkt, der nicht auf L liegt. Beschreiben Sie die Ebene durch $\mathbf{p}$ und L.

8.10 Sei E eine Ebene, $\mathbf{x}_0 \in E$ und $\mathbf{n}$ ein Einheitsvektor, der auf den Spannvektoren von E senkrecht steht. Zeigen Sie:

1. $E = \{\mathbf{x} \,:\, (\mathbf{x} - \mathbf{x}_0) \bullet \mathbf{n} = 0\}$.
2. Der Betrag von $p = \mathbf{x}_0 \bullet \mathbf{n}$ ist der Abstand, den E vom Nullpunkt hat.
3. Ist $\mathbf{z}$ beliebig, so ist $|(\mathbf{z} - \mathbf{x}_0) \bullet \mathbf{n}| = |\mathbf{z} \bullet \mathbf{n} - p|$ der Abstand von $\mathbf{z}$ und E.

8.11 Berechnen Sie den Abstand d des Punktes $\mathbf{z} = (5, 1, 12)$ von der Ebene $E = \{x - 2y + 2z = 9\}$. In welchem Punkt von E wird dieser Abstand angenommen.

8.12 Sei $E = \{\mathbf{x} \,:\, (\mathbf{x} - \mathbf{x}_0) \bullet \mathbf{n} = 0\}$ eine Ebene und $L = \{\mathbf{x} = \mathbf{a} + t\mathbf{v} \,:\, t \in \mathbb{R}\}$ eine Gerade. Bestimmen Sie die Menge $E \cap L$.

8.13 Bestimmen Sie den Durchschnitt der Geraden $L = \{(6, 2, 0) + t(1, 0, -1) \,:\, t \in \mathbb{R}\}$ mit der Ebene $E = \{(0, -2, 0) + t_1(1, 2, 0) + t_2(2, 2, 1)\}$.

8.14 Sei E die Ebene durch $\mathbf{x}_1 = (-1, 2, 3)$, $\mathbf{x}_2 = (1, 0, 0)$ und $\mathbf{x}_3 = (2, 2, -6)$. Liegt $\mathbf{z} = (-2, 4, 3)$ in E?

8.15 Sei $L = \{\mathbf{x} = \mathbf{a} + t\mathbf{v} \,:\, t \in \mathbb{R}\}$ eine Gerade im Raum und $\mathbf{z}$ beliebig. Berechnen Sie den Abstand von $\mathbf{z}$ und L. Benutzen Sie dafür ohne Beweis: Wird der Abstand in $\mathbf{x}_0 \in L$ angenommen, so ist $(\mathbf{z} - \mathbf{x}_0) \bullet \mathbf{v} = 0$.

8.16 Sei $\mathbf{v}_1 = (1, 2, 1)$ und $\mathbf{v}_2 = (4, 2, 4)$. Bestimmen Sie eine Orthonormalbasis $\{\mathbf{a}_1, \mathbf{a}_2, \mathbf{a}_3\}$ des $\mathbb{R}^3$, so dass $\mathbf{a}_1$ ein Vielfaches von $\mathbf{v}_1$ und $\mathbb{R}(\mathbf{v}_1, \mathbf{v}_2) = \mathbb{R}(\mathbf{a}_1, \mathbf{a}_2)$ ist.

8.17 Bestimmen Sie alle Lösungen des Gleichungssystems

$$\begin{array}{rcrcrcl} 3x_1 & + & x_2 & + & 5x_3 & = & 0 \\ x_1 & + & 3x_2 & + & 4x_3 & = & 0 \\ & & 8x_2 & + & 7x_3 & = & 0. \end{array}$$

8.18 Sei $\mathbf{a} = (0,0,1)$, $\mathbf{b} = (0,s,t)$, $\mathbf{c} = (c_1,c_2,c_3)$ und $\mathbf{d} = (d_1,d_2,d_3)$. Zeigen Sie, dass diese Vektoren die „Lagrange-Identität" erfüllen:

$$(\mathbf{a} \times \mathbf{b}) \bullet (\mathbf{c} \times \mathbf{d}) = (\mathbf{a} \bullet \mathbf{c}) \cdot (\mathbf{b} \bullet \mathbf{d}) - (\mathbf{b} \bullet \mathbf{c}) \cdot (\mathbf{a} \bullet \mathbf{d}).$$

8.19 Berechnen Sie für die Einheitsvektoren $\mathbf{e}_1$, $\mathbf{e}_2$ und $\mathbf{e}_3$ in $\mathbb{R}^3$ die folgenden Ausdrücke:

1) $(\mathbf{e}_1 + 2\mathbf{e}_2) \bullet (2\mathbf{e}_1 + \mathbf{e}_2 - 4\mathbf{e}_3)$,
2) $(\mathbf{e}_1 + 2\mathbf{e}_2) \times (2\mathbf{e}_1 + \mathbf{e}_2 - 4\mathbf{e}_3)$,
3) $\mathbf{e}_2 \bullet (\mathbf{e}_1 \times (\mathbf{e}_1 + \mathbf{e}_2 + \mathbf{e}_3))$.

8.20 Welche der folgenden Vektoren bilden ein Rechtssystem (im $\mathbb{R}^3$):

a) $\mathbf{a} = (1,1,0)$, $\mathbf{b} = (1,0,1)$ und $\mathbf{c} = (0,1,1)$.

b) $\mathbf{a} = \frac{1}{\sqrt{5}}(2,-1,0)$, $\mathbf{b} = \frac{1}{\sqrt{5}}(1,2,0)$ und $\mathbf{c} = (0,0,1)$.

8.21 1) Eine Ebene E sei durch einen Stützvektor $\mathbf{x}_0$ und Spannvektoren $\mathbf{u}$ und $\mathbf{v}$ gegeben. Zeigen Sie, dass E durch folgende Gleichung beschrieben werden kann:

$$(\mathbf{u} \times \mathbf{v}) \bullet (\mathbf{x} - \mathbf{x}_0) = 0.$$

2) Eine Gerade L im Raum sei durch den Stützvektor $\mathbf{x}_0$ und den Richtungsvektor $\mathbf{v}$ gegeben. Zeigen Sie, dass L durch folgende Gleichung beschrieben werden kann:

$$\mathbf{v} \times (\mathbf{x} - \mathbf{x}_0) = \mathbf{o}.$$

9 Extremfälle

Um klar zu sehen, genügt oft ein Wechsel der Blickrichtung.

Antoine de Saint-Exupéry[1]

Stetigkeit

Alle Funktionen, die wir bisher kennengelernt haben, lassen sich sehr gut zeichnerisch darstellen. Das trifft besonders auf die Polynomfunktionen und den Sinus und Cosinus zu. Bei Tangens und Cotangens entdeckten wir Lücken im Definitionsbereich, der Graph strebt dort asymptotisch gegen eine senkrechte Gerade. Bei rationalen Funktionen sind wir auf das Phänomen der „Unbestimmtheitsstellen“ gestoßen, hinter denen sich entweder eine Polstelle oder eine hebbare Lücke im Definitionsbereich verstecken kann. Schließlich haben wir auch die Gauß-Klammer kennengelernt, die zwar auf ganz $\mathbb{R}$ definiert ist, deren Graph aber dennoch Lücken aufweist, sogenannte „Sprungstellen“. Um solche Besonderheiten besser zu verstehen, wollen wir jetzt das Verhalten von Funktionen bei Annäherung an einen Punkt im Innern oder am Rande des Definitionsbereiches studieren.

Um allzu pathologische Fälle aus unseren Betrachtungen auszuschließen, lassen wir nur sehr einfache Mengen als ***zulässige Definitionsbereiche*** zu. In erster Linie beschränken wir uns auf Intervalle. Darunter verstehen wir die schon bekannten offenen und abgeschlossenen Intervalle, aber auch halb offene Intervalle, bei denen nur eine Grenze dazugehört, sowie die ganze Zahlengerade $\mathbb{R}$ und Halbstrahlen wie etwa $\{x \in \mathbb{R} \mid x > a\}$ oder $\{x \in \mathbb{R} \mid x \leq b\}$. Gelegentlich lassen wir auch zu, dass aus den Intervallen einzelne Punkte herausgenommen werden.

Irgendwie müssen wir allerdings noch erklären, was es bedeutet, dass ein Punkt „im Innern“ oder „am Rand“ einer Menge $M \subset \mathbb{R}$ liegt:

Definition (innere Punkte)

1. Sei $x_0 \in \mathbb{R}$ und $\varepsilon > 0$. Dann heißt die Menge

$$U_\varepsilon(x_0) := \{x \in \mathbb{R} : |x - x_0| < \varepsilon\} = \{x \in \mathbb{R} : x_0 - \varepsilon < x < x_0 + \varepsilon\}$$

eine ε-***Umgebung*** von x_0.

2. Sei $M \subset \mathbb{R}$ eine Teilmenge. $x_0 \in M$ heißt ***innerer Punkt*** von M, falls es eine ε-Umgebung von x_0 gibt, die ganz in M liegt.

[1] Der französische Schriftsteller und Pilot Saint-Exupéry (1900–1944) wurde durch die Erzählung *Der kleine Prinz* weltberühmt. Erst nach seinem Tod erschien sein Werk *Zitadelle* (zu Deutsch: *Die Stadt in der Wüste*), aus dem das Zitat stammt.

Ein Intervall heißt *offen*, falls seine Grenzen nicht dazugehören. Die ε-Umgebung um x_0 ist ein offenes Intervall, das x_0 enthält und dessen Grenzen jeweils den Abstand ε von x_0 haben.

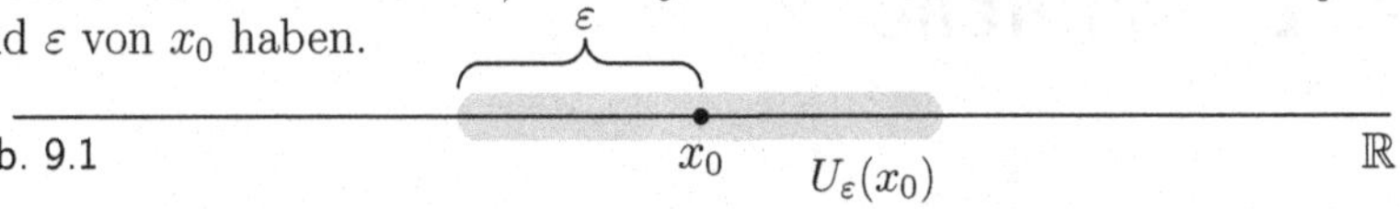

ε

Abb. 9.1 x_0 $U_\varepsilon(x_0)$ $\mathbb{R}$

Man könnte eine Menge $M \subset \mathbb{R}$ „offen" nennen, wenn ihre Grenzen nicht dazugehören. Aber leider ist der Begriff der „Grenze" einer Menge zu verschwommen. Deshalb geht man einen Umweg: Man nennt einen Punkt x_0 inneren Punkt von M, wenn M noch eine komplette ε-Umgebung von x_0 enthält. Dann weist x_0 zumindest einen Sicherheitsabstand zu den Grenzen von M auf. Und M soll „offen" genannt werden, wenn jeder Punkt von M ein innerer Punkt von M ist.

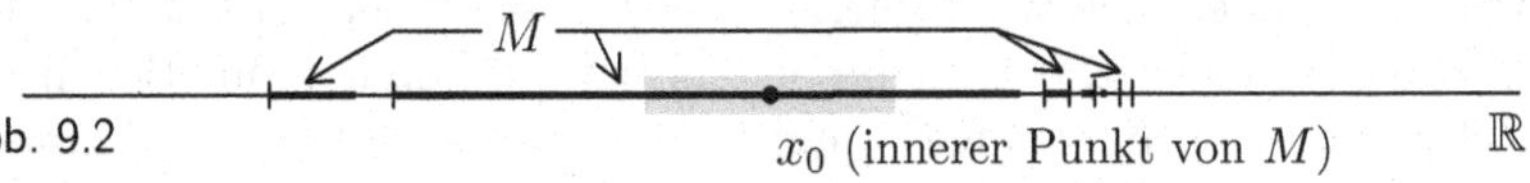

M

Abb. 9.2 x_0 (innerer Punkt von M) $\mathbb{R}$

Definition (Randpunkte)

$x_0 \in \mathbb{R}$ heißt ***Randpunkt*** von M, falls x_0 kein innerer Punkt von M ist, aber jede ε-Umgebung von x_0 ein Element von M enthält.

Eine Menge heißt ***abgeschlossen***, falls sie alle ihre Randpunkte enthält, und sie heißt ***offen***, falls sie keinen ihrer Randpunkte enthält.

Ein Randpunkt braucht nicht zu der Menge zu gehören: Ist $a < b$, so ist a Randpunkt von $[a, b]$ und auch von (a, b). Jeder Punkt x mit $a < x < b$ ist innerer Punkt von beiden Intervallen. Insbesondere ist $[a, b]$ abgeschlossen und (a, b) offen.

Es gibt allerdings auch Beispiele, bei denen die Anschauung versagt. Sei etwa $M := [a, b] \cap \mathbb{Q}$. Weil jede ε-Umgebung auch irrationale Zahlen enthält, besitzt M keinen einzigen inneren Punkt. Ist $x_0 \in M$ und $\varepsilon > 0$ klein genug, so ist die ε-Umgebung von x_0 zumindest zur Hälfte in $[a, b]$ enthalten, und diese Hälfte enthält sicher rationale Zahlen. Damit ist jeder Punkt von M ein Randpunkt von M. Aber das ist noch nicht genug, auch die irrationalen Punkte in $[a, b]$ sind Randpunkte von M. Demnach ist M weder offen noch abgeschlossen, und alle Punkte von $[a, b]$ sind Randpunkte von M. Das ist für uns kein zulässiger Definitionsbereich.

Definition (Grenzwerte von Funktionen)

Sei $M \subset \mathbb{R}$ ein zulässiger Definitionsbereich einer reellwertigen Funktion f und x_0 ein innerer Punkt oder ein Randpunkt von M. Man sagt, f besitzt in x_0 den ***Grenzwert*** (oder ***Limes***) c, falls gilt:

Für **jede** Folge (x_n) in $M \setminus \{x_0\}$ mit $\lim_{n\to\infty} x_n = x_0$ ist $\lim_{n\to\infty} f(x_n) = c$.

Man schreibt dann auch:

$$\boxed{\lim_{x \to x_0} f(x) = c.}$$

Man beachte: Es spielt bei der obigen Definition keine Rolle, ob f in x_0 definiert ist oder nicht!

9.1 Beispiele

A. Die Funktion $f(x) := \dfrac{x^2 - 1}{x + 1}$ ist auf $\mathbb{R} \setminus \{-1\}$ definiert. Dort gilt aber auch:

$$f(x) \equiv x - 1.$$

Sei nun (x_n) eine Folge in $\mathbb{R}\setminus\{-1\}$ mit $\lim\limits_{n\to\infty} x_n = -1$. Dann ist $f(x_n) = x_n - 1$ für jedes $n \in \mathbb{N}$. Also existiert $\lim\limits_{n\to\infty} f(x_n) = -1 - 1 = -2$. Da die Folge (x_n) beliebig gewählt war, existiert $\lim\limits_{x\to -1} f(x)$, und als Grenzwert ergibt sich -2. Es erscheint daher sinnvoll, f in x_0 mit dem Wert -2 fortzusetzen.

B. Ist f in x_0 definiert, so kann das Grenzwertverhalten unterschiedlich sein:

Manche Funktionen benehmen sich so, wie man es erwartet. Ist etwa $f(x) := x$ und $x_0 \in \mathbb{R}$ eine beliebige Zahl, so ist offensichtlich

$$\lim_{x\to x_0} f(x) = x_0 = f(x_0).$$

Anders verhält es sich dagegen bei der Gauß-Klammer $f(x) := [x]$ im Punkte $x_0 := 1$. Dort ist $\lim\limits_{n\to\infty} f(x_n) = 0$ für jede Folge (x_n) mit $x_n < x_0$ und $\lim\limits_{n\to\infty} x_n = x_0$. Ist jedoch $x_n > x_0$, so ist $\lim\limits_{n\to\infty} f(x_n) = 1$.

Es gibt also einen „links-seitigen" und einen „rechts-seitigen" Grenzwert, aber die beiden stimmen nicht überein. Dieses Beispiel sollte einem klarmachen, dass es darauf ankommt, **jede** Folge (x_n) zu betrachten, die gegen x_0 konvergiert.

C. Es kann auch passieren, dass der Grenzwert schon bei einseitiger Annäherung nicht existiert, wie bei $f(x) := 1/x$ und Annäherung an $x = 0$.

Selbst bei beschränkten Funktionen kann so etwas vorkommen: Sei $f(x) := \sin(1/x)$ auf $\mathbb{R} \setminus \{0\}$. Die Folge $a_n := 1/(2\pi n)$ konvergiert offensichtlich gegen Null, und es existiert der Grenzwert $\lim_{n\to\infty} f(a_n) = 0$. Aber auch die Folge $b_n := 2/(\pi(4n+1))$ konvergiert gegen Null und es ist $\lim_{n\to\infty} f(b_n) = 1$. Also kann $\lim_{x\to 0} \sin(1/x)$ **nicht** existieren!

Definition (Stetigkeit)

Sei $I \subset \mathbb{R}$ ein Intervall, $f : I \to \mathbb{R}$ eine Funktion und $x_0 \in I$. Die Funktion f heißt ***stetig*** in x_0, falls gilt:

$$\lim_{x\to x_0} f(x) = f(x_0).$$

Die Funktion f heißt ***stetig auf*** I, falls sie in jedem $x \in I$ stetig ist.

Klartext: Schauen wir uns die Definition der Stetigkeit noch einmal in aller Ruhe an. Eine Funktion kann nur in den Punkten stetig sein, in denen sie definiert ist. Es spielt dabei keine Rolle, ob es sich um innere Punkte oder Randpunkte des Definitionsbereiches handelt. Ist sie in dem kritischen Punkt nicht definiert, so kann man sie dort bestenfalls „stetig fortsetzen", mehr nicht! Darüber hinaus werden **zwei** Dinge gefordert: f muss in x_0 einen Grenzwert besitzen und dieser Grenzwert muss mit dem Funktionswert $f(x_0)$ übereinstimmen.

Die erste Bedingung versteht sich von selbst, um die Existenz des Grenzwertes geht es ja gerade. Ist f auf einem Intervall definiert und x_0 linker oder rechter Randpunkt dieses Intervalls, so reicht es sogar, wenn man sich x_0 einseitig im Innern des Intervalls nähert und den entsprechenden einseitigen Grenzwert von f betrachtet. Ist x_0 aber innerer Punkt des Definitionsintervalls, so muss man sich x_0 unbedingt von beiden Seiten nähern, wie das Beispiel der Gauß-Funktion zeigt.

Die zweite Bedingung ist deutlich harmloser, darf aber trotzdem nicht übersehen werden. Sei etwa

$$f(x) := \begin{cases} \sin(x)/x & \text{für } x \neq 0, \\ 0 & \text{für } x = 0 \end{cases}.$$

Diese Funktion ist im Nullpunkt nicht stetig, obwohl $\lim_{x\to 0} f(x)$ existiert. Wie man den Wert von f im Nullpunkt definieren muss, damit f stetig ist, wird sich später zeigen (auf Seite 284).

Offensichtlich ist die Funktion $f(x) := x$ auf ganz $\mathbb{R}$ stetig und genauso jede konstante Funktion.

Die Funktion $f(x) := [x]$ ist in den Punkten $x = n \in \mathbb{Z}$ nicht stetig, denn der Grenzwert von f existiert dort nicht. Aber man muss noch genauer aufpassen:

$$\text{Sei } f(x) := \begin{cases} x & \text{für } x \neq 0 \\ 5 & \text{für } x = 0 \end{cases}.$$

Dann existiert zwar $\lim_{x\to 0} f(x) = 0$, aber weil irgendein Dummkopf $f(0) = 5$ gesetzt hat, ist die Funktion im Nullpunkt trotzdem nicht stetig. Hier lässt sich der Fehler natürlich leicht ausbügeln, während etwa die Funktion $\sin(1/x)$ (nicht zu verwechseln mit $\sin(x)/x$) weder mit Geld noch guten Worten dazu zu bewegen ist, im Nullpunkt stetig zu werden, weil ihr Grenzwert bei $x = 0$ nicht existiert.

Wenn an dem Argument x einer stetigen Funktion nur ein wenig gewackelt wird, so ändert sich auch der Funktionswert $f(x)$ nur wenig. Diese Stabilitätseigenschaft kommt im folgenden Satz zum Ausdruck:

9.2 Die Stetigkeit von Ungleichungen

Sei $f : I \to \mathbb{R}$ stetig in x_0. Ist $f(x_0) > 0$, so gibt es ein $\varepsilon > 0$, so dass $f(x) > 0$ für alle $x \in U_\varepsilon(x_0) \cap I$ ist.

Eine analoge Aussage gilt, wenn $f(x_0) < 0$ ist.

BEWEIS: Angenommen, zu jedem $\varepsilon > 0$ gibt es ein $x \in U_\varepsilon(x_0) \cap I$ mit $f(x) \leq 0$. Dann können wir speziell zu jedem $n \in \mathbb{N}$ ein x_n mit $|x_n - x_0| < 1/n$ und $f(x_n) \leq 0$ finden. Die Folge (x_n) konvergiert gegen x_0. Wegen der Stetigkeit von f muss auch $\lim\limits_{n\to\infty} f(x_n)$ existieren und gleich $f(x_0)$ sein, also positiv. Andererseits ist der Limes

≤ 0, weil schon alle Folgeglieder ≤ 0 sind. Das ist ein Widerspruch! Also gibt es ein $\varepsilon > 0$, so dass $f(x) > 0$ für alle x mit $|x - x_0| < \varepsilon$ ist. ∎

Die gerade bewiesene Stabilität ist eine „lokale Eigenschaft", es geht dabei nur um das Verhalten in der Nähe eines Punktes. Aber die Stetigkeit hat auch globale Konsequenzen: Der Graph einer stetigen Funktion auf einem Intervall ist ein zusammenhängendes Gebilde. Beginnt er etwa unterhalb und endet oberhalb der x-Achse, so muss er dazwischen irgendwann einmal die Achse treffen:

9.3 Satz von Bolzano

Sei $f : [a, b] \to \mathbb{R}$ stetig, $f(a) < 0$ und $f(b) > 0$. Dann gibt es ein x_0 mit $a < x_0 < b$ und $f(x_0) = 0$.

BEWEIS: Die Menge $M := \{x \in [a, b] : f(x) < 0\}$ ist nicht leer und nach oben beschränkt, also besitzt sie eine kleinste obere Schranke. Sei $x_0 := \sup(M)$. Offensichtlich ist $a \leq x_0 \leq b$. Für genügend kleines ε ist auch noch $f(x) < 0$ auf $U_\varepsilon(a) \cap I$ und $f(x) > 0$ auf $U_\varepsilon(b) \cap I$. Daraus folgt, dass $a < x_0 < b$ ist.

Wir vermuten, dass $f(x_0) = 0$ ist. Da x_0 die **kleinste** obere Schranke von M ist, gibt es zu jedem $n \in \mathbb{N}$ ein $x_n \in M$ mit $x_0 - 1/n < x_n < x_0$. Die Folge der x_n konvergiert gegen x_0. Weil f stetig und $f(x_n) < 0$ für alle $n \in \mathbb{N}$ ist, kann nur $f(x_0) \leq 0$ gelten.

Wäre $f(x_0) < 0$, so könnte man wegen der Stetigkeit von Ungleichungen ein $\varepsilon > 0$ finden, so dass $f(x) < 0$ für alle x mit $|x - x_0| < \varepsilon$ gilt. Aber dann wäre auch $x_1 := x_0 + \varepsilon/2$ noch ein Element von M und x_0 keine **obere Schranke** von M. Das ist ein Widerspruch, und es bleibt nur die Möglichkeit, dass $f(x_0) = 0$ ist. ∎

Etwas allgemeiner kann man sogar zeigen:

9.4 Zwischenwertsatz

Sei $f : [a, b] \to \mathbb{R}$ stetig, $f(a) < c < f(b)$. Dann gibt es ein $x_0 \in [a, b]$ mit $f(x_0) = c$.

BEWEIS: Wir setzen $F(x) := f(x) - c$. Dann ist $F(a) < 0 < F(b)$, und nach dem Satz von Bolzano gibt es ein $x_0 \in [a, b]$, so dass $F(x_0) = 0$ ist, also $f(x_0) = c$. ∎

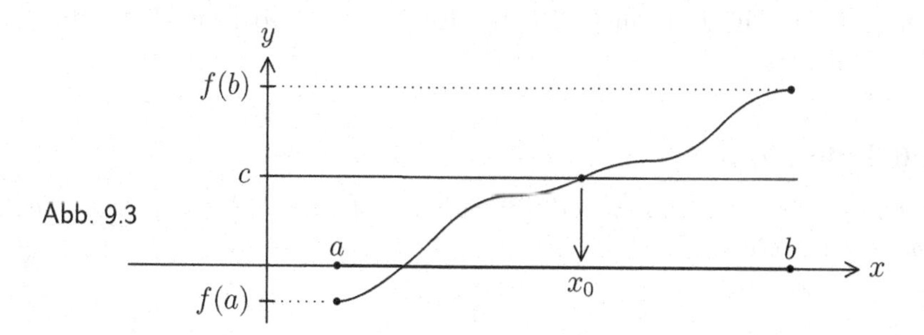

Abb. 9.3

Eine praktische Anwendung des Zwischenwertsatzes hat der Bonner Mathematiker Matthias Kreck auf YouTube gezeigt: Sitzt man im Biergarten an einem wackelnden Tisch, so hängt ein Bein des Tisches in der Luft, hat also einen positiven Abstand vom Boden. Das bleibt aber nicht so, wenn man den Tisch dreht. Irgendwann im Laufe der Drehung bohrt sich das zunächst zu kurz erscheinende Tischbein in den Boden, so dass der Abstand vom Boden negativ wird. Wegen des Zwischenwertsatzes muss irgendwo vorher ein Punkt erreicht werden, wo die Länge des Tischbeines gerade so passt. In dieser Position wackelt der Tisch nicht mehr.

Viele Nutzer haben an dieser Geschichte kritisiert, sie sei aus diesen oder jenen Gründen unrealistisch und wegen der Größe und Form von Biergartentischen auch nicht praktikabel. Diese Schlauberger mögen Recht haben, aber zumindest bei meinem kleinen, runden Gartentisch glaube ich an die Methode, vor allem aber halte ich das Beispiel des wackelnden Tisches für eine besonders gelungene Veranschaulichung des Zwischenwertsatzes.

Wir stellen nun einige Regeln über stetige Funktionen zusammen:

9.5 Stetigkeit von Summen und Produkten

Seien $I \subset \mathbb{R}$ ein Intervall, $f, g : I \to \mathbb{R}$ zwei Funktionen.

Sind f und g beide in $x_0 \in I$ stetig, so gilt:

1. *$f + g$ ist in x_0 stetig.*
2. *$f \cdot g$ ist in x_0 stetig.*
3. *Ist $g(x_0) \neq 0$, so gibt es ein $\varepsilon > 0$, so dass $g(x) \neq 0$ für alle $x \in U_\varepsilon(x_0) \cap I$ ist. Die Funktion $1/g$ ist dort definiert und in x_0 stetig.*

Beweis: (1) und (2) ergeben sich ziemlich trivial aus den Grenzwertsätzen: Ist etwa (x_n) eine Folge in $I \setminus \{x_0\}$, die gegen x_0 konvergiert, so konvergieren $(f(x_n))$ und $(g(x_n))$ nach Voraussetzung gegen $f(x_0)$ bzw. $g(x_0)$, und dann konvergieren $(f+g)(x_n)$ bzw. $(f \cdot g)(x_n)$ gegen $f(x_0) + g(x_0)$ bzw. $f(x_0) \cdot g(x_0)$.

Zu (3): Ist $g(x_0) \neq 0$, so muss entweder $g(x_0) > 0$ oder $g(x_0) < 0$ sein. In jedem Falle vererbt sich diese Eigenschaft auf eine ganze ε-Umgebung von x_0, und dann ist $1/g$ dort tatsächlich definiert. Die Stetigkeit folgt wieder aus dem entsprechenden Grenzwertsatz. ∎

9.6 Folgerung

Polynome sind auf ganz $\mathbb{R}$ und rationale Funktionen auf ihrem gesamten Definitionsbereich stetig.

9.7 Stetigkeit von verketteten Funktionen

Sei $I \subset \mathbb{R}$ ein Intervall, $f : I \to \mathbb{R}$ eine stetige Funktion, $J \subset \mathbb{R}$ ein Intervall mit $f(I) \subset J$, und $g : J \to \mathbb{R}$ eine weitere stetige Funktion.

Dann ist auch $g \circ f : I \to \mathbb{R}$ stetig.

BEWEIS: Sei $x_0 \in I$, $y_0 := f(x_0) \in J$. Weiter sei (x_n) eine Folge in I, die gegen x_0 konvergiert. Dann konvergiert auch (y_n) mit $y_n := f(x_n)$ in J gegen y_0, und daher $(g(y_n))$ gegen $g(y_0)$. Aber das bedeutet wiederum, dass $((g \circ f)(x_n))$ gegen $(g \circ f)(x_0)$ konvergiert. ■

Dieser Satz liefert neue Beispiele. Ist z.B. f eine stetige Funktion und $p(x) := a_0 + a_1 x + \cdots + a_n x^n$ ein Polynom, so ist auch

$$p \circ f(x) = a_0 + a_1 \cdot f(x) + \cdots + a_n \cdot f(x)^n$$

eine stetige Funktion.

Funktionen auf abgeschlossenen Intervallen

Die Funktion $f(x) := 1/x$ ist z.B. auf $I := \{x \in \mathbb{R} \mid x > 0\}$ stetig. Bei Annäherung an $x = 0$ wachsen die Funktionswerte unbeschränkt und f kann in $x = 0$ nicht stetig fortgesetzt werden. Eine solche Situation kann überall dort auftreten, wo eine Intervallgrenze nicht mehr zum Definitionsbereich gehört. Auf abgeschlossenen Intervallen müssen stetige Funktionen jedoch immer beschränkt bleiben:

Definition (beschränkte Funktionen)

Sei $I \subset \mathbb{R}$ ein Intervall. Eine Funktion $f : I \to \mathbb{R}$ heißt ***nach oben (bzw. nach unten) beschränkt***, falls es ein $c \in \mathbb{R}$ gibt, so dass $f(x) \leq c$ (bzw. $f(x) \geq c$) für alle $x \in I$ ist.

Wenn die Menge der Werte einer Funktion beschränkt ist, dann kann es einen kleinsten und einen größten Wert geben.

Definition (lokale und globale Extremwerte)

f hat in $x_0 \in I$ ein ***lokales Maximum*** (bzw. ein ***lokales Minimum***), falls gilt:

$$\exists\, \varepsilon > 0, \text{ so dass } f(x) \leq f(x_0) \quad (\text{bzw. } f(x) \geq f(x_0)) \quad \text{für } |x - x_0| < \varepsilon \text{ ist.}$$

In beiden Fällen sagt man, f hat in x_0 einen ***(lokalen) Extremwert***. Gilt die Ungleichung nicht nur auf einer kleinen Umgebung von x_0, sondern auf ganz I, so nennt man x_0 ein ***globales Maximum*** (bzw. ***Minimum***).

9.8 Existenz von Maxima und Minima

Sei $f : [a, b] \to \mathbb{R}$ stetig. Dann gilt:

1. *f ist auf $[a, b]$ nach unten und oben beschränkt.*
2. *f nimmt auf $[a, b]$ sein (globales) Minimum und Maximum an, d.h., es gibt Zahlen $x_1, x_2 \in [a, b]$, so dass $f(x_1) \leq f(x) \leq f(x_2)$ für alle $x \in [a, b]$ ist.*

BEWEIS: 1) Wir nehmen an, f sei nicht nach oben beschränkt. Dann nimmt f auf $I_1 := [a, b]$ beliebig große Werte an. Insbesondere gibt es einen Punkt $x_1 \in I_1$ mit $f(x_1) > 1$. Halbiert man I, so nimmt f auf mindestens einem Teilintervall $I_2 \subset I_1$ beliebig große Werte an, ist dort also unbeschränkt. Wir wählen einen Punkt $x_2 \in I_2$ mit $f(x_2) > 2$.

Halbiert man weiter, so kann man eine Folge von Teilintervallen $I_1 \supset I_2 \supset I_3 \ldots$ und Punkte $x_\nu \in I_\nu$ konstruieren, so dass die Folge $(f(x_\nu))$ unbeschränkt ist, während die Längen der Intervalle gegen 0 konvergieren. Die I_ν bilden eine Intervallschachtelung und daher muss es ein x_0 geben, das in jedem der Intervalle liegt. Offensichtlich ist $\lim_{\nu \to \infty} x_\nu = x_0$. Der Wert $c := f(x_0)$ ist eine bestimmte reelle Zahl, und da f stetig ist, muss $\lim_{\nu \to \infty} f(x_\nu) = f(x_0)$ sein. Das ist unmöglich, die Annahme war falsch!

2) Wegen (1) ist $M := f\big([a, b]\big) \subset \mathbb{R}$ nach oben beschränkt. Also existiert $s := \sup(M)$. Wenn es ein $x \in [a, b]$ mit $f(x) = s$ gibt, so nimmt f dort sein Maximum an. Andernfalls wäre die Funktion $g(x) := 1/(s - f(x))$ auf dem ganzen Intervall definiert und stetig, nach (1) also auch durch eine (positive) reelle Zahl k nach oben beschränkt. Daraus folgt, dass $s - f(x) \geq 1/k$ für alle $x \in [a, b]$ ist, also $f(x) \leq s - 1/k$. Aber das ist ein Widerspruch zur Gleichung $s = \sup f([a, b])$. Also nimmt f tatsächlich sein Maximum an.

3) Durch Übergang von f zu $-f$ zeigt man, dass f nach unten beschränkt ist und sein Minimum annimmt. ∎

Eine Zusammenfassung der bisherigen Ergebnisse zeigt:

Ist $f : [a, b] \to \mathbb{R}$ stetig, so ist die Bildmenge $f\big([a, b]\big)$ ein abgeschlossenes Intervall.

Aufgabe 1 (Kleine Kurvendiskussion)

Betrachten Sie die Funktion $f(x) := x^2 - 2$ auf dem Intervall $[1, 2]$. Berechnen Sie Maximum und Minimum, zeigen Sie die Existenz einer Nullstelle und berechnen Sie diese (einzige) Nullstelle mit Hilfe des Satzes von Bolzano (und fortgesetzter Intervallhalbierung) auf zwei Stellen hinter dem Komma genau!

Stetigkeitsbeweise

Wir wollen nun nach weiteren stetigen Funktionen suchen.

9.9 Stetigkeit von Wurzeln

Die Funktion $f(x) := \sqrt{x}$ ist in jedem Punkt $x_0 > 0$ stetig.

BEWEIS: Wir benutzen folgende Abschätzung:

$$\begin{aligned} |\sqrt{x} - \sqrt{x_0}| &= \left|\frac{(\sqrt{x} - \sqrt{x_0})(\sqrt{x} + \sqrt{x_0})}{\sqrt{x} + \sqrt{x_0}}\right| \\ &= \left|\frac{x - x_0}{\sqrt{x} + \sqrt{x_0}}\right| < \frac{1}{\sqrt{x_0}} \cdot |x - x_0|. \end{aligned}$$

Ist nun (x_n) eine Folge, die gegen x_0 konvergiert, so konvergiert offensichtlich auch die Folge $\sqrt{x_n}$ gegen $\sqrt{x_0}$. ∎

9.10 Stetigkeit von Winkelfunktionen

Die Funktionen $\sin x$ *und* $\cos x$ *sind auf ganz* $\mathbb{R}$ *stetig.*

BEWEIS: Die eigentliche Arbeit besteht darin, die Stetigkeit von $\sin(x)$ in $x = 0$ zu beweisen. Dabei können wir annehmen, dass $-\frac{\pi}{2} < x < \frac{\pi}{2}$ ist. Zunächst betrachten wir den Fall $x > 0$ und verwenden die folgende Skizze:

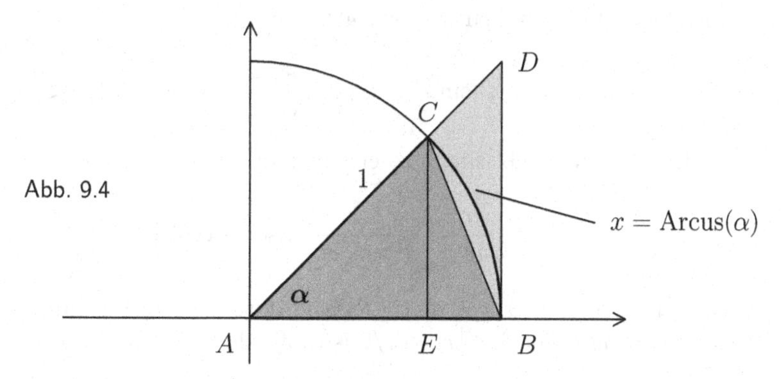

Abb. 9.4

Es sei $AB = AC = 1$ und $\alpha := \angle BAC$ sowie $x = \text{Arcus}(\alpha)$. Dann ist $EC = \sin x$ und $BD = \tan x$.

Die Fläche des Dreiecks ABC beträgt $(AB \cdot EC)/2 = \sin x/2$, die des Kreissektors ABC beträgt $\big(x/(2\pi)\big) \cdot \{\text{Fläche des Einheitskreises}\} = (x/(2\pi)) \cdot \pi = x/2$, und die Fläche des Dreiecks ABD beträgt $(AB \cdot BD)/2 = (\tan x)/2$.

Also erhält man die Ungleichungskette

$$0 < \sin x < x < \tan x.$$

Das haben wir zwar nur für $x > 0$ bewiesen, aber da $\sin(-x) = -\sin(x)$ und $\tan(-x) = -\tan(x)$ ist, gilt auch $\tan(-x) < -x < \sin(-x)$ für positives x, zusammen also

$$0 < |\sin x| < |x| < |\tan x| \qquad \text{für } 0 < |x| < \frac{\pi}{2}.$$

Ist nun eine Folge (x_n) mit $\lim_{n\to\infty} x_n = 0$ gegeben, so konvergiert auch $(\sin(x_n))$ gegen $0 = \sin(0)$. Also ist $\sin x$ stetig in $x = 0$, und aus der Beziehung $\cos x = \sqrt{1 - \sin^2 x}$ ergibt sich, dass auch $\cos x$ dort stetig ist.

Schließlich sei $x_0 \in \mathbb{R}$ beliebig, (x_n) eine gegen x_0 konvergente Folge und $h_n := x_n - x_0$. Dann gilt:

$$\sin(x_n) = \sin(x_0 + h_n) = \sin(x_0)\cos(h_n) + \cos(x_0)\sin(h_n).$$

Wenn (x_n) gegen x_0 konvergiert, dann konvergiert h_n gegen 0; und wegen der Stetigkeit von $\sin(x)$ und $\cos(x)$ im Nullpunkt konvergiert $\sin(x_n)$ gegen $\sin(x_0)$. Damit ist der Sinus in x_0 stetig. Die Stetigkeit des Cosinus folgt analog. ∎

9.11 Folgerung

Es ist

$$\lim_{x\to 0} \frac{\sin x}{x} = 1 \quad \textit{und} \quad \lim_{x\to 0} \frac{1 - \cos x}{x} = 0.$$

BEWEIS: Oben haben wir gezeigt:

$$0 < |\sin x| < |x| < \left|\frac{\sin x}{\cos x}\right| \qquad \text{für } 0 < |x| < \frac{\pi}{2}.$$

Dividiert man durch $|\sin x|$, so erhält man:

$$1 < \left|\frac{x}{\sin x}\right| < \frac{1}{|\cos x|}, \text{ also } \quad |\cos x| < \left|\frac{\sin x}{x}\right| < 1.$$

Da der Cosinus in $x = 0$ stetig ist und dort den Wert 1 annimmt, folgt schon die erste Aussage. Für $0 < |x| < \pi/2$ ist außerdem

$$\begin{aligned} 1 - \cos x &= (1 - \cos x) \cdot \frac{1 + \cos x}{1 + \cos x} = \frac{1 - \cos^2 x}{1 + \cos x} \\ &= \frac{\sin^2 x}{1 + \cos x} < \sin^2 x < x^2, \text{ also } \quad \frac{1 - \cos x}{|x|} < |x|. \end{aligned}$$

Daraus ergibt sich die zweite Aussage. ∎

In manchen Situationen ist die Suche nach den geeigneten Folgen recht mühsam. Wir wollen deshalb ein Stetigkeitskriterium herleiten, das ohne den Folgenbegriff auskommt. Dazu betrachten wir eine auf einem Intervall I definierte Funktion f und einen Punkt $x_0 \in I$.

f ist genau dann stetig in x_0, wenn gilt: *Ist $x \in I$ nahe bei x_0, so ist auch $f(x)$ nahe bei $f(x_0)$.*

Wie nahe? Schon bei der Einführung des Konvergenzbegriffes haben wir die „Nähe“ zweier Zahlen durch eine Genauigkeitsschranke beschrieben. Hier brauchen wir nun zwei Schranken, um sagen zu können:

Ist $|x - x_0| < \delta$ (also x nahe bei x_0), so ist auch $|f(x) - f(x_0)| < \varepsilon$ (also $f(x)$ nahe bei $f(x_0)$).

Wie hängen δ und ε voneinander ab? Die Schranke ε für $|f(x) - f(x_0)|$ wird irgendwie von außen vorgegeben. Je kleiner ε ist, desto schwerer wird zu erreichen sein, dass $|f(x) - f(x_0)| < \varepsilon$ ist. Es wird nur dadurch möglich sein, dass x sehr nahe bei x_0 gewählt wird. Wie nahe, das hängt von ε ab. Also versuchen wir es mit folgender Formulierung:

9.12 Das ε-δ-Kriterium

$f : I \to \mathbb{R}$ ist genau dann in $x_0 \in I$ stetig, wenn folgendes Kriterium erfüllt ist:

$$\forall \varepsilon > 0 \; \exists \delta > 0, \text{ so dass } \forall x \in I \text{ gilt: } \quad |x - x_0| < \delta \Longrightarrow |f(x) - f(x_0)| < \varepsilon.$$

BEWEIS: 1) Es gelte zunächst das neue Kriterium.

Sei (x_n) eine Folge in I, die gegen x_0 konvergiert. Wir wollen zeigen, dass dann auch $f(x_n)$ gegen $f(x_0)$ konvergiert. Deshalb sei ein $\varepsilon > 0$ vorgegeben. Wir wählen dazu ein $\delta > 0$, so dass $|f(x) - f(x_0)| < \varepsilon$ für alle $x \in I$ mit $|x - x_0| < \delta$ ist. Wegen der Konvergenz von (x_n) gibt es ein $n_0 \in \mathbb{N}$, so dass $|x_n - x_0| < \delta$ für alle $n \geq n_0$ ist. Aber dann muss für alle diese n auch $|f(x_n) - f(x_0)| < \varepsilon$ sein. Damit sind wir am Ziel!

2) Die umgekehrte Richtung zeigen wir durch Kontraposition. Es gelte also das Kriterium **nicht**!

Dann gibt es ein $\varepsilon > 0$, so dass $\forall \delta > 0$ ein x mit $|x - x_0| < \delta$ existiert, so dass $|f(x) - f(x_0)| \geq \varepsilon$ ist.

Insbesondere muss es zu jedem $n \in \mathbb{N}$ ein x_n mit $|x_n - x_0| < 1/n$ geben, so dass $|f(x_n) - f(x_0)| \geq \varepsilon$ ist. Aber das bedeutet einerseits, dass $\lim\limits_{n\to\infty} x_n = x_0$ ist, während andererseits $f(x_n)$ **nicht** gegen $f(x_0)$ konvergiert. Also ist f in x_0 nicht stetig. ∎

Klartext: Das ε-δ-Kriterium bereitet erfahrungsgemäß Schwierigkeiten. Warum ist das so?

Bei Anwendung des Folgenkriteriums ist die Argumentation ziemlich direkt, das ist einfach zu verstehen: Gegeben ist eine Folge (x_n), die gegen x_0 konvergiert, und mit Hilfe dieser Information muss die Konvergenz der Folge $(f(x_n))$ gezeigt werden.

Beim ε-δ-Kriterium muss man verkehrt herum denken. Zunächst muss man zum ε ein δ suchen, und erst dann kann man von einem x mit $|x - x_0| < \delta$ ausgehen und für dieses x zeigen, dass $|f(x) - f(x_0)| < \varepsilon$ ist. Das funktioniert am besten, wenn man die Abhängigkeit des gesuchten Deltas von Epsilon irgendwie formelmäßig ausdrücken kann. Um eine solche Abhängigkeit zu finden, muss man meist gegen die korrekte Schlussrichtung argumentieren. Hier ist ein einfaches Beispiel, wir zeigen die Stetigkeit von $f(x) = x^2$ in einem beliebigen Punkt x_0:

Mit dem Folgenkriterium geht es so: Konvergiert (x_n) gegen x_0, so folgt aus den Konvergenzsätzen, dass auch x_n^2 gegen x_0^2 konvergiert. Ganz einfach!

Um das ε-δ-Kriterium anwenden zu können, wird man erst mal die Lage abchecken, indem man versucht, $|f(x) - f(x_0)|$ möglichst geschickt abzuschätzen:

$$|f(x) - f(x_0)| = |x^2 - x_0^2| = |x - x_0| \cdot |x + x_0| \leq |x - x_0| \cdot (|x| + |x_0|).$$

Dabei wurden die binomische Formel und die Dreiecksungleichung benutzt. Das Ergebnis ist ja schon mal nicht schlecht. Den Faktor $|x - x_0|$ wollen wir ja sowieso durch δ abschätzen. Was ist mit dem zweiten Faktor? Die Zahl $|x_0|$ ist eine Konstante, die zwar auch null sein könnte, aber auf jeden Fall durch eine feste, echt positive Zahl $C > |x_0|$ abgeschätzt werden kann. Weil wir uns nur für Zahlen x in der Nähe von x_0 interessieren, können wir mit Sicherheit davon ausgehen, dass $|x| \leq 2C$ ist, also $|x| + |x_0| < 3C$. Das liefert die Abschätzung $|f(x) - f(x_0)| \leq 3C \cdot |x - x_0|$. Jetzt erst kann man endgültig argumentieren. Ist $\varepsilon > 0$ vorgegeben, so wähle man ein positives $\delta < \varepsilon/(3C)$. Ist $|x - x_0| < \delta$, so ist $|f(x) - f(x_0)| < \delta \cdot 3C < \varepsilon$. Geschafft!

Als Anfänger sieht man vor allem solche Beispiele und fragt sich dann, warum man so wahnsinnig sein sollte, unbedingt mit dem ε-δ-Kriterium zu arbeiten. Es gibt aber viele (schwierige) Beispiele, die damit deutlich besser als mit dem Folgenkriterium zu behandeln sind.

Unstetige Funktionen können sich äußerst unangenehm verhalten. Am harmlosesten sind da noch die „Sprungstellen“:

Definition (einseitige Grenzwerte und Sprungstellen)

Sei I ein Intervall, $f : I \to \mathbb{R}$ eine Funktion und $x_0 \in I$. f besitzt in x_0 die reelle Zahl c als ***linksseitigen Grenzwert***, wenn gilt:

Die Menge $\{x \in I \mid x < x_0\}$ ist nicht leer, und für jede Folge (x_n) in I mit $x_n < x_0$ und $\lim_{n\to\infty} x_n = x_0$ ist $\lim_{n\to\infty} f(x_n) = c$. Man schreibt dann auch:

$$c = \lim_{x\to x_0,\, x<x_0} f(x) = \lim_{x\to x_0-} f(x) \quad \text{oder} \quad c = f(x_0-).$$

Analog definiert man den ***rechtsseitigen Grenzwert***

$$\lim_{x\to x_0,\, x>x_0} f(x) = \lim_{x\to x_0+} f(x) = f(x_0+).$$

Wenn die beiden einseitigen Grenzwerte existieren und verschieden sind, so heißt x_0 eine ***Sprungstelle*** von f. Die Zahl $|f(x_0+) - f(x_0-)|$ nennt man die ***Sprunghöhe*** von f in x_0.

Ist $f(x_0) = f(x_0-)$, so heißt f in x_0 ***linksseitig stetig***. Ist $f(x_0) = f(x_0+)$, so heißt f in x_0 ***rechtsseitig stetig***.

Man kann zeigen, dass f genau dann in x_0 stetig ist, wenn f dort linksseitig und rechtsseitig stetig ist. Das ist aber nicht ganz so selbstverständlich, wie man zunächst meint.

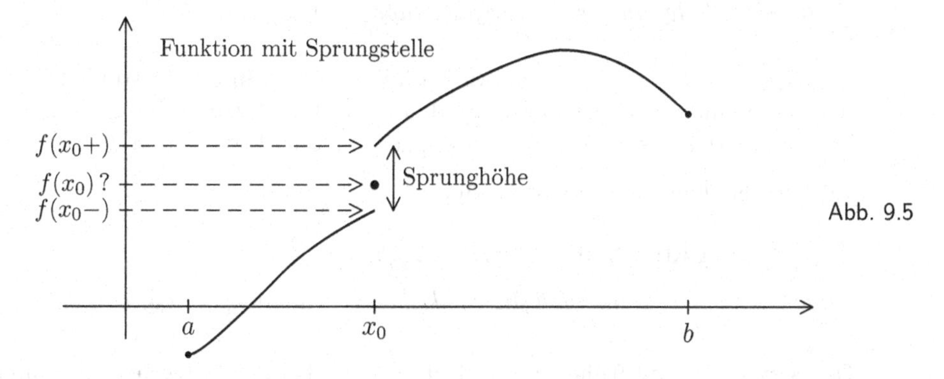

Abb. 9.5

9.13 Unstetigkeitsstellen monotoner Funktionen

Sei $I := [a, b]$ und $f : I \to \mathbb{R}$ eine streng monoton wachsende Funktion. Dann hat f höchstens Sprungstellen als Unstetigkeitsstellen. Ist $f : I \to [f(a), f(b)]$ außerdem surjektiv, so ist f sogar überall stetig.

BEWEIS: Sei $a < x_0 \leq b$. Wir wollen das Verhalten von f bei der Annäherung an x_0 von links untersuchen. Da die Menge $M := \{f(x) : a < x < x_0\}$ durch $d := f(b)$ nach oben beschränkt ist, besitzt sie ein Supremum y_0.

Ist $\varepsilon > 0$ vorgegeben, so kann man ein x_1 mit $a < x_1 < x_0$ finden, so dass gilt:

$$y_0 - \varepsilon < f(x_1) < y_0.$$

Das ergibt sich aus der Supremumseigenschaft. Nun setzen wir $\delta := x_0 - x_1$.

Ist $x < x_0$ mit $|x - x_0| < \delta$ beliebig, so ist $x > x_1$ und wegen der Monotonie von f dann auch $f(x) > f(x_1) > y_0 - \varepsilon$. Weil außerdem $f(x) \leq \sup(M) = y_0 < y_0 + \varepsilon$ ist, erhält man insgesamt $|f(x) - y_0| < \varepsilon$.

Das bedeutet, dass f in x_0 einen linksseitigen Grenzwert besitzt. Die Existenz eines rechtsseitigen Grenzwertes von f in einem Punkt x_0 mit $a \leq x_0 < b$ folgt analog.

Wegen der strengen Monotonie nimmt f in a sein Minimum und in b sein Maximum an, und alle anderen Werte von f liegen zwischen $c := f(a)$ und d. Sei nun f zusätzlich surjektiv und $a < x_0 < b$. Ist $a \leq x_1 < x_0 < x_2 \leq b$, so muss auch $f(x_1) < f(x_0) < f(x_2)$ sein. Lässt man x_1 von unten und x_2 von oben gegen x_0 gehen, so erhält man für den linksseitigen Grenzwert y_0^- und den rechtsseitigen Grenzwert y_0^+ von f in x_0 die Ungleichungskette $c \leq y_0^- \leq f(x_0) \leq y_0^+ \leq d$. Wegen der Surjektivität von f muss aber auch jede Zahl zwischen y_0^- und y_0^+ als Wert vorkommen. Das ist nur möglich, wenn $y_0^- = f(x_0) = y_0^+$ ist, also f in x_0 stetig. ∎

Es gibt auch eine Umkehrung des obigen Ergebnisses:

9.14 Stetige monotone Funktionen sind surjektiv

Sei $I := [a, b]$ und $f : I \to \mathbb{R}$ eine streng monoton wachsende, stetige Funktion. Dann bildet f das Intervall I surjektiv auf $[f(a), f(b)]$ ab.

BEWEIS: Wegen der strengen Monotonie nimmt f in a sein Minimum und in b sein Maximum an. Es ist klar, dass dann $f([a, b]) \subset [f(a), f(b)]$ ist. Mit Hilfe des Zwischenwertsatzes folgt aus der Stetigkeit die Surjektivität von f. ∎

Als wichtige Folgerung erhalten wir:

9.15 Stetigkeit von a^x und $\log_a x$

Sei $a \in \mathbb{R}$, $a > 1$. Dann sind die Funktionen a^x und $\log_a(x)$ auf ganz $\mathbb{R}$ stetig.

Der Satz folgt, weil früher die Surjektivität nachgewiesen wurde. Manchmal geht man auch umgekehrt vor, zeigt die Stetigkeit direkt und folgert daraus die Surjektivität.

Aufgabe 2 (Grenzwerte von Funktionen)

1. $f : [0, 2) \to \mathbb{R}$ sei definiert durch $f(x) := [x] + x$. In welchen Punkten ist f stetig bzw. unstetig?

2. Bestimmen Sie $\lim\limits_{x \to 0} x \cdot \sin(1/x)$.

3. Für $0 \le x \le 1$ sei $f(x) := \begin{cases} x & \text{für rationales } x \\ 1 - x & \text{für irrationales } x \end{cases}$.

   Zeigen Sie, dass $f : [0, 1] \to [0, 1]$ surjektiv ist, aber nur in $x = \frac{1}{2}$ stetig.

Die Ableitung

Die Entdeckung der Differentialrechnung im 17. Jahrhundert wurde erst durch die Einführung der analytischen Geometrie möglich. Pierre de Fermat studierte die Werke von Euklid, Apollonios[2] und Pappos[3] über geometrische Örter. Bei dem Versuch, verschollene Beweise zu rekonstruieren, fand er um 1629 eine Methode, Maxima und Minima von Funktionsgraphen zu bestimmen. Diese Methode konnte er noch ausbauen, um Tangenten an Kurven zu legen.

[2] Apollonius von Perge (260–190 v.Chr.), über dessen Leben wenig bekannt ist, wurde durch seine Bücher über die Geometrie der Kegelschnitte berühmt. Von ihm stammen auch die Bezeichnungen „Hyperbel", „Ellipse" und „Parabel".

[3] Pappos von Alexandria (um 300 n.Chr.) gilt als letzter bedeutender griechischer Mathematiker. Seine *Collectio*, eine Sammlung von acht Abhandlungen über den Inhalt vieler wichtiger Werke der Antike, zusammen mit Kommentaren, weiterführenden Sätzen und Fragestellungen, hatte großen Einfluss auf die künftige Mathematik.

Was ist eine Tangente? In der Antike verstand man darunter eine Gerade, die eine Kurve nur in einem Punkt berührt. Beim Kreis und bei der Ellipse reicht das als Definition aus. Schon bei der Normalparabel ist nicht ganz klar, weshalb die Symmetrieachse keine Tangente ist. Man müsste den Winkel zwischen der Geraden und der Kurve im Berührungspunkt betrachten. Nach Euklid ist das zwar möglich, aber er geht damit nicht sauber genug um, und in unserem modernen Axiomensystem tauchen solche Winkel nicht mehr auf. Wir müssen also zu einem neuen Tangentenbegriff kommen.

Wir verzichten auf die Vorstellung, dass eine Tangente die Kurve global nur in einem Punkt treffen darf. „Berühren“ ist ein lokaler Vorgang, wir wollen die Situation nur in der Nähe des Berührungspunktes untersuchen. Dann können wir auch o.B.d.A. annehmen, dass die Kurve als Graph einer Funktion gegeben ist (wir brauchen ja nur ein geeignetes Koordinatensystem einzuführen).

Sei $I = [a, b]$, $a \le x_0 < x \le b$. Wir betrachten den Graphen G_f einer Funktion $f : I \to \mathbb{R}$. Die Gerade durch die Punkte $(x_0, f(x_0))$ und $(x, f(x))$ bezeichnet man als die ***Sekante*** durch die beiden Punkte. Sie kann nicht vertikal verlaufen, denn dann gäbe es zu einem Argument mehrere Funktionswerte. Also kann man die Sekante in der Steigungsform $y = mx + b$ schreiben. Die Richtung m ist der Tangens des Steigungswinkels, also gegeben durch den ***Differenzenquotienten***

$$m = \Delta f(x_0, x) := \frac{f(x) - f(x_0)}{x - x_0}.$$

Wenn der Graph G_f genügend glatt ist, passiert Folgendes: Hält man x_0 fest und lässt x gegen x_0 laufen, so strebt die Richtung der Sekante gegen die Richtung der Kurve und damit gegen die Richtung der Tangente im Punkt $(x_0, f(x_0))$.

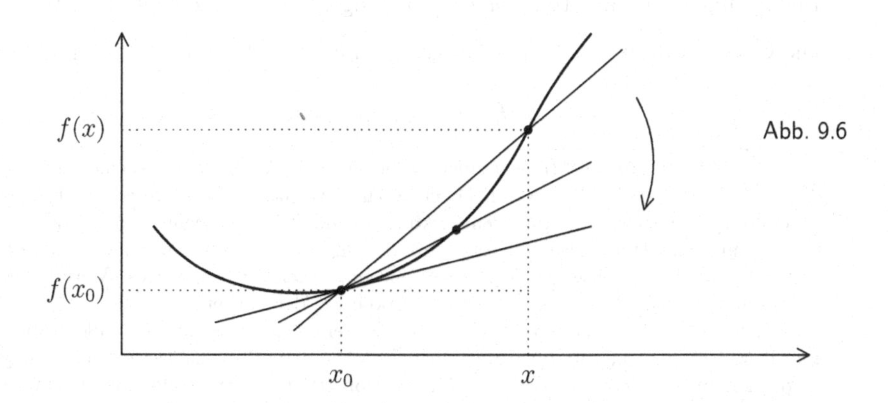

Abb. 9.6

Diese Auffassung von der Tangente als Grenzwert von Sekanten findet sich schon bei Fermat, systematisch wurde dieser Grenzübergang aber erst in der zweiten

Hälfte des 17. Jahrhunderts untersucht, gleichzeitig und unabhängig voneinander von Newton[4] und Leibniz.

Ein Punkt ist noch zu klären: Was heißt „genügend glatt“? Als Maßstab dafür nehmen wir einfach die Existenz des Grenzwertes der Differenzenquotienten. Insbesondere ist eine Funktion auch dann nicht genügend glatt in unserem Sinne, wenn ihr Graph eine vertikale Tangente besitzt!

Definition (Differenzierbarkeit und Ableitung)

Eine Funktion $f : I \to \mathbb{R}$ heißt in $x_0 \in I$ ***differenzierbar***, falls

$$f'(x_0) := \lim_{x \to x_0} \frac{f(x) - f(x_0)}{x - x_0}$$

existiert. Der Grenzwert $f'(x_0)$ heißt die ***Ableitung*** von f in x_0.

Die Gerade durch $(x_0, f(x_0))$ mit der Steigung $f'(x_0)$ nennt man die ***Tangente*** an den Graphen von f im Punkte $(x_0, f(x_0))$.

Lässt man im Differenzenquotienten $\Delta f(x_0, x) = \dfrac{\Delta f}{\Delta x}$ den Punkt x gegen x_0 gehen, so streben Δf und Δx dem Anschein nach gegen „unendlich kleine“ Größen df und dx. Zumindest sah man es im 17. Jahrhundert so, und auf Leibniz[5] geht es denn auch zurück, dass man die Grenzrichtung in der Form $\dfrac{df}{dx}(x_0)$ schreibt und als ***Differentialquotient*** bezeichnet. Heute weiß man, dass es sich dabei nur um ein Symbol und nicht um einen wirklichen Quotienten unendlich kleiner Größen handelt. Im Rahmen der sogenannten „Non-Standard-Analysis“ versucht man allerdings, auch den Leibniz'schen „Differentialen“ dx und dy eine streng begründete Bedeutung als Elemente einer Erweiterung der reellen Zahlen zu geben.

Die Gerade durch $(x_0, f(x_0))$ mit der Steigung m wird durch die lineare Funktion

$$L(x) := f(x_0) + m(x - x_0)$$

[4]Isaac Newton (1643–1727) war einer der bedeutendsten Naturwissenschaftler der Menschheit. Aufbauend auf den Methoden von Descartes und Fermat verbesserte er die Tangententheorie, arbeitete systematisch mit Reihenentwicklungen und erfand schließlich in Gestalt seiner „Fluxionsrechnung“ die Differential- und Integralrechnung. Noch bekannter wurde er als Physiker: Mit Hilfe seines Gravitationsgesetzes schuf er ein einheitliches dynamisches Weltbild, in der Optik gelang ihm erstmals eine wissenschaftliche Erklärung der Farben.

[5]Gottfried Wilhelm Leibniz (1646–1716) war ein Universalgenie, vor allem aber Philosoph, Politiker, Mathematiker und Naturforscher. Unter anderem beschäftigte er sich mit symbolischer Logik, kombinatorischen Problemen und der Konstruktion von Rechenmaschinen. Seine bedeutendste Leistung war aber die Entwicklung des „Calculus“, seiner Version der Differential- und Integralrechnung. Dank einer besonders einprägsamen und zweckmäßigen Symbolik setzte sich dieser Kalkül rasch durch, auch wenn es noch Jahrhunderte dauerte, bis die Theorie streng begründet werden konnte. Die letzten Lebensjahre von Leibniz wurden durch einen erbitterten Prioritätenstreit zwischen ihm und Newton überschattet.

gegeben. Wie gut f durch diese lineare Funktion approximiert wird, kann man an der Differenz $r(x) := f(x) - L(x)$ ablesen. Natürlich ist $r(x_0) = 0$. Wir können aber noch mehr sagen: Ist $x \neq x_0$, so ist $\dfrac{r(x)}{x - x_0} = \Delta f(x_0, x) - m$. Also gilt:

$$\lim_{x \to x_0} \frac{r(x)}{x - x_0} = 0 \iff f'(x_0) = m.$$

Die Tangente ist tatsächlich diejenige Gerade ist, die f in der Nähe von x_0 am besten approximiert.

9.16 Differenzierbarkeitskriterium

Die Funktion $f : I \to \mathbb{R}$ ist genau dann in $x_0 \in I$ differenzierbar, wenn gilt: Es gibt eine Funktion $D : I \to \mathbb{R}$, die stetig in x_0 ist, so dass

$$f(x) = f(x_0) + D(x) \cdot (x - x_0)$$

für alle $x \in I$ ist.

BEWEIS: 1) Ist f in x_0 differenzierbar, so setzen wir einfach

$$D(x) := \begin{cases} \Delta f(x_0, x) & \text{für } x \neq x_0 \\ f'(x_0) & \text{für } x = x_0. \end{cases}.$$

Es ist offensichtlich, dass D die gewünschten Eigenschaften besitzt.

2) Wenn umgekehrt das Kriterium erfüllt ist, dann existiert der Grenzwert

$$\lim_{x \to x_0} D(x) = \lim_{x \to x_0} \frac{f(x) - f(x_0)}{x - x_0},$$

und f ist in x_0 differenzierbar. ∎

Mit diesem Kriterium sind wir im Besitz einer alternativen Definition der Differenzierbarkeit, die zwar nicht ganz so anschaulich ist, sich in Beweisen aber oft als vorteilhaft erweist. Übrigens ist

$$D(x) = f'(x_0) + \frac{r(x)}{x - x_0}, \text{ insbesondere } D(x_0) = f'(x_0).$$

Aber Vorsicht ist geboten! Für $x \neq x_0$ hat $D(x)$ normalerweise nichts mit $f'(x)$ zu tun.

Nachdem das Tangentenproblem geklärt ist, kehren wir zu Fermats Methode der Extremwertbestimmung zurück. Man beachte: Ist f in der Nähe von x_0 konstant, so hat f dort nach unserer Definition auch einen Extremwert. Das widerspricht ein wenig dem normalen Sprachgebrauch. Wir führen deshalb noch einen zusätzlichen Begriff ein:

Definition (isolierte Maxima und Minima)
$f : I \to \mathbb{R}$ hat in $x_0 \in I$ ein ***isoliertes Maximum*** (bzw. ein ***isoliertes Minimum***), falls gilt:

$$\exists\, \varepsilon > 0, \text{ so dass } f(x) < f(x_0) \text{ für } |x - x_0| < \varepsilon \text{ und } x \neq x_0$$

$$(\text{bzw. } f(x) > f(x_0) \text{ für diese } x\,) \quad \text{ist.}$$

Wir bleiben aber erst einmal bei gewöhnlichen Extremwerten. Wenn etwa x von links nach rechts ein Maximum bei x_0 durchläuft, dann hat die Tangente in x zunächst eine positive Steigung, verläuft dann immer flacher und neigt sich schließlich nach unten. Von der Anschauung her erwarten wir, dass der Funktionsgraph in einem Maximum (und analog in einem Minimum) eine waagerechte Tangente besitzt. Tatsächlich gilt:

9.17 Das notwendige Kriterium für Extremwerte

Sei I ein Intervall, x_0 ein innerer Punkt von I, $f : I \to \mathbb{R}$ in x_0 differenzierbar. Wenn f in x_0 ein lokales Extremum besitzt, dann ist $f'(x_0) = 0$.

BEWEIS: Wir betrachten nur den Fall des lokalen Maximums, der andere geht analog.

Es ist dann $f(x) \leq f(x_0)$ für x nahe bei x_0. Ist $x < x_0$, so ist $x - x_0 < 0$ und daher $\Delta f(x_0, x) \geq 0$. Ist jedoch $x > x_0$, so ist $\Delta f(x_0, x) \leq 0$. Dann muss $f'(x_0) = \lim_{x \to x_0} \Delta f(x_0, x) = 0$ sein. ∎

Will man also die Extremwerte einer Funktion bestimmen, so ist es nützlich, wenn man ihre Ableitung kennt. Wir gehen jetzt daran, solche Ableitungen auszurechnen.

Ableitungsregeln

9.18 Beispiele

A. Ist $f(x) \equiv c$ konstant, so ist

$$\Delta f(x_0, x) = \frac{c - c}{x - x_0} \equiv 0,$$

unabhängig von x. Also ist immer $f'(x_0) = 0$.

B. Ist $f(x) := x$, so ist $\Delta f(x_0, x) \equiv 1$, also immer $f'(x_0) = 1$.

C. Ist $f(x) := x^2$, so ist

$$\Delta f(x_0, x) = \frac{x^2 - x_0^2}{x - x_0} = x + x_0$$

und daher $f'(x_0) = 2x_0$.

D. Ist $f(x) := x^n$, so ist

$$\Delta f(x_0, x) = \frac{x^n - x_0^n}{x - x_0} = \sum_{i=0}^{n-1} x^{n-1-i} x_0^i,$$

also

$$f'(x_0) = \sum_{i=0}^{n-1} x_0^{n-1-i} x_0^i = \sum_{i=0}^{n-1} x_0^{n-1} = n \cdot x_0^{n-1}.$$

E. Ist $f(x) := 1/x$, so gilt für $x \neq 0$ und $x_0 \neq 0$:

$$\Delta f(x_0, x) = \frac{1/x - 1/x_0}{x - x_0} = -\frac{1}{x x_0},$$

also $f'(x_0) = -1/x_0^2$.

F. Sei $f(x) := \sqrt{x}$ für $x > 0$. Geschicktes Kürzen zeigt:

$$\Delta f(x_0, x) = \frac{\sqrt{x} - \sqrt{x_0}}{x - x_0} = \frac{1}{\sqrt{x} + \sqrt{x_0}},$$

also $f'(x_0) = \dfrac{1}{2\sqrt{x_0}}$.

G. Sei $f(x) := \sin x$. Setzt man $h := x - x_0$, so erhält man:

$$\begin{aligned}
\Delta f(x_0, x) &= \frac{\sin(x_0 + h) - \sin(x_0)}{h} \\
&= \frac{\sin(x_0)\cos(h) + \cos(x_0)\sin(h) - \sin(x_0)}{h} \\
&= \cos(x_0) \cdot \frac{\sin(h)}{h} + \sin(x_0) \cdot \frac{\cos(h) - 1}{h}.
\end{aligned}$$

Da $\lim\limits_{h \to 0} \dfrac{\sin h}{h} = 1$ und $\lim\limits_{h \to 0} \dfrac{\cos h - 1}{h} = 0$ ist, ist $f'(x_0) = \cos(x_0)$.

Auf Dauer ist diese Vorgehensweise sehr mühsam. Wir können uns das Leben angenehmer gestalten, wenn wir einige allgemeine Regeln herleiten:

9.19 Ableitungsregeln

f und g seien in x_0 differenzierbar. Dann sind sie in x_0 auch stetig, und es gilt:

1. ***Linearität:*** *Für $\alpha, \beta \in \mathbb{R}$ ist $\alpha \cdot f + \beta \cdot g$ in x_0 differenzierbar, mit*

$$(\alpha \cdot f + \beta \cdot g)'(x_0) = \alpha \cdot f'(x_0) + \beta \cdot g'(x_0).$$

2. ***Produktregel:*** *Das Produkt $f \cdot g$ ist in x_0 differenzierbar, mit*

$$(f \cdot g)'(x_0) = f'(x_0) \cdot g(x_0) + f(x_0) \cdot g'(x_0).$$

3. ***Einfache Quotientenregel:*** *Ist $f(x_0) \neq 0$, so ist $1/f$ in x_0 differenzierbar und*

$$(1/f)'(x_0) = -\frac{f'(x_0)}{f(x_0)^2}.$$

4. ***Allgemeine Quotientenregel:*** *Ist $g(x_0) \neq 0$, so ist f/g in x_0 differenzierbar, und es gilt:*

$$(f/g)'(x_0) = \frac{f'(x_0) \cdot g(x_0) - f(x_0) \cdot g'(x_0)}{g(x_0)^2}.$$

5. ***Kettenregel:*** *Ist h in $f(x_0)$ differenzierbar, so ist auch $h \circ f$ in x_0 differenzierbar, und es gilt:*

$$(h \circ f)'(x_0) = h'(f(x_0)) \cdot f'(x_0).$$

6. ***Ableitung der Umkehrfunktion:*** *Ist f umkehrbar, $f'(x_0) \neq 0$ und $y_0 := f(x_0)$, so ist f^{-1} in y_0 differenzierbar und*

$$(f^{-1})'(y_0) = \frac{1}{f'(f^{-1}(y_0))} = \frac{1}{f'(x_0)}.$$

BEWEIS: Wir müssen zunächst zeigen, dass eine differenzierbare Funktion auch stetig ist. Dazu schreiben wir f in der Form

$$f(x) = f(x_0) + D(x) \cdot (x - x_0),$$

mit einer in x_0 stetigen Funktion D. Es ist klar, dass f dann stetig in x_0 ist.

1) Es ist $\Delta(\alpha \cdot f + \beta \cdot g)(x_0, x) = \alpha \cdot \Delta f(x_0, x) + \beta \cdot \Delta g(x_0, x)$. Die Anwendung der Grenzwertsätze liefert das gewünschte Ergebnis.

2) Hier ist ein ganz kleiner Trick nötig. Es ist

$$f(x)g(x) - f(x_0)g(x_0) = (f(x) - f(x_0)) \cdot g(x) + f(x_0) \cdot (g(x) - g(x_0)),$$

also $\Delta(f \cdot g)(x_0, x) = \Delta f(x_0, x) \cdot g(x) + f(x_0) \cdot \Delta g(x_0, x)$. Der Übergang zum Limes (mit Hilfe der Grenzwertsätze und der Stetigkeit von g in x_0) liefert die Produktregel.

Wir beweisen nun erst einmal (5): Mit Hilfe von Differenzenquotienten wird das etwas problematisch, aber wir haben ja noch die zweite Charakterisierung der Differenzierbarkeit.

Wir schreiben

$$f(x) = f(x_0) + D(x) \cdot (x - x_0) \quad \text{und} \quad h(y) = h(y_0) + D^*(y) \cdot (y - y_0)$$

mit einer in x_0 stetigen Funktion D und einer in $y_0 := f(x_0)$ stetigen Funktion D^*. Dann ist

$$\begin{aligned} h \circ f(x) &= h(y_0) + D^*(f(x)) \cdot (f(x) - f(x_0)) \\ &= h \circ f(x_0) + \big(D^*(f(x)) \cdot D(x)\big) \cdot (x - x_0). \end{aligned}$$

Da die Funktion $x \mapsto D^*(f(x)) \cdot D(x)$ in x_0 stetig ist, ist $h \circ f$ in x_0 differenzierbar, mit $(h \circ f)'(x_0) = h'(f(x_0)) \cdot f'(x_0)$.

3) Sei $h(x) := 1/x$. Dann ist $1/f = h \circ f$. Die Ableitung von h kennen wir schon, und die Kettenregel liefert dann die gewünschte Quotientenregel.

4) Dies folgt aus (2) und (3), denn es ist $f/g = f \cdot (1/g)$.

6) Ist f umkehrbar, $y_0 := f(x_0)$, $y := f(x)$ und $y \neq y_0$, so ist auch $x \neq x_0$, und es folgt:

$$\Delta f^{-1}(y_0, y) = \frac{f^{-1}(y) - f^{-1}(y_0)}{y - y_0} = \frac{x - x_0}{f(x) - f(x_0)} = \frac{1}{\Delta f(x_0, x)}.$$

Ist nun $f'(x_0) \neq 0$, so existiert

$$(f^{-1})'(y_0) = \lim_{x \to x_0} \Delta f^{-1}(f(x_0), f(x)) = \lim_{x \to x_0} \frac{1}{\Delta f(x_0, x)} = \frac{1}{f'(x_0)}.$$

■

Die folgenden Regeln sollte man sich merken:

$$\begin{aligned} (x^n)' &= n \cdot x^{n-1} && \text{für } n \in \mathbb{N},\ x \text{ beliebig,} \\ (x^q)' &= q \cdot x^{q-1} && \text{für } q \in \mathbb{Q},\ x > 0, \\ \sin' x &= \cos x && \text{für } x \in \mathbb{R}, \\ \cos' x &= -\sin x && \text{für } x \in \mathbb{R}, \\ \tan' x &= \frac{1}{\cos^2 x} && \text{für } x \neq \tfrac{\pi}{2} + n \cdot \pi, \quad n \in \mathbb{Z}. \end{aligned}$$

BEWEIS: Die erste Formel haben wir schon bewiesen.

Sei nun $f(x) := x^{1/n}$ und $g(y) := f^{-1}(y) = y^n$. Ist $x_0 > 0$, so ist

$$g'(f(x_0)) = n \cdot (\sqrt[n]{x_0})^{n-1} \neq 0,$$

also $f = g^{-1}$ in x_0 differenzierbar, und es gilt:

$$f'(x_0) = \frac{1}{g'(f(x_0))} = \frac{1}{n} \cdot (x^{1/n})^{-(n-1)} = \frac{1}{n} \cdot x^{1/n-1}.$$

Ist $q = n/m$, so ist $x^q = (x^{1/m})^n$, und mit der Kettenregel folgt die Behauptung für beliebige Exponenten $q \in \mathbb{Q}$.

Dass $\sin' x = \cos x$ ist, haben wir schon gezeigt. Nun setzen wir $g(x) := x + \frac{\pi}{2}$. Dann ist $\cos x = \sin(g(x))$, also

$$\cos' x = \sin'(g(x)) \cdot g'(x) = \cos(x + \frac{\pi}{2}) = -\sin x.$$

Mit der Quotientenregel folgt schließlich:

$$\tan' x = \left(\frac{\sin}{\cos}\right)'(x) = \frac{\cos^2 x + \sin^2 x}{\cos^2 x} = \frac{1}{\cos^2 x}.$$

■

Ist eine Funktion $f : I \to \mathbb{R}$ in jedem Punkt $x \in I$ differenzierbar, so sagt man, f ist ***auf*** I ***differenzierbar***. Durch $x \mapsto f'(x)$ wird dann eine neue Funktion definiert, die ***abgeleitete Funktion*** $f' : I \to \mathbb{R}$. Ist f' in x_0 erneut differenzierbar, so nennt man f in x_0 ***zweimal differenzierbar*** und schreibt:

$$f''(x_0) := (f')'(x_0).$$

Entsprechend definiert man auch höhere Ableitungen f''', $f^{(4)}$, ...

Aufgabe 3 (Ableitungen)

1. Berechnen Sie die 1., 2. und 3. Ableitung der Funktion

$$f(x) := \cos(x)^3 + \sin(x)^3.$$

2. Wo kann $g(x) := 3x^2 - 5x + 2$ einen Extremwert besitzen? Liegt ein Maximum oder ein Minimum vor?

Extremwerte

Zurück zur Extremwertbestimmung! Wir suchen nach einem Kriterium, das hinreichend für die Existenz eines Extremums ist und zugleich hilft, zwischen Minimum und Maximum zu unterscheiden. Die Ableitung der Funktion $f(x) = x^3$ verschwindet im Nullpunkt, obwohl f dort keineswegs ein Extremum besitzt. Wir brauchen eine klare Definition für das „Ansteigen“ oder „Fallen“ einer Funktion in einem Punkt:

Definition (steigende und fallende Funktionen)
Die Funktion f ***steigt*** bei x_0, falls es ein $\varepsilon > 0$ gibt, so dass für $0 < h < \varepsilon$ gilt:

$$f(x_0 - h) < f(x_0) < f(x_0 + h)$$

Sie ***fällt*** bei x_0, falls $f(x_0 - h) > f(x_0) > f(x_0 + h)$ für $0 < h < \varepsilon$ ist.

9.20 Die Ableitung beschreibt den Funktionsverlauf

Sei f in x_0 differenzierbar.

1. *Wenn f bei x_0 steigt, dann ist $f'(x_0) \geq 0$. Ist umgekehrt $f'(x_0) > 0$, so steigt f bei x_0.*
2. *Wenn f bei x_0 fällt, dann ist $f'(x_0) \leq 0$. Ist umgekehrt $f'(x_0) < 0$, so fällt f bei x_0.*

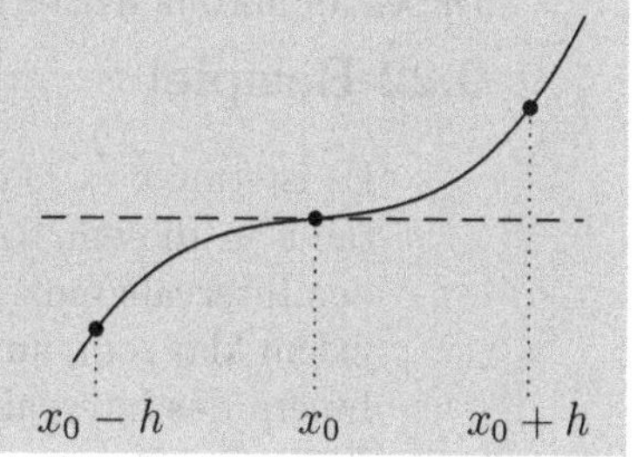

Anschaulich ist das klar: Wenn der Graph von f in x_0 von links unten nach rechts oben ansteigt, dann muss die Tangente dort mit der positiven x-Achse einen Winkel zwischen 0° und 90° einschließen. Senkt sich der Graph von links oben nach rechts unten, so muss der Winkel größer als 90° sein.

BEWEIS: Wir betrachten nur den Fall der steigenden Funktion, der andere geht genauso.

Wenn f bei x_0 steigt, dann wechseln h und $f(x_0 + h) - f(x_0)$ beide bei $h = 0$ das Vorzeichen, und es gibt es ein $\varepsilon > 0$, so dass ihr Quotient $\Delta f(x_0, x_0 + h)$ für alle h mit $0 < |h| < \varepsilon$ positiv ist. Geht man zum Limes über, so muss immerhin noch $f'(x_0) \geq 0$ sein.

Sei umgekehrt $f'(x_0) > 0$, also $\lim\limits_{h \to 0} \dfrac{f(x_0 + h) - f(x_0)}{h} > 0$. Dann muss es ein $\varepsilon > 0$ geben, so dass $\Delta f(x_0, x_0 + h) > 0$ für $|h| < \varepsilon$ ist. Das ist nur möglich, wenn

$$f(x_0 - h) < f(x_0) < f(x_0 + h) \quad \text{für } 0 < h < \varepsilon$$

ist, wenn f also in x_0 steigt. ∎

9.21 Folgerung (Monotonie-Kriterium)

*Sei $I \subset \mathbb{R}$ ein offenes Intervall, $f : I \to \mathbb{R}$ differenzierbar. Ist $f'(x) > 0$ für **alle** $x \in I$, so ist f auf I streng monoton wachsend.*

BEWEIS: Seien $x_1, x_2 \in I$, $x_1 < x_2$. Wir müssen zeigen, dass $f(x_1) < f(x_2)$ ist. Wir versuchen es mit einem Widerspruchsbeweis und nehmen an, es ist $f(x_1) \geq f(x_2)$.

Da f überall, also auch in x_1 steigend ist, gibt es ein x zwischen x_1 und x_2, so dass $f(x) > f(x_1)$ ist. Als stetige Funktion nimmt f auf $[x_1, x_2]$ in einem Punkt x_0 ihr Maximum an. Da $f(x_0) \geq f(x) > f(x_1) \geq f(x_2)$ ist, muss $x_1 < x_0 < x_2$ sein, also x_0 im Innern des Intervalls (x_1, x_2) liegen.

Für alle genügend kleinen Zahlen $h > 0$ ist dann $x_0 < x_0 + h < x_2$ und $f(x_0 + h) \leq f(x_0)$ (weil in x_0 ein Maximum vorliegt). Das bedeutet, dass f in x_0 nicht steigend ist, im Widerspruch zur Voraussetzung. Also muss $f(x_1) < f(x_2)$ sein. ∎

Analog gilt natürlich auch: Ist überall $f'(x) < 0$, so ist f streng monoton fallend.

Dieses Monotonie-Kriterium erweist sich als sehr nützlich:

9.22 Beispiel

Es ist $\tan' x = 1/\cos^2 x = \tan^2 x + 1 > 0$ für $-\pi/2 < x < +\pi/2$. Also ist $\tan x$ in diesem Bereich streng monoton wachsend und daher injektiv. An den Intervallgrenzen strebt $\tan(x)$ gegen $-\infty$ bzw. $+\infty$ (was das heißt, sollte jedem klar sein, auch wenn wir es nicht exakt definiert haben). Da $\tan(x)$ im Innern des Intervalls stetig ist, bildet die Funktion das Intervall surjektiv auf $\mathbb{R}$ ab. Somit gilt:

$$\tan : \{x \in \mathbb{R} \mid -\frac{\pi}{2} < x < +\frac{\pi}{2}\} \to \mathbb{R} \quad \text{ist bijektiv!}$$

Die Umkehrfunktion nennt man den ***Arcustangens***. Wir haben damit eine neue Funktion gefunden, $\arctan := \tan^{-1} : \mathbb{R} \to \mathbb{R}$.

Offensichtlich ist $\arctan(x)$ differenzierbar und es gilt:

$$\arctan' x = \frac{1}{\tan'(\arctan x)} = \frac{1}{\tan^2(\arctan x) + 1} = \frac{1}{x^2 + 1}.$$

Bemerkenswert ist, dass hier eine rationale Funktion als Ableitung von $\tan^{-1}$ auftaucht.

Hat eine Funktion f in x_0 ein isoliertes Maximum, so zeigt die Anschauung, dass die Tangentenrichtung links von x_0 positiv ist, allmählich fällt, in x_0 den Wert 0 erreicht und danach erneut fällt und negative Werte erreicht, dass f' also in x_0 fallend ist. Beim Minimum sollte es genau andersherum verlaufen. Tatsächlich gilt:

9.23 Erstes hinreichendes Kriterium für Extremwerte

Sei $f : I \to \mathbb{R}$ differenzierbar, $x_0 \in I$ ein innerer Punkt und $f'(x_0) = 0$. Wenn $f'(x)$ bei $x = x_0$ das Vorzeichen wechselt, dann besitzt f in x_0 ein isoliertes lokales Extremum. Genauer gilt:

Ist f' bei x_0 fallend, so besitzt f in x_0 ein isoliertes Maximum.

Ist f' bei x_0 steigend, so besitzt f in x_0 ein isoliertes Minimum.

BEWEIS: Es sei $f'(x_0) = 0$. Wieder betrachten wir nur den Fall des Maximums. Es sei $\varepsilon > 0$ so gewählt, dass alle x mit $|x - x_0| < \varepsilon$ noch im Intervall I liegen, und dass

$$f'(x_0 - h) > f'(x_0) = 0 > f'(x_0 + h) \quad \text{für } 0 < h < \varepsilon$$

ist. Dann ist f zwischen $x_0 - \varepsilon$ und x_0 streng monoton wachsend und zwischen x_0 und $x_0 + \varepsilon$ streng monoton fallend. Also ist $f(x) < f(x_0)$ für alle x mit $|x - x_0| < \varepsilon$ und $x \neq x_0$. Das heißt, dass f in x_0 ein isoliertes Maximum besitzt. ∎

9.24 Beispiele

A. Sei $f(x) := 2x^2 - 3x + 1$. Dann ist $f'(x) = 4x - 3$. Ein lokales Extremum kann nur dann in x_0 vorliegen, wenn $f'(x_0) = 0$ ist, also $x_0 = 3/4$.

Für $x < 3/4$ ist $f'(x) < 0$, für $x > 3/4$ ist $f'(x) > 0$. Also ist f' bei x_0 steigend, und f besitzt in x_0 ein lokales Minimum (das hier zugleich auch das globale Minimum ist).

B. Sei $f(x) := \begin{cases} 2x^2 + x^2 \sin\dfrac{1}{x} & \text{für } x \neq 0 \\ 0 & \text{für } x = 0. \end{cases}$

Dann ist $f(x) = x \cdot D(x)$, mit $D(x) := \begin{cases} 2x + x \sin\dfrac{1}{x} & \text{für } x \neq 0 \\ 0 & \text{für } x = 0. \end{cases}$

Da der Sinus beschränkt bleibt, ist D in $x = 0$ stetig, also f überall differenzierbar, und $f'(0) = 0$. Da $g(x) := 2 + \sin(1/x)$ stets ≥ 1 ist, ist $f(x) = x^2 \cdot g(x) > 0$ für $x \neq 0$. Also besitzt f im Nullpunkt ein globales (und damit erst recht ein lokales) Minimum. Dennoch ist f' in $x = 0$ weder steigend noch fallend. Für $x \neq 0$ ist nämlich

$$f'(x) = 4x + 2x \cdot \sin\frac{1}{x} + x^2 \cdot (-\frac{1}{x^2}) \cdot \cos\frac{1}{x} = 4x + 2x \cdot \sin\frac{1}{x} - \cos\frac{1}{x}.$$

Die beiden ersten Terme werden in der Nähe von $x = 0$ beliebig klein, aber der dritte Term nimmt beliebig nahe beim Nullpunkt immer wieder die Werte 1 und -1 an. Also wechselt f' bei einseitiger Annäherung an 0 unendlich oft das Vorzeichen.

Das bedeutet, dass das hinreichende Kriterium keineswegs notwendig ist!

Die Anwendung des ersten hinreichenden Kriteriums ist manchmal etwas mühsam, denn man muss das Verhalten von f' in einer ganzen Umgebung des mutmaßlichen Extremums studieren. Einfacher wird es, wenn man noch die zweite Ableitung zu Hilfe nimmt:

9.25 Zweites hinreichendes Kriterium für Extremwerte

Sei $f : I \to \mathbb{R}$ zweimal differenzierbar, $x_0 \in I$ ein innerer Punkt. f besitzt in x_0 ein isoliertes lokales Maximum (bzw. Minimum), wenn gilt:

1. $f'(x_0) = 0$.
2. $f''(x_0) < 0 \quad$ *(bzw.* $f''(x_0) > 0$*).*

BEWEIS: Ist $f''(x_0) < 0$, so ist f' in x_0 fallend. Ist $f''(x_0) > 0$, so ist f' in x_0 steigend. Der Rest folgt mit dem ersten hinreichenden Kriterium. ∎

Das zweite Kriterium lässt sich bequemer nachprüfen, aber man verschenkt gegenüber dem ersten etwas Information, und deshalb muss man darauf gefasst sein, dass in gewissen Fällen das erste Kriterium noch anwendbar ist, das zweite aber nicht.

9.26 Beispiele

A. Wir betrachten noch einmal die Funktion $f(x) := 2x^2 - 3x + 1$. Es ist $f''(x) = 4 > 0$, also muss in $x_0 = \frac{3}{4}$ ein Minimum vorliegen.

B. Sei $f(x) := \frac{1}{4} \cdot (x^3 - 9x^2 + 15x - 4)$. Dann gilt:

$$f'(x) = \frac{3}{4}x^2 - \frac{9}{2}x + \frac{15}{4} \quad \text{und} \quad f''(x) = \frac{3}{2}x - \frac{9}{2}.$$

Es ist

$$\begin{aligned} f'(x) = 0 \quad &\Longleftrightarrow \quad x^2 - 6x + 5 = 0 \\ &\Longleftrightarrow \quad x = \frac{1}{2} \cdot (6 \pm \sqrt{36 - 20}) \quad = \quad 3 \pm 2. \end{aligned}$$

Da $f''(1) = -3 < 0$ ist, hat f in $x = 1$ ein isoliertes Maximum.
Da $f''(5) = +3 > 0$ ist, hat f dort ein isoliertes Minimum.

C. Sei $f(x) := x^4$. Dann ist $f'(x) = 4x^3$ und $f''(x) = 12x^2$.

Offensichtlich ist $f'(x) = 0 \iff x = 0$. Aber es ist $f''(0) = 0$, das zweite hinreichende Kriterium lässt sich nicht anwenden! Andererseits gilt: Für $x < 0$ ist $f'(x) < 0$, und für $x > 0$ ist $f'(x) > 0$. Also ist f' in 0 steigend, und nach dem ersten hinreichenden Kriterium besitzt f dort ein Minimum!

Der Mittelwertsatz

Um 1690 stellte der Franzose Michel Rolle[6] fest: Zwischen je zwei benachbarten Nullstellen eines Polynoms $P(x)$ hat dessen Ableitung $P'(x)$ eine Nullstelle. Heute können wir dieses Resultat allgemeiner formulieren:

9.27 Der Satz von Rolle

Sei $f : I := [a, b] \to \mathbb{R}$ stetig und im Innern von I differenzierbar. Ist $f(a) = f(b)$, so gibt es einen inneren Punkt x_0 von I mit $f'(x_0) = 0$.

Abb. 9.7

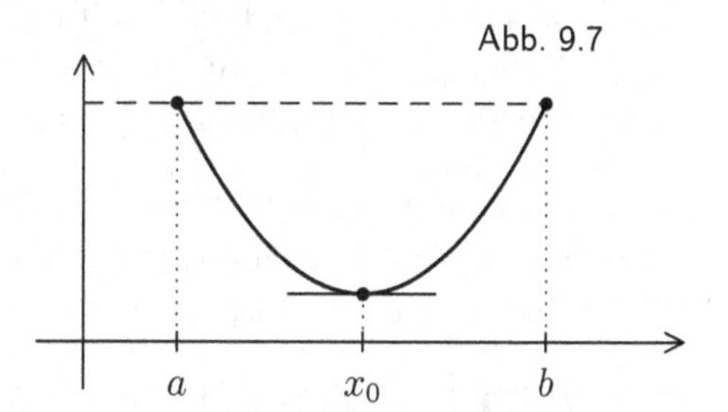

BEWEIS:

Sei $c := f(a) = f(b)$. Ist $f(x) \equiv c$ auf ganz I, so ist auch $f'(x) \equiv 0$.

Ist f auf I nicht konstant, so muss entweder das Minimum oder das Maximum von f im Innern von I liegen. Und dort muss dann f' verschwinden. ∎

1797 beschrieb Lagrange[7] erstmals den „Mittelwertsatz". Allerdings arbeitete er nur mit einer speziellen Klasse von Funktionen. Cauchy[8] formulierte den Satz 1823 in der heute üblichen Allgemeinheit und fügte 1829 noch eine erweiterte Version hinzu. Seine Beweise waren aber nicht ganz einwandfrei, und erst in der zweiten Hälfte des 19. Jahrhunderts wurde die Möglichkeit der Zurückführung auf den Satz von Rolle entdeckt, so wie wir es hier nachvollziehen:

9.28 Der Mittelwertsatz der Differentialrechnung

Sei $f : I := [a, b] \to \mathbb{R}$ stetig und im Innern von I differenzierbar. Dann gibt es einen Punkt x_0 im Innern von I mit

$$\boxed{f'(x_0) = \frac{f(b) - f(a)}{b - a}.}$$

---

[6] Michel Rolle (1652–1719), Sohn eines Krämers, war zunächst Schreiber, dann Hauslehrer und schließlich Mitglied der Pariser Akademie. In erster Linie untersuchte er algebraische Eigenschaften von Gleichungen.

[7] Joseph Louis Lagrange (1736–1813) war zunächst Professor in Turin. 1766 ging er auf Einladung Friedrichs des Großen als Nachfolger Eulers für 20 Jahre nach Berlin. Danach übersiedelte er nach Paris. Bekannt wurde er vor allem durch seine Arbeiten über Variationsrechnung und Analytische Mechanik.

[8] Augustin Cauchy (1789–1857), Zeitgenosse von Gauß, gehörte zu den produktivsten Mathematikern aller Zeiten. Neben vielen Neuentwicklungen – wie etwa der Integrationstheorie im Komplexen – verdanken wir ihm ein Lehrbuch, in dem er in bisher unbekannter Strenge die Grundlagen der Analysis darstellte. Zahlreiche Sätze und Begriffe sind daher mit seinem Namen verbunden.

Beweis:

Sei $L : \mathbb{R} \to \mathbb{R}$ die eindeutig bestimmte lineare Funktion mit $L(a) = f(a)$ und $L(b) = f(b)$, also die Sekante durch $(a, f(a))$ und $(b, f(b))$. Schreibt man L in der Form $L(x) = mx + p$, so ist $L'(x) \equiv m = \dfrac{f(b) - f(a)}{b - a}$.

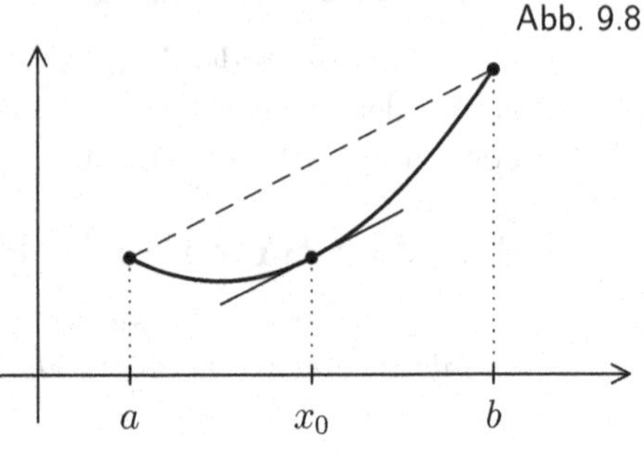

Abb. 9.8

Setzen wir $g := f - L$ auf I, so ist $g(a) = g(b) = 0$ und $g'(x) = f'(x) - m$. Nach dem Satz von Rolle, angewandt auf die Funktion g, existiert ein Punkt x_0 im Innern von I mit $g'(x_0) = 0$, also $f'(x_0) = m$. ∎

Ja, wenn man weiß, wie's geht, dann ist es immer einfach!

So simpel sich heutzutage der Beweis des Mittelwertsatzes ausnimmt, so mächtig sind doch die Konsequenzen:

9.29 Folgerung 1

Sei $f : I \to \mathbb{R}$ stetig und im Inneren von I differenzierbar. Ist $f'(x) \equiv 0$, so ist f konstant.

Beweis: Sei $I = [a, b]$, $a \leq x_1 < x_2 \leq b$. Nach dem Mittelwertsatz existiert ein x_0 mit $x_1 < x_0 < x_2$ und $0 = f'(x_0) = \dfrac{f(x_2) - f(x_1)}{x_2 - x_1}$. Das ist nur möglich, wenn $f(x_1) = f(x_2)$ ist. Und da die Punkte x_1 und x_2 beliebig gewählt werden können, ist f konstant. ∎

Das Monotonie-Kriterium lässt sich jetzt verallgemeinern:

Definition (schwache Monotonie)

Eine Funktion $f : I \to \mathbb{R}$ heißt ***(schwach) monoton wachsend*** (bzw. ***fallend***), falls für beliebige Punkte $x_1, x_2 \in I$ mit $x_1 < x_2$ gilt:

$$f(x_1) \leq f(x_2) \quad (\text{bzw. } f(x_1) \geq f(x_2)).$$

9.30 Folgerung 2

Sei $f : I := [a, b] \to \mathbb{R}$ stetig und im Inneren von I differenzierbar. f ist genau dann auf I monoton wachsend (bzw. fallend), wenn $f'(x) \geq 0$ (bzw. $f'(x) \leq 0$) für alle $x \in (a, b)$ ist.

Beweis: Wir beschränken uns auf den Fall der wachsenden Funktion.

1) Ist f monoton wachsend, so sind alle Differenzenquotienten ≥ 0, und daher ist auch überall $f'(x) \geq 0$.

2) Nun sei $f'(x) \geq 0$ für alle $x \in (a, b)$. Ist $x_1 < x_2$, so gibt es nach dem Mittelwertsatz ein x_0 mit $x_1 < x_0 < x_2$, und es gilt:

$$0 \leq f'(x_0) = \frac{f(x_2) - f(x_1)}{x_2 - x_1}, \text{ also } f(x_1) \leq f(x_2).$$

■

9.31 Beispiel

Sei $f(x) := x^3$. Dann ist $f'(x) = 3x^2$ und $f''(x) = 6x$. Da überall $f'(x) \geq 0$ ist, wächst f auf ganz $\mathbb{R}$ monoton. Außerhalb des Nullpunktes ist $f'(x)$ sogar positiv, also wächst f dort streng monoton. Im Nullpunkt selbst ist f steigend, denn es ist ja $f(-h) = -h^3 < 0 < h^3 = f(h)$ für kleines positives h. Daraus folgt, dass f sogar überall streng monoton wächst. Das Monotonie-Kriterium ist also zwar hinreichend, aber nicht notwendig.

Die erste Ableitung von f verschwindet nur bei $x = 0$. Da $f''(0) = 0$ ist, sagt das zweite hinreichende Kriterium für Extremwerte hier nichts aus. Auch das erste hinreichende Kriterium für Extremwerte hilft nicht weiter. Das ist nicht weiter verwunderlich, denn als streng monoton wachsende Funktion kann f ja gar keine Extremstelle haben.

Wendepunkte und Krümmung

Um das Verhalten von f in diesem Beispiel noch besser zu verstehen, suchen wir nach einer anschaulichen Deutung der zweiten Ableitung:

Die Funktion f sei in der Nähe von x_0 zweimal differenzierbar. Wenn $f''(x_0) > 0$ ist, dann steigt f' in x_0, d.h., die Richtung der Tangente an G_f wird mit wachsendem x steiler, der Graph beschreibt eine „Linkskurve“. Ist dagegen $f''(x_0) < 0$, so fällt f' bei x_0 und der Graph beschreibt eine „Rechtskurve“.

Kann man die Krümmungseigenschaften einer Funktion auch ohne Benutzung der zweiten Ableitung mathematisch exakt beschreiben? Vielleicht ist die Lage der Tangente ausschlaggebend:

Abb. 9.9

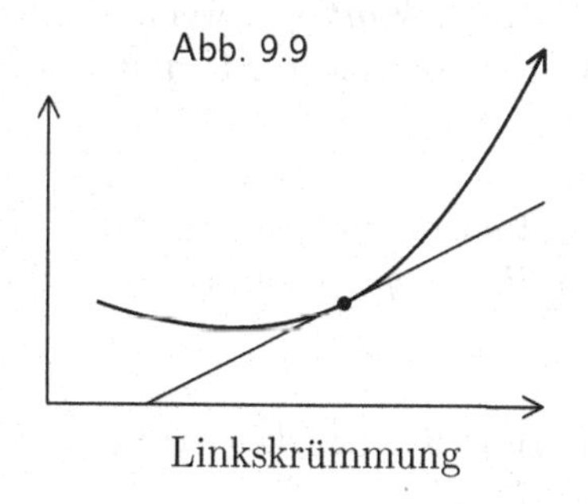

Linkskrümmung

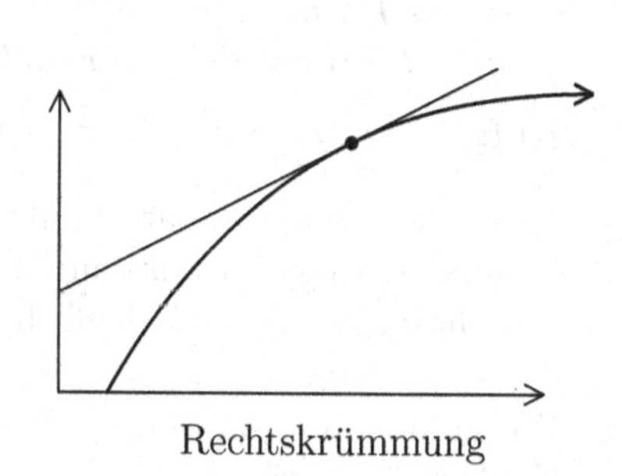

Rechtskrümmung

Definition (Konvexität und Konkavität)
Sei I ein offenes Intervall, $f : I \to \mathbb{R}$ differenzierbar.

1. f heißt ***konvex***, falls G_f oberhalb jeder seiner Tangenten liegt.
2. f heißt ***konkav***, falls G_f unterhalb jeder seiner Tangenten liegt.

Wenn die Tangenten den Graphen jeweils nur in einem einzigen Punkt berühren, dann spricht man von ***strikter Konvexität*** oder ***strikter Konkavität***.

Man kann zeigen: f ist genau dann auf I konvex (bzw. konkav), wenn f' schwach monoton wachsend (bzw. fallend) ist. Ist f linear, so ist f' konstant und f gleichzeitig konvex und konkav. Für strikte Konvexität oder Konkavität gibt es leider kein analoges Kriterium.

Sei $x_0 \in I$. Die Tangente an G_f in $(x_0, f(x_0))$ hat die Gleichung

$$L(x) := f(x_0) + f'(x_0) \cdot (x - x_0).$$

Schon früher haben wir die Differenz

$$r(x) := f(x) - L(x) = (\Delta f(x_0, x) - f'(x_0)) \cdot (x - x_0)$$

untersucht. Eigentlich handelt es sich um eine ganze Schar von Funktionen: Jedem Punkt $q \in I$ ist eine solche Funktion $r = r_q$ zugeordnet. Wir halten aber erst einmal einen Punkt $q = x_0$ fest. Offensichtlich gilt:

1. $r(x_0) = 0$ und $r'(x_0) = 0$.
2. G_f liegt genau dann oberhalb der Tangente in x_0, wenn $r(x) \geq 0$ für alle $x \in I$ ist, wenn also r in x_0 ein globales (und damit erst recht ein lokales) Minimum besitzt.
3. G_f liegt genau dann unterhalb der Tangente in x_0, wenn $r(x) \leq 0$ für alle $x \in I$ ist.

Wir sagen nun:
f ist ***im Punkt*** $q \in I$ ***strikt konvex*** (bzw. ***konkav***), wenn es eine Umgebung $U_\varepsilon(q) \subset I$ gibt, so dass $r_q(x) > 0$ (bzw. < 0) für alle $x \in U_\varepsilon$ mit $x \neq q$ ist.

Aufgabe 4 (Strikte Konvexität)

Ist die differenzierbare Funktion f auf einem offenen Intervall I strikt konvex, so ist sie trivialerweise auch in jedem Punkt $q \in I$ strikt konvex. Zeigen Sie die nicht ganz so triviale Umkehrung!

Wir können nun ein hinreichendes Kriterium für die lokale strikte Konvexität oder Konkavität angeben:

9.32 Konvexität und Steigung der Ableitung

Sei $f : I \to \mathbb{R}$ differenzierbar. Wenn f' in $x_0 \in I$ steigt (bzw. fällt), dann ist f in x_0 strikt konvex (bzw. konkav).

BEWEIS: Wir beschränken uns auf den konvexen Fall.

Es gibt ein $\varepsilon > 0$, so dass $f'(x_0 - h) < f'(x_0) < f'(x_0 + h)$ für $0 < h < \varepsilon$ ist. Sei $r := r_{x_0}$ die Differenz zwischen f und der Tangente. Wir müssen zeigen, dass $r(x) > 0$ für $|x - x_0| < \varepsilon$ und $x \neq x_0$ ist.

Sei etwa $x_0 < x < x_0 + \varepsilon$. Es ist

$$r(x) = (\Delta f(x_0, x) - f'(x_0)) \cdot (x - x_0)$$

und nach dem Mittelwertsatz gibt es ein $\xi = x_0 + h \in (x_0, x)$, so dass $\Delta f(x_0, x) = f'(\xi)$ ist. Da $x - x_0 > 0$ und $f'(\xi) - f'(x_0) > 0$ ist, ist auch $r(x) > 0$.

Bei den Punkten x mit $x_0 - \varepsilon < x < x_0$ schließt man analog. ∎

Das liefert uns die gesuchte Deutung der zweiten Ableitung:

9.33 Konvexität und zweite Ableitung

Sei I ein offenes Intervall, $f : I \to \mathbb{R}$ zweimal differenzierbar und $x_0 \in I$.

1. *Wenn $f''(x_0) > 0$ ist, dann ist f in x_0 strikt konvex.*
2. *Wenn $f''(x_0) < 0$ ist, dann ist f in x_0 strikt konkav.*

Der BEWEIS ist jetzt trivial. ∎

Leider gilt nicht die Umkehrung. Die Funktion $f(x) := x^4$ ist im Nullpunkt strikt konvex, aber $f''(x) = 12x^2$ verschwindet dort. Wir müssen also noch die Nullstellen der zweiten Ableitung untersuchen.

Sei $f : I \to \mathbb{R}$ zweimal differenzierbar, $x_0 \in I$ und $f''(x_0) = 0$. Dann gibt es drei Möglichkeiten:

1. $f''(x) \equiv 0$ in einer ganzen Umgebung von x_0. Dann ist $f'(x) \equiv a$ konstant und daher auch $f(x) - ax \equiv b$ konstant, also f linear. Eine solche Funktion besitzt keine Krümmung.

2. Es gibt eine Folge von Punkten (x_ν) mit $\lim_{\nu\to\infty} x_\nu = x_0$, so dass $f''(x_\nu) = 0$ für alle $\nu \in \mathbb{N}$ ist. Dann kann man f in der Nähe von x_0 keinen vernünftigen Krümmungswert zuordnen. Diesen Fall werden wir aus unseren Betrachtungen ausklammern.

3. Es gibt eine Umgebung $U_\varepsilon(x_0)$, so dass $f''(x) \neq 0$ für $x \in U_\varepsilon$ und $x \neq x_0$ ist. Dann besitzt f'' links und rechts von x_0 jeweils ein festes Vorzeichen. Nun gibt es wieder zwei Fälle:

(a) f'' hat links und rechts von x_0 das gleiche Vorzeichen. Das passiert z.B. bei $f(x) := x^4$.
Ist etwa $f''(x) > 0$ für $x \neq x_0$, so wächst f' streng monoton, und man überlegt sich sehr leicht, dass f' auch in x_0 steigt. Also ist f in der Nähe von x_0 strikt konvex. Analog ist f strikt konkav, wenn $f''(x) < 0$ für $x \neq x_0$ ist.

(b) Wenn f'' links und rechts von x_0 verschiedene Vorzeichen hat, dann ändert sich bei x_0 das Krümmungsverhalten

Definition (Krümmung und Wendepunkte)

Sei I ein offenes Intervall, $f : I \to \mathbb{R}$ zweimal differenzierbar und $x_0 \in I$.

f heißt in der Nähe von x_0 ***nach links gekrümmt*** (bzw. ***nach rechts gekrümmt***), falls $f''(x_0) \neq 0$ und f in x_0 strikt konvex (bzw. strikt konkav) ist.

f hat in x_0 einen ***Wendepunkt***, falls f dort von einer Linkskrümmung in eine Rechtskrümmung übergeht, oder umgekehrt.

In den Punkten einer Linkskurve ist f' monoton wachsend, in denen einer Rechtskurve monoton fallend. In einem Wendepunkt muss f' dementsprechend ein lokales Extremum besitzen und f'' verschwinden. Wir notieren daher:

9.34 Notwendiges Kriterium für Wendepunkte

Sei I ein offenes Intervall, $f : I \to \mathbb{R}$ zweimal differenzierbar. Wenn f in x_0 einen Wendepunkt besitzt, dann ist $f''(x_0) = 0$.

Erstaunlicherweise ist man sich in der Literatur über die Bedeutung des Begriffes „Wendepunkt“ nicht ganz einig. Nach unserer Definition hat f genau dann in x_0 einen Wendepunkt, wenn $f''(x_0) = 0$ ist und f'' links und rechts von x_0 verschiedenes Vorzeichen aufweist. Daraus folgt, dass f' in x_0 einen Extremwert besitzt. Dieser Schluss ist nicht umkehrbar, aber häufig wird eine lokale Extremstelle der ersten Ableitung einem Wendepunkt gleichgesetzt. Der folgende Satz ist zum Glück auf jeden Fall gültig:

9.35 Hinreichendes Kriterium für Wendepunkte

Sei I ein offenes Intervall, $f : I \to \mathbb{R}$ ***dreimal differenzierbar*** *und $x_0 \in I$. Ist $f''(x_0) = 0$ und $f'''(x_0) \neq 0$, so besitzt f in x_0 einen Wendepunkt.*

BEWEIS: Da $f'''(x_0) \neq 0$ ist, muss f'' bei x_0 entweder wachsen oder fallen. Da außerdem $f''(x_0) = 0$ ist, wechselt f'' bei x_0 das Vorzeichen. ■

9.36 Beispiele

A. Wir betrachten noch einmal $f(x) := x^3$.

Es ist $f''(x) = 6x$, also $f''(0) = 0$. Für $x < 0$ ist $f''(x) < 0$, und für $x > 0$ ist $f''(x) > 0$. Also wechselt f von einer Rechtskrümmung zu einer Linkskrümmung und hat damit in 0 einen Wendepunkt.

Tatsächlich ist $f'''(0) = 6 \neq 0$.

B. Sei

$$f(x) := \frac{1}{4}(x^3 - 11x^2 + 24x).$$

Dann ist

$$f'(x) = \frac{3}{4}x^2 - \frac{11}{2}x + 6, \quad f''(x) = \frac{3}{2}x - \frac{11}{2} \quad \text{und} \quad f'''(x) = \frac{3}{2}.$$

(a)

$$\begin{aligned} \text{Es ist} \quad f'(x) = 0 &\iff 3x^2 - 22x + 24 = 0 \\ &\iff x = \frac{1}{6} \cdot (22 \pm \sqrt{22^2 - 12 \cdot 24}) \\ &\iff x = \frac{1}{3} \cdot (11 \pm 7). \end{aligned}$$

Extremwerte können also bei $x_1 = 6$ und bei $x_2 = 4/3$ liegen.

(b) Es ist $f''(6) = 9 - \frac{11}{2} = \frac{7}{2} > 0$ und $f''(\frac{4}{3}) = 2 - \frac{11}{2} = -\frac{7}{2} < 0$.

Also liegt bei x_1 ein Minimum und bei x_2 ein Maximum vor.

(c) Es ist $f''(x) = 0 \iff 3x = 11 \iff x = \frac{11}{3}$.

Für $x < 11/3$ ist $f''(x) < 0$, für $x > 11/3$ ist $f''(x) > 0$. Also besitzt f in $x_0 := 11/3$ einen Wendepunkt. Tatsächlich ist $f'''(x_0) = 3/2 \neq 0$.

Das war ein sehr einfaches Beispiel für eine „Kurvendiskussion“, wie man sie früher gerne an der Schule betrieben hat.

C. Sei $f(x) := x^4$, also $f''(x) = 12x^2$, $f'''(x) = 24x$.

Es ist $f''(0) = 0$, aber auch $f'''(0) = 0$. Hieraus kann man noch nicht ersehen, ob f in $x = 0$ einen Wendepunkt hat. Wir wissen aber schon, dass f im Nullpunkt ein isoliertes Minimum besitzt und f' dort steigt. Also kann kein Wendepunkt vorliegen!

D. Jetzt betrachten wir noch $f(x) := x^5$.

Es ist $f'(x) = 5x^4$, $f''(x) = 20x^3$ und $f'''(x) = 60x^2$, also $f''(0) = 0$ **und** $f'''(0) = 0$.

Aber offensichtlich ist $f''(x) < 0$ für $x < 0$ und $f''(x) > 0$ für $x > 0$. Damit besitzt f im Nullpunkt einen Wendepunkt.

Die Berechnung von Extremwerten hat unzählige Anwendungen. Hier sind zwei einfache, aber dennoch typische Beispiele:

A. *Welches Rechteck hat bei gegebenem Umfang u den größten Flächeninhalt?*

Sind a und b die Längen der beiden Seiten des Rechtecks, so muss $u = 2a + 2b$ sein. Die Größen a und b hängen also voneinander ab:

$$b = \frac{1}{2} \cdot (u - 2a) = \frac{u}{2} - a.$$

Der Flächeninhalt ist die Zahl $F = a \cdot b = a \cdot (\frac{u}{2} - a)$, kann also als Funktion von a aufgefasst werden:

$$F = F(a) = \frac{u}{2} \cdot a - a^2.$$

Der Definitionsbereich von F ist das Intervall $I := [0, u/2]$. Wir suchen nun im Innern des Intervalls nach lokalen Extrema:

Es ist $F'(a) = \frac{u}{2} - 2a$ und $F''(a) = -2$. Ein lokales Extremum kann höchstens vorliegen, wenn $F'(a) = 0$ ist, wenn also $a = \frac{u}{4}$ ist. Da $F''(a)$ immer negativ ist, liegt bei $a_0 := \frac{u}{4}$ ein lokales Maximum vor.

Ist a_0 nun schon die gesuchte Lösung? Das ist noch nicht ganz sicher! Wenn F sein Maximum im Innern von I annimmt, dann sind wir fertig. Aber könnte es nicht sein, dass F sein Maximum auf dem Rand des Intervalls annimmt? Dort bräuchte die erste Ableitung nicht zu verschwinden. Dass das nicht passieren kann, liegt am Satz von Rolle. Irgendwo zwischen den beiden Maxima müsste f' nämlich ein weiteres Mal verschwinden, und wir wissen, dass das nicht der Fall ist.

Also ist a_0 tatsächlich die gesuchte Lösung. Für die zweite Seite ergibt sich $b = u/2 - a_0 = u/4$.

Antwort: *Bei gegebenem Umfang u hat unter allen Rechtecken das Quadrat mit der Seitenlänge u/4 den größten Flächeninhalt.*

B. Ein weiteres Beispiel stammt aus der Frühzeit der Analysis: Johannes Kepler, der bekannte Physiker und Astronom, wollte anlässlich einer Hochzeit Wein kaufen. Er beobachtete den Küfer beim Ausmessen der Fässer und empörte sich sehr. Der Küfer nahm nämlich eine Messrute, steckte sie durch das in der Mitte des Fasses befindliche Spundloch schräg bis zum entferntesten Punkt des Fassbodens, und auf Grund der abgemessenen Länge ermittelte er den Preis des Fasses.

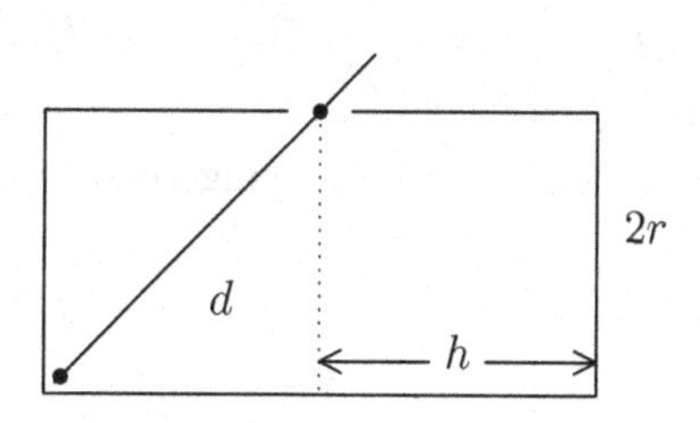

Nach Pythagoras ist $h^2 + 4r^2 = d^2$, also beträgt das Volumen des Fasses

$$V = 2hr^2\pi = \frac{\pi}{2}(d^2h - h^3) = V(h).$$

Bei festem d schwankt das Volumen sehr stark in Abhängigkeit von der Höhe $2h$. Kepler glaubte daher, einem Betrug auf die Schliche gekommen zu sein.

Nun ist $V'(h) = \frac{\pi}{2}(d^2 - 3h^2)$, also

$$V'(h) = 0 \iff h = \frac{d}{\sqrt{3}} =: h_0.$$

Da $V''(h) = -3\pi h$ stets negativ ist, liegt bei h_0 ein Maximum vor. Aus der Formel $h^2 + 4r^2 = d^2$ errechnet man, dass das Maximum unter der Bedingung $h^2 = 2r^2$ erreicht wird. Zu seiner Überraschung fand Kepler heraus, dass in Österreich, wo er seine Beobachtung gemacht hatte, die Fässer tatsächlich so gebaut wurden, dass diese Beziehung zwischen h und r bestand und deshalb eine Gleichung der Form $V = c \cdot d^3$ gültig war. Kleinere Änderungen an den Abmessungen spielten dabei keine Rolle, weil sich V in der Nähe eines Maximums nur wenig ändert. Also war das Vorgehen des Küfers durchaus korrekt.

Aufgabe 5 (Große Kurvendiskussion)

Die Funktion $f : \mathbb{R} \to \mathbb{R}$ sei definiert durch $f(x) := 2\cos^2(x) + 3\sin^2(x)$. Bestimmen Sie alle Extremwerte von f im Bereich $0 < x < 2\pi$. Zeigen Sie, dass für $x = \pi/4$ und $x = (5\pi)/4$ Wendepunkte vorliegen.

Aufgaben

9.1 Lösen Sie Aufgabe 1 (Kleine Kurvendiskussion) auf Seite 282.

9.2 Lösen Sie Aufgabe 2 (Grenzwerte von Funktionen) auf Seite 288.

9.3 Lösen Sie Aufgabe 3 (Ableitungen) auf Seite 296.

9.4 Lösen Sie Aufgabe 4 (Strikte Konvexität) auf Seite 304.

9.5 Lösen Sie Aufgabe 5 (Große Kurvendiskussion) auf Seite 309.

9.6 a) Sei $M \subset \mathbb{R}$ eine Teilmenge, $M \neq \varnothing$ und $\neq \mathbb{R}$. Zeigen Sie: Es gibt in $\mathbb{R}$ mindestens einen Randpunkt von M.

b) Zeigen Sie, dass die Menge $\mathbb{Q}$ der rationalen Zahlen keinen inneren Punkt besitzt, dass aber jede reelle Zahl ein Randpunkt von $\mathbb{Q}$ ist.

9.7 Die Funktion $f : \mathbb{R} \to \mathbb{R}$ sei stetig in $x = 0$, und es sei $f(x+y) = f(x) + f(y)$ für alle $x, y \in \mathbb{R}$. Zeigen Sie, dass f dann überall stetig ist.

9.8 Kann für $f(x) = (x^n - 1)/(x^m - 1)$ in $x = 1$ ein Wert eingesetzt werden, so dass die Funktion dort stetig wird?

9.9 Bestimmen Sie die folgenden Grenzwerte:

$$\lim_{x\to 6}(2x^3 - 24x + x^2), \quad \lim_{x\to -2} \frac{x^2 + 7x + 10}{(x-7)(x+2)} \quad \text{und} \quad \lim_{x\to 1} \frac{(x-1)^3}{x^3 - 1}.$$

9.10 Sei $f(x) := \dfrac{x^3 + 1}{x + 1}$ und $\varepsilon := 0.1$. Bestimmen Sie ein $\delta > 0$, so dass gilt:

$$|x + 1| < \delta \implies |f(x) - 3| < \varepsilon.$$

9.11 Die Funktionen $f, g : [a, b] \to \mathbb{R}$ seien in x_0 stetig. Zeigen Sie, dass dann auch die Funktionen $|f|$ und $\max(f, g)$ in x_0 stetig sind.

9.12 Wo sind die folgenden Funktionen $f_i : [-1, 2] \to \mathbb{R}$ unstetig? Existieren dort rechtsseitige oder linksseitige Grenzwerte?

$$f_1(x) := [x^2], \quad f_2(x) := x[x], \quad f_3(x) := \frac{2x - 1}{2x + 1}$$

$$\text{und} \quad f_4(x) := \begin{cases} \frac{1}{2}(3 + x) & \text{für } x < 0 \\ 1 - x & \text{für } x \geq 0. \end{cases}$$

9.13 Wo ist die Funktion $f(x) := |x^2 - 1|$ differenzierbar und wo nicht?

9.14 Es sei $f : [a, b] \to \mathbb{R}$ differenzierbar und $|f'(x)| \leq c$ für alle $x \in (a, b)$. Zeigen Sie, dass für alle $x_1, x_2 \in [a, b]$ gilt:

$$|f(x_1) - f(x_2)| \leq c|x_1 - x_2|.$$

9.15 Es sei $f : (a, b) \to \mathbb{R}$ stetig und in allen Punkten $x \neq x_0$ differenzierbar. Außerdem existiere der Grenzwert $\lim\limits_{x\to x_0} f'(x) =: c$. Zeigen Sie, dass f dann in x_0 differenzierbar und $f'(x_0) = c$ ist.

9.16 Bestimmen Sie in den folgenden Fällen jeweils ein x_0 zwischen a und b, so dass $f'(x_0) = \dfrac{f(b) - f(a)}{b - a}$ ist:

a) $f(x) = x^2$, $a = 1$ und $b = 2$.
b) $f(x) = x^3 - x^2$, $a = 0$ und $b = 2$.

9.17 Es sei $f(x) := \begin{cases} x + 2x^2 \sin(1/x) & \text{für } x \neq 0 \\ 0 & \text{für } x = 0. \end{cases}$

Zeigen Sie, dass f in $x = 0$ differenzierbar und $f'(0) > 0$ ist, obwohl $\lim\limits_{x\to 0} f'(x)$ nicht existiert. Zeigen Sie, dass f für kein $\varepsilon > 0$ auf $(-\varepsilon, \varepsilon)$ streng monoton wächst.

9.18 Berechnen Sie die Ableitungen der folgenden Funktionen:

$$f_1(x) := \sqrt[3]{x^2}, \quad f_2(x) := (x-1)(x^2-5)$$
$$\text{und} \quad f_3(x) := \frac{4-x}{\sqrt{8-2x^2}}.$$

9.19 Bestimmen Sie die Maxima und Minima der folgenden Funktionen:

$$f(x) := x^3 - 6x^2 + \frac{21}{4}x + 2, \quad g(x) := x + \sin x,$$
$$h(x) := \frac{x}{1+x^2} \quad \text{und} \quad q(x) := \frac{1}{8}(6x^2 - x^3).$$

9.20 Sei $f(x) = x^3 + ax^2 + bx + c$ mit Koeffizienten $a, b, c \neq 0$.

a) Zeigen Sie, dass f immer einen Wendepunkt besitzt.
b) Geben Sie eine Bedingung für a und b an, so dass f ein isoliertes Maximum und ein isoliertes Minimum besitzt.

9.21 Bestimmen Sie die Koeffizienten b, c und d so, dass $f(x) = x^3 + bx^2 + cx + d$ ein Maximum bei $x = -2$, einen Wendepunkt bei $x = -2/3$ und eine Nullstelle bei $x = -3$ besitzt.

10 Die Kunst des Integrierens

Ich stimme mit der Mathematik nicht überein. Ich meine, dass die Summe von Nullen eine gefährliche Zahl ist.

Stanisław Jerzy Lec[1]

Das Riemann'sche Integral

Sei $I = [a, b] \subset \mathbb{R}$ ein abgeschlossenes Intervall, $f : I \to \mathbb{R}$ eine Funktion. Wir nehmen vorerst an, dass $f(x) \geq 0$ für alle $x \in I$ ist und stellen uns die Aufgabe, die Fläche zu berechnen, die unten durch die x-Achse, oben durch den Graphen von f, links durch die Gerade $\{x = a\}$ und rechts durch die Gerade $\{x = b\}$ begrenzt wird.

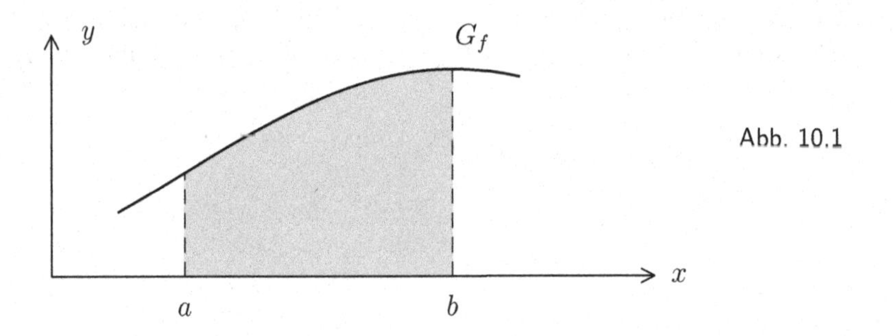

Abb. 10.1

Wie schon bei anderen Flächenberechnungen versuchen wir auch hier, die fragliche Fläche durch Polygongebiete zu approximieren. Dabei gehen wir folgendermaßen vor:

Zunächst teilen wir das Intervall $[a, b]$ in n kleinere Intervalle auf:

$$a = x_0 < x_1 < x_2 < \ldots < x_n = b.$$

Die Teilintervalle $I_k := [x_{k-1}, x_k]$ brauchen nicht gleich lang zu sein. Das System $\mathbf{Z}$ der Punkte $x_0, x_1, \ldots, x_n$ bezeichnen wir auch als eine ***Zerlegung*** des Intervalls $[a, b]$. Eine Zerlegung $\mathbf{Z}$ heißt ***feiner*** als eine Zerlegung $\mathbf{Z}'$, falls $\mathbf{Z}$ mehr Teilpunkte als $\mathbf{Z}'$ enthält.

Wenn die Funktion f über I beschränkt ist, dann definieren wir für jedes k mit $1 \leq k \leq n$ Zahlen $u_k, o_k \in \mathbb{R}$ durch

[1]Der polnische Lyriker und Satiriker Lec (1909–1966) floh 1943 aus dem KZ, schloss sich einer Partisanengruppe an und war von 1946 bis 1950 polnischer Kulturattaché in Wien.

$$u_k := \inf\{f(x) \,:\, x \in I_k\} \quad \text{und} \quad o_k := \sup\{f(x) \,:\, x \in I_k\}.$$

Offensichtlich gilt: $u_k \le f(x) \le o_k$ für $x_{k-1} \le x \le x_k$.

Wir definieren die ***Untersumme*** $S_u(f, \mathbf{Z})$ und die ***Obersumme*** $S_o(f, \mathbf{Z})$ durch

$$S_u(f, \mathbf{Z}) := \sum_{k=1}^{n} u_k \cdot (x_k - x_{k-1})$$

und

$$S_o(f, \mathbf{Z}) := \sum_{k=1}^{n} o_k \cdot (x_k - x_{k-1}).$$

Das sind jeweils Flächen von approximierenden Polygongebieten, und der gesuchte Flächeninhalt muss zwischen diesen beiden Zahlen liegen. Je feiner die Zerlegung ist, desto besser wird die Fläche approximiert.

Wir wählen nun in jedem Teilintervall $I_k := [x_{k-1}, x_k]$ einen Punkt ξ_k aus und setzen $\xi := (\xi_1, \ldots, \xi_n)$. Dann heißt

$$\boxed{\Sigma(f, \mathbf{Z}, \xi) := \sum_{k=1}^{n} f(\xi_k) \cdot (x_k - x_{k-1})}$$

eine ***Riemann'sche Summe*** von f zur Zerlegung $\mathbf{Z}$. Offensichtlich gilt:

$$S_u(f, \mathbf{Z}) \le \Sigma(f, \mathbf{Z}, \xi) \le S_o(f, \mathbf{Z}).$$

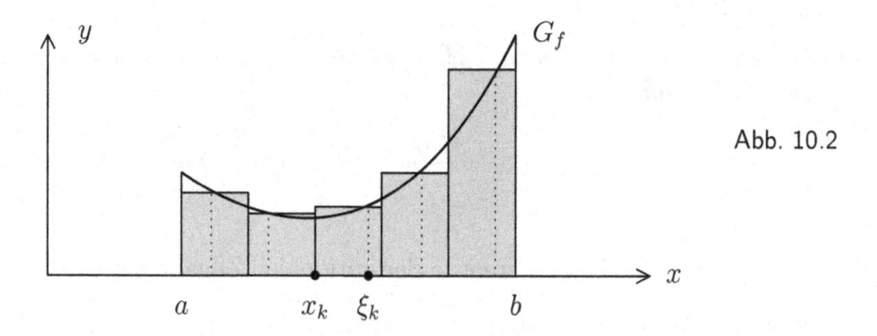

Abb. 10.2

Nach unserem Verständnis des Flächenbegriffs gilt: Wenn wir eine Folge von Zerlegungen $\mathbf{Z}_\nu$ finden können, so dass

$$\lim_{\nu\to\infty} S_u(f, \mathbf{Z}_\nu) \quad \text{und} \quad \lim_{\nu\to\infty} S_o(f, \mathbf{Z}_\nu)$$

existieren und gleich sind, dann ist der gemeinsame Grenzwert der gesuchte Flächeninhalt. Nun gilt aber Folgendes:

10.1 Hilfssatz

Sind $M, N \subset \mathbb{R}$ zwei Teilmengen, so dass $x \leq y$ für $x \in M$ und $y \in N$ ist, so sind folgende Aussagen äquivalent:

1. $\sup(M) = \inf(N) = a$.
2. *Es gibt Folgen $x_\nu \in M$ und $y_\mu \in N$ mit $\lim_{\nu\to\infty} x_\nu = \lim_{\mu\to\infty} y_\mu = a$.*

Den Beweis sollte mittlerweile jeder selbst ausführen können.

Definition (Integrierbarkeit und Integral)

Eine beschränkte Funktion f heißt über $[a, b]$ ***integrierbar***, falls das Supremum über alle Untersummen mit dem Infimum über alle Obersummen übereinstimmt. Der gemeinsame Wert heißt das ***(Riemann'sche) Integral*** von f über $[a, b]$ und wird mit dem Symbol

$$\int_a^b f(x)\, dx$$

bezeichnet.

Für positive Funktionen erhält man so den gewünschten Flächeninhalt. Wenn der Graph jedoch unterhalb der x-Achse verläuft, ergeben sich negative Werte.

Es ist sehr mühsam, jedes Mal die Integrierbarkeit nachzuweisen. Zum Glück kann man einen allgemeinen Satz beweisen:

10.2 Satz

Sei $f : [a, b] \to \mathbb{R}$ stetig. Für $n \in \mathbb{N}$ sei $\mathbf{Z}_n$ die Zerlegung von $[a, b]$ in n gleich lange Teilintervalle. Dann ist

$$\lim_{n\to\infty} \big(S_o(f, \mathbf{Z}_n) - S_u(f, \mathbf{Z}_n)\big) = 0.$$

Der etwas technische Beweis steht in der optionalen Zugabe am Ende des Kapitels.

10.3 Folgerung

1. *Sei $c \in (a, b)$. Ist $f : [a, b] \to \mathbb{R}$ auf $[a, c]$ und auf $[c, b]$ integrierbar, dann ist f auch auf $[a, b]$ integrierbar, und es gilt:*

$$\int_a^b f(x)\,dx = \int_a^c f(x)\,dx + \int_c^b f(x)\,dx.$$

2. *Ist $f : [a, b] \to \mathbb{R}$ stetig, so ist f integrierbar. Ist $(\mathbf{Z}_n)$ die Folge der äquidistanten Zerlegungen von $[a, b]$ und $\xi^{(n)}$ jeweils eine Auswahl von Zwischenpunkten, dann ist*

$$\int_a^b f(x)\,dx = \lim_{n\to\infty} \Sigma(f, \mathbf{Z}_n, \xi^{(n)}).$$

3. *Sei $f : [a, b] \to \mathbb{R}$ stückweise stetig, d.h. stetig bis auf endlich viele Sprungstellen. Dann ist f integrierbar.*

BEWEIS: 1) Dies ist eine einfache technische Folgerung aus der Definition der Integrierbarkeit.

2) Die Integrierbarkeit von f ergibt sich aus dem vorangegangenen Satz und dem Hilfssatz. Da die Integrierbarkeit mit Hilfe äquidistanter Zerlegungen bewiesen wurde und stets

$$S_u(f, \mathbf{Z}_n) \le \Sigma(f, \mathbf{Z}_n, \xi^{(n)}) \le S_o(f, \mathbf{Z}_n)$$

ist, kann man das Integral als Grenzwert von Riemann'schen Summen berechnen.

3) Ist f stückweise stetig, so gibt es eine Zerlegung $a = x_0 < x_1 < \ldots < x_N = b$ und stetige Funktionen f_ν auf $I_\nu := [x_{\nu-1}, x_\nu]$, die im Innern von I_ν mit f übereinstimmen. Da man zur Berechnung der Integrale Riemann'sche Summen benutzen und die dafür nötigen Zwischenpunkte im Innern von I_ν wählen kann, spielt der Wert an den Randpunkten bei der Integration keine Rolle. Also ist f auf jedem I_ν und damit auf ganz $[a, b]$ integrierbar. ■

Bemerkung: Bei einem Intervall $[a, b]$ wird natürlich immer vorausgesetzt, dass $a < b$ ist. Es erweist sich aber als praktisch, das Integral auch für $a = b$ und $a > b$ zu definieren:

$$\text{Man setzt} \quad \int_a^b f(x)\,dx := -\int_b^a f(x)\,dx \quad \text{für } a > b$$

$$\text{und} \quad \int_a^a f(x)\,dx := 0.$$

Berechnung von Integralen

10.4 Beispiele

A. Sei $f(x) := c$ eine konstante Funktion. Dann haben die Riemann'schen Summen immer die Gestalt

$$\begin{aligned}\Sigma(f, \mathbf{Z}, \xi) &= \sum_{k=1}^{n} c \cdot (x_k - x_{k-1}) = c \cdot \sum_{k=1}^{n} (x_k - x_{k-1}) \\ &= c \cdot (x_n - x_0) = c \cdot (b - a).\end{aligned}$$

Also ist

$$\int_a^b c\,dx = c \cdot (b - a).$$

Ist $c > 0$, so kommt hier tatsächlich die Fläche des Rechtecks heraus. Ist $c < 0$, so erhält man das Negative der Fläche.

B. Sei $f(x) := x$. Wir wählen Zwischenpunkte $\xi_k := \dfrac{x_k + x_{k-1}}{2}$, also jeweils die Mittelpunkte der Teilintervalle. Dann gilt:

$$\begin{aligned}\Sigma(f, \mathbf{Z}, \xi) &= \sum_{k=1}^{n} \xi_k \cdot (x_k - x_{k-1}) \\ &= \sum_{k=1}^{n} \frac{1}{2} \cdot (x_k^2 - x_{k-1}^2) = \frac{1}{2} \cdot (x_n^2 - x_0^2).\end{aligned}$$

Also ist

$$\int_a^b x\,dx = \frac{1}{2} \cdot (b^2 - a^2).$$

Den gleichen Wert bekommt man, wenn man den Flächeninhalt elementargeometrisch berechnet.

C. Einen echten Grenzübergang müssen wir bei der Funktion $f(x) := x^2$ ausführen. Wir betrachten zur Vereinfachung den Fall $a = 0$.

Wir wählen Teilintervalle der Länge b/n und als Zwischenpunkte jeweils $\xi_k := x_k$. Dann erhalten wir für die n-te Riemann'sche Summe

$$\begin{aligned}\Sigma(f, \mathbf{Z}_n, \xi^{(n)}) &= \sum_{k=1}^{n} (x_k)^2 \cdot (x_k - x_{k-1}) \\ &= \sum_{k=1}^{n} \left(\frac{kb}{n}\right)^2 \cdot \frac{b}{n} \\ &= \frac{b^3}{n^3} \cdot \sum_{k=1}^{n} k^2.\end{aligned}$$

Jetzt brauchen wir eine Formel für die Summe der ersten n Quadrate.

Setzt man verschiedene Werte für n ein, so legen die Ergebnisse folgende Vermutung nahe:

$$\frac{1^2 + 2^2 + \cdots + n^2}{1 + 2 + \cdots + n} = \frac{2n + 1}{3}.$$

In der optionalen Zugabe am Ende des Kapitels wird darauf näher eingegangen und gezeigt, wie diese Formel zustande kommt und wie man sie beweist. Mit der Gauß'schen Formel folgt daraus:

$$\sum_{k=1}^{n} k^2 = \Big(\sum_{k=1}^{n} k\Big) \cdot \frac{2n+1}{3} = \frac{n(n+1)(2n+1)}{6} = \frac{n^3}{6} \cdot (1 + \frac{1}{n}) \cdot (2 + \frac{1}{n}).$$

Wenn man will, kann man dieses Ergebnis auch als gegeben hinnehmen und sich mit vollständiger Induktion von der Richtigkeit überzeugen.

Also ist $\displaystyle\int_0^b x^2\,dx = \lim_{n\to\infty} \Sigma(f, \mathbf{Z}_n, \xi^{(n)}) = \lim_{n\to\infty} \frac{b^3}{6}(1+\frac{1}{n})(2+\frac{1}{n}) = \frac{b^3}{3}.$

Da stets $x^2 \geq 0$ ist, kann man hier das Integral als Flächeninhalt unter der Parabel deuten, und daher gilt für beliebiges a mit $0 < a < b$:

$$\int_a^b x^2\,dx = \int_0^b x^2\,dx - \int_0^a x^2\,dx = \frac{1}{3} \cdot (b^3 - a^3).$$

Aus den Definitionen können wir direkt ablesen:

10.5 Regeln für die Integration

$f, g : [a,b] \to \mathbb{R}$ seien integrierbar. Dann gilt:

1. *Linearität: Für $\alpha, \beta \in \mathbb{R}$ ist*

$$\int_a^b (\alpha \cdot f(x) + \beta \cdot g(x))\,dx = \alpha \cdot \int_a^b f(x)\,dx + \beta \cdot \int_a^b g(x)\,dx.$$

2. *Monotonie: Ist $f(x) \leq g(x)$ für alle $x \in [a,b]$, so ist auch*

$$\int_a^b f(x)\,dx \leq \int_a^b g(x)\,dx.$$

10.6 Folgerung 1

Ist $f : [a,b] \to \mathbb{R}$ integrierbar und $m \leq f(x) \leq M$ für alle $x \in [a,b]$, so ist

$$m \cdot (b-a) \leq \int_a^b f(x)\,dx \leq M \cdot (b-a).$$

BEWEIS: Dies ist eine triviale Anwendung der Monotonie-Eigenschaft. ■

10.7 Folgerung 2 (Mittelwertsatz der Integralrechnung)

Ist $f : [a,b] \to \mathbb{R}$ stetig, so gibt es ein $c \in [a,b]$ mit

$$\int_a^b f(x)\,dx = f(c)\cdot(b-a).$$

BEWEIS: Es gibt reelle Zahlen m, M, so dass $m \leq f(x) \leq M$ auf $[a,b]$ ist. Wegen der Monotonie des Integrals ist dann auch

$$m\cdot(b-a) \leq \int_a^b f(x)\,dx \leq M\cdot(b-a).$$

Andererseits ist $F : [a,b] \to \mathbb{R}$ mit $F(x) := f(x)\cdot(b-a)$ eine stetige Funktion, die die Werte $m\cdot(b-a)$ und $M\cdot(b-a)$ in $[a,b]$ annimmt. Nach dem Zwischenwertsatz muss F dann in einem $c \in [a,b]$ auch den Wert $F(c) = \int_a^b f(x)\,dx$ annehmen. ∎

Aufgabe 1 (Riemann'sche Summe)

Es sei $S_n := \sum_{i=1}^{n} i$.

1. Zeigen Sie, dass $S_{n+1}^2 - S_n^2 = (n+1)^3$ ist, und leiten Sie daraus eine Formel für die Summe der ersten n dritten Potenzen her.
2. Berechnen Sie $\int_0^x t^3\,dt$.

Klartext: Was ist das Integral? Ich erinnere mich noch an eine Äußerung meiner Englischlehrerin vor langen, langen Jahren: „Von der Mathematik weiß ich nicht mehr viel, nur, dass es da so einen Fleischerhaken gibt.“ Die Gute lebt leider nicht mehr, und ihre Einstellung zur Mathematik kann ich ihr nicht wirklich übelnehmen, befindet sie sich damit doch (leider) in guter Gesellschaft. Hier soll der Begriff des Integrals aber natürlich etwas tiefer ausgelotet werden.

Das Integral gehört zu den wichtigsten und mächtigsten Werkzeugen der Mathematik oder zumindest der Analysis. Warum das so ist, kann ich in diesem Buch nicht einmal andeutungsweise erklären. Was bleibt uns also? Die Integration dient der Berechnung von Flächen, und zwar insbesondere dann, wenn es um Flächen unter beliebigen Funktionsgraphen geht. Allerdings erwies sich das bis jetzt als ein mühseliges Geschäft. Wir haben noch keine Hilfsmittel gefunden, die uns die Arbeit erleichtern könnten, und deshalb sieht man den Sinn des Ganzen noch nicht so recht ein. Im folgenden Abschnitt wird sich das schlagartig ändern. Bis dahin beschränken wir uns erst mal auf zwei Fragen:

1. Warum klappt die Flächenberechnung nicht bei jedem Funktionsgraphen?
2. Wie weit kommt man mit den zur Verfügung stehenden Mitteln?

Zur Beantwortung der ersten Frage drehen wir die Fragestellung erst mal um und untersuchen, für welche Funktionsgraphen das mit der Flächenberechnung klappt, welche Funktionen also „integrierbar“ sind. Gezeigt wurde ja schon, dass das Integral bei jeder **stetigen** Funktion existiert.

Den Inhalt der Fläche unter dem Funktionsgraphen gewinnt man durch einen Grenzübergang, indem man die Originalfunktion zunächst durch eine stückweise konstante Funktion approximiert. Ob diese Approximation funktioniert, hängt von der Funktion ab. Offensichtlich bereiten stetige Funktionen dabei keine Probleme. Und weil die approximierenden Funktionen zwar einfach, aber in der Regel nicht stetig sind, liegt die Vermutung nahe, dass auch stückweise stetige Funktionen integrierbar sind. Tatsächlich konnten wir das beweisen, aber der Beweis versagt, wenn die Funktion zu viele Unstetigkeitsstellen besitzt. Um also ein Beispiel einer nicht integrierbaren Funktion zu finden, sollte man bei Funktionen mit vielen Unstetigkeiten suchen. Hier ist ein Beispiel: Die Funktion $\chi_{\mathbb{Q}} : [0,1] \to \mathbb{R}$ sei definiert durch

$$\chi_{\mathbb{Q}}(x) := \begin{cases} 1 & \text{falls } x \text{ rational,} \\ 0 & \text{falls } x \text{ irrational} \end{cases} .$$

Diese Funktion (die man auch als „Dirichlet-Funktion“ bezeichnet) ist nirgends stetig. Und sie ist tatsächlich nicht integrierbar, denn alle ihre Obersummen haben den Wert 1, alle Untersummen den Wert 0. Mehr dazu erfährt man in der Regel in einem Analysis-Kurs im ersten Studienjahr.

Lohnt sich der Aufwand, eine komplizierte Integrierbarkeitsbedingung einzuführen, nur um so ein abwegiges Beispiel auszuschließen? Eigentlich nicht, aber was wäre die Alternative? Auch wenn man Integrierbarkeitsüberlegungen lieber den Experten überlassen würde, so sollte man doch wissen, wo die Grenzen der Integralrechnung liegen. Am schönsten wäre es, wenn jede Funktion integrierbar wäre. Nachdem man aber festgestellt hat, dass das mit der vorhandenen Definition des Integrals nicht funktioniert, muss man entweder eine bessere Integrierbarkeitsdefinition finden (was sich als sehr schwierig erweist) oder sich mit den eingeführten Begriffen arrangieren.

Die zweite Frage zielt auf die praktische Berechenbarkeit von Integralen ab. Wir können bisher die Integrale von konstanten Funktionen und einfachen Polynomen berechnen. Mit ein bisschen Mühe würden wir es vielleicht auch noch bei einigen anderen Funktionen schaffen, aber das wird schon recht umständlich. Es geht um stetige Funktionen auf einem abgeschlossenen Intervall $[a,b]$. Teilt man dieses Intervall in n Teile der Länge δ_n, so muss man Summen der Gestalt $\sum_{i=1}^{n} f(a+i\delta_n)\cdot\delta_n$ berechnen und dann noch einen Grenzübergang bewältigen können. Schwierig oder gar unmöglich! Gesucht wird dringend eine neue Idee. Diese Idee hatten zum Glück schon Mathematiker im 17. Jahrhundert, und sie leiteten damit eine neue Epoche in der Mathematik ein.

Der Fundamentalsatz

Bis jetzt hat es sich als ein sehr mühsames Unterfangen erwiesen, Integrale konkret auszurechnen. Das war auch der Stand der Dinge im 17. Jahrhundert, als Descartes, Fermat, Cavalieri, Pascal und andere versuchten, die Ergebnisse von Archimedes zur Flächenberechnung weiterzutreiben. Gegen Ende des Jahrhunderts entdeckten die ersten Mathematiker (darunter der Engländer Isaac Barrow) Zusammenhänge zwischen Quadratur- und Tangentenproblemen, maßen dem aber noch keine große Bedeutung bei.

Erst Newton und Leibniz erkannten – unabhängig voneinander – die große Bedeutung dieses Zusammenhangs, stellten ihn gebührend heraus und entwickelten einen praktischen Kalkül, der die Berechnung von Integralen stark vereinfachte und der Infinitesimalrechnung den Weg zu einer neuen mächtigen mathematischen Disziplin bahnte.

Die Entdeckung des inneren Zusammenhangs zwischen zwei zunächst völlig verschiedenen Gebieten der Mathematik dürfen wir wohl als ein Geschenk ansehen. Manch einer wird vielleicht sogar von einem kleinen Wunder sprechen.

Wir betrachten ein Integral mit **variabler Obergrenze** über eine stetige Funktion f und erhalten so eine neue Funktion:

$$F(x) := \int_a^x f(u)\,du.$$

Aufgepasst! F hängt von der Obergrenze x ab, nicht von der Integrationsvariablen. Es sei nun $a < x_0 < x < b$. Dann gilt:

$$F(x) - F(x_0) = \int_a^x f(u)\,du - \int_a^{x_0} f(u)\,du = \int_{x_0}^x f(u)\,du.$$

Als stetige Funktion nimmt f auf dem Intervall $[x_0, x]$ ein Minimum $m(f, x)$ und ein Maximum $M(f, x)$ an. Und die Monotonie des Integrals liefert:

$$m(f,x) \cdot (x - x_0) \leq F(x) - F(x_0) \leq M(f,x) \cdot (x - x_0).$$

Da $x - x_0 > 0$ ist, folgt: $\quad m(f,x) \leq \dfrac{F(x) - F(x_0)}{x - x_0} \leq M(f,x).$

In der Mitte steht ein Differenzenquotient von F, links und rechts jeweils eine nur von x abhängige Größe. Lässt man nun x gegen x_0 wandern, so streben $m(f, x)$ und $M(f, x)$ beide gegen $f(x_0)$. Also muss auch der Differenzenquotient in der Mitte einen Limes besitzen, und man erhält:

$$f(x_0) = \lim_{x \to x_0} \frac{F(x) - F(x_0)}{x - x_0} = F'(x_0).$$

Diese Beziehung bleibt richtig, wenn man auch Argumente $x < x_0$ zulässt.

Definition (Stammfunktion)

Sei I ein Intervall, $f : I \to \mathbb{R}$ stetig, $F : I \to \mathbb{R}$ differenzierbar und $F' = f$. Dann heißt F eine ***Stammfunktion*** von f.

Wir haben gerade gesehen, dass $F(x) := \int_a^x f(u)\,du$ eine Stammfunktion von f ist. Sind F_1, F_2 zwei Stammfunktionen einer Funktion f, so ist $F_1' = F_2'$, also

$$(F_1 - F_2)'(x) \equiv 0.$$

Dann unterscheiden sich F_1 und F_2 höchstens um eine Konstante. Damit gilt für eine beliebige Stammfunktion F von f:

$$\int_a^x f(u)\,du = F(x) + c, \text{ mit einer geeigneten Konstante } c.$$

Setzt man $x = a$, so erhält man die Gleichung $0 = F(a) + c$, also $c = -F(a)$. Setzt man nun $x = b$ ein, so erhält man:

$$\int_a^b f(u)\,du = F(x)\Big|_a^b := F(b) - F(a).$$

Zusammengefasst haben wir bewiesen:

10.8 Hauptsatz der Differential- und Integralrechnung

Sei $f : [a,b] \to \mathbb{R}$ eine stetige Funktion. Dann gilt:

1. $F(x) := \int_a^x f(u)\,du$ *ist eine Stammfunktion von f.*
2. *Sind F_1, F_2 zwei Stammfunktionen von f, so ist $F_1 - F_2$ konstant.*
3. *Ist F eine Stammfunktion von f, so ist*

$$\int_a^b f(x)\,dx = F(b) - F(a).$$

Bemerkung: Die Menge aller Stammfunktionen von f wird in der Schule oft mit dem Symbol $\int f(x)\,dx$ bezeichnet, und man spricht dann vom ***unbestimmten Integral***. Diese Bezeichnungsweise ist zwar korrekt, aber schwer verständlich. Auch ist es schwierig, sie konsequent durchzuhalten.

10.9 Beispiele

A. Da $(x^{n+1})' = (n+1) \cdot x^n$ ist, also $\left(\dfrac{x^{n+1}}{n+1}\right)' = x^n$, folgt:

$$\int_a^b x^n\,dx = \frac{1}{n+1}(b^{n+1} - a^{n+1}).$$

Das stimmt mit dem überein, was wir schon früher für $n = 1$ und $n = 2$ herausbekommen haben, ist aber natürlich viel allgemeiner.

B. Sei $f(x) := a_2 x^2 + a_1 x + a_0$. Die allgemeine Stammfunktion von f ist

$$F(x) := \frac{a_2}{3}x^3 + \frac{a_1}{2}x^2 + a_0 x + c,$$

mit einer Konstanten c.

C. Es soll $\int_{-2}^{+2} |x - 1|\,dx$ berechnet werden.

Dabei stört zunächst die Betragsfunktion. Es ist aber halb so schlimm, wir müssen nur die Nullstellen ermitteln und stückweise integrieren:

$$\begin{aligned}\int_{-2}^{+2} |x-1|\,dx &= \int_{-2}^{1} (1-x)\,dx + \int_{1}^{2} (x-1)\,dx \\ &= (x - \frac{x^2}{2})\Big|_{-2}^{1} + (\frac{x^2}{2} - x)\Big|_{1}^{2} \\ &= (\frac{1}{2} - (-4)) + (0 - (-\frac{1}{2})) = 5.\end{aligned}$$

Abb. 10.3

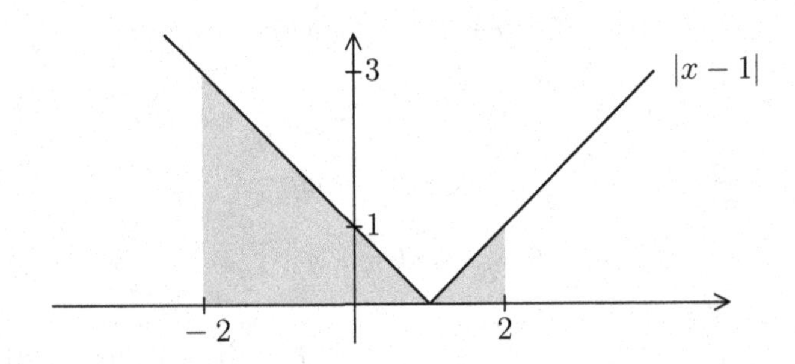

Elementargeometrisch ergibt sich für die Fläche unter dem Graphen zwischen $x = -2$ und $x = 2$ der Wert $\frac{1}{2}3 \cdot 3 + \frac{1}{2}1 \cdot 1 = 9/2 + 1/2 = 5$, genau so, wie es sein sollte.

D. Da $\cos'(x) = -\sin(x)$ ist, folgt:

$$\int_0^{\pi} \sin(x)\,dx = -(\cos(\pi) - \cos(0)) = 2 \quad \text{und} \quad \int_0^{2\pi} \sin(x)\,dx = 0.$$

Im zweiten Fall heben sich positiv und negativ zu rechnende Flächenteile gegenseitig weg.

Abb. 10.4

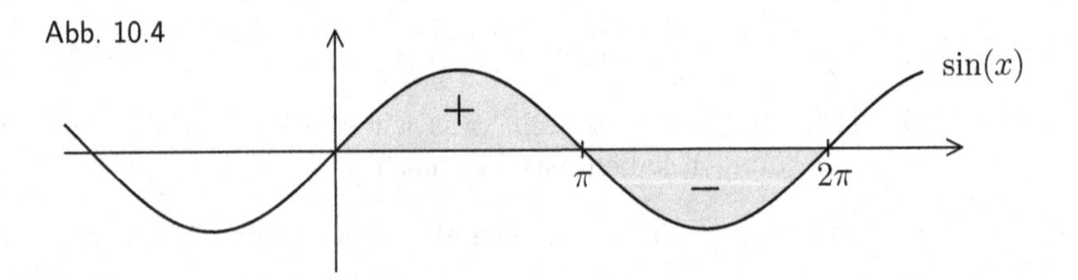

E. Bekanntlich ist $\arctan'(x) = \dfrac{1}{x^2+1}$ und $\arctan(0) = 0$. Daraus folgt:

$$\arctan(x) = \int_0^x \frac{1}{1+u^2}\,du.$$

Da $\tan(\pi/4) = 1$ ist, ist $\arctan(1) = \pi/4$, also

$$\boxed{\frac{\pi}{4} = \int_0^1 \frac{1}{1+u^2}\,du.}$$

Das liefert uns eine interessante neue Definition für die Zahl π.

Aufgabe 2 (Integralberechnung)

Berechnen Sie $\displaystyle\int_{-2}^{2} |x^3 - x^2 - 4x + 4|\,dx$.

Natürlicher Logarithmus und Exponentialfunktion

Wir benutzen jetzt ein Integral, um eine neue Funktion einzuführen:

Definition (natürlicher Logarithmus)

Die für $x > 0$ definierte Funktion

$$\ln(x) := \int_1^x \frac{1}{u}\,du$$

heißt ***natürlicher Logarithmus***.

Offensichtlich ist diese Funktion, der „Logarithmus naturalis", eine differenzierbare (und damit auch stetige) Funktion.

Es ist $\ln(x) < 0$ für $0 < x < 1$, $\ln(1) = 0$ und $\ln(x) > 0$ für $x > 1$. Da $\ln'(x) = \dfrac{1}{x} > 0$ ist, muss $\ln(x)$ streng monoton wachsend sein, also überall injektiv.

10.10 Satz

1. *Für $a, b > 0$ ist* $\ln(ab) = \ln(a) + \ln(b)$.
2. *Für $x > 0$ ist* $\ln(1/x) = -\ln(x)$.
3. *Für $q \in \mathbb{Q}$ ist* $\ln(x^q) = q \cdot \ln(x)$.

Beweis: 1) Die erste Formel beweisen wir mit einem kleinen Trick:

Sei $g(x) := ax$, mit einer Konstanten $a > 0$, und $G(x) := \ln(g(x))$ für $x > 0$. Dann ist $G'(x) = g'(x)/g(x) = a/(ax) = 1/x$. Also ist G eine Stammfunktion von $1/x$, und daher $\ln(ax) = G(x) = \ln(x) + c$, mit einer geeigneten Konstante c. Setzt man $x = 1$ ein, so folgt $\ln(a) = c$. Setzt man anschließend $x = b$ ein, so erhält man die gewünschte Gleichung.

2) Es ist $0 = \ln(1) = \ln\big(x \cdot (1/x)\big) = \ln(x) + \ln(1/x)$.

3) Wegen (1) und (2) ist $\ln(x^m) = m \cdot \ln(x)$ für $m \in \mathbb{Z}$. Für $q = m/n \in \mathbb{Q}$ gilt dann:

$n \cdot \ln(x^q) = \ln((x^q)^n) = \ln(x^m) = m \cdot \ln(x)$. ■

Da $\ln(2^n) = n \cdot \ln(2)$ für $n \to \infty$ gegen unendlich strebt und $\ln(2^{-n}) = -n \cdot \ln(2)$ gegen $-\infty$, folgt (mit der Stetigkeit), dass $\ln : \mathbb{R}_+ \to \mathbb{R}$ surjektiv und damit auch bijektiv ist.

Definition (Exponentialfunktion)

Die Umkehrabbildung $\exp := \ln^{-1} : \mathbb{R} \to \mathbb{R}_+$ wird ***Exponentialfunktion*** genannt.

Natürlich ist exp dann auch injektiv.

10.11 Das Additionstheorem der Exponentialfunktion

Für $x, y \in \mathbb{R}$ ist

$$\boxed{\exp(x + y) = \exp(x) \cdot \exp(y),}$$

und es gilt

$$\boxed{\exp(0) = 1.}$$

Beweis: Sei $u := \exp(x)$, $v := \exp(y)$. Dann ist $\ln(u \cdot v) = \ln(u) + \ln(v) = x + y$, also $u \cdot v = \exp(\ln(u \cdot v)) = \exp(x + y)$.
Die zweite Gleichung folgt, weil $\ln(1) = 0$ ist. ■

10.12 Ableitung der Exponentialfunktion

Die Exponentialfunktion ist überall differenzierbar, und es ist

$$\exp'(x) = \exp(x).$$

Beweis: Da exp die Umkehrfunktion zu ln ist, und $\ln'(x) > 0$ für $x > 0$, folgt: exp ist in jedem $x \in \mathbb{R}$ differenzierbar, mit

$$\exp'(x) = (\ln^{-1})'(x) = \frac{1}{\ln'(\exp(x))} = \exp(x).$$

■

Streng monoton wachsende Funktionen sind injektiv, aber das Umgekehrte gilt natürlich nicht unbedingt. Jedoch ist exp streng monoton wachsend, da $\exp'(x) =$

$\exp(x) > 0$ für alle x ist. Die Monotonie sorgt dafür, dass exp die positive Achse $\mathbb{R}_+$ auf $\{x \in \mathbb{R} \mid x > 1\}$ abbildet. Insbesondere ist $E := \exp(1) > 1$ und $\ln(E) = 1$.

10.13 Satz

Für jede reelle Zahl x ist $\boxed{\exp(x) = E^x,}$ *mit* $\boxed{E = \lim_{n\to\infty}\left(1+\frac{1}{n}\right)^n.}$

BEWEIS: Wir benutzen $E = \exp(1)$ und führen den Beweis in mehreren Schritten:

1) $\exp(n) = \exp(1 + \ldots + 1) = \exp(1) \cdot \ldots \cdot \exp(1) = E^n$.

2) Wegen $1 = \exp(0) = \exp(n + (-n)) = \exp(n) \cdot \exp(-n)$ ist $\exp(-n) = E^{-n}$.

3) Schließlich ist $E = \exp(1) = \exp(n \cdot \frac{1}{n}) = \exp(\frac{1}{n} + \ldots + \frac{1}{n}) = \exp(\frac{1}{n})^n$, also $\exp(1/n) = E^{1/n}$.

4) Ist $x \in \mathbb{R}$ beliebig, so gibt es eine Folge rationaler Zahlen (q_n) mit $\lim_{n\to\infty} q_n = x$. Da exp als differenzierbare Funktion stetig ist, folgt:

$$\exp(x) = \lim_{n\to\infty} \exp(q_n) = \lim_{n\to\infty} E^{q_n} = E^x \quad \text{und} \quad \ln(x) = \log_E(x).$$

5) Aus der Gleichung $\displaystyle \frac{1}{x} = \ln'(x) = \lim_{h\to 0} \frac{\ln(x+h) - \ln(x)}{h}$ folgt für $x = 1$:

$$1 = \lim_{h\to 0} \frac{\ln(1+h) - \ln(1)}{h} = \lim_{h\to 0} \ln\big((1+h)^{1/h}\big).$$

Insbesondere ist $\lim_{n\to\infty} \ln(1 + 1/n)^n = 1$, und wegen der Stetigkeit von exp ist dann $\lim_{n\to\infty} (1 + 1/n)^n = \exp(1) = E$. ∎

10.14 Folgerung

E ist die Euler'sche Zahl e.

BEWEIS: Sei $a_n := \sum_{i=0}^{n} \frac{1}{i!}$. Dann ist (a_n) eine monoton wachsende Folge, die gegen e konvergiert. Andererseits gilt nach der binomischen Formel:

$$\begin{aligned}
(1+\frac{1}{n})^n &= \sum_{i=0}^{n} \binom{n}{i} \left(\frac{1}{n}\right)^i \\
&= \sum_{i=0}^{n} \frac{1}{i!} \cdot n(n-1) \cdot \ldots \cdot (n-i+1) \cdot \frac{1}{n^i} \\
&= \sum_{i=0}^{n} \frac{1}{i!} \cdot (1 - \frac{1}{n}) \cdot \ldots \cdot (1 - \frac{i-1}{n}) \le a_n.
\end{aligned}$$

Ist $m \le n$, so ist

$$(1+\frac{1}{n})^n \ge A(n,m) := \sum_{i=0}^{m} \frac{1}{i!} \cdot (1-\frac{1}{n}) \cdot \ldots \cdot (1-\frac{i-1}{n}),$$

denn wir haben nur einige positive Summanden weggelassen. Für festes m ist offensichtlich $\lim_{n\to\infty} A(n,m) = a_m$. Also gilt für jedes $m \in \mathbb{N}$:

$$a_m \le \lim_{n\to\infty} (1+\frac{1}{n})^n \le \lim_{n\to\infty} a_n = e.$$

Da (a_m) monoton wachsend gegen e strebt, ist schließlich $\lim_{n\to\infty} (1+\frac{1}{n})^n = e$. ∎

Wir haben damit gezeigt:

$$\boxed{\exp(x) = e^x.}$$

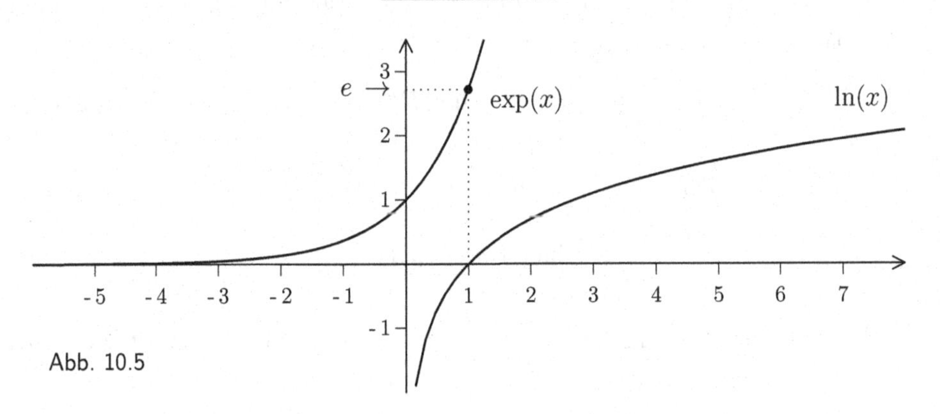

Abb. 10.5

Da $a^x = \exp \circ \ln(a^x) = \exp(x \cdot \ln(a))$ für $a > 0$ ist, gilt allgemeiner:

$$\boxed{a^x = e^{\ln(a)\cdot x}, \text{ für } a > 0.}$$

10.15 Ableitung der allgemeinen Exponentialfunktion

$$(a^x)' = \ln(a) \cdot a^x.$$

BEWEIS: Es ist $(a^x)' = (e^{\ln(a)\cdot x})' = \ln(a) \cdot e^{\ln(a)\cdot x}$. ∎

Die Exponentialfunktion bereichert unseren Vorrat an differenzierbaren Funktionen. Durch Verknüpfung elementarer Funktionen kann man schnell zu komplizierteren Ausdrücken kommen:

Sei etwa $f(x) := e^{x \cdot \sin(x^2)}$. Will man diese Funktion differenzieren, so schreibt man sie am besten wie folgt als Verknüpfung von Funktionen:

$f(x) = \exp \circ h(x)$, $h(x) := x \cdot \sin g(x)$ und $g(x) := x^2$. Dann ist $g'(x) = 2x$ und

$$\begin{aligned} h'(x) &= 1 \cdot \sin g(x) + x \cdot (\sin \circ g)'(x) \\ &= \sin(x^2) + x \cdot (\cos(g(x)) \cdot g'(x) \\ &= \sin(x^2) + x \cdot \cos(x^2) \cdot 2x \\ &= \sin(x^2) + 2x^2 \cdot \cos(x^2), \end{aligned}$$

also

$$f'(x) = \exp(h(x)) \cdot h'(x) = e^{x \cdot \sin(x^2)} \cdot [\sin(x^2) + 2x^2 \cdot \cos(x^2)].$$

Ist $f(x) := \ln(\sin^2(x))$, so gilt:

$$f'(x) = \ln'(\sin^2(x)) \cdot (\sin^2)'(x) = \frac{1}{\sin^2(x)} \cdot 2 \cdot \sin(x) \cdot \cos(x) = 2 \cdot \cot(x).$$

Dieses Beispiel lässt sich verallgemeinern:

Sei g differenzierbar, $g(x) > 0$ für alle x im Definitionsbereich von g.

$$\text{Dann ist} \quad (\ln \circ g)'(x) = \frac{g'(x)}{g(x)}.$$

Man nennt diesen Ausdruck auch die ***logarithmische Ableitung*** von g. Sie kann oftmals recht nutzbringend angewandt werden:

Sei zum Beispiel $g(x) := x^x$. Es ist auf den ersten Blick nicht klar, wie man hier differenzieren soll, da es *scheinbar* zwei verschiedene Regeln gibt, die auch zu verschiedenen Ergebnissen führen. Die logarithmische Ableitung hilft weiter: Es ist

$$\begin{aligned} \frac{g'(x)}{g(x)} &= (\ln \circ g)'(x) &= (x \cdot \ln(x))' \\ &= 1 \cdot \ln(x) + x \cdot \frac{1}{x} &= 1 + \ln(x). \end{aligned}$$

Das ergibt das überraschende Ergebnis

$$\boxed{(x^x)' = x^x \cdot (1 + \ln(x)).}$$

Bemerkung: Für $x > 0$ ist $\ln(x)$ eine Stammfunktion von $1/x$. Aber was ist im Falle $x < 0$ los? Dann ist $-x > 0$ und $(\ln(-x))' = (1/(-x)) \cdot (-1) = 1/x$. Also gilt allgemein (für $x \neq 0$): $\ln(|x|)$ ist Stammfunktion von $1/x$.

Es irritiert vielleicht ein wenig, dass hier die nicht überall differenzierbare Betragsfunktion vorkommt. Aber den Punkt $x = 0$, in dem $|x|$ nicht differenzierbar ist, haben wir ja gerade ausgeschlossen.

Etwas Ähnliches tritt auf, wenn man die Stammfunktion von $\tan(x)$ sucht. Dazu verwenden wir noch einmal die logarithmische Ableitung:

Sei I ein Intervall, in dem $\cos(x)$ keine Nullstelle hat. Dort ist $\tan(x) = \sin(x)/\cos(x)$ definiert, außerdem ist dann $|\cos(x)|$ differenzierbar und natürlich positiv. Zwar kann $\cos(x)$ selbst auf diesem Intervall negativ sein, aber dann ist einfach $|\cos(x)| = -\cos(x)$ und $|\cos|'(x) = -\cos'(x)$. Daher gilt für $x \in I$:

$$\tan(x) = \frac{\sin(x)}{\cos(x)} = -\frac{\cos'(x)}{\cos(x)} = -\frac{|\cos|'(x)}{|\cos(x)|} = -(\ln \circ |\cos|)'(x).$$

Also ist $-\ln(|\cos(x)|)$ eine Stammfunktion von $\tan(x)$.

Generell muss man aufpassen, ob die Funktion, die man integrieren möchte, überhaupt auf dem Integrationsintervall definiert ist. Sonst kann Folgendes passieren:

$$\int_{-1}^{+1} \frac{1}{x^2}\,dx = (-\frac{1}{x})\Big|_{-1}^{+1} = (-1) - 1 = -2.$$

Das ist natürlich vollkommener Unsinn!

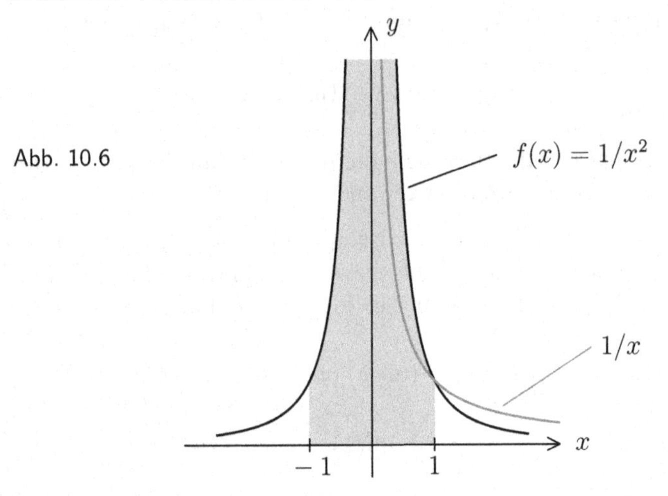

Abb. 10.6

Der Integrand $1/x^2$ ist in $x = 0$ nicht definiert und ansonsten überall positiv. Das Teilintegral

$$\int_{\varepsilon}^{1} \frac{1}{x^2}\,dx = -1 - (-\frac{1}{\varepsilon}) = \frac{1}{\varepsilon} - 1$$

strebt für $\varepsilon \to 0$ gegen $+\infty$. Also ist die Funktion nicht einmal über $[0, 1]$ integrierbar, und wir dürfen keineswegs über den Nullpunkt hinweg integrieren. Der Integrand ist zwar außerhalb 0 stetig, aber er ist nicht beschränkt!

Ist $0 < a < b$, so muss $\int_a^b 1/x^2\,dx$ eine positive Zahl sein (nämlich der Flächeninhalt unter dem Graphen der Funktion $f(x) = 1/x^2$ zwischen a und b). Wie kann das sein, wo doch die Stammfunktion $F(x) = -1/x$ auf dem ganzen Intervall negativ ist? Rechnen wir das doch einfach mal für den Fall $a = 2$ und $b = 3$ durch:

$$\int_2^3 \frac{1}{x^2}\,dx = \left(-\frac{1}{x}\right)\Big|_2^3 = \left(-\frac{1}{3}\right) - \left(-\frac{1}{2}\right) = \frac{1}{2} - \frac{1}{3} = \frac{1}{6} > 0\,.$$

Alles ist gut!

Wir fassen nun die inzwischen ermittelten Stammfunktionen zu einer Tabelle zusammen:

Funktion	Stammfunktion	
x^n	$\frac{1}{n+1} \cdot x^{n+1}$	$n \in \mathbb{N}$
$\frac{1}{x^n}$	$\frac{-1}{(n-1)x^{n-1}}$	$n \in \mathbb{N}, n \geq 2, x \neq 0$
$\frac{1}{\sqrt{x}}$	$2\sqrt{x}$	$x > 0$
$\frac{1}{x}$	$\ln(\|x\|)$	$x \neq 0$
$\frac{1}{1+x^2}$	$\arctan(x)$	
$\sin(ax)$	$-\frac{1}{a}\cos(ax)$	
$\cos(ax)$	$\frac{1}{a}\sin(ax)$	
$\tan(x)$	$-\ln(\|\cos(x)\|)$	$x \neq (n + \frac{1}{2})\pi,\ n \in \mathbb{Z}$
$\frac{1}{\cos^2(x)}$	$\tan(x)$	$x \neq (n + \frac{1}{2})\pi,\ n \in \mathbb{Z}$
$\frac{1}{\sin^2(x)}$	$-\cot(x)$	$x \neq n\pi,\ n \in \mathbb{Z}$
a^x	$\frac{1}{\ln(a)} \cdot a^x$	
e^x	e^x	
$x^x \cdot (1 + \ln(x))$	x^x	$x > 0$

Sind wir nun beim Integrieren mit unserer Weisheit am Ende? Jemand hat gesagt: „Differenzieren ist Handwerk, aber Integrieren ist Kunst!“ Tatsächlich ist es schwierig, Stammfunktionen zu finden, und mit unserer Kunst sind wir noch nicht weit gekommen.

Auch wenn dies hier nur ein vorbereitender Kurs ist, so sollen Sie doch einen kleinen Vorgeschmack bekommen. Wir werden uns zwei Integrationstechniken ansehen, die über das Bisherige weit hinausführen. Die Idee besteht darin, Differentiationsregeln neu zu betrachten und in die Sprache der Integrale und Stammfunktionen zu übersetzen.

Partielle Integration und Substitution

Wir beginnen mit der **Produktregel**:

$$(f \cdot g)' = f' \cdot g + f \cdot g'.$$

Sie besagt, dass $f \cdot g$ eine Stammfunktion von $f' \cdot g + f \cdot g'$ ist. Nun kommt es selten vor, dass der Integrand diese Form besitzt, aber umso häufiger ist der Integrand von der Form $f \cdot g'$. Wenn wir die Gleichung nach $f \cdot g'$ auflösen und dann integrieren, erhalten wir:

10.16 Regel der partiellen Integration

Sind f und g über $[a, b]$ stetig differenzierbar, so ist

$$\boxed{\int_a^b f(x)g'(x)\,dx = \big(f(x) \cdot g(x)\big)\Big|_a^b - \int_a^b f'(x)g(x)\,dx.}$$

Auf den ersten Blick ist der Nutzen dieser Formel noch nicht zu sehen, denn statt des Integrals über $f \cdot g'$ muss man nun das Integral über $f' \cdot g$ berechnen. Den Vorteil erkennt man am besten an Beispielen:

10.17 Beispiele

A. Sei $0 < a < b$. Dann gilt:

$$\begin{aligned} \int_a^b \ln(x)\,dx &= \int_a^b \ln(x) \cdot x'\,dx \quad (\text{denn es ist } x' = 1) \\ &= (\ln(x) \cdot x)\Big|_a^b - \int_a^b \ln'(x) \cdot x\,dx \quad (\text{partielle Integration}) \\ &= (x \cdot \ln(x))\Big|_a^b - (x)\Big|_a^b \quad (\text{denn es ist } \ln'(x) \cdot x = 1). \end{aligned}$$

Also ist $x \cdot \ln(x) - x$ eine Stammfunktion von $\ln(x)$. Zur Probe kann man ja differenzieren.

Die Regel der partiellen Integration hat hier weitergeholfen, weil $f' \cdot g$ viel einfacher als $f \cdot g'$ ist. Wie man in solchen Fällen jeweils f und g wählen muss, sagt einem allerdings keiner. Da fängt eben die Kunst an.

B. Das folgende Beispiel ist besonders typisch und hat schon fast den Charakter eines Kochrezeptes:

$$\begin{aligned}\int_a^b \sin^2(x)\,dx &= \int_a^b (-\cos'(x))\cdot\sin(x)\,dx\\ &= (-\cos(x)\cdot\sin(x))\Big|_a^b - \int_a^b (-\cos(x))\cdot\cos(x)\,dx\\ &= -(\cos(x)\cdot\sin(x))\Big|_a^b + \int_a^b \cos^2(x)\,dx\\ &= -(\cos(x)\cdot\sin(x))\Big|_a^b + (x)\Big|_a^b - \int_a^b \sin^2(x)\,dx.\end{aligned}$$

So, jetzt haben wir die Bescherung! Außer Spesen nichts gewesen, denn das Integral, das wir ausrechnen wollten, ist wieder aufgetaucht!

Doch die scheinbare Niederlage ist in Wirklichkeit ein Sieg. Das Integral über $\sin^2(x)$ auf der rechten Seite hat nämlich das richtige Vorzeichen. Wir können es auf die andere Seite der Gleichung bringen und erhalten:

$$\int_a^b \sin^2(x)\,dx = \frac{1}{2}\cdot\left((x-\cos(x)\cdot\sin(x))\Big|_a^b\right).$$

C. Von ähnlicher Bauart ist das folgende Beispiel:

$$\begin{aligned}\int_a^b e^x\cdot\sin(x)\,dx &= \int_a^b e^x\cdot(-\cos'(x))\,dx\\ &= -(e^x\cdot\cos(x))\Big|_a^b - \int_a^b (e^x)'\cdot(-\cos(x))\,dx\\ &= -(e^x\cdot\cos(x))\Big|_a^b + \int_a^b e^x\cdot\cos(x)\,dx.\end{aligned}$$

Eine zweite Rechnung liefert:

$$\int_a^b e^x\cdot\cos(x)\,dx = (e^x\cdot\sin(x))\Big|_a^b - \int_a^b e^x\cdot\sin(x)\,dx.$$

Setzt man das in das erste Ergebnis ein, so erhält man:

$$\int_a^b e^x\cdot\sin(x)\,dx = \frac{1}{2}\cdot\left((e^x\cdot(\sin(x)-\cos(x)))\Big|_a^b\right).$$

Das geht wie's Brezelbacken. Aber Vorsicht, Sie arbeiten ohne Netz! Sie können nie sicher sein, dass dieses Verfahren zum Erfolg führt, und es erfordert auch eine gewisse Routine herauszufinden, wie man f und g wählen sollte.

Die zweite Technik, die wir kennenlernen wollen, ist noch etwas schwieriger. Durch Probieren kann man rasch herausfinden, dass nicht nur $-\cos(x)$ Stammfunktion von $\sin(x)$ ist, sondern auch $-(1/a)\cos(ax)$ Stammfunktion von $\sin(ax)$. Wenn man zur Probe differenziert, benötigt man die Kettenregel. Daher liegt es nahe, die Kettenregel auf ihre Verwendbarkeit in der Integrationstheorie hin zu untersuchen.

Sei $f : I \to \mathbb{R}$ stetig, $F : I \to \mathbb{R}$ eine Stammfunktion von f. Weiter sei $\varphi : [\alpha, \beta] \to \mathbb{R}$ eine stetig differenzierbare Funktion, mit $\varphi([\alpha, \beta]) \subset I = [a, b]$. Dann ist die Verknüpfung $F \circ \varphi : [\alpha, \beta] \to \mathbb{R}$ definiert und differenzierbar, es ist

$$(F \circ \varphi)'(t) = F'(\varphi(t)) \cdot \varphi'(t) = (f \circ \varphi)(t) \cdot \varphi'(t).$$

Also ist $F \circ \varphi$ eine Stammfunktion von $(f \circ \varphi) \cdot \varphi'$.

Für das bestimmte Integral von $(f \circ \varphi) \cdot \varphi'$ über $[\alpha, \beta]$ ergibt das:

$$\int_\alpha^\beta f(\varphi(t)) \cdot \varphi'(t)\, dt = \int_\alpha^\beta (F \circ \varphi)'(t)\, dt = F(\varphi(\beta)) - F(\varphi(\alpha)).$$

Andererseits ist

$$F(\varphi(\beta)) - F(\varphi(\alpha)) = \int_{\varphi(\alpha)}^{\varphi(\beta)} F'(x)\, dx.$$

Da $F' = f$ ist, haben wir bewiesen:

10.18 Substitutionsregel

Sei $\varphi : [\alpha, \beta] \to \mathbb{R}$ stetig differenzierbar, $\varphi([\alpha, \beta]) \subset I$ und $f : I \to \mathbb{R}$ stetig. Dann gilt:

$$\int_{\varphi(\alpha)}^{\varphi(\beta)} f(x)\, dx = \int_\alpha^\beta f(\varphi(t)) \cdot \varphi'(t)\, dt.$$

Auch hier zeigt sich der Nutzen am besten anhand von Beispielen:

10.19 Beispiele

A. Wir beginnen mit ganz einfachen Fällen. Häufig möchte man eine Funktion der Form $x \mapsto f(x + c)$ integrieren. Hier wird in f die Funktion $\varphi(t) := t + c$ eingesetzt. Da $\varphi'(t) \equiv 1$ ist, folgt:

$$\int_a^b f(t + c)\, dt = \int_{a+c}^{b+c} f(x)\, dx.$$

B. Nun untersuchen wir Funktionen der Form $x \mapsto f(x \cdot c)$. Hier wird $\varphi(t) := t \cdot c$ eingesetzt, mit $\varphi'(t) \equiv c$. Die Substitutionsregel liefert eine Formel für das

Integral über $c \cdot f(t \cdot c)$. Wir können aber die Konstante c auf die andere Seite der Gleichung bringen und erhalten dann:

$$\int_a^b f(t \cdot c)\, dt = \frac{1}{c} \cdot \int_{a \cdot c}^{b \cdot c} f(x)\, dx.$$

C. Auch das folgende Beispiel ist eigentlich ein alter Bekannter:

Es sei $f(x) := 1/x$ und $\varphi(t)$ eine stetig differenzierbare Funktion ohne Nullstellen über $[\alpha, \beta]$. Dann gilt:

$$f(\varphi(t)) \cdot \varphi'(t) = \frac{\varphi'(t)}{\varphi(t)}.$$

Also ist

$$\int_\alpha^\beta \frac{\varphi'(t)}{\varphi(t)}\, dt = \int_{\varphi(\alpha)}^{\varphi(\beta)} \frac{1}{x}\, dx = (\ln|x|)\, \Big|_{\varphi(\alpha)}^{\varphi(\beta)} = (\ln|\varphi(t)|)\, \Big|_\alpha^\beta .$$

Das hätte man übrigens auch mit der logarithmischen Ableitung erhalten!

Zum Beispiel ist

$$\int_a^b \tan(t)\, dt = \int_a^b \frac{-\cos'(t)}{\cos(t)}\, dt = -(\ln|\cos(t)|)\, \Big|_a^b .$$

D. In den bisherigen Beispielen war immer die rechte Seite der Substitutionsregel der Ausgangspunkt, und man konnte die Substitution φ leicht erkennen. Aber man kann auch mit der linken Seite beginnen, in der Hoffnung, dass die rechte Seite leichter auszurechnen ist. Doch wie soll man dann die geeignete Substitution finden? Das erfordert wirklich Kreativität und viel Routine. Für uns wird das hier zu schwierig, und wir begnügen uns mit einem einzigen, noch relativ einfachen Beispiel:

Es soll das Integral $\int_a^b \sqrt{1 - x^2}\, dx$ berechnet werden, für $-1 < a < b < +1$. Es gilt:

$$0 \le y \le \sqrt{1 - x^2} \iff (y \ge 0) \wedge (x^2 + y^2 \le 1).$$

Für $a \to -1$ und $b \to +1$ wird also durch das obige Integral die Fläche des halben Einheitskreises berechnet.

Die Gleichung $y = \sqrt{1 - x^2}$ erinnert an die Gleichung $\cos(x) = \sqrt{1 - \sin^2(x)}$, deshalb kann man es ja einmal mit der Substitution $\varphi(t) := \sin(t)$ versuchen. Einige technische Details müssen dabei noch betrachtet werden: Die Sinus-Funktion bildet das Intervall $[-\pi/2, +\pi/2]$ auf das Intervall $[-1, +1]$ ab, und zwar surjektiv, wegen der Stetigkeit. Außerdem ist $\sin'(x) = \cos(x)$ dort stetig und im Innern des Intervalls positiv. Also ist $\sin(x)$ sogar eine bijektive Abbildung zwischen den Intervallen und die Umkehrabbildung differenzierbar. Sie wird mit $\arcsin(y)$ („Arcussinus") bezeichnet. Setzt man $\alpha := \arcsin(a)$ und $\beta := \arcsin(b)$, so bildet $\sin(x)$ das Intervall $[\alpha, \beta]$ bijektiv auf das Intervall $[a, b]$ ab. Die Substitutionsregel liefert nun:

$$\begin{aligned} \int_a^b \sqrt{1-x^2}\,dx &= \int_\alpha^\beta \sqrt{1-\sin^2(t)} \cdot \cos(t)\,dt \\ &= \int_\alpha^\beta \cos^2(t)\,dt. \end{aligned}$$

Tatsächlich hat sich die Situation vereinfacht, das neue Integral kann in der bekannten Weise mit Hilfe partieller Integration berechnet werden. Es ist

$$\int_\alpha^\beta \cos^2(t)\,dt = \frac{1}{2} \cdot (\sin(t) \cdot \cos(t) + t) \Big|_\alpha^\beta .$$

Wir formulieren das Ergebnis noch etwas um. Zunächst können wir $\cos(t)$ durch $\sqrt{1-\sin^2(t)}$ ersetzen, so dass nur noch die Substitutionsfunktion $\sin(t)$ vorkommt. Dann ist es natürlich wünschenswert, die Hilfsgrößen α und β loszuwerden, damit das Ergebnis von a und b abhängt. Setzen wir die Gleichungen

$$\alpha = \arcsin(a) \quad \text{und} \quad \beta = \arcsin(b)$$

ein, so erhalten wir:

$$\int_a^b \sqrt{1-x^2}\,dx = \frac{1}{2} \cdot \left(t \cdot \sqrt{1-t^2} + \arcsin(t)\right) \Big|_a^b .$$

Lässt man hier $a \to -1$ und $b \to +1$ gehen, so konvergiert die rechte Seite gegen $\frac{1}{2} \cdot (\arcsin(1) - \arcsin(-1)) = \frac{\pi}{2}$. Also ist

$$\int_{-1}^{+1} \sqrt{1-x^2}\,dx = \frac{\pi}{2}.$$

Kein überraschendes, aber doch ein befriedigendes Ergebnis!

Aufgabe 3 (Integrationsmethoden)

Berechnen Sie die folgenden Integrale:

1. $\displaystyle\int_0^t \cos^3(x)\,dx,$

2. $\displaystyle\int_a^b e^{\sin x} \cdot \cos x\,dx,$

3. $\displaystyle\int_a^x \frac{t+5}{t-1}\,dt$ für $x > a > 1$,

4. $\displaystyle\int_a^b x^2 e^x\,dx$.

Zugabe für ambitionierte Leser

Integrierbarkeit und Stetigkeit

10.20 Integrierbarkeit stetiger Funktionen

Sei $f : [a,b] \to \mathbb{R}$ stetig. Für $n \in \mathbb{N}$ sei $\mathbf{Z}_n$ die Zerlegung von $[a,b]$ in n gleich lange Teilintervalle. Dann ist

$$\lim_{n\to\infty} \big(S_o(f,\mathbf{Z}_n) - S_u(f,\mathbf{Z}_n)\big) = 0.$$

BEWEIS: Sei $x_k^{(n)} := a + k\cdot(b-a)/n$, für $k = 0,1,2,\ldots,n$. Dann ist die Zerlegung $\mathbf{Z}_n$ gegeben durch

$$a = x_0^{(n)} < x_1^{(n)} < \ldots < x_{n-1}^{(n)} < x_n^{(n)} = b,$$

und die Länge $(b-a)/n$ der Teilintervalle konvergiert gegen 0.

Es sei $I_k^{(n)} := [x_{k-1}^{(n)}, x_k^{(n)}]$ das k-te Teilintervall der n-ten Zerlegung, sowie

$$u_k^{(n)} := \inf(f|I_k^{(n)}) \text{ und } o_k^{(n)} := \sup(f|I_k^{(n)}).$$

Die „Schwankung" $\sigma_k^{(n)} := o_k^{(n)} - u_k^{(n)}$ zeigt an, wie stark die Werte von f auf dem Intervall $I_k^{(n)}$ variieren.

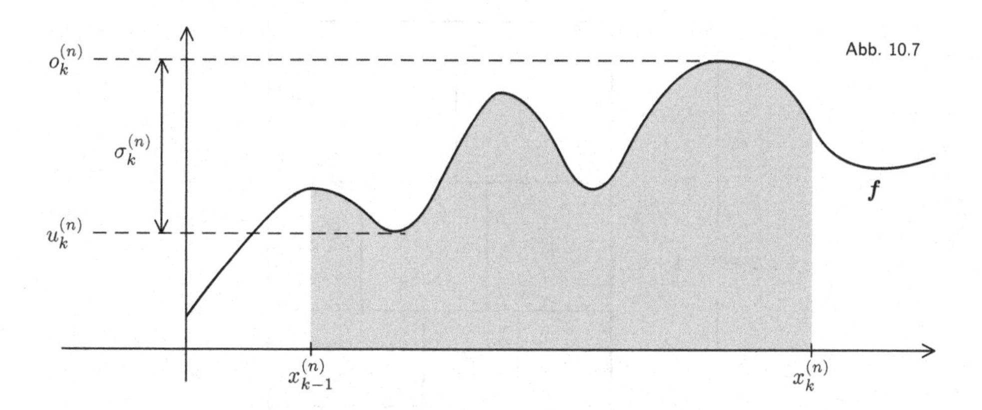

Abb. 10.7

Nun kommt der etwas kompliziertere Teil des Beweises: Da f stetig ist, gibt es sicher zu jedem n ein $c_n > 0$, so dass $0 \le \sigma_k^{(n)} \le c_n$ für alle k ist. Wir wählen c_n so klein wie möglich und schätzen ab:

$$\begin{aligned} S_o(f, \mathbf{Z}_n) - S_u(f, \mathbf{Z}_n) &= \sum_{k=1}^{n} \sigma_k^{(n)} \cdot (x_k^{(n)} - x_{k-1}^{(n)}) \\ &\le c_n \cdot \sum_{k=1}^{n} (x_k^{(n)} - x_{k-1}^{(n)}) \\ &= c_n \cdot (b-a). \end{aligned}$$

Wenn wir nun zeigen könnten, dass c_n gegen Null konvergiert, dann wäre der Satz bewiesen. Wir versuchen also zu zeigen:

$$\forall \varepsilon > 0 \; \exists n_0 \in \mathbb{N}, \text{ s.d. } \sigma_k^{(n)} < \varepsilon \text{ für alle } n \ge n_0, \; k = 1, \ldots, n.$$

Den Beweis dafür führen wir durch Widerspruch. Die formale Verneinung der gewünschten Eigenschaft ergibt folgende Annahme:

$$\exists \varepsilon \; : \; \forall m \in \mathbb{N} \; \exists n \ge m \text{ und ein } k \text{ mit } \sigma_k^{(n)} \ge \varepsilon.$$

In dem Intervall $I_k^{(n)}$ gibt es dann Punkte $x'_{n,k}, x''_{n,k}$ mit $|f(x'_{n,k}) - f(x''_{n,k})| \ge \dfrac{\varepsilon}{2}$. Dabei strebt $|x'_{n,k} - x''_{n,k}|$ für $n \to \infty$ gegen Null.

Nach dem Satz von Bolzano/Weierstraß (der in Kapitel 11 bewiesen wird) besitzt die Folge $(x'_{n,k})$ eine Teilfolge $(x'_{n(i),k(i)})$, die gegen ein $x_0 \in [a, b]$ konvergiert. Es ist klar, dass dann auch $(x''_{n(i),k(i)})$ gegen x_0 konvergiert.

Weil f stetig ist, streben die Folgen $f(x'_{n(i),k(i)})$ und $f(x''_{n(i),k(i)})$ beide gegen $f(x_0)$. Aber das ist unmöglich! ■

Quadratsummen

Hier soll der Wert der Quadratsumme $Q_n := 1^2 + 2^2 + 3^2 + \cdots + n^2$ bestimmt werden.

1. Methode:

Wir benutzen folgende Skizze:

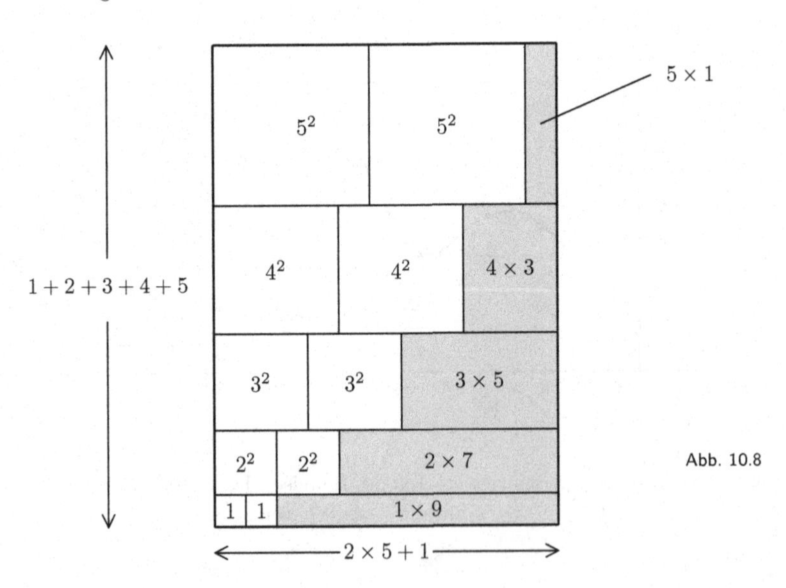

Abb. 10.8

Das große Rechteck hat (für beliebiges n) den Flächeninhalt $(1 + 2 + \cdots + n) \cdot (2n + 1)$. Die in der Skizze angedeutete Zerlegung ergibt sich auch algebraisch:

$$\begin{aligned}(2n+1)\cdot\sum_{k=1}^{n} k &= \sum_{k=1}^{n} k\cdot(2n+1) = \sum_{k=1}^{n} k\cdot\big(2k+(2n+1-2k)\big)\\ &= \sum_{k=1}^{n}\big(k^2+k^2+k(2n+1-2k)\big)\\ &= 2\cdot Q_n + \big(1\cdot(2n-1)+2\cdot(2n-3)+\cdots+(n-1)\cdot 3+n\cdot 1\big).\end{aligned}$$

Nimmt man also aus dem großen Rechteck zweimal die Quadratsumme Q_n heraus, so bleibt eine Gruppe von Rechtecken übrig, deren Gesamtfläche überraschenderweise noch einmal Q_n ergibt. Mit der Gleichung $1 + 3 + 5 + \cdots + (2n - 1) = n^2$ folgt nämlich

$$\begin{aligned}&n\cdot 1+(n-1)\cdot 3+\cdots+2\cdot(2n-3)+1\cdot(2n-1) =\\ &= (1+1+\cdots+1)+(3+\cdots+3)+\cdots+\big((2n-3)+(2n-3)\big)+(2n-1)\\ &= \big(1+3+\cdots+(2n-3)+(2n-1)\big)+\cdots+\big(1+3+5\big)+\big(1+3\big)+1\\ &= n^2+(n-1)^2+\cdots+3^2+2^2+1 = Q_n.\end{aligned}$$

Also ist $(1 + 2 + \cdots + n) \cdot (2n + 1) = 3 \cdot Q_n$ und

$$Q_n = \frac{1}{6}n(n+1)(2n+1).$$

2. Methode:

Man kann auch mit Teleskopsummen arbeiten. Es ist einerseits

$$\sum_{k=1}^{n}\big((k+1)^3-k^3\big) = \sum_{k=1}^{n}(3k^2+3k+1) = 3\cdot Q_n + 3\sum_{k=1}^{n} k + n$$

und andererseits

$$\sum_{k=1}^{n}\big((k+1)^3-k^3\big) = (n+1)^3-1 = n^3+3n^2+3n.$$

Daraus folgt:

$$Q_n = \frac{1}{3}(n^3+3n^2+2n) - \frac{1}{2}n(n+1) = \frac{1}{6}(2n^3+6n^2+4n-3n^2-3n) = \frac{1}{6}(2n^3+3n^2+n).$$

Weil $n(n+1)(2n+1) = (n^2+n)(2n+1) = 2n^3+3n^2+n$ ist, stimmen beide Ergebnisse überein.

Aufgaben

10.1 Lösen Sie Aufgabe 1 (Riemann'sche Summe) auf Seite 318.

10.2 Lösen Sie Aufgabe 2 (Integralberechnung) auf Seite 323.

10.3 Lösen Sie Aufgabe 3 (Integrationsmethoden) auf Seite 334.

10.4 Sei $f : [a, b] \to \mathbb{R}$ stückweise stetig, d.h. stetig bis auf endlich viele Sprungstellen. Dann versteht man unter einer ***Stammfunktion*** von f eine **stetige** Funktion $F : [a, b] \to \mathbb{R}$, so dass F **außerhalb der Sprungstellen** von f **differenzierbar** und dort $F'(x) = f(x)$ ist. Bestimmen Sie eine solche Stammfunktion von

$$f(x) := \begin{cases} 4x-1 & \text{für } -1 \leq x < 0, \\ 2x+3 & \text{für } 0 \leq x < 1, \\ 1-x & \text{für } 1 \leq x \leq 2. \end{cases}$$

10.5 Sei $f(x) = x^2/3$ und $g(x) = x - x^3/12$. Berechnen Sie den Inhalt der von f und g eingeschlossenen (und rechts von $x = 0$ gelegenen) Fläche.

10.6 Sei $f(x) = x^3 - 27x$ und $g(x)$ eine affin-lineare Funktion, deren Graph durch das Maximum und das Minimum von f geht. Berechnen Sie den Inhalt der von g und f eingeschlossenen Fläche.

10.7 Berechnen Sie

$$\int_{-2}^{2} |x^2 - 1|\, dx, \quad \int_0^{2\pi} |\sin x|\, dx \quad \text{und} \quad \int_0^2 (2-5x)(2+5x)\, dx.$$

10.8 Differenzieren Sie die folgenden Funktionen:

$$f(x) = (\ln x)^2, \; g(x) = \ln\sqrt{a^2 - x^2}, \; h(x) = \ln(\sin^2 x) \;\text{ und }\; q(x) = \ln\ln x.$$

10.9 Sei $f : \mathbb{R} \to \mathbb{R}$ differenzierbar, $k > 0$, $c \in \mathbb{R}$ beliebig, $f'(x) = k \cdot f(x)$ und $f(0) = c$. Zeigen Sie, dass $f(x) = c \cdot e^{kx}$ ist.

10.10 Führen Sie eine Kurvendiskussion für die Funktion $f(x) = \frac{1}{2}(e^x + e^{-x})$ durch (Maxima, Minima, Wendepunkte, Monotonie, Konvexität) sowie für die Funktion $g(x) := (x^2 + 1)e^x$.

10.11 Zeigen Sie, dass $\ln(1 + x) \leq x$ für $x > -1$ ist.

10.12 Berechnen Sie mit Hilfe der Regel der partiellen Integration:

$$\int_0^{\pi/2} x^2 \sin(2x)\, dx \quad \text{und} \quad \int_1^2 (x^2 + 1)e^x\, dx.$$

10.13 Berechnen Sie mit Hilfe der Substitutionsregel:

$$\int_a^b \frac{3x^2}{x^3 + 8}\, dx \quad \text{und} \quad \int_a^b \sin(2x + 3)\, dx.$$

11 Imaginäre Welten

Eine vierte Dimension ist den Geistern eigen.

Henry More[1]

Kubische Gleichungen

Mit der Renaissance (etwa ab 1400) begann sich auch die Wissenschaft von den christlichen Überlieferungen des Mittelalters zu lösen. Nach der Eroberung Konstantinopels durch die Türken im Jahre 1453 kamen viele Gelehrte nach Italien und setzten dort neue Entwicklungen in Gang. Die Universität von Bologna entwickelte sich zu einem Zentrum der Mathematik.

Die Araber hatten bis dahin die Algebra als neue Disziplin weit vorangetrieben. Bei der Lösung der allgemeinen kubischen Gleichung

$$x^3 + ax^2 + bx + c = 0$$

waren sie jedoch erfolglos geblieben.

Nun kann man den Anfang der linken Seite, $x^3 + ax^2$, als Teil eines Binoms vom Grad 3 auffassen:

$$x^3 + ax^2 = (x + \frac{a}{3})^3 - \left(3 \cdot (\frac{a}{3})^2 x + (\frac{a}{3})^3\right).$$

Das bedeutet, dass man nur die folgende ***reduzierte Gleichung*** lösen muss:

$$\boxed{y^3 + py = q\,.}$$

Dabei ist $y = x + \frac{a}{3}$, $\quad p = b - \frac{a^2}{3} \quad$ und $\quad q = -c + \frac{ab}{3} - \frac{2a^3}{27}$.

Das war der Stand der Dinge, als Scipione dal Ferro[2] um 1500 in Bologna eine rechnerische Lösung der Gleichung $y^3 + py = q$ für $p, q > 0$ fand:

Der Trick besteht in dem Ansatz $y = u + v$. Setzt man das ein, so erhält man:

---

[1] Der englische Philosoph Henry More (1614–1687) war Professor in Cambridge. Er stand unter dem Einfluss der Kabbala und vertrat einen mystischen Spiritualismus, z.B. in seiner Schrift *Enchiridium metaphysicum*. Seine Vorstellung vom Raum hat Newton beeinflusst.

[2] Scipione dal Ferro (1465–1526) war Sohn eines Papierhändlers in Bologna, wurde Lektor und später Professor an der Universität. Seine Lösung der kubischen Gleichung fand er vermutlich beim Studium der mittelalterlichen „Cossisten“. Er erzielte damit in der Algebra den ersten entscheidenden Fortschritt seit der Antike.

$$u^3 + v^3 + 3uv(u+v) + p(u+v) = q.$$

Wenn man nun u und v so wählen kann, dass $u^3 + v^3 = q$ und $uv = -p/3$ ist, dann hat man die Gleichung gelöst. Und das ist tatsächlich möglich:

Ist eine quadratische Gleichung $z^2 + \beta z + \gamma = 0$ mit der Diskriminante $\Delta := \beta^2 - 4\gamma$ gegeben, und $\Delta > 0$, so erhält man die Lösungen

$$z_1 = \frac{-\beta + \sqrt{\Delta}}{2} \text{ und } z_2 = \frac{-\beta - \sqrt{\Delta}}{2}.$$

Dann leitet man unmittelbar die „Gleichungen von Vieta“ her:

$$\boxed{\begin{array}{rcl} z_1 + z_2 &=& -\beta \\ z_1 \cdot z_2 &=& \gamma \end{array}}$$

Die Gleichungen $u^3 + v^3 = q$ und $u^3 \cdot v^3 = -p^3/27$ sind sicher dann erfüllt, wenn u^3 und v^3 Lösungen der quadratischen Gleichung $z^2 - qz - p^3/27 = 0$ sind, wenn also gilt:

$$\begin{array}{rrcl} & u^3 &=& \dfrac{q + \sqrt{\Delta}}{2} \\ \text{und} & v^3 &=& \dfrac{q - \sqrt{\Delta}}{2}, \end{array}$$

mit $\Delta = q^2 + \dfrac{4p^3}{27}$. Da $p, q > 0$ vorausgesetzt wurde, ist tatsächlich $\Delta > 0$. Also gilt:

$$\boxed{y = u + v = \sqrt[3]{\frac{q}{2} + \sqrt{(\frac{q}{2})^2 + (\frac{p}{3})^3}} + \sqrt[3]{\frac{q}{2} - \sqrt{(\frac{q}{2})^2 + (\frac{p}{3})^3}}.}$$

11.1 Beispiel

Wir betrachten die schon reduzierte Gleichung $y^3 + 3y = 4$.

Dann ist

$$u = \sqrt[3]{2 + \sqrt{5}} \text{ und } v = \sqrt[3]{2 - \sqrt{5}}.$$

Leider erhält man die Lösung so in einer sehr komplizierten Form. Die Renaissance-Mathematiker haben das durchaus akzeptiert, zumal sie sich durch die Probe leicht von der Richtigkeit der Lösung überzeugen konnten. Obwohl sie noch keine ausgefeilte Formelsprache besaßen und alles mehr oder weniger mit Worten beschreiben mussten, konnten sie recht gut mit solchen Wurzelausdrücken umgehen.

In unserem Beispiel findet man allerdings schnell heraus, dass

$$(1 \pm \sqrt{5})^3 = 1 \pm 3\sqrt{5} + 15 \pm 5\sqrt{5} = 16 \pm 8\sqrt{5} = 8 \cdot (2 \pm \sqrt{5})$$

ist, also

$$y = u + v = \frac{1}{2} \cdot (1 + \sqrt{5}) + \frac{1}{2} \cdot (1 - \sqrt{5}) = 1.$$

Dal Ferro veröffentlichte seine Ergebnisse keineswegs, das war damals nicht üblich. Unter dem Siegel der Verschwiegenheit teilte er die Lösungsmethode seinem Schwiegersohn und Amtsnachfolger Nave sowie dem Rechenmeister Antonio Maria Fiore mit. Letzterer war wohl eher ein kleiner Geist. Voller Stolz über sein neues Wissen forderte er öffentlich den Rechenmeister Tartaglia[3] zum Wettstreit auf. Jeder sollte 30 Aufgaben bei einem Notar hinterlegen, 50 Tage Zeit waren zur Lösung gelassen. Doch zu Fiores Überraschung löste Tartaglia sämtliche Aufgaben in wenigen Stunden. Und da dieser – wie er später behauptete – kurz vor dem Wettstreit in der Nacht vom 12. auf den 13. Februar 1535 herausbekommen hatte, wie man Gleichungen vom Typ $y^3 = ay + b$ oder $y^3 + b = ay$ lösen kann, stellte er seinerseits Aufgaben, von denen Fiore keine einzige bewältigen konnte.

Als der Ausgang des Wettstreites bekannt geworden war, bedrängte Girolamo Cardano[4] den Rechenmeister Tartaglia, er möge ihm doch das Geheimnis verraten. Nach langem Zögern gab Tartaglia schließlich nach, ließ sich unter Eid Verschwiegenheit zusichern und verriet Cardano seine Formeln, wenn auch in dunklen Versen versteckt.

Zusammen mit seinem Schüler Ludovico Ferrari[5] kam Cardano zu der Ansicht, dass Tartaglias Methoden mit denen dal Ferros übereinstimmten und dass der Rechenmeister seine Ergebnisse deshalb nicht auf redlichem Wege erworben habe. Er fühlte sich nicht mehr an die Schweigepflicht gebunden und veröffentlichte 1545 in seinem großen Werk *Ars magna sive de regulis algebraicis*[6] unter anderem auch die Methode zur Auflösung kubischer Gleichungen. Obwohl er Tartaglia als Urheber benannte, war dieser hell empört und bezichtigte Cardano des Eidbruches.

Ferrari nahm an Stelle seines Meisters den Fehdehandschuh auf und es kam zu einem öffentlichen Briefwechsel zwischen Tartaglia und Ferrari, in dem beide die

[3]Niccolo von Brescia (1500–1557), genannt *Tartaglia* (der „Stotterer"), kam aus sehr einfachen Verhältnissen. Bei der Eroberung von Brescia durch die Franzosen im Jahre 1512 wurde er durch einen Säbelhieb so schwer verletzt, dass er für sein Leben gezeichnet war und auch nicht mehr richtig sprechen konnte. Trotz spärlicher Schulbildung wurde er ab 1517 Rechenlehrer in Verona und 1534 Rechenmeister in Venedig. Einen Namen machte er sich als Ballistiker. Er starb verarmt und einsam.

[4]Girolamo Cardano (1501–1576) war eigentlich Arzt und Universalgelehrter. Pavia, Padua, Mailand, Bologna und schließlich Rom waren die Stationen seines Lebens. Er war der erfahrenste Algebraiker seiner Zeit und zeigte großes Rechengeschick. Vorübergehend kam er wegen Ketzerei in Haft, seinen Lebensabend bestritt er aber mit Hilfe einer Pension des Papstes.

[5]Ludovico Ferrari (1522–1569) war zunächst Diener im Hause Cardanos. 1540 wurde er Lehrer für Mathematik in Mailand, später Privatgelehrter, ab 1564 Professor in Bologna. Unter anderem entdeckte er ein Lösungsverfahren für Gleichungen 4. Grades. Er galt als zügellos und wurde angeblich von seiner Schwester vergiftet.

[6]Zu Deutsch: „Die hohe Kunst oder Über die Regeln der Algebra".

gelehrte Mitwelt wissen ließen, dass sie einander im Gebrauch von Ausdrücken, wie sie sonst nur auf Fischmärkten zu hören sind, durchaus ebenbürtig waren.[7]

Nach längerem Zögern nahm Tartaglia die Einladung zu einem öffentlichen Disput in Mailand im August 1548 an. Cardano war dabei nicht zugegen, jedoch zahlreiche Freunde Ferraris. Der Vormittag verging mit Streitigkeiten über die Auswahl der Kampfrichter, polemischen Vorwürfen und weitschweifigen Reden, dann nahte die Mittagsstunde, die Menge zerstreute sich und Tartaglia reiste eilends wieder ab.

Die Historiker sind inzwischen ziemlich sicher, dass Tartaglia wenig Eigenes geleistet und die Lösung der kubischen Gleichung wohl tatsächlich aus Aufzeichnungen von dal Ferro entnommen hat, während Cardano die Theorie aus eigener Kraft vervollständigt hat.

Bei dem Versuch, möglichst viele verschiedene Formen kubischer Gleichungen zu lösen, stieß Cardano erstmals auf den sogenannten „casus irreducibilis“:

Er tritt z.B. bei der Gleichung $y^3 - 6y + 4 = 0$ auf. Hier ist $p = -6$ und $q = -4$. Der Lösungsansatz von dal Ferro führt auf die Diskriminante

$$\Delta = q^2 + \frac{4p^3}{27} = 16 + \frac{4 \cdot (-6)^3}{27} = 16 - 32 = -16 < 0.$$

Also erhält man als Lösung den fiktiven Wert

$$y = \sqrt[3]{-2 + 2\sqrt{-1}} + \sqrt[3]{-2 - \sqrt{-1}}.$$

Cardano sprach auch von *weniger reinen Wurzeln*, mit denen er nicht viel anzufangen wusste.

Erst Rafael Bombelli[8] führte die Überlegungen an dieser Stelle zu Ende. Er verbesserte die Bezeichnungsweisen und begann systematisch mit Wurzeln aus negativen Zahlen zu rechnen. Dabei stellte er fest:

$$(1 + \sqrt{-1})^3 = -2 + 2\sqrt{-1} \text{ und } (1 - \sqrt{-1})^3 = -2 - 2\sqrt{-1}.$$

Setzt man dies in die Lösung ein, so erhält man:

$$x = (1 + \sqrt{-1}) + (1 - \sqrt{-1}) = 2$$

Auf dem Umweg über die mysteriöse Wurzel aus -1 findet man eine reelle Lösung! Die Cardano'schen Formeln führen also immer zum Ziel. Bombelli sprach bei den Wurzeln aus negativen Zahlen von „wahrhaft sophistischen Größen“, Descartes bezeichnete sie 1637 als „imaginäre Zahlen“. Sie blieben den Mathematikern noch

[7] vgl. M. Cantors Vorlesungen über Geschichte der Mathematik.

[8] Rafael Bombelli (1526–1572) war ursprünglich Ingenieur und bildete sich dann autodidaktisch weiter. Mit seiner großen Monographie zur Mathematik, von der die ersten drei Bände über Algebra 1572 in Bologna erschienen, gilt er als letzter bedeutender Algebraiker der italienischen Renaissance.

lange Zeit suspekt, selbst Newton versuchte sie zu vermeiden. Zu Anfang des 18. Jahrhunderts formulierte Abraham de Moivre[9] einen Satz, der implizit die folgende Formel enthielt:

11.2 Moivre'sche Formel

$$(\cos x + \sqrt{-1}\sin x)^n = \cos(nx) + \sqrt{-1}\sin(nx).$$

Bekannt wurde dieses Ergebnis allerdings erst durch Euler (um 1748), der später (1777) auch das Symbol $\mathrm{i} := \sqrt{-1}$ einführte. Unter der Voraussetzung, dass man mit den imaginären Größen in gewohnter Weise rechnen kann, lässt sich die Moivre'sche Formel mit einem einfachen Induktionsbeweis zeigen. Euler führte derartige Rechnungen in genialer Weise durch, blieb aber eine exakte Erklärung der Wurzeln aus negativen Zahlen schuldig.

Im Jahre 1797 entwickelte der Däne Caspar Wessel[10] erste Ideen zu einer geometrischen Darstellung der imaginären Größen. Er führte zwei Einheitsstrecken 1 und ε ein und stellte eine beliebige (vom Ursprung ausgehende) Strecke in der Form $A\cos\alpha + A\varepsilon\sin\alpha$ dar. Seine Arbeit blieb aber weitgehend unbekannt. Unabhängig von ihm entwickelte Robert Argand[11] 1806 ein ähnliches Konzept: Da die Multiplikation einer reellen Zahl mit (-1) einer Spiegelung am Nullpunkt, also einer Drehung um 180°, entspricht, kam er zu der Auffassung, dass die Multiplikation mit $\sqrt{-1}$ einer Drehung um 90° entsprechen müsse. Auch seine Arbeit, die erst 1813 verbreitet wurde, blieb ohne großen Einfluss.

Komplexe Zahlen

Erst Gauß, der schon frühzeitig eine genaue Vorstellung von den imaginären Größen hatte (und sich heftig über den Gebrauch des mystifizierenden Wortes „imaginär" beschwerte), gelang es, sie hoffähig zu machen. Er übernahm das Euler'sche Symbol i und führte den Begriff „komplexe Zahl" für einen Ausdruck der Form $z = a + b\,\mathrm{i}$ mit reellen Zahlen a und b ein.

Die schon von Wessel und Argand angedeutete und von Gauß endgültig gelieferte geometrische Interpretation sieht nun folgendermaßen aus:

Die komplexe Zahl $z = a + b\,\mathrm{i}$ entspricht dem Punkt (a, b) der euklidischen Ebene, insbesondere 1 dem Punkt $(1, 0)$ und i dem Punkt $(0, 1)$. Man spricht auch von der „Gauß'schen Zahlenebene". Die Addition von komplexen Zahlen erfolgt nach dem Prinzip der Vektoraddition.

[9] Der Franzose Abraham de Moivre (1667–1754) entstammte einer Hugenottenfamilie und musste nach Aufhebung des Edikts von Nantes nach London emigrieren. Er beschäftigte sich vor allem mit Wahrscheinlichkeitstheorie.

[10] Caspar Wessel (1745–1818) wurde vor allem als Oberaufseher der dänischen Landesvermessung bekannt. Als seine wichtigste Leistung gilt die Vermessung der Grafschaft Oldenburg.

[11] Jean Robert Argand (1768–1822) war Buchhalter und Amateur-Mathematiker.

Von dieser Vorstellung war es nur ein kleiner Schritt zur endgültigen abstrakten Definition der komplexen Zahlen:

Definition (komplexe Zahlen)

Unter der Menge der ***komplexen Zahlen*** versteht man den Vektorraum $\mathbb{R}^2$, auf dem zusätzlich eine Multiplikation gegeben ist:

$$(a, b) \cdot (c, d) := (ac - bd,\ ad + bc).$$

Das Element $(1, 0)$ wird mit 1 bezeichnet, das Element $(0, 1)$ mit i.

In der Darstellung $z = a + \mathrm{i}\,b$ heißt a der ***Realteil*** und b der ***Imaginärteil*** der komplexen Zahl z.

Die Menge aller komplexen Zahlen wird mit $\mathbb{C}$ bezeichnet.

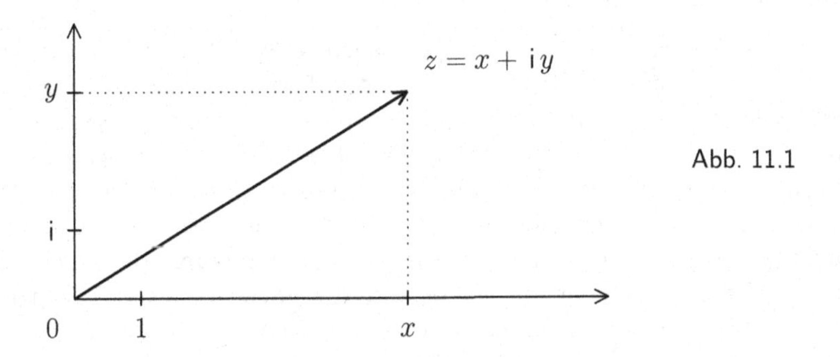

Abb. 11.1

In dieser Form wurden die komplexen Zahlen 1835 von Sir William Rowan Hamilton beschrieben. Von ihm wird später noch zu berichten sein.

Die merkwürdige Multiplikationsregel ergibt sich automatisch, wenn man versucht, zwei komplexe Zahlen $a + \mathrm{i}\,b$ und $c + \mathrm{i}\,d$ ganz formal miteinander zu multiplizieren, unter Berücksichtigung der Regel

$$\mathrm{i}^2 = -1.$$

Fleißiges Nachrechnen zeigt:

$(\mathbb{C}, +)$ ist eine (additiv geschriebene) abelsche Gruppe, $(\mathbb{C} \setminus \{0\}, \cdot)$ ist eine (multiplikativ geschriebene) abelsche Gruppe, und es gelten die Distributivgesetze. Damit ist $\mathbb{C}$ ein sogenannter ***Körper***, genauso wie $\mathbb{R}$, und die reellen Zahlen bilden einen *Unterkörper* von $\mathbb{C}$. **Eine Anordnung wie auf $\mathbb{R}$ gibt es allerdings in $\mathbb{C}$ nicht!**

Wir wollen die Rechnungen hier nicht durchführen, nur die Existenz des multiplikativen Inversen soll gezeigt werden. Dafür gibt es nämlich einen netten Trick:

Ist $z = a + b\,\mathrm{i} \in \mathbb{C}$, so nennt man $\overline{z} := a - b\,\mathrm{i}$ die zu z ***konjugierte (komplexe) Zahl***. Man gewinnt sie durch Spiegelung an der x-Achse.

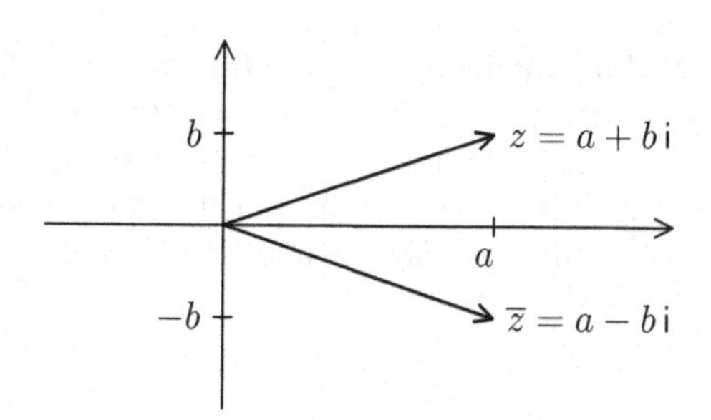

Abb. 11.2

Es gilt:

1. $\overline{z+w} = \overline{z} + \overline{w}$.
2. $\overline{z \cdot w} = \overline{z} \cdot \overline{w}$.
3. $\overline{\overline{z}} = z$.
4. Ist $z = a + b\,\mathrm{i}$, so ist $z \cdot \overline{z} = a^2 + b^2$ **reell** und ≥ 0.
   Ist $z \neq 0$, so ist sogar $z \cdot \overline{z} > 0$.
5. Realteil und Imaginärteil einer komplexen Zahl sind gegeben durch

$$\mathrm{Re}(z) = \frac{1}{2}(z + \overline{z}) \text{ und } \mathrm{Im}(z) = \frac{1}{2i}(z - \overline{z}).$$

Die reelle Zahl $|z| := +\sqrt{z\overline{z}}$ nennt man den ***Betrag*** der komplexen Zahl z. Sie entspricht der euklidischen Norm und besitzt deshalb auch die gleichen Eigenschaften.

Ist nun $z \neq 0$, so ist $z\overline{z} = |z|^2 > 0$, und es gilt:

$$1 = \frac{z\overline{z}}{z\overline{z}} = z \cdot \frac{\overline{z}}{|z|^2}.$$

Also ist

$$\boxed{z^{-1} = \frac{\overline{z}}{|z|^2}, \text{ für } z \neq 0.}$$

Wir wollen jetzt versuchen, eine anschauliche Vorstellung von der Multiplikation und Division in $\mathbb{C}$ zu gewinnen. Ist $z = a + \mathrm{i}\,b$ eine komplexe Zahl $\neq 0$, so ist $\dfrac{z}{|z|} = \alpha + \mathrm{i}\,\beta$, mit

$$\alpha := \frac{a}{\sqrt{a^2 + b^2}} \quad \text{und} \quad \beta := \frac{b}{\sqrt{a^2 + b^2}}.$$

Offensichtlich ist $\alpha^2 + \beta^2 = 1$. Damit liegt $\alpha + \mathrm{i}\,\beta$ auf dem Einheitskreis, und es gibt ein (eindeutig bestimmtes) $t \in [0, 2\pi)$ mit $\alpha = \cos t$ und $\beta = \sin t$. Das bedeutet:

$$\boxed{z = |z| \cdot (\cos t + \mathrm{i}\,\sin t).}$$

Das ist die sogenannte ***Polarkoordinaten-Darstellung*** von z. Die Zahl $\arg(z) := t$ nennt man das ***Argument*** von z. Sie ist nur bis auf 2π eindeutig bestimmt. Für $z = 0$ kann man überhaupt kein Argument festlegen, deswegen haben wir diesen Fall ausgeschlossen. Jede komplexe Zahl $z \neq 0$ kann aber auf eindeutige Weise durch ihre Polarkoordinaten, also ihren Betrag $|z|$ und den Winkel $\arg(z)$, beschrieben werden.

Ist $w = c + \mathrm{i}\,d$, so können wir die Multiplikation $w \mapsto z \cdot w$ in zwei Schritten durchführen:

1. Zunächst multiplizieren wir w mit $\alpha + \mathrm{i}\,\beta$:

$$(c, d) \mapsto (\alpha c - \beta d, \alpha d + \beta c).$$

   Das ist nichts anderes als die Drehung R_t, angewandt auf (c, d).

2. Anschließend wird $w' := R_t(w)$ mit der reellen Zahl $r := |z|$ multipliziert, also um den Faktor r gestreckt. Das können wir ebenfalls mit Hilfe einer Abbildung beschreiben, nämlich einer zentrischen Streckung:

$$H_r : (c', d') \mapsto (rc', rd').$$

Insgesamt gilt: Ist $z = r \cdot (\cos(t) + \mathrm{i}\,\sin(t))$, so ist $z \cdot w = H_r \circ R_t(w)$. Dabei darf die Reihenfolge von H_r und R_t auch vertauscht werden. Die Multiplikation mit einer komplexen Zahl ist demnach nichts anderes als eine ***Drehstreckung***.

Das Inverse zu $z = r \cdot (\cos(t) + \mathrm{i}\,\sin(t))$ ist die Zahl

$$z^{-1} = \frac{\overline{z}}{z\overline{z}} = \frac{1}{r} \cdot (\cos(t) - \mathrm{i}\,\sin(t)).$$

Wir können sie dadurch gewinnen, dass wir z zunächst an der x-Achse spiegeln und dann am Einheitskreis.[12]

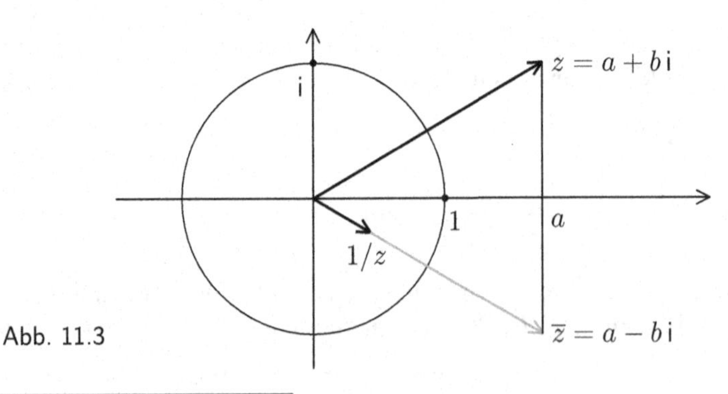

Abb. 11.3

[12] Ein z mit Polarkoordinaten (r, t) wird am Einheitskreis auf $(1/r, t)$ gespiegelt.

Komplexe Folgen und Funktionen

Definition (komplexwertige Funktionen)

Sei $I \subset \mathbb{R}$ ein Intervall. Eine Abbildung $f : I \to \mathbb{C}$ wird auch als ***komplexwertige Funktion*** bezeichnet.

Eine komplexwertige Funktion kann immer in der Form $f = g + \mathrm{i}\,h$ in Realteil und Imaginärteil zerlegt werden. Da g und h gewöhnliche reellwertige Funktionen sind, kann man Begriffe wie Stetigkeit oder Differenzierbarkeit problemlos auf komplexwertige Funktionen ausdehnen: f ist z.B. stetig, wenn g und h es sind.

Schwieriger zu behandeln sind Funktionen, die auch als Argumente komplexe Zahlen zulassen, wie etwa die komplexen Polynome:

$$p(z) = a_n z^n + a_{n-1} z^{n-1} + \cdots + a_1 z + a_0.$$

Schreibt man $z = x + \mathrm{i}\,y$, so ist

$$\begin{aligned} z^n &= (x + \mathrm{i}\,y)^n = \sum_{k=0}^{n} \binom{n}{k} x^{n-k} y^k \,\mathrm{i}^k = \sum_{\nu} \binom{n}{2\nu} (-1)^\nu x^{n-2\nu} y^{2\nu} \\ &= +\mathrm{i} \cdot \sum_{\mu} \binom{n}{2\mu+1} (-1)^\mu x^{n-2\mu-1} y^{2\mu+1}. \end{aligned}$$

Das ist eine komplexwertige Funktion von x **und** y, deren Realteil und Imaginärteil jeweils ein Polynom in den zwei reellen Veränderlichen x und y ist.

Eine Folge $\mathbf{x}_\nu = (x_\nu, y_\nu)$ im $\mathbb{R}^2$ (bzw. $z_\nu = x_\nu + \mathrm{i}\,y_\nu$ in $\mathbb{C}$) heißt ***konvergent*** gegen ein $\mathbf{x}_0 = (x_0, y_0)$ im $\mathbb{R}^2$ (bzw. gegen ein $z_0 = x_0 + \mathrm{i}\,y_0$ in $\mathbb{C}$), falls gilt:

$$\lim_{\nu \to \infty} x_\nu = x_0 \text{ und } \lim_{\nu \to \infty} y_\nu = y_0.$$

Auch wenn wir nicht viel über Funktionen von mehreren Veränderlichen wissen, so können wir jetzt doch problemlos mit Hilfe der bekannten Grenzwertsätze folgern:

Ist (z_ν) eine gegen ein z_0 konvergente Folge in $\mathbb{C}$ und $p(z)$ ein komplexes Polynom, so konvergiert auch $\operatorname{Re} p(z_\nu)$ gegen $\operatorname{Re} p(z_0)$ und $\operatorname{Im} p(z_\nu)$ gegen $\operatorname{Im} p(z_0)$.

Diese Aussage sollte jeden an den Begriff der Stetigkeit erinnern. Wir wollen hier nicht so furchtbar weit in die Theorie eindringen, und deshalb verzichten wir auf die Definition der Stetigkeit von komplexen Funktionen. Aber eine spezielle Aussage aus der reellen Analysis wollen wir doch übertragen: Bekanntlich nimmt eine stetige reellwertige Funktion auf einem abgeschlossenen Intervall ihr Minimum an. Analog wollen wir zeigen, dass der Betrag eines komplexen Polynoms auf einer abgeschlossenen Kreisscheibe sein Minimum annimmt.

Als Vorbereitung benötigen wir zunächst noch einen Satz über reelle Folgen:

11.3 Satz von Bolzano/Weierstraß

Es sei (x_ν) eine Folge von Zahlen in dem abgeschlossenen Intervall $I = [a, b]$. Dann gibt es ein $x_0 \in I$ und eine Teilfolge $(x_{\nu(n)})$ von (x_ν) mit

$$\lim_{n \to \infty} x_{\nu(n)} = x_0.$$

BEWEIS: Wir setzen $\nu(1) := 1$, $I_1 := I = [a, b]$ und $m_1 := (a + b)/2$. Dann müssen in wenigstens einem der beiden Teilintervalle $[a, m_1]$ oder $[m_1, b]$ unendlich viele Folgeglieder x_n liegen.

Das betreffende Intervall sei mit I_2 bezeichnet, seine Grenzen mit a_2 und b_2. Wir wählen ein $x_{\nu(2)} \in I_2$. Ist $m_2 := (a_2 + b_2)/2$, so liegen wiederum in einem der beiden Teilintervalle $[a_2, m_2]$ oder $[m_2, b_2]$ unendlich viele Folgeglieder x_n mit $n > \nu(2)$.

Wir bezeichnen das betreffende Intervall mit I_3 und wählen darin ein $x_{\nu(3)}$ mit $\nu(3) > \nu(2)$. So fahren wir fort und konstruieren eine Intervallschachtelung (I_n) und eine Teilfolge $(x_{\nu(n)})$ mit $x_{\nu(n)} \in I_n$.

Die Intervalle enthalten genau einen gemeinsamen Punkt x_0, und offensichtlich konvergiert $(x_{\nu(n)})$ gegen x_0. ∎

Klartext: Da ist man froh, wenn man Folgen und ihr Konvergenzverhalten einigermaßen verstanden hat, und dann kommen die Mathematiker mit „Teilfolgen“! Was ist das eigentlich genau? Eine Folge (a_ν) von reellen Zahlen besteht aus unendlich vielen Zahlen, die durchnummeriert sind. Deshalb kann man so eine Folge auch als eine Abbildung $a : \mathbb{N} \to \mathbb{R}$ auffassen und $a(\nu)$ statt a_ν schreiben. Ein klassisches Beispiel ist die Folge $a_\nu = a(\nu) := 1/\nu$.

Manchmal braucht man nicht alle Elemente der Folge, sondern vielleicht nur jedes zweite oder dritte. Solange immer noch unendlich viele Folgeglieder übrig bleiben, spricht man von einer ***Teilfolge***. Man kann sich das so vorstellen, dass es eine Abbildung $\nu : \mathbb{N} \to \mathbb{N}$ gibt. Die Teilfolge ist dann durch die Abbildung $a \circ \nu : \mathbb{N} \to \mathbb{R}$ gegeben, ihre Glieder haben also die Form $a(\nu(i))$ mit $i \in \mathbb{N}$. Häufig benutzt man auch die Index-Schreibweise: $a_{\nu_i} = a(\nu(i))$. Die Abbildung ν unterliegt allerdings gewissen Einschränkungen. Damit wirklich eine Teilfolge der Ausgangsfolge entsteht, muss stets $\nu(i + 1) > \nu(i)$ sein. Das bedeutet, dass ν eine streng monoton wachsende Funktion sein muss. Ein Beispiel ist etwa durch $\nu(i) := i^2$ gegeben. Ist $a(\nu) = 1/\nu$, so erhält man die Teilfolge $a_{\nu_i} = a(\nu(i)) = a(i^2) = 1/i^2$.

Leider sind Teilfolgen nicht immer durch so eine einfache Formel gegeben. Vielmehr steht man häufig vor der Situation, dass das Bildungsgesetz für die Teilfolge gar nicht explizit bekannt ist. Das ist auch im Beweis des Satzes von Bolzano / Weierstraß der Fall. Es geht da um eine Folge von Zahlen x_ν im Intervall $I = [a, b]$. Mehr ist über die Folge nicht bekannt. Trotzdem gelingt es, eine Teilfolge zu „konstruieren“. Man beginnt mit $\nu(1) = 1$, also $x(\nu(1)) := x_1$. Dann aber wird es komplizierter. Man bezeichnet I mit I_1, teilt I_1 in zwei Hälften und weiß, dass in wenigstens einer der beiden Hälften unendlich viele x_ν liegen müssen. Diese Hälfte wählt man aus. Wenn in beiden Hälften unendlich viele Folgeglieder liegen, hat man die freie Wahl. Wie auch immer die Wahl ausfällt, von nun an konzentriert man sich auf das gewählte Intervall und nennt es I_2. Aus den unendlich vielen Folgegliedern in I_2 wählt man eines aus. Welches, ist egal. Es muss nur das Element x_1 vermieden werden. Das ausgewählte Folgeglied möge die Nummer $N > 1$ haben. Dann setzt man $\nu(2) := N$ und hat das zweite Glied $x(\nu(2)) = x_N$ der Teilfolge gefunden. Anschließend wiederholt sich die Argumentation. Beim nächsten Schritt ist darauf zu achten, dass $\nu(3) > \nu(2)$ ist. Und so geht es immer weiter.

11.4 Folgerung

Sei $a < b$ und $c < d$. Jede Folge $(\mathbf{x}_n)$ in $K := [a, b] \times [c, d] \subset \mathbb{R}^2$ besitzt eine in K konvergente Teilfolge.

BEWEIS: Ist $\mathbf{x}_n = (x_n, y_n)$, so besitzt (x_n) nach Bolzano / Weierstraß eine Teilfolge (x_{n_i}), die gegen ein $x_0 \in [a, b]$ konvergiert. Die Folge (y_{n_i}) besitzt ihrerseits eine Teilfolge $(y_{n_{i(k)}})$, die gegen ein $y_0 \in [c, d]$ konvergiert. Die Teilfolge $(x_{n_{i(k)}})$ der konvergenten Folge (x_{n_i}) ist natürlich auch konvergent, und zwar gegen den gleichen Grenzwert x_0. Also konvergiert $(\mathbf{x}_{n_{i(k)}})$ gegen (x_0, y_0). ∎

Mit Hilfe der Polarkoordinaten können wir jetzt zeigen:

11.5 Satz

Sei $R > 0$, $D := \overline{D_R(0)} := \{z \in \mathbb{C} : |z| \le R\}$ die „abgeschlossene Kreisscheibe“ vom Radius R um 0 in $\mathbb{C}$ und $p(z)$ ein komplexes Polynom. Dann nimmt die reellwertige Funktion $z \mapsto |p(z)|$ auf D ihr Minimum an.

BEWEIS: Es sei $K := [0, r] \times [0, 2\pi]$ und $F : K \to D$ definiert durch

$$F(r, \varphi) := r \cdot \cos\varphi + \mathrm{i}\, r \cdot \sin\varphi.$$

Weiter sei $f(r, \varphi) := |p(F(r, \varphi))|$. Da f auf K reell (und auch noch ≥ 0) ist, existiert die reelle Zahl $c := \inf f(K)$ und ist sicher ≥ 0. Es muss dann eine Folge $(\mathbf{x}_\nu)$ in K mit $\lim_{\nu\to\infty} f(\mathbf{x}_\nu) = c$ geben, und dazu können wir nach Bolzano / Weierstraß eine Teilfolge finden, die gegen ein Element $\mathbf{x}_0 = (r_0, \varphi_0) \in K$ konvergiert. O.B.d.A. nehmen wir an, dass schon die Folge $(\mathbf{x}_\nu)$ selbst gegen $\mathbf{x}_0$ konvergiert.

Wir schreiben $\mathbf{x}_\nu = (r_\nu, \varphi_\nu)$. Da Sinus und Cosinus stetige Funktionen sind, konvergiert $r_\nu \cdot \cos\varphi_\nu$ gegen ein $x_0 \in \mathbb{R}$ und $r_\nu \cdot \sin\varphi_\nu$ gegen ein $y_0 \in \mathbb{R}$, also auch $z_\nu := F(\mathbf{x}_\nu)$ in $\mathbb{C}$ gegen $z_0 = x_0 + \mathrm{i}\, y_0$. Aus dem Einschließungssatz für Grenzwerte von Folgen ergibt sich, dass z_0 wie alle z_ν in D liegen muss. $f(\mathbf{x}_\nu) = |p(z_\nu)| = \sqrt{(\operatorname{Re} p(z_\nu))^2 + (\operatorname{Im} p(z_\nu))^2}$ konvergiert dann gegen $|p(z_0)|$. Also ist $|p(z_0)| = c$.

Ist $z \in D$ beliebig, so gibt es ein $\mathbf{x} \in K$ mit $F(\mathbf{x}) = z$. Da $|p(z)| = f(\mathbf{x}) \ge \inf f(K) = c$ ist, nimmt $|p|$ in z_0 sein Minimum an. ∎

Die Euler'sche Formel

Auch wenn die exakte Begründung der komplexen Zahlen lange auf sich warten ließ, so hat doch schon Euler[13] mit ihnen auf souveräne Weise gerechnet. Er war es

[13] Der Schweizer Pfarrerssohn Leonhard Euler (1707–1783) war ab 1733 Professor für Mathematik in St. Petersburg. 1741 folgte er einem Rufe Friedrichs II. an die Berliner Akademie, wo

auch, der den Zusammenhang zwischen der Exponentialfunktion und den komplexen Polarkoordinaten entdeckte.

11.6 Satz

Für beliebiges $t \in \mathbb{R}$ ist

$$\boxed{\lim_{n\to\infty}\left(1+\frac{t}{n}\right)^n = e^t.}$$

BEWEIS: Für $t = 0$ ist die Aussage trivial, wir brauchen also nur den Fall $t \neq 0$ zu untersuchen. Dann ist $x := 1/t$ reell, und es gilt:

$$\begin{aligned} \frac{1}{x} = \ln'(x) &= \lim_{n\to\infty} \frac{\ln(x+1/n) - \ln(x)}{1/n} \\ &= \lim_{n\to\infty} n \cdot \ln\left(\frac{x+1/n}{x}\right) \\ &= \lim_{n\to\infty} \ln\left(1+\frac{1}{nx}\right)^n . \end{aligned}$$

Ersetzt man $1/x$ durch t, so erhält man:

$$t = \lim_{n\to\infty} a_n, \text{ mit } a_n := \ln\left(1+\frac{t}{n}\right)^n .$$

Wegen der Stetigkeit der Exponentialfunktion ist dann

$$e^t = \exp(\lim_{n\to\infty} a_n) = \lim_{n\to\infty} e^{a_n} = \lim_{n\to\infty}\left(1+\frac{t}{n}\right)^n .$$

■

Euler kannte diese Formel und wandte sie in genialer Kühnheit auf imaginäre Argumente an. Unter Benutzung der Moivre'schen Formel schloss er folgendermaßen weiter:

Ist t eine reelle Zahl, so ist $\cos(t) + \mathrm{i}\sin(t) = \big(\cos(t/n) + \mathrm{i}\sin(t/n)\big)^n$, wobei die linke Seite nicht von n abhängt.

Weil $\lim_{n\to\infty}\sin(t/n) = \lim_{n\to\infty}(t/n)$ und $\lim_{n\to\infty}\cos(t/n) = 1$ ist, folgerte Euler ohne exakte Begründung:

$$\begin{aligned} \cos(t) + \mathrm{i}\sin(t) &= \lim_{n\to\infty}\big(\cos(t/n) + \mathrm{i}\sin(t/n)\big)^n \\ &= \lim_{n\to\infty}\left(1+\frac{\mathrm{i}t}{n}\right)^n = e^{\mathrm{i}t}. \end{aligned}$$

er ab 1746 Direktor der Mathematischen Klasse war. Nach fortgesetzten Differenzen mit dem König kehrte er 1766 nach St. Petersburg zurück, wo er trotz völliger Erblindung bis zu seinem Tode schöpferisch tätig war. Mit über 800 Forschungsarbeiten gilt er als einer der fruchtbarsten Mathematiker aller Zeiten, durch beispielhafte Lehrbücher und hervorragende Begriffsbildungen bereitete er zukünftige Entwicklungen vor.

Da steht sie nun, die berühmte ***Euler'sche Formel***:

$$\boxed{e^{\mathrm{i}\,t} = \cos(t) + \mathrm{i}\,\sin(t).}$$

Die oben gegebene Herleitung hält einer kritischen Überprüfung nicht stand, die linke Seite der Gleichung ist überhaupt nicht definiert, und dennoch ist die Formel richtig! Wir können hier keinen Beweis dafür geben, aber wir wollen doch wenigstens zeigen, dass es plausibel ist, die linke Seite mit dem Symbol $e^{\mathrm{i}\,t}$ zu bezeichnen.

Zu diesem Zweck führen wir die auf ganz $\mathbb{R}$ definierte und differenzierbare komplexwertige Funktion $E(t) := \cos t + \mathrm{i}\,\sin t$ ein. Sie hat folgende Eigenschaften:

11.7 Eigenschaften der erweiterten Exponentialfunktion

1. *Es ist* $|E(t)| = 1$ *für alle* $t \in \mathbb{R}$.
2. *Es ist* $E(t + 2\pi) = E(t)$ *für beliebiges* t.
3. $E(0) = 1$.
4. $E(t + s) = E(t) \cdot E(s)$ *für* $s, t \in \mathbb{R}$.
5. $E'(t) = \mathrm{i} \cdot E(t)$.

BEWEIS: Wir müssen höchstens noch die beiden letzten Eigenschaften verifizieren. Es ist

$$\begin{aligned} E(t+s) &= \cos(t+s) + \mathrm{i}\,\sin(t+s) \\ &= \cos(t)\cos(s) - \sin(t)\sin(s) + \mathrm{i}\,(\sin(t)\cos(s) + \cos(t)\sin(s)) \\ &= (\cos(t) + \mathrm{i}\,\sin(t)) \cdot (\cos(s) + \mathrm{i}\,\sin(s)) \\ &= E(t) \cdot E(s) \end{aligned}$$

und

$$\begin{aligned} E'(t) &= -\sin(t) + \mathrm{i}\,\cos(t) \\ &= \mathrm{i} \cdot \mathrm{i} \cdot \sin(t) + \mathrm{i} \cdot \cos(t) \\ &= \mathrm{i} \cdot (\cos(t) + \mathrm{i}\,\sin(t)) \\ &= \mathrm{i} \cdot E(t). \end{aligned}$$

■

Ist $f : \mathbb{R} \to \mathbb{R}$ eine differenzierbare Funktion, die der „Differentialgleichung“ $f' = k \cdot f$ mit der „Anfangsbedingung“ $f(0) = 1$ genügt, so folgt:

$$\ln \circ f(x) = \int_0^x \frac{f'(t)}{f(t)}\,dt + c = (k \cdot t)\,\Big|_0^x + c = k \cdot x + c,$$

mit $c = \ln \circ f(0) = \ln(1) = 0$, also $f(x) = e^{k \cdot x}$. Deshalb erscheint es nicht unvernünftig, die Funktion $E(t)$ in der Form $e^{\mathrm{i}\,t}$ zu schreiben, zumal sie auch die

Gleichung $E(t+s) = E(t) \cdot E(s)$ erfüllt. Mehr kann man von einer anständigen Exponentialfunktion eigentlich nicht erwarten. Also definieren wir:

$$e^{\mathrm{i}t} := \cos(t) + \mathrm{i}\sin(t).$$

Damit bewegen wir uns wieder auf sicherem Boden.

Das Arbeiten mit der komplexen Exponentialfunktion ist einfach und macht Spaß. Die Moivre'sche Formel kann jetzt z.B. in der Form $(e^{\mathrm{i}t})^n = e^{\mathrm{i}nt}$ geschrieben werden, und $\varphi(t) := re^{\mathrm{i}t}$ ergibt eine besonders einfache Parametrisierung des Kreises vom Radius r um den Nullpunkt.

Im Falle $t = \pi$ erhält man übrigens die eigenartige Formel

$$\boxed{e^{\mathrm{i}\pi} + 1 = 0.}$$

Sie verbindet alle „Weltkonstanten" 0, 1, π, e und i miteinander!

Einheitswurzeln

11.8 Existenz der Einheitswurzeln

Die Gleichung $z^n = 1$ hat in $\mathbb{C}$ genau n Lösungen, nämlich

$$\zeta_k := e^{2\pi\mathrm{i}\cdot k/n}, \quad k = 0, 1, \ldots, n-1.$$

BEWEIS:

Abb. 11.4

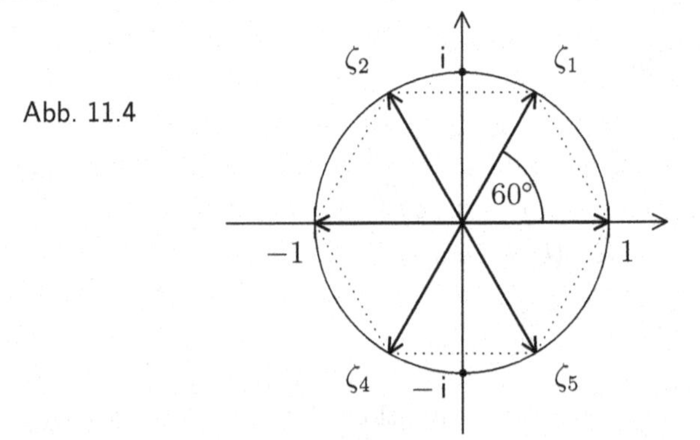

Die Punkte $\zeta_k = \cos\big(k \cdot (2\pi/n)\big) + \mathrm{i}\sin\big(k \cdot (2\pi/n)\big)$, $k = 0, 1, \ldots, n-1$, liegen auf den Ecken eines (dem Einheitskreis einbeschriebenen) regelmäßigen n-Ecks. Insbesondere sind sie alle verschieden. Wegen $e^{k\cdot 2\pi\mathrm{i}} = \cos(k \cdot 2\pi) + \mathrm{i}\sin(k \cdot 2\pi) = 1$ gilt:

$$(\zeta_k)^n = e^{k\cdot 2\pi\mathrm{i}} = 1 \text{ für } k = 0, 1, \ldots, n-1.$$

Sei umgekehrt $w \in \mathbb{C}$ irgendeine Lösung der Gleichung $z^n = 1$. Dann ist $|w|^n = |w^n| = 1$, also $|w| = 1$, und es gibt ein $t \in [0, 2\pi)$ mit $w = e^{\mathrm{i}t}$. Da außerdem $e^{\mathrm{i}tn} = w^n = 1$ ist, muss gelten:

$$\cos(tn) = 1 \text{ und } \sin(tn) = 0.$$

Das ist nur möglich, wenn $tn \in \{2\pi k \mid k \in \mathbb{Z}\}$ ist. Da t in $[0, 2\pi)$ liegt, kommen für tn nur die Werte $0, 2\pi, 4\pi, \ldots, (n-1)2\pi$ in Frage. Also muss t von der Form $t = 2\pi \cdot (k/n)$ sein. ■

Definition (Einheitswurzeln)

Die Zahlen $\zeta_{n,k} := e^{2\pi\mathrm{i}\cdot k/n}$, $k = 0, 1, \ldots, n-1$, heißen die ***n-ten Einheitswurzeln***.

Bemerkung: Ist ζ eine n-te Einheitswurzel, so ist $\zeta^n = 1$, also

$$0 = \zeta^n - 1 = (\zeta - 1)(1 + \zeta + \cdots + \zeta^{n-1}).$$

Ist nun $\zeta \neq 1$, so ist $1 + \zeta + \zeta^2 + \cdots + \zeta^{n-1} = 0$.

Man nennt das die ***Kreisteilungsgleichung***.

11.9 Beispiel

Wir haben in Kapitel 6 gezeigt, dass $\cos\left(\frac{\pi}{5}\right) = \frac{1+\sqrt{5}}{4}$ ist. Daraus folgt, dass $\sin\left(\frac{\pi}{5}\right) = \frac{1}{4}\sqrt{10 - 2\sqrt{5}}$ ist. Also ist

$$\zeta_{10,1} = e^{2\pi\mathrm{i}/10} = \cos\left(\frac{\pi}{5}\right) + \mathrm{i}\sin\left(\frac{\pi}{5}\right) = \frac{1}{4}\cdot\left(1 + \sqrt{5} + \mathrm{i}\sqrt{10 - 2\sqrt{5}}\right).$$

Die anderen Einheitswurzeln erhält man aus der Beziehung

$$\zeta_{10,k} = (\zeta_{10,1})^k, \quad k = 2, 3, \ldots, 9.$$

Und natürlich ist $\zeta_{10,0} = 1$.

11.10 Existenz komplexer Wurzeln

In $\mathbb{C}$ besitzt jede Zahl $z \neq 0$ genau n n-te Wurzeln.

BEWEIS: Sei $z = re^{\mathrm{i}t}$, mit $r = |z|$ und einem geeigneten $t \in [0, 2\pi)$. Dann setzen wir

$$z_k := \sqrt[n]{r} \cdot e^{\mathrm{i}t/n} \cdot \zeta_k, \quad k = 0, 1, \ldots, n-1.$$

Offensichtlich sind dies n verschiedene komplexe Zahlen z_k mit $z_k^n = z$.

Ist andererseits w irgendeine Lösung der Gleichung $w^n = z$, so ist $w^n = z_0^n$, also $(wz_0^{-1})^n = 1$. Das bedeutet, dass es eine n-te Einheitswurzel ζ_k gibt, so dass $w = z_0 \cdot \zeta_k$ ist. ∎

Der Satz zeigt, dass man in $\mathbb{C}$ nie von **der** n-ten Wurzel einer Zahl z sprechen kann, es gibt stets n verschiedene. Das gilt auch im Falle $n = 2$. Das Symbol $\sqrt{z}$ ist zweideutig und es fällt schwer, eine der beiden Wurzeln auszuzeichnen. Zum Beispiel sind $\frac{1}{2}(1 - \mathrm{i})$ und $\frac{1}{2}(i - 1)$ die beiden Wurzeln von $-\frac{\mathrm{i}}{2}$. Welche davon sollte man bevorzugen?

In $\mathbb{R}$ ist das ja ganz anders. Dort gibt es entweder überhaupt keine oder eine positive und eine negative Lösung der Gleichung $x^2 = a$, und wir haben die positive Lösung als **die** Wurzel aus a definiert. Das lässt sich nicht übertragen, weil wir in $\mathbb{C}$ keine Anordnung haben und daher auch nicht zwischen positiven und negativen Zahlen unterscheiden können.

Das wirft nun folgende Frage auf: Kann man im Komplexen eine Funktion

$$z \mapsto \sqrt{z}$$

definieren? So global wird das wohl nicht gehen! Merkwürdigerweise kann man jedoch eine *lokale Eindeutigkeit* herstellen: Ist $z_0 = r_0 \, e^{\mathrm{i}t_0} \in \mathbb{C}$, $z_0 \neq 0$, so gibt es zwei Wurzeln $w_1 = +w_0$ und $w_2 = -w_0$ von z_0, wobei $w_0 = \sqrt{r_0} \, e^{\mathrm{i}t_0/2}$ ist. Wählen wir eine davon, etwa w_1, aus! Da $r_0 > 0$ ist, also $|w_1 - w_2| = 2\sqrt{r_0} > 0$, können wir eine kleine Zahl $\varepsilon > 0$ finden, so dass die Kreisscheiben

$$D_\varepsilon(w_1) := \{z \in \mathbb{C} : |z - w_1| < \varepsilon\} \text{ und } D_\varepsilon(w_2) := \{z \in \mathbb{C} : |z - w_2| < \varepsilon\}$$

disjunkt sind und beide nicht den Nullpunkt enthalten.

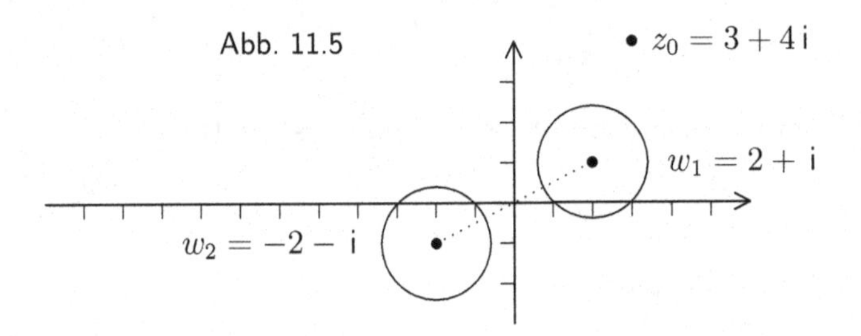

Abb. 11.5

Wenn nun $z = re^{\mathrm{i}t}$ in der Nähe von z_0 liegt, so muss r nahe r_0 und t nahe t_0 liegen. Der Abstand $|w_1' - w_2'| = 2\sqrt{r}$ der beiden verschiedenen Wurzeln $w_1' = \sqrt{r}e^{\mathrm{i}t/2}$ und $w_2' = -\sqrt{r}e^{\mathrm{i}t/2}$ von z muss daher ähnlich groß sein wie der von w_1 und w_2. Also muss eine der beiden Wurzeln aus z nahe bei w_1 und die andere nahe bei w_2 liegen. Wählen wir jetzt für Zahlen z in der Nähe von z_0 die Wurzel aus z stets so aus, dass sie in $D_\varepsilon(w_1)$ liegt, so haben wir eine in der Nähe von z_0 definierte „stetige" Funktion $z \mapsto \sqrt{z}$ gefunden.

Lokal (über einer kleinen Kreisscheibe U um z_0) erhält man jeweils zwei solcher stetigen Wurzelfunktionen. Das liefert auch zwei verschiedene Graphen (in $U \times \mathbb{C}$). Da die Punkte in U durch zwei reelle Parameter x und y bestimmt sind, muss man sich die Graphen als kleine Flächenstücke vorstellen.

Versucht man nun, alle lokalen Flächenstücke zu einem globalen Gebilde zusammenzukleben, so entsteht eine Fläche über $\mathbb{C}\setminus\{0\}$, die sich sehr merkwürdig verhält. Obwohl sie lokal immer in Form zweier verschiedener Blätter über der Ebene $\mathbb{C}$ liegt, besteht sie global nur aus einem einzigen zusammenhängenden Blatt. Riemann[14] hat 1851 in seiner Dissertation zum ersten Mal solche Flächen behandelt. Ihm zu Ehren werden sie heute ***Riemannsche Flächen*** genannt.

Leider können wir uns die Riemannsche Fläche von $\sqrt{z}$ nicht so recht anschaulich vorstellen. Im dreidimensionalen Raum wird es uns nicht gelingen, zwei ebene Blätter so miteinander zu verkleben, dass man vom einen zum anderen kommt, ohne dass die Blätter irgendwelche Punkte gemeinsam haben.

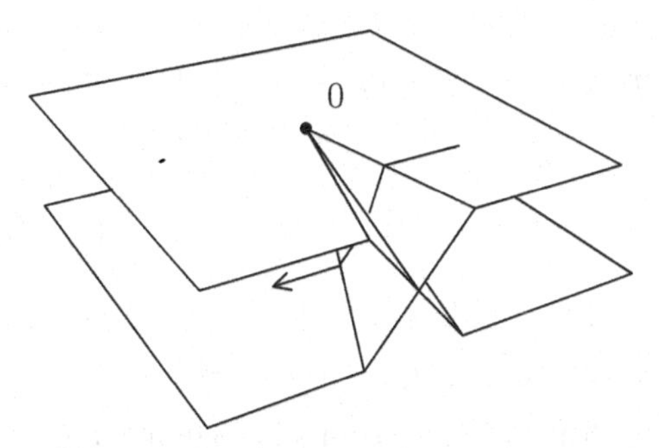

Abb. 11.6 Die Riemannsche Fläche von $\sqrt{z}$

In Wirklichkeit liegt die Fläche aber im vierdimensionalen Raum $\mathbb{C} \times \mathbb{C}$, und dort ist es durchaus möglich, durch massive Wände hindurch aus einem geschlossenen Raum zu entkommen. Daher kann dort auch die Riemannsche Fläche von $\sqrt{z}$ existieren, ohne dass Selbstdurchdringungen auftreten müssen.

Der Fundamentalsatz der Algebra

Die Tatsache, dass **jede** komplexe Zahl $z \neq 0$ zwei verschiedene Wurzeln besitzt, beantwortet auch die Frage nach den verschwundenen Nullstellen eines quadratischen Polynoms aus dem fünften Kapitel: Das Polynom $f_t(z) := z^2 + t$ besitzt für $t > 0$ keine reellen Nullstellen mehr, wohl aber die komplexen Nullstellen $z = \pm\sqrt{-t}$.

[14]Bernhard Georg Riemann (1826–1866), Sohn eines Pfarrers, studierte zunächst in Göttingen Theologie, dann Mathematik. Nach einem Aufenthalt in Berlin kehrte er mit Dirichlet nach Göttingen zurück und folgte diesem später auf den Gauß'schen Lehrstuhl. Er starb früh an den Folgen einer Lungenentzündung. Seine Forschungen führten zu bahnbrechenden Ergebnissen über Funktionen komplexer Variabler, abelsche Funktionen, die Verteilung der Primzahlen und die Grundlagen der Geometrie. Er verknüpfte in beispielhafter Weise Mathematik, Physik und Philosophie.

Ist $f(z) = z^2+\beta z+\gamma$ ein beliebiges quadratisches Polynom mit den zwei Nullstellen z_1 und z_2, so ist $f(z) = (z-z_1)\cdot(z-z_2)$, wie man durch Ausmultiplizieren und mit Hilfe der Gleichungen von Vieta leicht sehen kann. Dieser Zusammenhang zwischen Nullstellen und Linearfaktoren lässt sich stark verallgemeinern:

11.11 Nullstellen und Linearfaktoren

Sei $p(z)$ ein Polynom vom Grad n, $p(c) = 0$.
Dann gibt es ein Polynom $q(z)$ vom Grad $n-1$, so dass gilt:

$$p(z) = (z-c)\cdot q(z).$$

BEWEIS: Sei $p(z) = \sum_{i=0}^{n} a_i z^i$. Da $p(c) = 0$ ist, gilt:

$$\begin{aligned} p(z) = p(z) - p(c) &= \sum_{i=1}^{n} a_i(z^i - c^i) \\ &= (z-c)\cdot\sum_{i=1}^{n} a_i \cdot \sum_{j=0}^{i-1} c^{i-j-1} z^j \\ &= (z-c)\cdot q(z), \end{aligned}$$

wobei offensichtlich $\deg(q) = n-1$ ist. ∎

Wir wissen, dass Nullstellen manchmal zusammenfallen, wie bei $p(z) = z^2$ an der Stelle $z = 0$. Dafür gibt es eine besondere Sprachregelung:

Definition (Nullstellenordnung)

Sei $p(z)$ ein Polynom vom Grad n. Eine Zahl $c \in \mathbb{C}$ heißt ***k-fache Nullstelle*** von $p(z)$, falls es ein Polynom $q(z)$ vom Grad $n-k$ gibt, so dass gilt:

$$p(z) = (z-c)^k \cdot q(z) \quad \text{und} \quad q(c) \neq 0.$$

Man nennt k auch die ***Vielfachheit*** der Nullstelle.

Man kann aus einem gegebenen Polynom so lange Linearfaktoren herausziehen, bis ein Polynom ohne Nullstellen übrig bleibt, dessen Grad sich von n um die Summe der Vielfachheiten der Nullstellen unterscheidet. Da dieser Prozess äußerstenfalls bei einer Konstanten $\neq 0$ endet, ist klar:

Ein Polynom n-ten Grades besitzt höchstens n Nullstellen, selbst wenn man diese mit ihren Vielfachheiten zählt.

In Wirklichkeit endet der Prozess des Abspaltens von Nullstellen immer bei einer Konstanten! Das folgt aus dem berühmten „Fundamentalsatz der Algebra“, den

Gauß in seiner Dissertation (1799) zum ersten Mal streng bewies. Später lieferte er noch drei weitere Versionen dazu. Im Anhang findet sich der 1814 von R. Argand veröffentlichte Beweis, der 1820 in vervollständigter Form erneut von Cauchy vorgestellt wurde.

11.12 Fundamentalsatz der Algebra

Jedes nicht konstante komplexe Polynom hat in $\mathbb{C}$ wenigstens eine Nullstelle.

Quaternionen

Nachdem Hamilton[15] 1835 die komplexen Zahlen als Paare reeller Zahlen beschrieben hatte, beschäftigte er sich mit Zahlentripeln (a, b, c). Er suchte nach einer Möglichkeit, solche Tripel miteinander zu multiplizieren, und zwar so, dass die Rechenstrukturen von $\mathbb{C}$ dadurch fortgesetzt würden.

13 Jahre lang suchte er verbissen, aber vergeblich nach dieser Multiplikation. Dann kam ihm der entscheidende Gedanke: Statt mit drei reellen Komponenten versuchte er es mit vier. Die Einheiten nannte er e, i, j und k. Er hatte schon früher festgestellt, dass er bei seinen „hyperkomplexen“ Zahlen auf das Kommutativgesetz verzichten musste, und setzte

$$\mathsf{i}\,\mathsf{j} = -\mathsf{j}\,\mathsf{i} =: \mathsf{k}\,.$$

Nachdem er unter den Tripeln kein geeignetes k finden konnte, wagte er den Sprung in die vierte Dimension und hatte damit Erfolg. Die neuen Zahlen nannte er „Quaternionen“. Er war selbst so begeistert von seiner Entdeckung, dass er sein Leben fortan der Erforschung der Quaternionen widmete. Auch nach seinem Tod blieben sie eines der wichtigsten Themen der Mathematik in England und vor allem in Irland. Spät erst zeigte sich, dass man ihre Bedeutung doch gewaltig überschätzt und dadurch andere Fragen vernachlässigt hatte.

Definition (Quaternionen)

Im vierdimensionalen Vektorraum $\mathbb{R}^4$ mit der Standardbasis

$$1 = \mathsf{e} := (1,0,0,0),\ \mathsf{i} := (0,1,0,0),\ \mathsf{j} := (0,0,1,0) \text{ und } \mathsf{k} := (0,0,0,1)$$

wird die ***Hamilton'sche Multiplikation*** durch

$$\mathsf{i}^2 = \mathsf{j}^2 = \mathsf{k}^2 = \mathsf{i}\,\mathsf{j}\,\mathsf{k} = -\mathsf{e} \quad \text{und} \quad \mathsf{i}\,\mathsf{j} = -\mathsf{j}\,\mathsf{i} = \mathsf{k}$$

eingeführt. Dabei ist e das neutrale Element bei der Multiplikation.

Den so erhaltenen Zahlenbereich nennt man die ***Algebra der Quaternionen*** und bezeichnet ihn mit $\mathbb{H}$.

[15] Sir William Rowan Hamilton (1805–1865) war nicht nur ein irischer Mathematiker, sondern auch ein Sprachgenie und ab 1827 Königlicher Astronom von Irland. Er leistete bedeutende Beiträge zur geometrischen Optik und zur theoretischen Mechanik. Außerdem gilt er als Mitbegründer der Vektorrechnung und Vektoranalysis.

Zahlerweiterungen von $\mathbb{C}$ nannte man zunächst ***hyperkomplexe Systeme***, seit Beginn des 20. Jahrhunderts auch ***(reelle) Algebren***. Nachdem die Erfindung der Quaternionen bekannt geworden war, kam es zu einer Flut von neuen hyperkomplexen Systemen. Schon 1843 entdeckte J.T. Graves die achtdimensionale Algebra $\mathbb{O}$ der „Oktaven“ oder „Oktonionen“, die allerdings – im Gegensatz zu den Quaternionen – nicht mehr assoziativ ist. 1845 wurde sie von Arthur Cayley wiedergefunden. Heute weiß man, dass $\mathbb{R}$, $\mathbb{C}$, $\mathbb{H}$ und $\mathbb{O}$ die einzigen reellen Algebren sind, in denen die Division eindeutig ausführbar ist.

Die von i, j und k aufgespannten Quaternionen nennt man ***rein imaginär***. Hamilton bezeichnete sie als ***Vektoren***. Zusammen mit Hermann Günther Graßmann[16] gilt er daher auch als Erfinder der Vektorrechnung. Er deutete die Koordinaten der vektoriellen Quaternionen als räumliche Koordinaten, die vierte Koordinate (in Richtung von e) als Zeit. Bei den Physikern hat sich diese Interpretation der vierten Dimension bis heute erhalten.

Definition (konjugierte Quaternion)

Ist $x = \alpha \cdot 1 + \mathfrak{u}$ eine allgemeine Quaternion mit $\mathfrak{u} \in \mathrm{Im}(\mathbb{H})$, so setzt man

$$\overline{x} := \alpha \cdot 1 - \mathfrak{u}.$$

Offensichtlich ist $\overline{\overline{x}} = x$ und $\mathrm{Im}(\mathbb{H}) = \{x \mid \overline{x} = -x\}$. Die Konjugation lässt sich in $\mathbb{H}$ ähnlich nutzbringend anwenden wie in $\mathbb{C}$.

Mit Hilfe des Quaternionenproduktes können wir auch die Produkte der Vektorrechnung wieder entdecken:

11.13 Satz

Sind $\mathfrak{u}$ und $\mathfrak{v}$ zwei vektorielle Quaternionen, so ist

1. $\mathfrak{u}^2$ *reell* ≤ 0,
2. $\mathfrak{u}\mathfrak{v} = -\mathfrak{u} \bullet \mathfrak{v} + \mathfrak{u} \times \mathfrak{v}$.

BEWEIS: Sei

$$\mathfrak{u} = a_1\mathsf{i} + a_2\mathsf{j} + a_3\mathsf{k} \quad \text{und} \quad \mathfrak{v} = b_1\mathsf{i} + b_2\mathsf{j} + b_3\mathsf{k}\,.$$

[16] Hermann Günther Graßmann (1809–1877) war Gymnasiallehrer und erwarb sich darüber hinaus internationale Anerkennung durch seine Forschungen zur Sprachgeschichte, insbesondere über Sanskrit. Er gewann einen Preis, der für die Ausarbeitung einer fast vergessenen Idee von Leibniz ausgeschrieben worden war. Dazu benutzte er seine „Lineale Ausdehnungslehre“, eine völlig neue und schwer verständliche Theorie, die man heute als erste abstrakte Vektorraum-Theorie erkennen kann. Obwohl seine Arbeiten Gauß und Hamilton bekannt waren, blieb ihm die wissenschaftliche Anerkennung versagt. Er wurde regelrecht totgeschwiegen und verzichtete enttäuscht auf weitere mathematische Forschungen. Erst in den letzten Jahren seines Lebens wuchs das Interesse der Fachwelt an seinem Werk.

Es ist $\mathsf{i}\,\mathsf{j} = -\mathsf{j}\,\mathsf{i} = \mathsf{k}$, $\mathsf{i}\,\mathsf{k} = -\mathsf{k}\,\mathsf{i} = -\mathsf{j}$ und $\mathsf{j}\,\mathsf{k} = -\mathsf{k}\,\mathsf{j} = \mathsf{i}$, also

$$\begin{aligned} \mathfrak{u}\mathfrak{v} &= -(a_1b_1 + a_2b_2 + a_3b_3) \\ &\quad +(a_2b_3 - a_3b_2)\,\mathsf{i} - (a_1b_3 - a_3b_1)\mathsf{j} + (a_1b_2 - a_2b_1)\mathsf{k} \\ &= -\mathfrak{u}\bullet\mathfrak{v} + \mathfrak{u}\times\mathfrak{v}. \end{aligned}$$

Ist $\mathfrak{u} = \mathfrak{v}$, so ist $\mathfrak{u}\times\mathfrak{v} = \mathfrak{o}$ und demnach $\mathfrak{u}^2 = -\|\mathfrak{u}\|^2 \leq 0$. ∎

11.14 Folgerung

Es ist $\mathfrak{u}\bullet\mathfrak{v} = -\dfrac{1}{2}(\mathfrak{u}\mathfrak{v} + \mathfrak{v}\mathfrak{u})$ *und* $\mathfrak{u}\times\mathfrak{v} = \dfrac{1}{2}(\mathfrak{u}\mathfrak{v} - \mathfrak{v}\mathfrak{u})$.

BEWEIS: Im Satz wurde gezeigt, dass

$$\mathfrak{u}\mathfrak{v} = -\mathfrak{u}\bullet\mathfrak{v} + \mathfrak{u}\times\mathfrak{v} \quad \text{und} \quad \mathfrak{v}\mathfrak{u} = -\mathfrak{v}\bullet\mathfrak{u} + \mathfrak{v}\times\mathfrak{u} = -\mathfrak{u}\bullet\mathfrak{v} - \mathfrak{u}\times\mathfrak{v}$$

ist, also $\mathfrak{u}\mathfrak{v} + \mathfrak{v}\mathfrak{u} = -2\,\mathfrak{u}\bullet\mathfrak{v}$ und $\mathfrak{u}\mathfrak{v} - \mathfrak{v}\mathfrak{u} = 2\,\mathfrak{u}\times\mathfrak{v}$. ∎

Die geometrische Deutung von Skalar- und Vektorprodukt stammt von Graßmann. Populär wurden die Vektoren und ihre Produkte jedoch erst gegen Ende des 19. Jahrhunderts durch den amerikanischen Physiker und Mathematiker Josiah Willard Gibbs.

So schließt sich ein Kreis, und es zeigt sich erneut, dass die Mathematik ein großes zusammenhängendes Gebäude mit vielen überraschenden Querverbindungen ist.

Der gerade Weg ist der kürzeste, aber es dauert meist am längsten, bis man auf ihm zum Ziele gelangt.

Georg Christoph Lichtenberg[17]

Zugabe für ambitionierte Leser

11.15 Fundamentalsatz der Algebra

Jedes nicht konstante komplexe Polynom hat in $\mathbb{C}$ wenigstens eine Nullstelle.

BEWEIS: Wir können uns auf den folgenden Fall beschränken: Das Polynom hat die Gestalt $p(z) = z^n + a_{n-1}z^{n-1} + \cdots + a_1z + a_0$, mit $n \geq 2$.

Dabei interessiert nur der Fall $(a_{n-1}, \ldots, a_1, a_0) \neq (0, \ldots, 0, 0)$. Der Beweis erfolgt nun in zwei Schritten:

[17] Das Zitat wird in vielen einschlägigen Sammlungen als Aphorismus des Physikers Georg Christoph Lichtenberg (1742–1799) bezeichnet. Da aber eine genauere Quellenangabe nicht zu finden ist, bestehen leider Zweifel an der Echtheit des Zitates.

1) **Behauptung:** $|p|$ nimmt in einem Punkt von $\mathbb{C}$ sein Minimum an.

Zum Beweis setzen wir $\alpha := 1 + |a_{n-1}| + \cdots + |a_0|$. Dann ist $\alpha > 1$, und für $|z| \geq 1$ gilt:

$$\begin{aligned} |a_{n-1}z^{n-1} + \cdots + a_1 z + a_0| &\leq \\ &\leq |z|^{n-1} \cdot \left(|a_{n-1}| + \cdots + |a_1| \frac{1}{|z|^{n-2}} + |a_0| \frac{1}{|z|^{n-1}} \right) \\ &\leq |z|^{n-1} \cdot (|a_{n-1}| + \cdots + |a_1| + |a_0|) \\ &= |z|^{n-1}(\alpha - 1). \end{aligned}$$

Liegt z nicht in $\overline{D_\alpha(0)}$, so ist $|z| > \alpha$ und daher $|z| - (\alpha - 1) = \big(|z| - \alpha\big) + 1 > 1$. Daraus folgt:

$$\begin{aligned} |p(z)| &\geq |z|^n - |a_{n-1}z^{n-1} + \cdots + a_1 z + a_0| \\ &\geq |z|^n - |z|^{n-1}(\alpha - 1) \\ &= |z|^{n-1}(|z| - (\alpha - 1)) \\ &> \alpha^{n-1} \quad (\text{weil } |z| > \alpha \text{ und } |z| - (\alpha - 1) > 1 \text{ ist}) \\ &> \alpha \quad (\text{weil } \alpha > 1 \text{ ist}). \end{aligned}$$

Andererseits muss $|p|$ nach Satz 11.5 auf $\overline{D_\alpha(0)}$ ein Minimum annehmen, und dieses muss wegen $|p(0)| = |a_0| < \alpha$ kleiner als α sein. Zusammengenommen bedeutet dies, dass das globale Minimum von $|p|$ auf $\mathbb{C}$ sogar in $\overline{D_\alpha(0)}$ angenommen wird.

2) Sei $z_0 \in \mathbb{C}$ ein beliebiger Punkt. Wir zeigen: Ist $p(z_0) \neq 0$, so nimmt $|p|$ in z_0 nicht sein Minimum an. Wegen (1) bedeutet das, dass p eine Nullstelle besitzen muss.

Weil $p(z_0) \neq 0$ ist, wird durch $f(\xi) := \dfrac{1}{p(z_0)} \cdot p(z_0 + \xi)$ eine komplexes Polynom definiert.

Es ist $f(0) = 1$, also $f(\xi) = 1 + a \cdot \xi^k +$ höhere Potenzen von ξ, mit $k \geq 1$ und $a \neq 0$. Wir wissen, dass es ein $b \in \mathbb{C}$ gibt, so dass $b^k = -\dfrac{1}{a}$ ist. Sei $q(\zeta) := f(b\zeta)$. Auch das ist ein Polynom, und es gilt:

$$\begin{aligned} q(\zeta) &= 1 + a \cdot (b\zeta)^k + \ldots \\ &= 1 - \zeta^k + h(\zeta), \end{aligned}$$

mit einem Polynom $h(\zeta)$, in dem jeder Term zumindest die Potenz ζ^{k+1} enthält. Also gibt es ein weiteres Polynom $r(\zeta)$, so dass gilt:

$$q(\zeta) = 1 - \zeta^k + \zeta^{k+1} \cdot r(\zeta).$$

Lässt man nur **reelle** Argumente zu, so ist $x \mapsto |r(x)|$ eine stetige Funktion, die natürlich auf jedem abgeschlossenen Intervall beschränkt bleibt. Deshalb gibt es eine positive reelle Konstante C, so dass $|r(x)| \leq C$ und damit $|h(x)| \leq C \cdot |x|^{k+1}$ für $|x| \leq 1$ ist.

Für alle x mit $0 < |x| < \min(1, \frac{1}{C})$ ist dann sogar $|h(x)| < |x|^k$.

Wir wählen eine reelle Zahl x mit $0 < x < \min(1, 1/C)$. Dann ist $0 < 1 - x^k < 1$ und

$$|q(x)| = |1 - x^k + h(x)| \leq 1 - x^k + |h(x)| < 1 - x^k + x^k = 1.$$

Also ist $|f(bx)| = |q(x)| < 1$ und $|p(z_0 + bx)| = |p(z_0)| \cdot |f(bx)| < |p(z_0)|$. Damit kann $|p|$ in z_0 nicht sein Minimum annehmen. ∎

Der obige Beweis gilt unter Experten als „elementar" im Vergleich zu zahlreichen anderen Beweisen des Fundamentalsatzes, die Methoden der höheren Mathematik benutzen. Zum großen

Leidwesen der Algebraiker haben aber alle diese Beweise eins gemeinsam: An irgendeiner Stelle im Beweis braucht man ein „transzendentes“ Argument, also ein Beweiselement, das in die Analysis gehört und in dem irgendwo die Vollständigkeit von $\mathbb{R}$ versteckt ist. Ein rein algebraischer Beweis ist nicht möglich.

Aufgaben

11.1 Lösen Sie die Gleichung $x^3 = px + q$ durch den Ansatz $x = u + v$. Lösen Sie speziell die Gleichung $x^3 = 12x + 16$.

11.2 Es sei $z = 5 + 3\,\mathrm{i}$ und $w = 6 - 7\,\mathrm{i}$. Berechnen Sie $z + w$, $z \cdot w$ und $\frac{z}{w}$ (jeweils in der Form $a + b\,\mathrm{i}$).

11.3 Berechnen Sie $\sqrt[3]{1 + \mathrm{i}}$ und $\sqrt[6]{-1}$ (jeweils in der Form $a + b\,\mathrm{i}$). Ist die Lösung eindeutig?

11.4 Schreiben Sie $z = \sqrt{3} + \mathrm{i}$ in der Form $re^{\mathrm{i}t}$.

11.5 Die komplexe Zahl z habe die Polarkoordinaten $|z| = 4$ und $\arg(z) = 15°$. Berechnen Sie z in der Form $z = x + \mathrm{i}\,y$.

11.6 Die komplexen Zahlen $z_1 \neq z_2$ seien beide $\neq 0$. Zeigen Sie, dass die Dreiecke mit den Ecken 0, 1 und z_1 bzw. 0, z_2 und $z_1 z_2$ sind ähnlich.

11.7 Berechnen Sie die Potenzen $(1 + \mathrm{i})^n$ für $n = 0, 1, 2, \ldots, 8$.

11.8 Berechnen Sie $(2\sqrt{3} + 2\,\mathrm{i})^6$.

11.9 Lösen Sie die quadratische Gleichung $z^2 + 15z + 57 = 0$ in $\mathbb{C}$.

11.10 Beweisen Sie die Gleichung $\sin\frac{2\pi}{n} + \sin\frac{4\pi}{n} + \cdots + \sin\frac{2(n-1)\pi}{n} = 0.$

11.11 Zerlegen Sie die Polynome $p(z) = z^4 + 4$ und $q(z) = z^2 - z - 6$ in Linearfaktoren.

11.12 Für $z, w \in \mathbb{C}$ sei $\langle z\,,\,w\rangle := \mathrm{Re}(z\overline{w})$.

a) Zeigen Sie, dass $\langle z\,,\,w\rangle$ das Skalarprodukt der Vektoren z und w im $\mathbb{R}^2$ ist, und beweisen Sie die Formeln

$$|z - w|^2 = |z|^2 + |w|^2 - 2\langle z\,,\,w\rangle \quad \text{und} \quad \langle z\,,\,\mathrm{i}\,z\rangle = 0.$$

b) Seien $a, b \in \mathbb{C}$, $a \neq b$, sowie $m := \frac{1}{2}(a + b)$ und $r := \frac{1}{2}|a - b|$. Beweisen Sie für beliebiges $c \in \mathbb{C}$ die Formel

$$|c - m|^2 - r^2 = \langle c - a\,,\,c - b\rangle.$$

Warum ist dies der Satz vom Thaleskreis?

11.13 Es seien $a \neq b$ zwei komplexe Zahlen. Zeigen Sie: Eine Zahl $c \in \mathbb{C}$ liegt genau dann auf der Geraden durch a und b, wenn $(c - a)/(b - a)$ reell ist.

11.14 Sei $c \in \mathbb{C}$ und $\delta \in \mathbb{R}$. Unter welchen Umständen bildet die Menge aller $z \in \mathbb{C}$ mit $z\overline{z} + cz + \overline{cz} + \delta = 0$ einen Kreis? Bestimmen Sie Mittelpunkt und Radius dieses Kreises.

11.15 Aus Translationen $z \mapsto z + c$, Drehungen $z \mapsto az$ (mit $|a| = 1$) und der Spiegelung $z \mapsto \overline{z}$ kann man beliebige Bewegungen der Ebene zusammensetzen. Bestimmen Sie (unter Verwendung von z_0 und $v \neq 0$) die Spiegelung an der Geraden $L := \{z \in \mathbb{C} : z = z_0 + tv \text{ mit } t \in \mathbb{R}\}$.

11.16 Zeigen Sie für vektorielle Quaternionen $\mathfrak{u}$, $\mathfrak{v}$ und $\mathfrak{w}$ die Beziehung

$$\mathfrak{u}\mathfrak{v}\mathfrak{w} - \mathfrak{v}\mathfrak{w}\mathfrak{u} = -2(\mathfrak{u} \bullet \mathfrak{v})\mathfrak{w} + 2(\mathfrak{u} \bullet \mathfrak{w})\mathfrak{v}.$$

Leiten Sie daraus die folgende Gleichung her:

$$\mathfrak{u} \times (\mathfrak{v} \times \mathfrak{w}) = (\mathfrak{u} \bullet \mathfrak{w})\mathfrak{v} - (\mathfrak{u} \bullet \mathfrak{v})\mathfrak{w}.$$

Literaturverzeichnis

[1] Birkhoff, G.D.: *A Set of Postulates for Plane Geometry, Based on Scale and Protractor.* Annals of Mathematics, vol. 33, 1932.

[2] Blumenthal, O.: *Lebensgeschichte*, in: David Hilberts gesammelte Abhandlungen, Bd. 3, Berlin 1935 (Nachdruck bei Chelsea Publishing Company, New York 1965).

[3] Bollobás, B. (Hg.): *Littlewood's Miscellany.* Cambridge University Press, Cambridge 1986.

[4] Bosch, K.: *Brückenkurs Mathematik.* 14. Aufl., R. Oldenbourg Verlag, München 2010.

[5] Breuer, J.: *Einführung in die Mengenlehre.* Schroedel/Schöningh, Hannover/Paderborn 1964.

[6] Burkhard, C.A.H. (Hg.): *Goethes Unterhaltungen mit dem Kanzler Friedrich von Müller.* Unikum-Verlag 2012.

[7] Cantor, M.: *Vorlesungen über Geschichte der Mathematik.* Nachdruck der zweiten Auflage von 1900, Teubner, Stuttgart 1965.

[8] Carroll, L.: *Symbolic Logic/The Game of Logic.* Dover Publications, New York 1958.

[9] Courant, R. und Robbins, H.: *Was ist Mathematik?* 5. Aufl., Springer-Verlag, Berlin/Heidelberg 2000.

[10] Devlin, K.: *Sternstunden der modernen Mathematik.* Deutscher Taschenbuch Verlag, München 1992.

[11] Ebbinghaus, H.D. u.a. (Hg.): *Zahlen*, Band 1 von *Grundwissen Mathematik.* 3. Aufl., Springer-Verlag, Berlin/Heidelberg/New York 1992.

[12] Einstein, A.: *Geometrie und Erfahrung*, Festvortrag an der Preußischen Akademie der Wissenschaften. in: The Collected Papers of Albert Einstein, vol. 7, Julius Springer, Berlin 1921.

[13] Euclid: *The thirteen books of the elements*, translated from the text of Heiberg by Sir Thomas L. Heath. Dover Publications 1956.

[14] Fritsch, R. und G.: *Der Vierfarbensatz.* BI Wissenschaftsverlag, Mannheim 1994.

[15] Fritzsche, K.: *Grundkurs Analysis 1.* 2. Aufl., Spektrum Akademischer Verlag, Heidelberg 2008.

[16] Galletti, J.G.A.: *Dienstag ist Äquator.* Braun & Schneider, München 1953.

[17] Gardner, M.: *The Unexpected Hanging and Other Mathematical Diversions.* Simon & Schuster, New York 1969.

[18] Gardner, M.: *Logik unterm Galgen.* Vieweg 1971.

[19] Goethe, J.W.: *Sämtliche Werke*, Bd. 13 (Sprüche in Prosa/Maximen und Reflexionen). Deutscher Klassiker Verlag, Frankfurt 1993.

[20] Gottwald, S., Ilgauds, H.-J., Schlote, K.-H. (Hg.): *Lexikon bedeutender Mathematiker.* Harri Deutsch Verlag, Frankfurt/Main 1990.

[21] Grauert, H. und Fischer, W.: *Differential- und Integralrechnung II.* Springer-Verlag, Berlin/Heidelberg/New York 1968.

[22] Grauert, H. und Lieb, I.: *Differential- und Integralrechnung I.* 3. Aufl., Springer-Verlag, Berlin/Heidelberg/New York 1973.

[23] Halmos, P.R.: *Naive Mengenlehre.* 4.Aufl., Vandenhoeck & Ruprecht, Göttingen 1976.

[24] Hilbert, D.: *Grundlagen der Geometrie.* 13. Aufl., Teubner, Stuttgart 1987.

[25] Kant, I.: *Kritik der reinen Vernunft.* Philipp Reclam jun., Stuttgart 2012.

[26] Kasner, E. and Newman, J.: *Mathematics and the Imagination.* Simon & Schuster, New York 1987.

[27] Lec, S.J.: *Sämtliche unfrisierte Gedanken.* Hg. von Karl Dedecius, Sanssouci Verlag, München 2007.

[28] Levi, H.: *Foundations of Geometry and Trigonometry.* Robert E. Krieger Publishing Company, Huntington, New York 1975.

[29] Lichtenberg, G.C.: *Sudelbücher.* 3-bändige Gesamtausgabe. dtv, München 2005.

[30] Mäder, P.: *Mathematik hat Geschichte.* Metzler Schulbuchverlag, Hannover 1992.

[31] Martin, G.E.: *The Foundations of Geometry and the Non-Euclidean Plane.* Springer-Verlag, Berlin/Heidelberg/New York 1975.

[32] Millman, R.S. and Parker, G.D.: *Geometry, A Metric Approach with Models.* 2. Aufl., Springer-Verlag, Berlin/Heidelberg/New York 1991.

[33] Reid, C.: *Hilbert.* Springer Berlin/Heidelberg/New York 1970.

[34] Risen, A.: *Rechenbuch.* Faksimiledruck des Originals von 1574

[35] Saint-Exupéry, A.: *Die Stadt in der Wüste.* Karl Rauch Verlag, Düsseldorf 2009.

[36] Sayers, D.L.: *The Nine Tailors.* Victor Gollancz Ltd., London 1934.

[37] Sayers, D.L.: *Der Glocken Schlag.* Rowohlt Taschenbuch Verlag GmbH, Reinbek bei Hamburg 1980.

[38] Schäfer, W. und Georgi, K.: *Mathematik-Vorkurs.* 3. Aufl., Teubner, Stuttgart 1997.

[39] Scheid, H.: *Elemente der Arithmetik und Algebra.* Spektrum Akademischer Verlag, Heidelberg 2002.

[40] Scheid, H.: *Folgen und Funktionen – Einführung in die Analysis.* Spektrum Akademischer Verlag, Heidelberg 1997.

[41] Scheid, H. und Schwarz, W.: *Elemente der Geometrie.* 4. Aufl., Spektrum Akademischer Verlag, Heidelberg 2007.

[42] Steinhaus, H.: *Mathematical Snapshots.* Oxford University Press, London 1951.

[43] Steinhaus, H.: *Kaleidoskop der Mathematik.* VEB Deutscher Verlag der Wissenschaften, Berlin 1959.

[44] Tarski, A.: *Einführung in die mathematische Logik.* 2. Aufl., Vandenhoek & Ruprecht, Göttingen 1966.

[45] Thiele, R.: *Mathematische Beweise.* Harri Deutsch Verlag, Frankfurt/Main 1981.

[46] Wußing, H.: *6000 Jahre Mathematik.* Springer-Verlag, Berlin/Heidelberg/New York 2009.

[47] Waerden, B.L. van der: *A History of Algebra.* Springer-Verlag, Berlin/Heidelberg/New York 1985.

[48] Young, R.M.: *Excursions in Calculus.* The Mathematical Association of America 1992.

Symbolverzeichnis

Stichwortverzeichnis